普通高等教育“十五”国家级规划教材

电子技术实验与课程设计

第4版

主编　毕满清
参编　杨　录　杨翠娥　杨新华
　　　高文华　张艳花　杨　凌
主审　韩　焱

机 械 工 业 出 版 社

本书是按照高等学校电子技术基础课程教学基本要求，结合多年来电子技术实践性教学环节改革的经验，在普通高等教育“十五”国家级规划教材《电子技术实验与课程设计》（第3版）的基础上修订的。

全书共分9章：模拟电子技术实验，模拟电子技术EDA实验，数字电子技术实验，数字电子技术EDA实验，电子技术综合性实验，电子技术课程设计基础知识，电子系统设计举例及设计题目，Multisim 10软件的使用，QuartusII软件的使用。实验和课程设计加强了数字可编程器件和EDA技术的应用，做到了软件和硬件的有机结合，既满足了验证性、提高性、设计性、综合性实验和课程设计的需要，又为研究开发性实验和全国大学生电子设计竞赛提供了条件。

本书可作为电气类、电子信息类及其他相近专业本科生教材，也可供有关工程技术人员参考。

图书在版编目（CIP）数据

电子技术实验与课程设计/毕满清主编．—4版．—北京：机械工业出版社，2013.6（2018.1重印）

普通高等教育“十五”国家级规划教材

ISBN 978-7-111-42872-5

Ⅰ.①电… Ⅱ.①毕… Ⅲ.①电子技术-实验-高等学校-教材②电子技术-课程设计-高等学校-教材 Ⅳ.①TN-33

中国版本图书馆CIP数据核字（2013）第127691号

机械工业出版社（北京市百万庄大街22号 邮政编码100037）

策划编辑：贡克勤 责任编辑：贡克勤 徐 凡

版式设计：常天培 责任校对：李锦莉

封面设计：张 静 责任印制：常天培

北京京丰印刷厂印刷

2018年1月第4版·第7次印刷

184mm×260mm·23.25印张·637千字

标准书号：ISBN 978-7-111-42872-5

定价：49.80元

凡购本书，如有缺页、倒页、脱页，由本社发行部调换

电话服务	网络服务
服务咨询热线：010-88361066	机 工 官 网：www.cmpbook.com
读者购书热线：010-68326294	机 工 官 博：weibo.com/cmp1952
010-88379203	金 书 网：www.golden-book.com
封面无防伪标均为盗版	教育服务网：www.cmpedu.com

第4版前言

本书是在普通高等教育“十五”国家级规划教材《电子技术实验与课程设计》（第3版）的基础上修订的。

电子技术的飞速发展，对大学生素质培养提出了越来越高的要求。在培养学生的实践能力和创新能力方面，电子技术实验和课程设计起着非常重要的作用。中北大学（原华北工学院）电子技术课程多年来十分重视电子技术基础学科建设、注重教学改革与研究、注重教师队伍培养和教材建设、注重实践教学和能力培养、注重教学与科研的有机结合、重视与专业课程以及基础课程的交流，电子技术基础课程被评为国家级精品课程，电工电子实验中心被评为国家级实验教学示范中心。

本书在总结第3版经验和保留原有特色的基础上，与国家精品课程和国家级实验教学示范中心建设相结合，经过教改和实践，以及有关院校使用情况和建议，对原书进行了以下几方面的修改。

（1）模拟电子技术实验　在保证基础的前提下，减少分立元器件实验，加强集成电路实验，增加设计性实验题目的个数，并结合工程应用，去掉了原书的模拟可编程器件实验。

（2）模拟电子技术 EDA 实验　突出了 EDA 软件在模拟电子技术验证性、提高性、设计性实验中的应用。

（3）数字电子技术实验　在保留原有大部分实验的基础上，突出了与工程应用相结合。

（4）数字电子技术 EDA 实验　突出了 EDA 软件在数字电子技术验证性、提高性、设计性实验中的应用，增加可编程器件 CPLD、FPGA 等实验的数量和内容。

（5）电子技术综合性实验　在保留原有实验的基础上，加大模拟电子技术综合性实验的数量和内容，并与电子系统中前期信号处理电路相结合，加强工程应用，数字电子技术综合性实验的内容基本保留，加强了模拟电路和数字电路相结合的综合性实验。

（6）电子技术课程设计　在课程设计与设计性实验、综合性实验、系统设计与实验有机结合的基础上，加强了电路设计基础和系统设计方法。设计题目增加新内容，与工程应用相结合，并与学生课外科技创新活动、全国大学生电子设计竞赛相结合，题目新颖，有实用价值，题目要求除必做内容和选做内容外增加发挥的要求。为了便于学生入手，同时又有所创新，设计题目有的给出设计思路和框图，有的不给，让学生自己思考。

（7）为了便于学生使用软件进行实验和课程设计，编写了模拟电路常用软件 Multisim 10 软件使用和数字电路常用软件 QuartusII 软件使用。

在实验手段和方法上与计算机紧密结合，硬件和软件并重；在仪器使用上，常规仪器和虚拟仪器相结合；在元器件的使用上尽量采用集成电路等新器件；在系统设计上硬件设计和软件设计相结合；在编写方法上做到层次分明，前者是后者的基础，后者是前者的提升。

关于图形符号、文字代号需说明的是：书中用到的软件截图不宜改动，因此本书作了如下处理，即软件中图形符号、文字代号均不变，文中涉及的文字代号其正、斜体及脚标等均贯彻国标。

参加本书修订的有：中北大学毕满清（第 1 章，第 6 章 6.1、6.2 节）、杨录（第 6 章 6.3、6.4 节和第 7 章）、张艳花（第 9 章）、杨凌（第 8 章及附录），太原科技大学高文华（第 2 章，第 4 章），兰州理工大学杨新华（第 5 章），太原工业学院杨翠娥（第 3 章）。毕满清任主编，负责全书的组织、修改和定稿。

本书由教育部电子信息科学与工程专业教学指导分委员会委员、中北大学副校长、博士生导师、电子技术基础国家级精品课程负责人、电工电子国家级实验教学示范中心主任韩焱教授担任主审，他对书稿进行了非常认真细致的审阅，提出了许多宝贵意见，在此表示衷心的感谢。

由于作者的能力和水平有限，书中难免会有不妥之处和错误，恳请广大师生和本书读者提出批评和改进意见。

编　者

2013 年 5 月

第3版前言

本书是普通高等教育“十五”国家级规划教材，该教材的第2版2002年获山西省教学成果一等奖。

在电子技术日新月异发展的形势下，按照高等学校电子技术基础课程教学基本要求，适应21世纪高等学校培养人才的战略，加强学生实践能力和创新能力的培养。本书在总结第2版经验的基础上，经过教改和实践，在编写内容和方法上进行了较大修改和更新，使之更符合电子信息时代的要求。

1. 实验分成验证性、提高性、设计性和综合性四个层次，在此基础上把EDA技术的应用贯穿到各个层次的实验中，既保证了硬件电路实验，又加强了EDA实验的内容，达到了硬件软件的有机结合，为学生进行研究开发性实验提供了条件，可选实验多达200个以上，以适应不同专业、不同学时、不同层次对学生实践能力和创新能力的培养。

2. 在内容上跟踪电子技术新器件、新技术发展的形势，引入了模拟可编程器件实验，加强了CPLD、FPGA等数字可编程器件实验，在实验手段上与计算机应用紧密结合。

3. 课程设计内容包括模拟电子系统设计、数字电子系统设计和综合电子系统设计，做到了常规电路设计与EDA技术相结合的设计方法。设计题目新颖，具有实用性。题目给出了设计思路、原理框图，有必做和选做内容。实现了课程设计与设计性综合性实验有机结合，既满足了课程设计的需要，又为学生进行课外科技活动及全国大学生电子设计竞赛奠定了基础。

4. 介绍了Multisim2001、PAC Designer软件、Max + plus Ⅱ和VHDL语言，为进行电子技术实验和课程设计提供了软件平台。

参加本书修订工作的有：中北大学（原华北工学院）毕满清、杨录、张艳花、高志文，太原工业学院杨翠娥，太原科技大学高文华，兰州理工大学杨新华。毕满清撰写了第1章的硬件电路实验和第4章4.1、4.2节，杨录撰写了第4章4.3节、4.4节、4.5节、4.6节，杨翠娥撰写了第2章和第5章5.4节，杨新华撰写了第3章，高文华撰写了第1章的EDA实验和1.8节、1.10节、1.12节及第5章的5.2节，张艳花撰写了第5章5.1节，高志文撰写了第5章5.3节。毕满清任主编，负责全书的组织、修改和定稿。

本书由兰州理工大学何如聪教授担任主审。2004年在厦门召开了本教材第3版的审稿会，与会代表提出了宝贵意见，在此谨向各位专家和老师表示衷心的感谢。

在编写过程中，得到了中北大学各级领导、教务处、教材科、电子技术教研室和实验室的关心与支持，在出版过程中得到了机械工业出版社的大力支持，在此表示衷心的感谢。

由于我们的能力和水平有限，书中肯定会有不妥之处和错误，恳请广大师生和读者，一如既往，提出批评和改进意见。

编　者

2005年5月

第2版前言

本书是原机械电子工业部高等学校电子技术基础课程协作组组织编写的电子技术基础系列教材之三。

本书自1995年10月出版以来，不少高等院校使用，广大师生普遍反映是一本比较适用的教材。随着电子技术的飞速发展，以及对大学生素质培养提出的要求，着重培养学生的实践能力和创新能力，电子技术实验和课程设计起着非常重要的作用。为了适应教学改革的需要，在总结经验的基础上对原书进行了以下几方面的修改。

一、每个实验在原书分为验证性、提高性、设计性三个层次的基础上增加了综合性实验和系统设计，以适应不同专业、不同学时、不同层次对学生实践能力和创新能力的培养。

二、内容比较新，引入了ISP、FPGA等可编程逻辑器件实验和EDA仿真实验，在实验手段上与计算机应用密切结合起来。

三、课程设计与设计性实验、综合性实验及系统设计有机地结合起来。课程设计题目新颖、实用性强，给出了设计思路、原理框图和主要参考元器件，便于学生使用。

参加本书修订的是：湖北汽车工业学院黄晓林（第1章1.1～1.7节），华北工学院分院杨翠娥（第2章、第4章4.3～4.4节及附录），甘肃工业大学郝晓弘（第3章），华北工学院毕满清（第1章1.8～1.12节，第4章4.1～4.2节）。毕满清任主编，负责全书的组织、修订和定稿。

本书的编写得到了全国高等学校电子技术研究会副理事长、原机械电子工业部高等学校电子技术基础课程协作组组长、华北工学院张建华教授的热情鼓励和具体指导；主审甘肃工业大学何如聪教授对本书的编写进行了指导，对书稿进行了逐字逐句非常认真的审查，写出了详细的书面修改意见，在此对他们表示衷心的感谢。

电子技术日新月异，教学改革任重道远，我们的能力有限，缺点和错误在所难免，恳请兄弟院校的老师和读者提出批评和改进意见。

编　者

2000年5月

第1版前言

本书是在原机械电子工业部高等学校电子技术基础课程协作组组织领导下编写的。实验和课程设计都是电子技术基础课程中重要的实践性环节，对培养学生理论联系实际的能力起很重要的作用。本书编写的宗旨是：根据“教学基本要求”，结合目前各校实验和课程设计的实际需要，做到适应性强、便于学生阅读、有利于学生的能力培养和因材施教。本书具有下列特点：①除常用电子仪器的使用和元器件的特性、参数测试实验外，每个实验分成三个层次，第一个层次是验证性实验，其内容包括实验目的、实验电路、所用仪器设备、实验内容及步骤、思考题等；第二个层次是提高性实验，已知实验电路和实验内容及要求，让学生独立完成实验步骤及测试方法的拟定、实验仪器设备的选择等；第三个层次是设计性实验，提出实验题目、实验内容及要求，让学生独立完成电路设计、元器件的选择、电路的安装和调试、拟定实验步骤和测试方法等。这样做既体现了循序渐进，又有利于能力的培养和因材施教。实验中所用仪器设备均是通用的，便于各校根据实际情况进行选择，适应性强。②课程设计与实验编在一起，便于教师把实验和课程设计有机地结合起来。有些课程设计的内容可当做大型实验去做，安装调试方面的内容可以共享，设计性实验中的单元电路的设计，可作为课程设计参考，从而节省了篇幅，达到一举两得的目的，③为了满足设计性实验的需要，在某些设计性实验的后面，还介绍了单元电路的设计方法，供学生设计电路时参考。

本书由南京理工大学李元浩编写第1章1.1～1.5节，哈尔滨电工学院李国国编写第1章1.6～1.12节，西安理工大学杜忠编写第2章，华北工学院毕满清编写第3章和第4章，并任主编，负责全书的组织、修改和定稿。

国家教育委员会电子技术基础课程指导小组委员、原机械电子工业部高等学校电子技术基础课程协作组组长张建华教授，对本书的编写原则和编写方法进行了具体的指导，对书稿进行了逐字逐句非常认真负责的审查，提出了许多宝贵意见，在此表示衷心的感谢。

限于编者水平，加之编写时间仓促，缺点和错误在所难免，诚恳希望各兄弟院校的老师和读者提出批评和改进意见。

编　者

1995年5月

目　录

第1章　模拟电子技术实验

1.1　常用电子仪器的使用及半导体分立元件参数测试

1.1.1　常用电子仪器的使用

1. 实验目的

通过实验，学会常用电子仪器的操作和使用；初步掌握用示波器测量交流电压的幅值、频率等有关参数的方法。

2. 实验仪器

①数字示波器　1台
②信号发生器　1台
③直流稳压电源　1台
④交流毫伏表　1台
⑤数字万用表　1块
⑥实验箱　1台

3. 实验原理

电子仪器仪表是电子技术实验的基本工具。离开它们是无法工作的，所以我们要熟练了解并掌握它们。

常用的电子仪器仪表主要分两大类：

（1）测量仪器　它只有输入端口，输入被测电路的电参量。例如，万用表、示波器、毫伏表。

（2）激励源仪器　它只有输出端口，输出被测电路需要的电参量。例如，信号发生器、直流电源。

在电子技术实验里，测试和定量分析电路的静态和动态的工作状况时，最常用的电子仪器有：示波器、信号发生器、直流稳压电源、交流毫伏表、数字式（或指针式）万用表等，如图1-1所示。

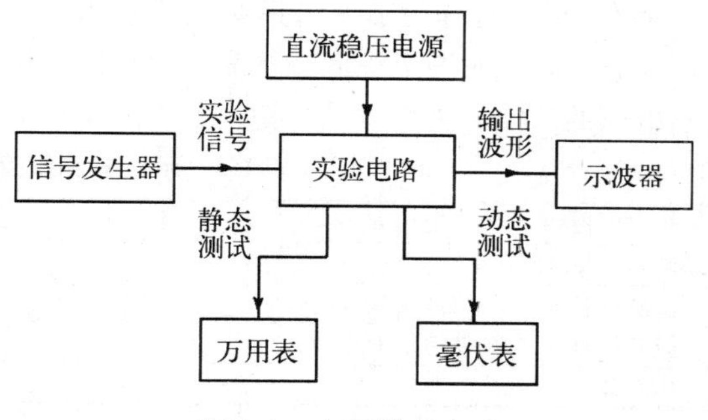

图1-1　电子技术实验中测量仪器连接图

（1）直流稳压电源　为电路提供能源，如实验箱上的直流电源。

（2）信号发生器　为电路提供各种频率和幅度的输入信号。信号发生器按需要输出正弦波、方波、三角波三种信号波形。通过面板上的选择按键，可使输出电压在毫伏级到伏级。信号发生器的输出信号频率同样可以通过面板上的选择按键调节。信号发生器作为信号源，它的输出端不允许短路。

（3）交流毫伏表　用于测量电路的输入、输出信号的有效值。交流毫伏表只能在其工作频率范围之内，用来测量正弦交流电压的有效值。为了防止过载而损坏，测量前一般先把量程开关置于量程较大位置上，然后在测量中逐档减小到适合量程。

（4）数字式万用表　用于测量电路的静态工作点和直流信号值，也可测量工作频率较低时电路的交流电压、交流电流的有效值、测量电阻的阻值及测试二极管、晶体管的性能及参数值。

（5）示波器　电子示波器分为模拟示波器和数字示波器，是一种常用的电子测量仪器，它能直接观测和真实显示被测信号的波形。它不仅能观测电路的动态过程，还可以测量电信号的幅度、频率、周期、相位、脉冲宽度、上升和下降时间等参数。数字示波器是数据采集，A/D 转换，软件编程等一系列的技术制造出来的高性能示波器。

数字示波器一般支持多级菜单，能提供给用户多种选择，多种分析功能。相对于模拟示波器，这种类型的示波器可以方便地实现对模拟信号波形进行长期存储并能利用机内微处理器系统对存储的信号做进一步的处理，例如对被测波形的频率、幅值、前后沿时间、平均值等参数的自动测量以及多种复杂的处理。应根据实验要求合理选择示波器。

4. 实验内容及步骤

（1）稳压电源的使用

①接通电源开关，调旋钮使电源分别输出 +6V、+9V 和 +15V，用数字式（或指针式）万用表“DCV”档测量输出的电压值。

②分别使稳压电源输出 ±12V，重复上面过程。将测量值记入表 1-1 中。

表 1-1　用万用表测量稳压电源的输出电压

稳压电源的输出电压/V	+6	+15	+9	+12	−12
数字（或指针）式万用表					

（2）信号发生器输出 1kHz、信号发生器输出峰-峰值及毫伏表的测量值，记入表 1-2 中。

表 1-2　信号发生器输出 1kHz、信号发生器输出电压峰-峰值及毫伏表的测量值

信号发生器的输出值 U_{pp}/V	14. 14	4. 47	1. 41	0. 47	0. 14
毫伏表测量电压有效值/V					

（3）示波器的使用

1）正弦交流信号电压幅值的测量　使信号发生器输出信号频率为 1kHz、电压峰-峰值如表 1-3 中所示，适当选择灵敏度选择开关“V/div”的位置，调节示波器使屏上能观察到完整、稳定的正弦波，则此时屏上纵向坐标表示每格的电压伏特数，根据被测波形在纵向高度所占格数便可读出电压的数值，将测试结果记入表 1-3 中。

表 1-3　示波器测量交流信号电压实验数据

信号发生器输出峰-峰电压 U_{pp}/V	14. 14	4. 47	1. 41	0. 47	0. 14
示波器 V/div（开关位置）					
示波器屏幕显示峰-峰波形高度/格					
示波器屏幕显示峰-峰电压 U_{pp}/V					
电压有效值/V					

注：若使用 10∶1 探头电缆时，应将探头本身的衰减量考虑进去。

2）交流信号频率的测量

①方法一：“t/div”的刻度值表示屏幕横向坐标每格所表示的时间值。根据被检测信号波形在横向所占的格数直接读出信号的周期；若要测量频率只需将被测的周期求倒数即为频率值。按表 1-4 所示频率由信号发生器输出信号，用示波器测出其周期，然后计算频率，并将所测结果与已知频率比较。

表 1-4　示波器测量交流信号频率实验数据

信号发生器输出信号频率/kHz	1	5	10	100	1000
示波器扫描频率开关位置 t/div					
显示屏中一个信号周期占有水平格数					
信号频率 $f=1/T$					

②方法二：利用李沙育图形来测定信号的频率的原理：在示波器的 CH1 通道加上一正弦波，在示波器的 CH2 通道加上另一正弦波，则当两正弦波信号的频率比值为简单整数比时，在荧光屏上将得到李沙育图形，如图 1-2 所示。这些李沙育图形是两个相互垂直的简谐振动合成的结果，它们满足 $f_y : f_x = n_x : n_y$，其中，f_x 代表 CH1 通道上正弦波信号的频率，f_y 代表 CH2 通道上正弦波信号的频率，n_x 代表李沙育图形与假想水平线的切点数目，n_y 代表李沙育图形与假想垂直线的切点数目。

$$\frac{f_y}{f_x}=\frac{n_x}{n_y}=\frac{2}{1} \qquad \frac{f_y}{f_x}=\frac{n_x}{n_y}=\frac{4}{3}$$

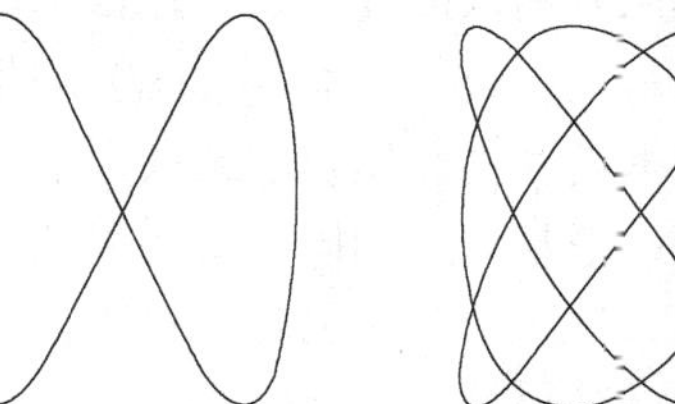

图 1-2　示波器的李沙育图形测量频率原理

利用李沙育图形来测定信号的频率的方法，将信号发生器（Ⅱ）作为未知频率 f_y 的信号，从示波器“CH1”输入端输入，信号发生器（I）作为已知频率 f_x 的信号，从示波器“CH2”输入端输入，这时“CH1”“CH2”应置于 XY 模式。调节信号发生器（I）的频率 f_x。当 f_y 与 f_x 之间成一定倍数关系时，屏幕上就能显示李沙育图形，由该图形及 f_x 的读数即可定出被测信号的频率 f_y 由李沙育图形确定未知频率的方法是：在图形上画一条水平线和一条垂直线，若它们与图形的切点数分别为，$n_x=2$，$f_y=2$，$f_x=2\text{kHz}$，则被测信号频率为：$f_y=\frac{n_x}{n_y}f_x=\frac{2}{2}\times 2\text{kHz}=2\text{kHz}$，为了便于读数，通常取 n_x/n_y 成简单的倍数，如取 1、2、3、4 等值。

5. 思考题

①数字示波器和模拟示波器各有什么优缺点？

②使用数字示波器或模拟示波器时要达到如下要求，应如何调节？

a. 观察波形，同时测试正弦信号的多种参数；b. 波形稳定；c. 移动波形位置；d. 改变波形个数；e. 改变波形的高度；f. 同时观察两路波形。

③用示波器测量信号的频率与幅值时，如何保证测量精度。

1.1.2　半导体分立元件参数测试

1. 实验目的

学会使用万用表，学会测试二极管、晶体管的参数并认识它们的引脚，同时了解电阻元件为后续实验做准备。

2. 实验仪器

①数字万用表　　1 块

②模拟电路实验箱　　1 台

3. 实验内容及步骤

（1）实验内容　测试晶体管、二极管的性能及参数值，认识色环电阻并学会读和使用万用表测试电阻。熟悉实验板结构。

（2）实验步骤

1）二极管的测量步骤

①选择万用表的【—▷|—】档测试。

②测试笔接法及读数：红色表笔接二极管的正极，黑色表笔接负极时，若二极管是好的，表上显示值是二极管的正向直流压降，锗管0.2～0.3V，硅管0.6～0.7V。若红表笔接二极管的负极，黑表笔接二极管的正极，万用表表头上显示的是“1.”时表明二极管反向截止。将测试结果填入表1-5中。

2）万用表检测晶体管的方法

①根据外观和型号判断极性。

②先用万用表的【—▷|—】档测试晶体管两个PN结，并可测得3个参数（晶体管的结构、基极、材料），将测试结果填入表1-5中。

③根据已测得晶体管的结构、基极，调节万用表旋钮到【h_{FE}】档，选择对应h_{FE}测试插座的结构插孔，把基极引脚插入，另外两引脚分别插入E和C插孔读数，然后两引脚对调再读数，两次测量，较大值时两引脚与对应插座E和C是相符的。测得晶体管的β值和确定E、B、C引脚。将测试结果填入表1-6中 。

3）电阻的标注及测量

①电阻的标注：对于额定功率在2W以下的小电阻，不标注功率和材料，只标注标称阻值和精度。色码标注的电阻器表面有不同颜色的色带，每一种颜色对应一个数字，色带位置的不同，所表示的意义也不相同，它可以分别表示有效数字、乘数和允许误差。一般常用四环和五环的色码电阻器。各种色带所代表的意义见表1-7。

②用万用表测电阻：将测试结果填入表1-8中，用万用表测出电阻的阻值与标称值比较，并计算误差。

误差＝（测量值－标称值）÷标称值×100%

4）熟悉模拟电路实验箱　了解用途和结构。

4. 实验测试表格

表1-5　用万用表测试PN结的参数（硅材料）

器件	正向结电压	管材料	晶体管的结构	晶体管引脚图（标示基极引脚）
二极管				
晶体管				

表1-6　用万用表测晶体管 h_{FE} 参数

	最大β值	最小β值	标示出晶体管全部引脚
晶体管			

表1-7　各种色带所代表的意义

颜色	棕	红	橙	黄	绿	蓝	紫	灰	白	黑	金	银
有效数值	1	2	3	4	5	6	7	8	9	0		
10^n（倍率）	1	2	3	4	5	6	7	8	9	0		
误差±n%	1	2			0.5	0.6	0.1				5	10

表1-8　用万用表测量电阻值

电阻色环排列示意	色环标称值	测量值	电阻误差（%）

5. 思考题

①试说明用数字万用表判断二极管的正极和负极以及晶体管基极的原理。

②简述你已掌握的本实验知识点、测试技能。试总结直观判断晶体管 E、B 和 C 的规律。

③试用五环色码电阻，标出 1kΩ ±1%、5.1kΩ ±1%、10kΩ ±1% 的电阻。

1.2 基本放大电路实验

1.2.1 验证性实验——晶体管共射放大电路

1. 实验目的

①掌握放大电路的静态工作点和电压放大倍数的测量方法。

②了解电路元件参数改变对静态工作点的影响，并观察输出波形的失真情况。

③掌握放大电路输入、输出电阻的测量方法。

2. 实验电路及仪器设备

（1）实验电路　单管共射放大电路如图 1-3 所示。

（2）实验仪器设备

①双踪示波器　1 台

②直流稳压电源　1 台

③信号发生器　1 台

④交流毫伏表　1 台

⑤数字（或指针）式万用表　1 块

⑥实验箱　1 台

图 1-3　单级共射放大电路

R_{b1}　20kΩ　R_{b2}　10kΩ　R_c、R_s、R_L　3kΩ　R_e　2kΩ

C_1、C_2　10μF　C_e　47μF

V3DG6 9013（β　50~60）V_{CC}　12V

3. 实验内容及步骤

（1）测量静态工作点

①先将直流电源调整到 12V，关闭电源。

②按图 1-3 连接电路，注意电容器 C_1、C_2、C_e 的极性不要接反，最后连接电源线。

③仔细检查连接好的电路，确认无误后，接通直流稳压电源。

④按表 1-9 用数字万用表测量各静态电压值，并将结果记入表 1-9 中。

表 1-9　静态工作点实验数据

测量值			测量数据计算值		理论值				
U_B/V	U_C/V	U_E/V	U_{CE}/V	I_C/mA	U_B/V	U_C/V	U_E/V	U_{CE}/V	I_C/mA

（2）测量电压放大倍数

①按图 1-4 将信号发生器和交流毫伏表接入放大器的输入端，示波器接入放大器的输出端。调节信号发生器为放大电路提供输入信号为 1kHz 的正弦波 $\dot{U}_i$，示波器用来观察输出电压 $\dot{U}_o$ 的波形。适当调整信号发生器 U_i 的值，确保输出电压 $\dot{U}_o$ 不失真时，分别测出 $\dot{U}_o$ 和 $\dot{U}_i$ 的值，

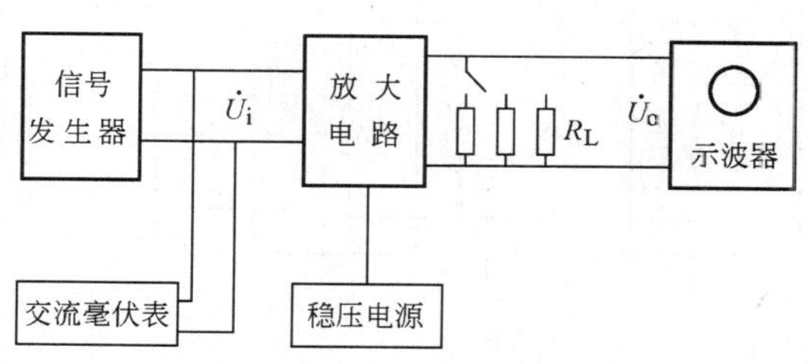

图 1-4　实验线路与所用仪器连接图

求出放大电路的电压放大倍数 $\dot{A}_u$。

②观察交流毫伏表读数，保持 U_i 不变，改变 R_L，观察负载电阻改变对电压放大倍数的影响，将测量结果记入表 1-10 中。

表 1-10　电压放大倍数实测数据

R_L/Ω	测量值			测量数据计算值				理论值	
	U_s/V	U_i/V	U_o/V	A_{us}	A_u	R_i	R_o	A_{us}	A_u
∞									
3kΩ									
1kΩ									
500Ω									

(3) 观察工作点变化对输出波形的影响　调整信号发生器的输出电压幅值(增大放大器的输入电压 U_i)，观察放大电路的输出电压的波形，使放大电路处于最大不失真电压时，逐个改变基极电阻 R_{b1} 的值，分别观察 R_{b1} 变化对静态工作点及输出波形的影响，将所测结果记入表 1-11 中。

表 1-11　R_{b1} 对静态、动态影响的实验结果

条件 $R_L=\infty$	（万用表）静态测量与计算值					U_i/V	输出波形（示波器）（保持 U_i 不变）	若出现失真波形，判断失真性质
	I_C/mA	U_E/V	U_B/V	U_{CE}/V	Q 点工作状态			
$R_{b1}=15k\Omega$								
$R_{b1}=20k\Omega$								
$R_{b1}=51k\Omega$								

(4) 测量输入电阻 R_i 及输出电阻 R_o

1) 测量输入电阻 R_i　输入电阻 R_i 的测量有两种方法。方法一输入电阻的测量原理框图如图 1-5 所示，在放大电路与信号源之间串入一固定电阻 $R=3k\Omega$，在输入电压波形不失真的条件下，用交流毫伏表测量 U_s 以及相应 U_i 的值，并按式（1-1）计算 R_i：

$$R_i=\frac{U_i}{U_s-U_i}R \tag{1-1}$$

方法二的输入电阻测量原理框图如图 1-6 所示，当 $R=0$ 时，在输出电压波形不失真的条件下，用交流毫伏表测出输出电压 U_{o1}；当 $R=3k\Omega$ 时，测出输出电压 U_{o2}，并按式(1-2)计算 R_i：

$$R_i=\frac{U_{o2}}{U_{o1}-U_{o2}}R \tag{1-2}$$

将两种方法的测量结果计算出的 R_i 与理论值比较，分析测量误差。R 的取值接近于 R_i。

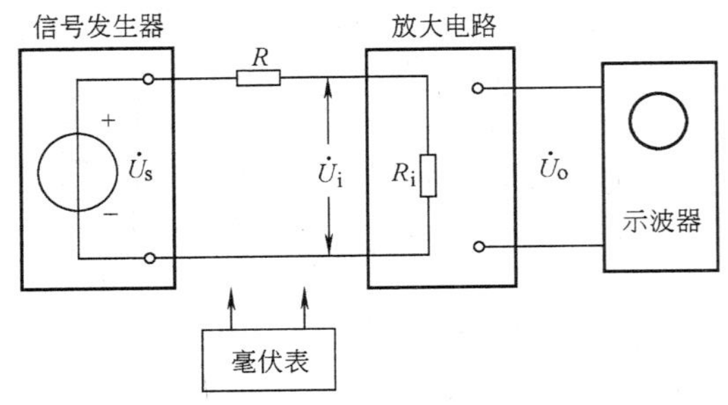

图 1-5　输入电阻测量原理框图之一

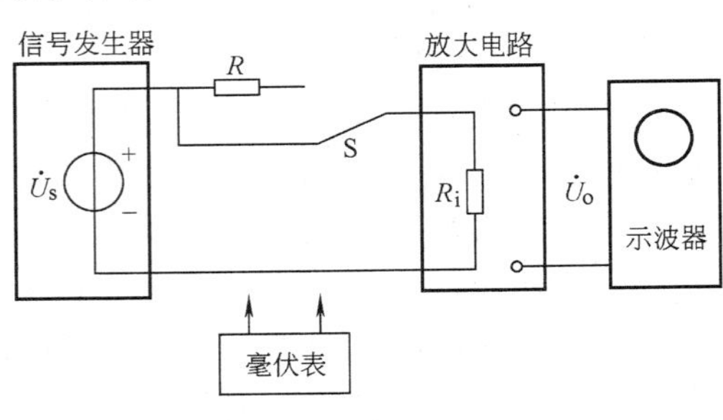

图 1-6　输入电阻测量原理框图之二

2）测量输出电阻 R_o　输出电阻的测量原理框图如图 1-7 所示。在输出电压波形保持不失真的情况下，用交流毫伏表测出带负载时的输出电压 U_o，空载时的输出电压 U'_o，按式（1-3）计算 R_o：

$$R_o = \left(\frac{U'_o}{U_o} - 1\right) R_L \tag{1-3}$$

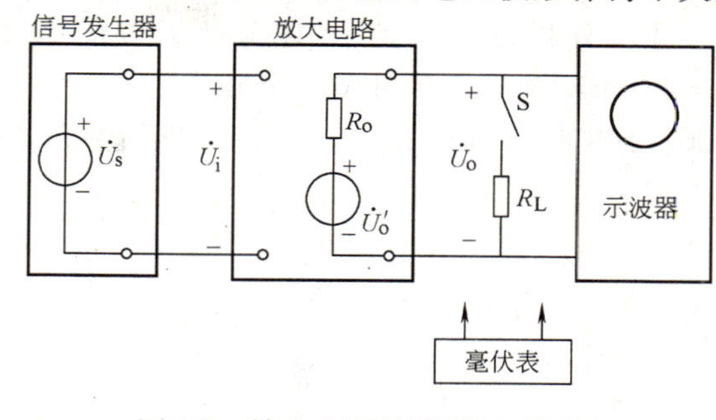

图 1-7　输出电阻的测量原理框图

4. 思考题

①如何正确选择放大电路的静态工作点，在调试中应注意什么？

②负载电阻变化对放大电路静态工作点有无影响？对电压放大倍数有无影响？

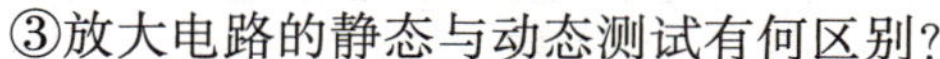

③放大电路的静态与动态测试有何区别？

④放大电路中哪些元件是决定电路静态工作点的？

⑤无限增大电路负载电阻是否可无限增大 A_u，为什么？请说出理由。

1.2.2　提高性实验——两级阻容耦合放大电路

1. 实验目的

①掌握两级阻容耦合放大电路静态工作点的测量与调整方法。

②掌握两级阻容耦合放大电路电压放大倍数及频率特性的测量方法。

2. 实验电路

两级阻容耦合放大电路如图 1-8 所示。

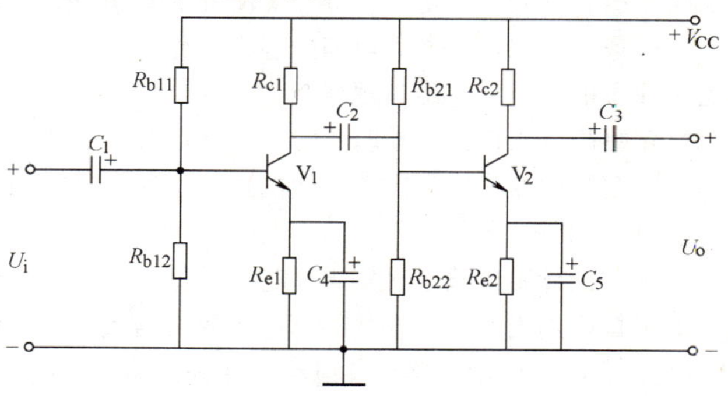

图 1-8　两级阻容耦合放大电路

R_{b11}　51kΩ　R_{b12}　15kΩ　R_{c1}、R_{b22}　10kΩ　R_{e1}、R_{e2}　3kΩ　R_{b21}　20kΩ　R_{c2}　2.4kΩ　C_1、C_2、C_3　10μF　C_4、C_5　47μF　V_1、V_2　3DG6　V_{CC}　12V　（β_1、β_2　50～60）

3. 实验内容及要求

①理论估算实验电路静态与动态值。

②根据估算值列表实测分析比较。

③拟定实验内容与步骤。

1.2.3　设计性实验

1. 实验目的

掌握共射放大电路、射极输出器和场效应晶体管放大电路元件参数的计算和选择，并调试电路和测试放大电路的各项指标。

2. 实验题目

①设计图 1-9 所示具有射极偏置电路的共射放大电路。已知 $V_{CC}=12\text{V}$，$R_c=5.1\text{k}\Omega$，$C_1=10\mu\text{F}$，$C_2=10\mu\text{F}$，$C_e=47\mu\text{F}$，晶体管为 3DG6，其 $\beta=50\sim60$，要求静态工作点 $I_{CQ}=1\text{mA}$，$U_{CEQ}\geqslant 4\text{V}$。

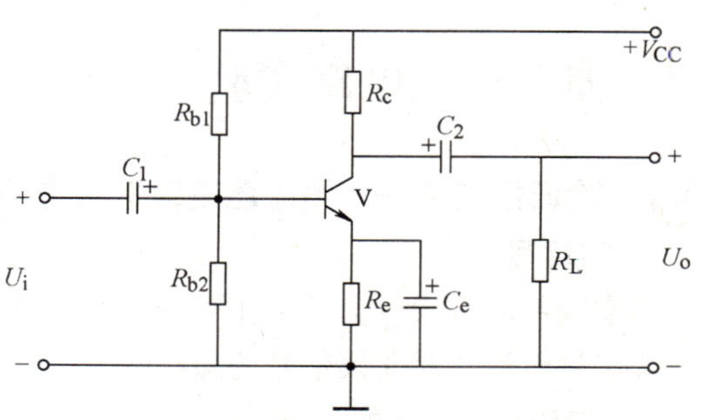

图 1-9　具有射极偏置电路的共射放大电路

②设计图 1-10 所示射极输出器的偏置电路，并确定电源电压 V_{CC} 的值。已知所用晶体管为 3DG4C，其 $\beta=40\sim50$，$R_L=300\Omega$，要求输出电

压 $U_o \geq 3.5V$。

③试分析图 1-11 所示共源极场效应晶体管放大电路。已知 $V_{DD}=24V$，$R_D=3.9k\Omega$，$R_G=2.7M\Omega$，$R_s=47\Omega$ 和 $R_s=510\Omega$，$C_1=0.047\mu F$，$C_2=47\mu F$，$C_s=100\mu F$，场效应晶体管为 3DJ6，其夹断电压 $U_{GS(off)}=-3.2V$，漏极饱和电流 $I_{DSS}=5mA$。

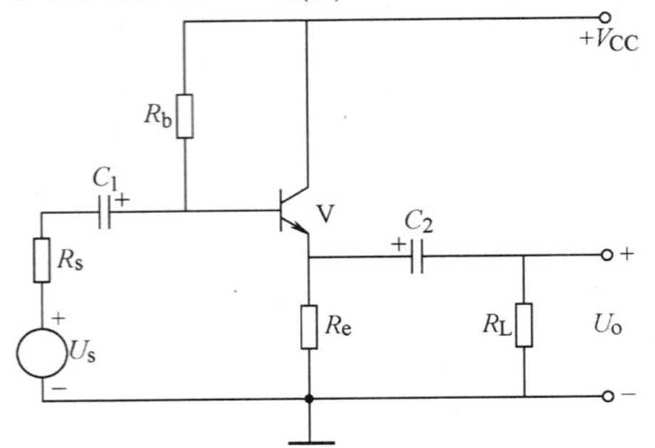

图 1-10 具有射极输出器的偏置电路

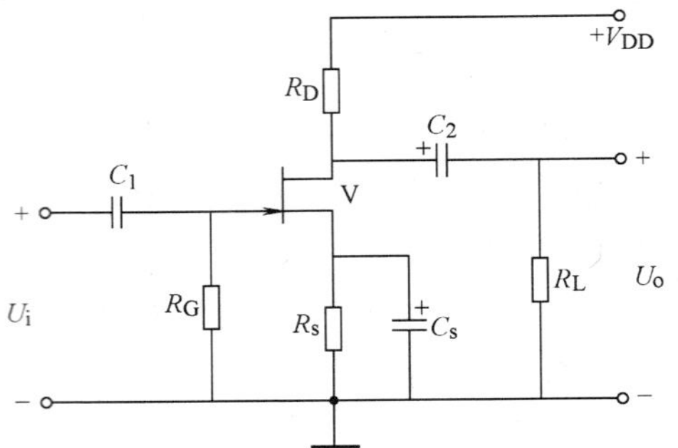

图 1-11 共源极场效应晶体管放大电路

3. 实验内容及要求

（1）共射放大电路

①根据设计要求确定 R_{b1}、R_{b2}和 R_e 的值，并按图 1-9 安装电路。

②按设计要求调试放大电路的静态工作点并研究电路参数 V_{CC}、R_e（或 R_{b1}、R_{b2}）的变化对静态工作点的影响，总结其规律。

③观察静态工作点变动时，对输出波形及电压放大倍数的影响。

④观察温度变化对静态工作点的影响，并与固定偏置电路进行比较。

（2）射极输出器

①根据设计要求确定 R_b、R_e 和 V_{CC}的值，并检验所给晶体管参数是否满足电路要求。

②根据所选用的元件参数估算电压放大倍数和电压跟随范围。

③按图 1-10 所示电路组装电路，并进行动态测试使之达到题目要求。

（3）共源极场效应晶体管放大电路

①估算电路静态工作点：I_D、U_{GS}、U_{DS}和电压放大倍数 A_u、跨导 g_m。

②确定 $R_s=47\Omega$ 和 $R_s=510\Omega$ 两种情况下电路所处的工作状态，选择其中合适的工作状态作实验。

③按图 1-11 所示电路安装调试电路，测量电路的静态工作点，电压放大倍数和场效应晶体管的跨导，并列表整理理论值和实测值，进行分析比较。

1.3 差动放大电路实验

1.3.1 验证性实验——恒流源差动放大电路

1. 实验目的

①掌握差动放大电路的工作原理和基本参数的测试方法。

②了解恒流源对共模信号的抑制作用。

2. 实验电路及仪器设备

（1）实验电路 恒流源差动放大电路如图 1-12 所示。

（2）实验仪器设备

①示波器 1台

②信号发生器 1台

③交流毫伏表 1台

④直流稳压电源 1台

⑤万用表 1块

⑥实验箱 1台

3. 实验内容及步骤

（1）静态工作点的测量

①按图1-12接好电路，仔细检查电路，确认无误后，接通直流稳压电源 $\pm V_{CC}$（$\pm 12V$）。

②调零　在 $U_i=0$ 条件下（将输入端短路并接地），用万用表“DCV”档测晶体管（V_1 和 V_2）的集电极对地电压值，应有 $U_{c1}=U_{c2}$，若不等则调节RP使之相等。

③测量静态工作点 Q　分别测量晶体管各极对地电压值，然后填入表1-12中。

（2）双端输入、双端输出差动放大电路差模电压放大倍数的测量

①将信号发生器接入图1-12所示差动放大电路的两输入端（①、②两端）。

②调整信号发生器使差动放大电路的①、②两端输入对称平衡交流信号：$f=500Hz$，$U_i=20mV$、$40mV$、$60mV$、$80mV$、$100mV$ 时，用毫伏表对地测量 $U_i/2$ 和单端输出电压 U_{od1}、U_{od2} 的值，并计算出 A_d，将所测结果填入表1-13中，用示波器观察 $\dot{U}_{od1}$、$\dot{U}_{od2}$ 的相位关系。

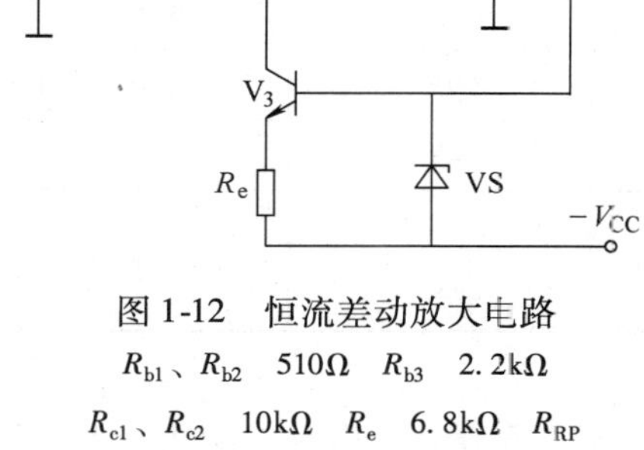

图1-12　恒流差动放大电路

R_{b1}、R_{b2}　510Ω　R_{b3}　2.2kΩ　R_{c1}、R_{c2}　10kΩ　R_e　6.8kΩ　R_{RP}　100Ω　V_1、V_2、V_3　3DG6A　β　50～60　V_{CC}　12V　稳压管VS　2CW16　9.1V

（3）单端输入双端输出差模电压放大倍数的测量

①将信号发生器接入图1-12差动放大电路的输入端①，将输入端②接地。

②调整信号发生器使差放的①端输入交流信号 $f=500Hz$，输入信号大小同上，用毫伏表测量出 U_i、U_{od1}、U_{od2}，测量结果填入表1-14中。

③用示波器观察差模输入状态下（输入交流信号）U_{i1} 与 U_{od1}，U_{od2} 的相位关系。

表1-12　差动放大器静态工作点

对地电压	U_{C1}	U_{C2}	U_{E1}	U_{E2}	U_{B1}	U_{B2}
测量值						
理论值						

表1-13　双入双出时差模电压放大倍数测量数据表

U_i/mV	20	40	60	80	100
U_{od1}/mV					
U_{od2}/mV					
$U_{od}=\|U_{od1}\|+\|U_{od2}\|$					
$A_d=U_{od}/U_i$					

表 1-14　单入双出时差模电压放大倍数测量数据表

U_i/mV	20	40	60	80	100
U_{od1}/mV					
U_{od2}/mV					
$U_{od}=\|U_{od1}\|+\|U_{od2}\|$					
$A_d=U_{od}/U_i$					

（4）共模电压放大倍数测量

①将差动放大电路两输入端（①、②）短接并把信号发生器接入①、②短接端和公共端（接地）。

②调整信号发生器输出交流信号 $f=500\text{Hz}$，$U_i=0.2\text{V}$、0.4V、0.6V、0.8V 和 1V 时，用交流毫伏表测量出 U_i、U_{oc1}、U_{oc2}，测量结果填入表 1-15 中，求出共模放大倍数 A_c，并与双入双出时差模电压放大倍数进行比较，求出共模抑制比。

表 1-15　共模放大倍数测量数据表

U_i/V	0.2	0.4	0.6	0.8	1
U_{oc1}/mV					
U_{oc2}/mV					
$U_{oc}=\|U_{oc1}\|-\|U_{oc2}\|$					
$A_c=U_{oc}/U_i$					

共模抑制比：$K_{CMR}=A_d/A_c$（A_d、A_c 均为平均值）。

4. 思考题

①单端输入与双端输入方式对输出来说有无差异？

②U_{od1}、U_{od2}与 U_i 具有怎样的相位关系？

③双端输出形式的差放电路，共模拟制比具有怎样的特点？

1.3.2　提高性实验——恒流源差动放大电路

1. 实验目的

通过实验进一步了解恒流源差动放大电路的特点，深入掌握电路参数的测量方法。

2. 实验电路

实验电路如图 1-13 所示恒流源差动放大电路。

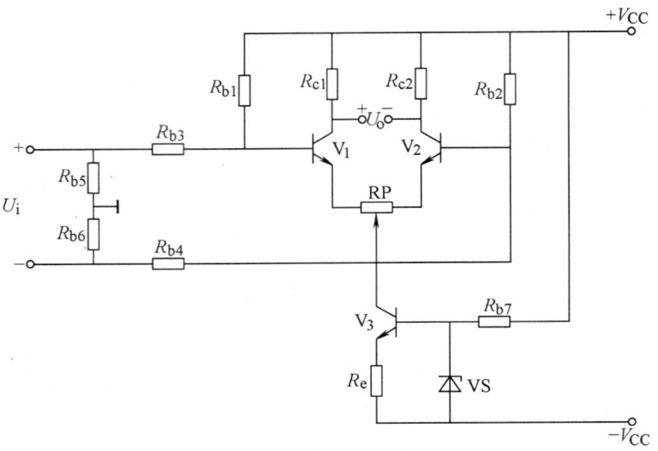

图 1-13　恒流源差动放大电路

R_{b1}、R_{b2}　300kΩ　R_{b3}、R_{b4}　20kΩ　R_{b5}、R_{b6}　510Ω　RP　100Ω；
R_e　2.2kΩ　R_{b7}　6.8kΩ　R_{c1}、R_{c2}　10kΩ　VS　2CW16
V_{CC}　12V　V_1、V_2、$V_3$3DG6A（$\beta=80\sim100$）

3. 实验内容及要求

按电路元件参数连接图 1-13 电路，

并做如下实验：

1）调零，测量静态值。

2）测量电路电压放大倍数

①双端输入双端输出电压放大倍数 A_d。$U_{id1}=+0.1V$，$U_{id2}=-0.1V$时，测出 U_o，计算 A_d 值。

②单端输入双端输出电压放大倍数 A_d。$U_{id1}=+0.2V$，测出 U_o，计算 A_d 值。

③单端输入（共模输入）双端输出电压放大倍数 A_c。$U_{ic}=+0.5V$，测出 U_o，计算 A_c 值。

④观察差模输入状态下（输入交流信号）U_i 与 U_{od1}、U_{od2}的相位关系，并用示波器 X-Y 方式观察电压传输特性。

⑤计算共模抑制比 $K_{CMR}=A_d/A_c$。

1.3.3 设计性实验

1. 实验目的

通过实验了解差动放大电路元件参数的计算和选择、电路调试及性能的测试方法。掌握差动放大电路的结构特点和工作原理，加深理解共模抑制比的含义，掌握提高共模抑制比的方法。

2. 实验题目

①恒流源差动放大电路如图 1-14 所示，试确定 R_{b7}、R_{b8}和 R_e 的值。

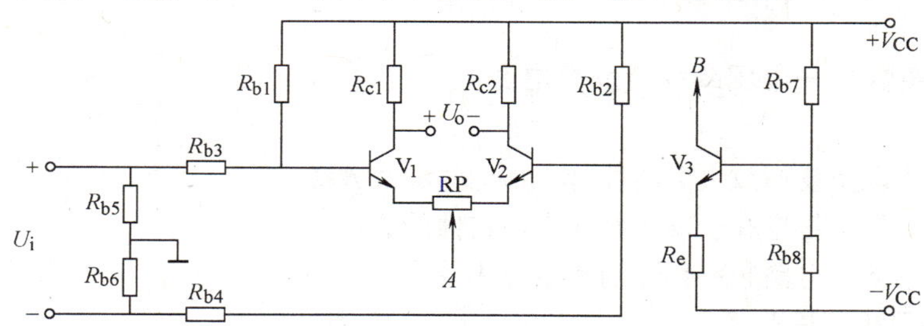

图 1-14 恒流源差动放大电路

R_{b1}、R_{b2} 300kΩ R_{b3}、R_{b4} 20kΩ R_{b5}、R_{b6} 510Ω V_1、V_2、V_3 3DG6（β_1、β_2、β_3 50） U_{CE3} 4V V_{CC} 12V R_{c1}、R_{c2} 10kΩ

②恒流源差动放大电路如图 1-15 所示，要求差模电压放大倍数 $A_d\geqslant 6$，试确定 R_e 和 R_L 的值。

③可调增益的差动放大电路如图1-16所示，要求差模电压放大倍数可在 15 ~ 40 倍之间可调，试确定 RP_2的值，并选择其阻值的调节范围。

3. 实验内容及要求

①根据题目要求确定电路中各元件的值，并写出计算过程。

②安装调试电路。

③测量静态工作点，测量电路的各项动态指标，使其满足设计要求。

④自拟实验步骤和测试方法，分析实验结果，并说明电路的特点。

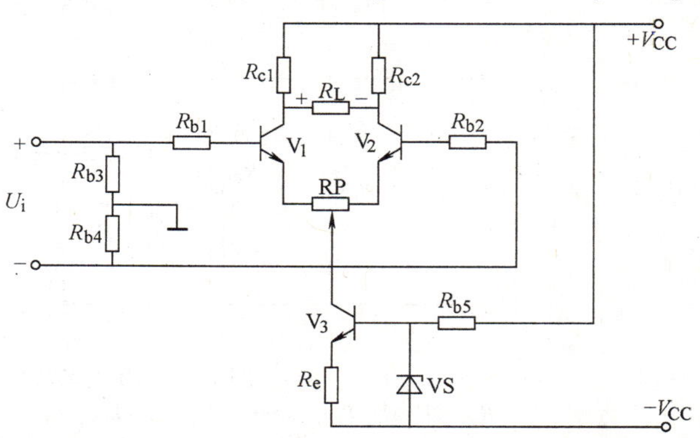

图 1-15 恒流源差动放大电路

R_{b1}、R_{b2}、R_{c1}、R_{c2} 10kΩ R_{b3}、R_{b4} 100Ω R_{b5} 2.2kΩ RP 200Ω V_1、V_2、V_3 3DG6（β_1、β_2、β_3 50 ~ 60） V_{CC} 12V VS 2CW16

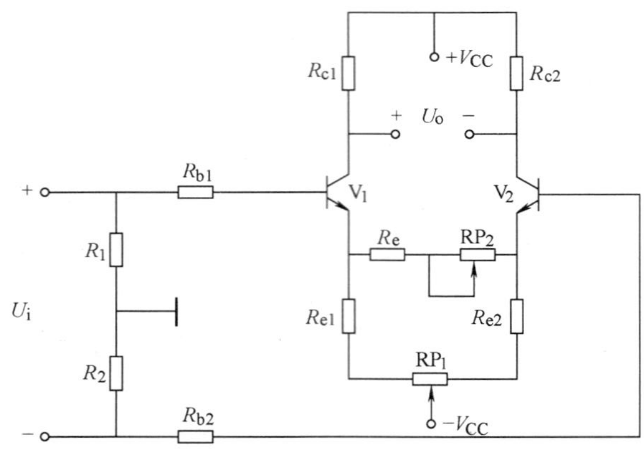

图 1-16 可调增益的差动放大电路

R_1、R_2 100Ω R_{b1}、R_{b2} 1kΩ R_{c1}、R_{c2} 2kΩ

R_{e1}、R_{e2} 10kΩ R_e 47Ω RP_1 2kΩ V_{CC} 12V

1.4 负反馈放大电路实验

1.4.1 验证性实验——电压串联负反馈电路

1. 实验目的

①掌握电压串联负反馈放大电路性能、指标的测试方法。

②通过实验了解电压串联负反馈对放大电路性能、指标的影响。

③掌握负反馈放大电路频率特性的测量方法。

2. 实验电路及仪器设备

（1）实验电路 电压串联负反馈电路如图 1-17 所示。

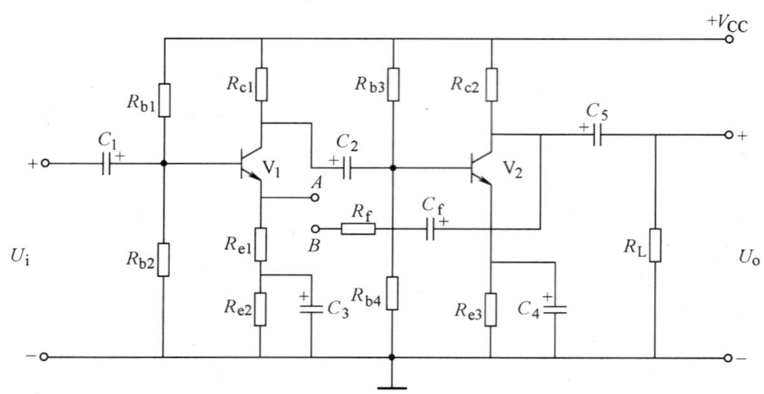

图 1-17 电压串联负反馈电路

R_{b1} 91kΩ R_{b2} 36kΩ R_{c1} 6.2kΩ R_{e1} 200Ω R_{e2} 4.3kΩ R_{c2} 4.7kΩ

R_{b3} 51kΩ R_{b4} 24kΩ R_L、R_f 10kΩ C_f 22μF C_1、C_2、C_5 10μF

C_3、C_4 47μF V_1、V_2 3DG6B （β_1、β_2 50～60） V_{CC} 12V

（2）实验仪器设备

①示波器 1 台
②信号发生器 1 台
③直流稳压电源 1 台
④交流毫伏表 1 台
⑤数字（或指针）式万用表 1 块
⑥实验箱 1 台

3. 实验内容及步骤

（1）测量放大电路的静态工作点　按图 1-17 连接电路，检查无误时接通电源，测量两级基本放大器的静态工作点 U_{B1}、U_{C1}、U_{E1} 和 U_{B2}、U_{C2}、U_{E2}。

（2）测量开环状态下放大电路 R_i、R_o、A_u　测量方法同实验 1.2，输入信号 U_i 自选。测量开环状态电压放大倍数时应确保输出不失真情况下进行，且考虑实际工作中的负载效应，必须同时将 R_f 并联于输入、输出回路，由于 $R_f >> R_{e1}$，因此可忽略 R_f 对输入回路的影响，将 R_f 并联于输出端，则 R_L 作为反馈等效电阻。

1）测量开环电压放大倍数 A_u　输入 $U_i=4\text{mV}$，$f=500\text{Hz}$，测出 U_o 求出 A_u。

2）测量开环输入电阻 R_i、输出电阻 R_o　开环状态时放大电路的输入电阻、输出电阻的测量方法同实验 1.2 中的有关内容。

（3）测量闭环状态下放大电路动态参数 A_{uf}、R_{if}、R_{of}

1）测量闭环放大倍数 A_{uf}　将负载 R_L 与输出端脱开，连接 A、B 两端，加入适当的输入信号，以确保输出电压最大且不失真时测出 U_{of}，求出 A_{uf}。

$$A_{uf}=\frac{U_{of}}{U_i} \tag{1-4}$$

2）测量闭环输入电阻 R_{if} 和输出电阻 R_{of}　接入 R_s，输入信号 U_{sf}，在确保输出波形不失真情况下测出 U_{sf}、U_{if}，求出 R_{if}；短路 R_s，用测量 R_o 的方法求出 R_{of}：

$$R_{if}=\frac{U_{if}}{U_{sf}-U_{if}}R_s \tag{1-5}$$

$$R_{of}=\left(\frac{U'_{of}}{U_{of}}-1\right)R_L \tag{1-6}$$

（4）了解负反馈对放大电路频率特性的影响

1）开环状态下，上限频率 f_H 和下限频率 f_L 的测定　将 A、B 断开，放大电路输出端接入 R_f，输入适当 U_i 信号，以确保输出不失真。用交流毫伏表测出输出电压 U_{om}，改变输入信号的频率，在确保 U_i 不变的情况下，降低输入信号的频率；或者增大输入信号的频率，分别使输出电压降至原来输出电压的 70.7%，此时所对应的输入信号的频率为下限频率 f_L 和上限频率 f_H，由此算出开环状态下放大电路的通频带：$f_{BW}=f_H-f_L$。

将输入信号 U_i 不变，在靠近 f_L 频率左右各测几个点，并记录各自对应的 U_o 值，按同样的方法在 f_H 左右再测几点，并记录此时各自对应的 U_o 值。求出 A_u，并绘出 A_u—f 曲线。

2）闭环状态下，上限频率 f_{Hf} 和下限频率 f_{Lf} 的测定　将 A、B 连接闭环状态下 f_{Hf}、f_{Lf} 的测量方法同 1），由此求出闭环状态下的通频带：$f_{BWf}=f_{Hf}-f_{Lf}$。

（5）观察负反馈对放大电路非线性失真的影响　在开环状态时调节输入信号使输出产生较小的非线性失真（但未进入截止与饱和区），测量输出电压并记录波形。在闭环状态时，保持输出信号不变，用示波器观察此时的输出波形有何改善。

（6）测量反馈电压，计算反馈深度　在保持上面闭环状态下，用交流毫伏表测量放大电路第一级发射极对地反馈电压 U_f，求出反馈系数 F，计算反馈深度 $|1+AF|$。

4. 思考题

①负反馈放大电路的反馈深度 $|1+AF|$ 决定了电路性能的改善程度，但是否 $|1+AF|$ 越大越好，为什么？

②负反馈为什么能改善放大电路的波形失真？

③若将实验电路中反馈网络的取样点由第一级发射极与第二级发射极相接，将出现什么现象？为什么？

1.4.2　提高性实验——电压并联负反馈电路

1. 实验目的

通过实验熟悉电压并联负反馈电路的基本特点。掌握主要指标的计算和测试方法。

2. 实验电路

电压并联负反馈电路如图 1-18 所示。

3. 实验内容及要求

①对实验电路静态值、动态值 A_{uf}、R_{if}、R_{of}进行理论估算。

②拟定实验步骤和测试方法，列出理论值与实验测试值表格。

③对实验电路进行静态与动态参数测试，并与估算值比较，分析产生误差的原因。

1.4.3　设计性实验

1. 实验目的

①掌握电流并联负反馈和电压串联负反馈放大电路的基本特点，元件参数的计算和选择方法，进一步了解负反馈对放大电路性能的影响。

②掌握用集成运算放大器构成电压并联负反馈和电压串联负反馈电路的设计方法和调试方法，并了解它们的特点。

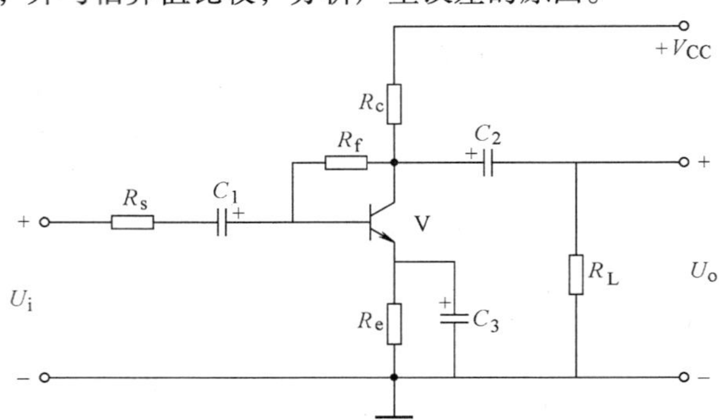

图 1-18　电压并联负反馈电路

R_s、R_c、R_L　10kΩ　R_f　100kΩ　R_e　2kΩ　C_1、C_2　10μF　C_3　47μF　V　3DG6　（β　50～60）　V_{CC}　18V

2. 实验题目

①计算图 1-19 所示电流并联负反馈电路的电阻 R_b、R_{e1}、R_{e2}、R_f 的值。要求静态工作点 $I_{c1}=0.6\text{mA}$、$I_{c2}=1\text{mA}$。

②确定图 1-20 电压串联负反馈电路的反馈电阻 R_f 的值。要求开环增益$A_u \geqslant 200$，$A_{uf} \geqslant 20$。

③利用集成运算放大器设计一个电压并联负反馈电路。要求闭环增益 $A_{uf}=-10$，输入电阻 $R_{if}=10\text{k}\Omega$。由集成运放构成的电压并联负反馈电路如图 1-21 所示。

④利用集成运算放大器设计一个电压串联负反馈电路。要求闭环增益 $A_{uf}=11$。输入电阻 $R_{if}>100\text{k}\Omega$。

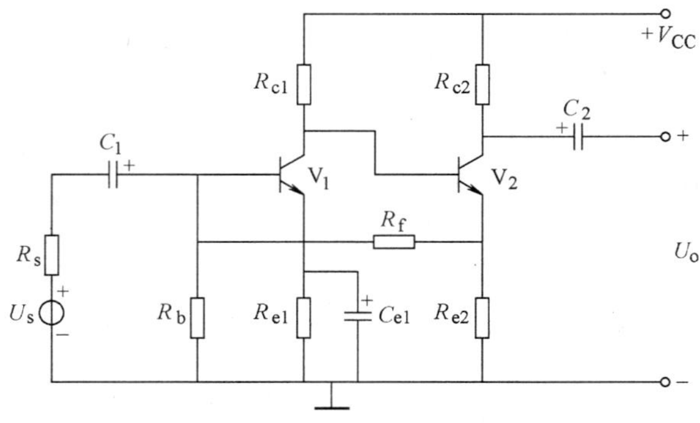

图 1-19　电流并联负反馈电路

R_{c1}　13kΩ　R_{c2}　6.2kΩ

R_s　5.1kΩ　C_1、C_2　10μF　C_{e1}　47μF　V_1、V_2　3DG6　（β_1、β_2　50～60）　V_{CC}　12V

3. 实验内容及要求

（1）图 1-19 所示电流并联负反馈电路

①根据静态工作点及闭环增益要求确定电阻 R_b、R_{e1}、R_{e2}和 R_f 的值。

②安装调试电路。

③测量静态工作点、闭环增益 A_{uf}、输入电阻 R_{if}、输出电阻 R_{of}及反馈系数 F。

④测量电路的频率响应。

⑤将理论值与实验测量值进行比较，看是否符合要求，若不符合要求则需重新调节元件参数，使之达到设计要求。

（2）图 1-20 所示电压串联负反馈电路

①根据开环增益 $A_u \geqslant 200$，闭环增益 $A_{uf} \geqslant 20$ 的要求，确定反馈电阻 R_f。

②组装调试电路。

③根据 R_f 值测量开环增益 A_u、闭环增益 A_{uf}，调整元件使之达到设计要求。

④若将所用晶体管的β值改为$\beta_1=\beta_2=100$，分析计算电路开环增益与闭环增益稳定度，并作实测比较，分析总结β的大小与增益稳定度的关系。

（3）利用集成运放设计的反馈放大电路

①根据设计所确定的元件参数组装电路，并进行调试。

②测量闭环增益 A_{uf}、输入电阻 R_{if}、输出电阻 R_{of}和上限频率 f_H，并与估算值比较，若有误差，试分析产生误差的原因，找出解决的方法。

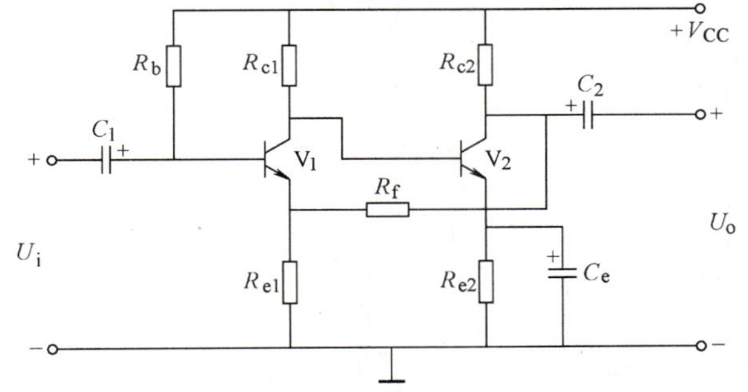

图 1-20 电压串联负反馈电路

R_b 200kΩ R_{c1} 10kΩ R_{e1} 510Ω R_{c2} 4.3kΩ R_{e2} 2kΩ C_1、C_2 10μF C_e 47μF V_1、V_2 3DG6 （β_1、β_2 50～60） V_{CC} 12V

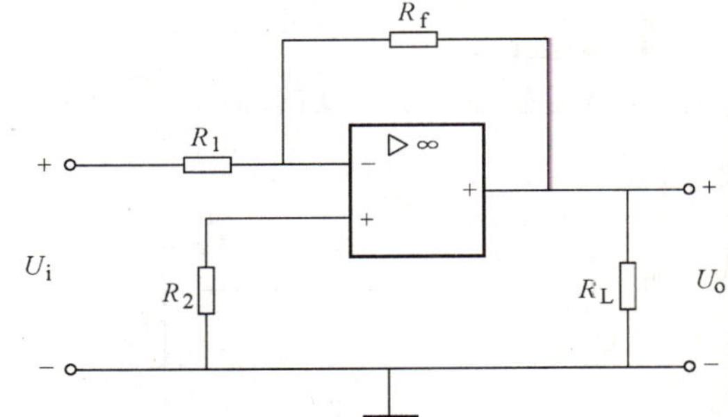

图 1-21 由集成运放构成的电压并联负反馈电路

1.5 比例、求和运算电路实验

1.5.1 验证性实验——比例运算电路

1. 实验目的

①熟悉由集成运算放大器组成的基本比例运算电路的运算关系。

②掌握集成比例运算电路的调试和实验方法，验证理论，分析结果。

2. 实验电路及仪器设备

（1）实验电路 比例运算实验电路如图 1-22 所示。

（2）实验仪器设备

①双路直流稳压电源　1台
②示波器　1台
③直流信号源　1台
④数字万用表　1台
⑤实验箱　1台

3. 实验内容及步骤

（1）反相比例放大器

①反相比例放大器测试电路如图1-22a所示。图中 $R_f = 100\text{k}\Omega$，$R_1 = 10\text{k}\Omega$，$R_2 = R_1 /\!/ R_f$。根据所选用集成运算放大器的引脚功能，组装实验电路，检查无误后接通电源。

②消振。将输入端接地，用示波器观察输出端是否存在自激振荡。若存在，应采取适当的措施加以消除（一般根据所选集成运放的使用说明加以消除）。

③调零。将输入端接地，用直流电压表检测输出电压，检查 U_0 是否等于零。若 U_0 不等于零，应调节调零电位器，保证 U_I 等于零时，U_0 等于零。

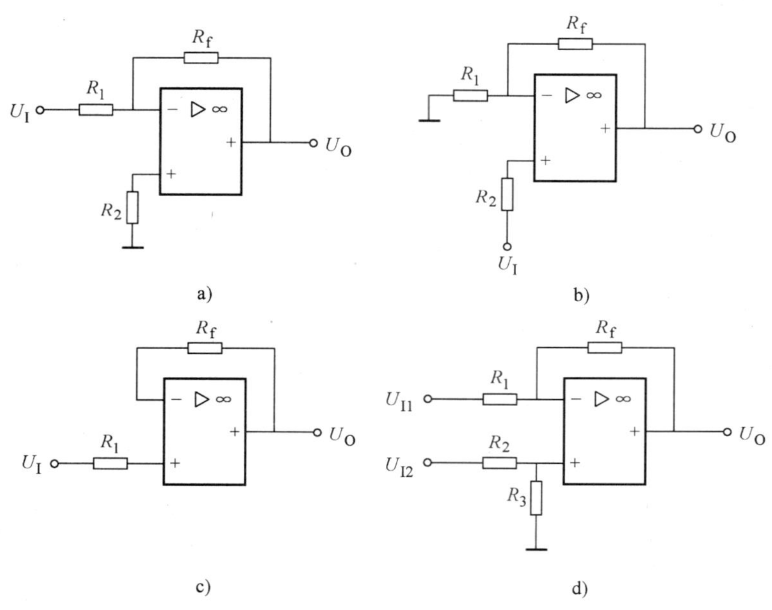

图1-22　比例运算实验电路
a）反相比例放大器　b）同相比例放大器　c）电压跟随器　d）差动放大器

④在输入端加入直流信号，信号的电压值见表1-16。用直流电压表测量输出电压 U_0，将测量值记入表1-16中。

表1-16　U_O 与 U_I 关系表

直流输入电压 U_I/V		反相比例放大器		同相比例放大器	
		0.1	0.2	0.1	0.2
输出电压 U_O	理论估算值				
	测量值				
	误差（%）				

（2）同相比例放大器

①同相比例放大器测试电路如图 1-22b 所示。图中 R_f、R_1、R_2 的参数值同图 1-22a，按图接线，检查无误后接通电路。

②消振，调零，方法同（1）中的②、③。

③在输入端加入直流信号，信号的电压值见表 1-16，测量值记入表 1-16 中。

（3）电压跟随器　电压跟随器测试电路如图 1-22c 所示。图中 $R_f = R_1 = 10\text{k}\Omega$，按图接线，检查无误后接通电源，调零，输入端加入直流信号，信号的电压值见表 1-17。测量输出电压 U_O，将测量值记入表 1-17 中。

（4）差动比例放大器　差动比例放大器测试电路如图 1-22d 所示。图 $R_f = R_3 = 100\text{k}\Omega$，$R_1 = R_2 = 10\text{k}\Omega$，按图接线，接通电源，消振，调零，输入端 U_{I1}，U_{I2}同时加入直流信号，信号的电压值见表 1-17（注意信号的极性），测量输出电压 U_O，测量值记入表 1-17 中。

表 1-17　U_O 与 U_I 关系表

直流输入电压 U_I/V		电压跟随器				差动比例放大器	
		0.1	0.2	0.5	1	U_{I1} = +0.1V U_{I2} = −0.1V	U_{I1} = +0.2V U_{I2} = −0.2V
输出电压 U_O/V	理论估算值						
	测量值						
	误差（%）						

4. 思考题

①理想运算放大器有哪些特点？

②比例运算电路的运算精度与电路中哪些参数有关？如果运算放大器已选定，如何减小运算误差？

③在图 1-22a 电路中，若输入对地短路，输出电压 U_O 不等于零，说明电路存在什么问题？应如何处理？

④在图 1-22a 电路中，输入端接地后，用电压表测量出电压 U_O，发现 U_O 等于电源电压值，你能否说明电路发生了什么问题？

1.5.2　提高性实验——求和运算电路

1. 实验目的

加深对集成运算电路各元件参数之间，输入输出之间函数关系的理解，学会选择求和运算电路中个别元件参数，练习自拟实验步骤，提高独立实验的能力。

2. 实验电路

求和运算实验电路如图 1-23 所示。

3. 实验内容及要求

（1）反相求和电路

①分析图 1-23a 所示的反相求和电路，估算 R'数值。图中 $R_f = 100\text{k}\Omega$，$R_1 = R_2 = R_3 = R_4 = 10\text{k}\Omega$。

②设输入信号 $U_{I1} = 1\text{V}$，$U_{I2} = 2\text{V}$，$U_{I3} = -1.5\text{V}$，$U_{I4} = -2\text{V}$，估算 U_O 值。

③自拟实验步骤，选择实验仪器设备，在通用实验板上按图 1-23a 组装电路，验证 U_O 值。

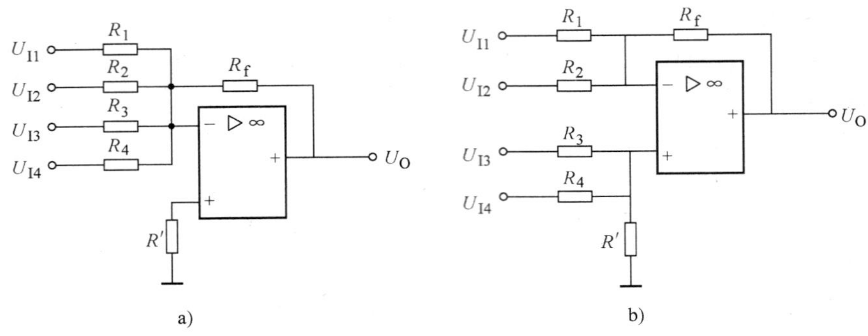

图 1-23　求和运算实验电路

a）反相求和电路　b）双端输入求和电路

（2）双端输入求和电路

①双端输入求和电路如图 1-23b 所示。图中 $R_f = 100\text{k}\Omega$，在下列条件下计算 R_1、R_2、R_3、R_4 和 R'的阻值，选出标称值。

$$\text{条件 A：} U_O = -10\ (U_{I1} + U_{I2} - U_{I3} - U_{I4})$$

$$\text{条件 B：} R_1 /\!/ R_2 /\!/ R_f = R_3 /\!/ R_4 /\!/ R'$$

②自拟实验步骤，选择实验仪器设备，按图 1-23b 所示电路接线，验证当输入直流信号 $U_{I1} = 1\text{V}$、$U_{I2} = 2\text{V}$、$U_{I3} = 1.5\text{V}$、$U_{I4} = 2\text{V}$ 时，输出电压 U_O 值。

以上实验所用运算放大器可选用 LM324、OP07、CF741 或自选。

1.5.3　设计性实验

1. 实验目的

掌握比例、求和电路的设计方法。通过实验，了解影响比例、求和运算精度的因素，进一步熟悉电路的特点和功能。

2. 实验题目

①设计一个数学运算电路，实现下列运算关系：

$$U_O = 2U_{I1} + 2U_{I2} - 4U_{I3}$$

已知条件如下：

$$U_{I1} = 50 \sim 100\text{mV}$$

$$U_{I2} = 50 \sim 200\text{mV}$$

$$U_{I3} = 20 \sim 100\text{mV}$$

②设计一个由两个集成运算放大器组成的交流放大器。设计要求如下：

输入阻抗	10kΩ
电压增益	10^3 倍
频率响应	20 ~ 100Hz
最大不失真电压	10V

③设计一个能实现下列运算关系的电路：

$$U_O = -10U_{I1} + 5U_{I2}$$

$$U_{I1} = U_{I2} = 0.1 \sim 1\text{V}$$

3. 实验内容及步骤

（1）数学运算电路

①根据设计题目要求，选定电路，确定集成运算放大器型号，并进行参数设计。

②按照设计方案组装电路。

③在设计题目所给输入信号范围内，任选几组信号输入，测出相应的输出电压 U_O。将 U_O 的实测值与理论计算值作比较，计算误差。

④研究运算放大器非理想特性对运算精度的影响，在其他参数不变的情况下，换用开环增益较高的集成运算放大器，重复内容③，试比较运算误差，作出正确结论。

⑤写出设计总结报告。

（2）交流放大电路

①同数学运算电路①要求。

②同数学运算电路②要求。

③测量放大器的输入阻抗、电压增益、上限频率、下限频率和最大不失真输出电压值。如果测量值不满足设计要求，要进行相应的调整，直到达到设计要求为止。

④写出设计总结报告。

1.5.4 比例运算电路的设计与调试

1. 比例运算电路的误差分析

比例运算电路是集成运算放大器的重要应用之一。如各种加、减法运算电路都可以看成是比例运算电路的延伸。比例运算电路的设计问题，在实际应用中是比较复杂的。实际运算电路的运算关系式与理想的运算关系式之间存在一定的偏差，影响运算精度，造成运算误差。为此，有必要讨论比例放大器的某些特性和非理想状态下所引入的误差，作为全面了解比例运算电路误差分析，正确选用运算放大器设计外接电路参数的理论依据。

运算放大器的运算误差主要来源有两个方面：一是失调和漂移误差；二是参数不理想引起的误差，现讨论如下：

（1）失调和漂移误差

1）失调电压 U_{IO} 的影响　仅考虑失调电压 U_{IO} 影响的电路如图 1-24a 所示。可以证明，此时的输出电压 U'_O 为

$$U'_O = (1 + R_f/R_1)\ U_{IO} \tag{1-7}$$

2）失调电流 I_{IO} 的影响　仅考虑失调电流 I_{IO} 影响的电路如图 1-24b 所示。图中 I_{BN} 与 I_{BP} 表示反相端与同相端的偏置电流。可以证明，当 $R' = R_1 /\!/ R_f$ 时，由 I_{BN} 与 I_{BP} 在输出端造成的输出电压 U''_O 为

$$U''_O = (I_{BN} - I_{BP})\ R_f = I_{IO} R_f \tag{1-8}$$

3）总的失调误差电压　当 $R' = R_1 /\!/ R_f$ 时，由失调电压 U_{IO} 和失调电流 I_{IO} 造成的输出端失调误差电压 ΔU_O 为

$$\Delta U_O = U'_O + U''_O = (1 + R_f/R_1)\ U_{IO} + I_{IO} R_f \tag{1-9}$$

习惯上常将输出失调误差电压折合到运算电路的输入端，用输出失调误差电压除以不同电路的闭路增益，可得到输入端失调误差 ΔU_i 为

反相端输入
$$\Delta U_i = (1 + R_1/R_f)\ U_{IO} + I_{IO} R_1 \tag{1-10}$$

同相端输入
$$\Delta U_i = U_{IO} + R' I_{IO} \tag{1-11}$$

4）补偿失调电压的方法

①为了减少失调引起的误差，在设计比例运算电路时，应尽量选用失调参量小的集成运算放大器，另外，电阻 R_1 的值不宜选择太大，即闭环电压增益不宜太低。

②选用 $R' = R_1 /\!/ R_f$ 的静态平衡电路。

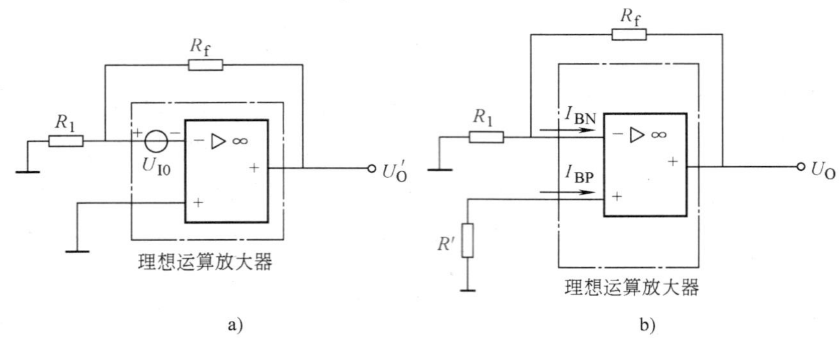

图 1-24 集成运算放大器误差分析电路

a）U_{IO}的影响 b）I_{IO}的影响

③采用适当的内部和外部调零电路，消除 U_{IO} 和 I_{IO} 的影响（具体的调零电路请查阅有关资料）。

5）失调漂移误差电压 输入失调电压和输入失调电流是随时间、温度、电源电压而变化的参数，因此由它们引进的误差也随这些因素变化，这种变化成为漂移。若仅考虑温度的变化，由式（1-10）和式（1-11）可直接求出等效到输入端的失调漂移误差电压 $\Delta U'_i$ 为

反相端输入 $$\Delta U'_i=\left[\left(1+\frac{R_1}{R_f}\right)\frac{\partial U_{IO}}{\partial T}+R_1\frac{\partial I_{IO}}{\partial T}\right]\Delta T \tag{1-12}$$

同相端输入 $$\Delta U'_i=\left[\frac{\partial U_{IO}}{\partial T}+R'\frac{\partial I_{IO}}{\partial T}\right]\Delta T \tag{1-13}$$

式中，$\partial U_{IO}/\partial T$ 为集成运算放大器失调电压温漂系数；$\partial I_{IO}/\partial T$ 为集成运算放大器失调电流温漂系数，在常温下（$T=25℃$），它们可近似表示 $\partial U_{IO}/\partial T\approx U_{IO}/T=0.04U_{IO}$；$\partial I_{IO}/\partial T=-0.01I_{IO}$。

运算放大器的漂移误差是随机变量，无法用调零的办法进行补偿，因此它是主要的误差源之一。

减小漂移的途径是，选用失调漂移小的集成运算放大器，合理地选择外接电路参数。在进行运算电路设计时，必须使电路的输入失调漂移 $\Delta U'_i$ 比输入信号最小值 U_{imin} 小得多，即 $\Delta U'_i \ll U_{imin}$。通常可按运算精度的高低确定它们的比值。例如运算精度为 1/100 时，$\Delta U'_i/U_{imin}<1/100$，否则将不能保证运算精度。

（2）反相比例放大器闭环增益误差分析 运算放大器的开环增益 A_{od}、差模输入电阻 r_{id} 和输出电阻 r_o 不太理想时，将使反相比例电路的闭环增益不单纯由外接回路的元件值决定，还与运算放大器本身的参数有关。下面分别研究 A_{od}、r_{id}、r_o 这几项参数对闭环增益的影响。

1）开环增益 A_{od} 的影响 可以证明，在仅考虑 A_{od} 为有限值时，放大器的闭环增益 A'_{uf} 用式（1-14）表示为

$$A'_{uf}=A_{uf}\ [1/\ (1+1/A_{od}F)\ ] \tag{1-14}$$

式中，A_{uf} 为理想闭环增益，$A_{uf}=-R_f/R_1$；F 为反馈系数，$F=R_1/\ (R_1+R_f)$；$A_{od}F$ 为环路增益，决定实际闭环与理想闭环之间的近似程度，括号中的量为增益误差系数，它与系数 1 之差就是增益误差。

由 A_{uf} 和 A'_{uf} 写出闭环增益的相对误差 δ 的表达式为

$$\delta=\ (A_{uf}-A'_{uf})\ /A_{uf}=1/\ (1+A_{od}F) \tag{1-15}$$

因为 $A_{od}F\gg 1$，所以式（1-15）又可以改写成

$$\delta\approx 1/\ (A_{od}F) \tag{1-16}$$

式（1-16）说明，闭环增益的相对误差与环路增益成反比。利用这个公式可求出有限的环路增益所引起的相对误差，也可以根据所要求的相对误差求出环路增益，以便选择符合要求的集成运算放大器。

2）A_{od}和r_{id}的影响　在仅考虑开环增益A_{od}和差模输入电阻r_{id}为有限值时，A'_{uf}的表达式为

$$A'_{uf}=A_{uf}\ \{1/\ [1+1/\ (A_{od}F')]\} \tag{1-17}$$

式中，$F'=F\ [r_{id}/\ (r_{id}+2R')]$；$R'=R_1/\!/R_f$。

比较式（1-14）和式（1-17）可知，同时考虑A_{od}和r_{id}为有限值的影响时，只要用新的反馈系数F'代替式（1-14）中的F，则闭环增益A'_{uf}仍具有表达式（1-14）的形式。因此，若用F'代替式（1-15）中的F，则式（1-15）也同样成立。此时，相对误差δ的表达式为

$$\delta=\frac{1}{A_{od}F'} \tag{1-18}$$

分析式（1-18）可以看出，F'反映了差模输入电阻r_{id}的影响，r_{id}的作用使负反馈削弱，减小反馈系数（$F'<F$），造成电路的相对误差增大。

3）A_{od}和r_o的影响　在实际应用中，运算放大器的输出电阻r_o不可能等于零，所以当同时考虑A_{od}和r_o的影响时，A'_{uf}的表达式为

$$A'_{uf}=A_{uf}\left(\frac{1}{1+\frac{1}{A'_{od}F}}\right) \tag{1-19}$$

$$A'_{od}=\frac{A_{od}}{1+\frac{r_o}{R_f/\!/R_L}}-\frac{R_f/\!/R_L/\!/r_o}{R_f}$$

比较式（1-19）和式（1-14）可知，考虑r_o的影响时，A'_{uf}的表达式仍具有式（1-14）的形式，只是用A'_{od}代替了式（1-14）中的A_{od}。

输出电阻r_o的影响使电路的有效环路增益减小了（$A'_{od}F<A_{od}F$），闭环增益的相对误差增大了。用A'_{od}代替式（1-15）中的A_{od}后，式（1-15）同样成立。

4）总的运算误差及最佳参数选择　经上述分析，可以得出同时考虑A_{od}、r_{od}、r_o为非理想参数时，A'_{uf}的表达式为

$$A'_{uf}=A_{uf}\left[\frac{1}{1+\frac{1}{A''_{od}F'}}\right] \tag{1-20}$$

$$A''_{od}=A'_{od}-\frac{R'\ (R_f/\!/R_L/\!/r_o)}{R_f r_{id}}$$

$A'_{uf}F'$由式（1-17）和式（1-19）决定。

必须指出，在A_{od}、r_{id}、r_o这三个参数中，A_{od}和r_{id}，特别是A_{od}，是引起闭环增益误差的主要原因。因此常用式（1-14）和式（1-17）来描述实际的闭环增益。

同时应注意，闭环增益的相对误差，不仅与A_{od}、r_{id}、r_o有关，还与外电路的元件参数R_f和R_1有关，因此，在集成运算放大器型号已选定的条件下，若能合理的选择外接回路中的电阻值，也可降低A_{od}、r_{id}、r_o非理想参数对闭环精度的影响。

由$\mathrm{d}A''_{od}F'/\mathrm{d}R_f=0$，可求得$A''_{od}F'$最大时的最佳反馈电阻为

$$R_{f佳}=\sqrt{\frac{r_{id}r_oR_L}{2F\ (R_L+r_o)}} \tag{1-21}$$

当$R_L>>r_o$时，则

$$R_{f佳} = \sqrt{\frac{r_{id} r_o}{2F}} \tag{1-22}$$

实际计算时，F 可根据已知的闭环增益求得，即 $F = 1/（1 - A_{uf}）$。

（3）同相比例放大器的误差分析

1）闭环增益误差　运算放大器参数 A_{od}、r_{id}、r_o 对同相运算放大器闭环增益的影响，可仿照反相运算放大器的分析方法进行。它的实际闭环增益表达式仍具有式（1-14）的形式，只是 $A_{uf} = 1 + R_f/R_1$。因此，写出环路增益的表达式后，就可以按照式（1-14）的形式写出实际闭环增益的表达式，计算闭环增益的相对误差。

当仅考虑 A_{od} 的影响时，同相放大器的环路增益为 $A_{od}F$。当考虑 A_{od} 和差模输入电阻 r_{id}、共模输入电阻 r_{ic} 的影响时，环路增益为 $A_{od}F'$，在 $|r_{ic}| >> |R_1|$，$|r_{ic}| >> |R_f|$，$|r_{ic}| >> |R'|$ 的条件下 F' 为

$$F' = \frac{F}{1 + \frac{1}{r_{id}}[R' + (R_1 /\!/ R_f)] + \frac{R'}{r_{ic}}} \tag{1-23}$$

当考虑 r_o 和 R_L 的影响时，环路增益为 $A'_{od}F$，A'_{od} 为

$$A'_{od} = \frac{A_{od}}{1 + \frac{r_o}{R_L /\!/ (R_1 + R_f)}} \tag{1-24}$$

当同时考虑 A_{od}、r_{id}、r_{ic}、r_o 和 R_L 的影响时，环路增益约等于 $A'_{od}F$，这里不再详述。与反相比例运算放大器的分析方法相同，同相比例运算放大器的最佳反馈电阻表达式为

$$R_{f佳} = \sqrt{\frac{A_{uf} r_{id} r_o}{2}} \tag{1-25}$$

2）共模抑制比的影响　与反相比例运算放大器不同，同相比例运算放大器同相端和反相端电压不等于零，且加有共模电压。因此，共模抑制比为有限值时也是产生运算误差的重要因素之一。

可以证明，当考虑共模抑制比 K_{CMR} 为有限值时，同相运算放大器的 A'_{uf} 表达式为

$$A'_{uf} = A_{uf}\left[\frac{1 + \frac{1}{K_{CMR}}}{1 + \frac{1}{A_{od}F}}\right] \tag{1-26}$$

由式（1-26）可知，为了提高运算精度，除了要加大环路增益外，还必须选用共模抑制比大的集成运算放大器。当 $A_{od}F >> 1$ 时，式（1-26）可简化为式（1-27）：

$$A'_{uf} = \frac{U_o}{U_i} \approx A_{uf}\left(1 + \frac{1}{K_{CMR}}\right) \tag{1-27}$$

由式（1-27）可以导出 K_{CMR} 在输出端引起的误差电压 ΔU_o 为

$$\Delta U_o \approx \frac{A_{uf}}{K_{CMR}} U_i$$

折合到输入端的误差电压为

$$\Delta U_i \approx U_i / K_{CMR}$$

2. 反相比例放大电路的设计与调试

反相比例放大电路的设计，就是根据设计指标，选择集成运算放大器和计算外电路参数。通常已知的设计指标有：闭环电压增益 A_{uf}；输入电阻 R_{if}；闭环带宽 f_{BWf}；最小输入信号 U_{imin}；额定输出电压 U_{omax}；负载电阻 R_L；工作温度范围等。

（1）选择集成运算放大器　选用集成运算放大器时，应先查阅有关手册，了解集成运算放大器的下列主要参数：开环电压增益 A_{od}；开环带宽 f_{BW}，失调电压 U_{I0} 和温度漂移 $\partial U_{I0}/\partial T$，失调电流 I_{I0} 和温度漂移 $\partial I_{I0}/\partial T$；输入偏置电流 I_B；差模输入电阻 r_{id} 和输出电阻 r_o 等。然后，选用能满足设计指标的运算放大器。

由前面的误差分析可知，为了减小反向比例放大器的失调、漂移和闭环增益误差，应尽量选用失调小、漂移小、开环电压增益高、输入电阻大和输出电阻低的集成运算放大器。如果设计指标中给定了闭环增益相对误差 δ 的指标，则选用运算放大器的开环增益 A_{od} 必须满足下列关系：

$$\delta > \frac{1}{1 + A_{od}F}$$

$$A_{od} = \frac{1-\delta}{\delta}\frac{1}{F} \approx \frac{1-\delta}{\delta}A_{uf}$$

此外，为了减小放大电路的动态误差，集成运放的单位增益带宽 f_o 和转换速率 S_R 必须满足下列关系：

$$f_o > |A_{uf}| f_{BWf}$$

$$S_B > 2\pi f_{max} U_{omax}$$

式中，f_{max} 为输入信号的最高频率。

（2）计算最佳反馈电阻　根据式（1-21）计算出最佳反馈电阻 R_f 也是集成运算放大器的一个负载，为了保证放大电路工作时，不超过集成运算放大器额定输出电流 I_o，最佳反馈电阻的选取还必须满足下列关系：

$$R_{f佳} /\!/ R_L > \frac{U_{omax}}{I_o}$$

如果求出的反馈电阻较小，不满足上述要求，就应另选 I_o 大的运放组件或选用比 $R_{f佳}$ 值大的电阻。

（3）计算反向端输入电阻 R_1　反向端输入电阻 R_1 的值可由下面关系式求得

$$R_1 = -\frac{R_f}{A_{uf}}$$

但应注意，因为反向比例放大器的输入电阻 $R_{if} = R_1$，所以 R_1 的计算结果应满足闭环输入电阻的指标要求，即 $R_1 >> R_{if}$，否则应改变 R_f 或另选 r_{id} 更大的运算放大器。

（4）计算平衡电阻 R'　当 R_f 与 R_1 值确定之后，同相端所接平衡电阻 $R' = R_1 /\!/ R_f$。

（5）计算输入失调漂移误差电压　将选用运算放大器给定的参数代入式（1-14）中，将计算结果 $\Delta U'$ 与 U_{imin} 比较，应满足 $\Delta U_i' < U_{imin}$，否则应重新选择运算放大器。

（6）调试方法

①按照所设计的电路接线，特别要注意选用运算放大器输入端的应用方法，弄清电源端、调零端、输入输出端。有些情况下，需按手册要求接入补偿电路。

②在输入端接地的情况下，用示波器观察输出端是否存在自激振荡现象。如有，应调整补偿电容，检查电路是否工作在闭环状态，直到完全消除自激现象为止。

3. 同相比例放大电路的设计与调试

同相比例放大电路的设计目的和已知的设计指标都与反相比例放大电路类似，具体的设计方法可采取以下几个步骤：

（1）选择集成运算放大器　在同相放大电路的设计中，选择运算放大器时，除考虑反相比例放大电路设计中提出的各项要求外，还应特别注意存在共模输入信号的问题。一般要求集成运算放大器的共模输入电压范围必须大于实际的共模输入信号幅值，除此之外还要有很高的共模抑制比。例如，要求共模误差电压小于 ΔU_o时，运算放大器的共模抑制比 K_{CMR}必须满足式（1-26）导出的关系式：

$$K_{CMR} > \frac{U_{ic}}{\Delta U_o} A_{uf}$$

式中，U_{ic}为集成运算放大器输入端的实际共模输入信号，若 $U_{ic} \neq U_i$，则上式中的 A_{uf}应为 $U_{ic}/(U_i A_{uf})$。

（2）计算反馈网络的元件参数　按照式（1-25）计算同相比例放大器的最佳反馈电阻 R_f，R_f确定后，反相端所接电阻 R_1 可由下式求得

$$R_1 = \frac{R_f}{A_{uf} - 1}$$

另外，为了保证电路工作时不超过集成运算放大器的额定电流 I_o，对反馈网络元件的参数还应满足下列关系：

$$R_L // (R_f + R_1) > \frac{U_{omax}}{I_o}$$

（3）计算平衡电阻 R'　同相比例放大器同相端平衡电阻 $R' = R_1 // R_f$。当考虑信号源内阻时，$R' = R_1 // R_f - R_s$。

（4）计算输入失调漂移误差电压　按照式（1-13）计算同相比例放大电路的输入失调漂移误差电压 $\Delta U'_i$，要求 $\Delta U'_i << U_{imin}$。例如，当要求漂移误差小于 1% 时，$\Delta U'_i << U_{imin}/100$。否则将无法满足精度要求。

（5）调试方法　同相比例放大器的消振、调零方法同反相比例放大器。

1.6　积分运算电路实验

1.6.1　验证性实验——基本积分电路运算关系的研究

1. 实验目的

了解由集成运算放大器组成的积分运算电路的基本运算关系，掌握积分电路的调试方法。

2. 实验电路及仪器设备

（1）实验电路　基本积分实验电路如图 1-25 所示。

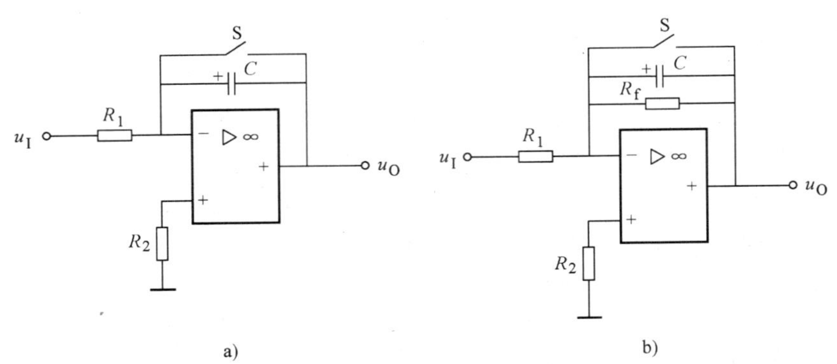

图 1-25　基本积分实验电路

a）基本积分电路　b）改进积分电路

（2）实验仪器设备

①双路直流稳压电源 1台

②双踪示波器 1台

③信号发生器 1台

④交流毫伏表 1台

⑤数字万用表 1块

⑥数字秒表 1块

⑦实验箱 1台

3. 实验内容及步骤

（1）基本积分器

①按图1-25a所示电路，根据所选运放的引脚功能接线。图中 $R_1=R_2=510\text{k}\Omega$，$C=22\mu\text{F}$。检查接线无误后。接通电源，消振。

②调整积分零漂　将输入端接地，开关S闭合，此时积分器复零。用数字电压表监测输出电压，若输出电压不为零，应调整运算放大器的调零电位器，使 $u_O=0$。然后打开开关S，再次调整调零电位器，使积分器零漂最小。

③在输入端加入直流信号 $u_I=0.5\text{V}$，用数字万用表监测输出电压、先闭合开关S。使积分器复零，然后打开S。观察积分现象，记录输出电压 u_O 与时间 t 的关系（用数字秒表记录时间，可10s读数一次），直到 u_O 基本不变化为止。改变输入信号，使 $u_I=1\text{V}$，记录 u_O 与时间 t 的关系。实验数据填入表1-18中。

表1-18　积分器的输出和输入关系

$u_I=0.5\text{V}$	t/s	
	u_O/V	
$u_I=1\text{V}$	t/s	
	u_O/V	

（2）改进型积分器

①按图1-25b所示电路接线，图中 $R_1=10\text{k}\Omega$，$R_2=9.1\text{k}\Omega$，$R_f=1\text{M}\Omega$，$C=0.022\mu\text{F}$。检查无误后，接通电源，消振，调零。

②输入幅值为1V的正弦波电压信号，用双踪示波器观察并记录信号频率分别为500Hz、1kHz时电压 u_I 与 u_O 的幅值和周期。测量结果记入表1-19中。

③输入幅值为1.5V，频率为1kHz的方波信号，用双踪示波器观察并记录 u_I 与 u_O 的波形。测出 u_O 的幅值，测量结果记入表1-19中。

表1-19　积分器的输出波形及其参数

信号频率/Hz 波形	500	1000	1500

4. 思考题

①实际应用中，积分器的误差与哪些因素有关？最主要的有哪几项？

②分析图1-25b所示电路中 R_f 的作用，简单说明 R_f 的阻值对积分的精度有什么影响？如果 R_f 开路，该积分器能否正常工作？为什么？

③图 1-25b 电路中，若输入 1V、1kHz 的正弦电压信号，试估算 u_O 的幅值，画出 u_O 的波形。若输入信号的幅值不变，仅改变信号的频率，输出电压的幅值是否会有变化？为什么？

④在调整积分零漂实验步骤中，开关 S 闭合，调节调零电位器使输出电压 $u_O=0$。为什么打开 S 后，还要调整积分漂移最小，你是怎么理解的，请简略回答。

1.6.2 提高性实验——积分电路的应用

1. 实验目的

掌握积分运算电路元件参数选择方法，扩充积分电路的应用知识，对积分运算电路进行深入研究。

2. 实验电路

求和积分器、积分——微分电路如图 1-26 所示。

3. 实验内容及要求

（1）求和积分器

①求和积分器实验电路如图 1-26a 所示，图中 $R_3=510\text{k}\Omega$，$C=1\mu\text{F}$。集成运算放大器为理想运算放大器，试根据图中所给元件参数，估算 R_1 和 R_2 的阻值。

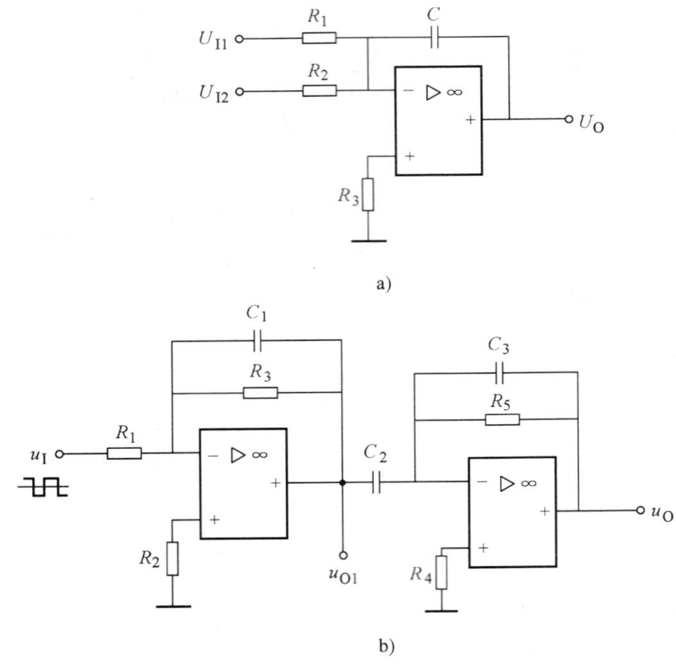

图 1-26 积分器应用电路

a）求和积分器 b）积分-微分电路

②分析电路的工作原理，写出 u_O 的表达式。若输入信号 $U_{I1}=U_{I2}=1\text{V}$，在时间 $T=15\text{s}$ 的范围内，画出求和积分器的输出特性曲线，分别估算 $U_{I1}=0$、$U_{I2}=1\text{V}$；$U_{I1}=1\text{V}$、$U_{I2}=0$；$U_{I1}=U_{I2}=1\text{V}$ 时的输出电压 u_O 值。

③组装电路，自拟实验步骤，选择实验仪器及设备，验证②项中所得出的结论。

④注意严格选配电阻 R_1、R_2 及 R_3。参考验证性实验的调零方法，使积分器的积分零漂最小。

⑤观察 $U_{I1}=0$、$U_{I2}=1\text{V}$；$U_{I1}=1\text{V}$、$U_{I2}=0$；$U_{I1}=U_{I2}=1\text{V}$ 时的积分现象，然后将 U_{I1} 和 U_{I2} 均

接地，在 $T=15\text{s}$ 的时间内，观察求和积分器的零漂，测 $U_{I1}=U_{I2}$ 时的输出特性曲线，计算实测的漂移值（单位为 mV/s）。

（2）积分-微分电路

①积分-微分运算电路如图 1-26b 所示，图中 $R_1=R_2=R_4=R_5=10\text{k}\Omega$，$R_3=1\text{M}\Omega$，$C_1=C_2=0.1\mu\text{F}$，$C_3=1000\text{pF}$。

②分析电路的工作原理，试说明 C_1、C_3、R_3、R_5 在电路中的作用。若输入一定幅值一定频率的方波信号，试定性画出 u_O 与 u_{O1} 的波形。

③自拟实验步骤，组装电路，验证②项中所得出的结论。输入信号的幅值和频率可自选。

④写出实验报告。

1.6.3 设计性实验

1. 实验目的

通过积分运算电路设计性实验，学会简单积分电路的设计及调试方法，了解引起积分器运算误差的因素，初步掌握减小误差的方法。

2. 设计题目

①设计一个积分运算电路，用以将方波变换成三角波。已知输入方波的幅值为 2V，周期为 1ms。输入电阻 $R_i \geqslant 10\text{k}\Omega$。

②设计一个电路，当其输入为 1.5V 阶跃电压时，其输出产生斜坡电压，斜坡输出波形如图 1-27 所示。

3. 实验内容及要求

①按题目要求写出设计报告。

②组装调整所设计的积分电路（可参考图 1-31），观察积分电路的积分漂移，对该电路调零或将积分漂移调至最小。

③按设计指标要求分别给所设计电路输入方波和阶跃电压信号，观察输出波形，记录输出波形的幅值与周期，与设计指标相比较，若有出入，应适当调整电路参数，直至达到设计指标为止。

④分析误差及误差产生的原因。

⑤写出设计总结报告。

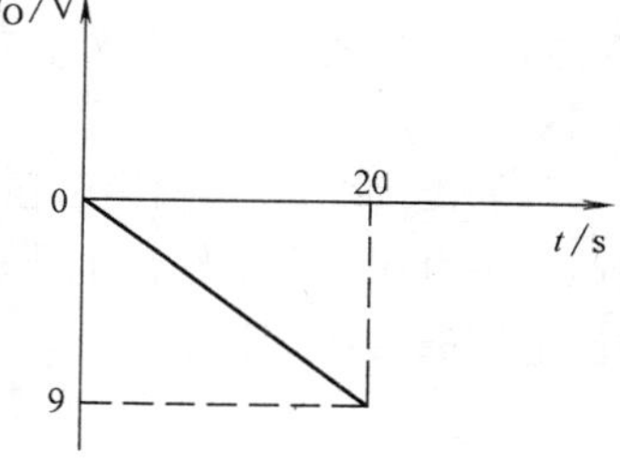

图 1-27 斜坡电压输出波形

1.6.4 积分器的设计与调试

1. 理想积分器特性分析

基本积分电路如图 1-28 所示。若所用集成运算放大器是理想放大器，则输出电压与输入电压的积分关系成比例，表达式为

$$U_O=-\frac{1}{RC}\int u_I(t)\,\mathrm{d}t \tag{1-28}$$

若 u_I 选用阶跃信号，$t\geqslant 0$ 时，输出电压 u_O 的表达式为

$$\begin{cases} u_I=\begin{cases}0 & t<0\\ E & t\geqslant 0\end{cases} \\ u_O=-\dfrac{E}{RC}t \end{cases} \tag{1-29}$$

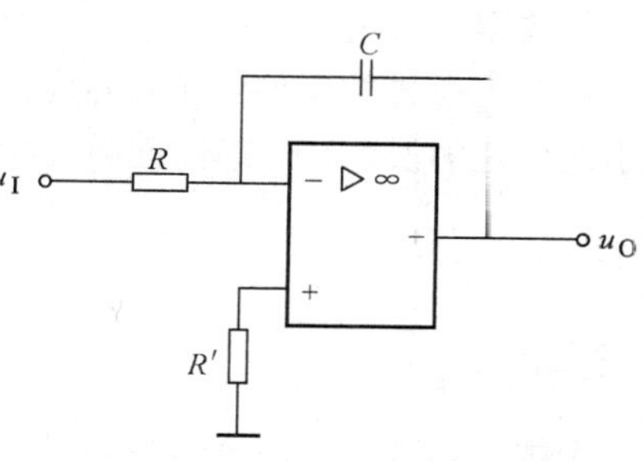

图 1-28 基本积分电路

式中，RC 为积分时间常数，因输出电压 u_O 的最大值受集成运算放大器的最大输出电压和输出电流限制，因此，积分时间是有限的。

2. 实际积分放大器误差定性分析

（1）U_{IO}、I_{IO}对积分器输出电压的影响　若考虑运算放大器失调电压 U_{IO}和失调电流 I_{IO}的影响，积分器输出电压的表达式为

$$\begin{cases} u_O = \dfrac{1}{RC}\int u_i \mathrm{d}t + \delta \\ \delta = \dfrac{1}{RC}\int U_{IO}\mathrm{d}t + \dfrac{1}{C}\int\left(I_{B1} - \dfrac{R'}{R}I_{B2}\right)\mathrm{d}t + U_{IO} - I_{B2}R' \end{cases} \tag{1-30}$$

式中，δ 为误差项，若取 $R = R'$，则 δ 的表达式可用式（1-31）表示为

$$\delta = \frac{1}{RC}\int U_{IO}\mathrm{d}t + \frac{1}{C}\int I_{IO}\mathrm{d}t + U_{IO} - I_{B2}R' \tag{1-31}$$

由式（1-31）可知，由于失调电压 U_{IO}和失调电流 I_{IO}的影响，在输入电压 $u_I = 0$ 时输出端就存在一定数值的零漂电压，这个电压随时间变化，通常称它为积分漂移，积分漂移是积分器的主要误差之一。减小积分漂移的主要措施有：

①选择失调小、漂移小的集成运算放大器，特别是对 I_{IO}和 I_B 这两个指标选择更应该严格一些。如积分器实验可选用型号为 LF356、LF411、LF351 的运算放大器。

②采用适当的补偿条件确定 R'值，使 R'与 R 严格匹配，减小 I_B 造成的影响。

③在积分时间常数一定的情况下，尽量增大积分电容 C 的值。但是 C 值越大，电容器的泄漏电阻的影响就越大。另外，加大 C 值以后，对积分器的输入电阻和积分速度都有影响，因此、要权衡考虑。

（2）A_{od}对积分器输出电压的影响　在实际应用中，运算放大器的开环增益 A_{od}都是有限的。因此，也对积分器的输出电压产生影响。经理论推导，当输入电压为阶跃信号，A_{od}为有限值时输出电压的表达式为

$$u_O = -\frac{E}{RC}t + \frac{E}{2A_{od}R^2C^2}t^2 \tag{1-32}$$

将式（1-29）与式（1-32）相比较，u_O 的相对误差表达式为

$$\delta = \frac{t}{2A_{od}RC} \tag{1-33}$$

由式（1-33）可得出如下结论：

①积分器输出电压的相对误差与开环增益和积分时间常数成反比，与积分时间成正比。

②开环增益越大，积分器相对误差越小，对于相同的 A_{od}和 RC 电路，积分时间越长，相对误差也越大。

③要得到较精确的积分运算，积分时间必须远远小于 A_{od}和 RC 之积。

（3）r_{id}引进的误差　在实际应用中，运算放大器的输入电阻 r_{id}不可能是无穷大，因此，必然引起一定的误差。经理论证明，考虑 r_{id}为有限值时，u_o 的相对误差表达式为

$$\delta = \frac{t}{2A'_{od}RC} \tag{1-34}$$

式中，$A'_{od} = \dfrac{r_{id}}{R + r_{id}}A_{od}$。

由式（1-34）可得出结论：输入电阻的作用是降低了开环电压增益，使相对误差增加。当然，如果 A'_{od}很大，r_{id}低一些也会有足够的精度，但是，选择运算放大器时，r_{id}还是越大越好。

(4) 积分电容的泄漏电阻引入的误差　如果考虑积分电容泄漏电阻 R_c 的影响，则 u_O 的相对误差表达式为

$$\delta = \frac{t}{2A_{od}\ (R/\!/R_c)\ C} \tag{1-35}$$

由式（1-35）可以看出，泄漏电阻 R_c 对积分器输出电压相对误差的影响很大。所以，选择漏电小、质量好的电容，对提高积分器的运算精度是很有必要的。通常选择聚苯乙烯、聚四氟乙烯或涤纶薄膜等优质电容。

(5) 有限的带宽引起的误差　实际的运算放大器带宽是有限的，这会直接影响积分器的传输特性，使积分器的输出产生一定的时间滞后现象。图 1-29 的曲线可以用来更形象地说明这个现象。运算放大器的带宽越窄，这种现象越严重。

因此，应尽量选用增益带宽积比较高的运算放大器。理论推导可以证明，有限的带宽引进的滞后时间表达式为

$$\Delta t = \frac{1}{A_{od}\omega_0} \tag{1-36}$$

式中，$\omega_0 = 2\pi f_{BW}$，f_{BW}是运算放大器的开环 -3dB 带宽。

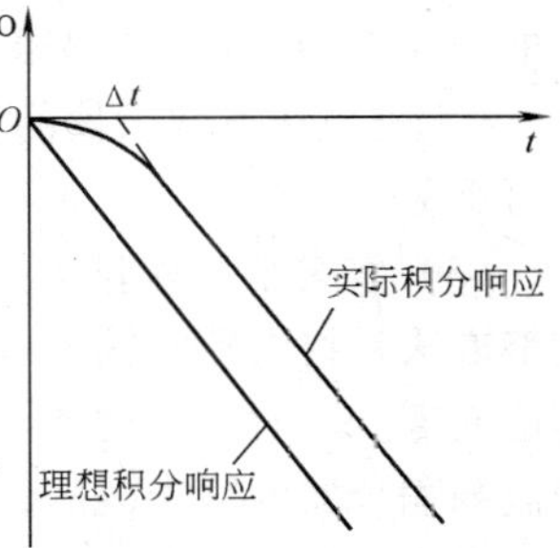

图 1-29　积分器的输出响应

3. 反相积分器的设计步骤与调试方法

(1) 选择电路形式　积分器的电路形式可根据设计要求来确定。例如，要进行两个信号的求和积分运算，应选用求和积分电路。如用于一般的波形变换和产生斜坡电压，则可选择积分器电路，见图 1-28。

(2) 电路元件参数的选择

1) R、C 值的确定　在反相积分放大器中，R 和 C 的数值决定积分电路的时间常数，由于受集成运算放大器最大输出电压 U_{omax}的限制，选择 R、C 参数时，其值必须满足如下公式：

$$RC \geqslant \frac{1}{U_{omax}}\int_0^t u_i \mathrm{d}t$$

对于阶跃信号，R、C 值则要满足下式：

$$RC \geqslant \frac{E}{U_{omax}}t \tag{1-37}$$

这样可以避免 R、C 值过大或过小给积分器输出电压造成的影响。否则，R、C 值过大，在一定的积分时间内，输出电压将很低；R、C 值太小，积分器在达不到积分时间要求时就饱和了。这种现象见图 1-30。

对于正弦波信号 $u_i = E\sin\omega t$，则积分器输出电压的表达式为

$$u_o = -\frac{1}{RC}\int E\sin\omega t\mathrm{d}t = \frac{E}{RC\omega}\cos\omega t$$

因为 $\cos\omega t$ 的最大值为 1，所以要求

$$\frac{E}{RC\omega} \leqslant U_{omax}$$

即

$$RC \geqslant \frac{E}{U_{omax}\omega} \tag{1-38}$$

由式（1-38）得出结论：当输入电压为正弦波信号时，R、C 不仅受集成运算放大器最大输出电压 U_{omax} 的限制，而且与信号的频率有关。当 U_{omax} 一定时，对于一定幅值的正弦信号，频

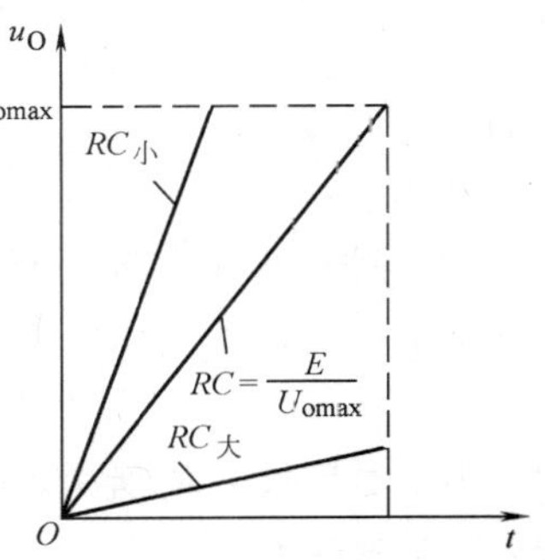

图 1-30　RC 积分常数对积分器输出波形影响

率越低 RC 值就应越大。

当时间常数 RC 之积确定之后，就可以选择 R 和 C 的参数。因为反相积分器的输入电阻 $R_{if}=R$，所以往往希望 R 取值大一些。但是加大 R 后，势必要减小 C 值，加剧积分漂移。若 C 值取得过大，又会带来漏电和体积等方面的问题。

因此，一般选 R 满足输入电阻要求的条件下，尽量加大 C 值。但是一般情况下积分电容的值均不宜超过 1μF。

2）R'电阻值的确定　在积分电路中，R'为静态平衡电阻，用以补偿偏置电流所产生的失调，一般情况下选 $R'=R$。

3）R_f 值的确定　实际电路中，通常在积分电容 C 的两端并联一个电阻 R_f。R_f 是积分漂移泄放电阻，用以防止积分漂移所造成的饱和或截止现象。但也要注意引入 R_f 后，由于它对积分电容的分流作用，将产生新的积分误差。为了减少误差，常取 $R_f>10R$。

4）集成运算放大器的选择　在前面的误差分析中已得出选择集成运算放大器的结论，这里不再重复。

（3）积分器的调试方法　对于如图 1-28 所示的反相积分器，主要是调整积分漂移。具体的调整方法是将电路的输入端接地，然后在积分电容两端接入开关或短路线，将其短路，使积分器迅速变零。此时，可调整调零电位器，使输出电压为零。然后，断开开关或去掉短路线，用电压表监测积分器的输出电压，再次调整调零电位器使输出电压为零。但应注意，此时，由于积分零漂的影响，很难调整使 $u_O=0$。但是，若注意观察积分器输出端积分漂移的变化情况，如电位器滑向一方向时，输出漂移加快，而反向调节时则减慢。反复仔细调整调零电位器（有时也配合调整 R'）可使积分器漂移值最小。

4. 设计举例

设计一个将方波转换成三角波的反相积分电路，输入方波电压的幅值为 4V，周期为 1ms。要求积分器输入电阻大于 10kΩ，集成运算放大器采用 CF741。

（1）积分电路　积分电路如图 1-31 所示。

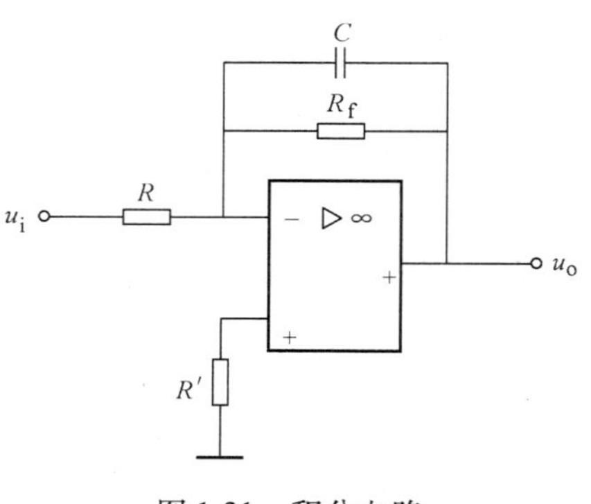

图 1-31　积分电路

（2）确定积分器时间常数　用积分电路将方波转换成三角波，就是对方波的每半个周期分别进行不同方向的积分运算。在正半周，积分器的输入相当于正极性的阶跃信号。积分时间均为 $T/2$。如果所用运放的 $U_{omax}=10V$，按照式（1-37）积分时间常数 RC 为

$$RC \geqslant \frac{E}{U_{omax}}t=\frac{4V}{10V}\times\frac{1}{2}ms=0.2ms$$

取　$RC=0.5ms$

（3）确定元件参数　为满足输入电阻 $R_f \geqslant 10k\Omega$，取电阻 $R=10k\Omega$，则积分电容为

$$C=\frac{0.5ms}{R}=\frac{0.5\times10^{-3}s}{10\times10^{3}\Omega}=0.05\mu F$$

为了尽量减小 R_f 所引入的误差，取 $R_f>10R$，则 $R_f=100k\Omega$。而取补偿运算放大器偏置电流失调的平衡电阻 R'为

$$R'=R/\!/R_f=10k\Omega/\!/100k\Omega=9.1k\Omega$$

1.7 有源滤波电路实验

1.7.1 验证性实验——低通滤波器的研究

1. 实验目的

通过实验了解集成运算放大器在滤波电路中的应用，掌握低通滤波器的调试和幅频响应的测量方法。

2. 实验电路及仪器设备

（1）实验电路　有源低通滤波实验电路如图 1-32 所示。

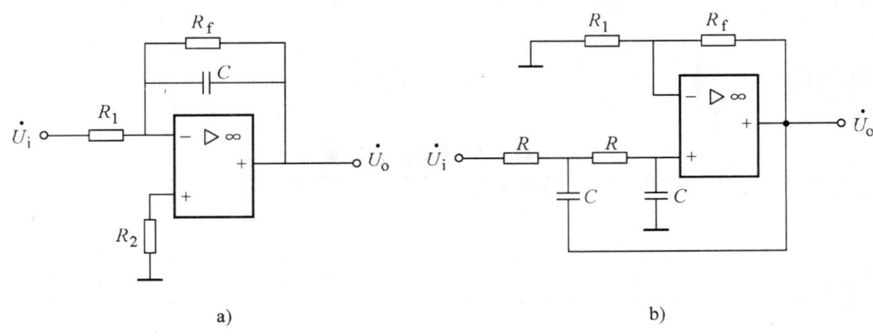

图 1-32　有源低通滤波实验电路

a）一阶低通滤波实验电路　b）二阶低通滤波实验电路

（2）实验仪器设备

①双路直流稳压电源　1 台

②信号发生器　1 台

③示波器　1 台

④数字万用表　1 台

⑤交流毫伏表　1 台

⑥实验箱　1 台

3. 实验内容及要求

（1）一阶低通滤波器

①一阶低通滤波实验电路如图 1-32a 所示。图中 $R_1 = R_2 = 1\text{k}\Omega$，$R_f = 20\text{k}\Omega$，$C = 0.022\mu\text{F}$。按图接线，检查无误后接通电源。

②将输入端接地，消振，调零。

③测幅频响应曲线。在输入端加入正弦电压信号 $\dot{U}_i$，信号的幅值应保证输出电压在整个频带内不失真。信号的幅值确定后，应先用示波器在整个频带内粗略地检查一下，然后再调节信号发生器，改变输入信号的频率。测得相应频率时的输出电压值，即改变一次信号频率，测量一次 U_o 值，测量值记入表 1-20 中。

④计算各频率点 U_o 与 U_i 的比值 A_u，将计算值记入表 1-20 中。

⑤根据实验值作出幅频特性曲线。

表 1-20　幅频特性测试数据

f/Hz	
U_o/V	
$A_u=U_o/U_i$	

（2）二阶低通滤波器

①二阶低通滤波器实验电路如图 1-32b 所示，图中 $R=R_1=R_f=10\text{k}\Omega$，$C=0.1\mu\text{F}$。按图接线。检查无误后接通电源。消振，调零。

②在输入端加入一定幅值的正弦电压信号，调整信号的幅值和频率，在全频范围内粗略观察电路是否具备低通特性，并保证 $\dot{U}_o$ 不失真。若不具备上述两个条件，说明电路有故障，应予以排除。

③测幅频特性曲线，测量方法同（1）中③，测量结果记入表 1-21 中。

表 1-21　幅频特性测试数据

f/Hz	
U_o/V	
$A_u=U_o/U_i$	

④同（1）中④。

⑤同（1）中⑤。

4. 思考题

①如何区别低通滤波器的一阶、二阶电路？它们有什么相同点和不同点？它们的幅频特性曲线有区别吗？

②在幅频特性曲线的测量过程中，改变信号的频率时，信号的幅值是否也要做相应的改变？为什么？

③计算图 1-32 电路的上限截止频率。

1.7.2　提高性实验——带阻滤波器的研究

1. 实验目的

掌握带阻滤波器部分参数的选择方法及幅频特性的测试方法。

2. 实验电路

带阻滤波器实验电路如图 1-33 所示。

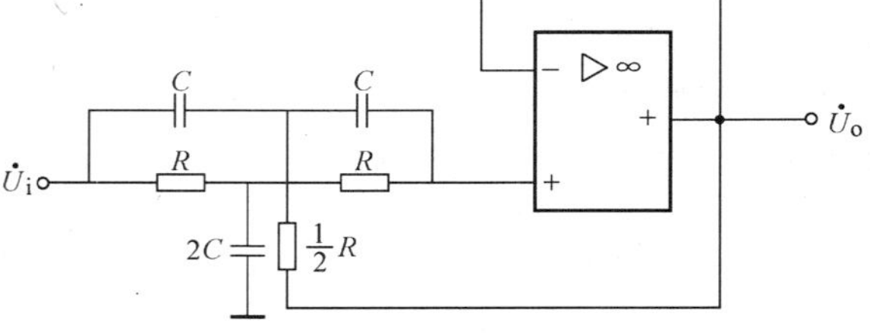

图 1-33　带阻滤波器实验电路

3. 实验内容及要求

①简单分析带阻滤波器。根据图 1-33 所示电路说明其工作原理，写出 $A_u=U_o/U_i$ 的表达式。

②当 $f_o=160\text{Hz}$ 时，估算带阻滤波电路的元件参数值。

③定性画出电路的幅频特性曲线。

④组装电路，提出实验用仪器设备，自拟实验步骤，测试带阻滤波器的幅频特性曲线。具体的实验方法可参阅本实验 1.7.1。

1.7.3 设计性实验

1. 实验目的

通过实验，学习有源滤波器的设计方法，体会调试方法在电路设计中的重要性，了解品质因数 Q 对滤波器特性的影响。

2. 实验题目

①设计一个有源二阶低通滤波器，已知条件和设计要求如下：

截止频率 $f_H = 5\text{Hz}$

通带增益 $A_{up} = 1$

品质因数 $Q = 0.707$

②设计一个有源二阶高通滤波器，已知条件和设计要求如下：

截止频率 $f_H = 100\text{Hz}$

通带增益 $A_{up} = 10$

品质因数 $Q = 0.707$

3. 实验内容和要求

①写出设计报告，包括设计原理、设计电路及选择电路元件参数。

②组装和调试设计的电路，检验该电路是否满足设计指标。若不满足，改变电路参数值，使其满足设计题目要求。

③测量电路的幅频特性曲线，研究品质因数对滤波器频率特性的影响（提示：改变电路参数，使品质因数变化，重复测量电路的幅频特性曲线，进行比较得出结论）。

④写出实验总结报告。

1.7.4 有源滤波器的设计与调试

有源滤波器是运算放大器和阻容元件组成的一种选频网络。用于传输有用频段的信号，抑制或衰减无用频段的信号。滤波器的阶数越高，其性能就越逼近理想滤波器特性。高阶滤波器可以由若干个一阶或二阶滤波电路级联组成，因此，一阶二阶滤波器的设计可作为滤波器的设计基础。

滤波器的设计任务，就是根据所要求的指标，确定电路形式，列出电路传递函数，计算电路中各元件参数，分析和检查元件参数的误差项，进行复算，看是否满足设计指标。若满足，可以进行实验定案；若不满足，要重新设计，直至达到设计指标为止。实际设计常常是计算和实验交叉进行，也可以利用计算机完成。

下面以二阶压控电压源滤波器为例，简单介绍滤波器的设计与调试。

1. 二阶压控电压源低通滤波器的设计

（1）电路分析　二阶压控电压源低通滤波器电路如图 1-34 所示。该电路具有元件少，增益稳定，频率范围宽等优点。电路中 C_1、C_2、R_1、R_2 构成反馈网络。运算放大器接成电压跟随器形式，在通频带内增益等于 1。

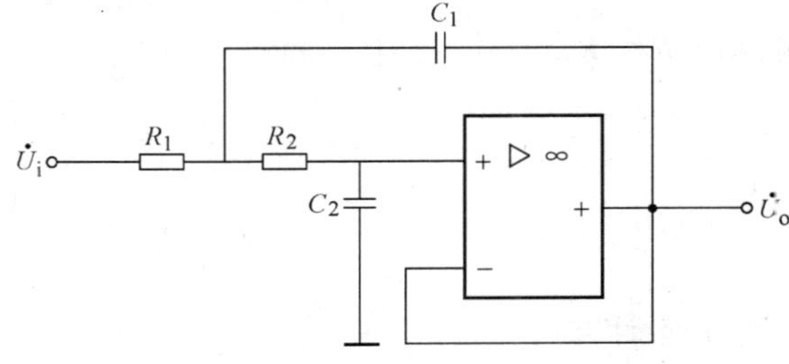

图 1-34　二阶压控电压源低通滤波器电路

（2）电路传递函数和特性分析　可以证明，二阶低通滤波器的传递函数由式（1-39）决定：

$$A_u(s)=\frac{A_{up}}{1+\frac{1}{Q}\frac{s}{\omega_0}+\left(\frac{s}{\omega_0}\right)^2} \tag{1-39}$$

式中，A_{up}为通带增益，表示滤波器在通带内的放大能力，图 1-34 所示滤波器 $A_{up}=1$；ω_0 为截止角频率，表示滤波器的通带与阻带的分界频率；Q 为品质因数，是一个选择因子，其值的大小决定幅频特性曲线的形状。

将 $s=j\omega$、$A_{up}=1$ 代入式（1-39），整理后得式（1-40）为

$$A_u(j\omega)=\frac{1}{1-\frac{\omega^2}{\omega_0^2}+j\frac{\omega}{Q\omega_0}} \tag{1-40}$$

由式（1-40）可写出滤波器幅频特性和相频特性表达式（1-41）、式（1-42）为

$$|A_u|=\frac{1}{\sqrt{\left(1-\frac{\omega^2}{\omega_0^2}\right)^2+\left(\frac{\omega}{\omega_0 Q}\right)^2}} \tag{1-41}$$

$$\varphi(\omega)=-\arctan\left[\frac{\frac{\omega}{Q\omega_0}}{1-\frac{\omega^2}{\omega_0^2}}\right] \tag{1-42}$$

由式（1-41）可知，在阻带内幅频特性曲线以 −40dB/10 倍频程的斜率衰减。当 $\omega=\omega_0$ 时由式（1-41）可得

$$A_u(\omega_0)=Q$$

由此可见，保持 ω_0 不变，改变 Q 值将影响滤波器在截止频率附近幅频特性的形状。$Q=1/\sqrt{2}$时，特性曲线最平坦，此时 $|A_u(\omega_0)|=0.707A_{up}$。

如果 $Q>1/\sqrt{2}$，则使得频率特性曲线在截止频率处产生凸峰，此时幅频特性下降到 $0.707A_{up}$ 处的频率就大于f_0；如果 $Q<1/\sqrt{2}$，则幅频特性下降到 0.707 处的频率就小于f_0。上述分析说明，二阶低通滤波器的各项性能指标主要由 Q 和 ω_0 决定的。

可以证明，图 1-34 所示电路的 Q 和 ω_0 值分别由下式决定：

$$\omega_0=\frac{1}{\sqrt{R_1R_2C_1C_2}} \tag{1-43}$$

$$\frac{1}{Q}=\sqrt{\frac{C_2R_2}{C_1R_1}}+\sqrt{\frac{C_2R_1}{C_1R_2}} \tag{1-44}$$

若取 $R_1=R_2=R$，则式（1-43）和式（1-44）为

$$\omega_0=\frac{1}{R\sqrt{C_1C_2}} \tag{1-45}$$

$$\frac{1}{Q}=2\sqrt{\frac{C_2}{C_1}} \tag{1-46}$$

（3）设计方法

1）选择电路　选择电路的原则应该力求结构简单，调整方便，容易满足指标要求。例如，选择二阶压控电压源低通滤波器电路如图 1-34 所示。

2）根据已知条件确定电路元件参数　例如，已知截止频率为f_0，先确定 R 的值，然后根据已知条件由式（1-45）和式（1-46）求出 C_1 和 C_2 为

$$C_1 = \frac{2Q}{\omega_0 R} \tag{1-47}$$

$$C_2 = \frac{1}{2Q\omega_0 R} \tag{1-48}$$

3）集成运算放大器的选取原则

①如图 1-34 所示，滤波信号是从运算放大器的同相端输入的，所以应该选用共模输入范围较大的运算放大器。

②运算放大器的增益带宽积应满足 $A_{od}f_{BW} \geqslant A_{up}f_0$。在实际设计时，一般取

$$A_{od}f_{BW} \geqslant 100A_{up}$$

4）调试方法

①定性检查电路是否具备低通特性：组装电路，接通电源，输入端接地，调零，消振。在输入端加入固定幅值的正弦电压信号，改变信号的频率，用示波器或毫伏表粗略观察 U_o 的变化，检验电路是否具备低通特性。若不具备，应排除电路存在的故障。若已具备低通特性，可继续调试其他指标。

②调整特征频率：在特征频率附近调信号频率，使输出电压 $U_o = 0.707U_i$。当 $U_o = 0.707U_i$ 时，若频率低于 f_0，应适当减小 R_1 和 R_2；反之，则可在 C_1、C_2 上并以小容量电容，或在 R_1、R_2 上串低值电阻。注意，若保证 Q 值不变，C_1 和 C_2 必须同步调整，直至达到设计指标为止。

③测绘幅频特性曲线：具体方法可参阅实验 1.7.1 中 3.（1）。

2. 二阶压控电压源高通滤波器的设计

（1）电路分析　二阶压控电压源高通滤波器电路如图 1-35 所示。从电路图看，高通滤波器与低通滤波器电路形式变化不大，只需要把两者电阻与电容元件的位置调换即可。因此该电路的分析方法与设计步骤与前述低通滤波器电路基本相同。电路中 C_1、C_2、R_1、R_2 构成反馈网络，运算放大器接成跟随器形式，其闭环增益等于 1。

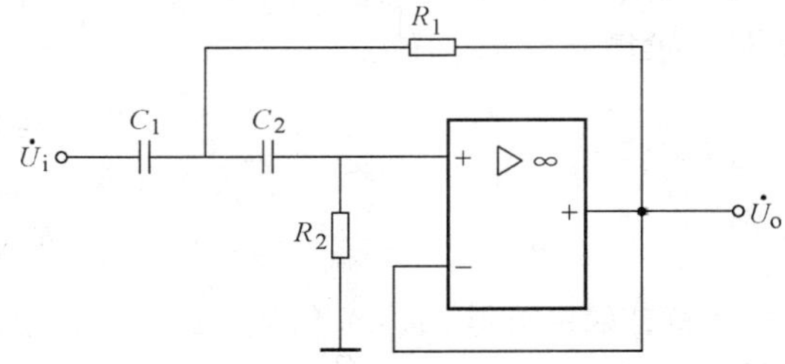

图 1-35　二阶压控电压源高通滤波器电路

（2）电路传递函数和特性分析　二阶高通滤波器的传递函数由下式决定：

$$A_u(s) = \frac{A_{up}}{1 + \frac{1}{Q}\frac{\omega_0}{s} + \left(\frac{\omega_0}{s}\right)^2} \tag{1-49}$$

将 $s = j\omega$，$A_{up} = 1$ 代入式（1-49）整理后得

$$A_u(j\omega) = \frac{1}{\left(1 - \frac{\omega_0^2}{\omega^2}\right) - j\frac{\omega_0}{Q\omega}} \tag{1-50}$$

由式（1-50）写出二阶高通滤波器幅频特性和相频特性表达式为

$$|A_u| = \frac{1}{\sqrt{\left(1 - \frac{\omega_0^2}{\omega^2}\right)^2 + \left(\frac{\omega_0}{Q\omega}\right)^2}} \tag{1-51}$$

$$\varphi(\omega) = -\arctan\left[\frac{\dfrac{\omega_0}{Q\omega}}{1-\dfrac{\omega_0^2}{\omega^2}}\right] \tag{1-52}$$

由式（1-52）可知，幅频特性曲线在阻带内以 −40dB/10 倍频程的斜率衰减。图 1-35 所示电路的 ω_0 与 Q 值分别由下式表示：

$$\omega_0 = \frac{1}{\sqrt{R_1 R_2 C_1 C_2}} \tag{1-53}$$

$$\frac{1}{Q} = \sqrt{\frac{R_1 C_1}{R_2 C_2}} + \sqrt{\frac{R_1 C_2}{R_2 C_1}} \tag{1-54}$$

当 $C_1 = C_2 = C$ 时，式（1-53）、式（1-54）为

$$\omega_0 = \frac{1}{C\sqrt{R_1 R_2}} \tag{1-55}$$

$$\frac{1}{Q} = 2\sqrt{\frac{R_1}{R_2}} \tag{1-56}$$

（3）设计方法

1）选择电路如图 1-35 所示。

2）确定电容 C 值　选择 $Q = 1/\sqrt{2}$，在根据所要求的特征角频率 $\omega_0 = 2\pi f_0$，由式（1-55）和式（1-56）求得 R_1、R_2 的值：

$$R_1 = \frac{1}{2Q\omega_0 C} \tag{1-57}$$

$$R_2 = \frac{2Q}{\omega_0 C} \tag{1-58}$$

注意，如果求得 R_1、R_2 值太大或太小，说明 C 值确定的不合适，可重新选择 C 值，计算 R_1 和 R_2。

3）运算放大器的选择　除了满足低通滤波器的几点要求外，还应注意由于集成运算放大器频带宽度的限制、高通滤波器的通带截止频率 f_H 不可能是无穷大，而是一个有限值，它取决于运算放大器的增益带宽积 $A_{od}f_{BW} = A_{up}f_H$。因此，要得到通带范围很宽的高通滤波器，必须选用宽带运算放大器。

4）调试方法：a. 调试方法同低通滤波器，若保证 Q 值不变，应注意 R_1 和 R_2 同步调节，保证比值不变；b. 测绘幅频特性曲线，方法同前。

1.8　模拟乘法器实验

1.8.1　验证性实验——静态传输特性的测试

1. 实验目的

①学习模拟乘法器的工作原理。

②掌握模拟乘法器的外部电路结构及静态调试方法。

③测试模拟乘法器的静态传输特性。

2. 实验仪器设备

①双路直流稳压电源　　1 台

②交流毫伏表 1台

③直流数字电压表 1台

④实验箱 1台

3. 实验电路及工作原理

本实验采用单片集成模拟乘法器BG314，其外接电路如图1-36所示。其中4、8引脚为u_X输入端，9、12引脚为u_Y输入端，2、14引脚为输出端，在理想条件下乘法器的输出电压u_O为

$$u_O = Ku_Xu_Y \tag{1-59}$$

式（1-59）中，$K=\dfrac{2R_C}{I_{OX}R_XR_Y}$，$I_{OX}$为恒流源电流，通过调节$I_{OX}$的大小（即调节微调电阻$R_3$）可改变增益系数，BG314增益的典型值$K=0.1/V$。$R_X$、$R_Y$为负反馈电阻，用以扩大$u_X$、$u_Y$的线性动态范围。集成模拟乘法器BG314的内部结构图如图1-37所示。

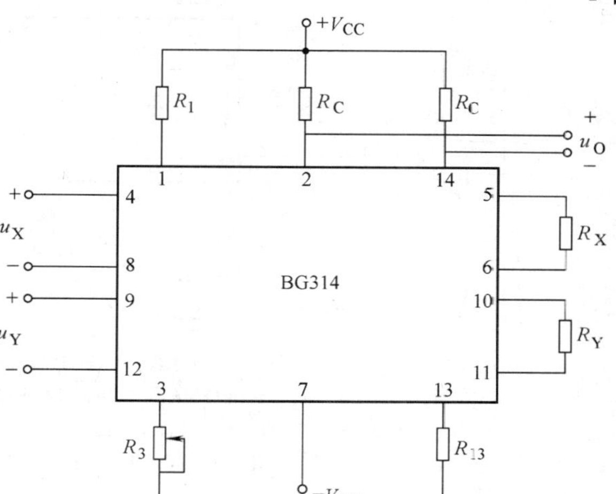

图1-36 BG314外接电路图

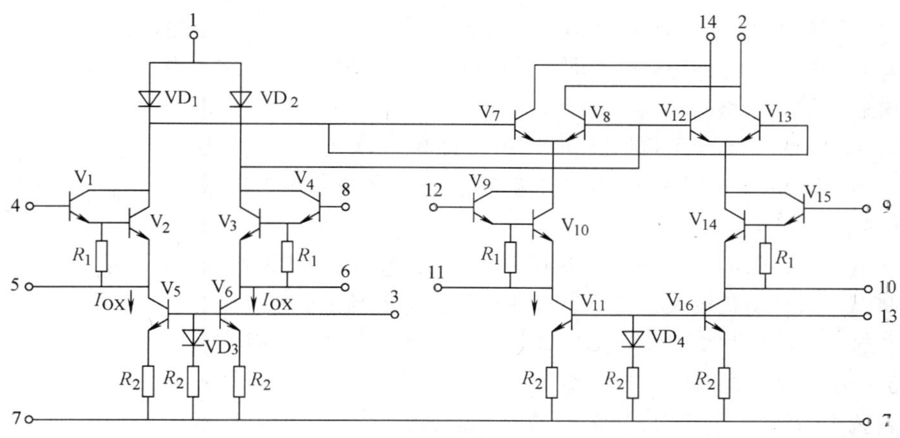

图1-37 BG314内部结构图

R_1 4kΩ R_2 500Ω

模拟乘法器最根本的功能就是乘法运算，$u_O=Ku_Xu_Y$。乘法器输出端为差动双端输出，但在工程中经常要求单端输出，因此必须将双端输出转换为单端输出。常用的方法有①使用集成运放，将乘法器双端差动输出转化为单端输出；②采用晶体管将双端差动输出转化为单端输出；③使用高频变压器转换电路等等。

图1-38所示乘法电路就是采用集成运放将乘法器差动双端输出转换为单端输出的实验电路，图中BG314左边的电路是由电阻组成的线性馈通电压调零电路，右面的电路是由运放构成的单位增益反相器，使BG314由双端输出变为单端输出。

4. 实验内容及步骤

BG314乘法器实验电路（单端输出）如图1-38所示。

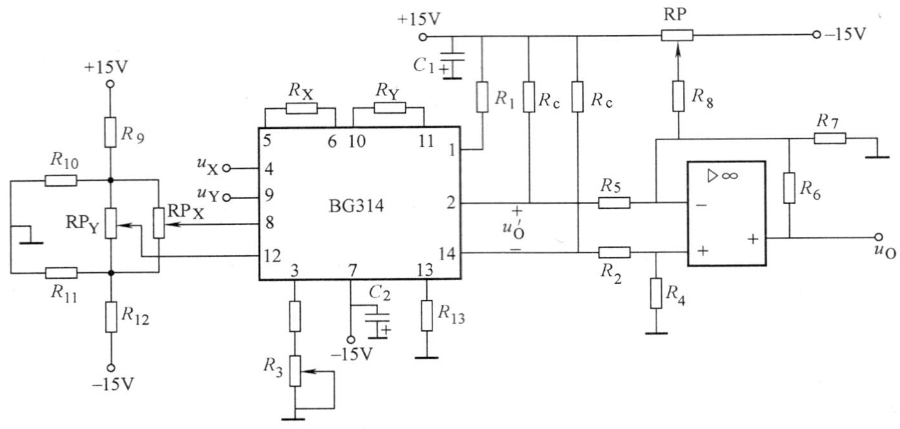

图 1-38　BG314 乘法器实验电路（单端输出）

R_1　R_c　3.3kΩ　R_2　100kΩ　R_3　100kΩ + 6.8kΩ（电位器）　R_4　11kΩ　R_5　R_6　121kΩ
R_7　15kΩ　R_8　1MΩ　R_9　R_{12}　10kΩ　RP_X　RP_Y　10kΩ　RP　25kΩ　R_{10}　R_{11}　2kΩ
R_{13}　13kΩ　R_X　R_Y　8.2kΩ　C_1　C_2　100μF

（1）输出端调零　把图 1-38 中 BG314 输入端 4、8、9、12 均接地，即 $u_X = u_Y = 0$，调整 RP，直至 $u_O = 0.000\text{V}$。

（2）输入电压调零

①令 $u_X = 5.000\text{V}$，$u_Y = 0.000\text{V}$（即 9 端接地），调节 RP_Y，直至输出电压 $u_O = 0.000\text{V}$。

②令 $u_Y = 5.000\text{V}$，$u_X = 0.000\text{V}$（即 4 端接地），调节 RP_X，直至输出电压 $u_O = 0.000\text{V}$。

（3）增益系数的调整

①令 $u_X = 5.000\text{V}$，$u_Y = 5.000\text{V}$，调节 R_3（即 6.8kΩ 电位器），使输出电压 $u_O = -2.500\text{V}$（即 $K = 0.1/\text{V}$，单端输出），其负号是单位增益反相器产生的。

②再令 $u_X = -5.000\text{V}$，$u_Y = -5.000\text{V}$，看输出电压 u_O 是否仍为 $u_O = -2.500\text{V}$。如果误差较大，可重复上述步骤，直到满足要求。

需要注意的是：在上述调整中，只有前一步调整到所要求的状态，才能进行下一步调整，否则应停下来检查并排除故障。

（4）测试传输特性　在完成调零和增益系数调整之后，把乘法器的 4 端（u_X）和 9 端（u_Y）按图 1-39 测试电路连接（图 1-39 中调零电路未画出）。

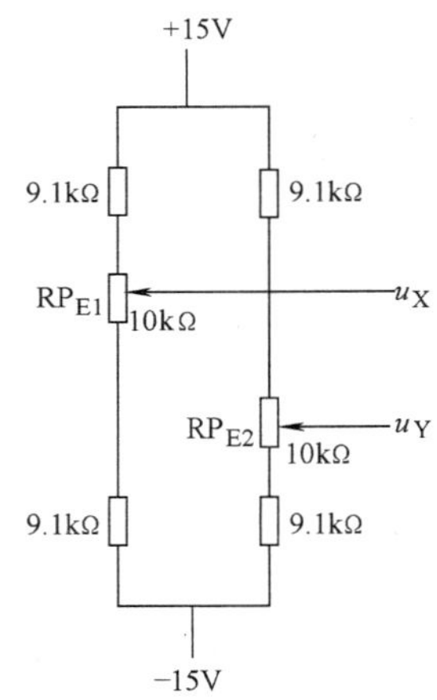

图 1-39　测试电路

首先调节 RP_{E2}，使 9 端接直流电压 +5V 或 -5V，然后调节 RP_{E1}，使 4 端电压在 -5 ~ +5V 范围变化，同时测量相应的 u_X 和 u_O，实验数据填入表 1-22 中。

表 1-22　乘法电路测试传输特性数据表

u_X/V（u_Y = 5V）	-5	-4	-3	-2	-1	0	1	2	3	4	5
u_O/V											
u_X/V（u_Y = -5V）	-5	-4	-3	-2	-1	0	1	2	3	4	5
u_O/V											

（5）画出乘法器的传输特性曲线，并根据实验曲线算出模拟乘法器的线性误差。

5. 思考题

①在实际应用中，集成模拟乘法器的误差与哪些因素有关？为减小误差，应采取什么措施？

②怎样调整集成模拟乘法器的增益？

③若要用模拟乘法器构成一个可变增益放大器，输入信号应怎样加？通过什么方法实现可变增益？

1.8.2 提高性实验——乘法器的应用

1. 实验目的

①学会用模拟乘法器实现平方、立方、除法、开平方等运算。

②加深对乘法电路知识的进一步理解。

2. 实验原理

（1）平方运算　模拟乘法器的符号如图1-40所示，$u_O = Ku_Xu_Y$。将模拟乘法器的两输入端输入相同的信号，就构成了图1-41所示的平方运算电路，此时电路的输出电压$u_O = Ku_Xu_Y = Ku_I^2$。

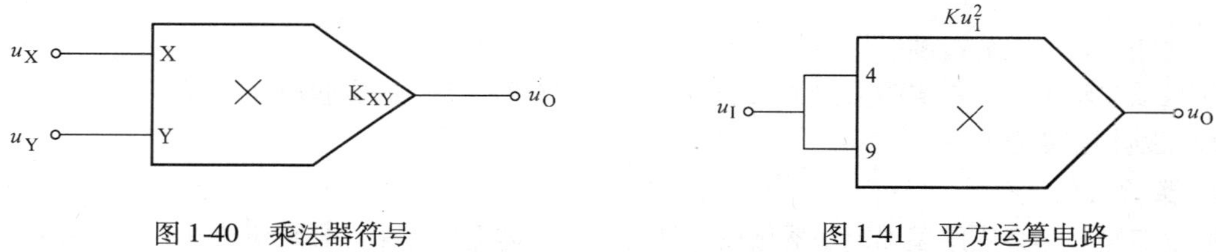

图1-40　乘法器符号　　图1-41　平方运算电路

（2）立方运算　两个乘法器串接，可构成三次方运算电路，如图1-42所示。图中第一个乘法器输入端并接，送入信号u_X，则$u_{O1} = Ku_X^2$，第二个乘法器y端送入u_X，x端送入u_{O1}，则$u_{O2} = K^2u_X^3$。

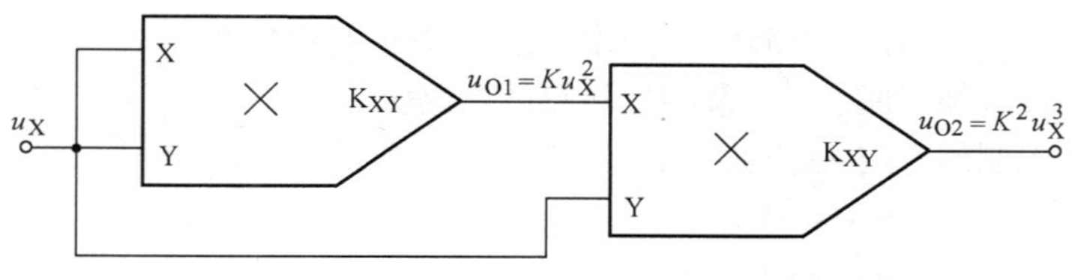

图1-42　立方运算电路

（3）除法运算　除法运算电路如图1-43所示，它由集成运放和模拟乘法器组成，乘法器的输出为$u'_O = Ku_Ou_Y$，按照理想运放条件有：$\frac{Ku_Ou_Y - u_I}{R_1} = \frac{u_I}{R_2}$，即$u_O = \left(1 + \frac{R_1}{R_2}\right)\frac{1}{K}\frac{u_I}{u_Y}$。如果使$R_1 = 0$，$R_2 = \infty$，则$u_O = \frac{1}{K}\frac{u_I}{u_Y}$。

（4）平方根运算　平方根运算是把平方器接在集成运放的负反馈支路中，平方根运算电路如图1-44所示，根据理想运算条件可得：$u_Z = Ku_O^2 = -u_I$，则$u_O = \sqrt{-\frac{u_I}{K}}$，所以$u_I$只能为负。若$u_I$为正，可在反馈支路中加一个反相器，使$u_Z = -Ku_O^2$，从而使$u_O = \sqrt{\frac{u_I}{K}}$。

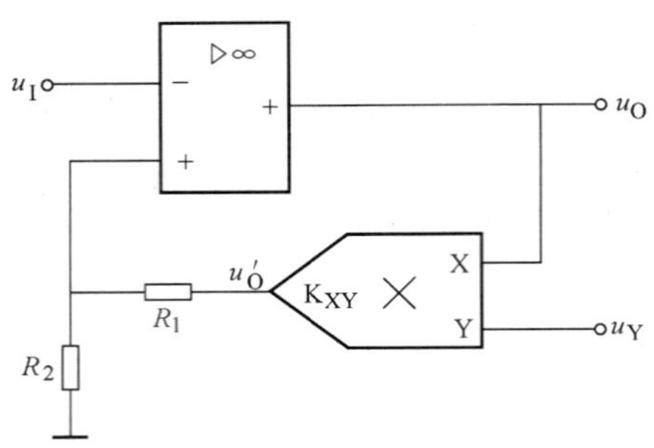

图 1-43　除法运算电路

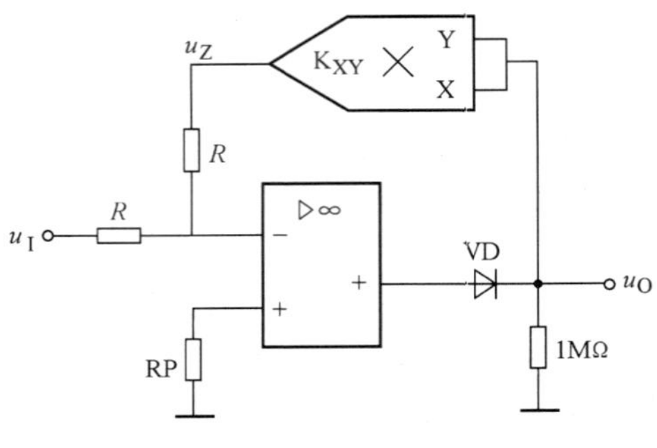

图 1-44　平方根运算电路

3. 实验内容及要求

①实验电路原理图如图 1-41 ~ 图 1-44 所示。

②自拟实验步骤，选择实验仪器及设备，组装电路，完成平方、立方、除法、开平方等运算。

③注意输入电压的范围。

④自拟实验表格，将实验数据填入表格，验证 1. 8. 2 节 2 中的实验原理内容。

1. 8. 3　设计性实验

1. 实验目的

通过实验，学会应用模拟乘法器做设计性的实验，体会模拟乘法器调试方法在电路设计中的重要性。

2. 实验题目

①设计模拟乘法器外围元件，要求：

$$-5V \leqslant u_X \leqslant +5V, \quad -5V \leqslant u_Y \leqslant +5V, \quad K = 1/10$$

可供选用芯片为 BG314、MC1595，要求测试其平方律传输特性。

②设计一个能实现加、减、乘、除四则运算的电路。

③设计由电压控制的方波-三角波发生器，其技术指标为

三角波	-3 ~ +3V
方波	-6 ~ +6V
频率	50 ~ 500Hz 连续可调

3. 实验内容及要求

（1）设计模拟乘法器外围元件

①按题目要求写出设计报告。

②选定模拟乘法器，按技术指标计算外围元件。

③列出元器件清单，组装、调整电路。

④输入不同的电压，测得相应的输入与输出，绘出乘法器的平方律传输特性。

（2）四则运算的电路

①同（1）中①。

②列出元器件清单，组装、调整电路。

③验证电路是否能实现四则运算。

（3）电压控制的方波-三角波发生器　压控三角波-方波发生器参考电路如图 1-45 所示。

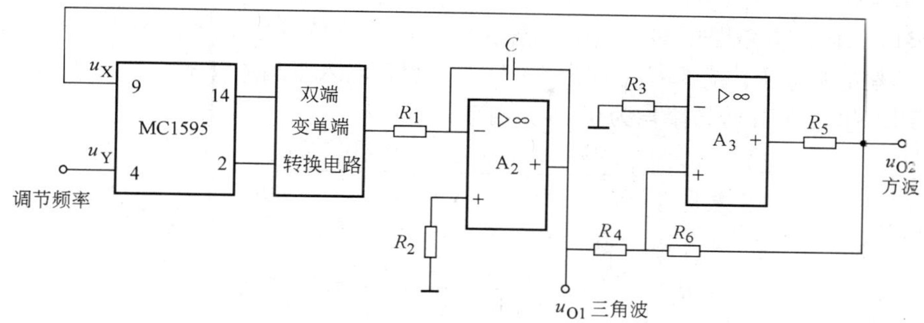

图 1-45　压控三角波-方波发生器参考电路

R_1　R_2　150kΩ　R_3　6.8kΩ　R_4　10kΩ　R_5　3.9kΩ　R_6　20kΩ　C　0.1μF

①按题目要求写出设计报告，画出电路原理图，列出元器件清单。

②组装、调整电路使其产生振荡。

③测量方波的幅值和频率，测量三角波的频率、幅值及调节范围，检验电路是否满足设计指标。在调整三角波幅值时，注意波形的变化情况，并说明变化的原因。

④用双踪示波器观察并测绘方波和三角波波形。

1.8.4　集成模拟乘法器 BG314 外接电阻的确定

1. 恒流源偏置电阻 R_3 和 R_{13} 的估算

参照图 1-37，估算图 1-38 中的 R_3 和 R_{13}，为了减小功耗，并保证其内部晶体管工作正常，恒流源电流一般取在 0.5～2mA，取 $I_{OX}=I_{OY}=i_{R3}=i_{R13}=1\text{mA}$，故有

$$i_{R3}\ (R_3+500\Omega)\ =|V_{EE}|-V_{D3}$$

所以
$$R_3=\frac{|V_{EE}|-V_{D3}}{i_{R3}}-500\Omega=\frac{(15-0.7)\ \text{V}}{1\text{mA}}-500\Omega=13.8\text{k}\Omega$$

同理可求 R_{13}，取 $R_{13}=13\text{k}\Omega$。通常 R_3 由一个 10kΩ 电阻和一个 6.8kΩ 电位器串联，以便调整 I_{OX} 值，控制相乘增益系数 K。

2. 反馈电阻 R_X 和 R_Y 的估算

实际应用中，为了使乘法器线性度好，设计中一般应使 R_X 和 R_Y 满足下列条件，即

$$i_X\leqslant\frac{2}{3}I_{OX};\ i_Y\leqslant\frac{2}{3}I_{OY}$$

前已选定 $I_{OX}=I_{OY}=1\text{mA}$，如果再设定 u_X 和 u_Y 的动态范围：$U_{X\max}=U_{Y\max}=\pm5\text{V}$，则反馈电阻为

$$R_X=R_Y=\frac{U_{X\max}}{\frac{2}{3}I_{OX}}=\frac{3\times5}{2}\text{k}\Omega=7.5\text{k}\Omega$$

为保证有足够大的动态范围，负反馈电阻取得略高些，故取 $R_X=R_Y=8.2\text{k}\Omega$。

3. 负载电阻 R_C 的估算

若取增益系数 $K=0.1/\text{V}$，则根据 $K=\dfrac{2R_C}{I_{OX}R_XR_Y}$，可求出 R_C，即

$$R_C=\frac{1}{2}KI_{OX}R_XR_Y=\frac{1}{2}\times\frac{0.1}{1\text{V}}\times10^{-3}\text{A}\times\ (8.2\times10^3)^2\approx3.36\text{k}\Omega$$

取标称值 $R_C=3.3\text{k}\Omega$。

4. R_1 的估算

由 BG314 的内部电路图可知，当输入电压 $u_X = U_{Xmax} = 5V$ 时，X 通道复合差分对管 V_1、V_2 和 V_3、V_4 的集电极电压，应比 U_{Xmax}高出 2 ~ 3V，以保证输入级晶体管 V_1 ~ V_4 工作在放大区。另外，设二极管 VD_1、VD_2 管压降均为 0.7V，则有

$$R_1 = \frac{V_{CC} - (U_{Xmax} + 3V + 0.7V)}{I_{1A} + I_{1B}}$$

已知

$$I_{1A} + I_{1B} = 2I_{OX} = 2 \times 10^{-3}A$$

所以

$$R_1 = \frac{15V - (5V + 3V + 0.7V)}{2 \times 10^{-3}A} \approx 3.15k\Omega$$

取标称值 $R_1 = 3.3k\Omega$。

1.9 波形产生电路实验

1.9.1 验证性实验——集成运算放大器构成的 RC 桥式振荡器

1. 实验目的

①了解集成运算放大器在振荡电路方面的应用

②掌握由集成运算放大器构成的 RC 桥式振荡电路的调整方法、振荡频率和输出幅度的测量方法。

2. 实验电路及仪器设备

（1）实验电路　采用二极管稳幅的 RC 桥式振荡器实验电路，如图 1-46 所示。

（2）实验仪器设备

①双路直流稳压电源	1 台
②示波器	1 台
③交流毫伏表	1 台
④万用表	1 块
⑤实验箱	1 台

3. 实验内容及步骤

①按图 1-46 所示电路，根据所用运算放大器管脚功能接线。图中，$R_1 = R_2 = 5.1k\Omega$，$R' = 18k\Omega$，$RP = 100k\Omega$，$C_1 = C_2 = 0.33\mu F$，VD_1、VD_2 选 1N4，$R_f = 11k\Omega$。检查接线无误后，接通电源。

②振荡电路的调整。将示波器接在振荡器的输出端观察 $\dot{U}_o$ 的波形，适当调整电位器的 RP 值，使电路产生振荡，输出波形为稳定的不失真的正弦波。

③验证幅值平衡条件。在保证振荡器输出电压 U_o 为最大、稳定、且不失真的正弦条件下，用交流毫伏表测量电压 U_o 和 $U_{f(+)}$的值，计算反馈系数 $F = U_f/U_o$。

④测量振荡频率。方法一：用示波器直接读出 $\dot{U}_o$ 的振荡周期，然后计算出振荡频率 $f_0 = 1/T$。方法二：应用李沙育图形法测出振荡频率。具体测量步骤参阅实验 1.1。

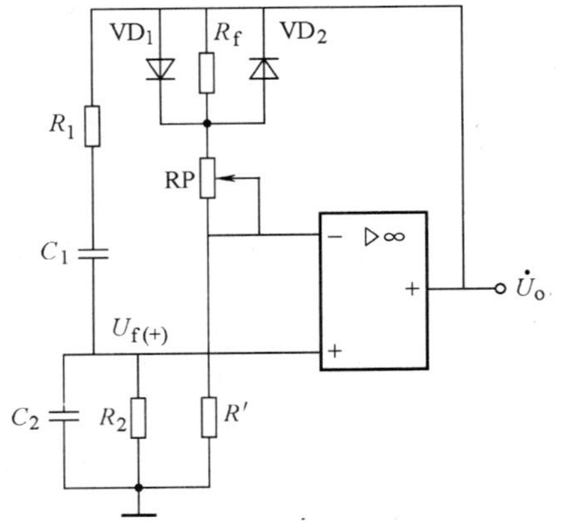

图 1-46　采用二极管稳幅的 RC 桥式振荡器

⑤改变 R_1、R_2 或 C_1、C_2 的值，测出相应的频率，了解振荡频率的调节方法。

4. 思考题

①二极管 VD_1、VD_2 在电路中起什么作用？说明它们的工作原理。

②若想改变图 1-46 实验电路的振荡频率，需要调整电路中哪些元件？

③分析电路调节幅度的原理，说明实验电路中调整哪个元件可以改变 $\dot{U}_o$ 的幅值？

1.9.2 提高性实验——集成运算放大器的非线性应用

1. 实验目的

通过对集成运算放大器组成的比较器、方波-三角波、锯齿波发生器电路的实验研究和部分元器件参数的选择，熟悉集成运算放大器非线性应用的特点及基本电路的调试方法，进一步提高对方波发生电路特性的认识。

2. 实验电路

比较器、方波-三角波、锯齿波发生器实验电路分别如图 1-47、图 1-48、图 1-49 所示。

3. 实验内容及要求

（1）比较器

①电压比较器实验电路如图 1-47 所示。图中 $R_1=10\text{k}\Omega$，$R_2=20\text{k}\Omega$，请选择稳压二极管的参数，使比较器输出电压 u_O 为 ±6V，根据所选择稳压管的参数计算限流电阻 R_3 的值。

②求出当 $u_O=\pm6\text{V}$ 时，比较器实验电路的阈值电压 U_{TH} 值。

③组装实验电路，确定实验方法，验证图 1-47 电路比较器的特性。

④作出 u_O 与 u_I 之间的电压传输特性曲线。

（2）方波-三角波发生器

①方波-三角波发生器电路如图 1-48 所示。图中 $R_2=100\text{k}\Omega$，$C=0.23\mu\text{F}$，R_3 和 VS 均可选用比较器实验电路中的值，$U_Z=\pm6\text{V}$。

②分析实验电路图 1-48 的工作原理，定性画出 u_{O1} 和 u_O 的波形。

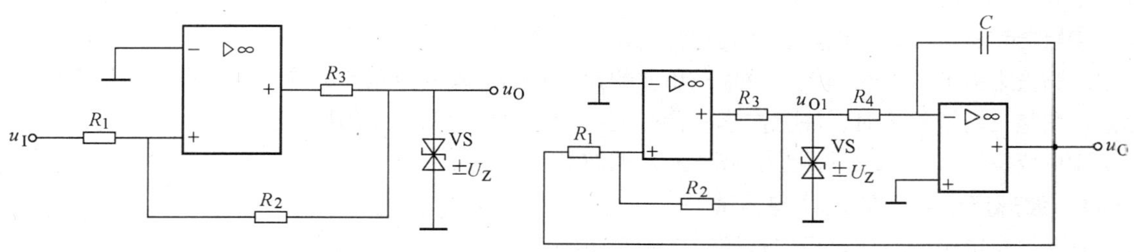

图 1-47　电压比较器电路　　图 1-48　方波-三角波发生器电路

③若要求 u_O 的峰值为 3V，周期为 6ms，试分析 R_1 和 R_4 的阻值各应取多大？应选用阻值范围多大的电位器。

④组装实验电路，调整 R_1 与 R_4 使 u_O 的幅值与周期满足③的要求，测出此时的 R_1 与 R_4 的值。

⑤测绘 u_{O1} 与 u_O 的电压波形。

（3）锯齿波发生器

①在方波-三角波发生器电路的基础上（参数均相同），加入二极管 VD 与电阻 R_5 串联支路，电路如图 1-49 所示。$R_5=51\Omega$，VD 选 2CK21E。

②分析积分电容 C 的充放电回路，比较两回路的时间常数，定性画出 u_{O1} 与 u_O 的波形。

③组装电路，调整电阻 R_1 和 R_4，使 u_O 的幅值为 3V，周期为 3ms。

④测绘 u_{O1} 与 u_O 的波形。

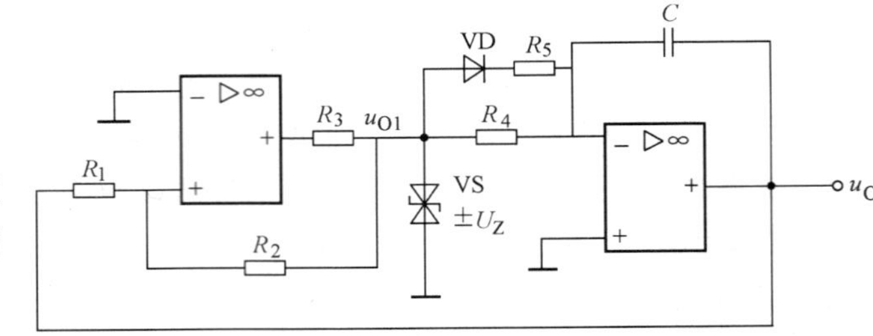

图 1-49　锯齿波发生器电路

1.9.3　设计性实验

1. 实验目的

通过设计性实验，全面掌握波形发生电路理论设计与实验调整相结合的设计方法。

2. 实验题目

①设计一个振荡频率 f_0 = 500Hz 的 RC 正弦波振荡电路，自选集成运算放大器。

②设计一个用集成运算放大器构成的方波-三角波发生器，已知条件和设计要求如下：

振荡频率范围	500Hz ~ 1kHz
三角波幅值调节范围	2 ~ 4V
集成运算放大器选用	F007 或自选

3. 实验内容和要求

（1）RC 正弦波振荡电路

①写出设计报告，提出元器件清单。

②组装、调整 RC 正弦波振荡电路，使电路产生振荡输出。

③当输出波形稳定且不失真时，测量输出电压的频率和幅值。检验电路是否满足设计指标，若不满足，需调整设计参数，直至达到设计要求为止。

④改变有关元件，使振荡频率发生变化。记录改变后的元件值，测量输出电压的频率。

（2）方波-三角波发生器

①同（1）中①。

②组装调试所设计的电路，使其正常工作。

③测量方波的幅值和频率，测量三角波的频率、幅值及调节范围，检验电路是否满足设计指标。在调整三角波幅值时，注意波形有什么变化，并简单说明变化的原因。

④用双踪示波器观察并测绘方波和三角波波形。

1.9.4　波形产生电路的设计与调试

波形产生电路的设计，可以按照以下几个步骤进行：

①根据已知的电路设计指标，选择电路结构。

②计算和确定电路中的元件参数。

③选择集成运算放大器。

④调试电路，以满足设计要求。

下面举例讨论波形产生电路的设计方法：

1. RC 桥式振荡器的设计与调试

设计一个振荡频率 f = 1kHz 的 RC 桥式正弦波振荡器。

（1）选定电路形式见图 1-46。

（2）确定电路元件参数

1）所选电路的振荡频率和起振条件　在实验电路图 1-46 中，令 $R_1 = R_2 = R$，$C_1 = C_2 = C$ 则

该电路的振荡频率由式（1-60）决定

$$f_0=\frac{1}{2\pi RC} \tag{1-60}$$

起振条件由式（1-61）决定

$$R_F \geqslant 2R' \tag{1-61}$$

在电路图1-46中，$R_F=RP+R_f /\!/ r_d$，r_d 表示限幅二极管导通时的动态电阻。

2）选择RC参数的主要依据和条件

①因为RC桥式振荡器的振荡频率是由RC网络决定的，所以选择RC的值时，应该把已知的振荡频率 f_0 作为主要依据。

②为了使选频网络的特性不受集成运算放大器输入和输出电阻的影响，选择 R 时还应该考虑下列条件：

$$r_i >> R >> r_o$$

式中，r_i 是集成运算放大器同相端输入电阻；r_o 是集成运算放大器的输出电阻。

3）计算 R 和 C 的值　根据已知条件，由式（1-60）可计算出电容值，初选 $R=15\text{k}\Omega$，则

$$C=\frac{1}{2\pi f_0 R}=\frac{1}{2\times 3.14\times 10^3\times 15\times 10^3}\text{F}=0.0106\mu\text{F}$$

取标称值 $C=0.01\mu\text{F}$，复算 $R=15.9\text{k}\Omega$，取标称值 $R=16\text{k}\Omega$，实际应用时，要注意选择稳定性好的电阻和电容。

4）选择电阻 R' 和 R_F　电阻 R' 和 R_F 可根据式（1-61）来确定，通常取 $R_F=2.1R'$，这样既能保证起振，又不致引起严重的波形失真。为了减小运算放大器输入失调电流及其漂移的影响，应尽量满足 $R=R' /\!/ R_F$ 的条件。由 $R_F=2.1R'$，$R=R' /\!/ R_F$，可求出

$$R'=\frac{3.1}{2.1}R=\frac{3.1}{2.1}\times 16\text{k}\Omega=23.6\text{k}\Omega$$

取标称值 $R'=24\text{k}\Omega$，则

$$R_F=2.1R'=2.1\times 24\text{k}\Omega=50.4\text{k}\Omega$$

取标称值 $R_F=51\text{k}\Omega$。注意，R' 和 R_F 的最佳数值还要通过实验调整来确定。

5）稳幅电路的作用及参数选择　在实际电路中，由于元器件误差，温度等外界因素的影响，振荡器往往达不到理论设计的效果。因此，一般在振荡器的负反馈支路中加入自动稳幅电路，根据振荡幅度的变化自动改变负反馈的强弱，达到稳幅效果。

例如图1-46中的二极管 VD_1 和 VD_2 在振荡过程中总有一个二极管处于正向导通状态，正向导通电阻 r_d 与 R_f 并联。当振幅大时，r_d 减小，负反馈增强，限制振幅继续增长；反之振幅减小时 r_d 加大，负反馈减弱，防止振幅继续减小，从而达到稳幅的目的。

稳幅二极管的选择应注意以下两点：

①为了提高电路的温度稳定性，应尽量选用硅管。

②为了保证上下振幅对称，两个稳幅二极管特性参数必须匹配。

6）电阻 R_f、R_{RP} 值的确定　实验证明，二极管的正向电阻与并联电阻值差不多时，稳幅特性和改善波形失真都有较好的效果。通常 R_f 选几千欧，R_f 选定后 R_{RP} 的阻值便可以初步确定，RP的调节范围应保证达到 R_F 所需的值。

因为
$$R_F=R_{RP}+R_f /\!/ r_d$$
取
$$R_f=r_d$$
所以
$$R_{RP}=R_F-R_f /\!/ r_d=R_F-\frac{1}{2}R_f$$

但是，R_f 与 R_{RP}的最佳数值仍要通过实验调整来确定。

（3）集成运算放大器的选择　选择集成运算放大器时，除希望输入电阻较高和输出电阻较低，最主要的是要选择其增益带宽积满足下列关系：

$$A_{od}f_{BW} > 3f_0$$

（4）安装调试

①安装电路时应注意所选用运算放大器各引脚的功能和二极管的极性。

②调整电路时，首先应反复调整 RP 使电路起振，且波形失真最小。如果电路不起振，说明振荡的幅值条件不满足，应适当加大 R_{RP}，如果波形失真严重，则应减小 R_{RP}或 R_f。

③测量振荡频率，测量方法可参阅实验 1.1。若测量值不满足设计要求，可适当改变选频网络的 R 和 C 值，使振荡频率满足设计要求。

2. 方波-三角波发生器的设计和调试

（1）选择电路形式　图 1-48 电路是一个由积分器和比较器电路组成的方波-三角波发生器电路。由于采用了积分电路，使方波-三角波发生器的性能大为改善。不仅能得到线性度比较理想的三角波，而且振荡频率和幅值也便于调节。

由图 1-48 可知，输出方波的幅值由稳压管 VS 决定，被限制在稳压值 $\pm U_Z$ 之间。三角波的幅值 U_{om}为

$$U_{om} = -\frac{R_1}{R_2}U_Z \tag{1-62}$$

方波和三角波的振荡频率相同，其值为

$$f_0 = \frac{R_2}{4R_4CR_1} \tag{1-63}$$

（2）确定电路元器件参数

1）稳压管的选择　稳压管的作用是限制和确定方波的幅值。此外，方波振幅的对称性也与稳压管的性能有关。因此，为了保证输出方波的对称性和稳定性，通常选用高精度双稳压二极管。R_3 是稳压管的限流电阻，其值的大小由所选用的稳压管参数决定。

2）电阻 R_1 和 R_2 的确定　R_1 和 R_2 在电路中的作用是提供一个随输出电压变化的基准电压，决定三角波的幅值。因此，R_1 和 R_2 的值应根据三角波的幅值来确定。例如已知$U_Z = 6\text{V}$，三角波的幅值 $U_{om} = 4\text{V}$，由式（1-62）可求得

$$R_1 = \frac{2}{3}R_2$$

取 $R_1 = 10\text{k}\Omega$，则 $R_2 = 15\text{k}\Omega$，如果要求三角波的幅值可调，则应选用电位器。

3）积分器元件 R_4 和 C 值的确定　R_4 和 C 的值可根据三角波的振荡频率f_0 来确定。当 R_1 和 R_2 的值确定后，可先选定电容 C 的值，再由式（1-63）确定 R_4 的值。为了减小积分漂移，应尽量将 C 值取大一些，但 C 值越大漏电也越大。因此，一般积分电容不宜超过 1μF。

（3）集成运算放大器的选择　在方波-三角波发生器电路中，用于电压比较器的集成运算放大器，其转换速率应满足方波频率的要求，在要求方波频率较高时，要注意选用高速集成运算放大器。积分器运算放大器的选择请参阅积分器的设计。

（4）调试方法　方波-三角波发生器的调试目的，就是要使电路输出电压的幅值和振荡频率均达到设计要求。为此，调试可分两步进行。如振荡频率不符合要求，可相应改变电路参数；若三角波幅值未达到设计指标，可相应改变分压系数，调整电阻 R_1 与 R_2 的比值，使之达到设计要求。注意，有时也要互相兼顾，反复调整才能达到指标要求。

1.10 功率放大电路实验

1.10.1 验证性实验——分立元件“OTL”功率放大器的研究

1. 实验目的

①熟悉“OTL”功率放大器的工作原理，学会静态工作点的调整和基本参数的测试方法。

②通过实验，观察自举电路对改善放大器性能所起的作用。

2. 实验电路及仪器设备

（1）实验电路“OTL”功率放大器实验电路如图1-50所示。V_2与V_3，V_4与V_5配对。

（2）实验仪器设备

①直流稳压电源 1台

②示波器 1台

③信号发生器 1台

④交流毫伏表 1台

⑤万用表 1块

⑥直流毫安表 1台

⑦失真度测试仪 1台

⑧滑线电阻器 1个

⑨实验箱 1台

3. 实验内容及步骤

1）按照实验电路图1-50接线，熟悉各元器件作用，检查接线无误后，接通电源。

2）调整静态工作点　输入端不接信号，负载数值一定，调节RP_1使K点电位$U_K=V_{CC}/2$。

3）观察正向偏压对输出波形交越失真的改善。

①将电位器RP_2短路，输入端加入1kHz、一定幅值的交流信号（信号的幅值可由小逐渐加大），用示波器观察输出端的电压波形，将观察到的波形填入表1-23中。

②断开输入信号，调整RP_2值使毫安表指示值$I=5mA$。再调整RP_1，以保证$U_K=V_{CC}/2$。然后接入1kHz、一定幅值的交流信号，用示波器观察放大器输出电压波形交越失真的改善情况。逐渐加大输入信号的幅值，反复调整RP_1和RP_2的值，直至放大器出现最大且不失真的输出波形为止，记录该波形填入表1-23中，与实验步骤①所测波形进行比较。

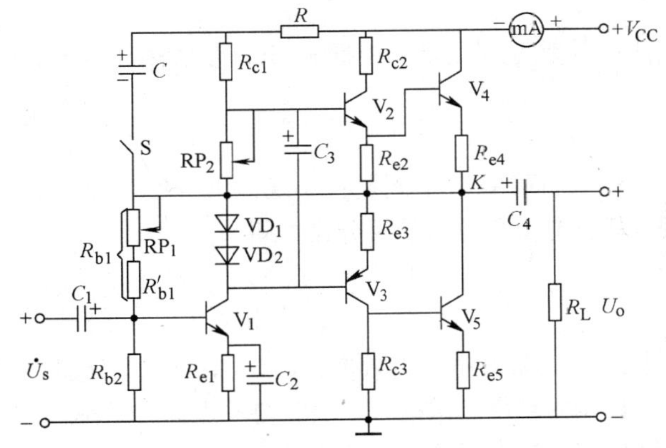

图1-50　OTL功率放大器

V_1、V_2　3DG100C　V_3　3CG21　V_4、V_5　3DG12（β_1、β_2　50～70）　VD_1、VD_2　2CP10　RP_1　10kΩ　RP_2　680Ω　C_1、C_2、C_3　100μF/10V　C　30μF/10V　C_4　220μF/10V　R　470Ω　R'_{b1}　2kΩ　R_{b2}　2.7kΩ　R_{c1}　3kΩ　R_{e1}、R_{c2}、R_{e3}　100Ω　R_{e2}、R_{c3}　510Ω　R_{e4}、R_{e5}　1Ω　R_L　8～20Ω　V_{CC}　+12V

4）“OTL”功率放大器指标测试

①不加自举电容C（断开S）时的指标测试

a. 输出功率P_o和P_{omax}的测量：负载R_L一定，输入端加入1kHz的正弦信号

$\dot{U}_s$，调整低频信号发生器逐渐加大 $\dot{U}_s$ 的幅值，用示波器观察输出电压 $\dot{U}_o$ 的波形。用毫伏表测量输入 U_s、输出 U_o 的值（选择若干测量点），将测量值填入表 1-24 中。

表 1-23　波形记录表

RP_2 最小时的输出波形	RP_2 适中时的输出波形

表 1-24　输出功率 P_o 和 P_{omax} 的测量

U_s	U_o	P_o	P_{omax}

当调整输入信号 $\dot{U}_s$ 使输出波形达到最大且不失真时，用毫伏表测量此时的输出电压值，填入表 1-24 中，并计算输出功率 $P_o = U_o^2/R_L$ 和 $P_{omax} = U_{omax}^2/R_L$。

注意，若配有失真度仪，U_o 应为失真度小于 10% 情况下的测量值，其中用毫伏表测量的是有效值 U_o，用示波器可测量出峰值 U_{om}。

b. 直流电源提供的平均功率 $P_{V_{CC}}$ 的测量：负载一定，输入端加入 1kHz 的正弦电压信号，调整低频信号发生器逐步增加 $\dot{U}_s$ 的幅值，利用示波器观察输出波形，用直流毫安表测量稳压电源提供给功率放大电路的直流电流值 I，选择测量点，将测量值填入表 1-25 中。当调整输入信号 $\dot{U}_s$，使输出电压最大且不失真时，读出直流毫安表的读数并填入表 1-25 中，计算直流电源提供的平均功率 $P_{V_{CC}} = V_{CC}I$，其中数字万用表测量的是输出的平均电流，则 $I = I_{om}/\pi$。

表 1-25　$P_{V_{CC}}$ 的测量

U_S	
U_o	
I	

c. 效率 η 的测量：根据 a、b 两步骤中测得的 P_{omax} 和 $P_{V_{CC}}$ 值，可求出效率 η 为

$$\eta = \frac{P_{omax}}{P_{V_{CC}}}$$

d. 失真度系数 γ 测量：非线性失真度系数 γ 定义为，被测电压信号中各次谐波电压总有效值与基波电压有效值的百分比，即

$$\gamma = \frac{\sqrt{U_2^2 + U_3^2 + \cdots + U_n^2}}{U_1} \times 100\%$$

式中，U_1 为基波电压有效值；U_2、U_3…、U_n 分别为二次、三次、n 次谐波电压有效值。

具体的测量方法是，在负载与输入信号频率 f_s 一定的条件下，改变输出电压幅值，用失真度仪测出相应的失真度系数填入表 1-26 中，根据表 1-26 记录的数据，作出 $\gamma - U_o$ 关系曲线。

表 1-26　失真度系数 γ 的测量记录

测量条件	R_L = （　　）Ω，f_s = （　　）Hz
U_o	
γ	

e. 测量不同输出功率时的晶体管管耗 P_V：根据 a、b 项所测出的 P_{omax} 和 $P_{V_{CC}}$ 可求出 P_V 为

$$P_V = P_{V_{CC}} - P_{omax}$$

试分析最大管耗与最大输出功率的关系。

②接入自举电容 C（S 闭合）时的指标测试　重复实验步骤①中 a、b、c、d、e 项实验内容。

③将实验①、②的部分测试值及理论计算值记入表 1-27 中。

表 1-27　动态指标

	理论计算值	断开自举电容测量值	接入自举电容测量值
P_{omax}			
$P_{V_{CC}}$			
η			
P_V			

4. 思考题

①简单说明实验电路中 VD_1、VD_2、R、C 的作用。

②在图 1-50 所示实验电路中，若将 S 接通，R 短路，电路将会发生下列哪种现象？自举作用加强了；自举作用减弱了；自举作用消失了；自举作用不变。

③如何区分功率放大器的甲类、乙类、甲乙类三种工作状态，各有什么特点？图 1-50 所示电路中 V_2、V_4、V_3、V_5 属于哪类工作状态？

④如果图 1-50 所示实验电路中 VD_1 和 VD_2 有一个反接或开路，K 点电位是否会发生变化？

1.10.2　提高性实验——集成功率放大器的应用

1. 实验目的

①熟悉集成功率放大器的工作原理和使用特点。

②掌握集成功率放大器的主要性能指标及测试方法。

2. 实验电路

本实验使用的 LA-4100 音频功率放大器见图 1-51，图中外接电容 C_1、C_2、C_7 为耦合电容，C_3 为滤波电容，C_4 为自举电容，C_5、C_6 用以消除自激振荡。LA-4100 内部电路（见图 1-54）电阻 R_{12} 与自举电容 C_4 组成自举电路，外界电阻 R_f 和电容 C_2 组成交流负反馈电路，改变 R_f 的阻值可改变组件的电压增益。

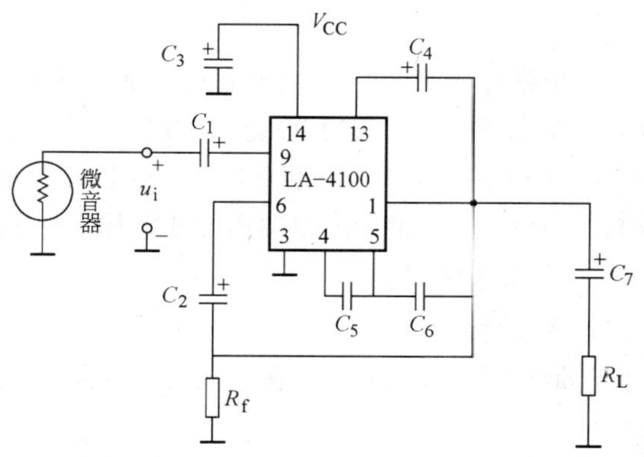

图 1-51　LA 4100 音频功率放大电路接线图

C_1、C_2　20μF　C_3、C_4　220μF　C_5　50pF　C_6　560pF　C_7　470μF　R_f　100Ω　R_L　4Ω，8W

3. 实验内容及要求

1）阅读 1.10.4 节，分析 LA-4100 集成功率放大电路原理图，了解该电路的工作原理和外接元器件的作用、电源电压值范围及手册给出的技术指标值。

2）静态测试和调整　在通用实验板上按图 1-51 实验电路接线，检查接线无误后，接通电

源。使 $u_i=0$（即输入端短路），观察输出有无振荡，如有振荡，改变 C_6 的值可消除振荡。

3）观察波形　在输入端接通信号源，u_i 的有效值为 5 ~ 10mV，频率为 1kHz，用示波器观察 R_L 两端的输出电压 u_o 的波形，逐渐增加输入电压，直至输出电压即将出现削顶失真时为止。

4）测试动态指标　在输出电压即将出现削顶时，测量输出电压有效值，算出该功率放大器的最大不失真输出功率 P_{omax}。在最大输出功率下，测出电源电流，算出电源提供的平均功率 $P_{V_{CC}}$ 以及效率 η。

5）观察自举电容 C_4 的作用　将 C_4 断开重复第 4）项测试内容。

6）试音　用微音器代替信号源，用扬声器代替电阻 R_L，向微音器说话，注意听扬声器发出的声音。

参考验证性实验，提出所用仪器设备，自拟实验步骤，完成上述实验内容。

4. 本实验如采用低压音频集成功率放大器 LM386，则其内部电路和实验电路分别如图 1-52、图 1-53 所示。

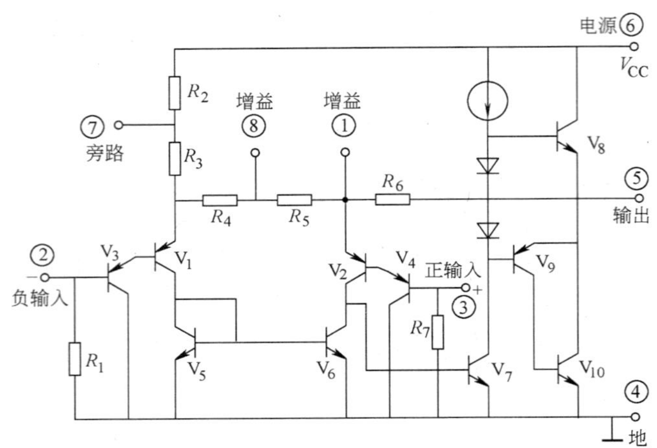

图 1-52　LM386 低压音频功率放大器内部电路

R_1、R_7　50kΩ　R_2、R_3、R_6　15kΩ　R_4　150Ω　R_5　1.35kΩ

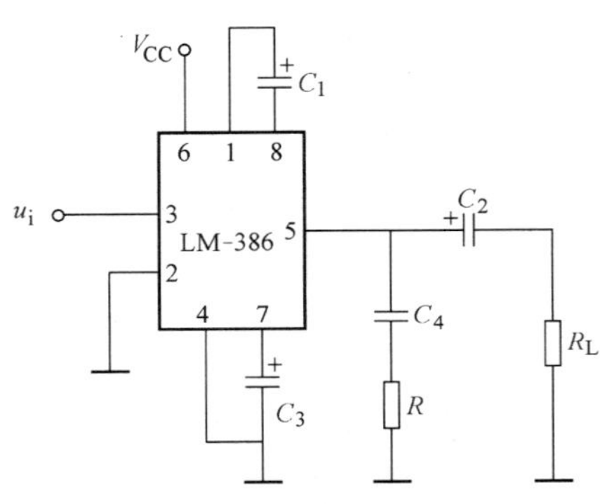

图 1-53　LM386 集成功率放大电路接线图

V_{CC}　6V　C_1　10μF　C_2　470μF　C_3　220μF　C_4　0.05μF　R　12Ω　R_L　4Ω

该组件包括由 V_1 ~ V_6 等组成的前置放大级，V_7 等组成的推动级，V_8 ~ V_{10} 等组成的甲乙类准互补功率输出级。它的电压增益为 26dB，如在端子 1、8 间并联一只电容则可使电压增益提高到 40dB；如在端子 1、5 间并联一只电阻，则可改变该组件的反馈深度。用该组件做实验，除因没有自举电路而不能做自举的内容外，其余各项内容都可以做。

1.10.3　设计性实验

1. 实验目的

①通过设计性实验，掌握集成功率放大器外围电路元件参数的选择和集成功率放大器的应用方法。

②熟练掌握电路的调整和指标测试，为今后应用集成功率放大器打下良好的基础。

2. 实验题目

设计一个集成功率放大器，设计要求如下：

负载电阻　　　　　　　$R_L=8\Omega$

最大不失真输出功率　　$P_{omax}\geqslant 500\text{mW}$

低频截止频率　　　　　　$f_L \leqslant 80\text{Hz}$

集成功率放大器　　　　　用 LA4100 或自选

3. 实验内容及要求

①写出设计报告。

②验证设计指标，若测得 P_{omax} 和 f_L 不满足设计要求，需重新设计，直到满足设计要求为止。

③研究自举电容的作用，具体实验步骤可参阅实验 1.10.1 节。

1.10.4 LA4100 集成功率放大器简介

1. 内部电路及引线排列

LA4100 集成功率放大器内部电路和引脚图，如图 1-54 所示。

2. 工作原理

LA4100 集成功率放大器的内部电路如图 1-54a 所示，它具有一般集成功放的结构特点，由输入级、中间级和输出级 3 部分组成。其中 V_1、V_2 为差动输入级；V_4、V_7 为两级共发射极放大器串联构成中间级，因而具有较高的增益。V_8、V_{12}、V_{13} 和 V_{14} 为互补输出级，V_{12}、V_{13} 组成 NPN 型复合管，V_8、V_{14} 组成 PNP 型复合管，V_3、R_4、R_5 及 V_5 构成分压网络，为 V_1 提供静态偏压，同时为 V_5、V_6 组成的镜像电源提供参考电流，V_6 作为 V_4 的有源负载。R_{11}、V_9、V_{10} 和 V_{11} 为电平移动电路，为末级提供合适的静态偏置，电阻 R_9 接于输出端①和 V_2 基极之间，构成很深的直流负反馈，以保持直流平衡，稳定工作点。R_{12} 与外接电容组成自举电路。

LA4100 集成功率放大器具有电路简单，工作稳定，适应范围宽，使用灵活等特点。

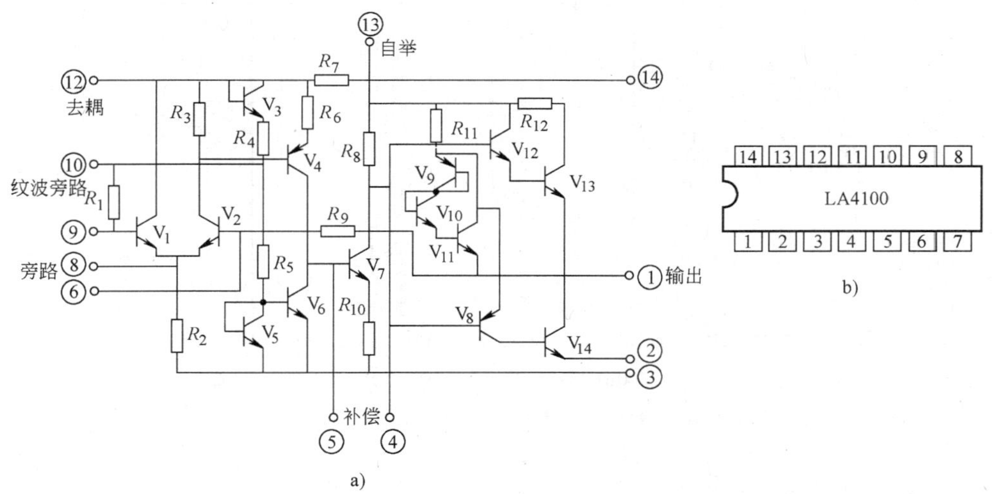

图 1-54　LA4100 集成功率放大器内部电路和引脚图

a）内部电路　b）引脚图

R_1、R_9　20kΩ　R_2、R_3　5.1kΩ　R_4　8.8kΩ　R_5　10kΩ

R_6、R_7、R_{12}　100Ω　R_8　3kΩ　R_{10}、R_{11}　150Ω

3. 外引脚排列及功能

外引脚排列如图 1-54b 所示，1 引脚为输出端，直流电平应为 $V_{CC}/2$；2 引脚为电源地端；3 引脚为衬底地；4、5 引脚接相位补偿电容；6 引脚为负反馈端，一般接 RC 串联网络到地，以构成电压串联负反馈；7、8、11 引脚为空脚；9 引脚为输入端；10、12 引脚接入大电解电容，可抑制纹波电压；13 引脚为自举端；14 引脚为电源端。

4. LA4100 集成功率放大器的主要技术指标

①电源	$V_{CC}=6V$	
②直流参数：	静态电流 I_{CQ}	15～25mA
	输入电阻 R_i	12～20kΩ
③交流参数：	电压增益 A_u	45dB
	输出功率 P_{omax}	1W（$R_L=8\Omega$）
	总谐波失真 THD	1.5%
	噪声 U_{NO}	3mV

1.11 直流稳压电源实验

1.11.1 验证性实验——串联型稳压电路

1. 实验目的

①加深理解串联型稳压电路的工作原理。

②学习串联型稳压电路的测试方法。

2. 实验电路及仪器设备

（1）实验电路　串联型稳压实验电路如图 1-55 所示。

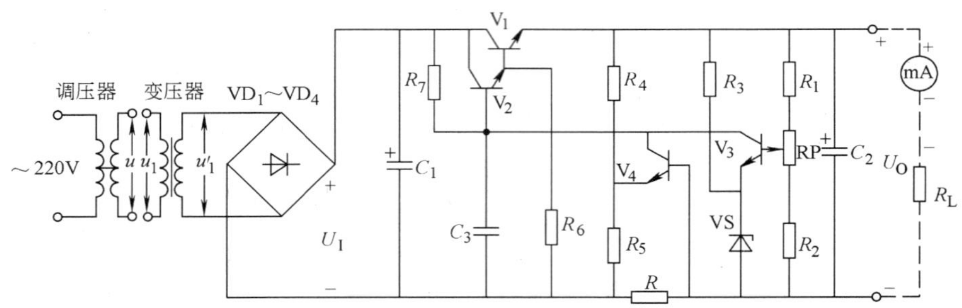

图 1-55　串联型稳压实验电路

V_1　3DD15　V_2　3DG12　V_3、V_4　3DG6　VS　2CW5　VD_1～VD_4　2CP10

C_1　47μF/25V　C_2　100μF/25V　C_3　0.01μF　RP、R_2　200Ω　R_1　100Ω

R_3　510Ω　R_4　1kΩ　R_5　3kΩ　R_6　10kΩ　R_7　4.7kΩ　R　5.1Ω

（2）实验仪器设备

①万用表	1 块
②直流毫安表	1 块
③交流毫伏表	1 块
④滑线变阻器	1 个
⑤调压器	1 个
⑥实验箱	1 台

3. 实验内容及步骤

（1）组装电路并输入交流电压　按图 1-55 所示电路接线，熟悉各元器件位置，在整流变压器的一次侧接入调压器（模拟电网电压波动 ±10%）。先将调压器手柄置于 0V 位置，负载开路，检查接线无误后输入 220V 交流电源。逐渐旋转调压器手柄，使调压器输出电压增至 220V。观察电路，若发现有异常现象应立即退回手柄排除故障。

（2）输出电压可调范围的测量　保持 $u_i=220V$，输出负载开路。调节 RP 用万用表观察 U_O 是否可调，测量并记录 U_O 的调整范围，即测量 U_O 的最大值 U_{omax} 和最小值 U_{omin} 及对应的整流电路输出电压 U_I，调整管 V_1 电压降 U_{CE1}。将测量值记入表 1-28 中。

表 1-28　输出电压可调范围

测量值	U_O	U_{CE1}	U_I
最大值			
最小值			

（3）稳压电路输出电压的确定　$u_i=220V$，负载开路，调整 RP 使 $U_O=12V$。

（4）稳压电源外特性的测量　在实验步骤（3）的条件下，接入负载电阻 R_L（滑线电阻），串入电流表。调节 R_L 值改变负载电流 I_O，选取不同的 I_O 值，测出相应的 U_O 值记入表 1-29 中。注意，在测试过程中应保持 U_I 值不变。根据实验数据作出 U_O-I_O 关系曲线，并按下式求出输出电阻：

$$R_O=\left|\frac{\Delta U_O}{\Delta I_O}\right|_{U_I=常数}$$

表 1-29　U_O 和 I_O 的关系

I_O/mA	0						I_{omax}
U_O/V							

（5）稳压系数和电压调整率的测量　$u_i=220V$，$U_O=12V$，I_O = 额定值，测出此时的 U_I 值。改变调压器手柄使 u_i 变化 10%，测出相应 U_O 和 U_I 值。计算稳压系数 S_r 和电压调整率。测量值记入表 1-30 中。S_r 和电压调整率的计算公式如下：

$$S_r=\left.\frac{\Delta U_O/U_O}{\Delta U_I/U_I}\right|_{R_L=常数}$$

$$电压调整率=\frac{\Delta U_O}{U_O}\times 100\%$$

（6）纹波系数的测量　$u_i=220V$，$U_O=12V$，I_O = 额定值，用交流毫伏表测量稳压电路输入端的纹波电压 U_{di} 和输出端的纹波电压 U_{do}，计算纹波系数。纹波系数决定 U_{di} 与 U_{do} 的比值。

表 1-30　稳压系数和电压调整率

u_i/V	198	220	242
U_O/V			
U_I/V			
S_r			
$\Delta U_O/U_O\times 100\%$			

4. 思考题

①当负载电流 I_0 超过额定值时，该实验电路的输出电压 U_0 会发出什么变化?

②调整管在什么情况下功耗最大?

③简单叙述保护电路的工作原理。

1.11.2 提高性实验——集成稳压电路的研究

1. 实验目的

①掌握集成稳压电路的工作原理。

②独立完成集成稳压电路的调整及技术指标的测试。

2. 实验电路

集成稳压电路如图 1-56 所示。

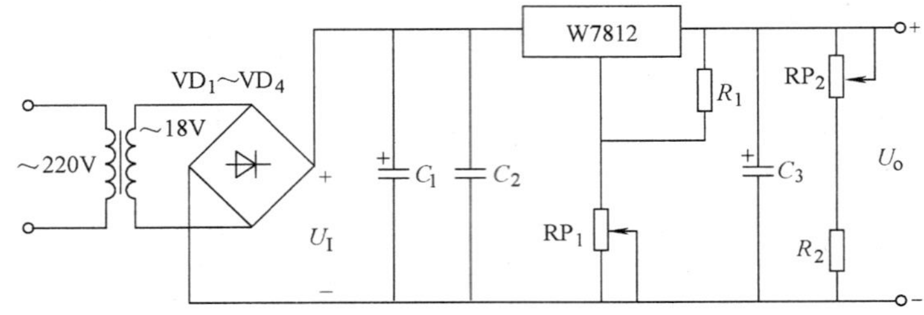

图 1-56 集成稳压电路

$VD_1 \sim VD_4$ 2CP10 C_1、C_3 220μF C_2 0.1μF RP_1 6.8kΩ

RP_2 220Ω R_1 240Ω R_2 68Ω

3. 实验内容及要求

①分析图 1-56 所示的工作原理。

②查阅资料，画出 W7812 三端集成稳压电路原理图、外形符号及管脚功能图，给出它的技术指标。

③组装调试图 1-56 所示实验电路。自拟实验步骤，提出实验仪器设备，测量集成稳压电路的下列指标：a. 输出电压调节范围；b. 电源外特性；c. 稳压系数、电压调整率及电流调整率；d. 观察比较 U_I 和 U_0 的纹波电压。

注意，接好电路后，应先用示波器观察 U_0 的波形，如果电路存在自激振荡现象。要先消除后再进行上述实验内容。

1.11.3 设计性实验

1. 实验目的

通过该实验项目，使学生独立完成小功率稳压电源的设计、计算、元器件选择、安装调试及指标测试。进一步加深对稳压电路工作原理、性能指标实际意义的理解，达到提高工程实践能力的目的。

2. 实验题目

①设计制作一个小型晶体管收音机用的稳压电源。主要技术指标如下：

输入交流电压	220V，$f=50$Hz
输出直流电压	$U_0=4.5\sim6$V
输出电流	$I_{omax}\leqslant20$mA
输出纹波电压	$\leqslant100$mV

②设计一个稳压电路，设计要求如下：

输出电压	$U_0 = 12 \sim 15\text{V}$
输出电流	≤300mA
输出保护电流	400 ~ 500mA
输入电压	220V，$f = 50\text{Hz}$
输出电阻	$R_0 < 0.1\Omega$
稳压系数	$S_r \leq 0.01$

3. 实验内容及要求

①按题目要求设计电路，画出电路图。提出电路中元器件的型号、标称值和额定值。

②组装、调试设计电路，拟定实验步骤，测试设计指标。若测试结果不满足设计指标，需重新调整电路参数，使之达到设计指标要求。

③写出设计、安装、调试、测试指标全过程的设计报告。

④总结完成该实验题目的体会。

第 2 章　模拟电子技术 EDA 实验

2.1　基本放大电路 EDA 实验

1. 实验目的

①熟练掌握 Multisim10 仿真软件的使用方法。

②在 Multisim10 仿真软件工作平台上测试单管共射放大电路的静态工作点，电压放大倍数和输入、输出电阻。

③通过仿真实验了解电路元器件参数改变对静态工作点及电压放大倍数的影响。

2. 实验步骤

（1）将元器件符号转为欧式符号　从开始菜单启动 Multisim10 仿真软件，执行 Option => Preferences菜单命令，在弹出的对话框中，选择 Component Bin => Symbol Stand，然后选择 Din，单击 OK 按钮，即可。

（2）绘制单管共射放大电路仿真电路

①在 Multisim10 仿真软件工作平台上，绘制单管共射放大电路仿真电路，如图 2-1 所示。

②从指针元件库中，选择电流表、电压表，从虚拟仪器库中选取示波器摆放在图 2-1 相应位置。电流表设置为直流（DC）表，电压表根据测试需要设置为直流表或交流（AC）表。按下仿真按钮，仿真实验结果。

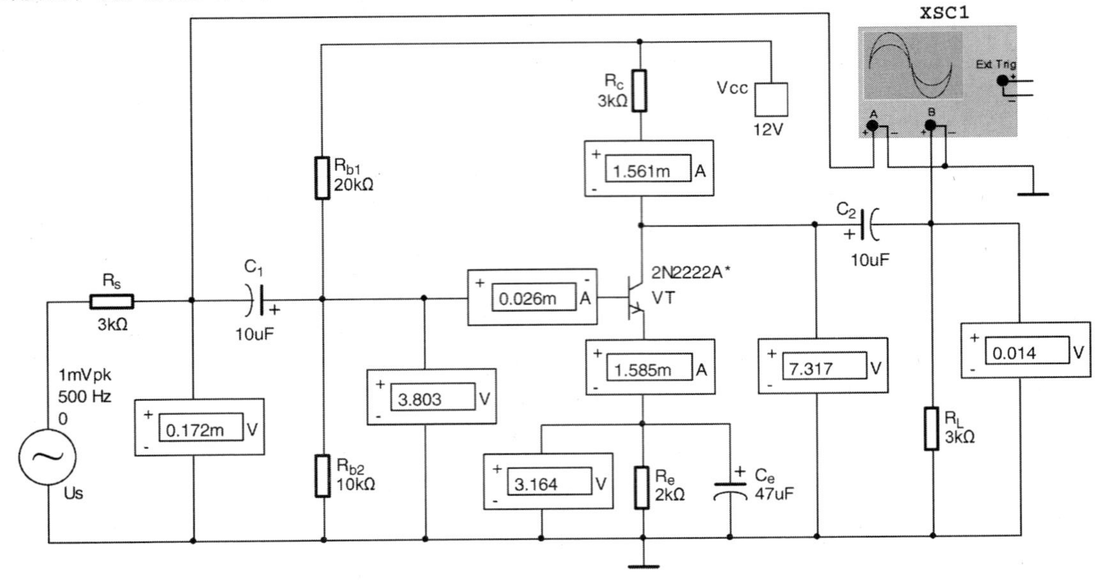

图 2-1　单管共射放大电路仿真电路

（3）测试静态工作点 Q　按下图 2-1 仿真按钮，等仿真过程稳定以后，记录各电流表、电压表的读数于表 2-1 中，从而求得静态工作点 Q。把仿真实验结果与理论估算值比较，分析误差原因。

表 2-1 静态工作点仿真实验数据表

测量值						测算值	理论估算值					
U_B/V	U_C/V	U_E/V	I_B/mA	I_C/mA	I_E/mA	U_{CE}/V	U_B/V	U_C/V	U_E/V	I_B/mA	I_C/mA	U_{CE}/V

注：全书仿真电路中图形符号和文字符号大小及正体、斜体以及平排、下标等均不改动，其中 uF 表示 μF，us 表示 μs。

（4）测试电压放大倍数 A_u 调节图 2-1 中信号源输出正弦波信号：频率 500Hz、有效值 0.71mV，按下仿真按钮，在保证输出波形不失真的情况下，当 R_L 为 3kΩ 时，记录放大电路输入电压、输出电压有效值于表 2-2 中，求出电压放大倍数 A_u。

（5）观察输入、输出波形

①双击图 2-1 中虚拟示波器，弹出示波器面板窗口，虚拟示波器调节方法与实际示波器类似。放大器输入的交流小信号送入示波器 A 通道（可设置为红色），放大器输出的交流信号送入 B 通道（可设置为黑色），调节 A、B 通道的输入方式为交流 AC，调节 A、B 通道的 Scale 使 Y 轴每格代表的电压值分别为 1mV、10mV；X 轴每格代表的时间为 1ms。从示波器上观察输入、输出波形（见图 2-2）以及它们的相位关系，得出什么结论？

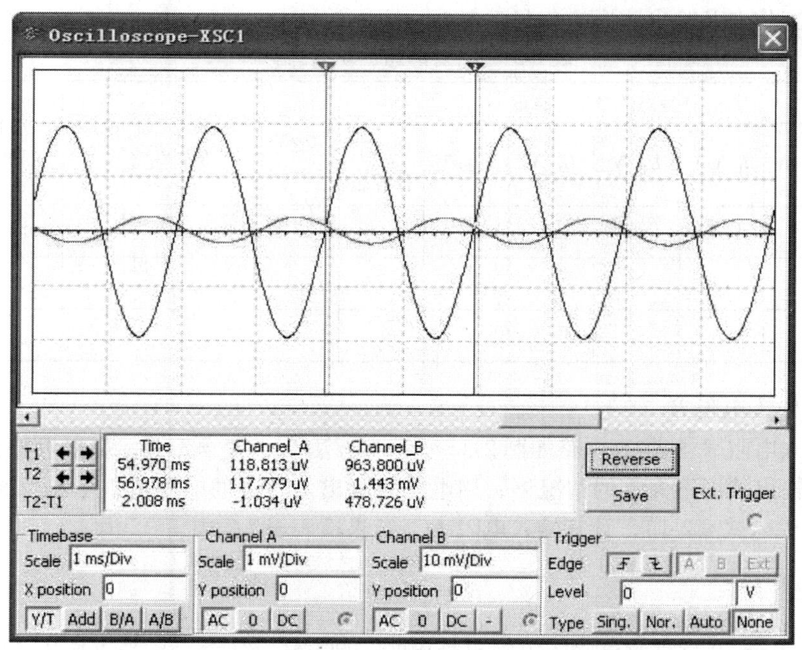

图 2-2 示波器观察输入输出波形

②测量输入、输出波形的幅值、周期。示波器上有两个游标，可用来直接读取每个游标处的数据。如移动游标 1（红色）、游标 2（蓝色）如图 2-2 中所示位置，可直接读出输入、输出波形的周期。移动游标到输入、输出波形的波峰处，读出输入、输出波形的幅值，求出电压放大倍数

A_u。

③增大放大电路的输入信号，观察输出波形的变化情况，直到输出波形出现失真为止，分析失真原因。

（6）负载电阻 R_L 对电压放大倍数的影响　改变负载电阻 R_L 的大小，测量输入、输出电压，求出相应的电压放大倍数。将图 2-1 中负载电阻 R_L 分别调整为 1kΩ、510Ω 或去掉负载电阻（输出端开路）3 种情况时，按下仿真按钮，记录输入、输出电压值于表 2-2 中，计算电压放大倍数 A_u。分析负载电阻 R_L 改变对电压放大倍数 A_u 的影响？

表 2-2　改变负载电阻对电压放大倍数的影响（保持 U_i 不变）

R_L/Ω	测量值			测量数据计算值			
	U_s/V	U_i/V	U_o/V	A_{us}	A_u	R_i	R_o
∞							
3kΩ							
1kΩ							
510Ω							

（7）R_{b1} 对静态、动态的影响　将图 2-1 中负载电阻去掉，即输出端开路时，输入信号幅值设置为 0.1V，调整电阻 R_{b1} 的值分别为 14kΩ、20kΩ、51kΩ 时，观察放大电路的输出波形，记录放大电路的静态工作点及输出波形的情况于表 2-3 中。

表 2-3　R_{b1} 对静态、动态的影响

条件 $R_L=\infty$	静态测量与计算值						U_i/V	输出波形（示波器）（保持 U_i 不变）	若出现失真波形，判断失真性质
	I_B/mA	I_C/mA	U_B/V	U_C/V	U_{CE}/V	Q 点工作状态			
$R_{b1}=14k\Omega$									
$R_{b1}=20k\Omega$									
$R_{b1}=51k\Omega$									

（8）测量输入电阻 R_i

①测量输入电阻 R_i 的仿真电路如图 2-3a 所示（方法 1），$R_s=3k\Omega$，观察示波器显示的输出波形，在保证输出波形不失真的情况下，用电压表测出信号源的电压值 U_s、放大电路输入信号的电压值 U_i，代入式（2-1），计算输入电阻 R_i，结果填入表 2-2 中。

$$R_i=\frac{U_i}{U_s-U_i}R_s \tag{2-1}$$

②利用 Multisim10 软件测试输入电阻更简单的一种方法（方法 2）是直接用交流电压表和交流电流表测试放大电路输入端的电压 U_i 和电流 I_i，然后相除，即为输入电阻 R_i。

（9）测量输出电阻 R_o　保留图 2-1 中负载电阻 R_L 两端的交流电压表，去掉图 2-1 中其他电压表和电流表，在保证输出波形不失真的条件下，在负载电阻 $R_L=3k\Omega$ 时，记录带负载时输出电压 U_o 的值；当负载开路时仿真电路如图 2-4 所示，记录空载时输出电压 U_o' 的值。将 U_o、U_o' 和 R_L 代入式（2-2），计算输出电阻 R_o，结果填入表 2-2 中。

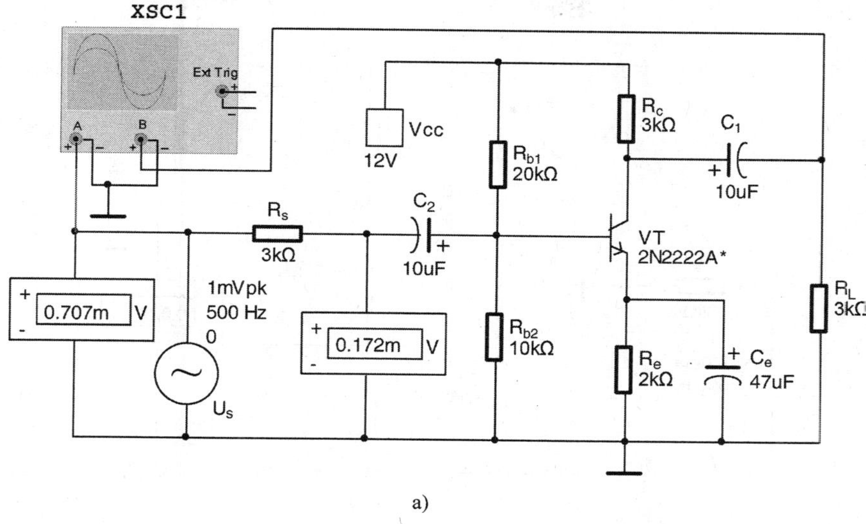

a)

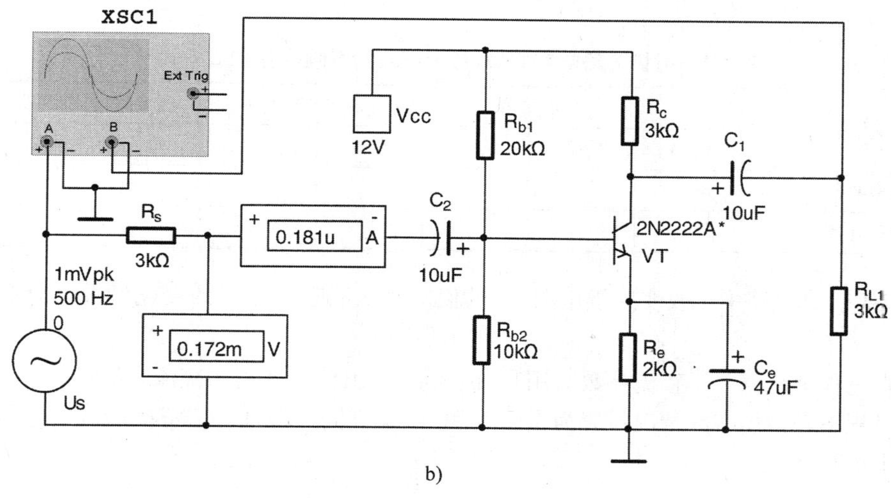

b)

图 2-3　测试输入电阻仿真电路

a）测试输入电阻仿真电路（方法 1）　b）　测试输入电阻仿真电路（方法 2）

$$R_o = \left(\frac{U_o'}{U_o} - 1\right)R_L \tag{2-2}$$

（10）射极旁路电容 C_e 的作用

①C_e 对电压放大倍数的影响。在图 2-1 仿真电路中，去掉射极旁路电容 C_e，保持负载不变，按下仿真按钮，记录放大电路的输入电压 U_i 和输出电压 U_o 值于表 2-4 中，求出电压放大倍数；比较这一放大倍数与射极旁路电容 C_e 存在时电路的电压放大倍数有何不同？

②C_e 对输入电阻的影响。在图 2-3b 测输入电阻的仿真电路中，去掉射极旁路电容 C_e，保持负载不变，按下仿真按钮，记录放大电路的交流输入电压 U_i 和交流输入电流 I_i 值于表 2-4 中，求出放大电路的输入电阻 R_i；比较这一输入电阻与射极旁路电容 C_e 存在时电路的输入电阻有何不同？

分析射极旁路电容 C_e 对放大电路的电压放大倍数和输入电阻的影响。

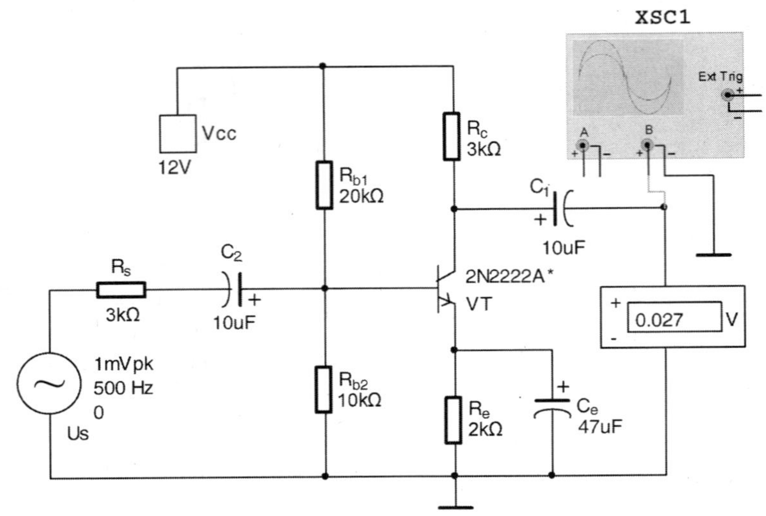

图 2-4　测试输出电阻仿真电路（测空载输出电压 U_o'）

表 2-4　射极旁路电容 C_e 对放大电路的影响（保持 U_i 不变）

$R_L=3\text{k}\Omega$	测量值				测量数据计算值			
	U_s/V	U_i/V	U_o/V	I_i/A	A_{us}	A_u	R_i	R_o
有射极旁路电容 C_e 时								
无射极旁路电容 C_e 时								

在图 2-1 仿真电路中，改变射极电阻 R_e 的值，测试静态工作点的变化情况，分析射极电阻 R_e 的作用。

在仿真过程中注意：①直流参数需用直流表测量，交流参数需用交流表测量，电压表和电流表在使用过程中需根据实际情况设置为交流（AC）或直流（DC）；②每次仿真要等仿真过程稳定以后记录仿真结果。

2.2　差动放大电路 EDA 实验

1. 实验目的

①深入理解恒流源差动放大电路的特点：双端输入与单端输入产生的效果一致。

②学会用虚拟示波器测试电压传输特性。

③用 EDA 软件测量差模电压放大倍数和共模电压放大倍数。

2. 实验内容与步骤

（1）测量恒流源差动放大电路电压放大倍数

在 Multisim10 软件工作平台上绘制恒流源差动放大电路仿真电路，如图 2-5 所示。

①测量无输入（静态时）时两管的集电极电位。在图 2-5 中，设置输入信号为零，按下仿真按钮，读出接在 VT_1、VT_2 两管的集电极与地之间两个直流电压表的读数，记录静态时两管的集电极电位 V_{C1}、V_{C1} 于表 2-5 中。

②测量双端输入时的差模电压放大倍数 A_d。在图 2-5 中，设置双端输入信号分别为 U_{id1} =

+0.1V, U_{id2} = −0.1V，按下仿真按钮，记录直流电压表的读数于表 2-5 中。接在 VT_1、VT_2 两管集电极之间电压表的读数为双端输出时的差模输出电压 U_{od}。接在 VT_1、VT_2 两管的集电极与地之间两个电压表的读数，减去静态时 VT_1、VT_2 的集电极电位，即为 VT_1、VT_2 两管单端输出时的差模输出电压 U_{od1}、U_{od2}。计算双端输入双端输出以及双端输入单端输出时的差模电压放大倍数 A_d 及 A_{d1}、A_{d2}。

③测量单端输入时的差模电压放大倍数 A_d。去掉图 2-5 中的信号源 U_{id2}，将 R_{b6} 电阻短接，保留信号源 U_{id1} 作为单端输入信号，设置单端输入信号 U_{id1} 为 0.2V，按下仿真按钮，记录单端输入双端输出和单端输入单端输出电压表的读数于表 2-5 中，与双端输入双端输出时电压表的读数比较，可以得出什么结论？并计算单端输入双端输出及单端输入单端输出时的差模电压放大倍数 A_d 和 A_{d1}、A_{d2}。

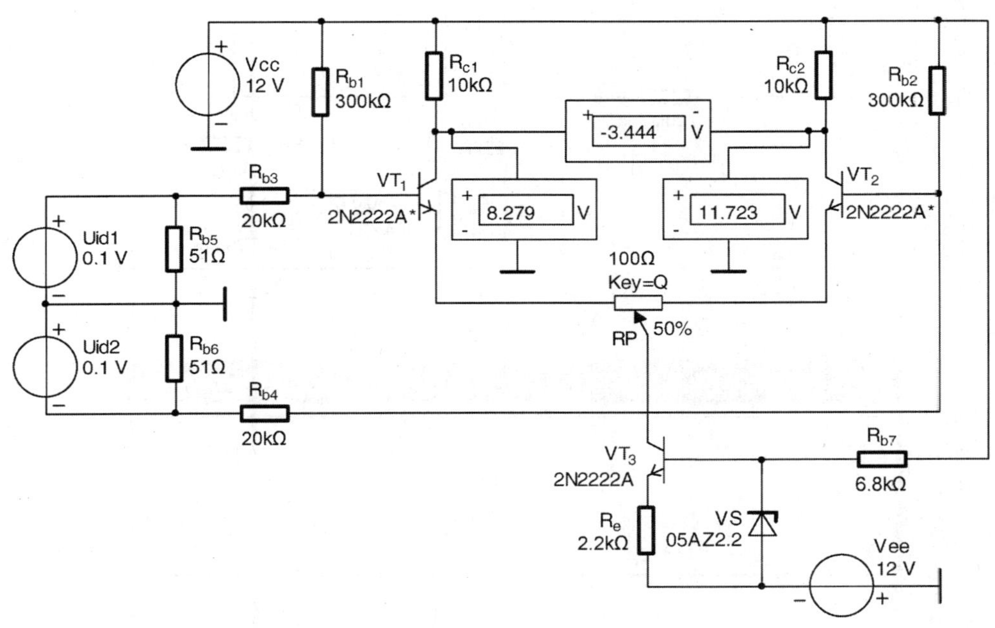

图 2-5　恒流源差动放大电路仿真电路

表 2-5　差模电压放大倍数测量数据表

输入方式	U_i/V	U_{id1}/V	U_{id2}/V	$U_{od1}=U_{o1}-U_{C1}$ /V	$U_{od2}=U_{o2}-U_{C1}$ /V	$U_{od}=(U_{od1}-U_{od2})$ /V	$A_{d1}=U_{od1}/U_i$	$A_{d2}=U_{od2}/U_i$	$A_d=U_{od}/U_i$
静态（无输入）	0	0	0	U_{C1}/V	U_{C2}/V				
双端输入	0.2	0.1	−0.1						
单端输入	0.2	0.2	0						

（2）差模输入状态下输入输出特性及电压传输特性

①连接仿真电路。在 Multisim10 仿真软件平台上将图 2-5 中电压表去掉，接入两个示波器，如图 2-6a 所示。双端输入信号 U_i 幅值设置为 0.2V、频率为 1kHz，单端输出分别为 U_{od1}（VT_1 管集电极电压输出变化量）或 U_{od2}（VT_2 管集电极电压输出变化量），将两个示波器的 A 输入端接输入信号 U_i，两个示波器的 B 输入端分别接 VT_1、VT_2 管集电极，可观察 U_{od1}、U_{od2} 的波形。

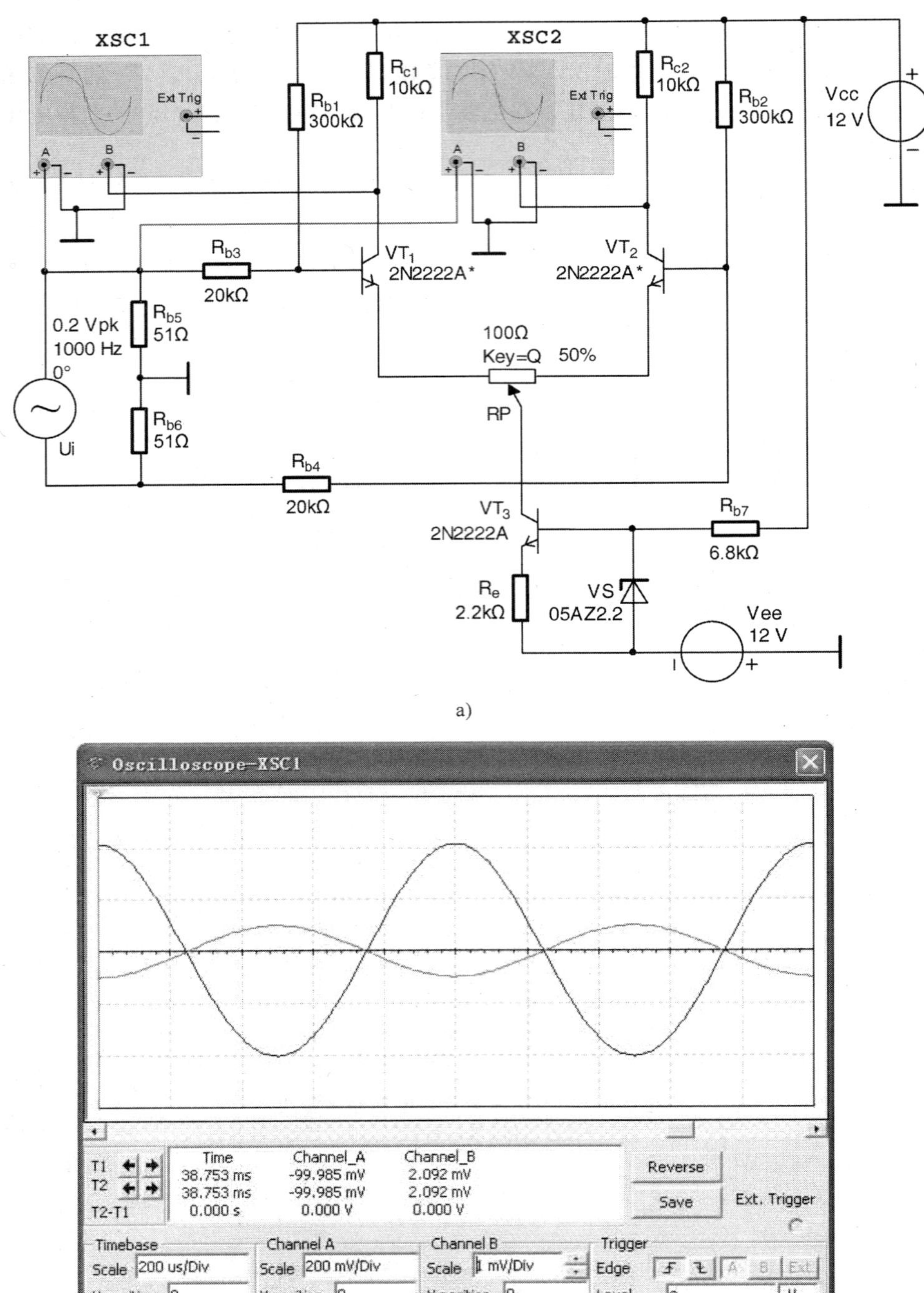

a)

b)

图 2-6　恒流源差动放大电路差模输入仿真电路

a）恒流源差动放大电路差模输入电路　b）U_{od1} 与 U_i 的波形及相位关系

②观察输入输出波形及相位关系。双击图2-6a中示波器图符，在弹出的示波器面板上调节示波器的工作方式为Y/T，按下仿真按钮，观察输入输出波形及相位关系，XSC1观察到的是U_{od1}与U_i的波形及相位关系，如图2-6b所示；XSC2观察到的是U_{od2}与U_i的波形及相位关系。得出什么结论？

③用示波器观察传输特性。调节图2-6a中虚拟示波器的工作方式为A/B，按下仿真按钮，观察双端输入单端输出电压传输特性，此时水平扫描信号为输入信号U_i，垂直扫描信号为输出信号U_{od1}或U_{od2}。如果调节示波器的工作方式为B/A，观察示波器所显示的传输特性，并分析此时其水平轴和垂直轴各代表什么信号？

（3）共模放大倍数A_c和共模抑制比K_{CMR}

①测量恒流源差动放大电路共模放大倍数A_c。在图2-5中，去掉差模输入信号U_{id1}和U_{id2}，两输入端输入共模信号$U_{ic}=0.5V$，记录共模输入信号作用下双端输出共模电压U_{oc}以及单端输出共模电压U_{oc1}、U_{oc2}的值于表2-6中。（U_{oc1}、U_{oc2}是在共模输入信号作用下VT_1、VT_2两管的集电极与地之间输出电压减去静态时的集电极电位）。并计算双端输出共模电压放大倍数A_c和单端输出共模电压放大倍数A_{c1}、A_{c2}的值。

②计算共模抑制比K_{CMR}。由差模放大倍数A_d和共模放大倍数A_c，计算共模抑制比$K_{CMR}=A_d/A_c$。

通过仿真内容（3）可得出什么结论？恒流源差动放大电路有什么特点？

表2-6　共模电压放大倍数测量数据表

输入方式	U_{ic}/V	U_{ic1}/V	U_{ic2}/V	$U_{oc1}=U_{o1}-U_{c1}$	$U_{oc2}=U_{o2}-U_{c2}$	$U_{oc}=U_{oc1}-U_{oc2}$	$A_{c1}=U_{oc1}/U_{ic}$	$A_{c2}=U_{oc2}/U_{ic}$	$A_c=U_{oc}/U_{ic}$	$K_{CMR}=A_d/A_c$
共模输入	0.5	0.5	0.5							

2.3　负反馈放大电路EDA实验

1. 实验目的

通过EDA仿真进一步了解负反馈对放大电路性能的影响。学会用伯德图仪测试幅频特性、相频特性及带宽。

2. 实验内容与步骤

（1）确定电流并联负反馈电路电阻参数值

①计算图1-19电流并联负反馈电路中电阻元件的参数值。图1-19为两级直接耦合放大电路引入电流并联负反馈，各电阻参数计算过程略。电阻R_b、R_f、R_{e1}、R_{e2}参数值分别为：51kΩ、8.2kΩ、3.6kΩ、3.5kΩ。

②启动Multisim10仿真软件，按照图1-19电路要求以及计算好的电阻值，在元件库中选取相应元件，连接仿真电路如图2-7所示，VT_1、VT_2管的集电极分别接直

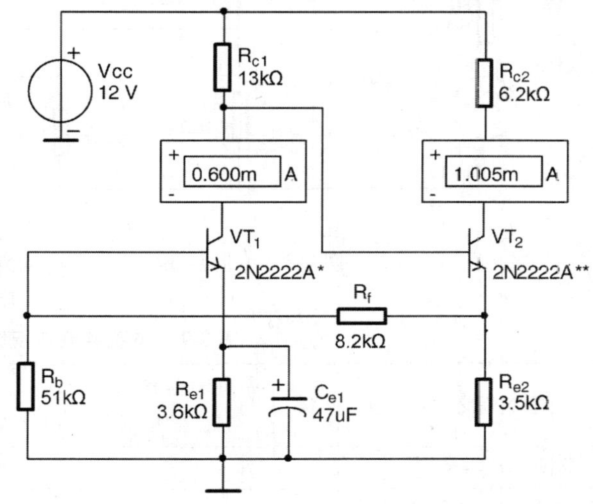

图2-7　电流并联负反馈参数选择电路

流电流表，用来测试两管的集电极电流。

③按下仿真按钮，观察两个电流表的读数：$I_{c1}=0.600\text{mA}$，$I_{c2}=1.005\text{mA}$，满足静态工作点的要求，误差仅为0.005mA。

（2）测试电流并联负反馈电路闭环动态参数

①空载时的闭环增益 A_{uf}。在 Multisim10 软件工作平台上，按照图2-8选取元器件连接仿真电路，两个电压表设置为AC用来测试输入端的电压 U_i 和输出端的电压 U_{of}，虚拟示波器XSC1用来观察输出端的波形。启动仿真按钮，逐渐增大输入信号 U_s，观察示波器显示的输出波形的变化情况，在保证输出电压最大且不失真时，记录电压表读数 U_i 和 U_{of}，代入公式 $A_{uf}=U_{of}/U_i$，计算空载时的闭环增益 A_{uf}，实验数据填入表2-7中。

②带负载时的闭环增益 A_{uf}。图2-8中，若将负载 $R_L=4.7\text{k}\Omega$ 接入电容C2的右端和地之间，输入信号 $U_s=5\text{mV}$，按下仿真按钮，在保证输出电压最大且不失真时，记录电压表读数 U_i 和 U_{of}，代入公式 $A_{uf}=U_{of}/U_i$，计算带负载时的闭环增益 A_{uf}，实验数据填入表2-7中。

③闭环输入电阻 R_{if}。图2-8中，调整输入信号为 $U_s=5\text{mV}$，按下仿真按钮，在保证输出电压不失真时，记录电压表读数 U_i，将 U_i、U_s 代入公式 $R_{if}=R_sU_i/(U_s-U_i)$，计算闭环输入电阻 R_{if}。数据填入表2-7中。

④闭环输出电阻 R_{of}。图2-8中，输入信号 $U_s=5\text{mV}$，负载 $R_L=4.7\text{k}\Omega$，按下仿真按钮，在保证输出电压不失真时，记录电压表读数 U_{of}；空载时重新仿真，记录输出电压 U'_{of}，代入公式 $R_{of}=(U'_{of}/U_{of}-1)R_L$，计算闭环输出电阻 R_{of}，将数据填入表2-7中。

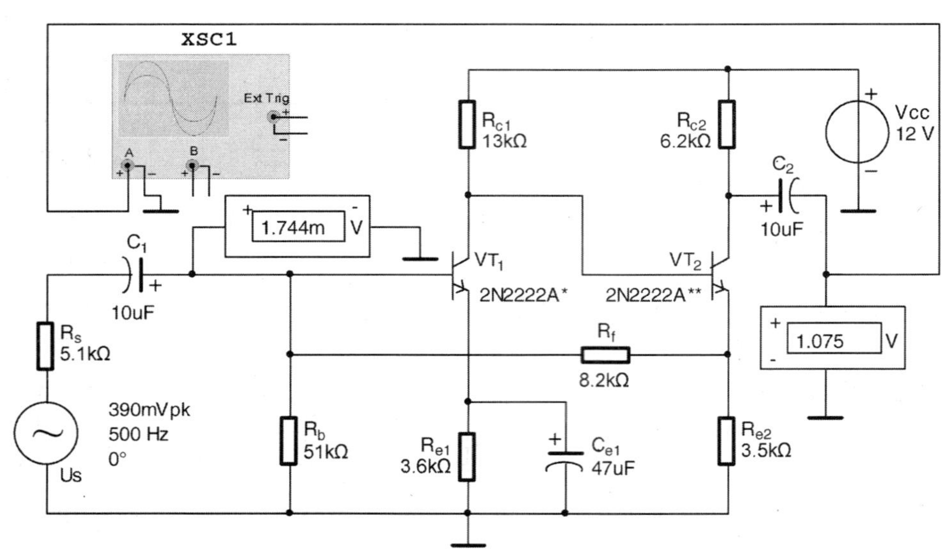

图2-8　电流并联负反馈闭环动态参数测试电路（空载）

表2-7　电流并联负反馈测量数据表

带负载情况	U_s	U_i	带负载输出电压 U_{of} 空载输出电压 U'_{of}	A_{uf} $A_{uf}=U_{of}/U_i$	R_{if} $R_{if}=R_sU_i/(U_s-U_i)$	R_{of} $R_{of}=R_L(U'_{of}/U_{of}-1)$
空载时，$R_L=\infty$						
带负载时，$R_L=4.7\text{k}\Omega$						

（3）测试电流并联负反馈电路频率响应　放大器的频率特性就是伯德图，可以采用伯德图仪测量频率特性。

①采用伯德图仪测量电流并联负反馈电路的频率特性仿真电路如图 2-9a 所示。

图 2-9a 放大电路的输入信号接伯德图仪 XBP1 的 in + 端，放大电路的输出信号接伯德图仪的 out + 端，in − 、out − 接地，双击伯德图仪图符，弹出伯德图仪面板。按下仿真按钮，即可用伯德图仪测试电路的幅频特性、相频特性。图 2-9b 为伯德图仪测出电流并联负反馈电路的幅频特性曲线，图中选择线性刻度，通频带放大倍数 $A_{uf}=272.5$。移动游标使放大倍数下降到通带放大倍数 A_{uf}的 0.707，即 $A_{uf}=192.66$ 时，记录闭环上限截止频率f_{Hf}、下限截止频率f_{Lf}，计算闭环通频带$f_{BWf}=f_{Hf}-f_{Lf}$。测试数据记录于表 2-8 中。

图 2-9b 中按下 Phase 可观察相频特性曲线。

（4）图 2-8 电路中，去掉反馈环节（即去掉反馈支路 R_f），测试电路在开环状态下的输入电阻、输出电阻；用伯德图仪测试电路开环放大倍数、开环幅频特性及相频特性，记录开环上限截止频率f_H、下限截止频率f_L 于表 2-8 中，计算开环通频带$f_{BW}=f_H-f_L$。测试结果与闭环特性比较，说明电路引入电流并联负反馈的作用。

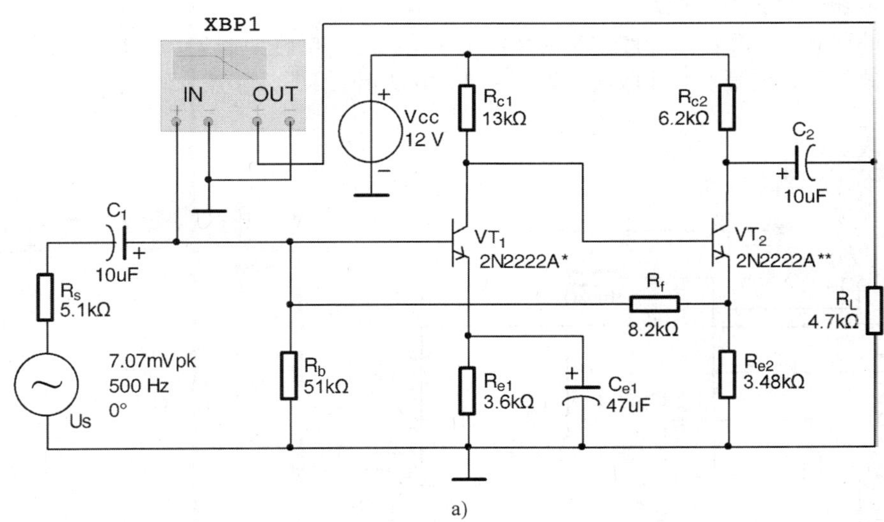

a)

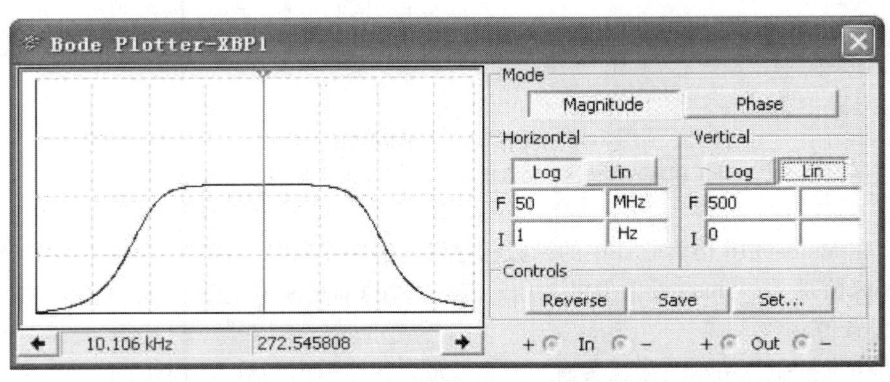

b)

图 2-9　电流并联负反馈频率特性测试仿真电路

a）电流并联负反馈频率特性测试电路　b）电流并联负反馈幅频特性

表 2-8　频率特性测量数据表

<table>
<tr><td rowspan="2">开环</td><td>通带放大倍数 A_u</td><td>上限截止频率 f_H</td><td>下限截止频率 f_L</td><td>通频带 $f_{BW}=f_H-f_L$</td></tr>
<tr><td></td><td></td><td></td><td></td></tr>
<tr><td rowspan="2">闭环</td><td>通带放大倍数 A_{uf}</td><td>上限截止频率 f_{Hf}</td><td>下限截止频率 f_{Lf}</td><td>通频带 $f_{BWf}=f_{Hf}-f_{Lf}$</td></tr>
<tr><td></td><td></td><td></td><td></td></tr>
</table>

2.4　运算电路 EDA 实验

1. 实验目的

①加深对反相输入、同相输入比例运算电路元件参数之间以及输入输出之间函数关系的理解。

②熟悉反相输入、双端输入求和运算电路的特点，学会选择求和运算电路中的元件参数。

2. 实验内容与步骤

（1）反相输入比例运算电路

①在 Multisim10 仿真软件平台上连接反相输入比例运算电路如图 2-10a 所示，其中信号发生器输出正弦波信号，信号发生器版面设置如图 2-10b 所示。

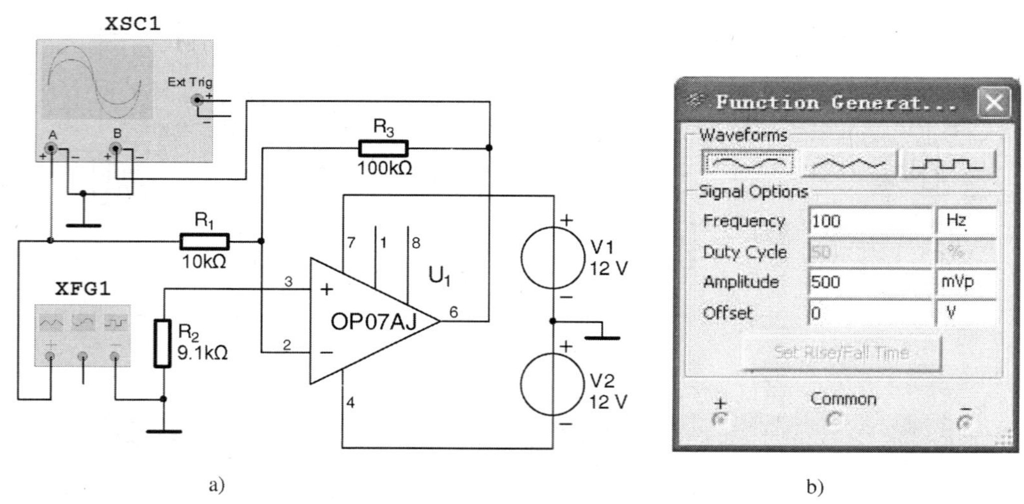

a)　　b)

图 2-10　反相输入比例运算仿真电路

a）反相输入比例运算仿真电路　b）信号发生器 XFG1 面板设置

注意：在 Multisim10 仿真软件中的函数信号发生器在使用时，若“－”极性端接地，则实际产生的信号峰值是 Amplitude 设置值的 2 倍；若公共端 Common 接地，则实际产生的信号峰值与 Amplitude 设置值一致。

②按下仿真按钮，用示波器观察输入输出波形，注意输出与输入波形的相位关系，如图 2-11 所示，移动示波器的游标，记录输入、输出波形的幅值，计算闭环电压放大倍数，并与理论值进行比较。

（2）在 Multisim10 仿真软件平台上，分别按照图 1-22b、c、d 连接仿真电路，依次作 1. 5. 1

节中3.（2）同相比例放大器、3.（3）电压跟随器、3.（4）差动比例放大器等实验内容，将实验数据填入表2-9中。

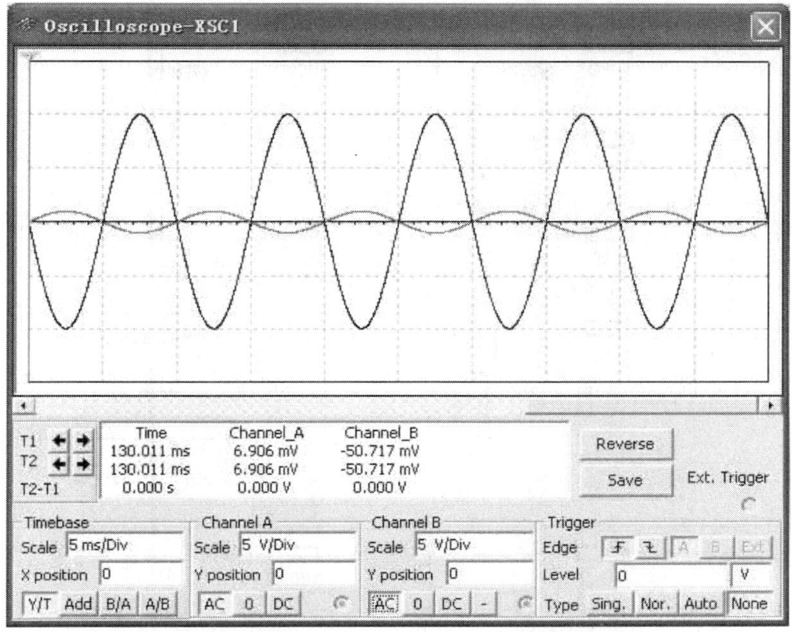

图2-11　示波器观察反相输入比例运算电路输入输出波形

表2-9　U_O 与 U_I 关系表

直流输入电压 U_I/V		反相比例放大器		同相比例放大器		电压跟随器				差动比例放大器	
		0.1	0.2	0.1	0.2	0.1	0.2	0.5	1	$U_{I1}=+0.1$ $U_{I2}=-0.1$	$U_{I1}=+0.2$ $U_{I2}=-0.2$
输出电压 U_O/V	测量值										
	输出电压表达式										

（3）反相输入求和运算电路

①在Multisim10仿真软件平台上连接反相输入求和仿真电路，如图2-12a所示，选择电路参数 $R_f=100\text{k}\Omega$，$R_1=R_2=R_3=R_4=10\text{k}\Omega$，估算 $R_5=2.439\text{k}\Omega$，取 $R_5=2.43\text{k}\Omega$。设输入信号 $U_{I1}=1\text{V}$，$U_{I2}=2\text{V}$，$U_{I3}=-1.5\text{V}$，$U_{I4}=-2\text{V}$ 时，按下仿真按钮，记录输出电压 U_O 于表2-10中。

②改变各输入信号的电压值，重新仿真，记录仿真结果 U_O。

③写出输出电压与输入电压的表达式，比较理论值与仿真结果，分析误差原因。

（4）双端输入求和运算电路

①在Multisim10仿真软件平台上连接双端输入求和仿真电路如图2-12b所示，选择电路参数 $R_5=R_f=100\text{k}\Omega$，$R_1=R_2=R_3=R_4=10\text{k}\Omega$，设置输入信号为：$U_{I1}=1\text{V}$、$U_{I2}=2\text{V}$、$U_{I3}=1.5\text{V}$、$U_{I4}=2\text{V}$ 时，按下仿真按钮，记录输出电压 U_O 于表2-10中。

②改变各输入信号的电压值，重新仿真，记录仿真结果 U_O。

③写出输出电压与输入电压的表达式，比较理论值与仿真结果，分析误差原因。

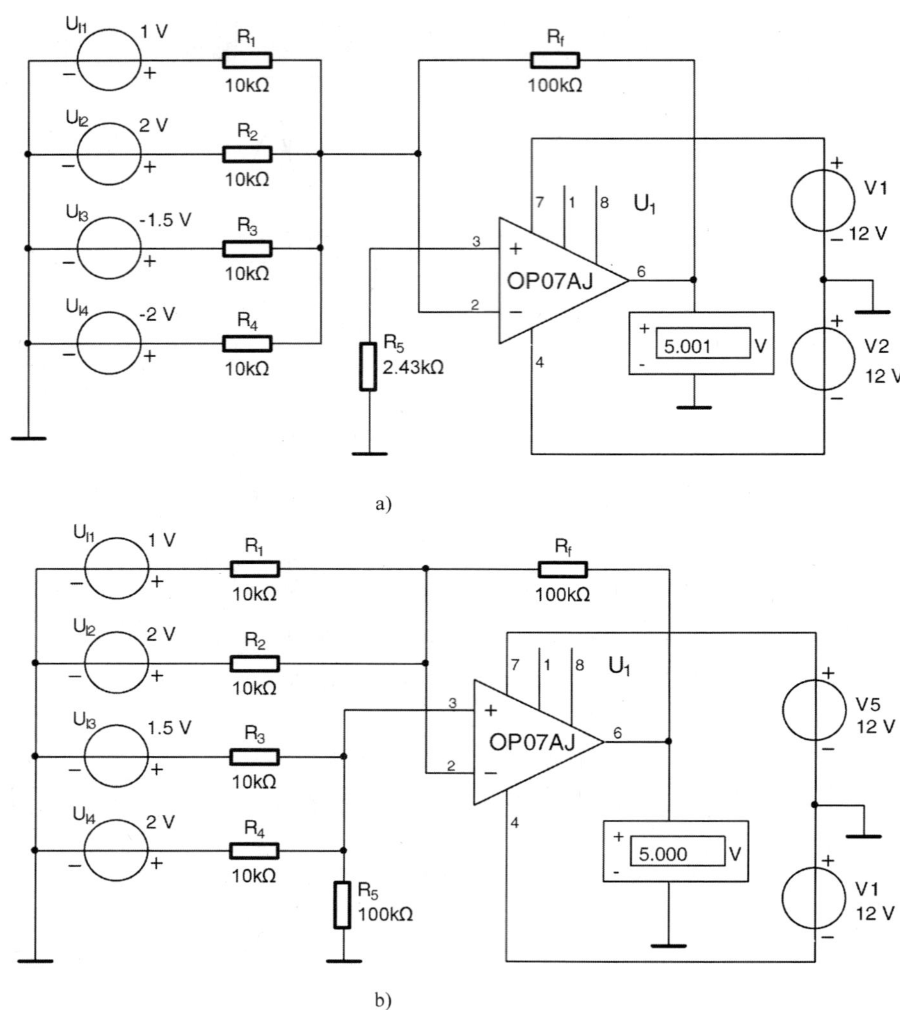

图 2-12　求和运算仿真电路

a）反相输入求和仿真电路　b）双端输入求和仿真电路

表 2-10　求和电路 U_O 与 U_I 关系表

<table>
<tr><td colspan="2" rowspan="2">直流输入电压 U_I/V
U_{I1}、U_{I2}、U_{I3}、U_{I4}</td><td colspan="8">反相输入求和电路</td><td colspan="8">双端输入求和电路</td></tr>
<tr><td></td><td></td><td></td><td></td><td></td><td></td><td></td><td></td><td></td><td></td><td></td><td></td><td></td><td></td><td></td><td></td></tr>
<tr><td rowspan="3">输出电压
U_O/V</td><td>测量值</td><td colspan="4"></td><td colspan="4"></td><td colspan="4"></td><td colspan="4"></td></tr>
<tr><td>理论值</td><td colspan="4"></td><td colspan="4"></td><td colspan="4"></td><td colspan="4"></td></tr>
<tr><td>输出电压
表达式</td><td colspan="8"></td><td colspan="8"></td></tr>
</table>

2.5 积分运算电路 EDA 实验

1. 实验目的

①进一步理解基本积分电路、改进积分电路中各参数的作用以及积分电路输出与输入波形之间的函数关系。

②学会使用 Multisim10 仿真软件中的函数信号发生器。

2. 实验内容与步骤

（1）基本积分电路

①在 Multisim10 仿真软件工作平台上绘制基本积分仿真电路，如图 2-13 所示，图中输入直流信号 12V，开关 S 一旦断开积分电路便开始积分，观察积分电路输出波形，记录积分时间和输出电压饱和值。

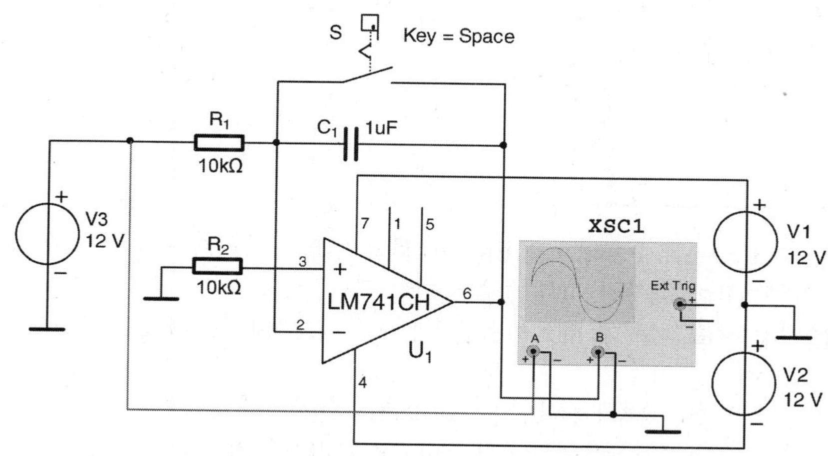

图 2-13　基本积分仿真电路（输入直流信号）

改变图 2-13 中积分电路输入电压为 1V，保持其他参数不变，重复以上实验内容。

改变图 2-13 中电阻 R_1、R_2 值（保证 $R_1=R_2$，可取 $R_1=R_2=20\ \text{k}\Omega$），保持其他参数不变，重复以上实验内容。

改变图 2-13 中电容 C_1 为 0.022μF，保持其他参数不变，重复以上实验内容。

改变图 2-13 中集成运放的电源电压值为正负 15V，保持其他参数不变，重复以上实验内容。

将仿真实验数据填入表 2-11 中。分析积分时间与哪些参数有关？输出饱和电压与哪些参数有关？

表 2-11　基本积分电路 EDA 仿真实验数据表

电路参数取值	积分时间	输出饱和电压	输出电压波形
$U_i=12\text{V}$ $R_1=R_2=10\text{k}\Omega$ $C_1=1\mu\text{F}$			

（续）

电路参数取值	积分时间	输出饱和电压	输出电压波形
$U_i=1V$ $R_1=R_2=10k\Omega$ $C_1=1\mu F$			
$U_i=12V$ $R_1=R_2=20k\Omega$ $C_1=1\mu F$			
$U_i=12V$ $R_1=R_2=10k\Omega$ $C_1=0.022\mu F$			
V_{CC}、V_{EE}改为±15V $U_i=12V$ $R_1=R_2=10k\Omega$ $C_1=1\mu F$			

②图 2-13 基本积分电路中若输入端用函数信号发生器送入方波信号：$f=50Hz$，峰值为 20V，占空比 50%，偏移为 0，观察积分电路的输出波形。

改变方波信号的峰值 10V，保持其他参数不变，在示波器上观察积分电路的输出波形有什么变化？

改变方波信号的频率，观察积分电路的输出波形有什么变化？

改变方波信号的占空比为 30%，观察积分电路的输出波形的变化情况。

记录观察到的波形，并从原理上分析产生此波形的原因。

（2）改进积分电路

①在 Multisim10 仿真软件平台上绘制改进积分电路，如图 2-14a 所示，图中函数信号发生器“ – ”极性端接地，若要产生幅值为 2.0V、频率 500Hz 的正弦交流信号，则函数信号发生器设置如图 2-14b 所示：Amplitude 为 1V，Frequency 为 500Hz。通过调整示波器上 Scale 值的大小，使示波器上显示完整的输出波形，观察电路的输出波形，记录输入、输出波形的幅值。写出输出电压表达式。

改变输入正弦波信号频率为 1kHz、1.5kHz，幅值保持 2V，观察输出波形的变化情况。

改变输入正弦波信号幅值为 4V、6V、8V、10V，保持频率 500Hz，观察输出波形的变化情况并分析原因。

②当设置函数信号发生器的参数：Amplitude 为 500mV、Frequency 为 50Hz、Duty Cycle 为 50% 的方波信号时，则改进的积分电路相当于输入幅值 1V、频率 50Hz 的方波信号，在示波器上观察输出波形，记录输入方波信号的幅值以及输出电压的最大值。

调整图 2-14a 中输入方波信号的频率为 1kHz，幅值保持 1V，观察输出信号的变化情况，记录输入方波信号的幅值以及输出电压的最大值。

调整图 2-14a 输入方波信号的幅值为 2V、3V，频率为 1kHz，观察输出信号的变化情况，记录输入方波信号的幅值以及输出电压的最大值。

③当改进的积分电路输入幅值为 2.0V、频率 500Hz 的三角波信号时，观察输出波形。改变三角波信号的幅值或频率，观察输出波形的变化情况。

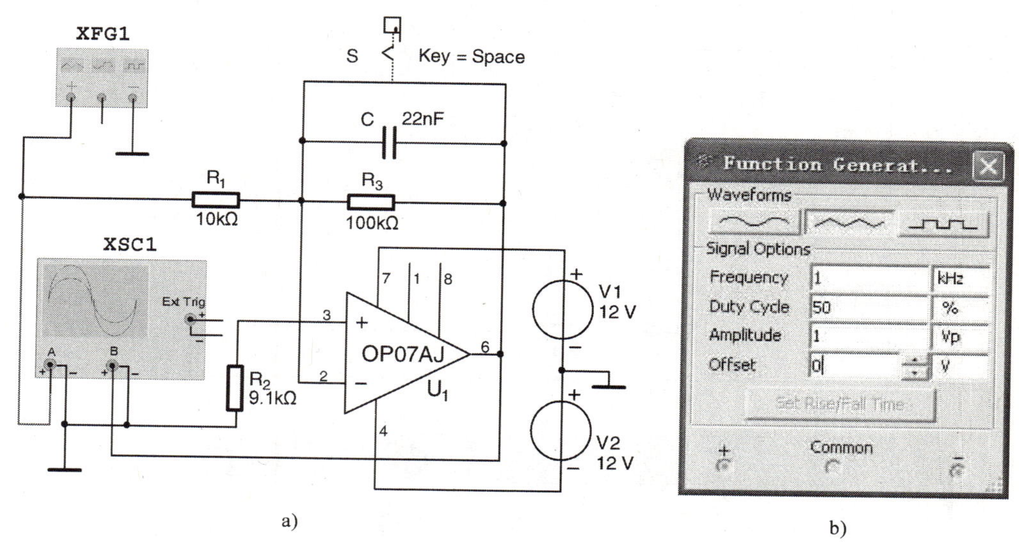

图 2-14　改进积分电路仿真图

a）改进积分电路仿真图　b）函数信号发生器设置

2.6　有源滤波电路 EDA 实验

1. 实验目的

进一步理解一阶有源低通、二阶有源低通、二阶有源高通滤波电路以及带阻滤波电路的特点，掌握伯德图仪测试幅频特性与相频特性的方法。

2. 实验内容与步骤

（1）一阶有源低通滤波电路

①在 Multisim10 软件平台上绘制一阶有源低通滤波仿真电路，如图 2-15a 所示。

②用虚拟伯德图仪 XBP1 观察一阶有源低通滤波电路的幅频特性（参考图 2-15b）、相频特性（参考图 2-15c）曲线。在幅频特性曲线上通过游标记录通频带的放大倍数、上限截止频率 f_H。在相频特性曲线上记录上限截止频率处对应的相角。一阶有源低通滤波电路相频特性在上限截止频率处对应的相角比通带内下降了多少度？大于上限截止频率 f_H 以后每十倍频程相频特性下降多少分贝（dB）？

③推导图 2-15a 一阶有源低通滤波电路的传递函数，通过理论计算求得上限截止频率，分析上限截止频率受哪些因素影响？

④将图 2-15a 中的电容 C_1 换成 2.2nF 的电容，重复第②、③实验内容。在幅频特性曲线上通过游标记录通频带的放大倍数 A_u、上限截止频率 f_H。在相频特性曲线上记录上限截止频率处对应的相角，测量与计算值记入表 2-12 中。

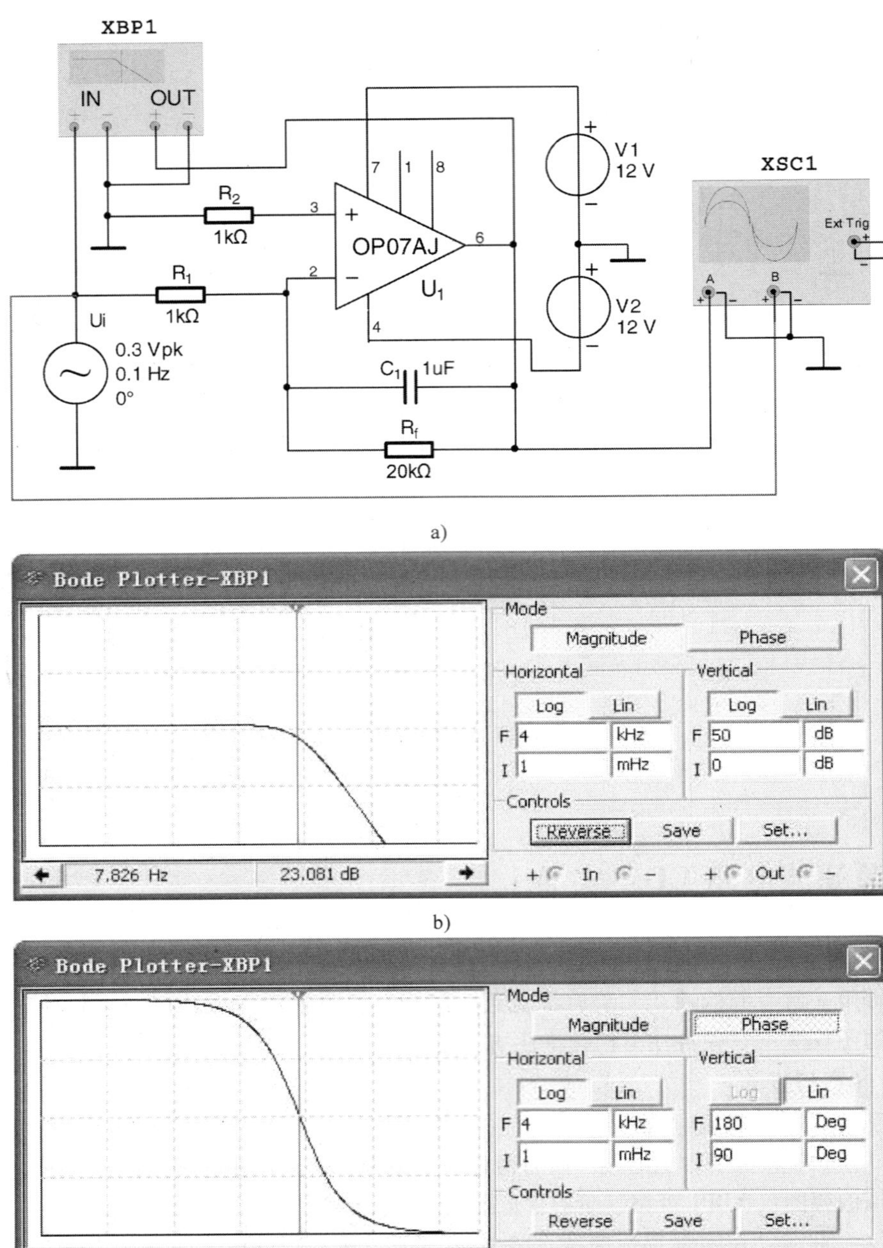

a)

b)

c)

图 2-15　一阶有源低通滤波频率特性测试仿真电路

a）一阶有源低通滤波仿真电路　b）一阶有源低通滤波电路的幅频特性（$C_1=1\mu F$）

c）一阶有源低通滤波电路的相频特性（$C_1=1\mu F$）

表 2-12　一阶有源低通滤波器的频率特性测试数据表

电容 $C_1/\mu F$	信号频率 f/Hz	通带电压放大倍数		上限截止频率 f_H/Hz		上限截止频率 f_H 处相角 φ/（°）	大于 f_H 后衰减率 dB/十倍频程
		$20\lg A_u$/dB	A_u	实测值	理论值		
$C_1=1\mu F$							
$C_1=22nF$							

⑤图 2-15a（电容 $C_1=1\mu F$）在输入端加入正弦电压信号，幅值 0.3V、频率 0.1Hz，用示波器观察输入输出信号，测量输出电压值。然后再调节信号发生器，逐渐增大输入信号的频率，用示波器观察输入信号频率不同时的输出波形（体会滤波器的作用），测试相应输入频率时的输出电压值。改变一次输入信号频率，测量一次输出电压 U_o 值，测量值记入表 2-13 中。用记录的实验数据绘出一阶有源低通滤波器的幅频特性曲线。

思考：用伯德图仪测试频率特性与输入信号有关系吗？

表 2-13　示波器测试一阶有源低通幅频特性数据表（$C_1=1\mu F$）

f/Hz	0.1	0.5	1.0	2.0	3.0	4.0	5.0	6.0	7.0	7.5	7.8	8.0	9.0	10.0
U_o/V														
$A_u=U_o/U_i$														
$20\lg A_u$/dB														

（2）二阶有源低通滤波电路

①在 Multisim10 仿真软件平台上绘制二阶有源低通滤波仿真电路，如图 2-16a 所示，用伯德图仪测试其幅频特性、相频特性，记录上限截止频率 f_H。观察二阶有源低通滤波电路的幅频特性、相频特性与一阶有源低通滤波电路的幅频特性、相频特性有什么不同？

②二阶有源低通滤波电路上限截止频率处对应的相角比通带内下降多少度？大于上限截止频率 f_H 以后幅频特性每十倍频程下降多少分贝（dB）？仿真实验结果填入表 2-14 中。

③推导出二阶有源低通滤波电路的传递函数，计算上限截止频率 f_H 的理论值。

（3）二阶有源高通滤波电路

①在 Multisim10 仿真软件平台上绘制二阶有源高通滤波仿真电路，如图 2-16b 所示，用伯德图仪测试其幅频特性、相频特性，记录下限截止频率 f_L。观察二阶有源高通滤波电路的幅频特性、相频特性与二阶有源低通滤波电路的幅频特性、相频特性有什么不同？

②二阶有源高通滤波电路下限截止频率处对应的相角比通带内下降多少度？频率小于下限截止频率 f_L 的幅频特性每十倍频程下降多少分贝（dB）？仿真实验结果填入表 2-15 中。

③推导出二阶有源高通滤波电路的传递函数，计算下限截止频率 f_L 的理论值。

④图 2-16b 在输入端加入正弦电压信号，幅值 1V、频率 2kHz，用示波器观察输入输出信号，测量输出电压值。然后再调节信号发生器，逐渐增大输入信号的频率，用示波器观察输入信号频率不同时的输出波形（体会滤波器的作用），测试相应输入频率时的输出电压值。改变一次输入信号频率，测量一次输出电压 U_o 值，测量值记入表 2-16 中。绘出二阶有源高通滤波器的幅频特性曲线。

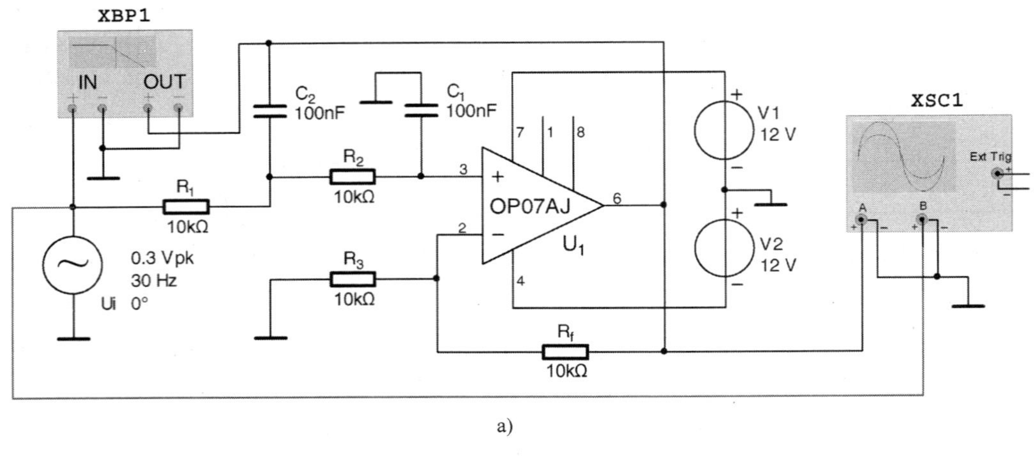

a)

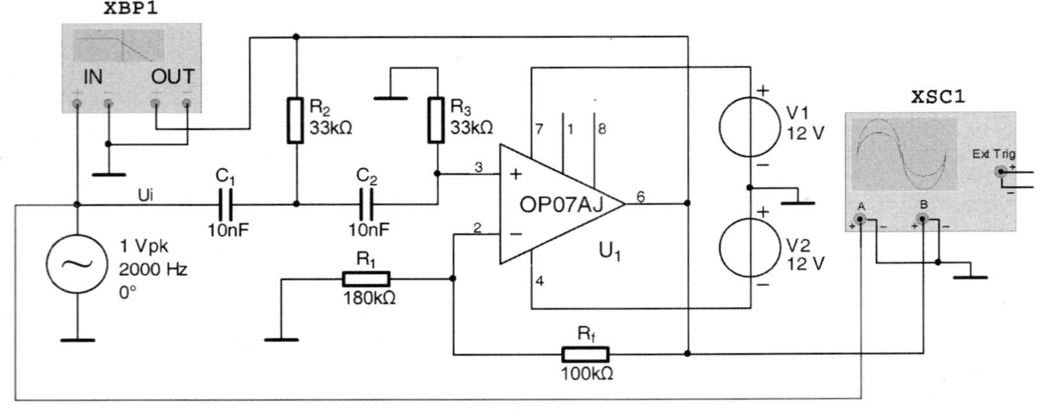

b)

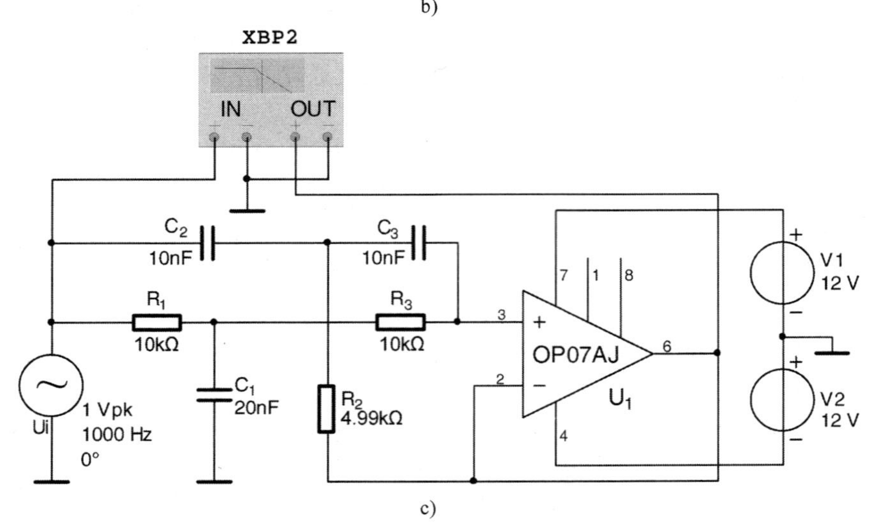

c)

图 2-16　二阶有源滤波和带阻滤波器仿真电路

a）二阶有源低通滤波仿真电路　b）二阶有源高通滤波仿真电路　c）带阻滤波器仿真电路

表 2-14 二阶有源低通滤波器的频率特性测试数据表

信号频率 f/Hz	通带电压放大倍数		上限截止频率 f_H/Hz		上限截止频率 f_H 处相角 φ/（°）	频率大于 f_H 后幅频特性衰减率 dB/十倍频程
	$20\lg A_u$/dB	A_u	实测值	理论值		

表 2-15 二阶有源高通滤波器的频率特性测试数据表

信号频率 f/Hz	通带电压放大倍数		下限截止频率 f_L/Hz		下限截止频率 f_L 处相角 φ/（°）	频率小于 f_L 的幅频特性衰减率 dB/十倍频程
	$20\lg A_u$/dB	A_u	实测值	理论值		

表 2-16 示波器测试二阶有源高通滤波器的幅频特性数据表

f/Hz	200	300	400	423	450	470	482	550	600	700	1k	5k	10k	20k
U_o/V														
$A_u = U_o/U_i$														
$20\lg A_u$/dB														

（4）带阻滤波器

①在 Multisim10 仿真软件平台上绘制带阻滤波器仿真电路，如图 2-16c 所示，用伯德图仪测试幅频特性、相频特性曲线，记录带阻滤波器的中心频率、低通的上限截止频率、高通的下限截止频率。

②推导出带阻滤波器的传递函数表达式及中心频率理论值，仿真结果与中心频率理论值比较，是否有差别，分析误差原因。

③要求中心频率 $f_0 = 160\text{Hz}$，如何调整电路的电阻、电容参数值？通过仿真完成实验内容。

2.7 模拟乘法器 EDA 实验

1. 实验目的

①进一步理解模拟乘法器的工作原理。

②学会应用模拟乘法器设计三角波、方波发生器。

2. 实验内容与步骤

①在 Multisim10 仿真软件工作平台上，做 1.8.2 节中的实验内容。

②在 Multisim10 仿真软件工作平台上绘制由模拟乘法器、积分器、比较器组成的方波、三角波发生电路，如图 2-17a 所示，用示波器观察运放 U1、U2 的输出波形，如图 2-17b 所示，测出三角波、方波的幅值和频率。

若要减小图 2-17a 中三角波的输出幅度，应调整那些参数？如何调节？通过示波器观察调整之后的波形，并记录输出幅值。

若要改变图 2-17a 中三角波、方波的输出频率，可以通过调整哪些参数来实现？试分别调节这些参数，观察调整参数之后的输出波形，通过示波器的游标记录调整后的输出频率。

推导出图 2-17a 中三角波、方波的输出电压表达式，验证仿真实验的结论。

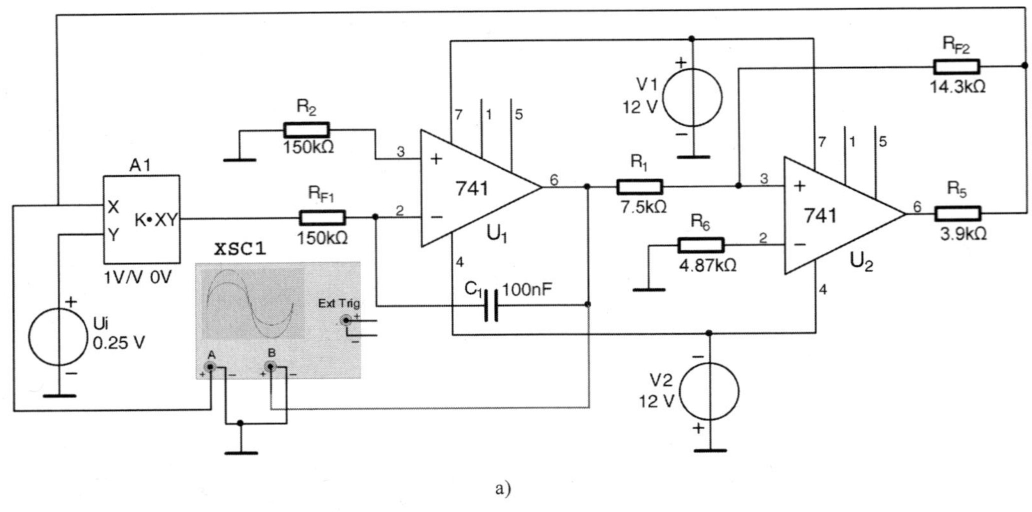

a)

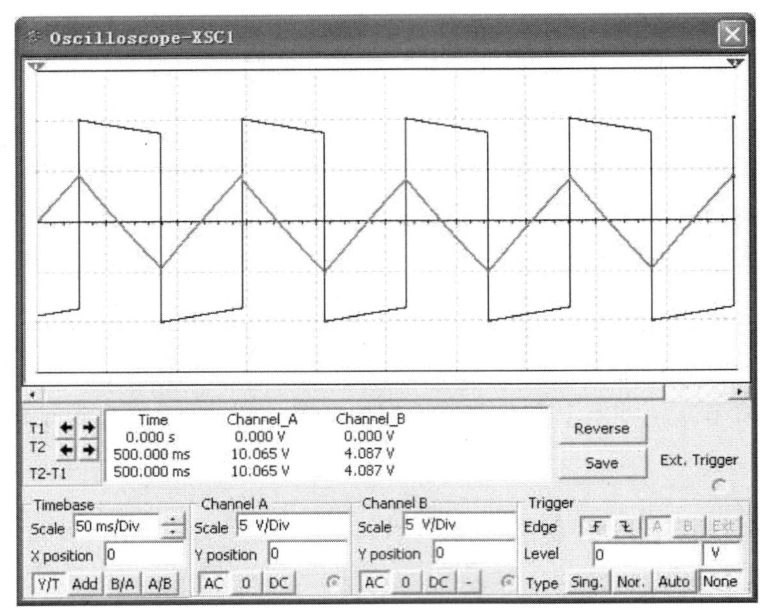

b)

图 2-17　压控三角波、方波仿真电路

a) 压控三角波、方波仿真电路　b) 压控三角波、方波仿真电路输出波形

2.8　波形产生电路 EDA 实验

1. 实验目的

①用 *RC* 桥式振荡电路产生正弦波信号；

②学会用运算放大器组成振荡电路；

③掌握振荡电路的性能及特点。

2. 实验内容与步骤

（1）二极管稳幅的 *RC* 桥式振荡电路

①在 Multisim10 仿真软件平台上连接二极管稳幅的 *RC* 桥式振荡电路，如图 2-18a 所示。起振前将电位器滑动头放在 50% 位置，图中设置键盘大写字母 A 来控制电位器滑动头所处位置百分数的增高，小写字母 a 控制电位器滑动头所处位置百分数的减少。

②按下仿真按钮后，观察示波器显示的输出波形，如果正弦波输出幅度太大出现失真，可逐级下调电位器使电路输出最大不失真的正弦波信号，观察正弦波起振和稳幅的过程如图 2-18b 所示，记录输出稳定正弦波的频率（即振荡频率）和幅值。

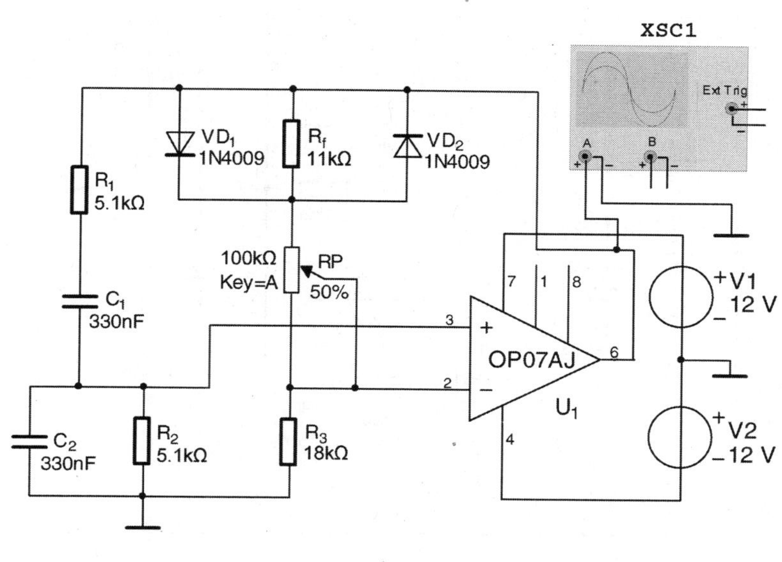

a)

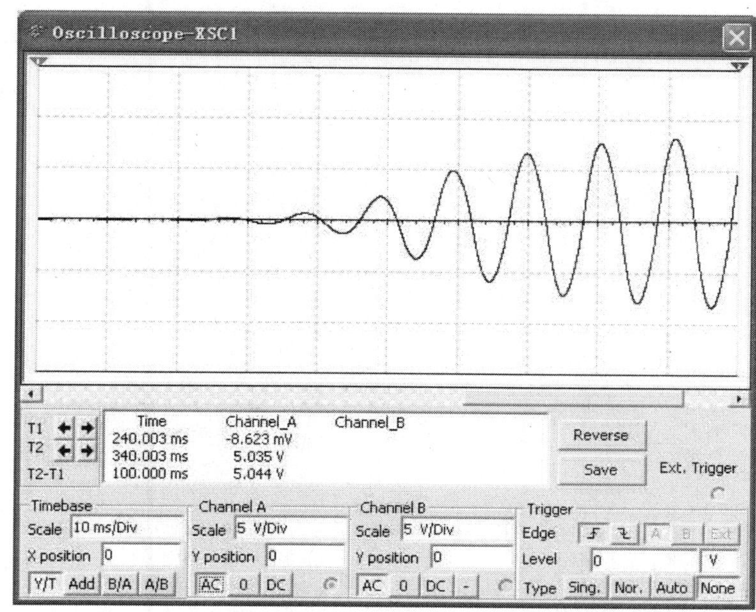

b)

图 2-18　二极管限幅的 *RC* 桥式振荡仿真电路

a）二极管限幅的 *RC* 桥式振荡电路　b）虚拟示波器观察到的 *RC* 桥式振荡电路输出波形

③要改变 RC 正弦波振荡电路的振荡频率，应调整哪些参数？试分别调整这些参数，观察波形的变化情况，记录调整参数后正弦波的频率。

（2）占空比可调的矩形波发生器

①由运算放大器组成占空比可调的矩形波发生器仿真电路如图 2-19a 所示，观察运放的引脚 2 和振荡电路输出端 U_1 的波形，记录矩形波的幅值和周期，测出占空比，仿真电路如图 2-19b 所示。

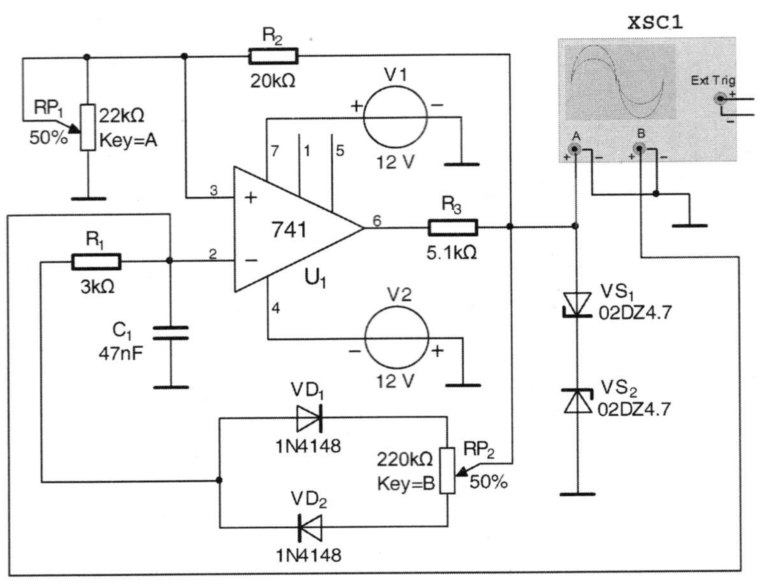

a)

b)

图 2-19　占空比可调的矩形波发生器仿真电路

a）占空比可调的矩形波发生器仿真电路　b）虚拟示波器观察到占空比可调的矩形波

②改变 RP_2 可以调整占空比。试调节电位器 RP_2 滑动头的位置，观察振荡电路的输出波形，测出占空比。注意：滑动头的位置选用键盘上哪个字母来控制，可以通过双击电位器符号，在弹出的对话框中设置。

③改变 RP_1 可以调节电路的振荡频率。试调节电位器 RP_1 滑动头的位置，观察振荡电路的输出波形，记录振荡周期。

④分析 C_1、R_1、VD_1、VD_2、VS_1、VS_2 在电路中的作用。

2.9 功率放大电路 EDA 实验

1. 实验目的

①用虚拟示波器观察乙类推挽功率放大电路输出正弦波出现的交越失真现象。

②通过 EDA 仿真实验进一步理解功率放大电路多数采用甲乙类推挽功率放大电路，而不采用乙类推挽功率放大电路的原因。

2. 实验内容与步骤

（1）乙类推挽功率放大电路　在 Multisim10 仿真软件工作平台上建立乙类推挽功率放大电路，如图 2-20a 所示，其中函数信号发生器 XFG1 设置如图 2-20b 所示，输出频率 1kHz、幅值 3V 的正弦波信号，公共端 Common 接地，将此信号送入乙类推挽功率放大电路，在示波器 XSC1 上观察电路的输出波形（参考图 2-21），记录观察到的输出波形，分析输出正弦波发生交越失真现象的原因。

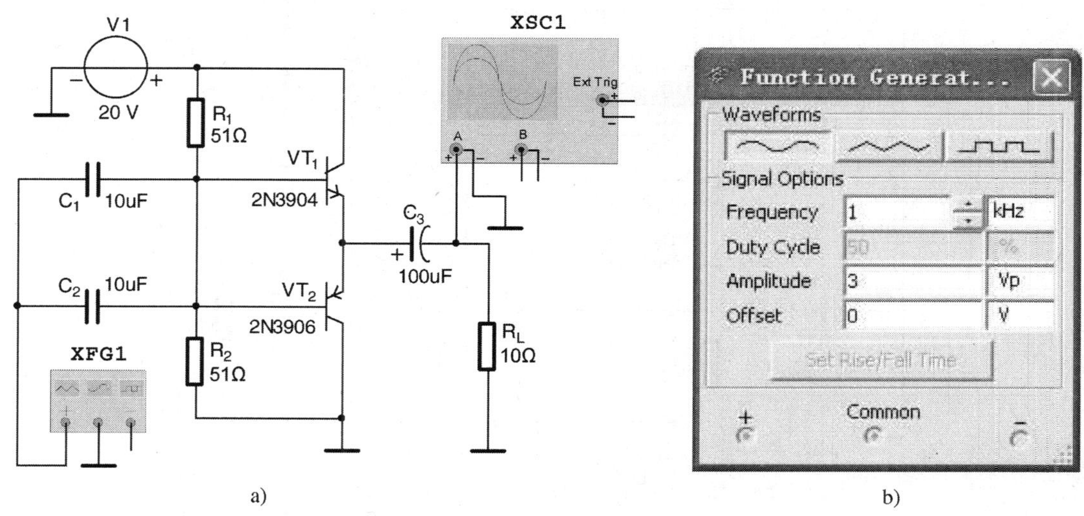

图 2-20　乙类推挽功率放大电路

a）乙类推挽功率放大电路　b）信号发生器 XFG1 设置

（2）甲乙类推挽功率放大电路

①在 Multisim10 仿真软件工作平台上建立甲乙类推挽功率放大电路，如图 2-22 所示。它克服了乙类推挽功率放大电路的输出波形产生交越失真的缺点，提供了合适的静态工作点。观察该电路输出波形与乙类推挽功率放大电路的输出波形有什么不同？

②将电压表、电流表设置为直流表，测试甲乙类功率放大电路的静态工作点。

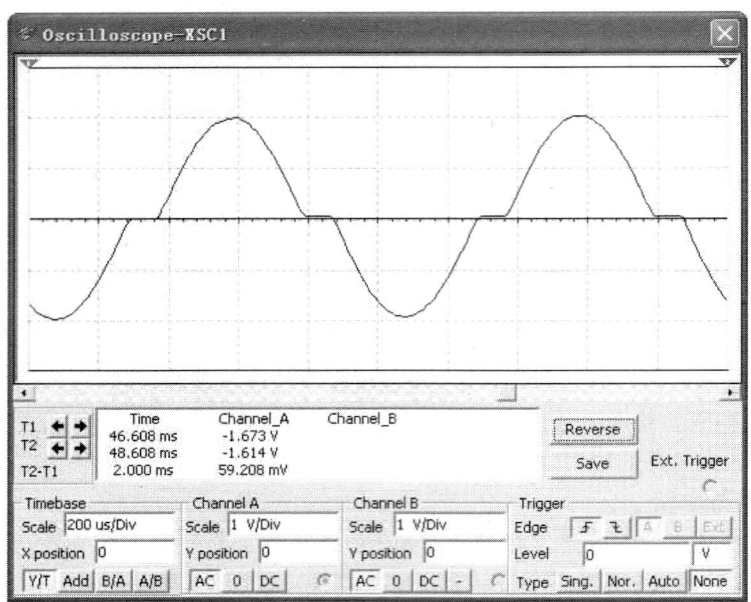

图 2-21　乙类功放输出波形产生交越失真

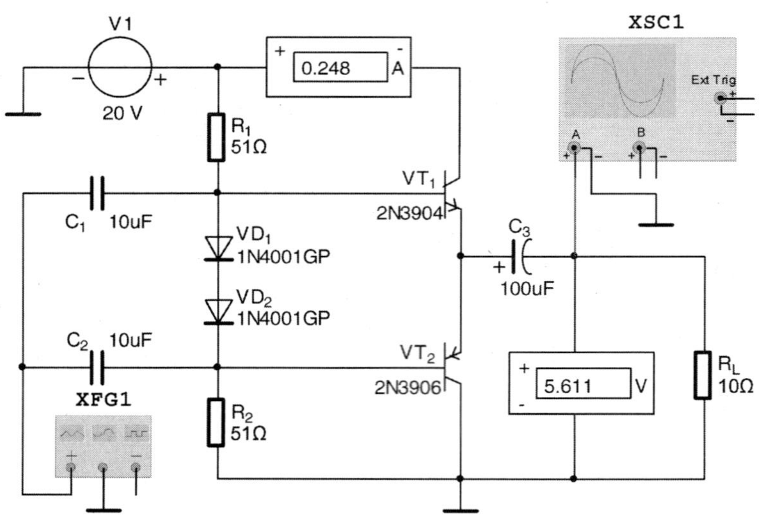

图 2-22　甲乙类推挽功率放大电路

③调整信号发生器 XFG1 输出的正弦波信号，使其输出的正弦波信号频率为 1kHz、幅度逐渐增大，观察示波器的输出波形，直到示波器显示的波形刚刚出现削波失真时，适当减小一点输入信号（即减小信号发生器的输出幅度），使失真现象消失，这时示波器显示的波形为最大不失真输出波形，记录此时电压表和电流表的读数。

④计算最大不失真输出功率 $P_{\mathrm{omax}} = U_{\mathrm{omax}}{}^2/R_{\mathrm{L}}$。

⑤计算直流电源提供的平均功率 $P_{\mathrm{V_{CC}}} = U_{\mathrm{CC}}I_{\mathrm{E}}$。

⑥计算电源的效率 $\eta = P_{\mathrm{omax}}/P_{\mathrm{V_{CC}}}$。

2.10 直流稳压电源 EDA 实验

1. 实验目的

①通过虚拟示波器观察桥式整流电路、电容滤波电路的输出波形，进一步加深对桥式整流、电容滤波电路工作原理的理解。

②掌握集成稳压电路的工作原理。

③独立完成集成稳压电路的调整及技术指标的测试。

2. 实验内容与步骤

（1）整流电路　在 Multisim10 仿真软件工作平台上建立桥式整流电路，如图 2-23a 所示，用虚拟示波器观察整流电路的输出波形，记录输出波形（参考图 2-23b），并用虚拟万用表测整流后输出电压。

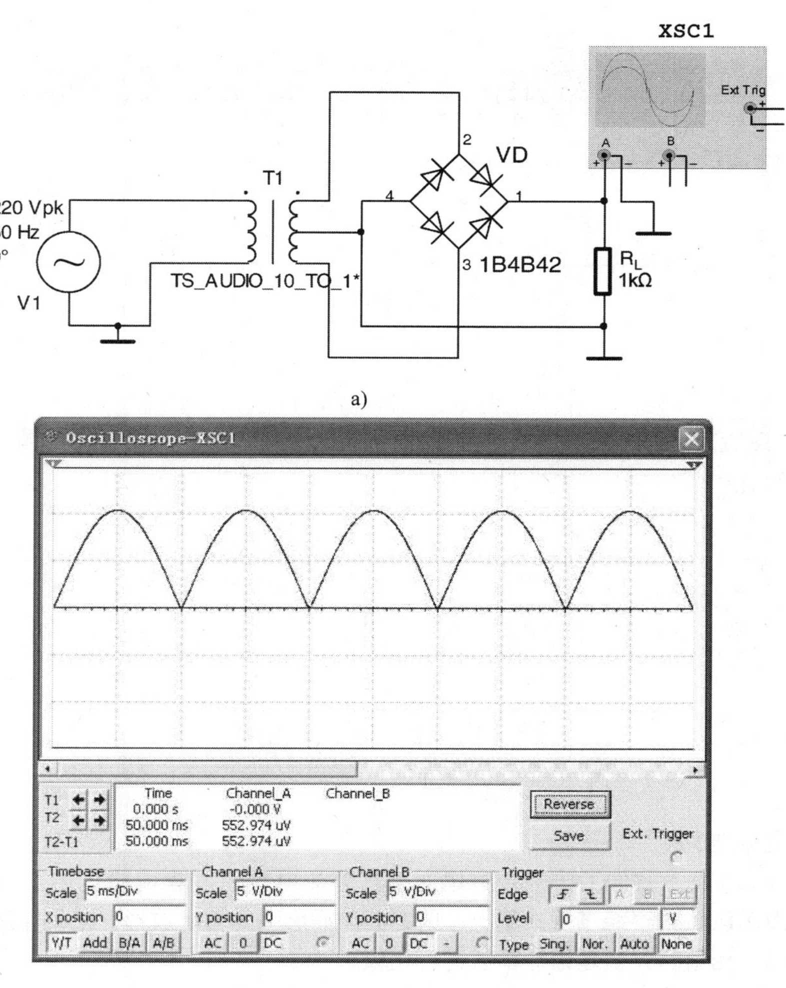

b)

图 2-23　桥式整流仿真电路

a）桥式整流仿真电路　b）桥式整流电路输出波形

（2）电容滤波　在Multisim10仿真软件工作平台上建立桥式整流电容滤波仿真电路，如图2-24a所示。通过虚拟示波器观察经过桥式整流、电容滤波后电路的输出波形（参考图2-24b），记录输出波形。用虚拟万用表测量输出电压值，并与理论计算值进行比较。

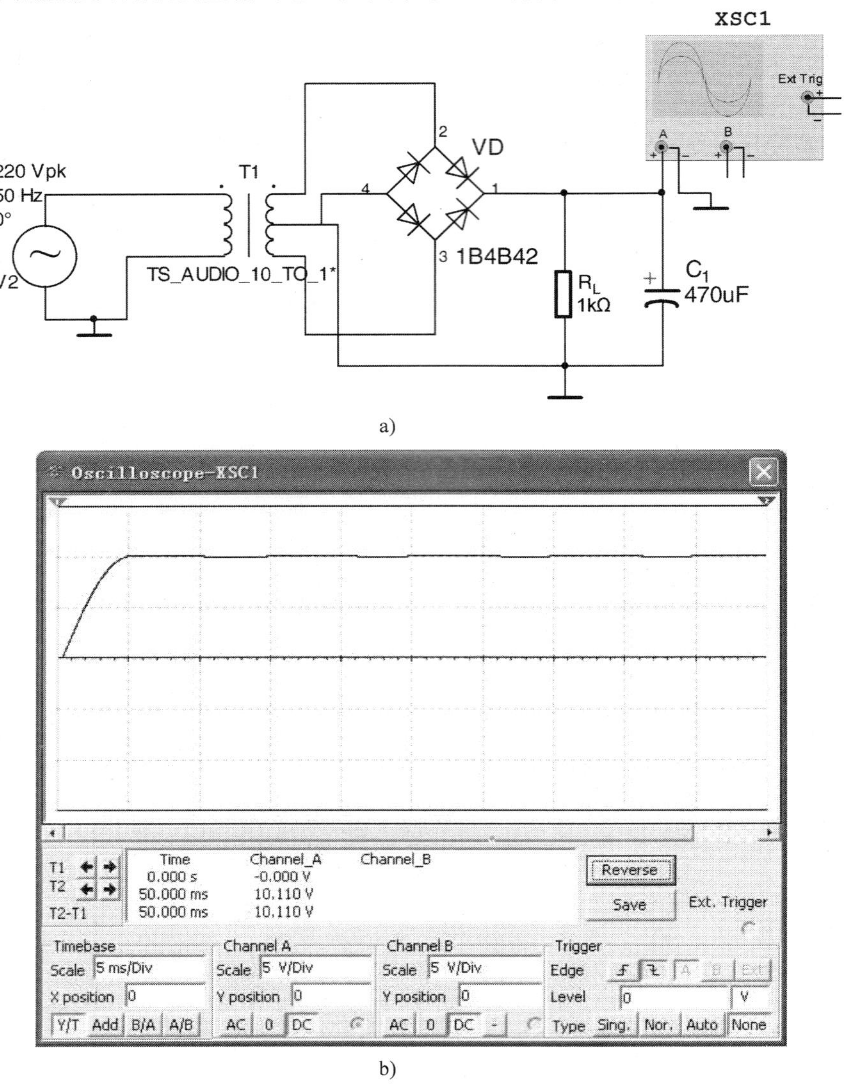

a)

b)

图2-24　桥式整流电容滤波仿真电路

a）桥式整流电容滤波仿真电路　b）桥式整流电容滤波电路输出波形

（3）集成稳压电路

①在Multisim10仿真软件工作平台上建立桥式整流电容滤波集成稳压仿真电路，如图2-25所示。通过虚拟示波器观察经过桥式整流、电容滤波后电路的输出波形，记录输出波形。用虚拟万用表测量输出电压值，并与理论计算值进行比较。

②经过集成稳压器稳压后用示波器观察稳压电路的输出波形。调节示波器的输入选择为DC档观察并记录稳压电路的输出波形；再调节示波器的输入选择为AC档，观察并记录输出波形。DC档、AC档看到的波形有什么不同？说明原因。

③图 2-25 集成稳压电路中，设定键盘上字母 A 和 B 来分别调节电位器 RP_1 和 RP_2 滑动头的位置，通过调节电位器 RP_1 和 RP_2 可调节输出电压值，使稳压电路输出的电压在一定范围内变化。

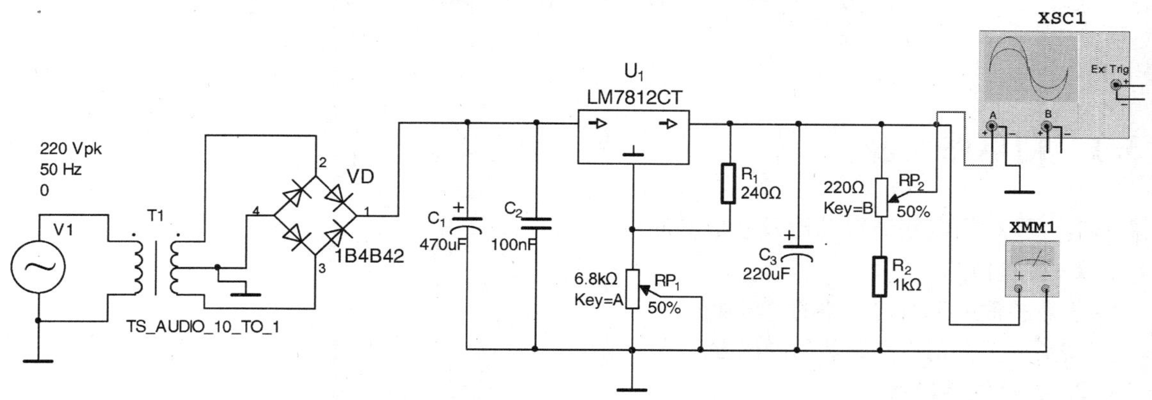

图 2-25　桥式整流电容滤波集成稳压仿真电路

调节电位器 RP_1，使滑动头所处位置从最小变到最大，记录电压表读数的变化情况，即稳压电路输出电压的变化范围。

④调节电位器 RP_2，重复实验内容③。

⑤通过作③、④的实验内容得出输出电压的变化范围 U_{Omin}、U_{Omax}？

⑥接入负载电阻 R_L（即电位器 RP_3），在负载电阻 R_L 一定的情况下，改变输入电压［220（1±10%）V］，测 U_O 的变化情况，记录数据于表 2-17 中，代入式（2-3）计算电压调整率；代入式（2-4）计算稳压系数。

$$S_U = \frac{\Delta U_O / U_O}{\Delta U_I} \times 100\% \tag{2-3}$$

$$S_r = \frac{\Delta U_O / U_O}{\Delta U_I / U_I} = \frac{U_I \Delta U_O}{U_O \Delta U_I} \tag{2-4}$$

表 2-17　输入电压变化对输出电压的影响

输入电压 U_I/V	220（1－10%）	220（1－5%）	220	220（1＋5%）	220（1＋10%）
输出电压 U_O/V					
电压调整率 S_U					
稳压系数 S_r					

⑦输入电压为 220V，改变负载 R_L，测量 U_o 的变化情况，记录数据于表 2-18 中。

表 2-18　负载变化对输出电压的影响

负载 R_L（电位器 RP_3）					
输出电压 U_o/V					

⑧通过步骤⑥和⑦分析，得出什么结论？

第3章　数字电子技术实验

3.1　门电路实验

3.1.1　TTL门电路逻辑功能及参数的测试

1. 实验目的

①熟悉常用TTL门电路的逻辑功能。

②了解TTL门电路参数的测试方法及物理意义。

2. 实验仪器设备

①数字电路实验箱　1台

②数字万用表　1块

③双踪示波器　1台

④直流稳压电源　1台

⑤毫安表　1台

3. 实验内容及步骤

（1）TTL门电路逻辑功能测试（正逻辑约定）

1）TTL与非门逻辑功能测试

①在四2输入与非门CT74LS00中任选一与非门。输入端A、B分别输入不同的逻辑电平，测试输出端F相应的逻辑状态，并把结果记入表3-1中。（已知：U_{OH}(min) = 2.4V，U_{OL}(max) = 0.4V）。

表3-1　CT74LS00逻辑功能表

输　入	输　出		
A　B	F逻辑电平	F电压/V（理论）	F电压/V（实际）
0　0			
0　1			
1　0			
1　1			

②测试输入端A、B悬空或接地时输出端F的逻辑状态。

2）TTL或非门、异或门逻辑功能测试　分别选取四2输入或非门CT74LS02、四2输入异或门CT74LS86中的任一门电路，测试其逻辑功能，功能表自拟。

（2）TTL与非门主要特性及参数测试

1）TTL与非门静态参数测试　任选CT74LS00一与非门，进行下列静态参数测试。

①空载导通功耗P_{ON}：空载导通功耗是指当与非门空载并且输出为低电平时，电源电流I_{CC}与电源V_{CC}的乘积。测试电路如图3-1所示。输入端悬空，取V_{CC} = 5V，测试I_{CC}。根据所测数据，计算P_{ON}。

②输入短路电流 I_{IS}及输入高电平电流 I_{IH}：输入短路电流 I_{IS}是指输入端一端接地，其余输入端和输出端均开路时，该接地输入端的电流。测试电路如图 3-2 所示。

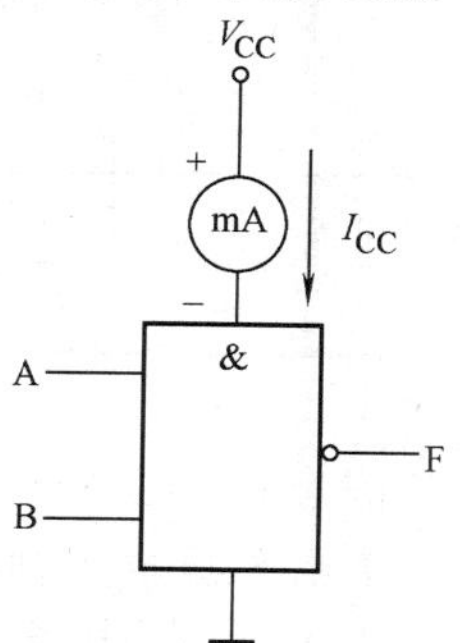

图 3-1　空载导通功耗 P_{ON}测试电路

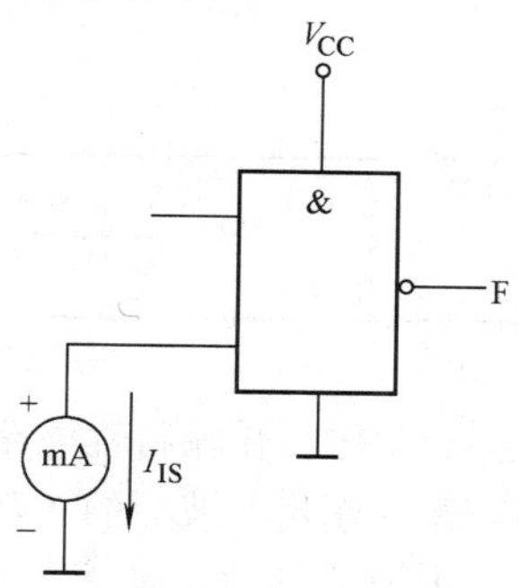

图 3-2　输入短路电流 I_{IS}测试电路

输入高电平电流 I_{IH}的测试条件是被测输入端通过电流表接电源 V_{CC}，其余输入端接地，输出空载。测试电路如图 3-3 所示。

③扇出系数 N：扇出系数反映了门电路带动负载的能力。测试电路如图 3-4 所示。其中，$R_{RP1}=10\text{k}\Omega$，$R_{RP2}=1\text{k}\Omega$，$R=100\Omega$。调节 RP_1，使 $U_I=2.0\text{V}$，其余输入端悬空；再调 RP_2，使 $U_{OL}=0.4\text{V}$，测试此时 RP_2 上流过的电流 I_{OL}，则 $N=I_{OL}/I_{IS}$。式中，I_{IS}为负载门一个门的输入短路电流，I_{OL}为保证输出低电平时所允许的最大灌电流。

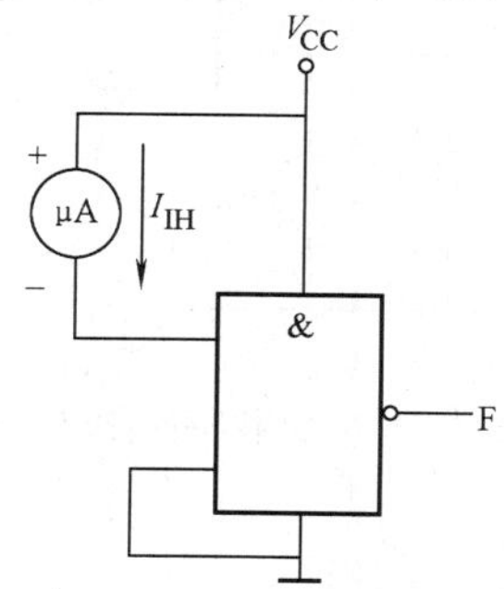

图 3-3　输入高电平电流 I_{IH}测试电路

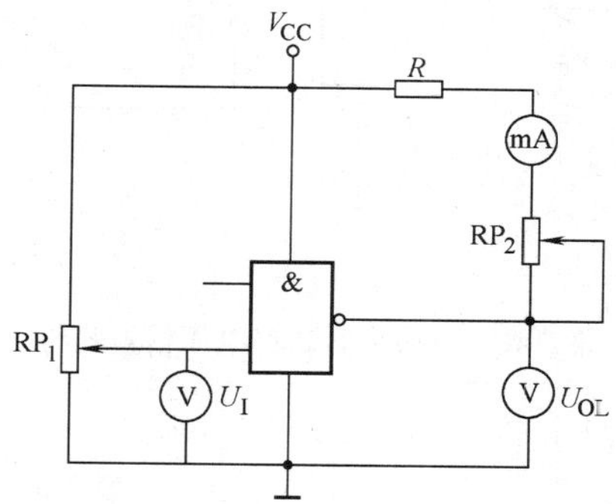

图 3-4　扇出系数 N 的测试电路

④开门电平 U_{ON}和关门电平 U_{OFF}：开门电平 U_{ON}为额定负载下（$N=8$），保证输出为低电平时所允许的最小输入高电平。测试电路与图 3-4 相同。调节 RP_2，使 $I_{OL}=NI_{IS}$，调节 RP_1，使 $U_{OL}\leqslant 0.4\text{V}$，此时的输入电平 U_I 即为 U_{ON}。

关门电平 U_{OFF}为输出空载，保证输出为高电平时所允许的最高输入低电平。测试电路如图 3-5 所示。其中 $RP=10\text{k}\Omega$。调 RP，使 $U_O\geqslant 2.4\text{V}$，此时的输入电平 U_I 即为 U_{OFF}。

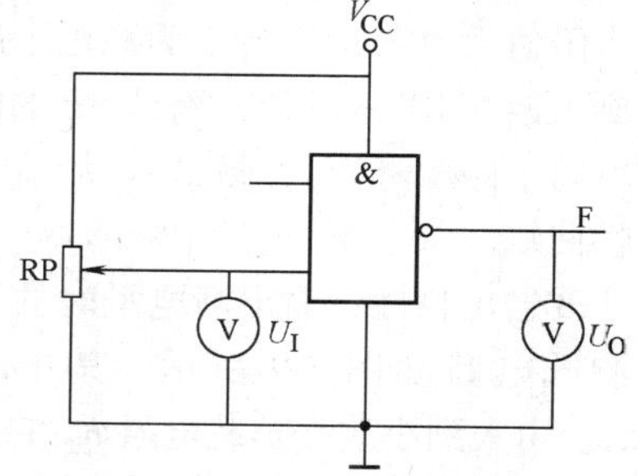

图 3-5　关门电平 U_{OFF}测试电路

根据所测数据，计算高、低电平时的噪声容限。

2）TTL 与非门静态特性的测试

①电压传输特性：测试电路与图 3-5 相同。调节 RP，

改变输入电压 U_I，逐点测出对应的输出电压 U_O，把测试结果记入表3-2 中。根据实验测试数据作出电压传输特性曲线，并从曲线上读出 U_{OH}、U_{OL}、U_{ON}、U_{OFF} 等参数的值。

表 3-2 电压传输特性测试数据

U_I/V	0.1	0.4	0.8	0.9	1.0	1.1	1.2	1.5	2	2.4	3	4
U_O/V												

用示波器观察电压传输特性电路如图 3-6 所示。将 1kHz 正弦信号 u_i 经二极管 VD 整流后接至与非门的一输入端及示波器的 X 轴输入端，与非门的输出端 F 接示波器的 Y 轴输入端，正弦信号 u_i 的幅度从 0 开始逐渐加大，直到看到完整的传输特性曲线为止（正弦信号整流后的峰值电压 $U_{IH} \leqslant V_{CC}$）。图中 $R=2\text{k}\Omega$。

②输入负载特性：测试电路如图 3-7 所示。其中，RP = 10kΩ。由小到大改变电阻 R_P 的值，分别测出不同 R_P 时对应的输入电压 U_{RI} 的值，将测试结果记入表3-3 中。根据实验数据作出输入负载特性曲线，并确定开门电阻 R_{ON} 的值。

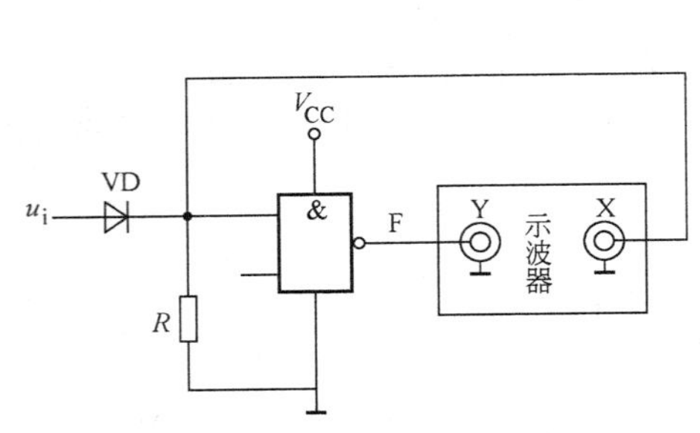

图 3-6 用示波器观察电压传输特性

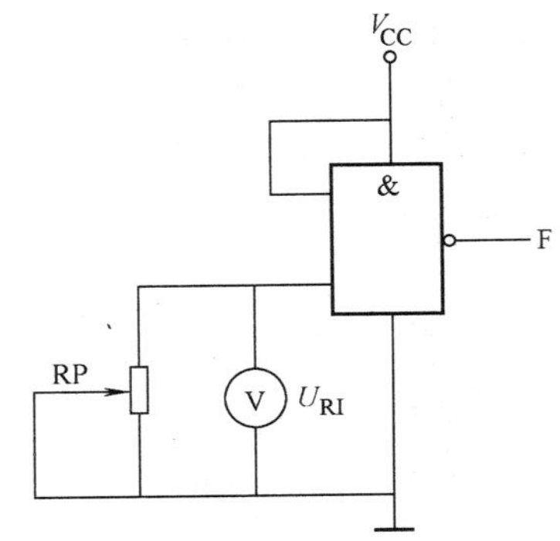

图 3-7 输入负载特性测试电路

表 3-3 输入负载特性测试数据

RP/kΩ										
U_{RI}/V										

测试如图 3-8 所示电路的输入负载特性。在 G_1、G_2 两与非门之间串接一可变电阻器 RP（其最大阻值为 10kΩ），当 A 为高电平时，由小到大改变 RP 的阻值，测试 RP 的阻值及该电阻上的压降 U_{RI}，画出 G_2 的输入负载特性曲线。

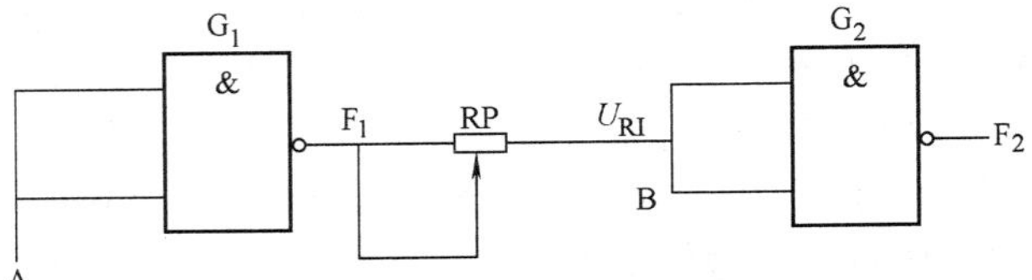

图 3-8 TTL 与非门输入端接入负载实验电路

③输出特性：输出高电平时的输出特性测试电路如图 3-9 所示，其中，R_L = 1kΩ。由大到小改变负载电阻 R_L 的值，读出相应的输出高电平电流 I_L 与输出高电平电压 U_{OH} 的值，自拟数据表格，并根据实验数据作出输出特性曲线。

输出低电平时的输出特性测试电路如图3-10所示，其中，$R=100\Omega$，$R_L=1k\Omega$。由大到小改变负载电阻 R_L 的值，读出相应的输出低电平电流 I_L 与输出低电平电压 U_{OL} 的值，自拟数据表格，并根据实验数据作出输出特性曲线。

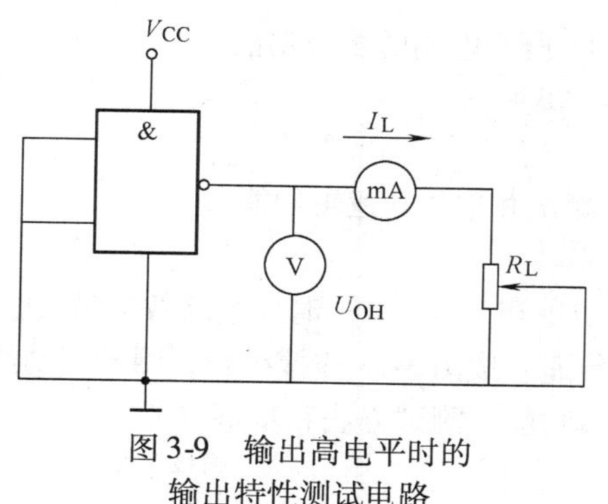

图3-9　输出高电平时的输出特性测试电路

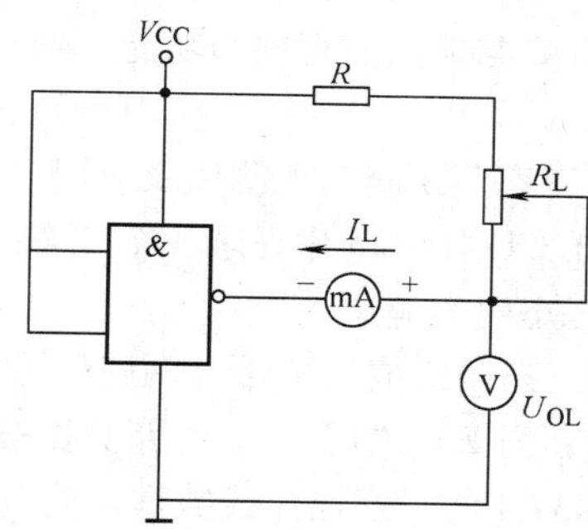

图3-10　输出低电平时的输出特性测试电路

3）TTL与非门动态特性的测试　与非门一输入端A接高电平，另一输入端B接脉冲信号，输入端B及输出端F接入双踪示波器（100MHz以上），同时观察输入、输出波形。读出 t_{PLH} 和 t_{PHL}，计算平均传输延迟时间 t_{PD}。

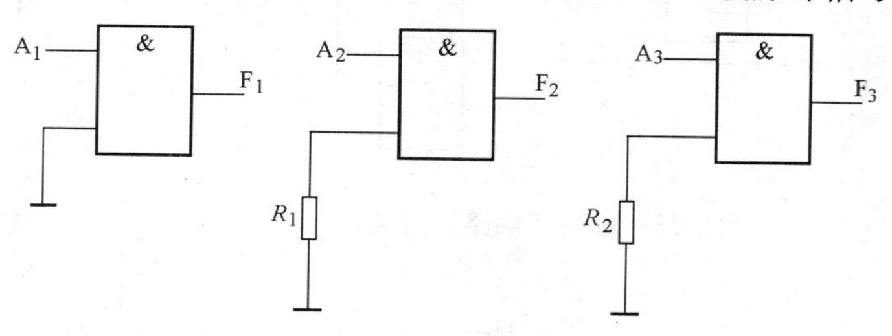

图3-11　思考题用电路

4. 思考题

①TTL与非门输入端悬空相当于输入什么电平？为什么？

②如何处理各种门电路的多余输入端？

③判断图3-11中各与门电路输出F与输入A之间的关系，其中 $R_1=200\Omega$，$R_2=20k\Omega$。

3.1.2　TTL集电极开路（OC）门和三态（3S）门逻辑功能的测试和应用

1. 实验目的

①熟悉TTL集电极开路门和三态门电路的特点与功能。

②了解集电极电阻 R_L 对集电极开路门工作状态的影响。

③掌握集电极开路门和三态门电路的一般应用。

2. 实验电路

有关电路如图3-12、图3-13、图3-14所示。

3. 实验内容及步骤

（1）OC与非门负载电阻 R_L 的确定　在四2输入OC与非门CT74LS03中任选两个门驱动三个与非门（CT74LS00中任选三个），集电极开路门测试电路如图3-12所示。其中，$R_P=2k\Omega$，$R=200\Omega$。

1）测定 R_{Lmax}　OC门 G_1、G_2 的4个输入端A、B、C、D均接地，则输出F为高电平。调节电位器RP的值使 $U_{OHmin}\geq 2.4V$，

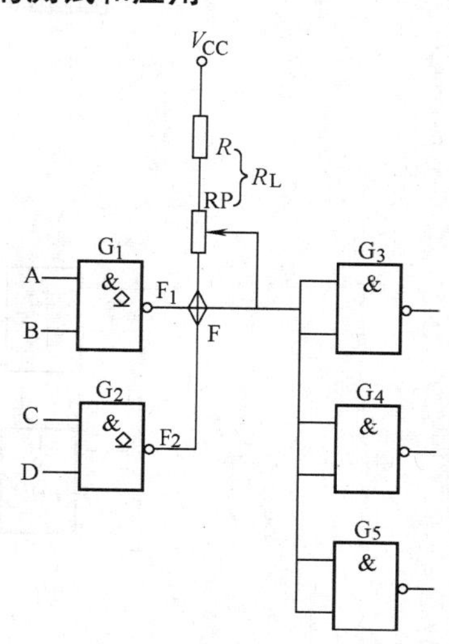

图3-12　集电极开路门测试电路

用万用表测出此时的 R_L 值即为 R_{Lmax}。

2）测定 R_{Lmin}　OC 门 G_1 输入端 A、B 接高电平，G_2 输入端 C、D 接低电平，则输出 F 为低电平。调节电位器 RP 的值使 $U_{OLmax} \leqslant 0.4V$，用万用表测出此时的 R_L 值即为 R_{Lmin}。调节 RP，使 $R_{Lmin} < R_L < R_{Lmax}$，分别测出 F 点的 U_{OH} 和 U_{OL} 值。

（2）OC 与非门实现线与功能　列真值表验证图 3-12 所示电路的线与功能：

$$F = F_1 \cdot F_2 = \overline{AB} \cdot \overline{CD} = \overline{AB + CD}$$

（3）三态门逻辑功能测试及应用

1）在 CT74LS125 中任选一个三态门，列真值表，测试并记录其逻辑功能。

2）三态门的应用

①用三态门组成的多路（两路）开关如图 3-13 所示。当 $\overline{E}$ = “0” 时，A 路数据被传递，B 路被禁止；当 $\overline{E}$ = “1” 时，A 路数据被禁止，B 路被传递。按图 3-13 连接线路，测试其功能。

②图 3-14 为一双向总线数据传输电路，测试其逻辑功能，测试方法和步骤自拟。

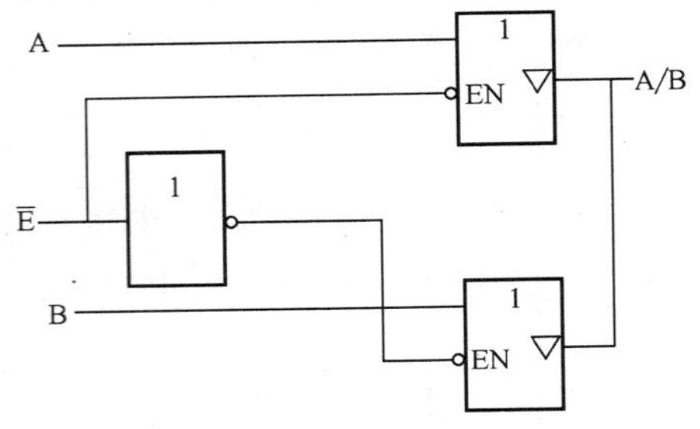

图 3-13　多路（两路）开关

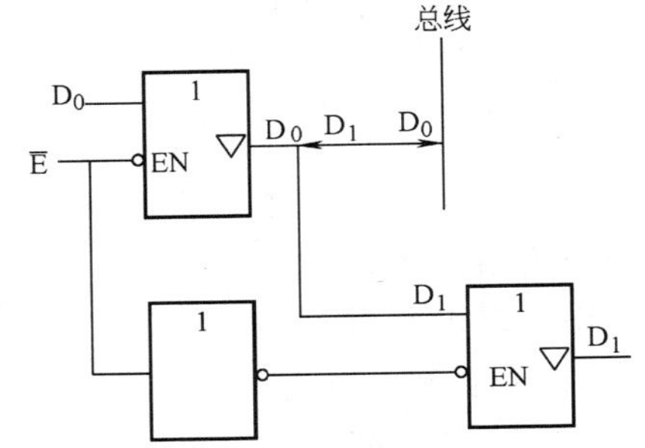

图 3-14　双向总线数据传输电路

4. 思考题

①指出图 3-15 所示各电路的接线错误，并说明会产生什么问题？

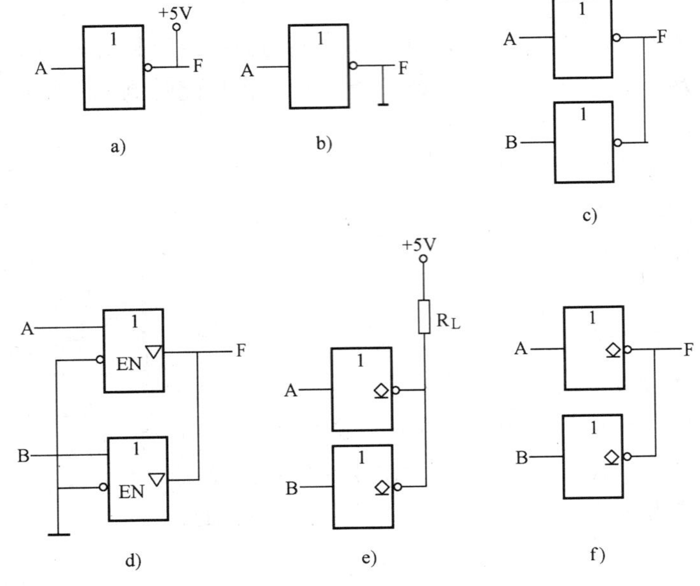

图 3-15　思考题①电路

②OC 门外接负载电阻 R_L 过大或过小会产生什么影响？

③三态门输出端并联使用时，为什么两输出端不能同时工作？应如何避免？

3.1.3 CMOS 门电路实验

1. 实验目的

①熟悉 CMOS 门电路的特点及使用方法。

②掌握 CMOS 门电路逻辑功能的测试方法。

2. 实验电路

CC4007 的内部电路如图 3-16 所示。变换外引线连接方法，可以实现多种逻辑功能。

3. 实验内容及步骤

（1）CMOS 门电路逻辑功能的测试

①用 CC4007 实现 $F=\overline{ABC}$，测试其逻辑功能，测试步骤自拟。

②用 CC4007 实现 $F=\overline{A+B+C}$，测试其逻辑功能，测试步骤自拟。

③用 CC4007 实现 $F=\overline{A}$，用示波器测试其电压传输特性，测试方法同用示波器测试 TTL 与非门电压传输特性的方法相同（见图 3-6）。

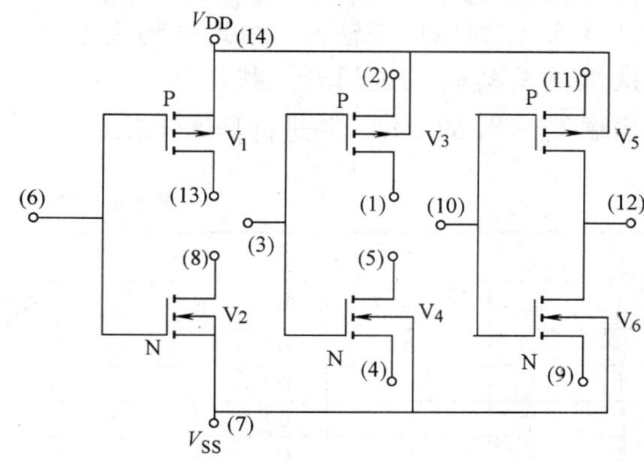

图 3-16　CC4007 的内部电路

（2）电源电压对电压传输特性的影响

改变 V_{DD}，使其分别为 5V、10V、15V，用双踪示波器观察电源电压对电压传输特性的影响，说明电源电压与输入、输出高、低电平的关系。

（3）用 CC4007 构成双向模拟开关，测试其逻辑功能，测试步骤自拟。

4. 思考题

①为什么 CMOS 门电路的输入端不能悬空？

②为什么 CMOS 门电路的输入端通过电阻接地时，总是相当于低电平？

③用 TTL 与非门驱动 CMOS 门电路时，若 CMOS 门电路的工作电源 $V_{DD}=5V$，试问能否直接驱动？若 V_{DD} 改为 10V，电路应该如何组成？

3.2　组合逻辑电路实验

3.2.1　验证性实验——编码器和译码器的逻辑功能及其应用

1. 实验目的

①熟悉编码器、译码器、字形显示器的逻辑功能和使用方法。

②掌握编码器、译码器的一般应用。

2. 实验电路及仪器设备

（1）实验电路　有关电路如图 3-17、图 3-18、图 3-19、图 3-20、图 3-21、图 3-22 所示。

（2）实验仪器设备

①数字电路实验箱	1 台
②双踪示波器	1 台
③数字万用表	1 块
④直流稳压电源	1 台

3. 实验内容及步骤

（1）3 线-8 线集成译码器 CT74LS138 逻辑功能测试及应用

①图 3-17 为 CT74LS138 的逻辑符号。用逻辑开关作为 CT74LS138 的输入信号，改变输入端 $A_2A_1A_0$ 的逻辑开关状态（000 ~ 111），用 0 – 1 显示并记录输出端 $\overline{Y}_0 \sim \overline{Y}_7$ 的逻辑状态，并把结果记入表 3-4 中。

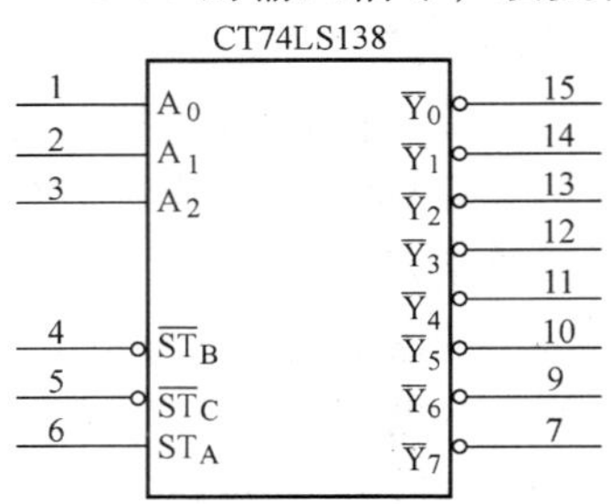

图 3-17　CT74LS138 的逻辑符号

②译码器作脉冲分配器。3 线-8 线集成译码器 CT74LS138 “使能”控制端 ST_A 加高电平，1Hz 连续脉冲信号加到 $\overline{ST}_B$、$\overline{ST}_C$ 其中一端（另一端接地），输入端 $A_2A_1A_0$ 作为地址码输入，由地址码决定被选通道。依次改变 $A_2A_1A_0$ 的逻辑开关状态（000 ~ 111），观察输出端 $\overline{Y}_0 \sim \overline{Y}_7$ 的变化，并进行具体分析。

表 3-4　CT74LS138 功能表

序号	输入					输出							
	ST_A	$\overline{ST}_B+\overline{ST}_C$	A_2	A_1	A_0	$\overline{Y}_0$	$\overline{Y}_1$	$\overline{Y}_2$	$\overline{Y}_3$	$\overline{Y}_4$	$\overline{Y}_5$	$\overline{Y}_6$	$\overline{Y}_7$
0	1	0	0	0	0								
1	1	0	0	0	1								
2	1	0	0	1	0								
3	1	0	0	1	1								
4	1	0	1	0	0								
5	1	0	1	0	1								
6	1	0	1	1	0								
7	1	0	1	1	1								
禁	0	×	×	×	×								
止	×	1	×	×	×								

③图 3-18 是由译码器和门电路构成的组合逻辑电路，改变输入端 $A_2A_1A_0$ 的逻辑开关状态（000 ~ 111），观察并记录输出端 F_1 和 F_2 的逻辑状态。列真值表，指出此电路能够完成的逻辑功能。

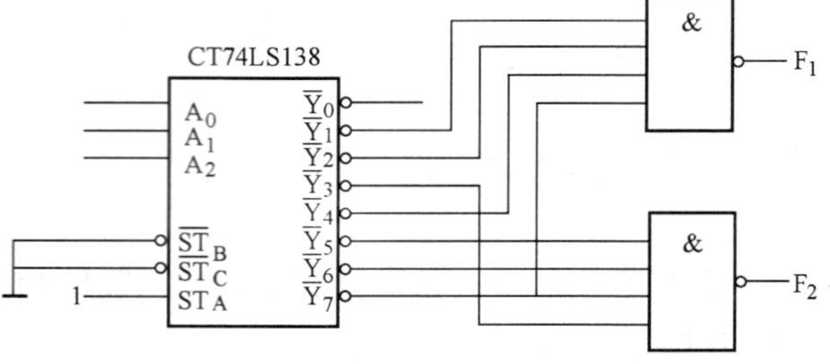

图 3-18　译码器和门电路构成的组合逻辑电路

（2）4 线-7 段显示译码/驱动器 CT74LS248 逻辑功能测试

①图 3-19 为 CT74LS248 的逻辑符号，按表 3-5 测试 CT74LS248 输出端 $Y_a \sim Y_g$ 的逻辑状态，并把测试结果记入表 3-5 中。

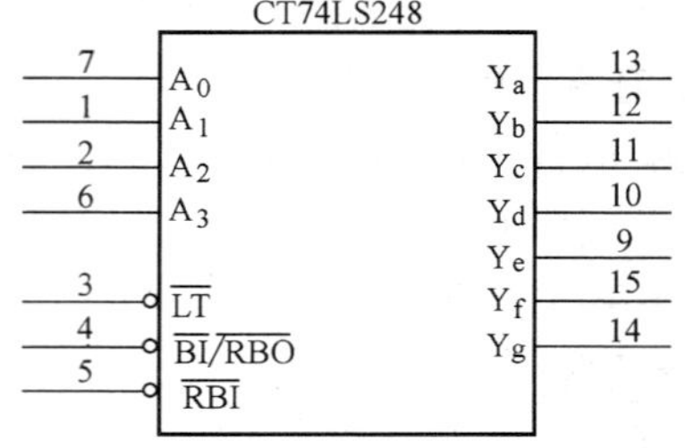

图 3-19　CT74LS248 的逻辑符号

②把 CT74LS248 的输出端 $Y_a \sim Y_g$ 接到七段字形显示器（见图 3-20）上，按表 3-5 改变输入端状态，观察显示器显示的字形。

（3）CT74LS147 优先编码器功能测试及应用　图 3-21 为 CT74LS147 优先编码器

的逻辑符号。

表 3-5　CT74LS248 逻辑功能表

序号	输　入							输　出							字形
	A_3	A_2	A_1	A_0	$\overline{RBI}$	$\overline{LT}$	$\overline{RBO}$	Y_a	Y_b	Y_c	Y_d	Y_e	Y_f	Y_g	
0	0	0	0	0	1	1	1								
1	0	0	0	1	×	1	1								
2	0	0	1	0	×	1	1								
3	0	0	1	1	×	1	1								
4	0	1	0	0	×	1	1								
5	0	1	0	1	×	1	1								
6	0	1	1	0	×	1	1								
7	0	1	1	1	×	1	1								
8	1	0	0	0	×	1	1								
9	1	0	0	1	×	1	1								
10	1	0	1	0	×	1	1								
11	1	0	1	1	×	1	1								
12	1	1	0	0	×	1	1								
13	1	1	0	1	×	1	1								
14	1	1	1	0	×	1	1								
15	1	1	1	1	×	1	1								
灭灯	×	×	×	×	×	×	0								
脉冲灭灯	0	0	0	0	0	1	0								
试灯	×	×	×	×	×	0	1								

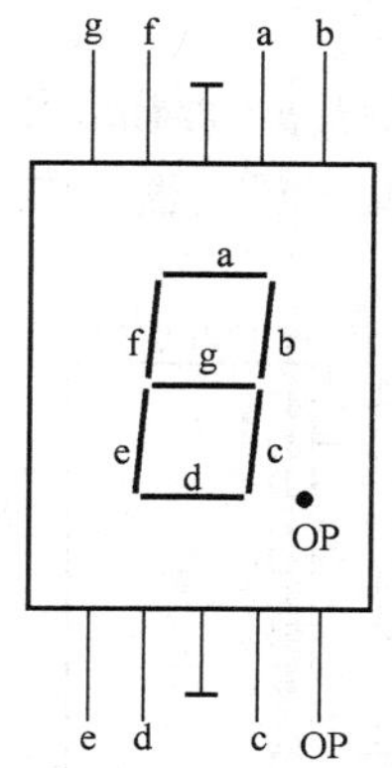

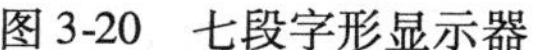

图 3-20　七段字形显示器

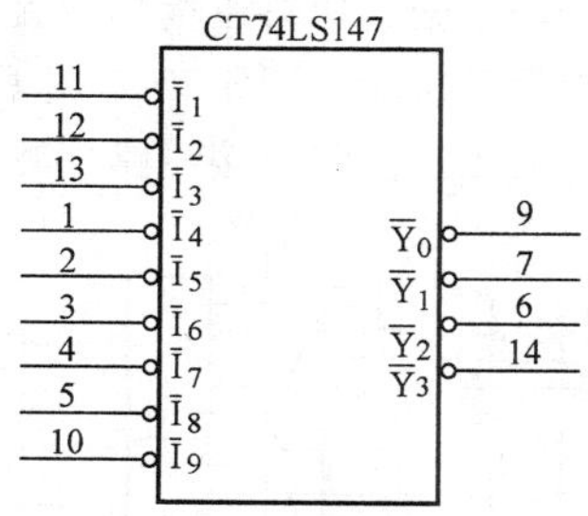

图 3-21　CT74LS147 的逻辑符号

①输入端 $\overline{I}_1 \sim \overline{I}_9$ 分别加低电平以及均为低电平或高电平时，观察并记录输出端 $\overline{Y}_3\overline{Y}_2\overline{Y}_1\overline{Y}_0$ 的逻辑状态，功能表格自拟。

②CT74LS147 优先编码器、CT74LS248 显示译码器及七段字形显示器组成的优先编码器译码

器实验电路如图 3-22 所示。当输入端 $\bar{I}_1 \sim \bar{I}_9$ 分别加低电平以及均为低电平或高电平时，观察显示器显示的数字。

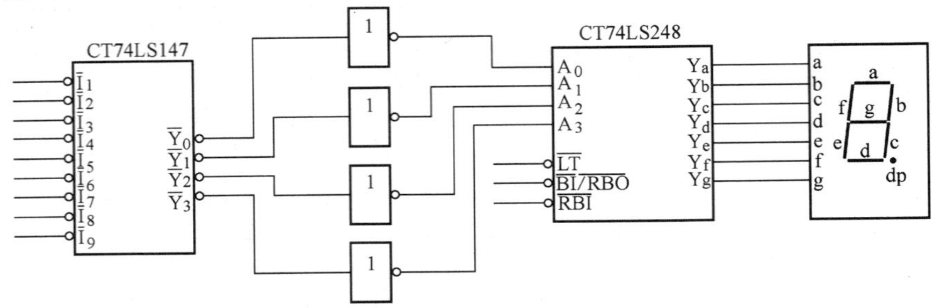

图 3-22　优先编码器译码器实验电路

4. 思考题

①可否用 +5V 的直流电压直接接到 LED 数码管的各段输入端检查该管的好坏？为什么？

②共阴极和共阳极 LED 数码管显示器有什么区别？用 CT74LS248 可否直接驱动共阳极 LED 数码管？

3.2.2　提高性实验——数据选择器、数值比较器及全加器的功能测试及其应用

1. 实验目的

掌握数据选择器、数值比较器及全加器的逻辑功能和使用方法。

2. 实验电路

有关电路如图 3-23、图 3-24、图 3-25、图 3-26、图 3-27、图 3-28、图 3-29 所示。

3. 实验内容及要求

（1）数据选择器的逻辑功能测试及应用

①按图 3-23 所示电路连线，在数据输入端 $D_1D_2D_3D_4$ 输入数据，A_1A_0 接逻辑开关，当 A_1A_0 取值依次为 00～11 时，观察并记录E = 0和 E = 1 时输出端 F 的状态。在 $D_1D_2D_3D_4$ 任一数据输入端输入 1Hz 连续脉冲信号，重复上述过程。

②八选一数据选择器逻辑功能测试：图 3-24 是八选一数据选择器 CT74LS151 的逻辑符号图，测试器件的逻辑功能。图 3-25 是用 CT74LS151 及 3 线集成-8 线集成译码器 CT74LS138 组成的 8 路数据传输系统，按图连接线路，测试电路功能。

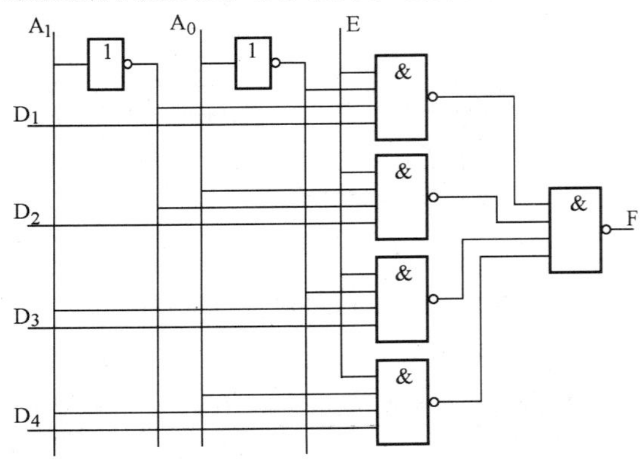

图 3-23　四选一数据选择器逻辑电路图

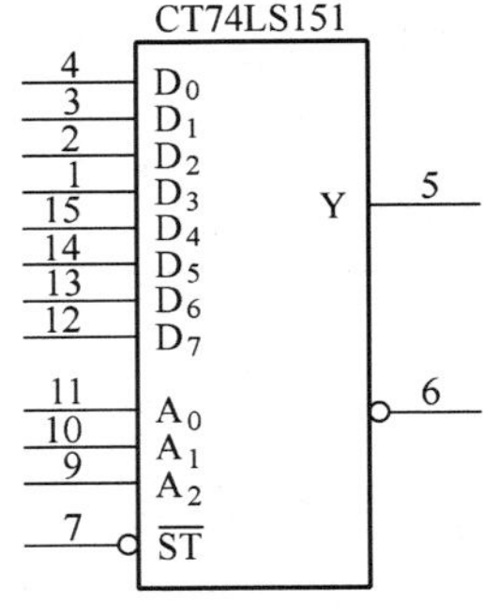

图 3-24　八选一数据选择器 CT74LS151 的逻辑符号图

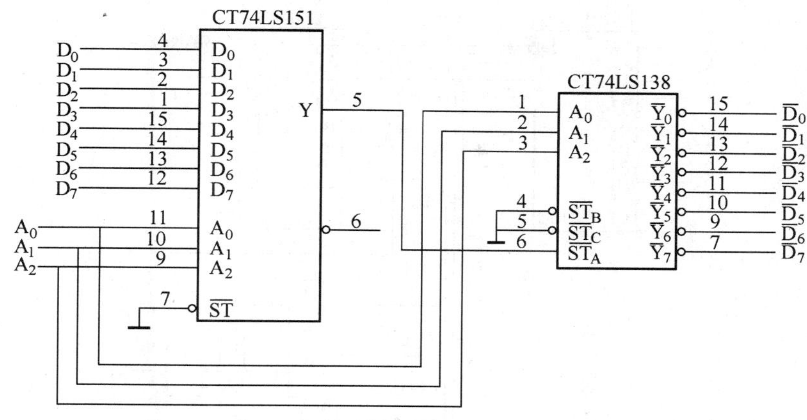

图 3-25　CT74LS153 和 CT74LS138 组成的实验电路

③用八选一数据选择器构成十六选一数据选择器：用两个八选一数据选择器 CT74LS151 和门电路构成十六选一数据选择器，列真值表，测试电路的逻辑功能。

（2）集成数值比较器的应用

①测试集成数值比较器 CT74LS85 的逻辑功能，CT74LS85 的逻辑符号如图 3-26 所示。

②用两片 CT74LS85 组成的逻辑电路如图 3-27 所示，要求测试电路的逻辑功能。

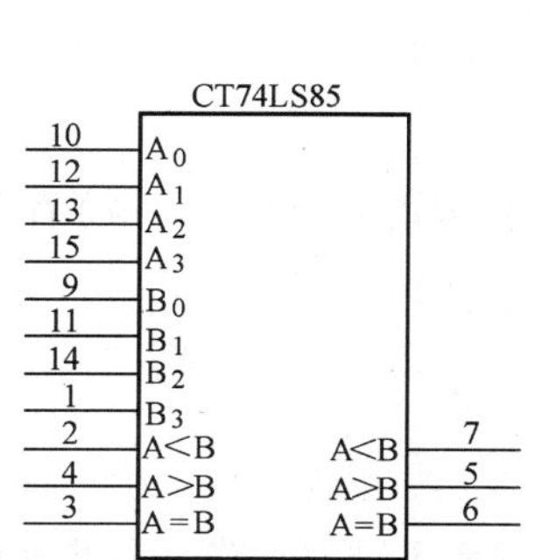

图 3-26　CT74LS85 的逻辑符号

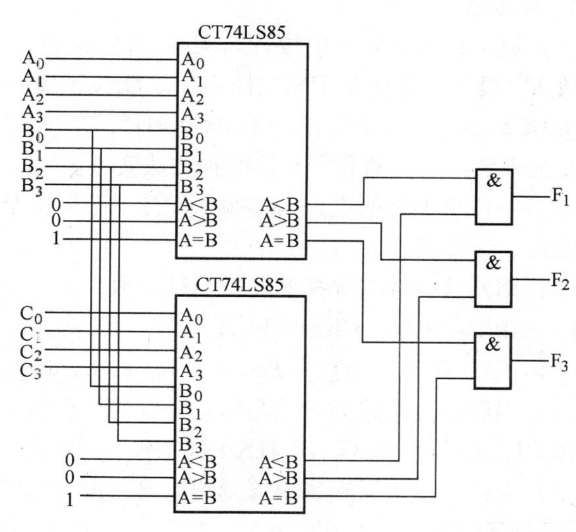

图 3-27　用两片 CT74LS85 组成的逻辑电路

（3）全加器的逻辑功能测试及应用

①图 3-28 为 4 位全加器 CT74LS283 的逻辑符号。

进行加法运算：$(0010)_2$ + $(1001)_2$ = ?，记录实验结果。

进行加法运算：$(1011)_2$ + $(1001)_2$ = ?，记录实验结果。

②图 3-29 是用两块 CT74LS283 和门电路构成的二—十进制全加器。

进行加法运算：$(4)_{10}$ + $(5)_{10}$ = ?，记录实验结果。

进行加法运算：$(9)_{10}$ + $(9)_{10}$ = ?，记录实验结果。

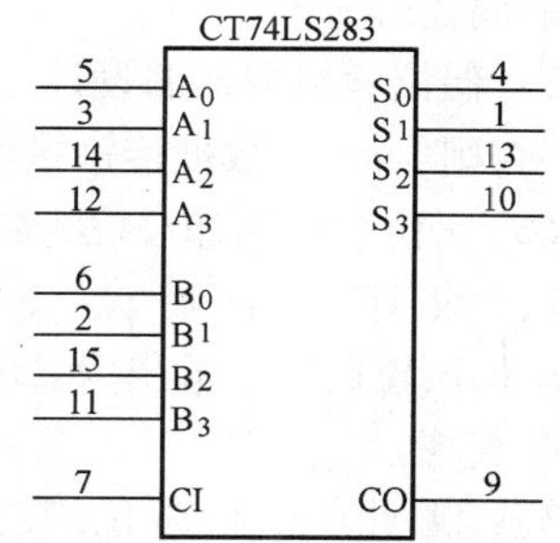

图 3-28　CT74LS283 的逻辑符号

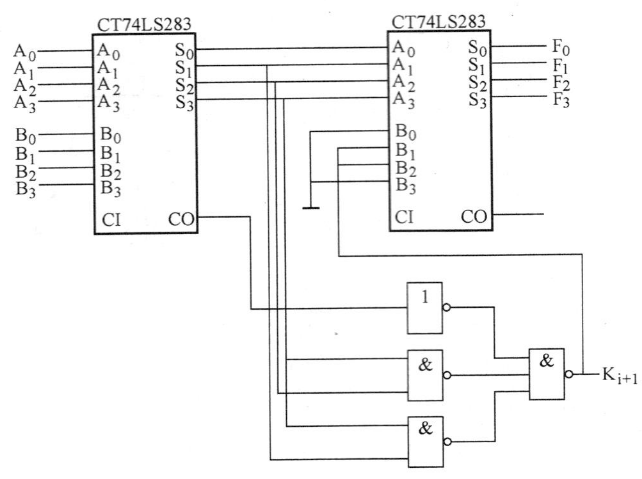

图 3-29　二—十进制全加器

3.2.3　设计性实验

1. 实验目的

掌握组合逻辑电路的设计和调试方法。

2. 实验题目

(1) 数据范围指示器的设计与实验　设 A、B、C、D 是 4 位二进制数，可用来表示 16 个十进制数 X。设计一个组合逻辑电路，使之能够区分下列 3 种情况：

①$0\leqslant X\leqslant 4$；②$5\leqslant X\leqslant 9$；③$10\leqslant X\leqslant 15$。

要求用数据选择器和译码器两种方法实现。

(2) 一位全加器的设计与实验　设计一个 1 位全加器电路，要求用 74LS138 译码器附加门电路实现。

(3) 用八选一数据选择器实现下列函数

$F_1=\overline{A}\overline{B}\overline{C}+ACD+\overline{A}BCD+B\overline{C}\overline{D}$

$F_2=(A,B,C,D)=\Sigma m(0,1,4,8,10,14)+\Sigma d(3,9,13)$

(4) 码制转换电路的设计与实验　设计一个将 8421 码转换成余 3 码的电路，要求分别用与非门和 4 位二进制全加器 CT74LS283 实现。

(5) 奇偶位发生器和奇偶检测器电路的设计与实验　对十六进制代码 $A_1A_2A_3A_4$ 产生奇偶位 P，并进行偶校验。

1) 奇偶位发生器的设计　当 4 位代码中“1”的个数是奇数时 $P=1$，当 4 位代码中“1”的个数是偶数时 $P=0$。

2) 偶校验检测器的设计　$A_1A_2A_3A_4P$ 五个代码中“1”的个数是偶数时 $F=0$（数据传输正确），否则 $F=1$（数据传输错误）。

(6) 8 位二进制加/减法器的设计与实验

1) 设计一个 8 位二进制并行加法器，被加数为 $A_1A_2A_3A_4A_5A_6A_7A_8$，加数为 $B_1B_2B_3B_4B_5B_6B_7B_8$，输出为二者的和 $F_1F_2F_3F_4F_5F_6F_7F_8$ 及向高位发出的进位 C_8，用两个 4 位全加器串联实现。

2) 设计一个 8 位二进制并行减法器，被减数为 $A_1A_2A_3A_4A_5A_6A_7A_8$，减数为 $B_1B_2B_3B_4B_5B_6B_7B_8$，输出为二者的差 $F_1F_2F_3F_4F_5F_6F_7F_8$，当输出为正数时最高位进位输出 $C_8=1$，

当输出为负数时最高位进位输出 $C_8=0$，用两个4位全加器及反相器进行补码减法操作。

3）设计一个8位二进制并行加/减法器，在控制变量M控制下，既能作加法运算又能作减法运算。当控制变量M为0时作加法运算。当M为1时作减法运算。用全加器及异或门实现。

（7）比较器电路的设计与实验

1）用门电路实现2位二进制数的比较　比较器有4个输入端 x_1、x_2、y_1、y_2 和3个输出端G、E、L，其中 x_1、x_2 和 y_1、y_2 分别输入两个相互比较的2位二进制数。

①当 x_1、x_2 大于 y_1、y_2 时，G输出为高电平，其余两输出端为低电平。

②当 x_1、x_2 等于 y_1、y_2 时，E输出为高电平，其余两输出端为低电平。

③当 x_1、x_2 小于 y_1、y_2 时，L输出为高电平，其余两输出端为低电平。

2）用4位数值比较器实现5位二进制数并行比较。

（8）表决器电路的设计与实验　设计一个五变量表决器电路，要求当输入“1”为多数时，表决器输出为1，否则为0。

1）用数据选择器实现五变量表决器。

2）用门电路实现五变量表决器。

（9）编码器、译码器的设计与实验

1）8421BCD编码器设计与实验　此电路具有10个数码输入端0~9，当某一输入端为高电平而其余输入端全为低电平时，表示有某一个十进制码输入，输出为相应的4位二进制码，这个数码称作BCD码。试设计一个BCD码编码器。

2）8421BCD译码器设计与实验　此电路有4个输入端，输入8421BCD码；有10个输出端，分别表示十进制数码0~9。当某一输出为高电平时，表示相应的8421BCD码被译出。试设计一个BCD码译码器。

将上述编码器和译码器连接起来，互相校验设计的正确性。

（10）数码转换电路的设计与实验　有一个测试系统的测试结果是以二进制数码表示的，数的范围为0~13，要求用两个七段数码管显示十进制数，试设计将二进制数码转换成2位8421BCD码的电路。

（11）显示电路的设计与实验　设计一个显示电路，用七段显示器显示A、B、C、D、E、F、G和H八个英文字母，要求先用3位二进制数对这些字母进行编码，然后进行译码显示。

（12）某图书馆上午8时至12时、下午2时至6时、晚上7时至10时开馆，在开馆时间内图书馆门前的指示灯亮，试用数据选择器设计一钟控指示灯按要求亮和暗的逻辑控制电路。

（13）血型关系检测电路的设计与实验　人类有4种血型，A、B、AB和O型。输血者与受血者的血型必须符合下述原则：O型血可以输给任意血型的人，但O型血的人只能接受O型血；A型血能输给A型和AB型血型的人，而A型血的人可以接受A型和O型血；B型血能输给B型和AB型血型的人，而B型血的人只能接受B型和O型血；AB型血只能输给AB型血型的人，但AB型血的人可以接受所有血型的血。输血者与受血者之间的血型关系可以用图3-30表示。

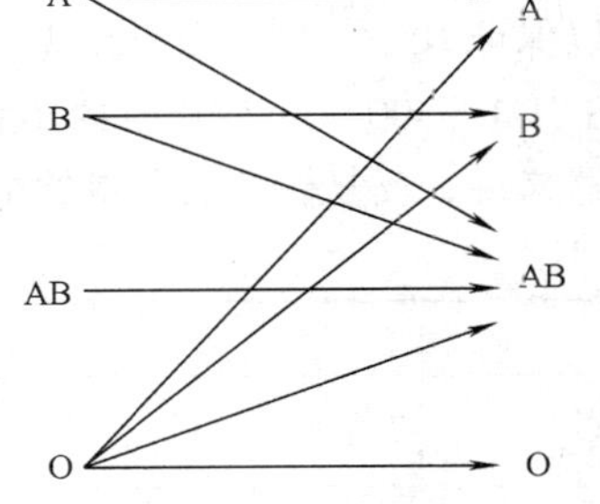

图3-30　血型关系示意图

试用与非门设计一电路，判断输血者与受血者是否符合规定，如符合，输出为1，否则输出为0。

（14）设电梯为三层楼公用，从第一层到第三层的呼唤按钮顺次为 SB_1、SB_2、SB_3，指示灯顺次为 H_1、H_2、H_3，并假定电梯在二层时，而一层和三层同时呼唤则要求一层有优先权。试设计一个能够控制此电梯运行的组合逻辑电路。

（15）设有3台用电设备A、B、C和两台发电机组X、Y。X机组功率为10kW，Y机组功率为20kW。用电设备A用电量为15kW，设备B用电量为10kW，设备C用电量为5kW，3台用电设备有时同时工作，有时只有其中部分设备工作，甚至均不工作。试设计一个供电控制电路控制发电机组，以达到节电的目的。

（16）设计一个燃油锅炉自动报警器。要求燃油喷嘴在开启状态下，如锅炉水温或压力过高则发出报警信号。设A、B、C表示开关、水温、压力。A=1，开关打开；A=0，开关关闭。B、C=1表示水温、压力过高；B、C=0表示水温、压力正常。输出F：F=0正常，F=1报警。

3. 实验内容及要求

①根据所选题目要求，设计实验电路。

②安装、调试电路，记录并分析实验结果。

③写出设计实验报告，说明实验过程中出现故障的原因及排除方法。

3.3 触发器实验

1. 实验目的

①熟悉常用触发器的逻辑功能及测试方法。

②了解触发器逻辑功能的转换。

③掌握触发器的基本应用。

2. 实验电路及仪器设备

（1）实验电路　有关电路如图3-31、图3-32、图3-33、图3-34、图3-35、图3-36所示。

（2）实验仪器设备

①数字电路实验箱　1台

②数字万用表　1块

③双踪示波器　1台

④直流稳压电源　1台

3. 实验内容及步骤

（1）基本RS触发器逻辑功能测试　用与非门构成的基本RS触发器的逻辑电路如图3-31所示。当$\overline{R}_d$、$\overline{S}_d$加不同逻辑电平时，记录输出Q、$\overline{Q}$端相应的状态，并把结果记入表3-6中。在观察$\overline{R}_d$、$\overline{S}_d$从11→00→11变化时的不定状态时，应将$\overline{R}_d$、$\overline{S}_d$接在同一只逻辑开关上，以保证$\overline{R}_d$、$\overline{S}_d$同时变化。对于不同的与非门组成的RS触发器，$\overline{R}_d$、$\overline{S}_d$从11→00→11变化时的实验结果各不相同。但对某一具体RS触发器来说，反复做几次所得的结果应是一样的。

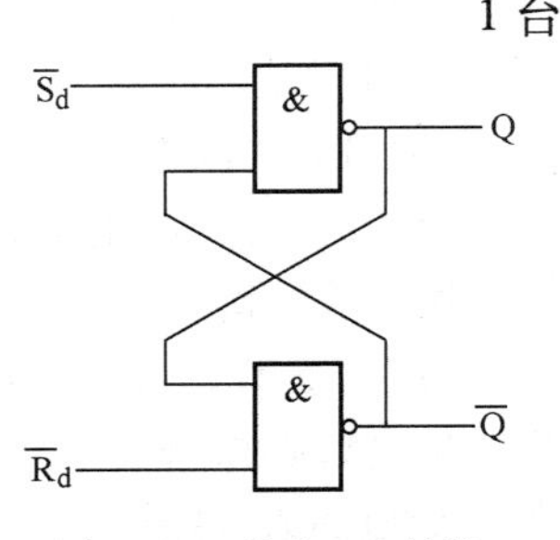

图3-31　基本RS触发器的逻辑电路

表3-6　基本RS触发器的功能表

$\overline{R}_d$　$\overline{S}_d$	Q　$\overline{Q}$
0　1 1　1	
1　0 1　1	
0　0 1　1	

（2）JK 触发器逻辑功能测试　图 3-32 为集成 JK 触发器 CT74LS112（双 JK，下降沿触发）的逻辑符号。任选其中一个 JK 触发器，进行逻辑功能测试。

1）异步置位端$\overline{S}_d$和异步复位端$\overline{R}_d$的功能测试　J、K、CP 端为任意状态，当$\overline{R}_d$、$\overline{S}_d$加不同逻辑电平时，记录输出 Q、$\overline{Q}$端相应的状态，并把结果记入表 3-7 中。在$\overline{R}_d$或$\overline{S}_d$作用期间（即$\overline{R}_d=0$或$\overline{S}_d=0$），任意改变 J、K、CP 端的状态，观察输出端 Q、$\overline{Q}$的状态是否变化。

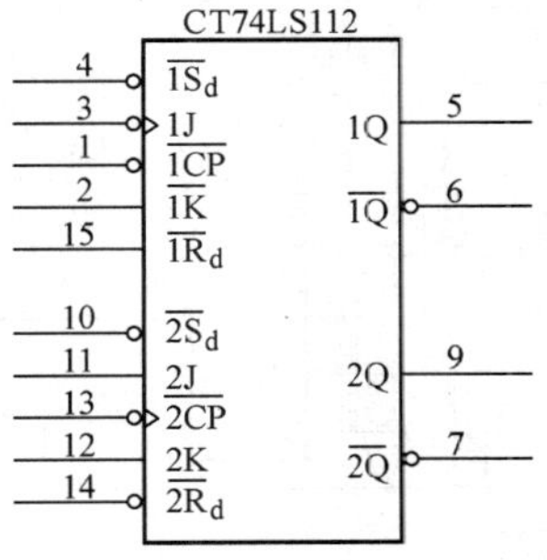

图 3-32　CT74LS112 的逻辑符号

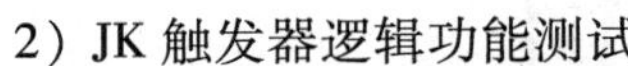
2）JK 触发器逻辑功能测试

①用$\overline{S}_d$、$\overline{R}_d$的置位、复位功能使现态 Q^n 为 0 或 1。

②使$\overline{S}_d\overline{R}_d=11$，根据表 3-8 给定 J、K 的值，在 CP 端输入单脉冲，观察单脉冲由 0→1（上升沿）和由 1→0（下降沿）时输出端 Q^{n+1}状态的变化，并把结果记入表 3-8 中。

3）按图 3-33 所示的电路连接线路，在 CP 端加入 1Hz 连续脉冲信号，观察并记录输出端 Q_2Q_1 的变化，说明此电路能够完成的逻辑功能。

表 3-7　JK 触发器的置位、复位功能表

$\overline{R}_d$　$\overline{S}_d$	Q　$\overline{Q}$
1　0 1　1	
0　1 1　1	
0　0 1　1	

表 3-8　JK 触发器的功能表

J	K	CP	Q^{n+1}	
			$Q^n=0$	$Q^n=1$
0	0	↑		
		↓		
0	1	↑		
		↓		
1	0	↑		
		↓		
1	1	↑		
		↓		

（3）D 触发器逻辑功能的测试　图 3-34 为双 D 触发器 CT74LS74（上升沿触发）的逻辑符号，任选其中一个 D 触发器，进行逻辑功能测试。

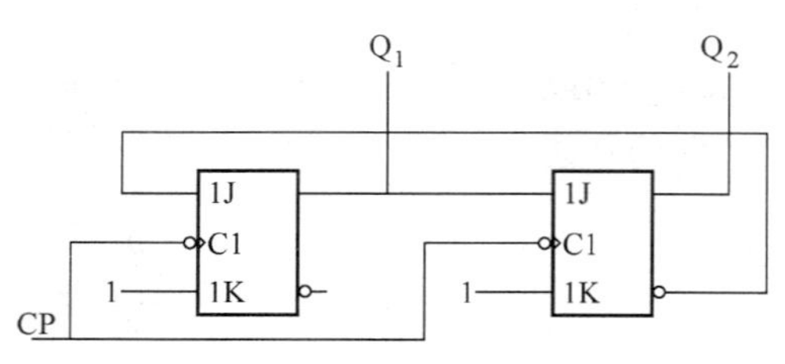

图 3-33　JK 触发器应用电路

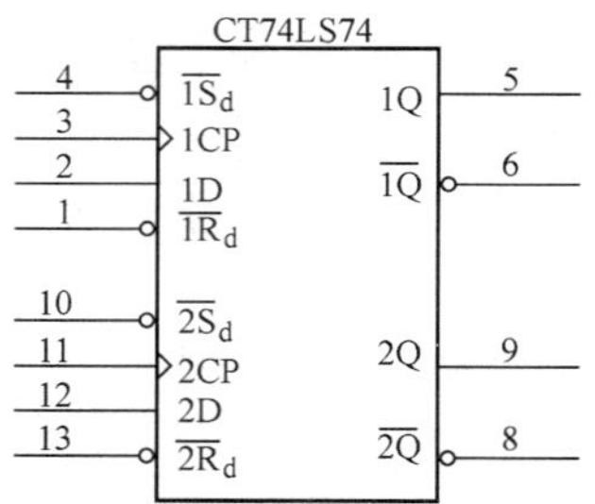

图 3-34　双 D 触发器 CT74LS74（上升沿触发）的逻辑符号

1）置位复位端 $\overline{S}_d$、$\overline{R}_d$的功能测试　CP、D 为任意状态，测试 D 触发器置位、复位端 $\overline{S}_d$、$\overline{R}_d$ 的功能。测试方法及步骤同 JK 触发器。

2）D 触发器逻辑功能的测试　按表 3-9 的要求测试输出端 Q^{n+1}的状态，把测试结果记入表中。测试方法及步骤同 JK 触发器。

3）D 触发器的应用

①图 3-35 是用 D 触发器组成的二分频电路，在 CP 输入端加 1kHz 的连续脉冲信号，用双踪示波器同时观察输入脉冲和输出端 Q 的波形。

表 3-9　D 触发器功能表

D	CP	Q^{n+1}	
		$Q^n=0$	$Q^n=1$
0	↑		
	↓		
1	↑		
	↓		

②用 4 个 D 触发器组成的 4 位并行数据寄存器如图 3-36 所示。清零后给数据输入端 $D_1D_2D_3D_4$ 输入数据，在 CP 端加单脉冲，观察输出端 $Q_1Q_2Q_3Q_4$ 的变化。

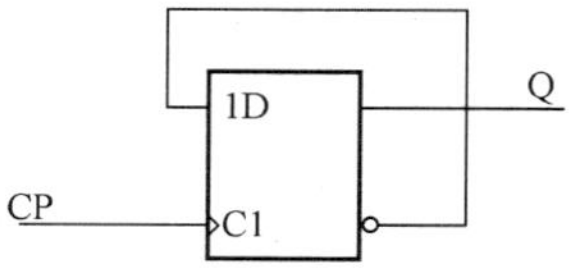

1D　Q　CP　C1

图 3-35　二分频电路

（4）触发器逻辑功能的转换

1）将 JK 触发器转换成 D 触发器、T 触发器和 T′触发器，测试方法自拟。

2）将 D 触发器转换成 JK 触发器、T 触发器和 T′触发器，测试方法自拟。

（5）主从 JK 触发器一次翻转的测试　用与非门构成主从 JK 触发器，观察一次翻转现象，测试方法和步骤自拟。

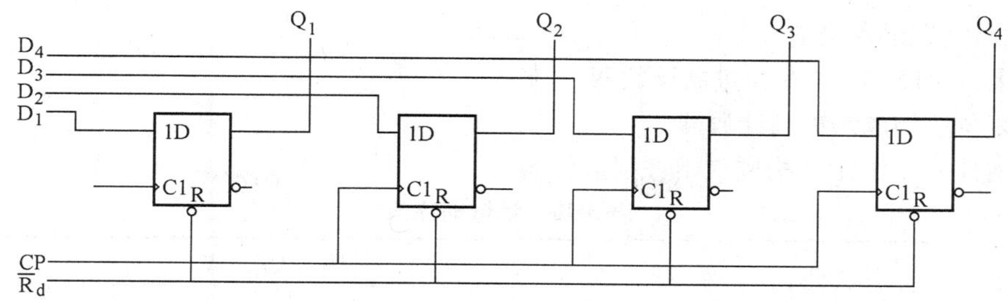

图 3-36　4 位并行数据寄存器

4. 思考题

①用与非门构成的基本 RS 触发器的约束条件是什么？如果改用或非门构成基本 RS 触发器，其约束条件又是什么？

②由与非门、电阻 R 和开关 S 组成的消抖动开关电路如图 3-37 所示，说明电路消抖动原理。触发器的哪些输入端一定要使用消抖动开关？

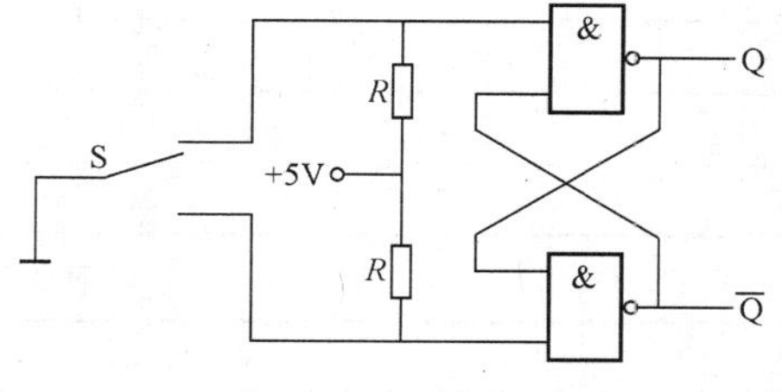

图 3-37　消抖动开关电路

3.4　时序逻辑电路实验

3.4.1　验证性实验——计数器实验

1. 实验目的

①掌握由集成触发器组成计数器的工作原理。

②熟悉中规模集成计数器的逻辑功能及使用方法。

2. 实验电路及仪器设备

（1）实验电路　有关电路如图 3-38、图 3-39、图 3-40 所示。

（2）实验仪器设备

①数字电路实验箱　　1 台

②数字万用表　　1 块

③直流稳压电源　　1 台

3. 实验内容与步骤

（1）用集成触发器构成计数器　图 3-38 是由 JK 触发器组成的同步五进制计数器。

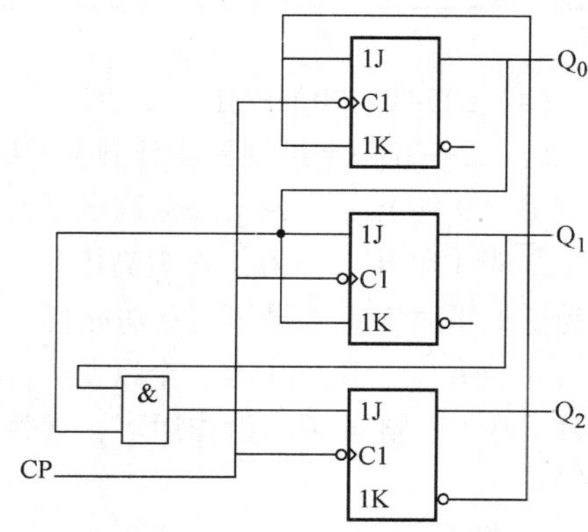

图 3-38　JK 触发器组成同步五进制计数器

①按图 3-38 连接线路，CP 端加 1Hz 连续脉冲信号，用 0—1 显示并记录输出端 $Q_2Q_1Q_0$ 的逻辑状态。把结果记入表 3-10 中。

②用七段字形译码显示电路显示计数结果。

③检查自启动功能，将电路所有的无效状态在时钟脉冲作用下进行检测，看是否能进入有效循环状态。

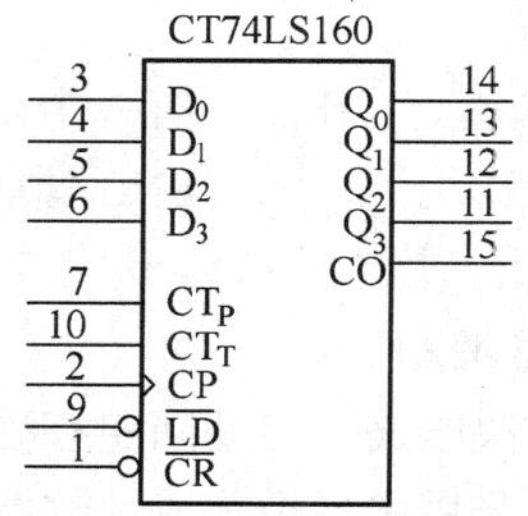

图 3-39　CT74LS160 的逻辑符号

（2）十进制同步计数器 74LS160 逻辑功能测试　图 3-39 为 CT74LS160 的逻辑符号，按表 3-11 测试其逻辑功能，并把输出结果记入表中。

（3）用 CT74LS160 构成 N 进制计数器

1）用复位法构成六进制计数器。

2）用两片 CT74LS160 构成六十进制计数器。

表 3-10　计数时序表

CP	Q_2　Q_1　Q_0
0	
1	
2	
3	
4	
5	

表 3-11　CT74LS160 功能表

输　入									输　出
CP	CT_P	CT_T	$\overline{CR}$	$\overline{LD}$	D_3	D_2	D_1	D_0	Q_3　Q_2　Q_1　Q_0
×	×	×	0	×	×	×	×	×	
↑	×	×	1	0	d_3	d_2	d_1	d_0	
↑	1	1	1	1	×	×	×	×	
×	0	×	1	1	×	×	×	×	
×	×	0	1	1	×	×	×	×	

（4）CT74LS290 的测试与应用

1）二—五—十进制异步计数器 CT74LS290 的逻辑符号图如图 3-40 所示。

①置 9 端 $R_{9(1)}$、$R_{9(2)}$ 均为高电平时，观察异步置 9 功能。

②清 0 端 $R_{0(1)}$、$R_{0(2)}$ 均为高电平，置 9 端 $R_{9(1)}$、$R_{9(2)}$ 只要有一个为低电平时，观察异步清 0 功能。

③当 $R_{9(1)}$、$R_{9(2)}$ 中有一个以及 $R_{0(1)}$、$R_{0(2)}$ 中有一个同时为低电平时，在 CP_0 脉冲下降沿作用下，观察输出端 Q_0，说明为几进制计数器?

④当 $R_{9(1)}$、$R_{9(2)}$ 中有一个以及 $R_{0(1)}$、$R_{0(2)}$ 中有一个同时为低电平时，在 CP_1 脉冲下降沿作用下，观察输出端 $Q_3Q_2Q_1$，说明为几进制计数器?

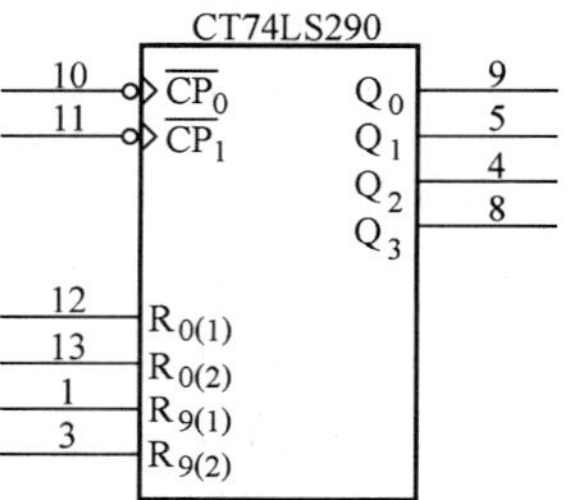

图 3-40　CT74LS290 逻辑符号图

⑤当 $R_{9(1)}$、$R_{9(2)}$ 中有一个以及 $R_{0(1)}$、$R_{0(2)}$ 中有一个同时为低电平时，CP_1 接 Q_0，在 CP_0 脉冲下降沿作用下，观察输出端 $Q_3Q_1Q_1Q_0$，说明为几进制计数器?

2）用二片 CT74LS290 组成二十五进制计数器。

4. 思考题

①解决电路自启动问题有哪些方法?

②在采用中规模集成计数器构成 N 进制计数器时，常采用哪两种方法？二者有何区别?

3.4.2 提高性实验——移位寄存器实验

1. 实验目的

①熟悉移位寄存器的工作原理。

②掌握集成移位寄存器的逻辑功能及其应用。

2. 实验电路

有关电路如图3-41、图3-42、图3-43所示。

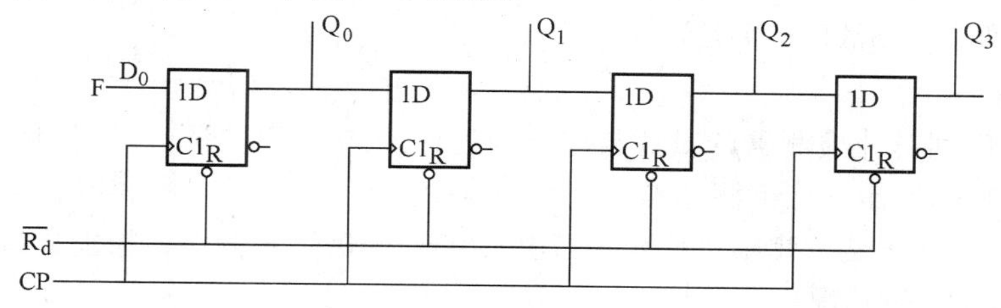

图3-41 单向移位寄存器电路

3. 实验内容及要求

（1）用D触发器组成单向移位寄存器 单向移位寄存器电路如图3-41所示。把数据F=1011依次串行输入D_0，观察并记录各触发器的输出状态。数据F从$Q_0Q_1Q_2Q_3$并行输出时，需要经过几个CP脉冲？数据F从Q_3串行输出时，需要经过几个CP脉冲？试通过实验观察并记录。

（2）4位双向移位寄存器CT74LS194逻辑功能测试 图3-42为CT74LS194的逻辑符号，按表3-12逐项测试其逻辑功能，并把结果记入表中。

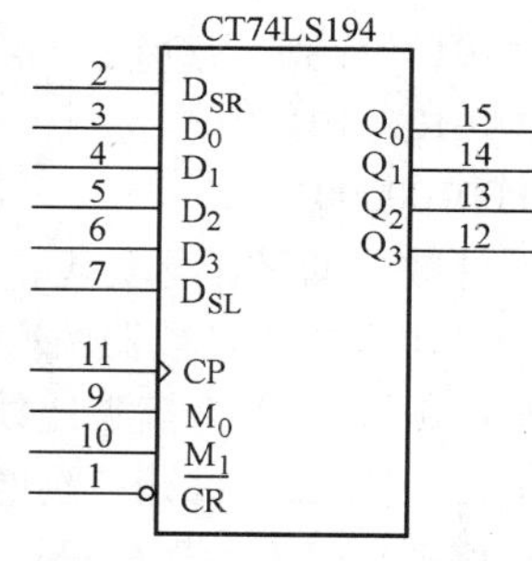

图3-42 CT74LS194的逻辑符号

表3-12 CT74LS194功能表

输入					输出	功能
$\overline{CR}$	模式	CP	串行	并行	$Q_3\ Q_2\ Q_1\ Q_0$	
	$M_0\ M_1$		$D_{SR}\ D_{SL}$	$D_3\ D_2\ D_1\ D_0$		
0	× ×	×	× ×	× × × ×		
1	× ×	0	× ×	× × × ×		
1	1 1	↑	× ×	$d_3\ d_2\ d_1\ d_0$		
1	0 1	↑	× 1	× × × ×		
1	0 1	↑	× 0	× × × ×		
1	1 0	↑	1 ×	× × × ×		
1	1 0	↑	0 ×	× × × ×		
1	0 0	×	× ×	× × × ×		

（3）用 CT74LS194 和与非门组成的实验电路如图 3-43 所示。在 CP 脉冲的作用下，观察并记录输出端 $Q_0Q_1Q_2Q_3$ 的状态，说明此电路能够完成的逻辑功能。

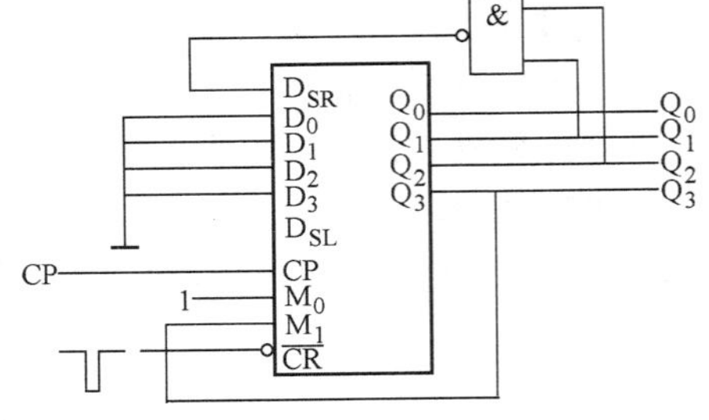

图 3-43　用 CT74LS194 和与非门组成的实验电路

3.4.3　设计性实验

1. 实验目的

①掌握时序电路的设计与调试方法。

②掌握排除数字电路故障的方法。

2. 实验题目

（1）“101”序列脉冲检测器的设计与实验　设计一个 101 序列脉冲检测器，该检测器有一个输入端 X 和一个输出端 Z，输入 X 为一串随机信号，当输入出现“101”序列时，输出 Z 为 1，其他情况 Z 为 0。输入序列分为两种情况：

1）“101”序列可以重叠，如：

X：0101011101

Z：0001010001；

2）“101”序列不重叠，如：

X：0101011101

Z：0001000001。

（2）计数器的设计与实验　设计一个计数器，它有两个控制端 C_1 和 C_2，C_1 用来控制计数器的模数，C_2 用来控制计数器的增减。

$C_1=0$，则计数器为模 3 计数器；$C_1=1$，则计数器为模 4 计数器。

$C_2=0$，则计数器每计一次增 1；$C_2=1$，则计数器每计一次减 1。

（3）序列信号发生器的设计与实验　设计一个能产生 00010111 序列的序列信号发生器。

1）要求用计数器和数据选择器实现。

2）要求用移位寄存器及门电路实现。

（4）常数发生器的设计与实验　要求设计一个能产生常数 $\pi=3.1415926$（共 8 位）的常数发生器，此电路可由计数器和常数发生器两部分组成，计数器为八进制计数器，在计数脉冲的作用下，计数器输出 ABC 逐拍按二进制顺序变化，使其常数发生器的输出 WXYZ 依次呈现 8421 码的 3.1415926。

（5）检测余 3 代码中的奇数检测器的设计与实验　设输入 ABCD 是余 3 代码的 BCD 码，即

$$F=8A+4B+2C+D-3,\quad 0\leqslant F\leqslant 9$$

要求设计一个检测电路，当 F 为奇数时，寄存器的输出 WXYZ 等于 ABCD；当 F 为偶数时，寄存器的输出保持不变。寄存器为并行输入，并行输出。注意：0 即非偶数，也非奇数。

（6）4 路竞赛抢答器的设计与实验　试设计一个能满足 4 人参加竞赛的 4 路竞赛抢答器，当主持人宣布开始时，一旦有任何一个参赛者最先按下按钮，则此参赛者对应的指示灯点亮，而其余 3 个参赛者的按钮将不起作用，信号也不再被输出，直到主持人宣布下一轮抢答开始为止。

（7）脉冲环型分配器的设计与实验　设计一个用于步进电机的三相六拍脉冲环形分配器。如用 1 表示线圈导通，用 0 表示线圈截止，则 3 个线圈的状态转换图如图 3-44 所示。控制输入端 C 为 1 时，电动机正转；为 0 时，电动机反转。要求能自启动。

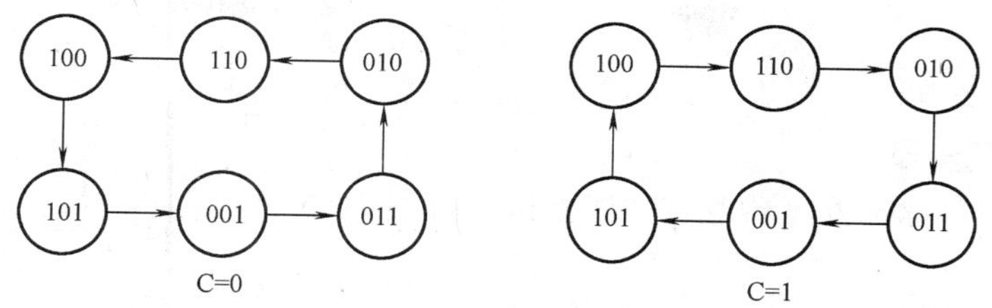

图 3-44　3 个线圈的状态转换图

（8）彩灯控制电路的设计与实验

1）设计一彩灯循环控制电路，共有 8 只彩灯，使其 7 亮 1 暗，且这一暗灯循环右移。

2）设计一个广告灯控制电路，该电路在 CP 脉冲作用下，3 个灯的亮暗按图 3-45 所示顺序进行。

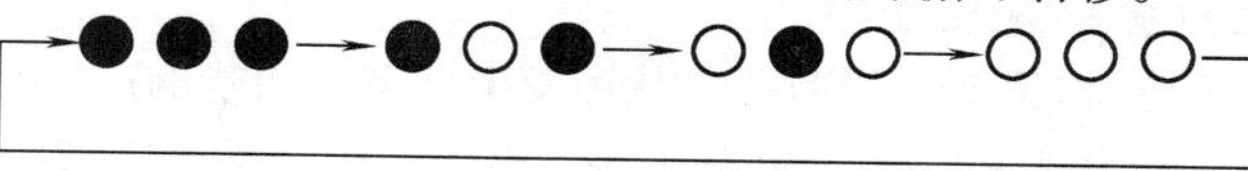

图 3-45　广告灯状态转换图

（9）乒乓球游戏机电路的设计与实验　设计一个乒乓球游戏控制电路，用 8 个排成一长串的灯来表示球的位置，S_1 代表发球开关，S_2 代表接球球拍，CP 脉冲为 1Hz。发球时 S_1 接动一下，左边一个灯亮，并且自动向右移动。当球到达最右端后（最右边一个灯点亮），如果此时能及时按动接球开关 S_2，把球击到最左边（最左边的灯接着点亮），就算接到了球，球就会重新开始从左向右移动；如果接球不及时，球就会消失（灯全暗），就算丢一球，再由 S_1 发球，游戏重新开始。

（10）交通灯控制电路的设计与实验　路口无人指挥交通灯有红、黄、绿三色，其亮灭规律是：绿灯亮 8s 后黄灯亮 2s，然后红灯亮 6s，再绿灯亮……，如此循环。要求任一时刻只有其中一种灯点亮，设计此交通灯控制电路。

（11）设计一个两级寄存器，其状态为 Q_2Q_1，由一个外加输入信号 X 控制。当输入 $X=0$ 时，每来一个时钟脉冲，寄存器内容加 1，但若时钟脉冲到来之前，寄存器内容已达到最大值，即 $Q_2Q_1=11$，则时钟脉冲到来之后，输出一个标志脉冲 F（宽度等于时钟脉冲宽度），且寄存器内容恢复到 00；当输入 $X=1$ 时，来一个时钟脉冲，则将原存代码变成它的反码。

3. 实验内容及要求

①根据所选题目设计电路，选择元器件，画出逻辑电路图。

②安装调试电路，记录测试结果。

③写出设计实验报告，说明实验过程中出现的故障和排除故障的方法。

3.5　逻辑电路实验

3.5.1　验证性实验——顺序脉冲发生器

1. 实验目的

①掌握顺序脉冲发生器的基本工作原理。

②熟悉用中规模集成电路构成顺序脉冲发生器的方法。

2. 实验电路及仪器设备

（1）实验电路　有关电路如图 3-46、图 3-47、图 3-48、图 3-49 所示。

（2）实验仪器设备

①数字电路实验箱　　1 台

②数字万用表 1块

③直流稳压电源 1台

3. 实验内容及步骤

(1) 计数型顺序脉冲发生器逻辑功能测试 按图3-46所示电路接线。

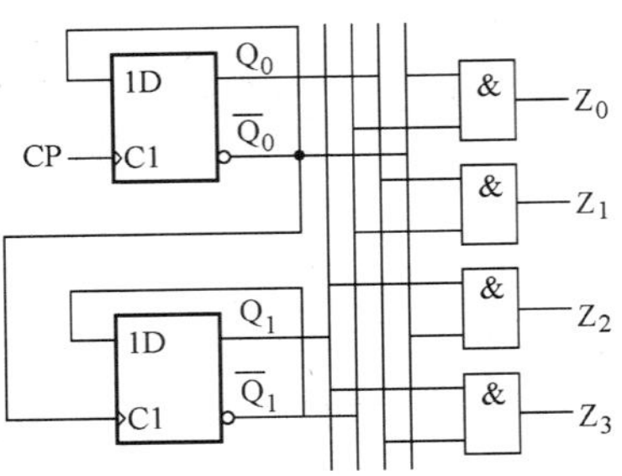

图3-46 顺序脉冲发生器逻辑电路

1) CP端连续加单脉冲（或1Hz连续脉冲信号），用0-1显示并记录输出端 $Z_0Z_1Z_2Z_3$ 的状态，列出状态转换表。

2) CP端加1MHz以上脉冲信号，用示波器观察 $Z_0Z_1Z_2Z_3$ 端输出波形的毛刺，在输出端接滤波电容（几十至几百皮法）消除之。

(2) 移位寄存器型顺序脉冲发生器逻辑功能测试

1) 按图3-47所示电路接线，组成环形计数器。置触发器初始状态 $Q_0Q_1Q_2Q_3=1000$，在CP端连续加单脉冲（或1Hz连续脉冲信号），观察输出端 $Q_0Q_1Q_2Q_3$ 的状态。并把结果记入表3-13中。利用异步置位端和异步复位端分别置成各种无效时序状态，看其是否进入有效时序循环，画出状态转换图。

表3-13 计数时序表

CP	Q_0	Q_1	Q_2	Q_3
0				
1				
2				
3				
4				

2) 把图3-47改接成扭环计数器，测其时序状态。设计扭环计数器的译码输出电路，使其成为一个8位顺序脉冲发生器。

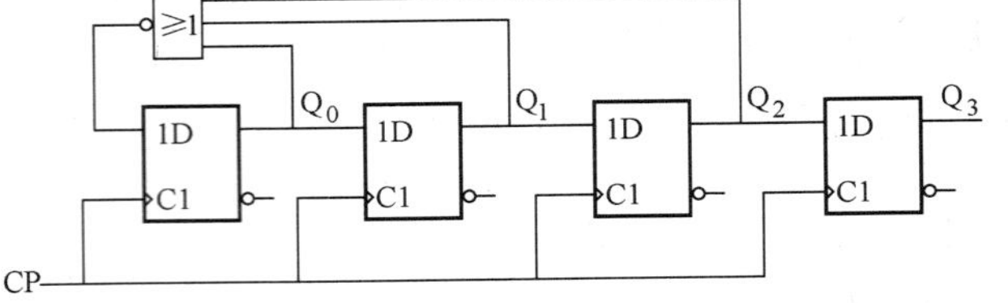

图3-47 移位寄存器型顺序脉冲发生器

3) 图3-48是由4位双向移位寄存器CT74LS194和D触发器构成的5位顺序脉冲发生器，测试其逻辑功能，画出状态转换图。

(3) 利用计数器、译码器构成的顺序脉冲发生器逻辑功能测试 图3-49是由同步二进制加法计数器CT74LS161和3线-8线译码器CT74LS138构成的8位顺序脉冲发生器，测试其逻辑功能。

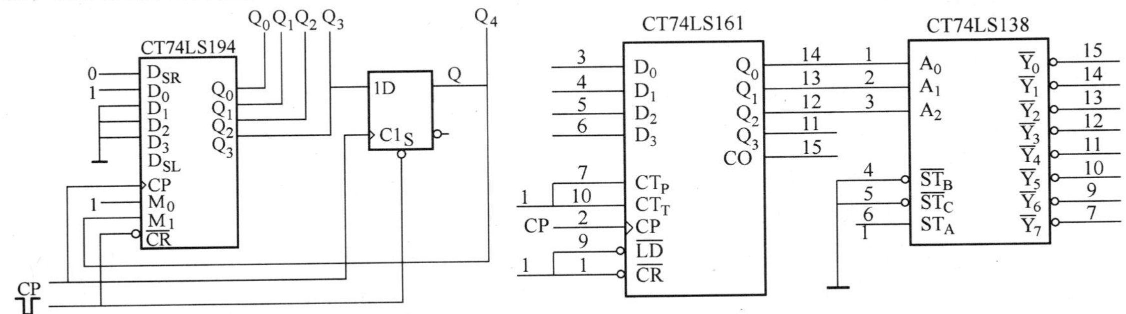

图3-48 5位顺序脉冲发生器

图3-49 8位顺序脉冲发生器

4. 思考题

①为了消除计数型顺序脉冲发生器输出端的尖峰脉冲，一般可采用哪几种方法？

②说明移位寄存器型顺序脉冲发生电路的优缺点。

3.5.2 提高性实验——电子秒表

1. 实验目的

①了解电子秒表的工作原理。

②进行小型数字综合系统的初步训练。

③掌握调试电路、排除电路故障的正确方法。

2. 实验内容及要求

图 3-50 为一数字秒表电路的电路框图。要求完成下列任务：

（1）基准脉冲信号源　利用脉冲信号源输出 100Hz 的脉冲信号，其幅度满足计时部分电路的需要。

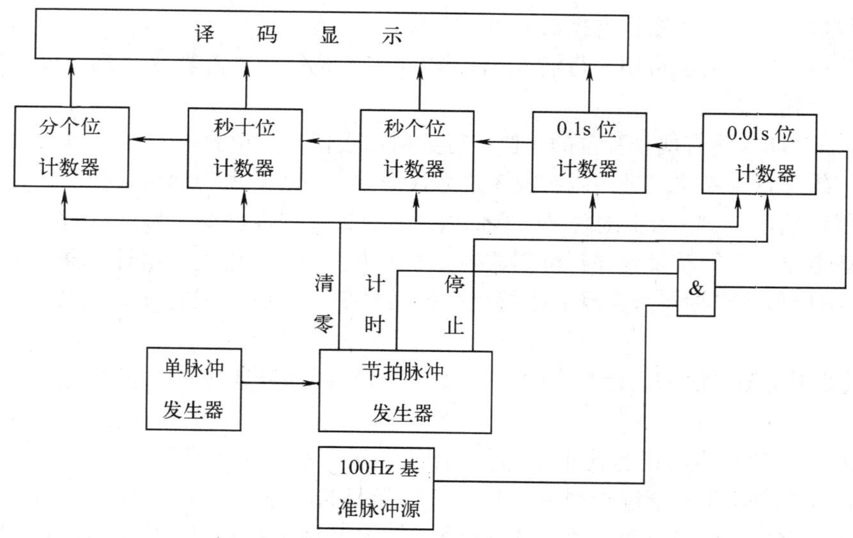

图 3-50　电子秒表电路框图

（2）计时部分　计时部分的计数器由 0. 01s 位、0. 1s 位、s 个位、s 十位和 min 个位 5 个计数器组成，其中 min 个位、0. 1s 位分别为 8421BCD 码十进制计数器，s 个位和 s 十位组成六十进制 8421BCD 码计数器，0. 01s 位采用 5421 编码的十进制计数器（可选用二—五—十进制计数器 CT74LS290）。在计数停止时用 0. 01s 位计数器中 Q_4 的状态对 0. 01s 位进行四舍五入处理。译码显示部分选用 4 片 4 线 -7 线译码/驱动器驱动 4 个共阴极七段数码管显示。

（3）控制部分　节拍脉冲发生器可选用移位寄存器构成的 3 位环形计数器来实现。其 3 个输出端分别用作清零、计时、停止 3 种状态。单脉冲发生器由基本 RS 触发器构成，为节拍发生器提供时钟脉冲。每按一次开关就产生一个单脉冲，用以控制 3 种状态的转换。

（4）要求完成的任务

①根据逻辑方框图和上述单元电路画出总电路图。

②测试该电路的逻辑功能：计时范围 0 ~ 10min，精度为 0. 1s，能实现清零、计时、停止 3 种工作状态。

3.5.3 设计性实验

1. 实验目的

通过实验初步掌握将组合逻辑电路与时序逻辑电路组合在一起构成小型数字逻辑系统的方法，以提高对数字逻辑电路的实际应用能力。

2. 实验题目

（1）数据发送器与接收器的设计与实验

1）设计一个带有偶校验位的数据发送器　此电路具有3个输入端，输入为一组并行3位二进制数码，输出是一组串行（低位先行）的4位二进制码，其中串行输出的码组的最后一位（即最高位）为偶校验位（由数据发送器输出时加入），前三位依次为数据位，当输入的3位二进制码中有奇数个1时，使其偶校验位P为1，否则为0。例如，输入 $D_3D_2D_1$ 为100时，则输出 $Z=P\ D_3D_2D_1=1100$；若输入为110时，则输出 $Z=0110$。

提示：此电路有两种实现方法：

①并行到串行的转换，用四选一数据选择器来实现，其地址码用计数器产生，由组合逻辑电路产生奇偶校验位，并作为数据选择器的一个输入。

②并行到串行的转换也可用并行输入/串行输出的4位移位寄存器来实现，校验位可作为移位寄存器的一个输入。

2）设计一个能检测有偶校验位的4位串行数据接收器　此电路具有一个输入端和4个输出端，输入为一组串行的4位二进制码，前3位为数据位，最后一位为偶校验位。输出为3位数据并行输出及报错输出端F。当4位数码中有偶数个1时，报错输出端F为0，否则为1。

提示：该电路由串行转换到并行可用数据分配器来实现，其地址码由计数器产生。也可用串行输入/并行输出移位寄存器来实现。串行到并行转换后，最后一位偶校验位去掉，并行输出3位数据位。

3）单线数据传输系统的设计与实验　由1）和2）两部分连接在一起可构成一个单线数据传输系统。

（2）串行数字比较器电路的设计与实验　用双四选一数据选择器和两个JK触发器组成串行数字比较器，要求电路不仅能够检测A、B两个数是否相等，同时还可检测A、B两个数的大小。

提示：串行比较器可以分两种情况进行比较。一是从低位开始到高位逐位进行比较，以最后的 A_i、B_i 大小来判断两个数的大小。若 $A_i>B_i$，则 $A>B$，若 $A_i<B_i$，则 $A<B$；二是从高位开始到低位逐位进行比较，以第一次出现的 A_i、B_i 不等来判断两数的大小，而不管以后各低位的大小。串行数A和B加在数据选择器的选择端 A_1 和 A_0，数据通道加不同代码，用两个触发器的3种状态分别表示3种比较结果。

（3）图形发生器的设计与实验　用计数器和数据选择器构成图形发生器，使输出端Z在CP脉冲的作用下输出如图3-51所示波形。

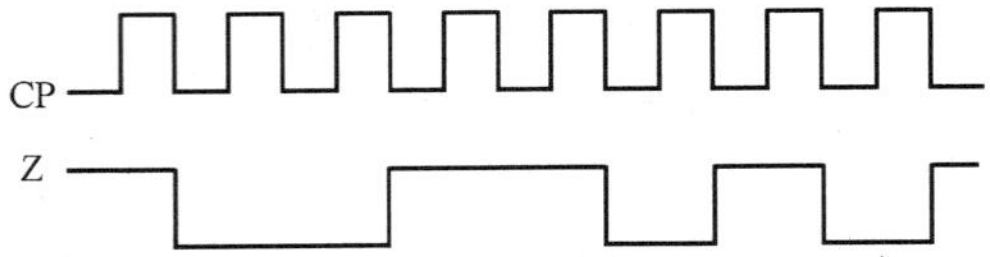

CP

Z

图3-51　图形发生器输出波形图

（4）用计数器和译码器组成编码器的设计与实验　用计数器和译码器组成编码器，对16位按键开关进行4位二进制数编码。

（5）4位串行加法器的设计与实验　用移位寄存器、D触发器和1位全加器组成4位串行加法器电路，把两个4位二进制数 $A_3A_2A_1A_0$ 和 $B_3B_2B_1B_0$ 置入两个4位移位寄存器中，在CP脉冲的作用下，从低位开始依次送入1位全加器进行加法运算，运算结束后，两者的和存入其中一个寄存器中，另一个寄存器清零。

（6）可控分频器电路的设计与实验　设计一分频器电路，使输出信号频率为输入时钟频率的 1/N（N 为正整数）。

①用编码器和计数器构成 N 分频电路，N 的变化范围为 2～9。

②用两片集成计数器构成 N 分频电路，N 的变化范围为 2～255。

（7）试设计一个汽车尾灯控制电路，要求具有以下功能：用 6 个发光二极管模拟汽车的 6 个尾灯，左右各有 3 个，用两个开关分别控制左转弯和右转弯。当右转弯时，右边的 3 个灯按图 3-52 所示周期地亮与暗，设周期 T 为 1s，而左边的 3 个尾灯则全灭；左转弯时左边的 3 个灯则按图 3-52 所示周期地亮与暗，而右边的 3 个尾灯则全灭。

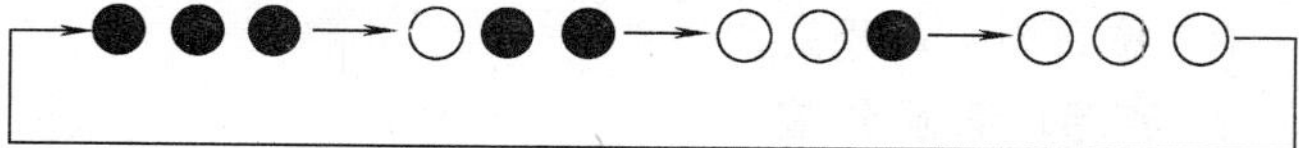

图 3-52　汽车尾灯状态变化情况

当司机不慎同时接通了左右转弯的两个开关时，则紧急闪烁器工作，6 个尾灯按 1Hz 的频率同时亮暗闪烁。

另外，还有急刹车和停车开关。当急刹车开关接通时，则所有的 6 个尾灯全亮。如果急刹车的同时有左或右转弯时，则相应的 3 个转向的尾灯应按图 3-52 所示的正常的亮、暗，而另外的 3 个尾灯则仍继续亮。

当停车时，6 个尾灯全灭。

（8）演讲自动报时装置的设计与实验　设计一个演讲自动报时控制电路，要求演讲时间为 6min，在剩最后 1min 时扬声器响一下（输出为高电平）提醒演讲者。在 6min 时扬声器再次鸣叫，即通知台上的演讲者时间已到，应停止演讲。要求用指示灯显示秒数（以 10s 为单位），用显示器显示分钟数。

（9）定时器控制电路的设计与实验　试设计一个能预置 1～999s 的定时器控制电路，要求当定时器启动后，电路开始计时，当计时到预定时间时，输出端输出高电平使执行机构动作。

（10）电子密码锁控制电路的设计与实验　试设计一个电子密码锁控制电路，当按密码规定的顺序按下按钮时，输出端为高电平，电子锁动作。若不按此顺序或按其他按钮，输出为低电平，电子锁不动作。此外，若操作时间超过一定限度（如 10s），电路输出报警信号，若在此时间内完成，报警电路关闭。

（11）药片计数器的设计与实验　试设计一个药片装瓶计数的控制电路，使药片在装瓶时能够自动计数，达到设定量后自动停止，并开始第二瓶装片。

提示：当药片装瓶时，挡住了光线的照射，使计数器获得一个计数脉冲，计数器计数加 1。第二片药片到来时，计数器再加 1，这样，随着药片数量增加，获得数字 A，用数字 A 和标准量 B（一瓶内装满时数量）进行比较。当 A = B 时，计数器停止计数。同时控制传动皮带使第二瓶进行装片（计数）。

（12）简易数字式频率计的设计与实验

1）设计一个单脉冲发生器，其脉冲宽度τ与手按按钮时间长短无关，与两次按钮时间间隔无关，仅与时钟脉冲频率 f_1 有关，且有下列关系：

$$\tau = \frac{1}{f_1}$$

2）设计一个 4 位十进制计数器，实现 0000～9999 计数。

3）将上述两电路按图 3-53 所示

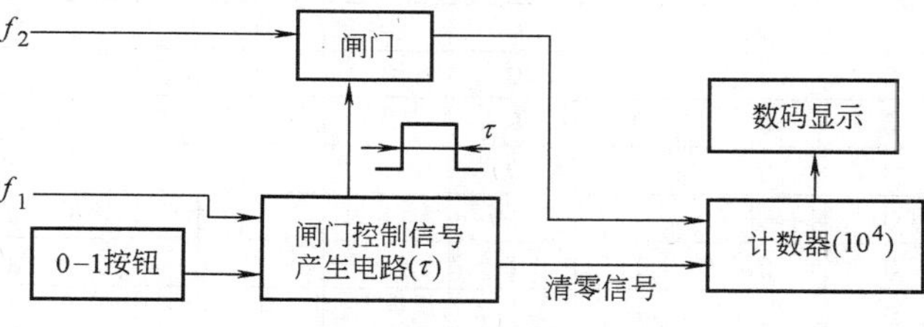

图 3-53　简易数字式频率计电路框图

框图组成一个简易数字式频率计。

图中：f_1 为基准信号，频率为 1Hz；

f_2 为待测信号频率；

0-1 按钮为手动开关。

3. 实验内容及要求

①设计所选题目的实验电路，选择元器件，画出逻辑电路图。

②安装、调试实验电路。

③拟定所选题目的实验步骤、测试方法，记录测试结果并进行具体分析，说明在实验过程中出现的故障及排除的方法。

3.6 A/D 与 D/A 转换器实验

3.6.1 验证性实验——DAC0832 转换器实验

1. 实验目的

通过实验了解数模转换器（DAC0832）的性能及使用方法。

2. 实验电路及仪器设备

（1）实验电路　DAC0832 实验电路如图 3-54 所示。为了简化电路，将 DAC0832 接成直通工作方式，即 $\overline{CS}$、$\overline{WR_1}$、$\overline{WR_2}$、$\overline{XFER}$均接地，ILE 接高电平。

（2）实验仪器设备

①直流稳压电源　1 台

②数字电路实验箱　1 台

③万用表　1 块

3. 实验内容及步骤

①数字量输入端 $D_7 \sim D_0$ 均置 0，用万用表测量模拟输出电压 U_o 的值。对运放进行调零，使 U_o 趋近于零。

②从输入数字量的最低位（D_0）起，逐位置 1（接高电平），对应测出模拟输出电压 U_o 的值，把结果记入表 3-14 中，并与理论值进行比较。

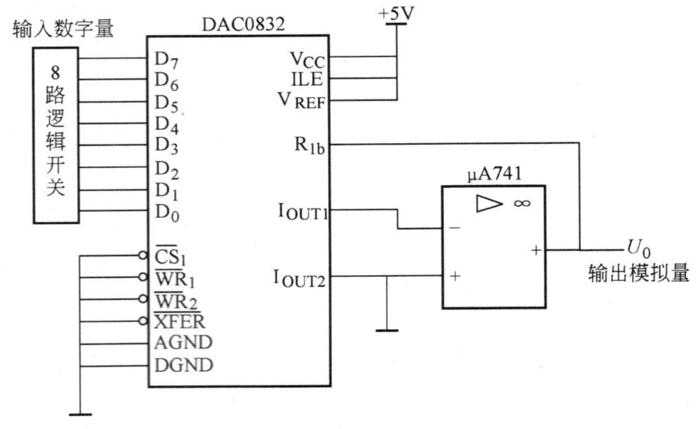

图 3-54　DAC0832 实验电路

表 3-14　DAC0832 功能表

输入数字量								输出模拟量 U_o/V	
D_7	D_6	D_5	D_4	D_3	D_2	D_1	D_0	实测值	理论值
0	0	0	0	0	0	0	0		
0	0	0	0	0	0	0	1		
0	0	0	0	0	0	1	1		
0	0	0	0	0	1	1	1		
0	0	0	0	1	1	1	1		
0	0	0	1	1	1	1	1		
0	0	1	1	1	1	1	1		
0	1	1	1	1	1	1	1		
1	1	1	1	1	1	1	1		

4. 思考题

①数模转换器的转换精度与什么因素有关？

②欲使图 3-54 中运放输出电压的极性反相，应采取什么措施？

5. DAC0832 的功能说明

DAC0832 的内部结构图如图 3-55 所示。DAC0832 是由双缓冲寄存器和 R－2R 梯形 D/A 转换器组成的 CMOS 8 位 DAC 芯片。采用 20 条引脚双列直插式封装，与 TTL 电平兼容。

（1）引脚功能　DAC0832 引脚排列如图 3-56 所示，各引脚功能说明：

$D_0 \sim D_7$ 为 8 位数据输入端，D_7 是最高位，D_0 是最低位。

I_{OUT1} 为 DAC 电流输出 1，在构成电压输出 DAC 时此线应接运算放大器的反相输入端。

I_{OUT2} 为 DAC 电流输出 2，在构成电压输出 DAC 时此线和运算放大器的同相输入端同接模拟地。

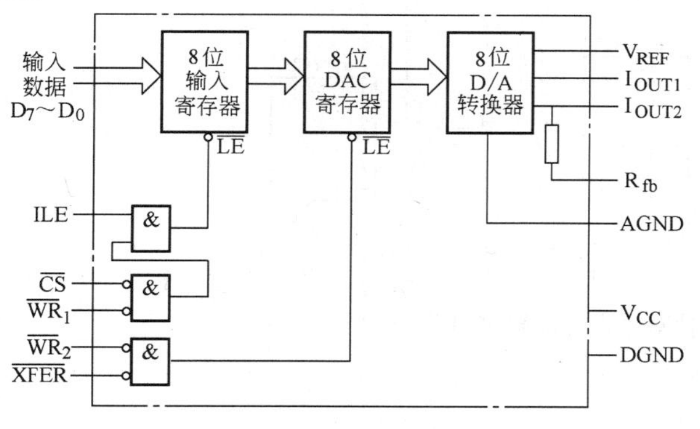

图 3-55　DAC0832 内部结构图

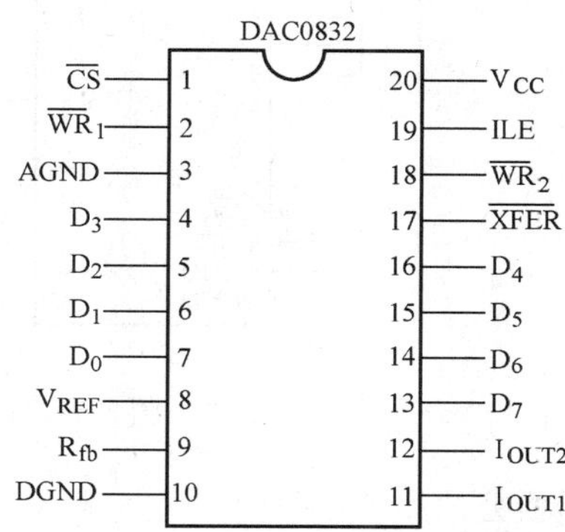

图 3-56　DAC0832 引脚图

R_{fb} 为反馈电阻引出端，在构成电压输出 DAC 时此端应接运算放大器的输出端。

V_{REF} 为基准电压输入端，通过该引脚将外部的高精度电压源与片内的 R－2R 电阻网络相连，其电压范围为 $-10 \sim +10$V。

V_{CC} 为 DAC0832 的电源输入端，电源电压范围为 $+5 \sim +15$V。

AGND 为模拟地，整个电路的模拟地必须与数字地相连。

DGND 为数字地。

$\overline{CS}$ 为片选输入端，低电平有效，与 ILE 共同作用，对 $\overline{WR_1}$ 信号进行控制。ILE 为输入寄存器允许信号，高电平有效。

$\overline{WR_1}$ 为写信号 1，低电平有效，当 $\overline{WR_1}=0$，$\overline{CS}=0$，且 ILE＝1 时，将输入数据锁存到输入寄存器内。

$\overline{WR_2}$ 为写信号 2，低电平有效，当 $\overline{WR_2}=0$，$\overline{XFER}=0$ 时，将输入寄存器中的数据锁存到 8 位 DAC 寄存器内。

$\overline{XFER}$ 为传输控制信号，低电平有效。

（2）工作方式　由于 DAC0832 内部有两级缓冲寄存器，所以有 3 种工作方式可供选择：

1）直通工作方式　$\overline{WR_1}$、$\overline{WR_2}$、$\overline{XFER}$ 及 $\overline{CS}$ 接低电平，ILE 接高电平。即不用写信号控制，外部输入数据直通内部 8 位 D/A 转换器的数据输入端。

2）单缓冲工作方式　$\overline{WR_2}$、$\overline{XFER}$ 接低电平，使 8 位 DAC 寄存器处于直通状态，输入数据经过 8 位输入寄存器缓冲控制后直接进入 D/A 转换器。

3）双缓冲工作方式　两个寄存器均处于受控状态，输入数据要经过两个寄存器缓冲控制后才进入 D/A 转换器。这种工作方式可以用来实现多片 D/A 转换器的同步输出。

（3）转换公式　为了将模拟电流转换成模拟电压，需把 DAC0832 的两个输出端 I_{OUT1} 和 I_{OUT2} 分别接到运算放大器的两个输入端上，经过一级运放得到单极性输出电压 U_{A1}。当需要把输出电压转换为双极性输出时，可由第二级运放对 U_{A1} 及基准电压 V_{REF} 反相求和，得到双极性输出电压 U_{A2}。D/A 转换双极性电压输出电路图如图 3-57 所示，该电路为 8 位数字量 $D_0 \sim D_7$ 经 D/A 转换器转换为双极性电压输出。

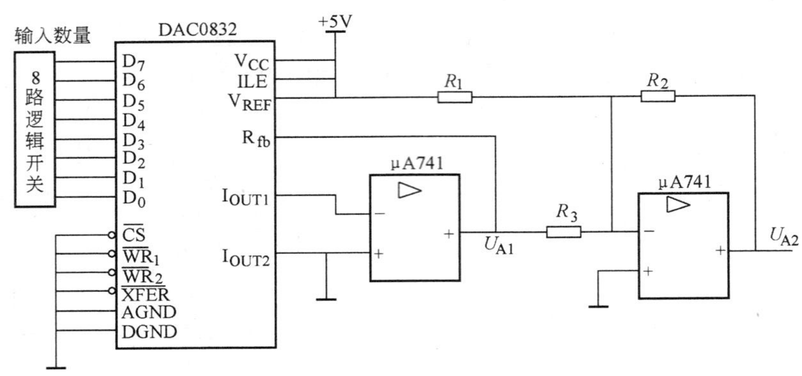

图 3-57　D/A 转换双极性电压输出电路图

转换公式如下：

第一级运放的输出电压：

$$U_{A1} = -V_{REF}\frac{D}{2^8}$$

式中，D 为数字量的十进制数，即 $D = (D_7 \times 2^7 + D_6 \times 2^6 + \cdots + D_1 \times 2^1 + D_0 \times 2^0)$

第二级运放的输出电压：

$$U_{A2} = -\left(\frac{R_2}{R_3}U_{A1} + \frac{R_2}{R_1}V_{REF}\right)$$

取 $R_1 = R_2 = 2R_3$ 时，则

$$U_{A2} = -(2U_{A1} + V_{REF}) = \frac{D-128}{128}V_{REF}$$

当 $V_{REF} = 5V$ 时，DAC0832 的转换表如表 3-15 所示。

表 3-15　DAC0832 转换表

参考电压	输入数据										输出电压	
	二进制数								十进制数	十六进制数	单极性输出	双极性输出
V_{REF}	D_7	D_6	D_5	D_4	D_3	D_2	D_1	D_0	D	H	U_{A1}	U_{A2}
+5V	0	0	0	0	0	0	0	0	0	00	0	-5V
	1	0	0	0	0	0	0	0	128	80	-2.5V	0
	1	1	1	1	1	1	1	1	255	FF	-4.98V	+4.96V

3.6.2 提高性实验——ADC0809 转换器实验

1. 实验目的

通过实验了解 ADC0809 集成 A/D 转换器的性能及转换过程，熟悉 ADC0809 的使用方法。

2. 实验电路

ADC0809 的实验电路如图 3-58 所示。

3. 实验内容及要求

①分析 ADC0809 实验电路的接线原理，确定该电路中的 RP 及 $R_0 \sim R_7$ 的电阻值，并按此电路图接线，将信号发生器的 500kHz 脉冲信号输入 ADC0809 的时钟输入端。

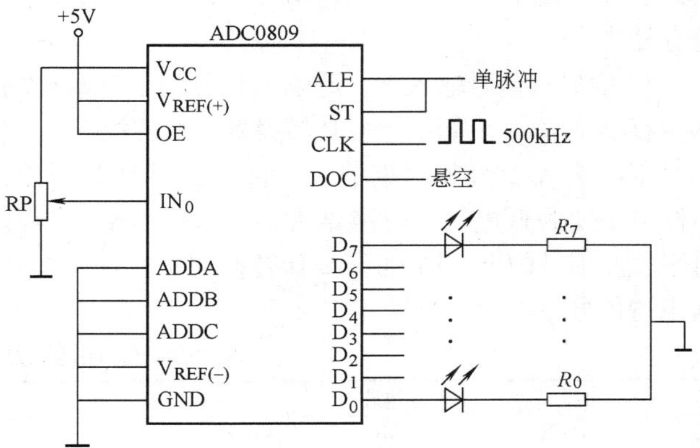

图 3-58　ADC0809 的实验电路

②调节电位器 RP，ALE、ST 端输入单正脉冲信号，当 ADC0809 的输出全为高电平时（8 个发光二极管全亮），测量并记录输入的模拟电压值。

③调节模拟输入电压分别为 0V、0.1V、0.2V、0.5V、1V、2V、3V、4V 时，记录 ADC0809 的输出数字量。

④改变模拟输入通道，即改变 ADDA、ADDB、ADDC 的地址输入电平，重复上述过程。

4. ADC0809 功能说明

ADC0809 的内部结构框图如图 3-59 所示。ADC0809 是 CMOS 单片 28 条引脚双列直插式 A/D 转换器，采用逐次逼近型 A/D 转换原理，实现 8 位 A/D 转换。其内部带有具有锁存控制的 8 路模拟转换开关，用于选通 8 路模拟输入的任何一路信号。输出采用三态输出缓冲寄存器，电平与 TTL 电平兼容。

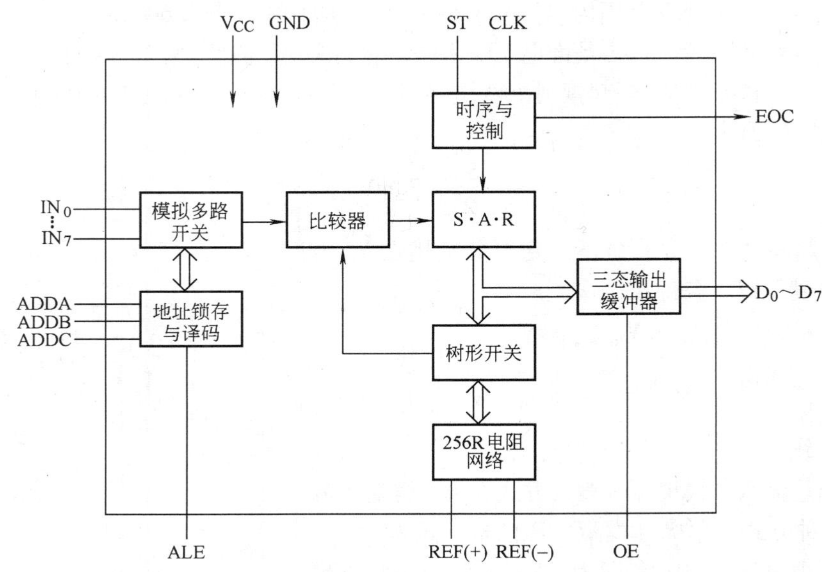

图 3-59　ADC0809 的内部结构框图

（1）引脚功能　ADC0809 的引脚排列如图 3-60 所示。各引脚的功能说明如下：

$IN_0 \sim IN_7$ 为 8 路模拟信号输入通道。

ADDA、ADDB、ADDC 为 8 路模拟信号输入通道的 3 位地址输入端，各通道对应的地址如表 3-16 所示。

ALE 为地址锁存允许输入端，该信号的上升沿使多路开关的地址码 ADDA、ADDB、ADDC 锁存到地址寄存器中。

ST 为启动信号输入端，此输入信号的上升沿使内部寄存器清零，下降沿使 A/D 转换器开始转换。

EOC 为 A/D 转换结束信号，它在 A/D 转换开始，由高电平变为低电平；转换结束后，由低电平变为高电平。此信号的上升沿表示 A/D 转换完毕，常用作中断申请信号。

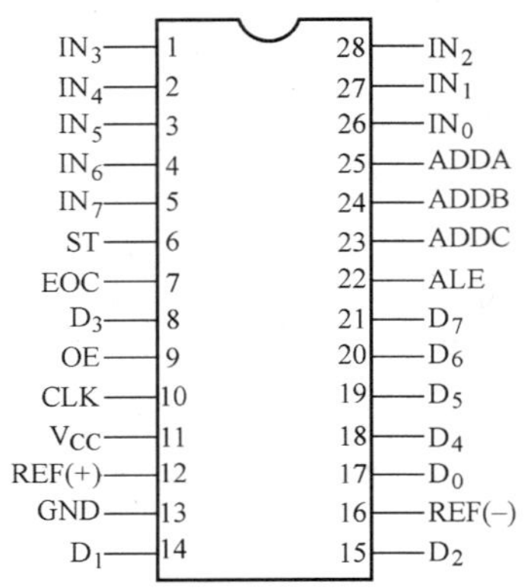

图 3-60　ADC0809 的引脚排列

表 3-16　各通道对应的地址

3 位地址			被选中通道
ADDC	ADDB	ADDA	
0	0	0	IN_0
0	0	1	IN_1
0	1	0	IN_2
0	1	1	IN_3
1	0	0	IN_4
1	0	1	IN_5
1	1	0	IN_6
1	1	1	IN_7

OE 为输出允许信号，高电平有效，用来打开三态输出锁存器，将数据送到数据总线。

$D_7 \sim D_0$ 为 8 位数据输出端，可直接接入数据总线。

CLK 为时钟信号输入端，时钟的频率决定 A/D 转换的速度。A/D 转换器的转换时间 T_C 等于 64 个时钟周期。CLK 的频率范围为 10～1280kHz。当时钟脉冲频率为 640kHz 时，T_C 为 100μs。

REF（+）和 REF（－）为基准电压输入端，它们决定了输入模拟电压的最大值和最小值。通常，REF（+）和电源 V_{CC}一起接到 +5V 电压上，REF（－）接在地端 GND 上，此时最低位所表示的输入电压值为

$$\frac{5V}{2^8}=20mV$$

REF（+）和 REF（－）也不一定要分别接在 V_{CC}和 GND 上，但要满足以下条件：

$$0 \leqslant V_{REF(-)} < V_{REF(+)} \leqslant V_{CC}$$

$$\frac{V_{REF(+)}+V_{REF(-)}}{2}=\frac{1}{2}V_{CC}$$

GND 是地线。

（2）模拟量输入　模拟量的输入方式有单极性输入和双极性输入两种方式。单极性模拟电压的输入范围为 0～5V，双极性模拟电压的输入范围为 －5～＋5V。双极性输入时需要外加输入偏置电路，如图 3-61 所示。

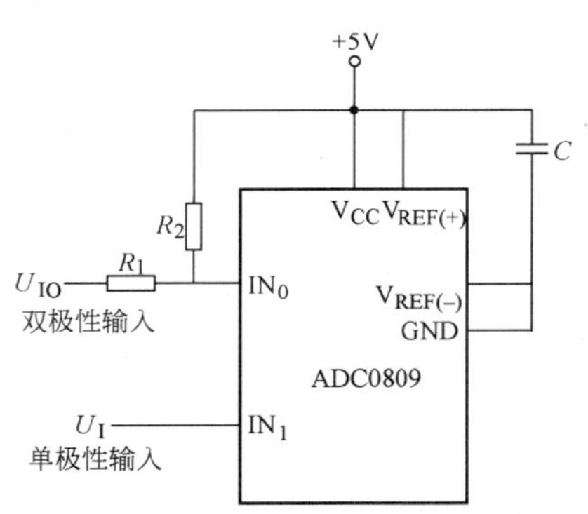

图 3-61　单极性双极性输入方式图

表 3-17 列出了两种输入方式下输入模拟量与输出数字量之间的转换关系。

表 3-17　ADC0809 转换表

参考电压 V_{REF}	输入电压		输出数据									
	单极性 U_I/V	双极性 U_{IO}/V	二进制数								十进制数	十六进制数
			D_7	D_6	D_5	D_4	D_3	D_2	D_1	D_0		
+5V	0.00	-5.00	0	0	0	0	0	0	0	0	0	00
	+2.50	0.00	1	0	0	0	0	0	0	0	128	80
	+4.98	+4.98	1	1	1	1	1	1	1	1	255	FF

3.6.3　设计性实验

1. 实验目的

了解由 A/D 和 D/A 转换器构成应用电路的设计方法。

2. 实验题目

（1）用 DAC0832 构成锯齿波发生器　设计一个用计数器、D/A 转换器、低通滤波器组成的锯齿波发生器，其原理框图如图 3-62 所示。

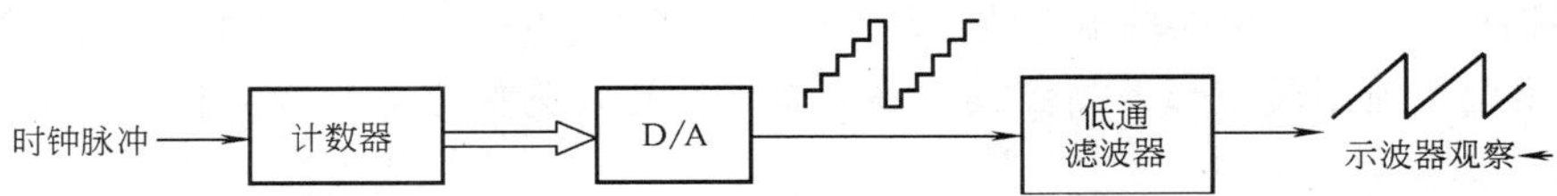

图 3-62　DAC0832 锯齿波发生器原理框图

把计数脉冲送到计数器进行计数，计数器的输出端接 D/A 转换器的输入端，D/A 转换器的输出则为周期阶梯电压波形，再经过低通滤波器，输出为锯齿波。待计数器计满之后，自动回到全零状态，产生下一个锯齿波。

（2）设计一个单路信号采样的显示电路　用 ADC0809 转换器一片、七段译码器和七段显示器各两片，实现单路模拟量采样的显示电路，模拟量为变化比较缓慢的信号，显示器用十六进制数进行显示。

（3）用 D/A 和 A/D 转换器构成乘法器和除法器　用 DAC0832 转换器构成乘法器，实现数字量 D 与模拟量 U_I 的相乘，利用公式 $U_O = -V_{REF}D/2^8$。

用 ADC0809 转换器构成除法器，利用公式 $D = 2^8 U_I/V_{REF}$。

3. 实验内容及要求

（1）对实验题目（1）　按图所示框图设计实验电路，安装调试该电路，加入脉冲信号，用示波器观察输出波形。

（2）对实验题目（2）　根据要求设计电路，按所设计好的电路接线，加入 100kHz 的时钟信号对直流 0～5V 电压进行采样，通过数码管进行显示，记录转换后的十六进制数，并作出输入输出关系曲线。

（3）对实验题目（3）　根据题目要求设计电路，按此电路安装调试，分别改变各输入量，观测输出结果。

3.7 555 定时器应用实验

3.7.1 验证性实验——555 定时器应用之一

1. 实验目的

①熟悉 555 定时器电路的工作原理。

②掌握用 555 定时器构成多谐振荡器、单稳态触发器及施密特触发器的方法和原理。

2. 实验电路与仪器设备

（1）实验电路　有关电路如图 3-63、图 3-64、图 3-65、图 3-66 所示。

（2）实验仪器设备

①数字电路实验箱	1 台
②双踪示波器	1 台
③万用表	1 块
④直流稳压电源	1 台

3. 实验内容及步骤

5G555 定时器的内部逻辑电路如图 3-63 所示。图中，$\overline{\mathrm{TR}}$ 为低触发端，TH 为高触发端，$\overline{\mathrm{R}}_{\mathrm{d}}$ 为清零端，CO 为控制电压端，D 是放电端，OUT 是输出端，V_{CC}是电源端。

（1）多谐振荡器　多谐振荡器电路如图 3-64 所示。按图接好电路，检查无误后，接通电源，用示波器观察记录输出端波形，测出其振荡频率，并与理论值进行比较。将电阻 R_1 的值改为 10kΩ，重复上述步骤。

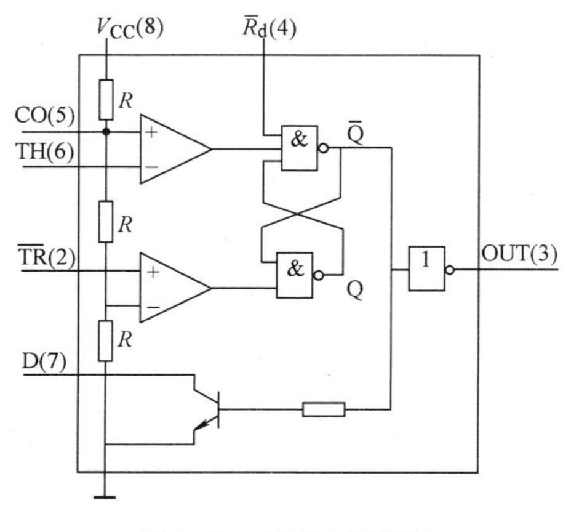

图 3-63　5G555 逻辑图

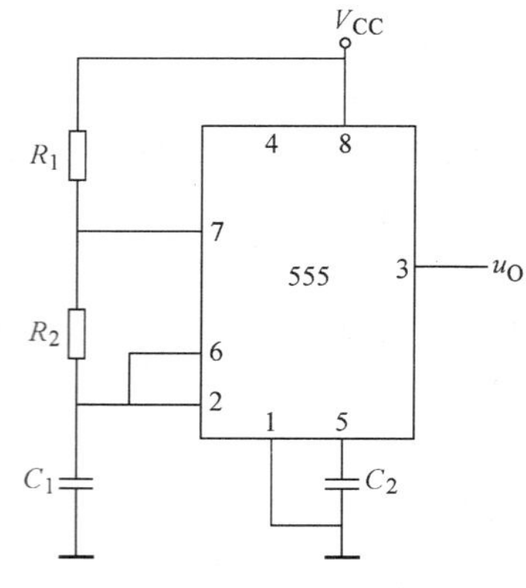

图 3-64　多谐振荡器

R_1　5.1kΩ　R_2　10kΩ　C_1　0.01μF　C_2　0.1μF　V_{CC}　+5V

（2）单稳态触发器　单稳态触发器电路如图 3-65 所示。按图接好电路，检查无误后，接通电源。将频率为 1kHz、幅度为 3V 的脉冲信号作为触发器输入信号，用双踪示波器同时观察并记录输入、输出电压 u_{i}、u_{o} 的波形。从大到小调节电位器 RP 的阻值，观察输出电压 u_{o} 及电容器 C_2 两端电压 u_{C} 的波形变化情况。

（3）施密特触发器　施密特触发器电路如图 3-66 所示，按图接好电路，检查无误后，接通电源。在输入端输入频率为1kHz、幅值为1～1.5V的正弦信号u_i，用双踪示波器同时观察输入u_i和输出u_o的波形，并从示波器上测出回差电压的值。也可以把输入u_i接到示波器的X轴输入端，输出u_o接到示波器的Y轴输入端，观察其电压传输特性。

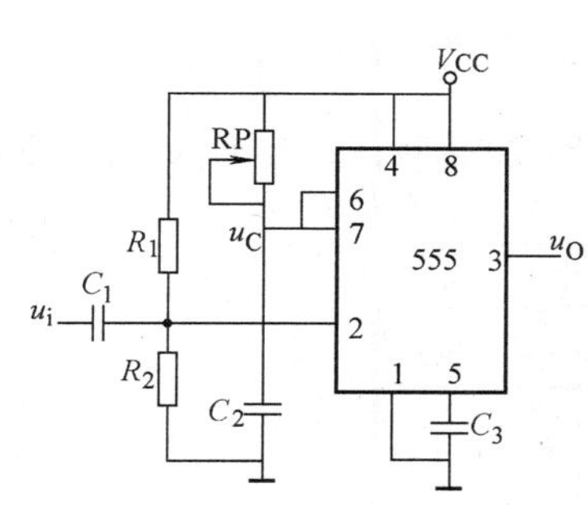

图3-65　单稳态触发器

R_1、R_2　51kΩ　RP　100kΩ　C_1　250pF　C_2、C_3　0.01μF　V_{CC}　+5V

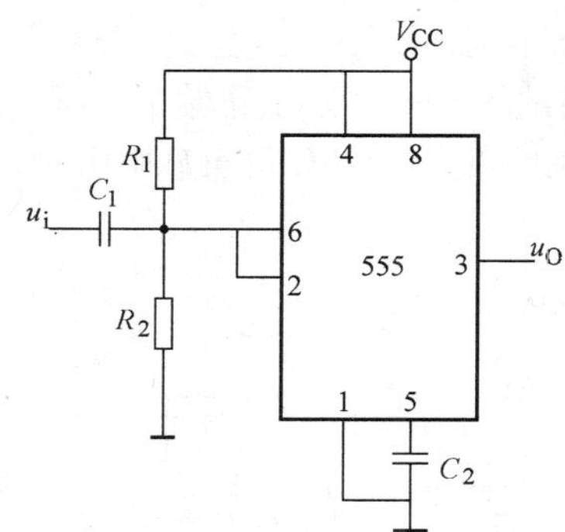

图3-66　施密特触发器

R_1、R_2　100kΩ　C_1、C_2　0.1μF　V_{CC}　+5V

4. 思考题

①在实验中5G555定时器5引脚所接的电容起什么作用？

②多谐振荡器的振荡频率主要由哪些元件决定？单稳态触发器输出脉冲宽度和重复频率各与什么有关？

3.7.2　提高性实验——555定时器应用之二

1. 实验目的

熟悉555定时器的应用及其分析方法。

2. 实验电路

有关电路如图3-67、图3-68、图3-69所示。

3. 实验内容及要求

(1) 锯齿波发生器　锯齿波发生器的实验电路如图3-67所示。

①观察并记录输出电压u_o及电容器C_1上的电压u_C的波形。

②把晶体管V的集电极和基极短接，观测u_C的波形，比较短接前后u_C波形的线性度。

③说明由晶体管V及电阻R_1、R_2、R_3组成的电路是如何改善u_C波形的线性度的。

(2) 占空比可调的多谐振荡器　占空比可调的多谐振荡器电路如图3-68所示。按图3-68所示电路连线、调试电路，用示波器观察并记录输出端u_O的振荡波形、振荡频率、幅度和占空比的可调范围，并与理论计算值进行比较。

(3) 压控振荡器　在图3-68所示电路中，去掉

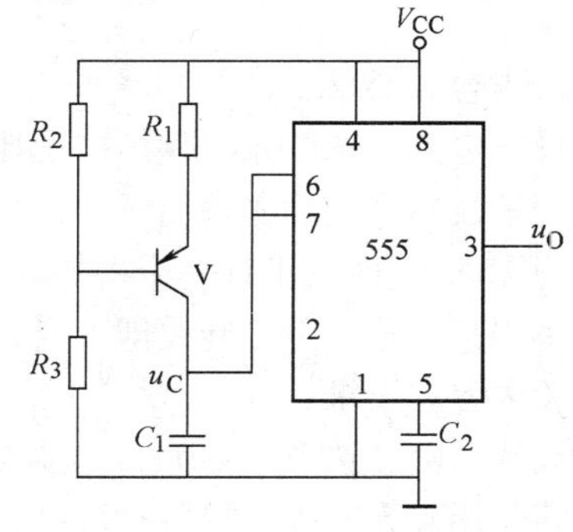

图3-67　锯齿波发生器

R_1　6.2kΩ　R_2　5.1kΩ　R_3　10kΩ　C_1　0.33μF　C_2　0.1μF　V　3AX31A　V_{CC}　+5V

电容 C_2，在控制端（5引脚）加入一个0～5V可变的直流电压VCO，组成压控振荡器。用示波器观察输入直流电压VCO变化时输出频率f_0的变化范围，并画出VCO与f_0的关系曲线。

（4）直流电压极性变换器　图3-69所示电路是由555定时器组成的直流电压极性变换器，它可以在滤波电容C_3两端得到负极性的直流电压。

①分析电路的工作原理。

②测试图3-69所示电路输出电压u_{o1}的波形及其频率。

③输出端接上500Ω的负载电阻时，测试V_{CC}在4.5～18V变化时，u_{o2}与V_{CC}的关系曲线。

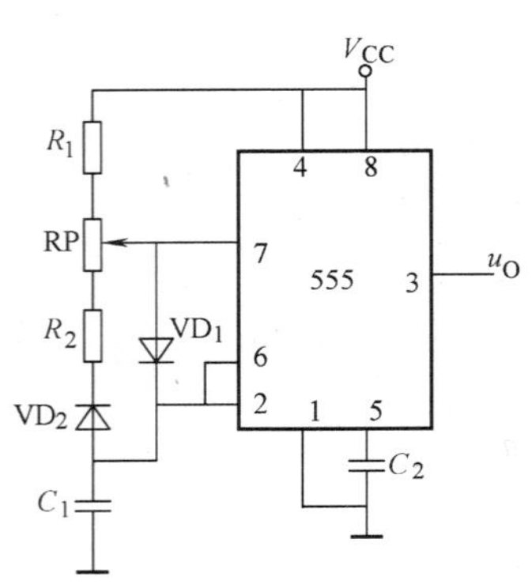

图3-68　占空比可调的多谐振荡器

R_1、R_2　1kΩ　RP　10kΩ　C_1　0.1μF　VD_1、VD_2　2CK10　C_2　0.01μF　V_{CC}　+5V

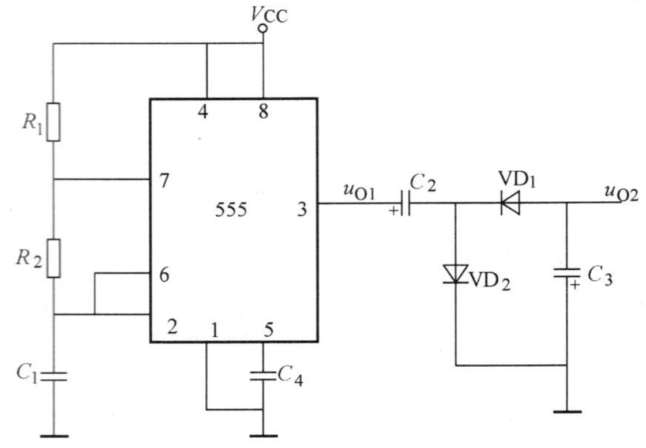

图3-69　直流电压极性变换器

R_1　1kΩ　R_2　33kΩ　C_1　0.01μF　C_2、C_3　100μF　C_4　0.1μF　VD_1、VD_2　2CK10　V_{CC}　+5V

3.7.3　设计性实验

1. 实验目的

掌握555定时器的应用、设计和调试方法。

2. 实验题目

1）用555定时器设计一个十分频器，输入频率为10kHz，幅度为3V的脉冲信号，输出为1kHz。

实验内容和要求：

①设计电路，选取元器件，按设计电路接成实验电路。

②用示波器观察输入输出频率，记录所测数据，画出波形图。

2）用555定时器设计一个楼梯灯的开关控制电路，要求上下楼梯口均有一个灯开关，无论上楼或下楼只要按一下灯开关即可点亮10s。

实验内容和要求：

①设计电路，选取元器件，并接成实验电路。

②路灯用发光二极管代替，调试参数达到设计要求。

3）设计一个过电压、欠电压声光报警电路，电路正常工作电压为5V，要求当电压超过5.5V（过电压）和低于2.75V（欠电压）时都要报警。

实验内容和要求：

①设计电路，选取元器件，并接成实验电路。

②用发光二极管和压电陶瓷蜂鸣片进行过电压、欠电压时的声光报警，调试参数达到设计要求。

4）用555电路设计一个音频信号发生器，要求其振荡频率在3～10kHz范围内可调。

①设计电路，选取元器件，并接成实验电路。

②记录实验数据，画出波形图。

5）设计一个救护车警笛声电路，要求高低两种音调交替出现，交替周期为1～1.5s。

①设计电路，选取元器件，按设计电路接成实验电路。

②调试电路，用实验手段调试出理想的频率。还可以根据此电路调出警车的警笛声。

③整理实验数据，确定参数，并用示波器测出比较准确的频率。

第 4 章　数字电子技术 EDA 实验

4.1　组合逻辑电路 EDA 实验

1. 实验目的

①学会使用可编程逻辑器件的设计工具 Quartus II 软件。

②学会用 VHDL 语言和原理图方式设计组合逻辑电路。

③掌握大规模可编程逻辑器件 CPLD/FPGA 的设计过程和设计方法。

2. 实验题目

（1）设计一个 4 位二进制码转换成 8421BCD 码的代码转换器

要求：在 Quartus II 软件开发平台上，用 VHDL 语言输入方式设计一个 4 位二进制码转换成 8421BCD 码的代码转换器，真值表如表 4-1 所示。

表 4-1　4 位二进制码转换成 BCD 码真值表

输入信号 BIN-IN				输出信号 BCD-OUT				
IN3	IN2	IN1	IN0	OUT4	OUT3	OUT2	OUT1	OUT0
0	0	0	0	0	0	0	0	0
0	0	0	1	0	0	0	0	1
0	0	1	0	0	0	0	1	0
0	0	1	1	0	0	0	1	1
0	1	0	0	0	0	1	0	0
0	1	0	1	0	0	1	0	1
0	1	1	0	0	0	1	1	0
0	1	1	1	0	0	1	1	1
1	0	0	0	0	1	0	0	0
1	0	0	1	0	1	0	0	1
1	0	1	0	1	0	0	0	0
1	0	1	1	1	0	0	0	1
1	1	0	0	1	0	0	1	0
1	1	0	1	1	0	0	1	1
1	1	1	0	1	0	1	0	0
1	1	1	1	1	0	1	0	1

4 位二进制码输入信号 BIN-IN0 ~ BIN-IN3 可接 EDA 实验箱的拨码开关；输出 8421BCD 码信号 BCD-OUT0 ~ BCD-OUT4 可接 EDA 实验箱的发光二极管，设 EDA 实验箱 LED 低电平灯亮。

4 位二进制码转换成 8421BCD 码 VHDL 源程序：

```
LIBRARY IEEE;
```

```
USE IEEE.STD_LOGIC_1164.ALL;
USE IEEE.STD_LOGIC_UNSIGNED.ALL;
ENTITY BIN2BCD IS
PORT (   BIN_IN:IN STD_LOGIC_VECTOR(3 DOWNTO 0);
         BCD_OUT: OUT STD_LOGIC_VECTOR(4 DOWNTO 0);
         VGA:OUT STD_LOGIC_VECTOR(3 DOWNTO 0)
         );
END BIN2BCD;
ARCHITECTURE A OF BIN2BCD IS
BEGIN
    VGA <= "0001";
BCD_OUT <= not "00000" WHEN BIN_IN = "0000" ELSE    --LED 低电平点亮,BCD_OUT 输出取反
         not "00001" WHEN BIN_IN = "0001" ELSE
         not "00010" WHEN BIN_IN = "0010" ELSE
         not "00011" WHEN BIN_IN = "0011" ELSE
         not "00100" WHEN BIN_IN = "0100" ELSE
         not "00101" WHEN BIN_IN = "0101" ELSE
         not "00110" WHEN BIN_IN = "0110" ELSE
         not "00111" WHEN BIN_IN = "0111" ELSE
         not "01000" WHEN BIN_IN = "1000" ELSE
         not "01001" WHEN BIN_IN = "1001" ELSE
         not "10000" WHEN BIN_IN = "1010" ELSE
         not "10001" WHEN BIN_IN = "1011" ELSE
         not "10010" WHEN BIN_IN = "1100" ELSE
         not "10011" WHEN BIN_IN = "1101" ELSE
         not "10100" WHEN BIN_IN = "1110" ELSE
         not "10101" WHEN BIN_IN = "1111" ELSE
         not "00000";
END A;
```

（2）设计一个4位二进制加法器

要求：在 Quartus II 软件开发平台上，用 VHDL 语言输入方式设计一个4位二进制加法器，VHDL 语言编写输入完成后其输入输出端口生成的逻辑符号如图4-1所示，其中 CIN 表示低位送来的进位；A［3..0］表示4位被加数，B［3..0］表示4位加数，A［3..0］、B［3..0］相加后产生的4位本位和输出为 S［3..0］，向高位产生的进位输出为 COUT。A［3..0］、B［3..0］作为4位二进制输入，数据类型都定义为4位标准逻辑矢量输入，S［3..0］作为4位二进制输出和定义为4位标准逻辑矢量输出，CIN 定义为标准逻辑位输入，COUT 定义为标准逻辑位输出。试编写其 VHDL 程序。

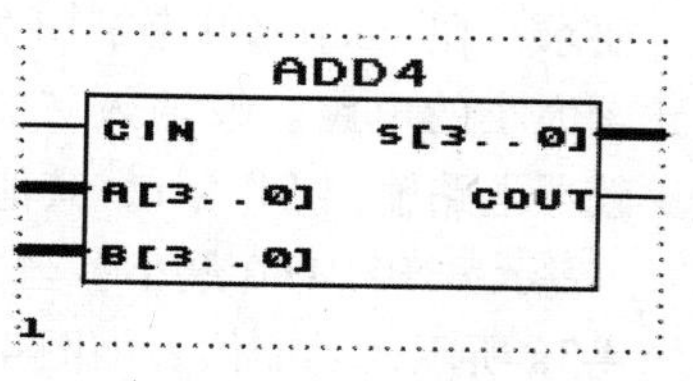

图4-1　4位二进制加法器端口图

（3）设计一个8线-3线优先编码器

要求：在 Quartus II 软件开发平台上，用 VHDL 语言输入方式设计一个 8 线-3 线优先编码器。8 个输入信号分别为 I0、I1、I2、I3、I4、I5、I6、I7；3 个输出信号分别为 Y2、Y1、Y0。8 线-3 线优先编码器逻辑功能如表 4-2 所示。

表 4-2　8 线-3 线优先编码器功能表

输入								输出		
I0	I1	I2	I3	I4	I5	I6	I7	Y2	Y1	Y0
×	×	×	×	×	×	×	×	1	1	1
1	1	1	1	1	1	1	1	1	1	1
×	×	×	×	×	×	×	0	0	0	0
×	×	×	×	×	×	0	1	0	0	1
×	×	×	×	×	0	1	1	0	1	0
×	×	×	×	0	1	1	1	0	1	1
×	×	×	0	1	1	1	1	1	0	0
×	×	0	1	1	1	1	1	1	0	1
×	0	1	1	1	1	1	1	1	1	0
0	1	1	1	1	1	1	1	1	1	1

（4）设计一个 8421BCD 码检测电路

要求：在 Quartus II 软件开发平台上，用原理图输入方式设计一个 8421BCD 码检测电路。该电路要能够实现检测 8421BCD 码的逻辑功能，即当输入 DCBA 为 4 位 8421BCD 码时，输出 Z 为 1，否则输出 Z 为 0。8421BCD 码检测电路原理图可参考图 4-2。

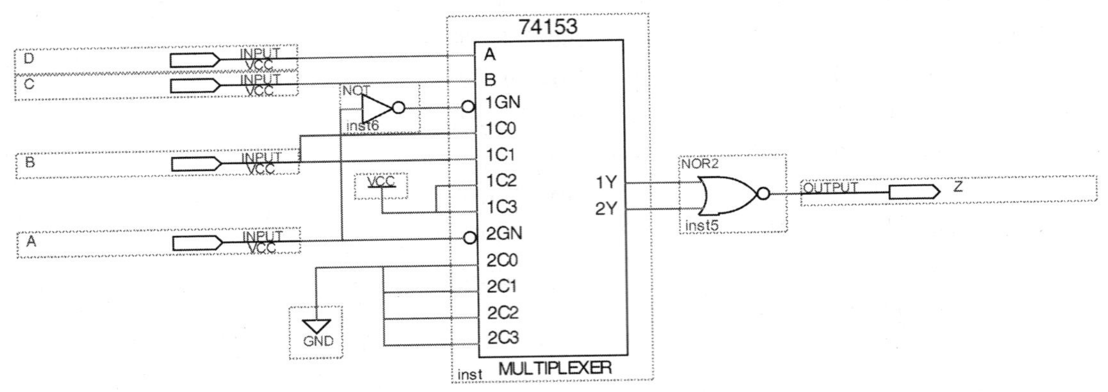

图 4-2　8421BCD 码检测电路原理图

（5）设计一个可以实现三组 4 位二进制数比较大小的电路

要求：在 Quartus II 软件开发平台上，用原理图输入方式设计一个可以实现三组 4 位二进制数比较大小的电路。设输入三组 4 位二进制数码分别为：A3A2A1A0、B3B2B1B0、C3C2C1C0，当比较器电路输出 F1 为 1，其他输出为 0 时，表示 B3B2B1B0 最大；当输出 F2 为 1，其他输出为 0 时，表示 B3B2B1B0 最小；当输出 F3 为 1，其他输出为 0 时，表示三组数码相等。电路原理图如图 4-3a 所示，功能仿真如图 4-3b 所示。

3. 实验内容及要求

①在 Quartus II 开发软件平台上，用 VHDL 语言输入方式或原理图输入方式，输入上述所给

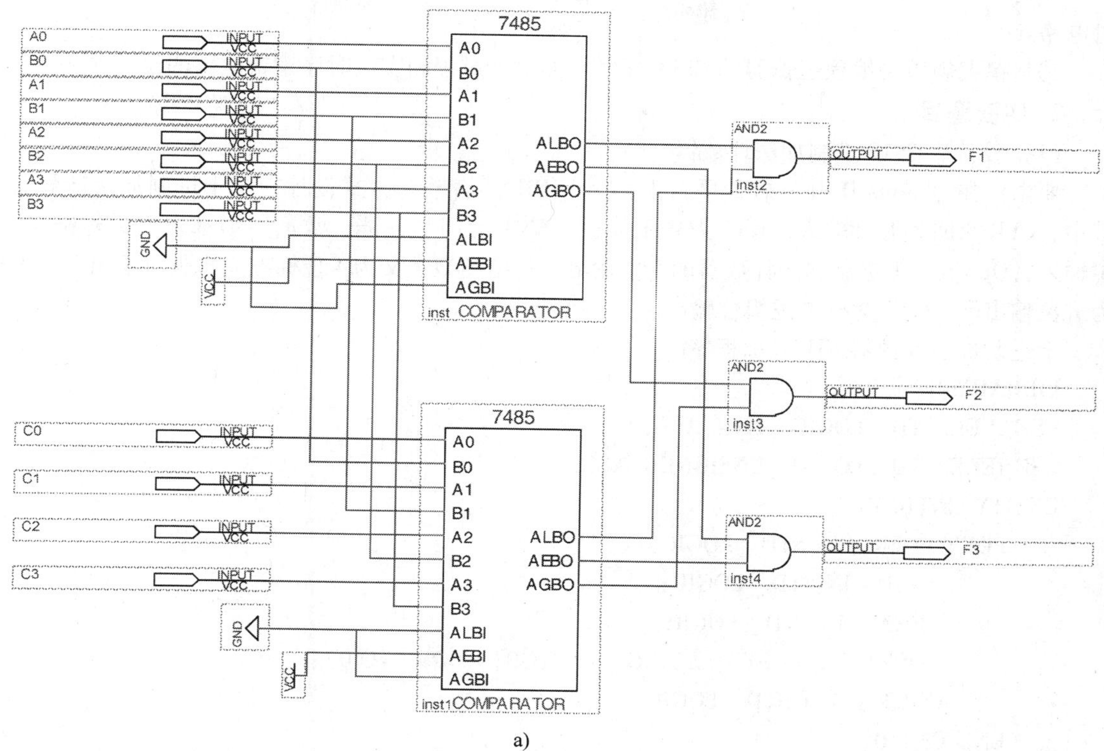

a）

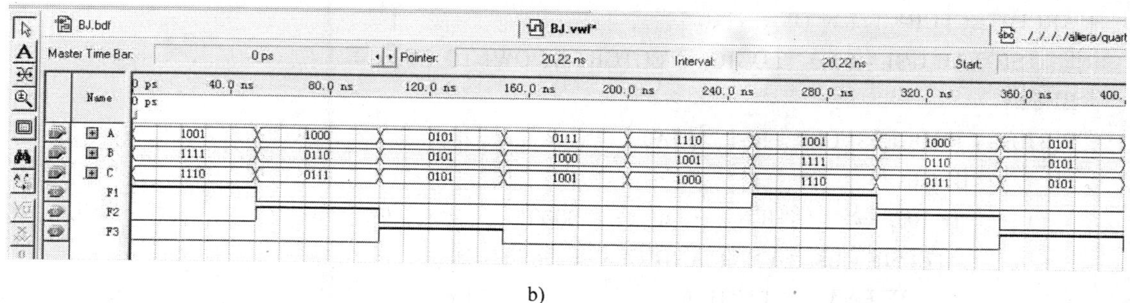

b）

图 4-3　三组 4 位二进制数比较大小的电路

a）三组 4 位二进制数比较大小电路原理图　b）三组 4 位二进制数比较大小电路功能仿真图

题目的 VHDL 源程序文件或原理图文件。

②使用 Quartus II 软件的仿真功能，对设计内容进行功能仿真或时序仿真，验证所设计组合逻辑功能的正确性。

③针对 EDA 实验系统具体配置的可编程逻辑器件芯片 CPLD/FPGA，经过编译、引脚适配、最后将设计内容经下载电缆下载到该芯片，配合外围实验电路，测试芯片实现的组合逻辑功能是否实现了设计要求。

4.2　时序逻辑电路 EDA 实验

1. 实验目的

①学会在 Quartus II 开发软件平台上，用 VHDL 语言输入方式或原理图输入方式设计时序逻

辑电路。

②掌握大规模可编程逻辑器件 CPLD/FPGA 的设计过程和实现时序逻辑电路的设计方法。

2. 实验题目

(1) 设计一个10进制加法计数器

要求：在 Quartus II 开发软件平台上，用 VHDL 语言输入方式设计一个十进制加法计数器。其中，CLK 为时钟脉冲输入，RST 为异步复位，ENA 为同步使能，数据类型都定义为标准逻辑位输入；OUTY 为十进制加法计数器的4位输出，数据类型定义为4位标准逻辑矢量输出。COUT 为进位输出端，定义为标准逻辑位输出。

十进制加法计数器 VHDL 源程序：

```
LIBRARY IEEE;
USE IEEE.STD_LOGIC_1164.ALL;
USE IEEE.STD_LOGIC_UNSIGNED.ALL;
ENTITY CNT10 IS
    PORT (CLK  : IN STD_LOGIC;
          RST  : IN STD_LOGIC;
          ENA  : IN STD_LOGIC;
          OUTY : OUT STD_LOGIC_VECTOR(3 DOWNTO 0);
         COUT  : OUT STD_LOGIC       );
    END CNT10;
ARCHITECTURE behav OF CNT10 IS
    SIGNAL CQI : STD_LOGIC_VECTOR(3 DOWNTO 0);
BEGIN
P_REG: PROCESS(CLK, RST, ENA)
        BEGIN
         IF RST = '1' THEN    CQI <= "0000";
           ELSIF CLK'EVENT AND CLK = '1' THEN
             IF ENA = '1' THEN
                 IF CQI = "1001" THEN
                 CQI <= "0000";
                  COUT <= '1';
                  ELSE  CQI <= CQI + 1;
              COUT <= '0';
           END IF;
         END IF;
        END IF;
        OUTY <= CQI ;
      END PROCESS P_REG ;
    END  behav;
```

(2) 设计一个十进制同步减法计数器

要求：在 Quartus II 开发软件平台上，用 VHDL 语言输入方式设计一个十进制同步减法计数器。逻辑功能与74LS190相同。74LS190逻辑功能如表4-3所示。

表 4-3　74LS190 功能表

输入					输出
$\overline{CTEN}$	$\overline{LOAD}$	$D/\overline{U}$	D　C　B　A	CP	工作状态
×	0	×	d　c　b　a	×	异步预置
0	1	0		↑	加计数
0	1	1		↑	减计数
1	1	×		×	保持

（3）设计一个双向移位寄存器

要求：在 Quartus II 开发软件平台上，用 VHDL 语言输入方式设计一个双向移位寄存器，其状态表如表 4-4 所示。

表 4-4　双向移位寄存器状态表

CP	LOAD	$LEFT/\overline{RIGHT}$	工作状态
Φ	1	Φ	异步置数
↑	0	0	右移
↑	0	1	左移

（4）设计一个可控分频器

要求：在 Quartus II 开发软件平台上，用原理图输入方式设计一个可控分频器。建立并输入图 4-4 所示原理图文件。设 CP 端输入脉冲的频率为 10kHz，试分析当输入控制信号 A、B、C、D、E、F、G、H、I 分别为低电平时，Z 端输出频率的大小。

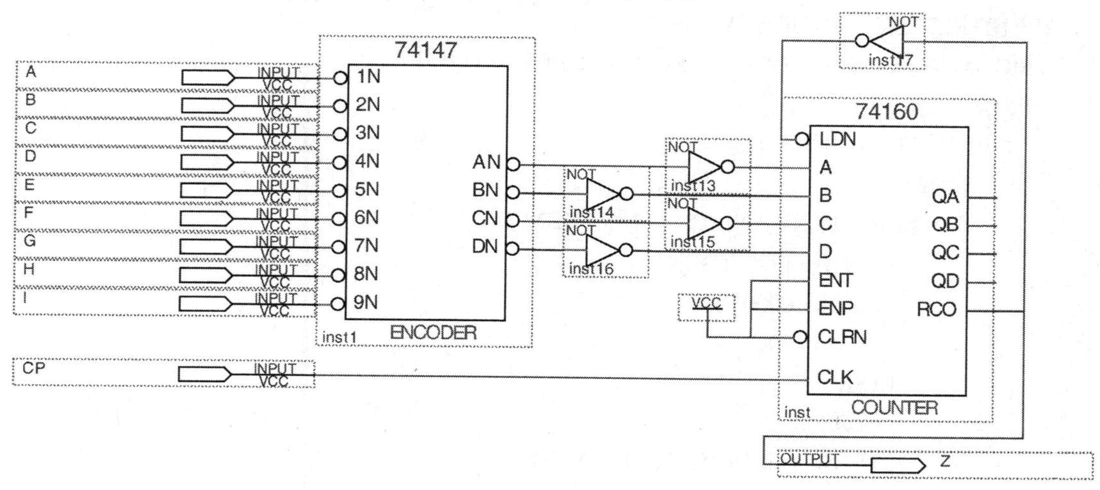

图 4-4　可控分频器原理图文件

3. 实验内容及要求

①在 Quartus II 开发软件平台上，用 VHDL 语言输入方式或原理图输入方式，输入所给题目的 VHDL 源程序文件或原理图文件。

②使用 Quartus II 软件的仿真功能，对设计内容进行功能仿真和时序仿真，验证所设计时序

逻辑功能的正确性。

③针对 EDA 实验系统具体配置的可编程逻辑器件芯片 CPLD/FPGA，经过编译、引脚适配、最后将设计内容经下载电缆线下载到该芯片，配合外围实验电路，测试芯片实现的时序逻辑功能是否实现了设计要求。

4.3 逻辑电路 EDA 实验

1. 实验目的

①学会在 Quartus II 开发软件平台上，用 VHDL 语言或原理图输入方式设计数字逻辑电路。

②掌握大规模可编程逻辑器件 CPLD/FPGA 的设计过程及实现数字逻辑电路的设计方法。

2. 实验题目

(1) 设计一个 4 位顺序脉冲发生器

要求：在 Quartus II 开发软件平台上，用 VHDL 语言输入方式设计一个 4 位顺序脉冲发生器。其中：CP 为时钟脉冲，RD 为清零端，Q3 ~ Q0 为脉冲输出端。当 RD 为高电平时，输出全部清零；当 RD 为低电平时，在 CP 脉冲的作用下，Q3 到 Q0 顺序输出脉冲。

4 位顺序脉冲发生器的 VHDL 源程序：

```
LIBRARY IEEE;
USE IEEE.STD_LOGIC_1164.ALL;
  ENTITY SXMC IS
    PORT(CP,RD:IN STD_LOGIC;
          Q:OUT STD_LOGIC_VECTOR(3 DOWNTO 0));
  END SXMC;
ARCHITECTURE RTL OF SXMC IS
  SIGNAL Y,X:STD_LOGIC_VECTOR(3 DOWNTO 0);
  BEGIN
    PROCESS(CP,RD)
      BEGIN
        IF (CP'EVENT AND CP='1') THEN
            IF (RD='1') THEN
              Y<="0000";
              X<="0001";
            ELSE
              Y<=X;
              X<=X(2 DOWNTO 0)&X(3);
            END IF;
          END IF;
      END PROCESS;
        Q(0)<=Y(0);
        Q(1)<=Y(1);
        Q(2)<=Y(2);
        Q(3)<=Y(3);
```

END RTL;

（2）设计一个能自启动的同步七进制加法计数器

要求：在 Quartus II 开发软件平台上，采用图形输入方式，用触发器和必要的门电路设计一个能自启动的同步七进制加法计数器。其原理图如图 4-5 所示，仿真结果如图 4-6 所示。从仿真波形可以看出该电路输出状态 q2q1q0 从 000，001，010，011，100，101，110 七个状态在循环，而且状态是递增的，是七进制加法计数器。

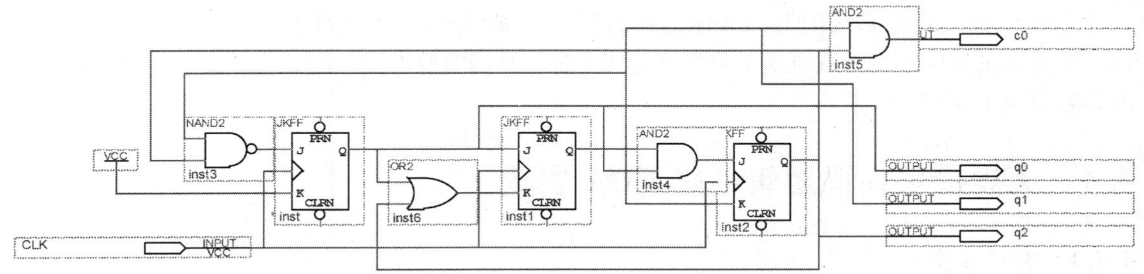

图 4-5　能自启动的同步七进制加法计数器原理图文件

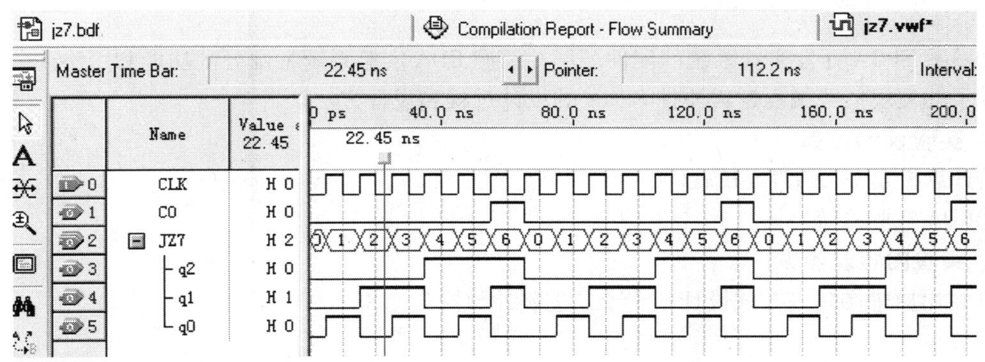

图 4-6　能自启动的同步七进制加法计数器仿真波形

（3）设计一个交通灯控制电路

要求：在 Quartus II 开发软件平台上，用原理图输入方式，设计一个交通灯控制电路，在 CP 脉冲作用下，交通灯输出信号按一定的周期顺序点亮。交通灯控制电路原理如图 4-7 所示。

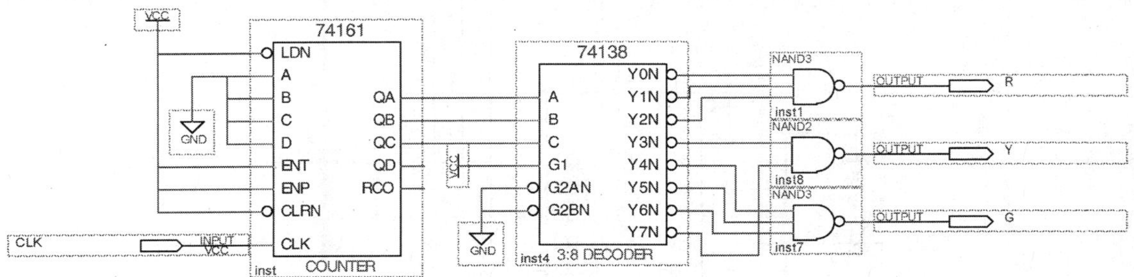

图 4-7　交通灯控制电路的原理图文件

（4）设计一个序列信号发生器

要求：在 Quartus II 开发软件平台上，用 VHDL 语言输入方式设计一个序列信号发生器。该序列信号发生器能够在时钟脉冲的作用下，产生序列“11101010”。

3. 实验内容及要求

①在 Quartus II 开发平台上，用 VHDL 语言输入方式或原理图输入方式，输入所给题目的 VHDL 源程序文件或原理图文件。

②使用 Quartus II 的仿真功能，对设计内容进行功能仿真或时序仿真，验证所设计数字逻辑功能的正确性。

③针对 EDA 实验系统配置的具体的可编程逻辑器件芯片 CPLD/FPGA，经过编译、引脚适配，最后将设计内容经下载电缆下载到该芯片，配合外围实验电路，测试芯片实现的数字逻辑功能是否实现了设计要求。

4.4 大规模可编程逻辑电路 EDA 实验

4.4.1 验证性实验

1. 实验目的

①熟悉 FPGA 开发实验系统的软件环境，掌握 QUARTUS II 软件各个菜单及图标的作用和功能。

②熟悉 FPGA 开发实验系统的硬件环境，掌握 EDA 实验系统各部分的功能和用法。

③了解大规模可编程逻辑器件 FPGA 的设计过程和设计方法。

2. 实验仪器设备

①计算机及 QUARTUS II 软件。

②EDA 实验系统。

3. 实验内容及步骤

（1）用原理图输入方式设计一个十二进制计数器

要求：

①在计算机上启动 QUARTUS II 软件，在原理图输入方式下，调入宏功能符号库 mf 中的4位二进制加法计数器 74161 及有关的图元符号（prim 库），组成十二进制加法计数器，如图 4-8 所示。

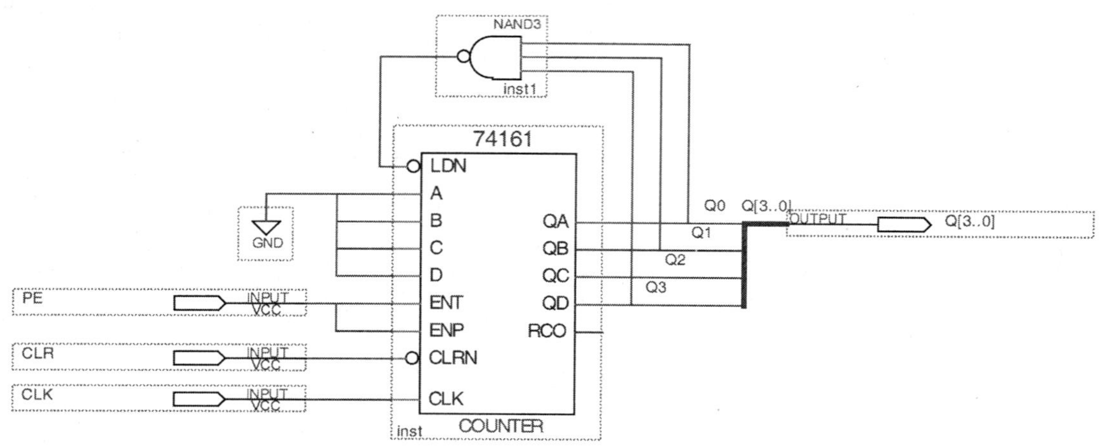

图 4-8　十二进制加法计数器的原理图文件

②保存文件（如命名为 m12. gdf）并进行错误检查，无误后开始编译，即生成各种数据文件。

③在文件菜单中选择 Create Default Symbol 项，即可创建一个默认的逻辑符号（m12. sym），该符号可被高层设计调用。

④在波形编辑器中，输入信号节点，设置波形参量，设定仿真时间，文件存盘后运行仿真器，开始仿真，得到仿真波形，如图 4-9 所示，验证设计的正确性。

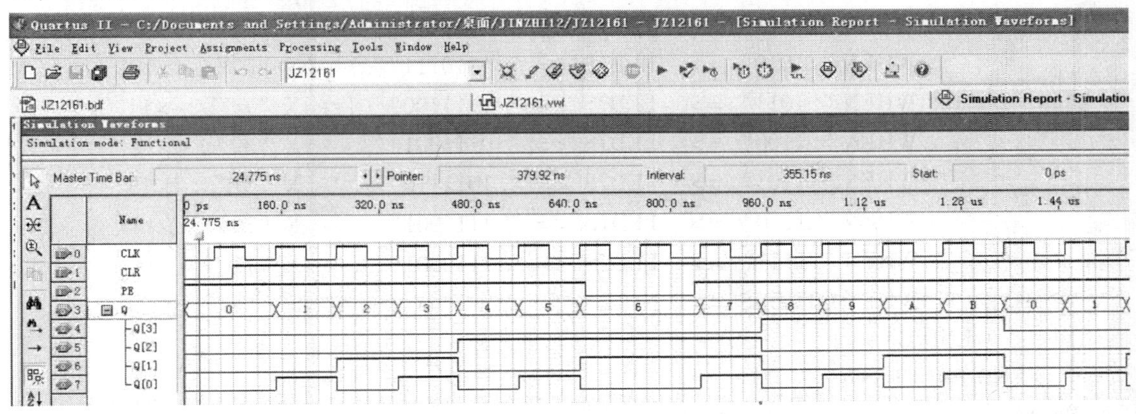

图 4-9　十二进制计数器的仿真波形

⑤根据 EDA 实验系统的设置及可编程逻辑器件的选择进行引脚锁定，重新编译后下载到可编程逻辑器件中，测试并验证芯片的逻辑功能。

（2）用 VHDL 语言输入方式设计 7 段数码显示译码器

①在计算机上启动 QUARTUS II 软件，在文本输入方式下，输入 7 段数码显示译码器的 VHDL 源程序。其中，A 表示输入的 4 位二进制数，A 的数据类型定义为 4 位标准逻辑矢量输入；LED7S 输出 7 段信号驱动数码管 g、f、e、d、c、b 及 a（共阴输出），LED7S 的数据类型定义为 7 位标准逻辑矢量输出。

7 段数码显示译码器的 VHDL 源程序：

```
LIBRARY IEEE ;
  USE IEEE. STD _ LOGIC _ 1164. ALL ;
    ENTITY DecL7S IS
      PORT ( A      : IN   STD _ LOGIC _ VECTOR (3 DOWNTO 0) ;
             LED7S : OUT STD _ LOGIC _ VECTOR (6 DOWNTO 0)    ) ;
  END ;
  ARCHITECTURE one OF DecL7S IS
  BEGIN
      PROCESS ( A )
      BEGIN
          CASE   A (3 DOWNTO 0)    IS
            WHEN " 0000" =>   LED7S <= " 0111111" ; -- X "3F"  ->0
            WHEN " 0001" =>   LED7S <= " 0000110" ; -- X "06"  ->1
            WHEN " 0010" =>   LED7S <= " 1011011" ; -- X "5B"  ->2
```

```
            WHEN " 0011" =>  LED7S <= " 1001111" ; -- X “4F”  ->3
            WHEN " 0100" =>  LED7S <= " 1100110" ; -- X “66”  ->4
            WHEN " 0101" =>  LED7S <= " 1101101" ; -- X “6D”  ->5
            WHEN " 0110" =>  LED7S <= " 1111101" ; -- X “7D”  ->6
            WHEN " 0111" =>  LED7S <= " 0000111" ; -- X “07”  ->7
            WHEN " 1000" =>  LED7S <= " 1111111" ; -- X “7F”  ->8
            WHEN " 1001" =>  LED7S <= " 1101111" ; -- X “6F”  ->9
            WHEN " 1010" =>  LED7S <= " 1110111" ; -- X “77”  ->10
            WHEN " 1011" =>  LED7S <= " 1111100" ; -- X “7C”  ->11
            WHEN " 1100" =>  LED7S <= " 0111001" ; -- X “39”  ->12
            WHEN " 1101" =>  LED7S <= " 1011110" ; -- X “5E”  ->13
            WHEN " 1110" =>  LED7S <= " 1111001" ; -- X “79”  ->14
            WHEN " 1111" =>  LED7S <= " 1110001" ; -- X “71”  ->15
            WHEN OTHERS =>  NULL ;
        END CASE ;
    END PROCESS ;
END ;
```

②保存文件（DecL7S. VHD）并进行编译、仿真及下载，验证设计的正确性。

（3）用 VHDL 语言设计一个含异步清 0 和同步时钟使能的 4 位加法计数器

①要求：在计算机上启动 QUARTUS II 软件，在文本输入方式下，输入 4 位加法计数器的 VHDL 源程序。其中，RST 是异步清零信号，高电平有效。CLK 是时钟输入信号，ENA 是使能信号。当 ENA 为'1'时，进行加法计数；当 ENA 为'0'时保持不变。OUTY 为 4 位计数输出端，数据类型定义为 4 位标准逻辑矢量输出，COUT 为进位输出。

4 位加法计数器的 VHDL 源程序：

```
LIBRARY IEEE;
USE IEEE. STD_LOGIC_1164. ALL;
USE IEEE. STD_LOGIC_UNSIGNED. ALL;
ENTITY CNT4B IS
    PORT (CLK : IN STD_LOGIC;
          RST : IN STD_LOGIC;
          ENA : IN STD_LOGIC;
          OUTY : OUT STD_LOGIC_VECTOR(3 DOWNTO 0);
        COUT : OUT STD_LOGIC     );
  END CNT4B;
ARCHITECTURE behav OF CNT4B IS
    SIGNAL CQI : STD_LOGIC_VECTOR(3 DOWNTO 0);
BEGIN
P_REG: PROCESS(CLK, RST, ENA)
        BEGIN
         IF RST = '1' THEN   CQI <= "0000";
           ELSIF CLK'EVENT AND CLK = '1' THEN
```

```
                IF ENA  = '1' THEN   CQI <= CQI + 1;
              END IF;
            END IF;
         OUTY  <= CQI ;
           END PROCESS P _ REG ;
    COUT <= CQI(0) AND CQI(1) AND CQI(2) AND CQI(3);
  END   behav;
```

②保存文件（CNT4B. VHD）并进行编译、仿真及下载测试，验证设计的正确性。

（4）十二进制加法计数器显示电路设计

要求：采用层次化设计方法，设计十二进制加法计数器显示电路。

①启动 QUARTUS II 软件，在原理图输入方式下，调入上述实验（1）中创建的逻辑符号 m12. sym 及实验（2）中创建的逻辑符号 DecL7S. sym，组成如图 4-10 所示十二进制加法计数显示器电路的顶层设计文件（如命名为 jsxs. gdf）。

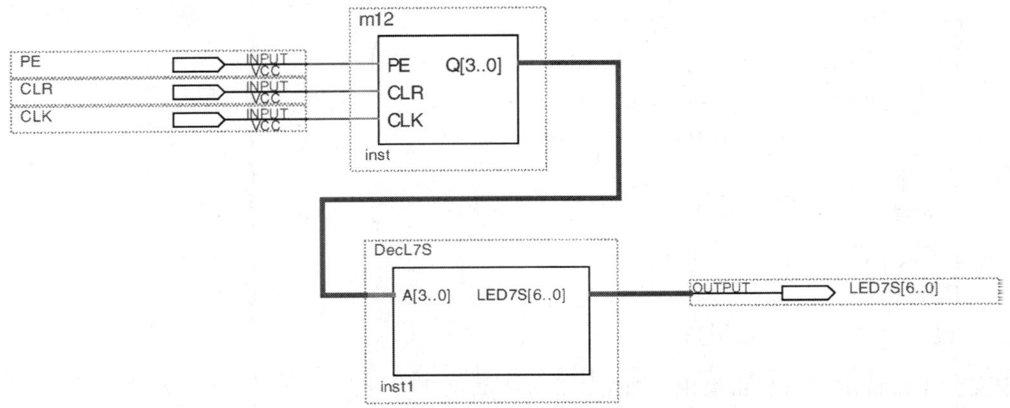

图 4-10　十二进制加法计数显示器电路的顶层设计文件

②对上述文件进行编译、仿真下载，测试芯片的逻辑功能，验证设计的逻辑功能。

4. 思考题

①用 QUARTUS II 软件进行设计输入时，通常采用哪几种设计方法？

②说明对器件进行下载时，编程（Program）和配置（Configure）的区别。

4.4.2　提高性实验

1. 实验目的

①掌握用 VHDL 语言设计较复杂数字逻辑电路的方法。

②了解 QUARTUS II 软件中参数化模块的应用。

2. 实验仪器设备

①计算机及 QUARTUS II 软件。

②EDA 实验系统。

3. 实验内容及要求

（1）设计一个 4 选 1 数据选择器

要求：用 VHDL 语言设计 4 选 1 数据选择器生成的端口图如图 4-11 所示，S＝0 时工作，S＝1 时禁止工作，输出封锁为低电平。D3D2D1D0 为 4 个数据通道输入端，A1A0 为两个数据通道选择端，Y 为输出端。

下文给出了用 VHDL 语言编写的 4 选 1 数据选择器电路的结构体部分，要求按照图 4-11 把程序实体部分补充完整，并在 QUARTUS II 工作环境下进行功能仿真，最后下载到可编程逻辑器件芯片中，测试芯片实现的逻辑功能。

4 选 1 数据选择器（结构体部分）的 VHDL 源程序：

```
ARCHITECTURE rtl OF MUX4 IS
  SIGNAL a:STD_LOGIC_VECTOR(1 DOWNTO 0);
  BEGIN
  PROCESS(a0,a1)
      BEGIN
      a <= a1&a0;
      IF (S ='0') THEN
        CASE a IS
          WHEN "00" => y <= d0;
          WHEN "01" => y <= d1;
          WHEN "10" => y <= d2;
            WHEN OTHERS => y <= d3;
        END CASE;
      END IF;
    END PROCESS;
    END rtl;
```

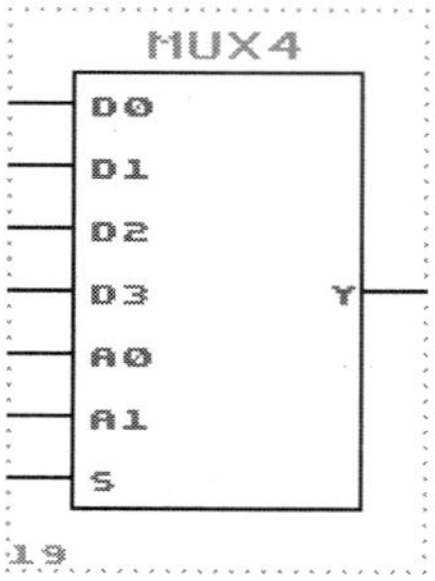

图 4-11　4 选 1 数据选择器的端口符号图

(2) 设计一个 16 选 1 数据选择器

要求：进入 QUARTUS II 设计环境，用 VHDL 语言输入方式设计一个 16 选 1 数据选择器。写出源程序后，生成端口符号图如图 4-12 所示，进行功能仿真，编译后将设计内容下载到可编程逻辑器件 FPGA 芯片中，测试芯片实现的逻辑功能是否满足要求。

16 选 1 数据选择器的 VHDL 源程序：

```
USE  IEEE.STD_LOGIC_1164.ALL ;
USE  IEEE.STD_LOGIC_ARITH.ALL ;
USE  IEEE.STD_LOGIC_UNSIGNED.ALL ;
ENTITY selc IS
  PORT (DATA: IN STD_LOGIC_VECTOR( 15 DOWNTO 0);
        S: IN STD_LOGIC_VECTOR( 3 DOWNTO 0) ;
        Z: OUT STD_LOGIC;
        VGA: OUT STD_LOGIC_VECTOR(3 DOWNTO 0)
        ) ;
END selc;
ARCHITECTURE  conc_behave OF selc IS
SIGNAL   Temp:STD_LOGIC_VECTOR(3 DOWNTO 0);
SIGNAL   AA:STD_LOGIC;
BEGIN
   VGA <= "0001";
```

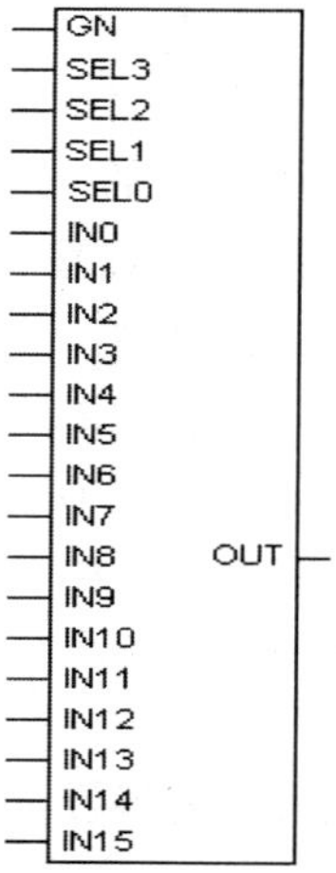

图 4-12　16 选 1 数据选择器的端口符号图

```
Z <= NOT  AA; --或者 Temp <= NOT S;就可以了,不写上面的信号 AA;
Temp <= S;
  AA <=  DATA(0)   WHEN Temp = "0000"  ELSE
      DATA(1)   WHEN Temp = "0001" ELSE
      DATA(2)   WHEN Temp = "0010" ELSE
      DATA(3)   WHEN Temp = "0011" ELSE
      DATA(4)   WHEN Temp = "0100" ELSE
      DATA(5)   WHEN Temp = "0101" ELSE
      DATA(6)   WHEN Temp = "0110" ELSE
      DATA(7)   WHEN Temp = "0111" ELSE
      DATA(8)   WHEN Temp = "1000" ELSE
      DATA(9)   WHEN Temp = "1001" ELSE
      DATA(10)  WHEN Temp = "1010" ELSE
      DATA(11)  WHEN Temp = "1011" ELSE
      DATA(12)  WHEN Temp = "1100" ELSE
      DATA(13)  WHEN Temp = "1101" ELSE
      DATA(14)  WHEN Temp = "1110" ELSE
      DATA(15)  WHEN Temp = "1111" ELSE
      '0';
END conc_bahave ;
```

（3）设计一个可预置数的数控分频器

要求：进入 QUARTUS II 设计环境，用 VHDL 语言输入方式设计一个数控分频器，当输入端给定不同输入数据 D（8 位二进制数）时，数控分频器将对输入的时钟信号 CLK 有不同的分频比。图 4-13 是所设计数控分频器的仿真波形，其中 CLK 的时钟频率为 20MHz。试编写数控分频器的 VHDL 源程序。（提示：用数据 D 作为计数器的并行预置数）

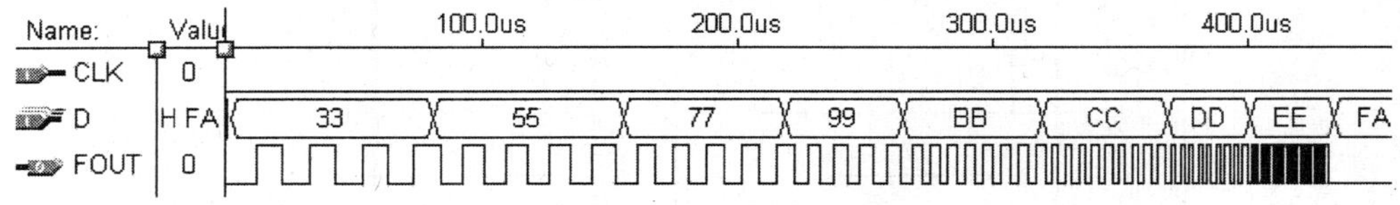

图 4-13　数控分频器的仿真波形

（4）设计一个 3 位二进制加法器/减法器

要求：进入 QUARTUS II 设计环境，在图形输入方式下，打开参数化模块库 Mega_lpm，调入宏模块 lpm_add_sub（参数化加法器/减法器），利用其构造一个 3 位二进制加法器/减法器，如图 4-14 所示。“add_sub”端口为高电平时，“lpm_add_sub”模块执行加法运算；“add_sub”端口为低电平时，“lpm_add_sub”模块执行减法运算。在做加法运算时，“cin”端口应保持低电平；做减法运算时，“cin”端口应保持高电平。改变参数“LPM_WIDTH =”的值，可实现不同模数的加法器/减法器。

（5）设计一个 4 位十进制频率计

要求：进入 QUARTUS II 软件环境，设计一个 4 位十进制频率计，图 4-15 所示是其顶层文件原理图。

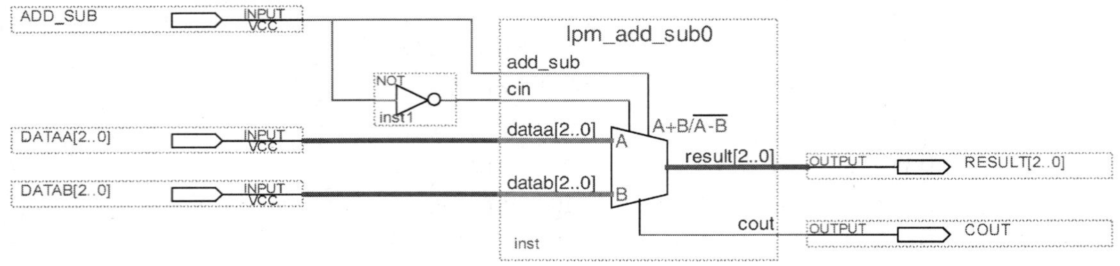

图 4-14　参数化加法器/减法器模块电路

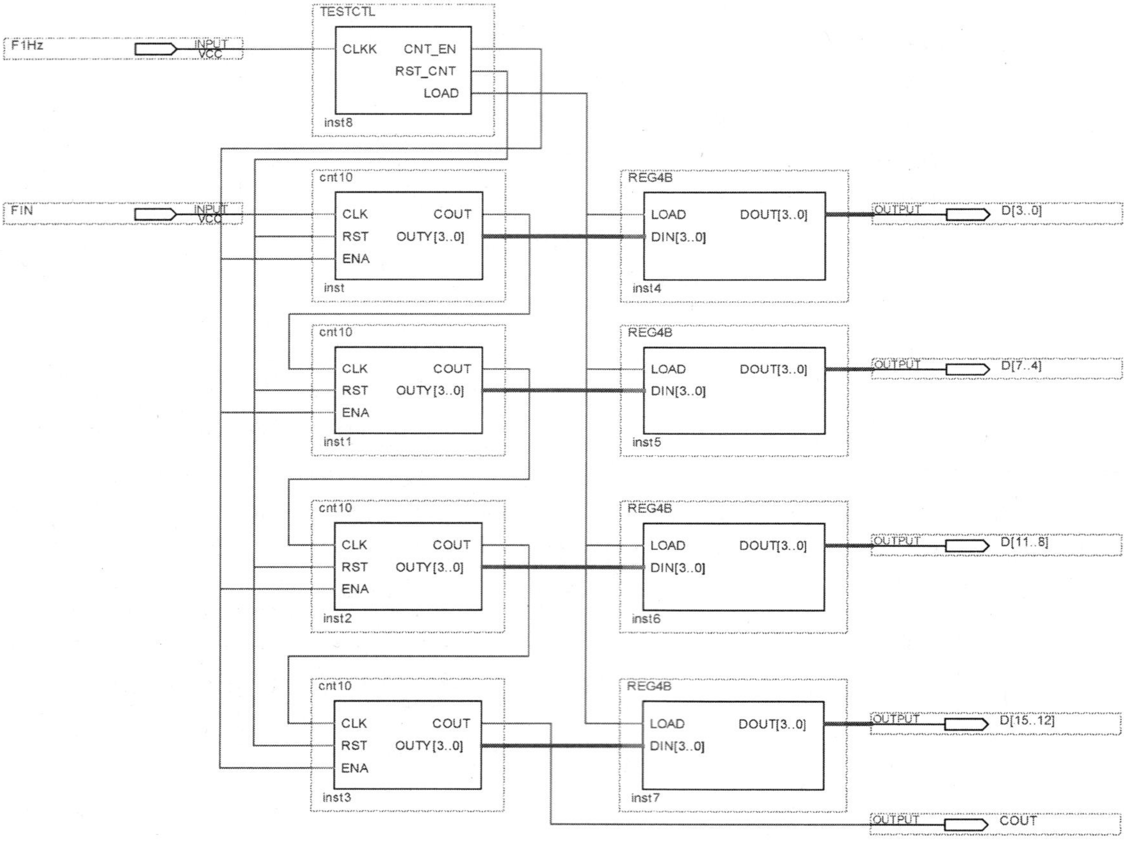

图 4-15　4 位十进制频率计顶层文件原理图

其中，TESTCTL 模块是测频控制信号发生器模块，其工作时序波形如图 4-16 所示。

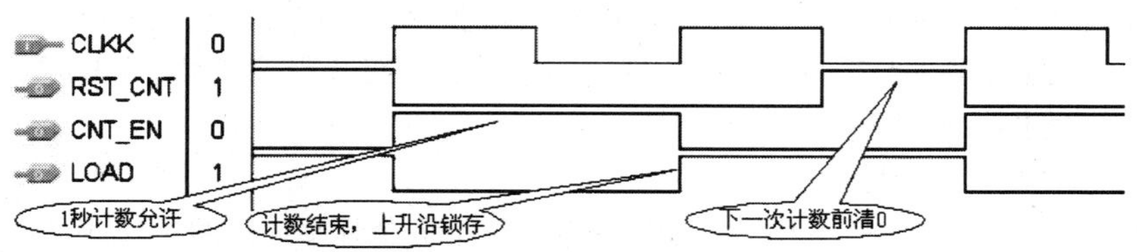

图 4-16　频率计测频控制器 TESTCTL 测控时序图

下文给出的是 TESTCTL 模块的 VHDL 源程序。请自行设计 CNT10 模块（4 位十进制计数器）及 REG4B 模块（4 位锁存器）的 VHDL 程序，并建立图 4-15 所示顶层文件图。编辑、编译无误后，进行仿真测试，最后下载到器件中，测试器件的逻辑功能，验证设计的正确性。

TESTCTL 模块的 VHDL 源程序：

```
LIBRARY IEEE;
USE IEEE.STD_LOGIC_1164.ALL;
USE IEEE.STD_LOGIC_UNSIGNED.ALL;
ENTITY TESTCTL IS
    PORT (              CLKK : IN STD_LOGIC;   -- 1Hz
          CNT_EN,RST_CNT,LOAD : OUT STD_LOGIC);
  END TESTCTL;
ARCHITECTURE behav OF TESTCTL IS
    SIGNAL DIV2CLK : STD_LOGIC;
BEGIN
    PROCESS( CLKK )
      BEGIN
        IF CLKK'EVENT AND CLKK = '1' THEN  DIV2CLK <= NOT DIV2CLK;
      END IF;
    END PROCESS;
    PROCESS (CLKK, DIV2CLK)
    BEGIN
        IF CLKK ='0' AND Div2CLK ='0' THEN  RST_CNT <= '1';
        ELSE  RST_CNT <= '0';   END IF;
    END PROCESS;
      LOAD  <= NOT DIV2CLK ;    CNT_EN <= DIV2CLK;
END behav;
```

4.4.3 设计性实验

1. 实验目的

掌握用可编程逻辑器件 FPGA 设计数字系统的基本方法。

2. 实验题目

（1）用 VHDL 语言设计一监视交通信号灯工作状态的逻辑电路

要求：取红、黄、绿 3 盏灯的状态为输入状态，分别用 R、Y、G 表示，并规定灯亮为 1，不亮时为 0。取故障信号为输出信号，用 Z 表示，并规定正常状态下为 0，发生故障为 1。状态表如表 4-5 所示。

表 4-5 交通信号灯工作状态表

R	Y	G	Z	R	Y	G	Z
0	0	0	1	1	0	0	0
0	0	1	0	1	0	1	1
0	1	0	0	1	1	0	1
0	1	1	1	1	1	1	1

(2) 设计一个4位同步二进制计数器

要求：用VHDL语言设计一个4位同步二进制计数器，状态表如表4-6所示。其中，C代表进位输出。

表4-6　4位同步二进制计数器状态表

CLK	R	LD	EP　ET	工作状态
x	0	Φ	Φ　Φ	异步清零
↑	1	0	Φ　Φ	同步预置数
x	1	1	0　1	保持
x	1	1	Φ　0	保持（C=0）
↑	1	1	1　1	计数

(3) 设计一串行数据检测器

要求：用VHDL语言设计一串行数据检测器。连续输入3个或是3个以上的1时输出为1，其他输入情况下输出为0。其状态转换图如图4-17所示。

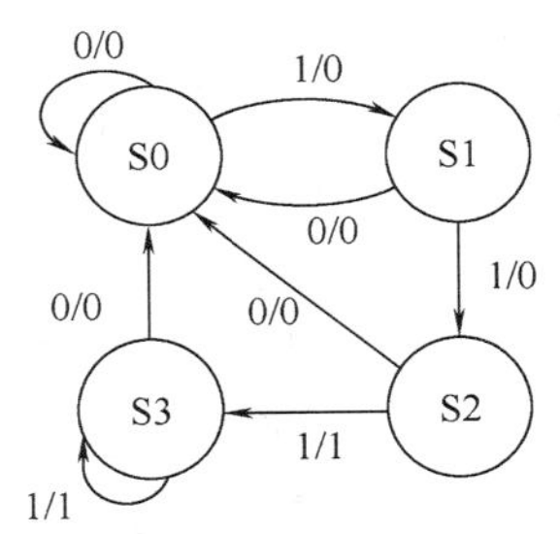

图4-17　串行数据检测器的状态转换图

(4) 设计一动态扫描数码显示器

要求：用可编程逻辑器件设计一动态扫描数码显示器，能够对6位十进制计数器的输出进行动态扫描显示。

(5) 设计一循环彩灯控制器电路

要求：用VHDL语言设计一循环彩灯控制器电路，8只彩灯排成一排，要求能够控制彩灯按照下列8种花色顺序循环点亮：

①从左到右逐个亮至全亮；

②从左到右逐个灭至全灭；

③从右到左逐个亮至全亮；

④从右到左逐个灭至全灭；

⑤全亮；

⑥全灭；

⑦全亮；

⑧全灭。

(6) 设计一个智能函数发生器

要求：用可编程逻辑器件设计一函数发生器，要求能够产生方波、三角波和正弦波，并可通过开关选择输出的波形。

(7) 设计一个定时器

要求：用可编程逻辑器件设计一定时器，要能够整体清零；最高可以定时到99min，以秒速度递增至预定时间，以分速度递减至零。

(8) 用可编程逻辑器件设计一个交通灯控制器

要求满足以下功能：

①在十字路口的两个方向上各设一组红灯、绿灯、黄灯，显示顺序为：其中一个方向是绿灯、黄灯、红灯，另一个方向是红灯、绿灯、黄灯。

②设置一组数码管，以倒计时的方式显示允许通行或禁止通行的时间，其中绿灯、黄灯、红灯的持续时间分别是20s、5s、25s。

③当各条路中任意一条上出现特殊情况，例如消防车、救护车或其他需要优先放行的车辆时，各方向上均是红灯亮，倒计时停止，且显示数字在闪烁。当特殊运行状态结束后，控制器恢复原来状态，继续正常运行。

3. 实验内容及要求

①在 Quartus II 开发平台上，用 VHDL 语言输入方式或原理图输入方式，输入所给题目的 VHDL 源程序文件或原理图文件。

②使用 Quartus II 的仿真功能，对设计内容进行功能仿真或时序仿真，验证所设计数字逻辑功能的正确性。

③针对 EDA 实验系统配置的具体的可编程逻辑器件芯片 FPGA，经过编译、引脚适配、最后将设计内容通过下载电缆线下载到该芯片，配合外围实验电路，测试芯片实现的组合逻辑功能是否实现了设计要求。

第5章 电子技术综合性实验

电子技术在当代的科学发展、技术进步中起着十分重要的作用。如何应用电子技术的新技术、新器件改善装备、丰富产品，使性能更加优越、成本更加低廉、功耗更低、体积更小；如何发挥电子技术领域科技人员的聪明才智，使电子产品尽善尽美，是当今电子技术课程的当务之急。电子技术是一门实践性很强的课程，在学习基本单元电路内容和实验后，如何组成系统并进行相关的实验，对培养学生的科研开发能力、创新思维能力、树立工程思想具有十分重要的意义。

5.1 概述

5.1.1 电子系统

通常我们将电子技术分为模拟电子技术和数字电子技术，在这两门课程的学习中，我们建立了模拟电路和数字电路的概念，了解了基本的电子元器件和电路，初步掌握了模拟电路和数字电路的分析方法和设计方法。在工程应用中，电子电路除了模拟电路和数字电路外，还包括由模拟电路和数字电路共同构成的混合电路。由此电子系统可分为模拟电子系统、数字电子系统和模数混合系统。

在电子技术课程教学中，比较多地讲授了基本单元电路，这些单元电路一般都是功能比较单一的电路，比如基本放大电路、功率放大电路、振荡电路、触发器、计数器等，而对于一个实际的电子系统来讲，通常由若干个不同功能的单元电路共同组成一个系统。由单元电路构成一个电子系统，除了解决技术方案选择、单元电路设计外，还必须考虑其他许多问题。

1. 模拟电子系统

顾名思义，模拟电子系统就是由模拟电路构成、处理模拟信号的电子系统，模拟电子系统的典型结构如图5-1所示。

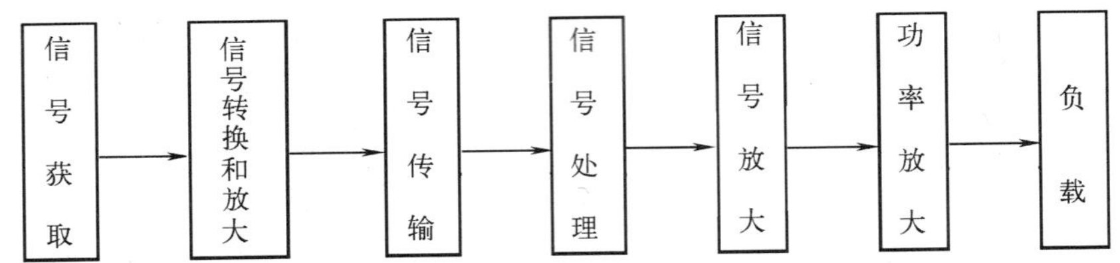

图5-1 模拟电子系统的典型结构

（1）信号获取 包括电量和非电量信号的检测与转换，其硬件主要是各类传感器和放大器。

（2）信号转换和放大 主要是将传感器和放大器送来的信号转换成符合一定要求（如信号幅值）的信号。

（3）信号的传输 信号的传输分有线传输和无线传输，不同的传输方式采用不同的传输手段。在传输过程中主要应考虑信噪比、传输速度、传输距离等因素。

（4）信号处理 对传输来的信号用相应的处理方法进行处理，如解调、滤波等。

(5) 信号放大　将信号处理器输出的信号进行放大，使之满足下一级电路的要求，如信号幅度、输出阻抗等。

(6) 功率放大　通过功率放大级的放大，输出具有一定功率的信号驱动负载。

(7) 负载　电子系统中由功率信号驱动一定的机构，实现电子综合系统的功能和性能的要求，这些机构就是负载。常见的负载有扬声器、电机、继电器等。

在不同的系统中，图 5-1 中功能模块的电路结构可能不尽相同。在系统设计中，往往还可以通过合理设计，由一个单元电路实现多个模块的功能，例如可由一个具有一定电压增益的放大器同时实现信号放大和滤波的作用，在分析电路时要注意这样的情况。

2. 数字电子系统

数字电子系统就是由数字电路构成的电子系统，典型数字系统如图 5-2 所示，它由数据处理器和控制器两部分构成。

(1) 数据处理器　数据处理器由寄存器和组合电路组成。寄存器用于暂存信息，组合电路实现对数据的加工和处理。在一个计算步骤，控制器发出命令信号给数据处理器，数据处理器完成命令信号所规定的操作。在下一个计算步骤，控制器发出另外一组命令信号，命令数据处理器完成相应的操作。通过多个步骤的操作（操作序列），数字系统完成一个计算任务。控制器接收数据处理器的状态信息及外部控制信号输入，依此选择下一个计算步骤。

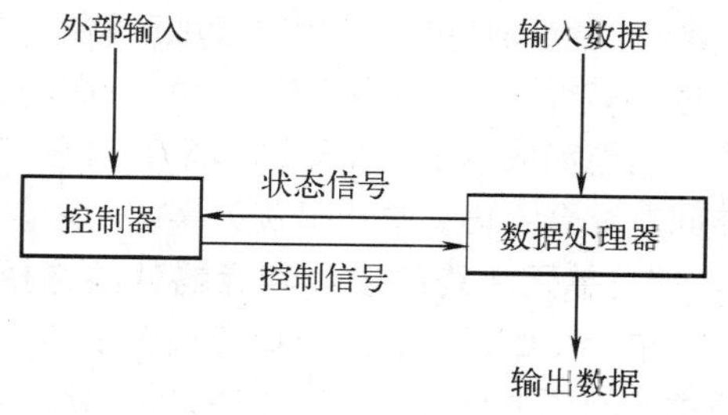

图 5-2　典型数字系统

(2) 控制器　要实现一个计算任务，必须要有一个算法，即通过一个有序的操作序列和检验序列完成计算任务。数据处理器负责对数据的操作和检验。控制器规定算法的步骤，控制器在每一个计算步骤给数据处理器发出命令信号，同时接收来自数据处理器的状态变量，确定下一个计算步骤，以确保算法按正确的次序实现，所以控制器决定处理器的操作及操作序列。控制器决定算法步骤，必须有记忆能力，所以它是一个时序电路，应包含存储器。存储器记忆控制器处在哪一个计算步骤，下一步应该发出什么样的命令信号。

3. 混合电子系统

大多数电子系统都是混合系统，其中既有模拟电路，又有数字电路。这是因为在工程应用中，现场需要测量的量（包括电量和非电量）大多数都是模拟量，这些模拟量通常经过转换和放大后要通过A/D转换器转换为数字信号送入处理器进行相应的处理，然后经过 D/A 转换器转换为模拟信号送入现场，实现一定的功能。因此，在这样的系统中模拟电路和数字电路同时存在，由此可见，混合电子系统的应用是非常广泛的。

5.1.2　从单元电路到综合电子系统应注意的问题

一个典型电子系统的设计，通常包括总体方案选择、单元电路设计和实验、电路系统设计和实验、PCB（印制电路板）制作、安装调试等步骤。具有处理器和可编程逻辑器件的系统还涉及编程问题。

在电子技术基础课程中，通常只介绍单元电路的工作原理，在实验课程中，大多也只进行单元电路的实验。然而，一个实用的电子系统通常是由若干个具有不同功能的单元电路组成的，因此，电子系统的设计不但包括单元电路的设计，也包括一个完整的电子系统的设计，电子电路的实验不但包括单元电路的实验，还包括电子电路系统的实验。随着微电子技术和计算机技术的发展，各种各样通用和专用的模拟和数字集成电路大量出现，使得我们可以用若干块不同功能的集成电路实现一个电子系统，或者由若干块集成电路和少量的分立元器件实现一个电子系统，甚至由一块集成电路实现一个系统，即片上系统（System On a Chip，SOC）。由此可见，电子系统的综合设计与实验是非常重要的。

从单元电路到综合电子系统，要注意的问题主要有总体方案选择、单元电路设计和元器件的选择、单元电路之间的级联、综合电子电路实验、电子电路的调试、电子电路的抗干扰技术等。

1. 总体方案的选择

要进行一个电子系统的设计，首先要对设计任务进行详细的分析，根据对系统的功能、性能等方面的要求确定一个合理的技术路线，然后综合考虑功能、性能、成本、元器件采购条件、体积、功耗、重量、安装条件、技术先进性等因素确定总体技术方案，这个技术方案通常以原理框图的形式表现出来。对于一个具体的工程问题，解决的方法通常很多，也就是说，总体技术方案有多样性。设计者在确定方案时，就要对这些方案进行比较，选出最为合理的技术方案。通常首先考虑功能和性能，其次要考虑可靠性、成本、体积、功耗、元器件采购条件、安装方式、技术先进性等因素。在不同的设计中，对以上这些方面的要求是各不相同的，比如在消费类系统设计中，功能和成本是很重要的因素，而在工业和军用领域，性能指标显得尤为重要。因此要针对具体问题综合考虑，选出最优方案。

2. 单元电路的设计和元器件的选择

单元电路设计就是将原理框图中的每一个功能框以具体的电路设计出来。单元电路设计中要注意的问题主要有两个：一个是电路结构的选择；另一个是元器件的选择。

（1）电路结构的选择　所谓电路结构的选择，就是选择什么样的电路形式。要合理的选择电路结构，需要我们熟悉各种基本单元电路的工作原理、结构特点、性能特点；要熟悉各种典型电路的设计方法，如加法器、减法器、振荡器、直流稳压电源、功率放大器等；要熟悉信号的基本处理方法，如放大、衰减、滤波、波形变换等；要熟悉常用元器件的分类、特点、选择方法和使用方法；在实际工程设计中还要经常了解一些新型元器件的性能特点和使用方法，以及新型设计方法，确保设计满足各方面的要求。

（2）元器件的选择　元器件的品种规格十分繁多，性能、价格和体积差别也很大，而且由于技术的发展，新的产品不断涌现。这就需要我们一方面要熟悉一些常用元器件的型号、性能和价格，如通用运算放大器、常用二极管、典型双极型晶体管和场效应晶体管、常用电阻和电容等，另一方面要经常关心元器件信息和新动向，了解一些新型元器件。要熟悉主要半导体公司的器件命名方法，同时要能够熟练的查阅各类器件手册和有关的技术资料。互联网的普及为我们查阅半导体器件的详细技术资料提供了很大的方便，在互联网上，元器件制造商一般都提供详细的产品数据手册（Data Sheet），这些数据手册对电路设计以及用好器件非常有帮助，建议大家多阅读设计中用到的主要器件的数据手册。

在设计中选择什么样的元器件最合适，需要进行进行分析和比较。要综合考虑。首先要考虑满足电路对元器件性能和指标的要求，其次要考虑安装方式、价格、采购条件、封装形式和元器件体积等方面的要求。

当然，在我们的实践教学环节中，实验室不可能配备多种多样的元器件，通常只能配备一些常用的基本元器件，而且品种和规格都是比较有限的。因此在实验室中进行设计和实验时，应当尽量选用实验室已有的元器件，除非必要时才到市场上去购买。

1）集成电路与分立元件电路的选择　随着微电子技术的飞速发展，各种集成电路大量涌现，应用越来越广泛，优先选用集成电路这已成为大家的共识。通常一块集成电路就是一个具有一定功能的单元电路，甚至是一个系统。一般情况下，集成电路在性能、体积、成本、可靠性、安装调试和维修等方面都优于由分立元件构成的单元电路。因此，单元电路的设计中选用集成电路会为设计带来很多方便，简化单元电路的设计，提高可靠性，提高电子电路设计的效率。例如，要设计一个10倍放大器，用分立元件来设计，要考虑晶体管或场效应晶体管的选择，要考虑静态工作点的选择，要考虑失真问题，要考虑耦合方式，要考虑动态范围，还要注意元器件的布局和信号线的走线方式等，这些问题都是比较复杂的，并且选用元器件的数量比较多，在体积、功耗、可靠性、电路调试等方面不具优势。而采用集成运算放大器来设计，就变得很简单，而且电路需要元器件的数目相对较少，性能也不错。再比如设计与制作一个小功率直流稳压电路，如果采用分立元件来设计，电路比较复杂，而采用集成三端稳压器来设计就很方便，电路也比较简单。另外，实现同一功能时，有不同性能指标的集成电路产品，为设计者根据电路的要求合理选择器件提供了方便，设计者可以根据系统的要求合理选择集成电路，满足不同的系统要求。

需要特别说明的是，优先选用集成电路不等于什么场合都一定要用集成电路。在某些特殊场合，如在高频、宽带、高电压、大电流等场合，由于工艺水平的限制，集成电路往往还达不到要求，有时仍需采用分立元件。另外，对一些功能十分简单的电路，往往只需一只晶体管或一只二极管就能解决问题，不必选用集成电路，因为采用集成电路反而使电路复杂化，而且会导致成本增加。

2）怎样选择集成电路　要恰当的选择集成电路，首先要熟悉集成电路的分类方法，其次要了解器件的技术参数。集成电路的型号很多，其分类方法也很多，以下是几种常见的分类方法：

按照处理的信号来分，集成电路可分为模拟集成电路、数字集成电路和模数混合集成电路3大类。模拟集成电路主要有集成运算放大器、比较器、模拟乘法器、集成功率放大器、集成稳压器、集成函数发生器、集成滤波器以及其他大量的专用模拟集成电路等；数字集成电路可分为通用型逻辑电路和专用型逻辑电路。通用逻辑电路主要包括标准逻辑电路、存储器、可编程逻辑器件、处理器、控制器等几类；专用型逻辑电路就是为某一专门用途设计的集成电路，本章不涉及这类电路。混合集成电路主要有定时器、A/D转换器、D/A转换器、锁相环等。

按集成电路中有源器件的性质或工艺，集成电路又可分为双极型和MOS型两种。很多情况下，同一功能的集成电电路有双极型的，也有MOS型的。如集成运算放大器就有双极型运算放大器和MOS型运算放大器。双极型器件和MOS型器件在性能上的主要差别是：双极型器件具有工作频率高、速度快、功耗大、温度特性差、输入电阻较小等特点，而MOS器件正好相反。在电路设计中采用双极型器件，还是MOS型器件，这要由电路所要求的指标来决定。

下面主要介绍通用标准逻辑电路，其他几类逻辑电路请参阅相关资料。

标准数字逻辑电路主要包括TTL电路、CMOS电路、ECL电路和I^2L电路。最常用的标准逻辑电路主要是TTL电路和CMOS电路，ECL电路主要用于高速场合，I^2L电路主要应用于大规模逻辑电路的内部电路，ECL和I^2L电路在教学环节中一般涉及不多。关于TTL电路和CMOS电路的工作原理，在“数字电子技术基础”课程中已经作了详细的介绍，下面主要从应用的角度对这两类电路作一介绍。

TTL和CMOS数字集成电路产品的品种系列繁多，但国际上主流的品种系列有13个，其中，TTL有8个，CMOS有5个。8个TTL系列是：标准TTL、高速TTL（HTTL）、低功耗TTL（LTTL）、肖特基TTL（STTL）、低功耗肖特基TTL（LSTTL）、先进肖特基TTL（ASTTL）、先进低功耗肖特基TTL（ALSTTL）和快速（FAST）肖特基TTL。5个CMOS系列是：CMOS 4000系列、高速CMOS系列（HC和HCT）、先进CMOS系列（AC和ACT）。

上述13个品种系列又有军品与民品之分，并以国际通用系列代号分别表示军品与民品两大系列。54 系列为军品，工作温度为 -55~125℃；74 系列为民品，其工业级产品工作温度范围为 -40~85℃，消费级（或商业级）工作温度范围为0~70℃。值得指出的是，CMOS 产品有些特殊，它的 5 个品种系列中，只有高速 CMOS（HC 和 HCT）和先进 CMOS（AC 和 ACT）有军品与民品之分，而 CMOS 4000 系列无军品民品之分。

在如此繁多的标准数字逻辑电路中，通常大量使用的是两个系列产品：74 系列低功耗肖特基 TTL（74LS）系列和 CMOS 4000 系列。

我国集成电路产品的品种系列也采用国际通用品种系列，其型号命名方法采用在国际型号前附加表明中国和集成电路类型的两个英文字母来表示。例如某电路的国际型号为 74LS160，其型号中 74LS 表示 74 系列低功耗肖特基系列，160 为 4 位十进制同步加法计数器（异步清零）的品种代号，则国产型号为 CT74LS160（其中 C 表示中国，T 表示集成电路类型为 TTL）。又例如，国际型号为 4511 的 CMOS 4000 系列器件（4511 是品种代号，表示 BCD 七段译码器），则国产产品的型号为 CC4511（其中，第 1 个 C 表示中国，第 2 个 C 表示 CMOS 电路）。

需要说明的是，一个集成电路的品种代号只代表一种功能的集成电路，不论集成电路是上述 13 个品种系列的哪一个系列，只要它们的品种代号相同，那么，其集成电路的功能和引脚均完全相同，它们之间的不同只体现在性能指标上。例如 CT54/74LS12、CT54/74HC12、CT54/74ALS12 三个型号的集成电路，其品种代号均 12，它们的功能完全相同，为 3 输入与非门（OC 门），而且引脚完全兼容，只是对不同的系列来讲，性能指标有所不同。

如何选择集成电路呢？选择的原则是在保证电路功能要求的前提下，综合考虑性能指标、体积、功耗、封装形式、价格、采购条件、安装形式等因素。

在标准逻辑电路中，对于 74 系列中绝大多数产品，在 4000 系列中都有功能相同的产品对应，同样对于 4000 系列中绝大多数产品，在 74 系列中都有功能相同的产品对应，也就是说同一功能的器件，有 TTL 和 CMOS 两种选择。那么在数字系统设计中，是选用 74 系列器件，还是选用 4000 系列器件呢？应该说如果没有特殊要求，选用 74 系列或选用 4000 系列都可以，但是有几个问题需要注意：其一，如果考虑电路的功耗要低，应选用 4000 系列产品，或者至少应选用 74LS 系列；其二，74 系列电路供电电源电压一般为 5V（实际上可在 4.75~5.25V 内工作），而 4000 系列为 3~18V；其三，74 系列器件的驱动能力比 4000 系列强，故在要求有比较大输出电流的情况下要选用 74 系列；其四，在同一电路中，一般情况下应选用同一类型的电路，即要么全为 74 系列，要么全为 4000 系列，如果不得已用两个系列的产品，则要考虑 TTL/CMOS 接口问题。

在模拟电路设计中，最常用的器件就是集成运算放大器，简称运算放大器或运放。运算放大器的型号很多，那么在一个设计中如何选择运算放大器呢？这需要了解各类运算放大器的性能特点和常用的运算放大器性能指标，然后根据电路对运放的技术要求选择合理的型号。

在“模拟电子技术基础”课程中对运算放大器的分类、主要技术指标和性能特点都有比较详细的介绍，这里对运算放大器的选择方法作一些说明。运算放大器的选择需要综合考虑系统对器件的要求，包括开环增益、精度、输入电阻、速度、频率特性、输出特性、功耗、工作电压、动态范围、共模抑制比、封装形式等指标。如果电路对运放没有特殊要求，仅仅是对信号进行一般性的处理，可选用常用的通用运放，如 RC4558、TL082、LM324、LF412、LM833 等，这些通用运放价格便宜，容易采购；如果要求输入电阻比较大，可选用输入级为 MOS 管的运放，如 TL082、TL084 等，也可选用仪表放大器如 AD620、AD623、AD627 等；如果需要对信号进行精密处理，可采用精密运算放大器如 OP27/OP37、OPA27/OPA37 等，也可采用精密仪表放大器如 AD623、AD625、1NA120 等；如果要求放大器的增益精度要高，可采用固定增益放大器如

1NA106，它是增益为10倍差动放大器，也可采用可编程增益放大器（Programmable Gain Amplifier，PGA）如PGA102、PGA103、PGA202、PGA203等，也可采用仪表放大器外接固定电阻获得高精度增益；如果电路对功耗要求比较苛刻，可采用低功耗或微功耗的放大器如AD548、MAX418等；如果要求电路低温漂、低失调，可采用低温漂、低失调放大器如AD647、MAX480等；如果要求运放能够输出较大电流，以驱动一些大功率负载，可采用大电流运放，如OPA548可连续输出3A的电流，OPA549则可连续输出8A的电流；如果信号是单极性，并且要求单电源供电，可采用单电源运算放大器如MCP602、MCP604等。

关于运算放大器供电电源的选择，要注意几个问题：其一，有些运放只能双电源供电（正负电源对称供电），有些运放只能单电源供电，有些运放可以单电源供电，也可以双电源供电，使用之前要通过查阅数据手册搞清楚这个问题；其二，数据手册中给出的供电电源通常是一个范围，在这个范围之内使用，器件是安全的，而在工程设计中，为保证性能和可靠性，元器件一般要降额使用，因此电源电压的选择要留有一定的余量，例如某运放的电源电压范围为±3～±18V，建议在±5～±15V之间使用；其三，电源电压大小只影响到电路的动态范围，与运算关系无关，因此，一般情况下如果电路的动态范围较大，可以将电源电压选得高一些，如果电路的动态范围较小，可将电源电压选得低一些，以利于降低电路功耗。

在集成电路的选择中，如果没有特殊情况，一般应该选择通用型器件，这既可降低成本，又方便采购。另外在设计中不要盲目追求高性能指标，只要满足设计要求即可，过分追求高指标不但没有必要，而且会使电路成本上升，同时可能对元器件的采购带来很多不便。只有在通用器件性能不能满足要求的情况下，才选用高性能器件。有些时候，性能指标间是矛盾的，例如，低功耗往往速度慢，体积过小会使安装困难，指标高价格也高等，选择时要综合考虑。

3. 单元电路的级联设计

各单元电路确定以后，还要认真仔细地考虑它们之间的级联问题，例如电气特性的相互匹配、信号耦合方式、时序配合以及相互干扰等问题。若不认真解决好这些问题，将会导致单元电路和总体电路的稳定性和可靠性被破坏，轻者将使电路性能变差，严重的将不能使电路正常工作。

（1）电气性能相互匹配问题　关于单元电路之间电气性能相互匹配的问题主要有：阻抗匹配、线性范围匹配、频率响应匹配、驱动能力匹配、高低电平匹配等。前三个问题是模拟单元电路之间的匹配问题，最后一个问题是数字单元电路之间的匹配问题，而第四个问题（驱动能力匹配）是两种电路都必须考虑的问题。

从提高放大倍数和驱动能力考虑，希望后一级的输入电阻要大，前一级的输出电阻要小，但从改善频率响应角度考虑，则要求后一级的输入电阻要小。

对于线性范围匹配问题，涉及前后级单元电路中信号的动态范围。显然，为保证信号不失真地放大，要求后一级单元电路的动态范围要大于前级电路的动态范围，而且都要大于信号的动态范围。

负载能力的匹配实际上是前一级单元电路能否正常驱动后一级电路的问题。这在各级电路之间均有，但特别突出的是在最后一级单元电路中，因为末级电路往往需要驱动执行机构，如电动机、扬声器、继电器等。如果驱动能力不够，则应增加一级功率驱动单元。在模拟电路中，如果对驱动能力要求不高，可由前级直接驱动后级，如果需要前级电路有一定的驱动能力，可采用由运放构成的电压跟随器（必要时可选择输出电流较大的运放），如果运放的驱动能力不够，则需增加一级功率驱动单元，如各种功率放大器、互补对称输出电路。在数字电路里，要提高驱动能力，可以采用缓冲器（如7406、7407）、达林顿驱动器、单管射极跟随器、单管反相器等。在有些场合，并非一定要增加一级驱动电路，在负载要求驱动功率不是很大的场合，往往可改变一下电路参数，就可满足要求。总之，应视负载大小确定驱动电路。为了保证可靠性，设计电路时驱动能力必须有足够的裕量。

电平匹配问题在数字电路中经常遇到。若高低电平不匹配，则不能保证正常的逻辑功能，为此，必须采取相应的措施。尤其是 CMOS 集成电路与 74 系列 TTL 电路之间的连接，当两者的工作电源不同时（如 CMOS 为 +15V，TTL 为 +5V），此时两者之间必须加电平转换电路。另外近年来一些新型的数字器件如 DSP、CPLD、FPGA、MCU 等器件很多采用低电压供电（如 3.3V、2.5V），这些器件与 4000 系列和 74 系列器件连接时也要考虑电平匹配问题。

（2）信号耦合方式　常见的单元电路之间的信号耦合方式有 4 种：直接耦合、阻容耦合、变压器耦合和光电耦合。这 4 种耦合方式在模拟电子技术课程中均有介绍。

1）直接耦合方式　这种耦合方式是指上一级单元电路的输出直接（或通过电阻）与下一级单元电路的输入相连接。这种耦合方式最简单，它可把上一级输出的任何波形的信号（正弦信号和非正弦信号）送到下一级单元电路。但是，这种耦合方式存在单元电路之间静态工作点相互影响、零漂和温漂逐级传递的问题。如果采用直接耦合方式，在电路分析与计算时，这些问题必须加以考虑。

2）阻容耦合方式　它是通过电容、电阻把上一级的输出信号耦合到下一级。这种耦合方式的特点是“隔直通交”，即阻止上一级输出中的直流成分送到下一级，仅把信号的交流成分送到下一级去。在这种耦合方式中，前后两级之间在静态情况下不存在相互影响的问题，彼此可视为独立的。如果这种耦合方式用于传送脉冲信号时，应视脉冲宽度 t_W 和电路时间常数 $\tau = RC$ 确定电阻和电容的值。要不失真地传送信号，应使 $\tau >> t_W$，如果 $t_W >> \tau$，则为微分电路。

3）变压器耦合方式　变压器耦合方式是通过变压器绕组把一次侧信号耦合到二次侧。由于变压器二次侧中只反映变化的信号，因此变压器耦合方式也是“隔直通交”。变压器耦合方式最大的特点是通过控制绕组匝数实现变压器电压比的控制，同时还可以实现阻抗变换。其缺点是体积大、频率特性差、效率低、不能集成，因此，这种方式现在用的已经不多了。

4）光电耦合方式　它是通过光耦合器（光耦）把信号传送到下一级，上一级输出信号通过光耦中的发光二极管，使其产生光，光作用于光敏晶体管基极，使管子导通，从而把上级信号传送到下一级。它既可传送模拟信号，亦可传送数字信号。但目前传送模拟信号的线性光耦品种比较少，常用的如 Agilent（安捷伦）公司的线性光耦 HCNR200/201。而市售的大多数光耦通常用来传送数字信号。

在传送数字信号时，如果信号的频率比较低，选择普通光耦就可以了，如 TLP521-4，如果信号的频率比较高，则要选择高速光耦，如 4N137、HCPL2630 等，否则轻者将会使信号发生畸变，严重的会使输出信号消失，满足不了要求。

光电耦合方式的最大特点是可以实现上、下级之间的电气隔离，加之光耦体积小、重量轻、开关速度快，因此，在数字电子电路的输入、输出接口中，常常采用光耦进行电气隔离，同时防止干扰侵入系统。

在以上 4 种耦合方式中，变压器耦合方式应尽量少用，光电耦合方式通常用在需要电气隔离的场合，而直接耦合和阻容耦合是最常用的耦合方式，至于两者之间如何选择，主要取决于下一级单元电路对上一级输出信号的要求。若只要求传送上一级输出信号的交变成分，不传送直流成分，则采用阻容耦合方式，如果要完整的传输信号，则要采用直接耦合方式。

（3）时序配合　单元电路之间信号的时序关系在数字系统中是非常重要的。哪个信号作用在前，哪个信号作用在后，以及作用时间长短等，都是根据系统正常工作的要求而决定的。换句话说，一个数字系统有一个固定的时序，时序配合错乱，将导致系统工作的失常。

时序配合是一个十分复杂的问题，为确定每个系统所需的时序，必须对该系统中各单元电路的信号关系进行仔细的分析，画出各信号的波形关系图——时序图，确定保证系统正常工作下的信号时序，然后提出实现该时序的措施。

单纯的模拟电路不存在时序问题，但在模拟电路与数字电路组成的混合系统中也存在时序问题。

4. 综合电子电路实验

由于电子元器件品种繁多，且性能分散，电子电路设计与计算中又多采用工程估算，再加之设计中要考虑的因素很多，所以，设计出的电路难免会存在这样或那样的问题，甚至出现错误。只有通过实验，才能检验电路的正确性。同时通过实验可以发现问题，分析问题，找出解决问题的措施，从而修改和完善电子电路设计，最后得到满足要求的电路设计。

电子电路实验应注意以下几点：

（1）审图　在电子电路组装前，应对总体电路草图全面审查一遍，尽早发现草图中存在的问题并予以改正，以避免实验中出现过多反复或重大事故。

（2）实验方法　电子电路的实验方法有两种，一种是搭建电路进行实验，可以在面包板或万用板上搭建电路进行实验，也可以制作 PCB，焊接元器件进行实验；另外一种实验方法就是利用一些 CAD 软件如 Pspice 、OrCAD/PspiceAD、Multisim Proteus 等，在计算机上进行仿真实验。对于具体的一个实验，如果能够先进行仿真实验，在仿真实验通过后再搭建电路实验，实验效果会更好。如果条件允许，建议采用这种实验方法。关于 Multisim 的使用方法，请参阅本书第 8 章内容，而 Pspice 和 OrCAD/PspiceAD 的使用方法请参阅有关书籍。

（3）选用合适的实验设备　一般电子电路实验必备的设备有直流稳压电源、万用表、信号发生器、双踪示波器等，其他专用测试设备视具体电路要求而定，实验者要熟悉这些实验设备的用法。

（4）实验步骤　如果进行仿真实验，可以利用 Pspice、OrCAD/Pspice、Multisim 在计算机上输入电路，启动仿真功能，检查仿真结果是否正确。如果结果不正确，则检查和修改电路，直至得到正确的仿真结果。如果搭建电路进行实验，则按确定的电路原理图搭接电路，检查无误后通电调试，包括静态调试和动态调试，调试通过后，进行性能指标测试，性能指标测试合格才算完成实验。

5. 集成电路应用中需要注意的几个问题

（1）输出调零　在集成运放构成的放大电路中，输入端没有输入信号时，希望输出为零，但由于温漂和零漂的存在，由于正负电源不能做到完全对称，同时运放的同相输入端和反向输入端偏置电路不一定完全对称，往往造成输出并不一定为零。在交流应用中输出信号的幅度比较大、或者在直流应用中对零漂要求不严、或者开环应用、或者输出需要垫起一个直流电压的场合，可以对输出不加调零而直接使用。但是对于零漂要求严格的精密应用场合，必须采取恰当的调零措施。

调零的基本原理就是在输入端加上一个极性相反的小的直流补偿电压信号，和输入信号共同作用于放大电路的输入端，使得电路在输入信号为零时输出也为零。

具体应用时，视器件的不同，调零方法略有不同。对于有调零端的运放如 741，可在两调零端之间接入一电位器，调节电位器，使电路在输入为零时输出也为零。对于没有外接调零端的运放如 RC4558，可在输入端接入一个补偿电压，这个补偿电压一般由电阻或电位器通过对电源分压产生，可以加在同相输入端，也可以加在反相输入端。

（2）运放的输入端保护问题　运放的差模输入电压和共模输入电压都有允许的最大值，应用中不能超过该值，否则可能会损坏输入级，因此在可能出现差模输入电压或共模输入电压超过允许最大值的场合，要在运放的输入端采取必要的保护措施。

为防止差模电压过大而损坏输入级，可在运放的同相输入端和反相输入端之间并联接入两个极性相反的二极管。为防止共模电压过大而损坏输入级，可在运放的输入端对正负直流电源接入二极管（要选择开关二极管），使同相输入端和反相输入端的电压分别限幅在U_D+V_{CC}和$-U_D-V_{CC}$之间（U_D为二极管正向导通电压）。

（3）放大器的自激问题　放大器自激的原理在模拟电子技术中已经介绍，放大器自激时，轻者输出波形变差，在信号波形上叠加振荡波，严重的会使器件因输出电压幅度过大或过电流而损坏。因此，在可能出现自激的场合，必须采取适当的补偿措施，一般是加入超前或滞后补偿网络。对于三级或三级以上的负反馈放大器，由于负反馈很深，很可能会自激振荡，因此，一般要采取补偿措施。

（4）集成电路的工作频率　在模拟电路中选择运算放大器时，如果工作信号频率不高，如100kHz以下，则选用普通的通用运放即可。如果信号的频率较高，如1MHz以上，则要选择转换速率S_R较高的运放。如果信号的频率10MHz以上，则要选择高速运放。这里工作信号不但要考虑基波，还要考虑高次谐波。另外运算放大器的数据手册中一般给出的频率参数是带宽增益积GBW，因此设计放大器时要兼顾带宽和增益。

在数字集成电路中，普通CMOS器件的工作频率较低，一般用于1MHz甚至100kHz以下的信号；在5MHz以下，多用74LS系列，在5～50MHz，多用74HC、74ALS系列，在50～100MHz，多使用74AS系列。

（5）门电路多余端的处理　当TTL逻辑门出现多余输入端时，理论上可以悬空该输入端，并且在逻辑运算时可按逻辑1处理，但是这种处理方法在实际应用时会出现问题，导致输出不稳定或出现错误，因此必须对逻辑门的多余输入端进行处理，保证电路正确稳定地工作。

对于与门或与非门的多余输入端可以接电源，也可以接某一固定的高电平，或者与已使用的输入端并联；对或门或者或非门的多余输入端，则应接地或者接固定的低电平。

另外要注意不要在带电的情况下插、拔或焊接集成电路，以防损坏器件或造成电路故障。

6. 电子电路的调试

由于电子电路设计要考虑的因素很多，而很多参数都是由理论分析和计算确定的，加之元器件性能的分散性，以及许多其他的因素影响，使得搭建的电路和要求之间可能会有一定偏差，因此必须要对电路进行认真、细致地调试，方能获得满意的性能指标。

电子电路调试是实验的关键环节，是理论与实践相结合的关键阶段。调试过程中可能会出现的各种现象和问题，要运用掌握的基本理论，依据实验现象对出现的问题进行分析，逐一解决。只有彻底解决了问题，才能顺利完成调试工作，得到符合要求的电路，同时通过实验得到良好的实训。通过分析和解决问题，对相关理论理解会更加深刻，实践技能也会得到明显提高。

（1）调试方法与调试步骤　正确掌握调试方法和步骤很有必要。

1）调试方法　电子电路调试方法有两种：分块调试法和整体调试法。

分块调试法　是把总体电路按功能分成若干个模块，对每个模块分别单独进行调试。模块的调试顺序最好是按信号的流向，一块一块地进行，逐步扩大调试范围，最后完成总调。

实施分块调试法有两种方式：一种是边安装边调试，即按信号流向，组装一模块就调试一模块，然后再继续组装其他模块；另一种方法是将电路一次全部组装完毕，然后分块加电调试。分块调试法的优点是问题出现的范围小，可及时发现，易于解决，所以该方法适合新设计的电路和课程设计。

整体调试法是将整个电路组装完毕后，不再进行分块调试，直接进行一次性总调。显然，它只适用于定型产品或某些需要各块电路之间相互配合、不能分块调试的电路。

不论是分块调试还是整体调试，调试的内容应包括静态与动态调试两部分。静态调试一般是指在没有外加输入信号的情况下，测试电路各关键点的电位，比如测试模拟电路的静态工作点、数字电路各输入和输出的高、低电平和逻辑关系等，以此来判断电路工作是否正常。动态调试就是为电路加上合适的输入信号，然后通过对电路元器件和参数进行调整，使电路关键点上的信号幅值、波形、相位关系、频率、逻辑时序、放大倍数等内容符合设计要求，使电路的动态指标达到要求。电路调试中，通常先进行静态调试，待静态调试完成后再输入调试信号进行动态调试。

值得指出的是，如果一个电路系统中包括模拟电路、数字电路和微机系统 3 部分，由于这 3 部分电源电压可能不同，它们对输入信号的要求也各不相同，初学者一般情况下不允许直接加电进行总调，而应该对 3 部分分别单独调试，然后再进行系统总调，以免由于各部分电源电压或输入信号幅值超过允许范围而损坏电路。

2）常用的调试仪器　下面介绍常用仪器的特点和使用中应注意的事项。

①万用表：万用表可以测量交/直流电压、交/直流电流、电阻及晶体管 β 值，还可用于判断二极管、稳压管、晶体管和电容的好坏与引脚。万用表有数字式与指针式两种。数字式万用表的测量精度和输入阻抗比指针式万用表高，但在使用不当时容易损坏。在使用数字式万用表时，一定要注意在电路加电时不要将表打在电阻挡去测量电阻，不要误用电流挡去测电阻或电压，也不要误用电阻挡去测量电压，否则会损坏数字万用表。要选择恰当的量程，以提高测量精度。

②示波器：用于观察与测量电路各点波形幅度、宽度、频率及相位等动态参数，是调试中不可缺少的仪器。示波器的主要特点是信号波形直观，灵敏度高，交流输入阻抗高，但测量精度一般较低。在电子电路调试中最好选用双踪示波器，便于对输入、输出两个信号波形和相位进行比较。所选用示波器的带宽必须大于被测信号的带宽，否则，被观察的波形会严重失真。近年来上市的数字存储示波器在数字信号测量中非常实用，另外混合信号示波器可以同时测量多路数字信号和模拟信号，如美国安捷伦公司的 54622D 可以同时测量 16 路数字信号和 2 路模拟信号，可以将波形存储起来，还可以与计算机进行串行通信，传输波形数据，在混合电路的调试中非常方便。

③信号发生器：调试中常需对电路外加一定波形的输入信号，如正弦波、三角波、方波及单脉冲波等，以便测试电路的工作情况。因此，需要有产生这些波形的信号发生器，如多功能信号发生器、函数发生器或自制简易的信号发生器等。

另外在数字电路调试中，逻辑分析仪是很实用的仪器，可以同时测量多路数字信号，便于信号的比较和分析。

3）调试步骤　不论是采用分块调试还是整体调试，其调试过程大体上包括检查电路、通电观察、静态调试、动态调试、指标测试等步骤。

①检查电路　任何组装好的电子电路，在通电调试之前，都必须认真检查电路的安装是否准确无误。检查的方法是对照电路图，按一定的顺序（如信号的流向）逐级对应检查。

特别要注意接插件是否连接可靠，电源连接是否正确，电源与地有无短接现象，电源或地是否漏接，二极管方向和电解电容的极性是否接反，集成电路和晶体管的引脚是否接错，焊接是否正确可靠是否有连焊、虚焊现象，需要固定的部件是否可靠固定，如有问题，应及时解决。

特别需要强调的是，直流电源在接入电路之前，一定要按照电路的要求单独调试好电压值，再将其接入电路；在通电之前一定要检查电路板上电源端是否对地短路，电源极性是否正确，连接是否可靠。一定要养成这样一个好的习惯。

②通电观察。电源一经接通，不要急于用仪器观测波形和数据，而是要仔细观察电路是否有异常现象，如冒烟、异常气味、放电、打火、发光、元器件不正常的发烫、电源电压是否掉下来等现象。如果有，说明电路有问题，这时不要惊慌失措，而应立即关断电源，检查电路故障部位，待排除故障后方可重新接通电源，然后测量电路的电源电压是否正常，每个集成电路的电源引脚电压是否正常，以确信集成电路是否已通电工作。

出现冒烟现象和异常气味，说明某些元器件可能存在过电流现象，如果过电流严重，可导致元器件永久损坏。产生这种现象的一般原因有电路连接错误、元器件选择不当（如电阻的阻值或额定功率太小、晶体管 I_{CM} 太小等）、元器件安装错误等。半导体器件出现不正常发烫，一般可能是外围电路连接错误、负载过重、输入信号不正确、电源连接错误、输出对地短路等原因。通电后电源电压掉下来，说明电路有短路现象。

③静态调试。先不加输入信号，测量电路关键点的电位是否正常。对于模拟电路以测量静态工作点和一些特殊点上的电压为主，对于数字电路则测量输入与输出的高、低电平值及逻辑关系。若有不正常现象，则应找出故障点和故障原因，排除故障。一般应特别注意晶体管和集成电路是否正常工作，其次是所使用的电路元件参数是否正确，以及电路连接是否有错，是否漏接，特别是电源和地是否漏接。

④动态调试。在静态调试完成后在电路的输入端加上输入信号，观测电路输出信号是否符合要求。对于模拟电路，则观测输出波形是否符合要求，对于数字电路，则观测输出信号波形、幅值、脉冲宽度、相位及动态逻辑关系是否符合要求。在数字电路调试中，有时希望让电路状态发生一次性变化，而不是周期性的变化。因此，输入信号应为阶跃信号（又称开关信号），用以观察电路状态变化的逻辑关系。

当采用分块调试时，输入级采用外加输入信号，其他各级的输入信号可采用前一级的输出信号，也可以由信号源单独提供的合适的、便于调试的信号。

⑤ 指标测试。电路经静态和动态调试正常之后，即可对课题要求的技术指标进行测试。应认真测量和记录测试数据，并对测试数据进行分析，最后作出测试结论，确定电路的技术指标是否符合设计要求。如果技术指标不符合要求，则应仔细检查问题所在，一般可以先对元器件参数加以调整和改变，若仍达不到要求，则应对部分电路进行修改，甚至要对整个电路加以修改，如果还是达不到要求，说明设计是失败的，必须重来。

（2）调试中的注意事项　采用分块调试方法时，对那些非信号流向上的电路应首先单独进行调试，之后才能按信号流向顺序进行分块调试。这些电路是：作为电路时钟信号的振荡电路、作为电路节拍控制的节拍信号发生器、作为电路电源的直流稳压电路、显示电路等。

调试前，应熟悉所使用仪器的使用方法，调试时应注意仪器的地线与被测试电路的地线是否接好，以避免因为仪器使用不当而做出错误的判断。调试过程中，不论是更换元器件，或是更改连线，一定要先关断电源，待更换完毕经检查无误后方可再通电。

另外需要特别强调的是，在调试中一定要注意安全，包括实验者的安全和设备安全，在实验准备阶段，要消除各种不安全的因素，一定要养成良好的安全习惯。

调试过程中，不但要认真细致观测，还要勤于作记录。试验记录是十分重要的技术文件，它是调试过程科学分析的依据，又是电路技术性能的科学证据。初学者往往只注重最后的技术指标测试记录，而不注意对调试过程中出现的非正常现象进行记录，这是十分错误的，一定要改正过来。这些非正常现象的记录内容包括：故障现象、故障原因分析、解决措施、措施效果等，这类非正常现象对于分析电路是很有帮助的。

（3）调试中常见故障与处理　电子电路是由电子元器件按电路图组装起来的，因此，元器件、连线以及组装中存在的任何问题都会导致电路工作不正常，甚至会造成重大事故。对于一个复杂电路系统，使用的电子元器件数目可能会很多，其中一个元件工作异常都可能会使电路出现故障，一个比较成熟的电路，长时间运行后由于元器件性能和参数发生变化也可能导致电路出现故障。出现故障是难以避免的，但应尽量少出故障，不出大故障，出现故障时能很快地排除。

1）电子电路故障　所谓电路“故障”，是指电路某些部位工作异常，对给定的输入不能给出正确的输出响应。例如，在模拟电路中，静态工作点异常、电路输出波形不正确、带载能力差、没有输出信号、电路自激振荡、元器件损坏等；在数字电路中，逻辑功能不正常、时序错乱、带不起负载、元器件损坏等现象都属故障。

判断一个电路有无故障，一般不是很难，难的是确诊故障的原因和找出故障部位。一旦找出故障原因和部位，那么，排除故障相对就比较容易了。最常见的排除故障的办法是更换故障元器件和更改连线。然而，对于某些由于设计和工艺带来的故障，仅仅是更换元器件和更改连线是无法排除的，必须改进设计和安装工艺。

2）简易故障诊断法　要寻找故障在哪一级模块和模块内哪个元器件或连线，简单的办法是在电路的输入端加上一个合适的输入信号，依信号流向，逐级观测各级模块的输出是否正常，从而找出故障所在模块。接下来是查找电路，确定故障模块内部的故障点，可按下面的步骤进行：

检查元器件焊接是否可靠；检查元器件电源引脚上的电压，确定电源是否已可靠地接到元器件上，以及电源电压值是否正常；检查电路关键点上电压的波形和数值是否合乎要求；断开故障模块的负载，判断故障来自故障模块本身还是来自负载；对照电路图，仔细检查故障模块内电路是否有错；检查可疑的故障处元器件是否已损坏；检查各种连线是否可靠连接；检查用于观测的仪器是否有问题以及使用是否得当；重新分析电路原理图是否存在问题，是否应该对电路、元器件参数作出修改等。

当然，要想快速查出故障，必须熟悉电路各部分工作原理、波形形状、性能指标。这就要求实验者有良好的理论功底，并且能够灵活运用理论知识分析具体问题。有时不必逐级去观测就可初步判断故障产生在哪一级模块，以及在模块中的哪个元器件等。当然，这不是短时间就能做到的，往往必须通过较长时间的实践，逐步积累丰富的实践经验才能做到。初学者不要急于求成，而要脚踏实地去实践，不断地积累经验。

3）常见的故障原因　造成故障的原因是多种多样的，其中有些是人为因素造成的，有些是设计、工艺和环境条件引起的，有些则是元器件质量问题或元器件自然老化产生的。一个新装配的电路，尤其是综合性实验中新装配的电路，往往人为因素造成的故障是主要的。现将一些最常见故障原因列出如下：元器件引脚接错、集成电路或晶体管的引脚插错、二极管和稳压管极性接反、电源极性接反或电源没有可靠接入、电解电容极性接反、连线接错、开路、短路（线间或对地等）、接插件接触不良、虚焊、连焊、元器件参数不正确或不合理、元器件老化失效等。

需要特别说明的是：第一，一个故障现象并非只对应一个故障原因。往往几个不同的故障原因均可以引起同一个故障现象。因此，在故障诊断中，需要把涉及的可能引起故障的原因一个个排除，最后才能确定出真正的故障原因。例如，电路中的 TTL 与非门输出电压固定为高电平，这可能是输出端连线与电源线短接，也可能是 TTL 内部的驱动管开路，也可能是 TTL 与非门有一条输入线与地短路，致使该输入固定为低电平。究竟是哪个原因，还得一个个查找和排除。如果怀疑是集成块有问题，一般是换上一个同样的集成块试一试，或把集成块从电路中取下来用仪器再测试。第二，一个经过比较长时间工作的电子电路若出现故障，一般不要先去考虑上述人为因素造成的接错、接反等故障原因，而主要是考虑元器件是否损坏，或其参数选择是否合适，连线是否断路、短路，接插件是否接触不良、焊点是否脱落等非人为的故障原因。第三，对于大功率电路，比如电源电路、功率放大器，由于热胀冷缩的原因，长时间工作后电路中很容易出现焊点脱落和连接不良现象，从而引起电路故障。另外大功率电路旁的元器件安装不当也可能造成故障，比如将电解电容安装在大功率发热元器件旁，则由于大功率元器件的发热，可能会使电解电容的电解液减少甚至干涸，从而导致容量发生变化。因此，当电路出现故障时，电路的大功率部分是重点检查的对象，而且首先应检查是否有焊点脱落现象。第四，如果判断故障可能是由于电路中的一些价格比较高的元器件异常后引起的，更换这些高价元器件后不要急于通电试验，一定要首先检查其外围电路有没有故障，确信外围电路工作正常，或者外围电路的故障已排除，方可通电调试。

7. 抗干扰技术

大多数电子电路都是在弱电流低电压条件下工作的，尤其是CMOS集成电路更是在微安级电流下工作，再加之电子器件与电路的灵敏度很高，因此，电子电路很容易因干扰而导致工作失常。

干扰是电子电路稳定可靠工作的大敌，尤其是在工作条件恶劣、干扰源很强且电磁环境复杂的场合中。因此，干扰与抗干扰成为电子电路设计中的一个非常重要的内容。抗干扰设计是电子电路设计者最感头痛的难题，原因是它与具体电路和具体应用环境有着密切的关系，在甲电路中有效的抗干扰措施，未必能在乙电路中奏效。因此，设计者必须结合具体实际，在实践中去解决抗干扰问题。尽管如此，掌握抗干扰技术的基本理论和一般的技术手段是非常必要的。下面介绍抗干扰技术的基本理论、电子电路中一些常见的干扰和抗干扰措施。

（1）电子电路中常见的干扰　干扰都有源，干扰源可来自电子系统内部，亦可来自电子系统外部。电子系统内的噪声信号，尤其是功率级内高频振荡电路和功率级开关电路所产生的噪声信号是系统内部主要的干扰源。电子系统周围的大功率电子设备（如大功率电动机、电焊机、高频炉、电弧炉、负荷开关、大功率发射设备等）的起停，以及自然雷电所产生的干扰信号则构成电子系统外部的主要干扰源。

干扰源是客观存在，在工业现场往往又是不可避免的，不可能为了电子电路的可靠运行而去清除干扰源，那是不现实的。只能是适应环境，在电路中采取合理有效的抗干扰措施，加强电子系统的抗干扰能力，以保证电子电路的可靠运行。

按照干扰传播通道，干扰主要分为来自电网的干扰、来自地线的干扰、来自信号通道的干扰、来自空间电磁辐射的干扰等几类。抗干扰技术主要是从干扰进入电子系统的通路上来采取抑制措施。如果系统中本身就有产生干扰的大功率设备，也要对这些设备产生的干扰采取抑制措施。

上述4种干扰，危害性最大的是来自电网的干扰和来自地线的干扰，其次为来自信号通道的干扰，而来自空间电磁辐射的干扰一般不太严重，只要电子系统与干扰源保持一定距离或采取适当的屏蔽措施（如加屏蔽罩、屏蔽线等），基本上就可解决。因此，下面只重点介绍前面3种干扰及其抗干扰措施。

（2）常见的抗干扰措施

1）电网干扰及抗干扰措施　大多数电子电路的直流电源都是由电网交流电源经降压、整流、滤波、稳压后提供的。如果该电子系统附近有大型电力设备接于同一个交流电源线上，那么，电力设备的启停将产生频率很高的浪涌电压叠加在50Hz的电网电压上。大量电力电子设备特别是大功率电力电子设备的使用，也向电网引入谐波干扰。此外，雷电感应亦在电网上产生强烈的高频浪涌电压，其幅值可以达到电网电压的几倍以至几十倍。这些干扰信号沿着交流电源线进入电子系统，将干扰电子电路的正常工作。

针对这样的干扰，必须采取必要的抑制措施，图 5-3 是一个典型的防止电网干扰的直流电源综合解决方案：

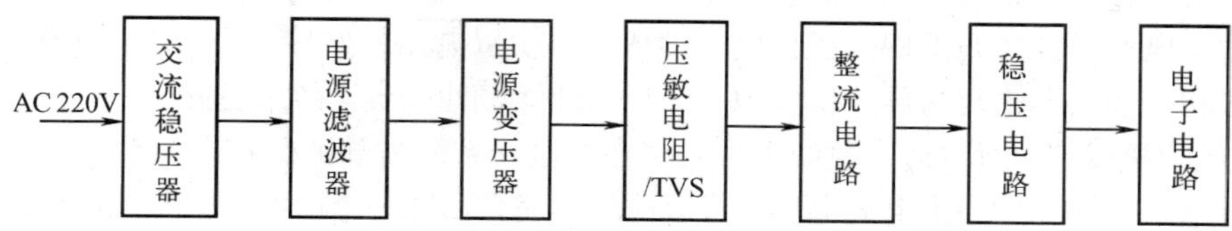

图 5-3　防止电网干扰的直流电源综合解决方案

①交流稳压器：它用来保证供电的稳定性，防止电源系统的过电压与欠电压，有利于提高整个电子系统的可靠性。由于交流稳压器比较贵，在一些小型电子电路中一般不用，只用于较大型的电子系统，或者电网电压波动较大的场合，以及抗干扰要求较高的场合。

②电源滤波器：它接在电源变压器之前，其特性是让交流 50Hz 基波通过，而滤去高频干扰信号，改善电源波形。这种滤波器通常有电容滤波器、电感电容滤波器、多级滤波器、共扼滤波器几种。一般小功率的电子电路采用电感和电容构成的滤波网络，在市面上可以购买到这样的成品电源滤波器。

③带有屏蔽层的电源变压器：由于高频干扰信号通过电源变压器的主要传播通道是一次绕组与二次绕组之间的分布电容，而不是一、二次之间电磁耦合，因此，在一、二次绕组之间加一个金属屏蔽层，并将屏蔽层接机壳地（不是信号的地），而机壳接大地，则可有效地减小分布电容值，从而有效地抑制高频干扰信号通过电源变压器进入二次侧。

④压敏电阻/TVS：压敏电阻是一种非线性电阻性元件，它对外加电压非常敏感，当外加电压发生微小变化时，其阻值会发生明显变化。当外加电压值小于临界电压时，压敏电阻呈高阻状态，仅有微安级的电流流过压敏电阻，相当于开路状态。当外加电压大于临界电压时，压敏电阻迅速变为低阻状态（响应时间为毫微秒级数量级），流过的电流急剧上升，大于临界电压的过电压以放电电流的形式被压敏电阻吸收掉，相当于过电压部分被短路。过电压消失后，压敏电阻又恢复到高阻（开路）状态。因此，可以利用压敏电阻的上述特性来吸收各种过电压（比如电网中的浪涌电压或雷电感应电压）。

压敏电阻可分为碳化硅压敏电阻、硅压敏电阻、锗压敏电阻以及氧化锌压敏电阻几种，在这几种压敏电阻中，以氧化锌压敏电阻性能最好，具有特性曲线陡、漏电小、温度特性好、伏安特性对称、体积小、容许流过的电流大等特点，广泛用于直流和交流电路中吸收不同极性的过电压。

TVS 即瞬变电压抑制器（Transient Voltage Suppression Diode），又称作瞬变电压抑制二极管，是普遍使用的一种高效能电路保护器件，它的外形与普通二极管相似，但能吸收高达数千瓦的浪涌功率。当 TVS 两端经受瞬间高能量冲击时，它能以极高的速度将两端间的阻值由高阻变为低阻，吸收大电流，将两端的电压钳位在一个预定的电压上，保护后面的电路元器件不会因瞬态高压的冲击而损坏，而瞬变电压消失后，TVS 呈高阻状态。TVS 比压敏电阻在浪涌保护方面有更好的性能。

TVS 对静电、过电压、电网干扰、雷击、开关打火、电机噪声的抑制非常有效。

⑤ 稳压电路。稳压电路的作用是稳定直流输出电压，减小纹波电压，降低电源内阻。

当然，并不是所有的电源都要按照上图的结构设计，一般都是根据实际情况做些取舍，选择合适的电源电路结构。总而言之，既要电路简单，又要在功能、性能和抗干扰等方面满足要求。

通常在整流电路的输出端和稳压电路的输出端对地接入 0.01～0.1μF 的无极性电容，用以滤除电源的高频干扰，降低电源的高频内阻。

如果直流电源为电路的多个功能模块供电，一般应在这些功能模块内电源端对地接退耦电容。对于数字电路，接 0.1μF 的无极性电容即可，对模拟电路最好接几个 μF 到几十个 μF 的电解电容，若在电解电容的两端再并联 0.01～0.1μF 的无极性电容则效果更好。

2）地线干扰及抗干扰措施　地线干扰是存在于电子系统内部的干扰。一般情况下，电子系统内各部分电路往往共用一个直流电源，或者虽然不完全用同一个电源，但不同电源之间往往共用同一个地，因此，当各部分电路的电流均流过公共地电阻（地线导体电阻）时便产生电压降，该电压降便成为各部分电路之间相互影响的噪声干扰源，即所谓的地线干扰。由于流过各部分电路的地电流随信号大小随时发生变化，因此这种干扰也是一种没有规律的随机干扰。

下面着重介绍一下抑制或减少地线干扰的一般措施。

①采用一点接地，即每个功能模块电路的元器件先集中于一点接地，然后每个模块电路的地分别单独接到公共地上，使各个功能模块电路自成独立回路。这种接法可使某一模块中地线电流不会流到其他功能单元电路中去，避免了对其他功能单元的干扰。为了减少地线噪声干扰，可适当加大地线宽度，甚至采用大面积接地的方法。

②强信号电路（即功率电路）和弱信号电路的地应分开，然后分别单独接在公共地上。

③模拟地和数字地也应分开，然后分别单独接在公共地上，切忌两者交叉混连。

④不论哪种方式接地，接地线均应短而粗，以减小接地电阻。

3）信号通道干扰及抗干扰措施　在远距离测量、控制和通信中，电子系统的输入和输出信号线很长，线间距离又很近，信号在此长线内的传输过程中很容易受到干扰，导致所传输的信号发生畸变或失真，从而影响电子电路的正常工作，因此对这种情况必须予以足够的重视。长线信号传输所遇到的干扰主要有以下几种：

①周围空间电磁场对长线的电磁感应干扰。信号线越长及周围电磁场越强，则这种干扰强度就越大。

②信号线之间的串扰。当强信号线或信号变化速度很快的信号线与弱信号线靠得很近时，通过线间分布电容和互感产生线间干扰。信号线间距离越近或信号线越长，串扰强度就越大。

③长线信号的地线干扰。信号线越长表明信号源（或负载）与电子系统的距离越远，则信号地线也越长，即地线电阻较大，会导致信号源的地与电路的地不是等电位，而形成较大的电位差，此电位差构成长线信号的地线干扰信号。

针对上述信号通道上的干扰，最常见的抗干扰措施是使用双绞线传输，即每个信号都采用两条互绞的线进行传输，其中一条是信号线，另一条是地线。双绞线是抑制空间电磁干扰和信号地线干扰最有效而且最简单的方法之一。因为空间电磁场在每个绞环内产生的感应电动势是相同的，但对每一条信号线来说，感应电动势可相互抵消，因此，不会对传输的信号产生影响。其次，信号电流在两条线上大小相等、方向相反，所以双绞线对其他信号线的互感为零，抑制了串扰。另外各个信号的地线是单独的，可有效地抑制信号之间通过地线的干扰。值得指出的是：

第一，长线传输还应注意阻抗匹配，即负载阻抗与双绞线特性阻抗之间的匹配，否则会产生传输反射，使信号失真，因此，必要时要在双绞线两端接匹配电阻。

第二，电子系统内信号线之间亦存在串扰的问题，不过由于连线短，其影响较小。但应注意高频和强信号线应与弱信号线分开走线。

采用光电耦合传输信号也是抑制信号通道干扰常用的方法，在这种方法中，输入与输出被隔离开，只有光耦合，而无电的联系，因此，两边的电源和地不同，彼此独立。

若电子系统每条输入信号线与输出信号线之间均采用光电耦合传输信号，则可以有效地抑制信号地线干扰和信号线上的噪声干扰。这是因为两边的电源和地是独立的，不存在地线干扰。其次，由于光耦合器输入阻抗很低（100Ω～1kΩ），而叠加在信号上的噪声信号的内阻一般都很高（10^5～10^6Ω）。因此，尽管噪声信号的幅值较高，但进入光耦的噪声能量会很小，只形成很微弱的电流，不足以使发光二极管发光，所以抑制了噪声信号的传输。

还需要说明的是，第一，上面介绍的干扰和抗干扰措施，对电子产品的可靠运行是十分重要的，但并非每种抗干扰措施都要用到同一个电子产品上，这要视具体情况而定。第二，对于综合性实验和课程设计中的电子电路，由于周围环境良好，大的干扰源几乎不存在，加之电路一般比较简单，因此干扰与抗干扰的问题一般不太严重，但亦应足够重视，否则，会由于干扰的存在而导致电路无法正常工作。

5.2 模拟电子技术综合性实验

5.2.1 方波–三角波产生电路实验

能够同时产生方波、三角波的电路形式很多，常见实现方法有以下几种：由555定时器或单稳态电路产生方波，然后将方波送入积分电路得到三角波，构成方波–三角波产生电路；由正弦波发生器（如文氏电桥振荡器）产生正弦波，然后将正弦波送入过零比较器，得到方波，再将方波送入积分电路得到三角波，由此构成方波–三角波产生电路；由施密特触发器（由运算放大器构成）和积分电路构成方波–三角波产生电路；由单片函数发生器（如ICL8038、MAX038）构成方波–三角波产生电路；用DDS（Direct Digital Synthesizer，直接数字频率合成）技术产生方波、三角波等等。下面介绍前面提到的第三种和第四种实现方法，其他方法请参阅有关资料。

1. 施密特触发器与积分电路构成的方波–三角波产生电路

（1）实验任务　由施密特触发器（运算放大器构成）和积分电路构成方波–三角波产生电路，主要技术指标为：方波的频率为1kHz，脉冲幅度为±6V，三角波的频率为1kHz，信号幅值为±6V。

（2）实验目的　通过本实验进一步熟悉施密特触发器和积分电路的工作原理，掌握方波和三角波的基本实现方法。

（3）参考电路　参考电路如图5-4所示。由图5-4分析得到该电路的振荡周期为

$$T=\frac{4R_1R_{RP}C}{R_2}$$

式中，R_{RP}为RP接入电路中的阻值。则频率为

$$f=\frac{R_2}{4R_1R_{RP}C}$$

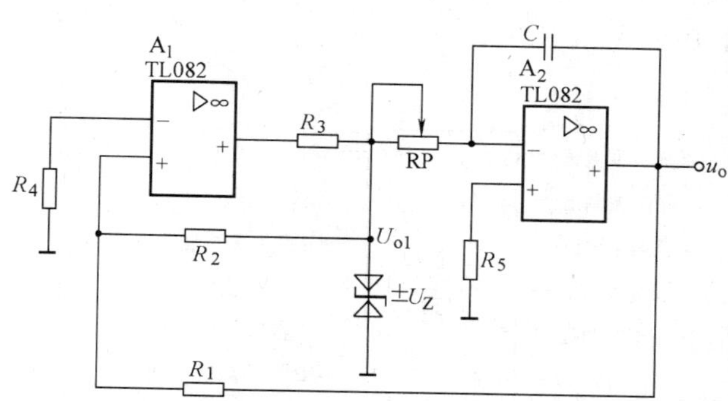

图5-4　方波–三角波产生电路

输出方波的幅值为

$$U_{o1}=U_Z$$

输出三角波的幅值为

$$u_{o2}=\frac{R_1}{R_2}U_Z$$

（4）元器件选择及参数确定　运算放大器 A_1 的转换速率 S_R 直接关系到电路输出方波的上升时间和下降时间。如果对上升时间和下降时间没有特殊要求，可以选用通用运算放大器，如 LM324、RC4558、TL082、TL084、LF412 等，如果要求上升时间和下降时间要短，可以选用 S_R 较大的运算放大器。

A_2 应选择输入电阻大，温漂和零漂都比较小的运算放大器，如 OP07、TL082 等。

稳压二极管的作用是确定方波的输出幅值，因此其型号应根据方波的幅值要求来确定，本实验中应选择稳压值为 ±6V 的双向稳压二极管。

R_3 为限流电阻，其值由双向稳压二极管的稳定电流决定。当 U_Z 为 ±6V 时，为使 $U_o=\pm6\text{V}$，应有 $R_1=R_2$，可取 $R_1=R_2=10\text{k}\Omega$，故有 $f=R_2/(4R_1R_{RP}C)=1/(4R_{RP}C)=1000\text{Hz}$，由此选定电容 C 的值，则可由 $1/(4R_{RP}C)=1000\text{Hz}$ 求出 R_{RP} 的值。

（5）实验内容　按照实验要求设计电路，确定元器件型号和参数；进行电路仿真；按照电路图在实验板（万用板或面包板）上连接电路，检查无误后通电调试；测试电路功能是否符合要求。对测试结果进行详细分析，得出实验结论。

（6）实验报告要求　分析实验任务，选择技术方案；确定原理框图；对所设计的电路进行综合分析，包括工作原理和设计方法；进行电路仿真，分析仿真结果；写出调试步骤和调试结果，列出实验数据；画出关键信号的波形；对实验数据和电路的工作情况进行分析；写出收获和体会。

2. 用单片函数发生器 ICL8038 构成方波–三角波产生电路

（1）实验任务　由单片函数发生器 ICL8038 构成方波–三角波产生电路，主要技术指标为：方波的频率为 100～10000Hz，脉冲幅度为 ±4V，三角波的频率为 100～10000Hz，信号幅值为 ±4～±8V 可调。

（2）实验目的　通过本实验了解 ICL8038 的基本原理和使用方法，掌握用集成函数发生器 ICL8038 实现方波和三角波的基本方法。

（3）参考电路　ICL8038 的工作原理等有关内容请参考本书第 6 章 6.3.3 节。更为详细的内容请参阅其数据手册。图 5-5 为 ICL8038 的引脚图，图 5-6 为由 ICL8038 构成的方波–三角波发生器的基本电路图，图中输出端有 3 个，u_2 为正弦波输出端，u_3 为三角波输出端，u_9 为矩形波输出端，3 种输出信号的频率相同。图中 R_L 为负载电阻，由于引脚 9 为 OC 门（集电极开路）输出端，所以 R_L 不能少。

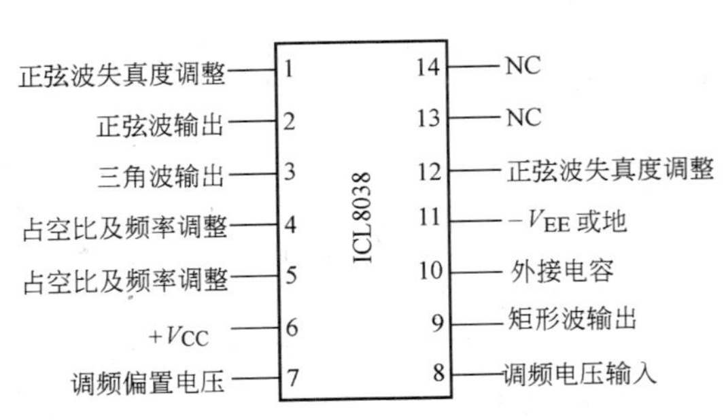

图 5-5　ICL8038 的引脚图

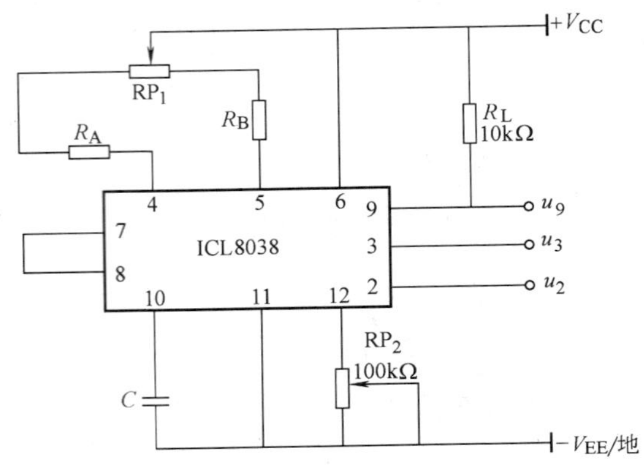

图 5-6　由 ICL8038 构成的方波–三角波发生器的基本电路图

ICL8038 提供两种确定输出信号频率的办法，第一种方法是通过外接电阻和电容的值确定输出信号频率，如图 5-6 所示，图中 RP_1 用于微调 4 引脚和 5 引脚的外接电阻阻值，如果设 RP_1 左部分的电阻值为 R_{RP1A}，RP_1 右部分的电阻值为 R_{RP1B}，则在 $R_{RP1A}+R_A=R_{RP1B}+R_B=R$ 时，输出的矩形波占空比为50%，频率为 $f=0.33/(RC)$（分析过程见 6.3.3 节），因此可以通过合理选择 R 和 C 的值确定输出信号的频率，其中 RP_2 为失真度调节电位器。第二种方法是在 8 引脚外接直流电压，通过改变该电压调节输出信号频率，如图 5-7 所示，图中在保证 $R_{RP1A}+R_A=R_{RP1B}+R_B$ 的情况下，调节 RP_3 就可以改变输出信号的频率。本实验中选择第二种方法。

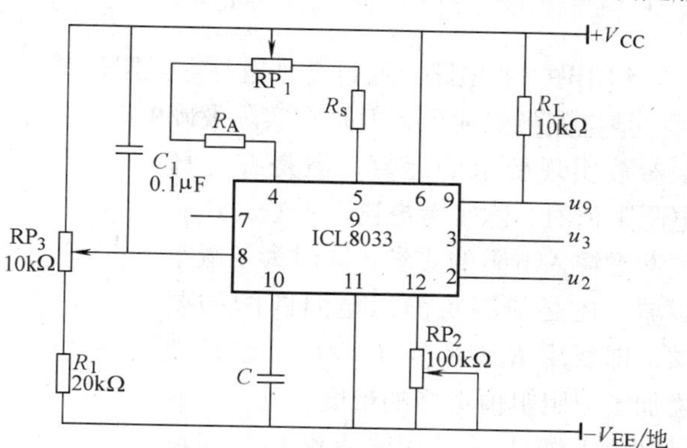

图 5-7　由 ICL8038 构成的频率可调方波–三角波发生器

图 5-6 和图 5-7 中取 $+V_{CC}=+12V$，取 $-V_{EE}=-12V$，这时输出信号的幅值为 $V_{CC}/3$，如果要获得更大幅值的输出信号，可在 ICL8038 的矩形波和三角波输出端加一级由运放构成的同相比例放大器即可。

（4）实验内容　以上述基本电路图为基础，分析实验任务的技术要求，设计满足要求的电路图；确定图中元器件的参数；按照设计的电路图搭建电路；调试电路使之符合实验要求；画出输出信号的波形，得出实验结论。

主要元器件：ICL8038、10kΩ 电阻、100kΩ 电位器、1kΩ 电位器、3300pF 电容器、10kΩ 电位器、100μF/25V 电解电容器、通用运算放大器。

（5）实验报告要求　分析实验任务，选择技术方案；确定原理框图；画出电路原理图；对所设计的电路进行综合分析，包括工作原理和设计方法；写出调试步骤和调试结果，列出实验数据；画出关键信号的波形；对实验数据和电路的工作情况进行分析；写出收获和体会。

5.2.2　模拟运算电路实验

在电子电路的设计中，模拟信号的基本运算，包括加、减、乘、除、乘方、开方、积分、微分等是常用的信号处理方式。本实验通过一个运算实例来熟悉这些基本运算电路的一般设计方法。

1. 实验任务

设计两个电路，分别实现下列运算：

$$u_{o1}=4u_{i1}-2u_{i2} \tag{5-1}$$

$$u_{o2}=-4\int u_{i1}\,dt-2u_{i2} \tag{5-2}$$

主要技术指标如下：

输入电阻 $R_i \geqslant 10k\Omega$；u_{i1} 为频率是 500Hz、幅值为 ±1V 的方波；$u_{i2}=1V$。

2. 实验目的

通过本实验熟悉模拟信号基本运算电路的设计方法。

3. 参考电路

本实验中，对于式（5-1）来讲，实际上是对两个信号实现比例相减运算，从实现功能上来讲，可以选用图 5-8 所示的减法电路，该电路的输出电压表达式为

$$u_o = \left(1 + \frac{R_2}{R_1}\right)\frac{R_4}{R_3 + R_4}u_{i1} - \frac{R_2}{R_1}u_{i2}$$

利用图 5-8 电路，通过合理选择电阻阻值就可实现式（5-1）的运算。

该电路虽然简单，但是在实际设计中有一些问题必须考虑：其一，虽然可以通过恰当选择电阻参数实现要求的运算，但是在选择电阻阻值时，除了考虑比例系数，还必须考虑输入电阻的要求，同时为了减小零漂，还必须满足静态电阻匹配的要求，即要求 $R_1//R_2 = R_3//R_4$。这显然增加了电阻阻值选择的难度。其二，在运算放大器 A 的同相输入端和反相输入端都有一定的共模信号，为提高电路的共模抑制比，运算放大器必须选择共模抑制比较高的运放，这对运放的选择又提出了较高的要求，因此图 5-8 中电路并不是一种很好的方案。相比之下，图 5-9 所示的两级放大电路构成的减法器电路可以较好地解决上述问题。

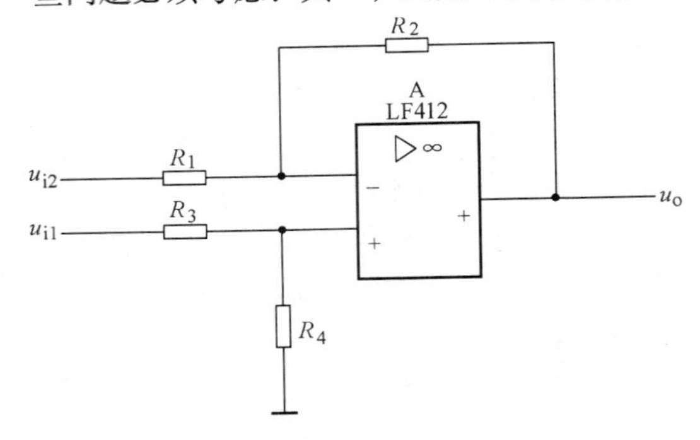

图 5-8　减法电路

图中：

$$u_o = \frac{R_{f1}R_{f2}}{R_1R_2}u_{i1} - \frac{R_{f2}}{R_3}u_{i2}$$

$$R_5 = R_1//R_{f1}$$

$$R_6 = R_2//R_3//R_{f2}$$

因此，通过合理选择电阻阻值即可实现式（5-1）的减法功能。

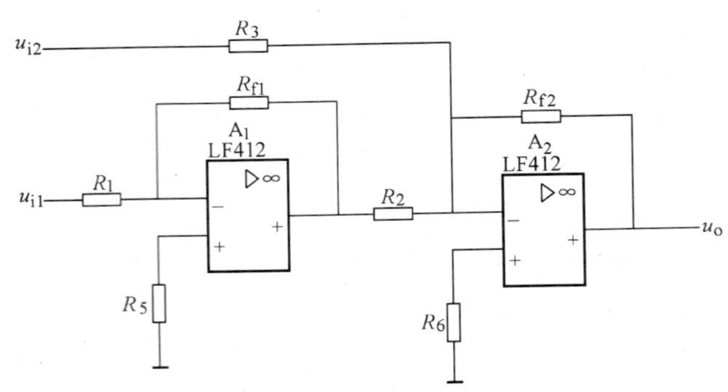

图 5-9　两级放大电路构成的减法器

图 5-9 电路的特点之一在于电阻取值方便，同时可以保证对输入电阻的要求。比如取 $R_1 = R_3 = 20\text{k}\Omega$，则 $R_{f2} = 40\text{k}\Omega$，如果再取 $R_2 = 20\text{k}\Omega$，则$R_{f1} = 40\text{k}\Omega$；图 5-9 电路的特点之二在于两个运放的信号都从反相输入端输入，而同相输入端虚地，理想情况下运算放大器的两输入端共模电压均为零，因此降低了对运放共模抑制比的要求。

对式（5-2）来讲，其功能是实现比例积分和比例相减，可以通过在图 5-9 电路的前面加一级积分电路的方式实现，如图 5-10 所示。

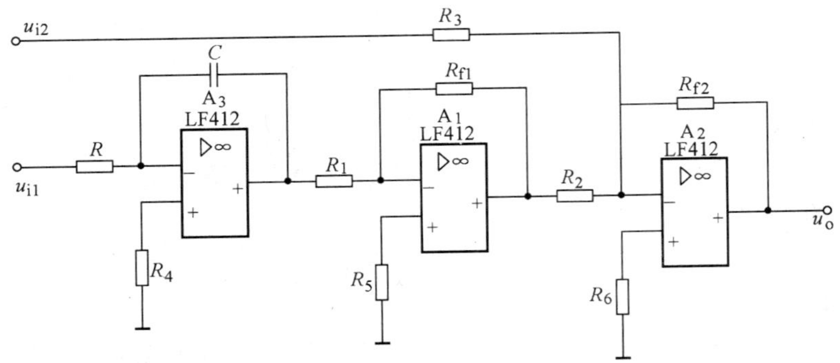

图 5-10　实现式（5-2）功能的参考电路

可将式（5-2）改写为

$$\begin{aligned} u_{o2} &= -4\int u_{i1}\,\mathrm{d}t - 2u_{i2} \\ &= 4\times(-1)\int u_{i1}\,\mathrm{d}t - 2u_{i2} \end{aligned}$$

如果设

$$u'_{o2} = -\int u_{i1}\,\mathrm{d}t$$

同时将图 5-10 中积分电路的输出记为 u'_{o2},则应有

$$u'_{o2} = -\frac{1}{RC}\int u_{i1}\,\mathrm{d}t$$

故设

$$RC = 1$$

考虑到要求 $R_i \geqslant 10\text{k}\Omega$，取 $R=20\text{k}\Omega$，则 $C = 0.05\mu\text{F}$，满足了式（5-2）的运算要求。

由于本实验实现的是模拟信号的运算，为保证运算精度，元器件精度应该比较高，电阻应选用误差为1%的五环金属膜电阻，电容选用精度比较高的聚酯或聚丙烯电容，运算放大器选用开环增益大、温漂和零漂比较小、输入电阻比较大的运算放大器，如 OP07、OP27 等。

4. 实验内容

按照实验要求设计电路，确定元器件型号和参数；进行仿真实验通过后再在实验板上搭建电路，检查无误后通电调试；调通 A_1 和 A_2 构成的减法电路，测量输出波形；调通 A_3 构成的积分电路，然后将积分电路和减法电路同时接通进行调试；测量两级电路的输出波形；对测量结果进行详细分析，得出实验结论。

5. 实验报告要求

分析实验任务，选择技术方案；确定原理框图；画出电路原理图；对所设计的电路进行综合分析，包括工作原理和设计方法；进行仿真实验并分析仿真结果；写出调试步骤和调试结果，列出实验数据；画出关键信号的波形；对实验数据和电路的工作情况进行分析；写出收获和体会。

5.2.3 压控振荡器实验

压控振荡器（Voltage Controlled Oscillator）通常用VCO表示，它是一种将输入电压信号转换为频率信号的电路，输出信号的频率与输入电压大小之间呈一定的对应关系。输出信号可以是正弦波信号，可以是脉冲信号，也可以是其他信号。这种电路在测控系统中应用非常广泛，它可以将一个采集到的电压信号（模拟信号）转换成为相应的频率信号（数字信号）进行处理。目前有很多半导体公司提供这样的集成电路产品，如 VF32、VFC320、ADVFC320、LM566、LM331、VFC121、AD651 等。这些产品都可以实现电压-频率的变换，通常用 V/F 变换表示，而且这些芯片一般都可以反过来使用，实现频率-电压变换，即 F/V 变换。另外，前面介绍的 ICL8038 也可以实现 VCO 功能。

本实验就是采用最常用的 V/F 变换芯片——LM331 设计一个 VCO，并且通过改变外部直流电压实现对振荡频率的调节。

1. 实验任务

用 LM331 设计一个 VCO，输出方波信号，其输出频率和幅值可调。

2. 实验目的

通过本实验熟悉 VCO 的设计方法，初步掌握 V/F 变换和 F/V 变换的方法。

3. 参考电路

(1) LM331 介绍　LM331 是美国国家半导体公司（National Semiconductor）生产的高精度 V/F 变换芯片，主要技术指标如下：

最大线性度：0.01%

满量程频率范围：1Hz～100kHz

供电电压：4～40V

图 5-11 为 LM331 的简化原理框图和引脚图。中心框内部分就是 LM331 的内部电路。电路主要由开关电流源、输入比较器和单脉冲定时器等几部分组成。其中引脚 2 内部为基准电流源，引脚 3 为频率信号输出端，引脚 4 接地，引脚 5 为 R/C 端，外接 R_1、C_1，引脚 6 为阈值电压端，内接比较器的反相输入端，为比较器提供阈值电压，引脚 7 为比较器输入端，从该引脚输入电压信号，引脚 8 为电源端。

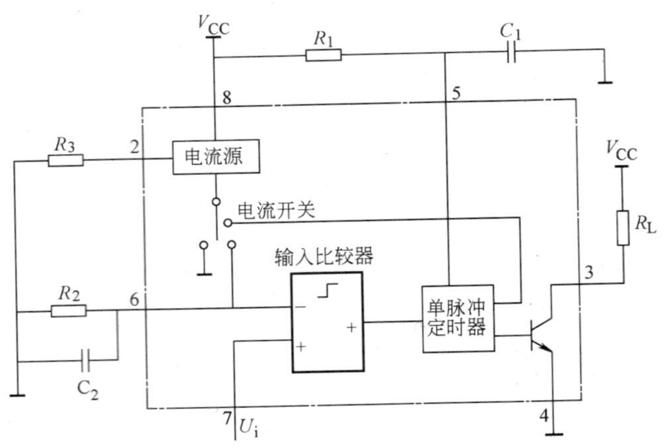

图 5-11　LM331 的简化原理框图和引脚图

输入比较器的两个输入中，一个接输入电压 U_i（引脚 7），另一个接阈值电压 U_X（引脚 6，一般与引脚 1 连接），当 $U_i > U_X$，比较器启动单脉冲定时器，输出宽度为 $t_o = 1.1R_1C_1$的脉冲信号，驱动晶体管，使其导通，同时闭合电流开关，打开电流源为 C_2 充电。宽度为 t_o 的脉冲结束后，电流开关断开，C_2通过 R_2 放电，随着放电的进行，U_X 逐渐减小，当 $U_X = U_i$时，再次触发单脉冲定时器。如此循环往复，形成自激振荡。

如果设电流源的电流为 I_R，以某一周期计算其充电电荷的平均值 $\overline{Q}$，则有

$$\overline{Q} = \left(I_R - \frac{U_X}{R_2}\right)t_o f_o$$

而放电电荷的平均值为

$$\overline{Q'} = \frac{U_X}{R_2}(T - t_o) f_o$$

其中 T 为振荡周期，则由充放电电荷平衡的原则 $\overline{Q} = \overline{Q'}$，有

$$I_R t_o f_o = \frac{U_X}{R_2}$$

实际上该电路的 U_X 在很小的范围内波动（10mV 左右），一般有 $U_X \approx U_i$，因此上式中可用 U_i 来近似的代替 U_X，故有

$$f_o \approx \frac{U_i}{R_2 I_R t_o}$$

由此可以看出，输出频率与输入电压之间近似的呈线性关系，即该电路可将输入的电压信号转换为频率信号。更为详细的内容请参阅 LM331 的数据手册。

(2) 参考设计　图 5-12 是由 LM331 构成的 VCO 的基本应用电路。图中 LM331 的 PIN7 外接大小可调的直流输入电压；引脚 3 为方波信号输出脚，由于引脚 3 内部的输出晶体管是集电极开路的，因此，输出端必须外接负载电阻 R_L，其典型值为 10 kΩ。负载电阻的另一端外接的直流电

源电压应与后级驱动电路所要求的电压一致。引脚 5 外接单稳态电路的定时电阻 R_t 和电容 C_t，R_t 和 C_t 的取值决定单稳态触发器触发产生的脉冲宽度 t_o，典型值为R_t = 6.8kΩ，C_t = 0.01μF，$t_o = 1.1R_tC_t \approx 7.5\ \mu s$；引脚 2 外接的 R_4 和 RP_2 用来调节 LM331 的增益偏差和由 R_t、C_t、R_2 引起的偏差，以校正输出频率；引脚 6 外接的电容 C_2和电阻 R_2 串联可起到滞后效应，使输入比较器获得良好的线性度。

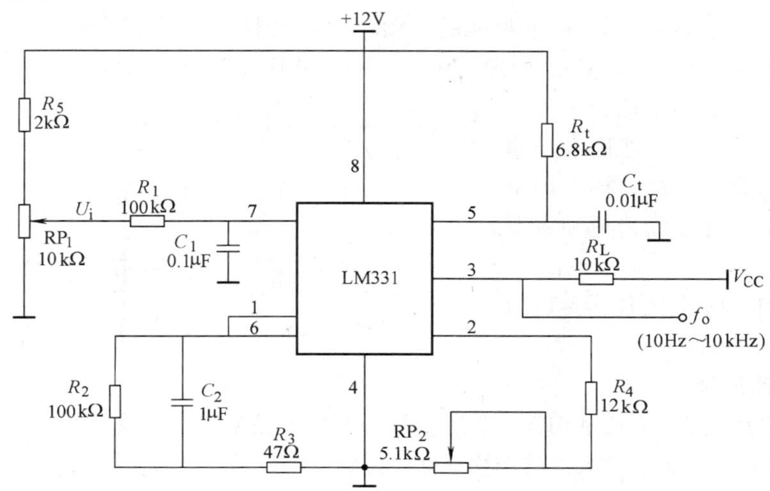

图 5-12　LM331 构成的 VCO 的基本应用电路

按照图 5-12 电路所示的参数，可以由 0 ~ 10V 输入电压转换得到 10Hz ~ 10kHz 输出频率。为了得到放大的而且输出幅度可调的方波，可在引脚 3 输出端再接一级增益可调的比例放大器，该比例放大器在图 5-12 中未画出，请自行设计。

（3）元器件选择　为了获得比较高的精度，电阻可以选用 1% 的五环金属膜电阻，电容选精度高、温度稳定性和频率特性比较好的聚酯电容、聚丙烯电容、聚苯乙烯电容或高频瓷介电容。

4. 实验内容

阅读 LM331 的数据手册，在熟悉 LM331 基本性能及使用方法的基础上按照实验要求设计电路，确定元器件型号和参数；在实验板上搭建电路，检查无误后通电调试；列表改变直流输入电压，测量输出频率，归纳输出频率与输入直流电压之间的关系；画出输出信号的波形；对测试结果进行详细分析，得出实验结论。

5. 实验报告要求

分析实验任务，选择技术方案；确定原理框图；画出电路原理图；对所设计的电路进行综合分析，包括工作原理和设计方法；写出调试步骤和调试结果，列出实验数据；画出关键信号的波形；对实验数据和电路的工作情况进行分析；写出收获和体会。

5.2.4　音频功率放大器实验

1. 实验内容

本实验设计和制作一个具有送话器放大器、高低音均衡、功率放大、音源选择等功能的多功能音频功率放大器，主要技术指标如下：

额定输出功率：2 ×12W（THD≤0.5%）

负载阻抗：8Ω

输入阻抗：>>600Ω

2. 实验目的

通过本实验熟悉小信号电压放大器、加法器、特定频率均衡电路、功率放大器、直流稳压电源、计数器、译码器、模拟开关的工作原理和设计方法，并且能够用以上电路构成一个简单的电子系统。

3. 实验原理

本实验设计并制作一个具有以下功能的音频功率放大器：将来自送话器的音频信号线性放大，然后和来自其他音源（如 CD、VCD、MP3、手机 DVD 等）的音乐信号混合，混合后的信号经均衡电路进行高低频均衡，送入前置放大器进行电压放大，然后经功率放大器进行功率放大后推动扬声器工作，该放大器还具有音源选择和音源指示功能。

系统组成和原理框图如图5-13所示。

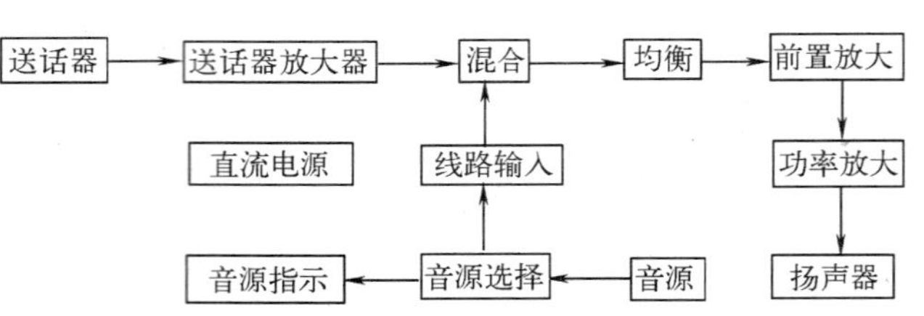

图 5-13　系统组成和原理框图

4. 单元电路设计

（1）送话器放大器（MIC-AMP）　送话器是一个声电转换装置，输出的电压信号幅度很小，一般只有几个毫伏。送话器放大器的作用就是将微弱的电压信号线性放大。送话器按输出阻抗的大小一般分为低阻型和高阻型，低阻型一般阻抗在几十到几百欧，高阻型一般阻抗在几千到几十千欧，本实验选用 600Ω 低阻型动圈式送话器。

送话器放大器可由分立元件组成，也可由集成运算放大器构成。由于集成运算放大器构成的线性放大器比较简单，设计方便，因此本实验选用集成运算放大器设计送话器放大器，用正负电源供电，送话器放大器如图 5-14 所示。

图中电压放大器的增益为

$$A_u = -R_2/R_1$$

若取 $R_1=20\text{k}\Omega$，$R_2=200\text{k}\Omega$，则该放大器为 10 倍电压放大器。

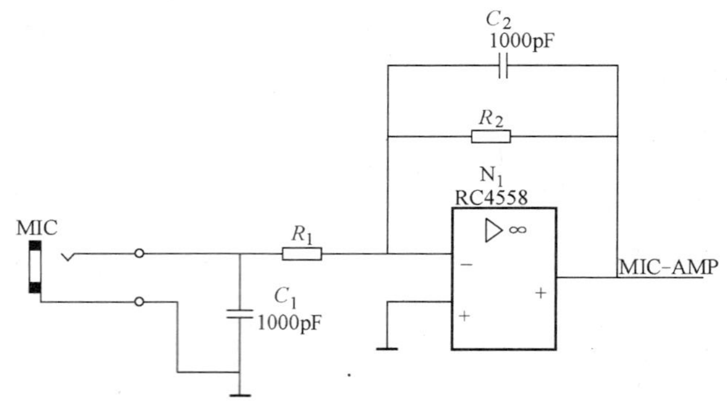

图 5-14　送话器放大器

注意：受技术指标中输入电阻要求的限制，R_1 的阻值要远大于600Ω，取 20kΩ。

图中 C_1 的作用是滤除高次谐波干扰，C_2 为防止放大器自激而设置的电容。C_1、C_2 选用高频瓷介电容器。

（2）混合电路　混合电路的作用是将来自 CD、DVD、MP3、手机等音源的纯音乐信号与送话器信号混合。混合电路实际上是一个加法器，实现音源信号和送话器信号加法运算混合电路可采用无源电阻网络，也可采用有源网络混合。在本实验中采用由运算放大器组成的具有一定电压增益的有源网络混合电路。图 5-15 为混合电路，输入信号有两路，一路为送话器放大器的输出信号，另一路为线路输入信号，C_3、C_4 为耦合电容，设 RP_1 和 RP_2 的中间端电压分别为 u_1 和 u_2，则 N_2 的输出为

$$u_o = -[(R_6/R_4)u_1 + (R_6/R_5)u_2]$$

选 $R_4 = R_5 = R_6 = 10\text{k}\Omega$，则

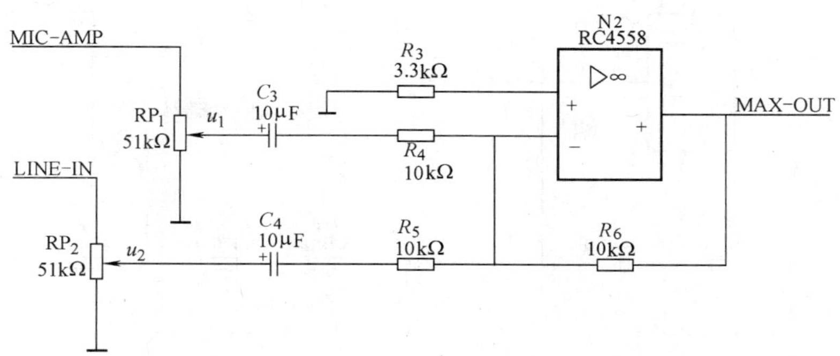

图 5-15　混合电路

$$u_o = -(u_1 + u_2)$$

调节 RP_1、RP_2 可分别调节两路信号进入混合电路的幅值，同时也调节两路信号的混合比例。

(3) 均衡电路　均衡电路的作用是进行音调控制，通常是对放大器的高频或低频的某些频率点的增益进行提升或衰减，而中频的增益保持不变。均衡电路通常是由低通、高通、带通滤波器组成的，半导体公司有专用的 IC 生产，也可用运算放大器组成均衡电路。图 5-16 就是一个由运放构成的具有高低音调节功能的均衡电路，可对高频和低频进行提升或衰减，下面以该电路为例，就运放构成的均衡电路的工作原理作一介绍。

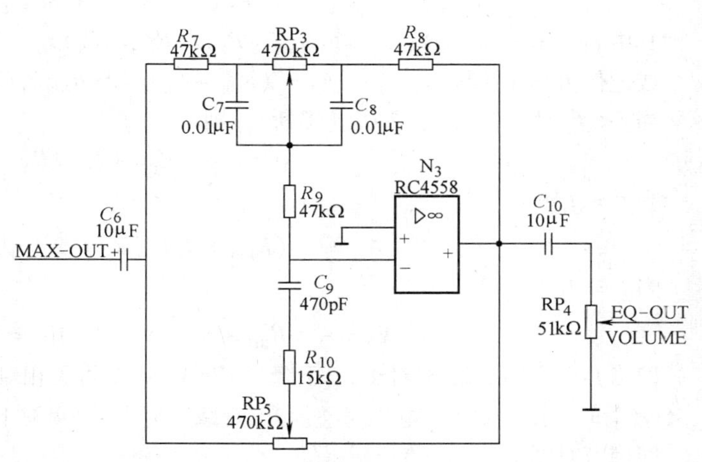

图 5-16　均衡电路

在图 5-16 电路中，RP_3 为低音调节电位器，RP_5 为高音调节电位器，RP_4 为音量调节电位器。设

$f_o = 1\text{kHz}$，中频增益 $A_{uo} = 0\text{dB}$；

f_{L1} 为低频转折频率，一般为几十赫；

$f_{L2} = 10f_{L1}$，中低频转折频率；

f_{H1} 为中高频转折频率；

$f_{H2} = 10f_{H1}$，f_{H2} 高频转折频率，一般为几十千赫。

一般地，$C_7 = C_8 >> C_9$，故在中低频区，C_9 可视为开路，在高频区 C_7、C_8 可视为短路，下面分几种情况讨论。

1) $f < f_o$ 时，即低频段，等效电路如图 5-17 所示。a 图对应 RP_3 滑在最左端，即对应于低频提升最大的情况，b 图是 RP_3 滑到最右端，即对应于低频衰减最大的情况。对于图 5-17a，传输函数为

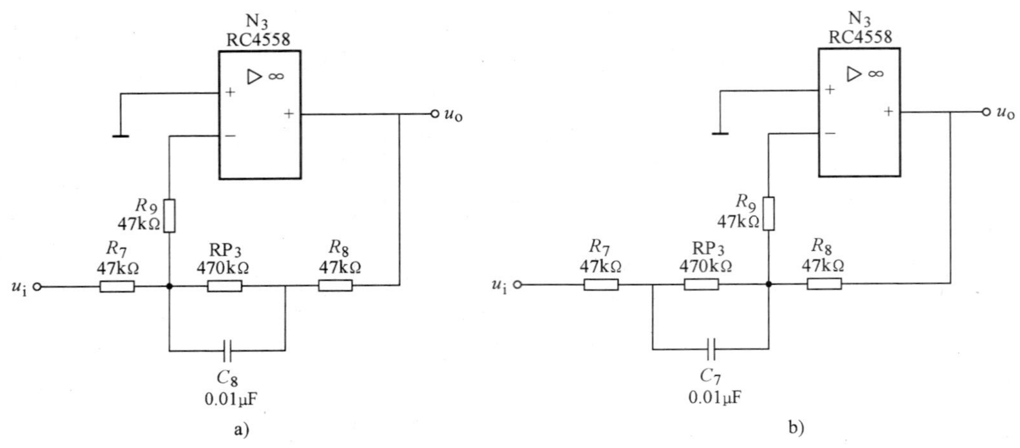

图 5-17　低频等效电路
a）低频提升电路　b）低频衰减电路

$$A(j\omega) = -[(R_{RP3}+R_8)/R_7][(1+j\omega/\omega_2)/(1+j\omega/\omega_1)]$$

其中 $\omega_1=1/(R_{RP3}C_8)$，$\omega_2=(R_{RP3}+R_8)/(R_{RP3}R_8C_8)$。

或记作 $f_{L1}=1/(2\pi R_{RP3}C_8)$，$f_{L2}=(R_{RP_3}+R_8)/(2\pi R_{RP3}R_8C_8)$。

当 $f<f_{L1}$ 时，忽略 C_8 及 R_9（虚断），则

$$A_{uL}=-(R_{RP3}+R_8)/R_7$$

当 $f=f_{L1}$ 时

$$A_{u1}=-(R_{RP3}+R_8)/(R_7\times\sqrt{2})=A_{uL}/\sqrt{2}$$

当 $f=f_{L2}$ 时

$$A_{u2}=-(R_{RP3}+R_8)/R_7\times\sqrt{2}/10=0.14A_{uL}$$

即当 $f=f_{L2}$ 时，A_u 相对于 A_{uL} 下降了 17dB，由此可见相对于中频此时低频电压增益提升，在 $f_{L1}<f<f_{L2}$ 时，调节 RP_3，电压增益提升/衰减速度为 −20dB/十倍频程。

同理可对图 5-17b 电路分析得知，$f<f_o$ 时，相对于中频，在频率下降时，电压增益呈下降趋势，下降速度为 −20dB/十倍频程。

2）当 $f>f_o$ 时，C_7、C_8 可视为短路，将电路等效后按上述方法分析得知，$f>f_o$ 时，调节 RP_5，可以提升/衰减电路的电压增益，而且在 $f_{H1}<f<f_{H2}$ 范围内，提升/衰减速度为 ±20dB/十倍频程，而且

$$f_{H1}=1/[2\pi(R_a+R_{10})C_9]$$
$$f_{H2}=1/[2\pi\times(R_{10}C_9)]$$

式中，$R_a=3R_7=3R_8=3R_9$。

当 $f>f_{H2}$ 时，$A_{uH}=-(R_a+R_{10})/R_{10}$

实际上在具体应用中，通常给出 f_L 及 f_H 的值及该处的提升/衰减量 X，再由下式求出 f_{L2}、f_{L1}、f_{H1}、f_{H2}：

$$f_{L2}=f_L\times2^{X/6}\qquad f_{L1}=f_{L2}/10$$
$$f_{H1}=f_H/2^{X/6}\qquad f_{H2}=10f_{H1}$$

如果在图 5-17 中，要求 $f_o=1\text{kHz}$，$f_L=100\text{Hz}$，$f_H=10\text{kHz}$，$A_{uL}=A_{uH}\geqslant+20\text{dB}$，并且在 100Hz 及 10kHz 处有 ±12dB 调节范围，则有

$$f_{L2} = f_L \times 2^{X/6} = 100 \times 2^{12/6}\,\text{Hz} = 400\text{Hz}$$
$$f_{L1} = f_{L2}/10 = 400/10\text{Hz} = 40\text{Hz}$$
$$f_{H1} = f_H/2^{X/6} = 10000/2^{12/6}\text{Hz} = 2.5\text{kHz}$$
$$f_{H2} = 10f_{H1} = 2.5 \times 10\text{kHz} = 25\text{kHz}$$

根据要求A_{uL}的值为$A_{uL} = (R_{RP3} + R_8)/R_7 \geqslant 10$，选择$R_{RP3} = 470\text{k}\Omega$，$R_7 = R_8 = 47\text{k}\Omega$，则有$A_{uL} = (R_{RP3} + R_8)/R_7 = 11$，满足$A_{uL} \geqslant 10$的要求。

根据$f_{L1} = 1/(2\pi R_{RP3} C_8)$，则有$C_7 = C_8 = 1/(2\pi R_{RP3} f_{L1}) = 0.008\mu\text{F}$，取$C_7 = C_8 = 0.01\mu\text{F}$；

根据$R_a = 3R_7 = 3R_8 = 3R_9$，有$R_a = 3 \times 47\text{k}\Omega = 141\text{k}\Omega$；

根据条件$A_{uH} = (R_a + R_{10})/R_{10} \geqslant 10$，则可以确定$R_{10} \leqslant R_a/9 = 141/9\text{k}\Omega = 15.7\text{k}\Omega$，取$R_{10} = 15\text{k}\Omega$；

根据$f_{H2} = 1/(2\pi R_{10} C_9)$，则有$C_9 = 1/(2\pi R_{10} f_{H1}) = 1/(2\pi \times 15 \times 10^3 \times 25 \times 10^3)\text{F} = 430\text{pF}$，取$C_9 = 470\text{pF}$，$R_{RP3} = R_{RP5} = 470\text{k}\Omega$，耦合电容取$C_5 = C_{10} = 10\mu\text{F}$，$R_{RP_4} = 50\text{k}\Omega$。

（4）前置放大器　前置放大器是将均衡器输出的电压信号进行线性放大，满足后级功放级对输入信号幅度的要求，前置放大器可由运放或分离元件构成。本实验选用集成运放构成前置放大器，如图5-18所示。

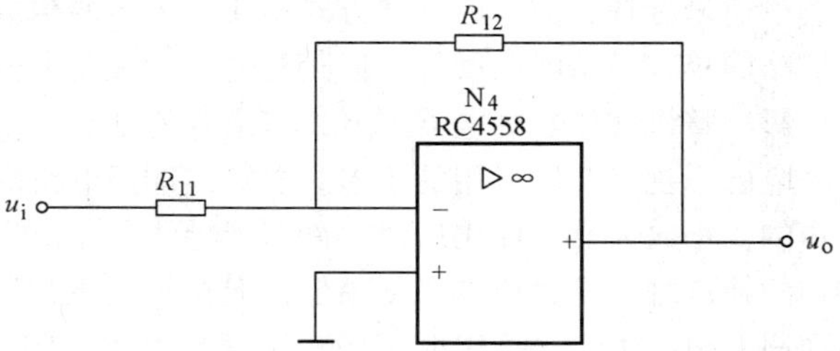

图5-18　前置放大器

该电路电压增益为

$$A_u = -R_{12}/R_{11}$$

（5）功率放大级　功率放大级的作用是将来自前置放大器的信号进行功率放大，功率放大级通常由前置电压放大器及功率放大（电流放大）两部分组成。功率放大级可以由集成电路组成，也可以由分离元件组成，一般后者性能优于前者，但为使实验简单，采用集成功率放大器。集成功率放大器的种类很多，很多半导体公司都有生产，下面介绍由TDA1521构成的集成功率放大器，本实验采用集成功率放大器TDA1521构成功率放大级，如图5-19所示。

TDA1521是PHILIPS公司生产的双声道功放，可单电源工作，也可双电源工作，在±16V电源时可获得2×12W功率。内部设置了过热保护及静噪电路，接通或断开瞬间有静噪功能，可以在接通或断开瞬间抑制不需要的输入，保护功放及扬声器。该集成功率放大电路性能优良，外围电路简单，广泛应用于大屏幕电视机的音频信号放大电路，以及其他音频设备。

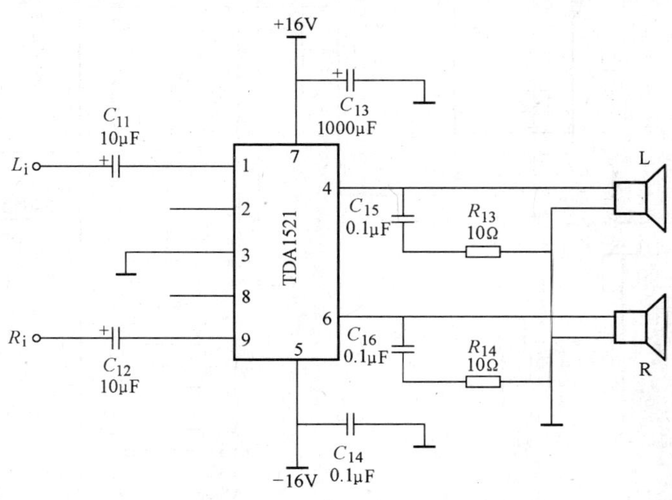

图5-19　功率放大级应用电路

图5-19中集成功率放大器TDA1521各引脚功能如下：

引脚1——非倒相输入1，引脚2——倒相输入2，引脚3——地（单电源时1/2 V_{CC}），引脚4——输出1，引脚5——负电源（单电源时为地)，引脚 6——输出 2，引脚 7——正电源，引脚 8——倒相输入 2，引脚 9——非倒相输入 2。

TDA1251 的一般参数有：

电源电压：±7 ~ ±20.0V

THD = 0.5%时输出功率（±16V电源）：12W×2（8Ω）

电压增益：30dB

TDA1521 的详细参数请参阅其数据手册。

功率放大级应用电路如图 5-19 所示，图中 C_{11}、C_{12}为耦合电容；C_{13}、C_{14}为滤波电容；R_{13}与 C_{15}、R_{14}与 C_{16}组成吸收回路（C_{15}、C_{16}可取 0.1μF），吸收扬声器线圈在电流突变时产生的反电动势，防止烧坏功放 TDA1521。

（6）音源选择电路　在音频功率放大器中，通常设有多路外部音源输入，通过相应的选择电路选择其中的某一路音源。选择方式一般有机械式、继电器式、电子式。机械式方式通过拨动选择开关选通某一音源；继电器式方式是用继电器及相应的驱动电路代替机械式选择开关，由继电器的触点来选择音源；电子式方式是用电子电路构成模拟式电子开关来选择音源。机械式方式虽然电路简单，声道隔离度好，但其对选择开关要求较高，否则频繁的拨动选择开关容易使开关老化，影响整机性能。继电器式方式声道隔离度好，但装配较复杂，另外由于继电器的使用，有一定的电磁干扰，一般采用的不多。电子式选择电路由模拟开关构成，设计灵活，装配方便，在低成本的功率放大器中应用广泛，许多半导体公司都生产出了这种用途的集成多路模拟开关。这种方式的缺点之一是通道隔离度稍低，但在一般情况下可以满足要求，缺点之二是电子开关有一定的导通电阻。本实验采用电子式音源选择电路。图 5-20 就是一种由双四选一模拟开关 HEF4052 构成电子式音源选择电路，假设音源有四路，分别为 CD、DVD、mp3-1、mp3-2，每个音源有左声道（L）和右声道（R）两路输出，用 HEF4052 中的两个四选一模拟开关分别选择四路音源的左、右声道信号。HEF4052 的技术指标和使用方法请参阅其数据手册。

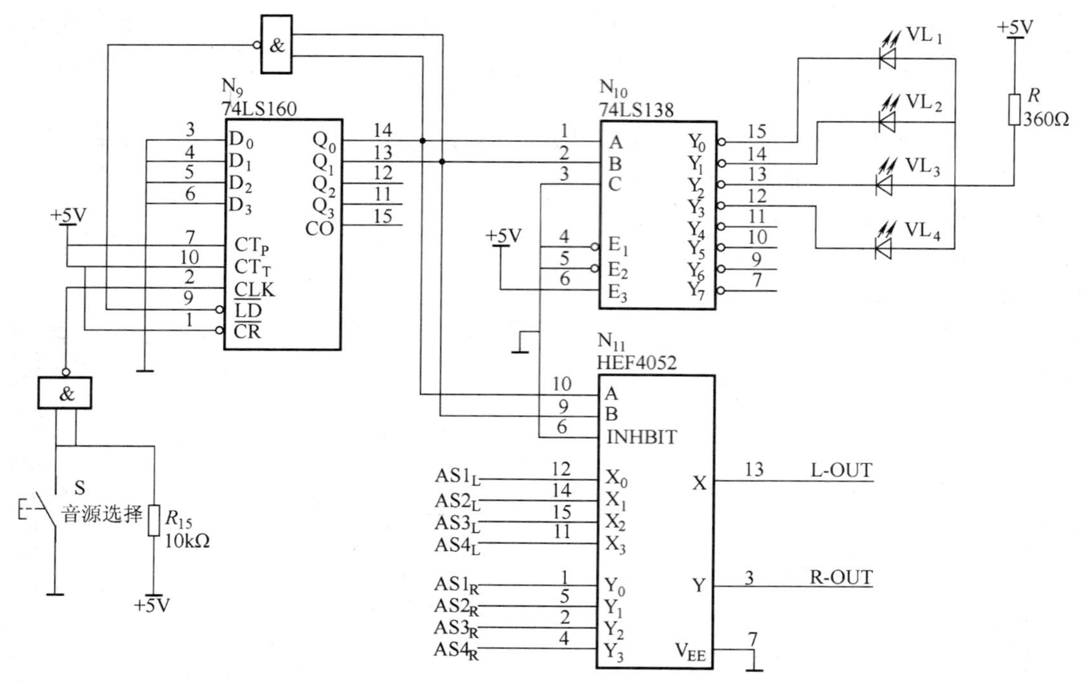

图 5-20　电子式音源选择电路

在图 5-20 电路中由同步十进制加法计数器 74LS160 构成四进制计数器（也可由其他方式构成四进制计数器），计数器输出一方面送入双四选一模拟开关 HEF4052，用以选择音源信号，另一路送入 3-8 译码器 74LS138 进行译码，其输出驱动发光二极管，显示相应的音源。图中通过按动开关 S 选择音源，每按动一次按钮，计数器值加一，计数器的输出在 0000～0011 之间循环，依次选择 4 个音源中的某一个，并且点亮相应的发光二极管，指示选择的音源。

（7）单元电路增益的分配　系统的增益（dB）应是各级电路增益（dB）之和。TDA1521 在额定输出时，若 $R_L = 8\Omega$，$\pm V_{CC} = \pm 16V$，则最大不失真输出电压为 U_{om} 大约为 9.8V。如果送话器输出以 5mV 计，系统电压增益为 66dB。

按照图 5-17 中元器件参数的选择，送话器放大器的增益为 20dB（10 倍），而混合电路和均衡电路的增益均已设计为 0 dB，功率放大器 TDA1521 内部有 30dB 的增益，所以前置放大器的增益应为（66－20－30）dB＝16 dB，实际应用中均衡电路有一定的损耗，故考虑进去 4 dB 的损耗，因此前置放大器的增益可选为 20 dB，即前置放大器为 10 倍增益放大器，由此可以确定前置放大器中电阻的取值。

（8）直流电源电路　直流电源为放大器各部分电路提供能量。电路的各部分对电源可能有不同的要求，因此，应根据电路对电压、电流、稳压系数、波纹电压等参数的不同要求来设计直流电源。本实验中选择 TDA1521 为功率放大器，根据负载电阻及输出功率的要求，选择 TDA1521 电源为 ±16V，另外，考虑到前置放大器要有足够的动态范围，选择 ±12V 电源为前置放大器、均衡电路、混合电路、送话器放大器供电，选择逻辑电路电源为 +5V，因此，该电路系统的电源电压等级为 ±16V，±12V，+5V。

在音频放大电路中，通常功率放大级电流较大，对电源的电压和电流有一定的要求，但对稳压系数和波纹系数要求不高，因此可直接用整流滤波后的直流脉动电压供电，并且为了在大动态时电压平稳，通常滤波电容的容量选得较大，当然，如果要提高音质，可用稳压电源为功率放大级供电，但电路会比较复杂，成本也会上升。而对前级部分，包括送话器放大器、前置放大器及均衡电路，最好用稳压电源供电，否则电源中的脉动成分会作为干扰信号逐级放大，产生噪声，另外，功率放大级大动态时引起的电压下跌也会影响前级放大电路工作，从而影响系统的失真度，因此前级部分要采用稳压电源供电。一般情况下，前级功耗较小，三端稳压器提供的电流足以满足要求，因此选用三端稳压器为前级提供稳压电源，这样电路设计会比较简单。

1）电源部分电路原理图　电源部分电路原理图如图 5-21 所示。

2）元器件参数的确定　滤波电容的容量可由计算而得，计算方法在模拟电子技术的教材中一般都有介绍。但是在工程设计中，一般按经验选取容量，而且考虑到音频功率放大器功率放大级在大动态的瞬间输出电流很大，因此一般功率放大级电源的滤波电容容量通常会选得较大，故图 5-20 中 C_{17}、C_{18} 选用 4700μF 的电解电容器（有些大功率的商品功率放大器中该电容容量选得更大，达 10000～22000μF），耐压应大于（16×1.4）V＝22.4V，取 25V（工程上，电容耐压通常取电路额定工作电压的 1.4～2 倍），C_{21}、C_{23}、C_{25} 取 220μF，耐压大于（12×1.4）V＝16.8V，取 25V，C_{19}、C_{20}、C_{22}、C_{24}、C_{26} 为高频退耦电容，同时还可以降低电源的高频内阻，一般选取电感比较小的聚酯或聚丙烯电容，要求不高的地方也可选用价格较低的涤纶电容，耐压选 50V 或 63V。

该放大器的功耗主要在功率放大级，小信号部分功耗相对较小，所以估算电源变压器容量时，主要考虑功率放大部分。功放输出级最大不失真输出电压幅值为 9.8V，则其电压最大值约为 13.9V，输出电流最大值约为 1.7A，加上小信号电路的功耗及电流裕量，取 $I_{OMAX} = 2A$，所以变压器二次侧输出功率为

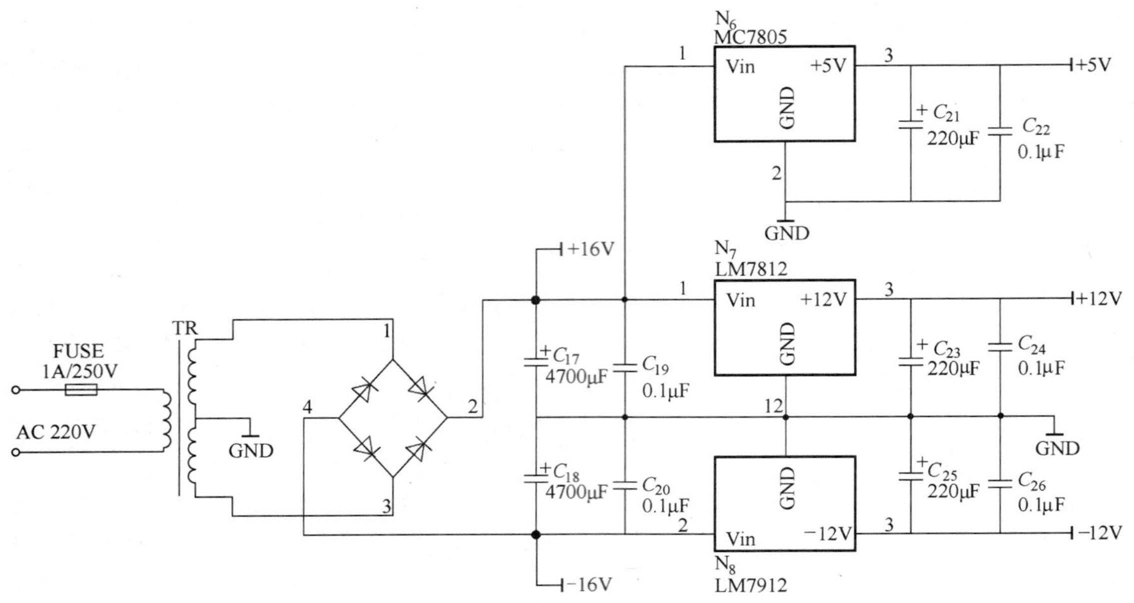

图 5-21　电源原理图

$$P_o = (16 \times 2)\ \mathrm{W} = 32\mathrm{W}$$

设变压器效率为 $\eta = 0.8$，则变压器功率

$$P = 32\mathrm{W}/0.8 = 40\mathrm{W}$$

如果两个声道同时使用，则取变压器功率容量为 80W。变压器二次绕组（双绕组）输出电压为

$$U_o = 16\mathrm{V}/1.2 = 13.3\ \mathrm{V}$$

取 $U_o = 13.5\mathrm{V}$。

故电源变压器可选用功率为 80W，二次输出电压为双 13.5V，或二次输出电压 27V，有中心抽头的变压器。熔丝选用 1A/250V，整流二极管（或桥堆）选用 5A/50V。

（9）元器件的选择　由于要求输出功率为 2×12W，功率放大器可选用 TDA1521，它在 ±16V电源时可输出 2×12W 功率（$THD \leqslant 0.5\%$）。运算放大器可选用性能较好的通用型双运算放大器，如 RC4558，LM833，LM353，NE5532 等，它们的封装形式和引脚排列都是相同的，可以互换。

电解电容选用 CD11 系列铝电解电容，耐压均选 25V，薄膜电容均选用聚脂膜电容，耐压选 50V 或 63V。电阻除 R_{13}、R_{14}选 RJ 系列 10Ω/1W 电阻以外，其他均选 RT14 系列 1/4W、5% 精度的碳膜电阻器，或选用 1/4W 的金属膜电阻。电位器 RP_1、RP_2、RP_3、RP_4、RP_5 选用 WHX-2 型合成碳膜电位器。

（10）系统电路原理图　将图 5-14、图 5-15、图 5-16、图 5-17、图 5-18、图 5-19、图 5-20 和图 5-21 连接起来，就是系统的电路原理图。

5. 电路的安装和调试

本实验就是一个小型电子电路系统，为使电路能够正常工作，必须合理排布元器件，正确走线，认真调试。

（1）元器件布局及走线应注意事项

1）大信号部分和小信号部分分开布局，模拟部分和数字部分分开布局。

2）具有较强电磁干扰的部分如大功率电路和电源变压器等应远离小信号部分，必要时可对小信号部分或大信号部分进行屏蔽处理。

3）元器件布局时要使信号的走线尽可能短，元器件引脚不可接错。

4）避免信号近距离平行走线，特别注意不能将大小信号近距离平行走线，以防止互相耦合干扰，尤其是大信号对小信号的耦合干扰。

5）数字地和模拟地要分开，大信号部分和小信号部分的地要分开，各单元电路采用一点接地法，将各自的地线分别单独接到电源滤波电容的接地端。如果地线处理不好，电路工作时可能会出现交流哼声，影响电路的信噪比。

6）若电位器上通过交流信号，当电位器引出电路板时，要用屏蔽线连接，屏蔽层一端接地，要注意屏蔽层不可做地线使用。

7）要保证发热元器件通风良好，TDA1521 要安装散热器，散热器大小的选择请参阅有关资料。电解电容要避免靠近发热元器件和散热器，以防止长时间的高温使电解液干涸，电解电容失效。

8）电源线和地线要加粗，地线不可在电路板中构成闭合回路，以防感应形成干扰。

（2）电路调试　元器件安装完毕后，要对电路做一详细检查，确认安装无误方可通电。通电后先检查电路有无明显异常现象，若有异常现象，说明有故障，应予以排除，若无异常现象则开始调试。调试时先分级调试，然后级连调试，分级调试分为静态调试和动态调试。

1）静态调试　将信号输入端对地短路，测量各级电路关键点的直流电压，看看是否正常，若不正常，检查电路，排除故障。如运放为正负电源对称供电时，输出点直流电位应为0V．若不为0V，则电路有故障，应检查并予以排除。检查电路是否有自激现象。

2）动态调试　分别在各级电路的输入端接入输入信号（一般是一定幅度和频率的正弦波信号），用示波器观察关键点上的波形是否正常，信号幅值是否符合要求，若有故障，检查并及时排除。

3）级连调试　在动态调试完成后，可将各级连接起来进行级连调试。确认电路没有明显异常情况后，在 MIC 的输入端加入 5 ~ 10mV 正弦信号，检查各级电路是否正常，若不正常，则从前级开始，逐级向后检查并排除故障，然后调节各电位器，检查是否受控，控制是否正确。检查音源选择电路工作是否符合要求。

4）测试　电路通电，进行最大不失真输出功率测试。严格的最大不失真功率测试方法比较复杂，实验室一般不具备条件。可采用简化的方法进行测试：功率放大器输出端接 8Ω 扬声器做负载，在外部音源输入端加上频率为 1kHz 的正弦波信号，改变输入信号的幅值，用示波器观察负载两端的电压波形，用失真度测试仪测量出失真度为 0.5% 时的最大不失真输出电压幅值，计算得到最大不失真输出功率。

5）整机试听　确认以上级连调试正常无误后，在电路输入端加入一音源信号，接通送话器，检查并试听各项功能。

以上只对音频功率放大器设计和制作的基本知识作了简要的介绍，在实际的工程设计中，情况要比上面介绍的复杂，还要涉及更多的技术指标、元器件知识，可能会采用一些新颖的电路技术，满足功能和技术指标的要求，有兴趣的读者请参阅有关资料。

6. 实验报告要求

分析实验任务，选择技术方案；画出电路原理图；对所设计的电路进行综合分析，包括工作原理和设计方法，对设计的电路进行仿真并对仿真结果进行分析；写出调试步骤和测试结果，列出实验数据；画出关键点信号的波形；对实验数据和电路的工作情况进行分析，得到实验结论；写出收获和体会。

①画出原理电路图。

②列出实验数据并进行分析。

③写出实验收获与体会。

5.3 数字电子技术综合性实验

5.3.1 8路呼叫器实验

1. 实验任务

设计一个8路呼叫器，具体要求如下：

当某一路有呼叫时，能显示该路的编号，同时给出声光报警信号，报警时间为2s左右，报警状态可以手动切除。

2. 实验目的

通过本实验熟悉优先编码器、锁存器、译码/驱动电路、单稳态电路、多谐振荡器等电路的工作原理和使用方法，并用这些电路构成一个小型数字系统。

3. 参考设计方案

（1）原理框图　能够实现设计任务要求的方案很多，这里介绍其中的一种，呼叫器原理框图如图5-22所示。

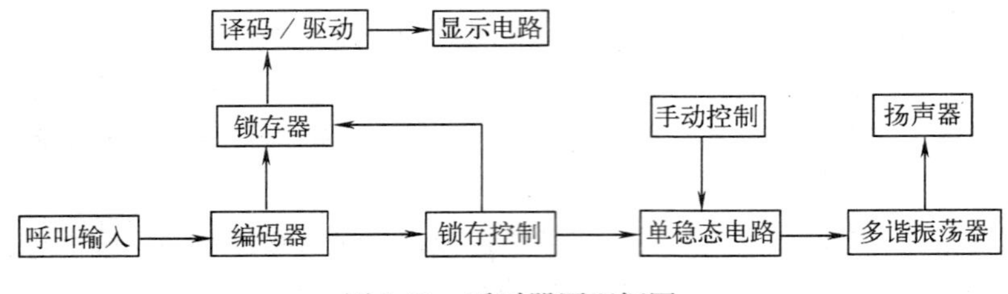

图5-22　呼叫器原理框图

如果某一路有呼叫请求，则该呼叫信号被送入8-3优先编码器进行编码，编码输出经锁存后，送入显示电路，显示这一路的编号。同时锁存控制信号触发单稳态电路，产生脉宽大约2s的脉冲信号控制多谐振荡器，多谐振荡器输出2s的报警信号，报警状态可以用手动按键消除。

（2）参考电路

1）编码/锁存/锁存控制电路　编码/锁存/锁存控制电路如图5-23所示。

当S_0～S_7中某一个按键按下时，表明该路有呼叫，在74LS148的输出端有相应的编码输出。同时由于按键的按下，八输入与非门的输出CONT＝1，该信号使锁存器74LS373的LE＝1，锁存器将输入信号锁存起来。比如S_1按键按下时，表明S_1所在的这一路有呼叫，这时74LS148的数据输入端1输入低电平，74LS148的输出对应的编码信号CBA ＝110（74LS148输出低电平有效），则锁存器的输入端$D_2D_1D_0$＝001，同时由于S_1按键的按下，与非门输出CONT＝1，锁存器将输入信号锁存起来，在锁存器的输出端输出 $Q_2Q_1Q_0$ = 001，同时 CONT 信号触发单稳态电路（见图 5-24）。

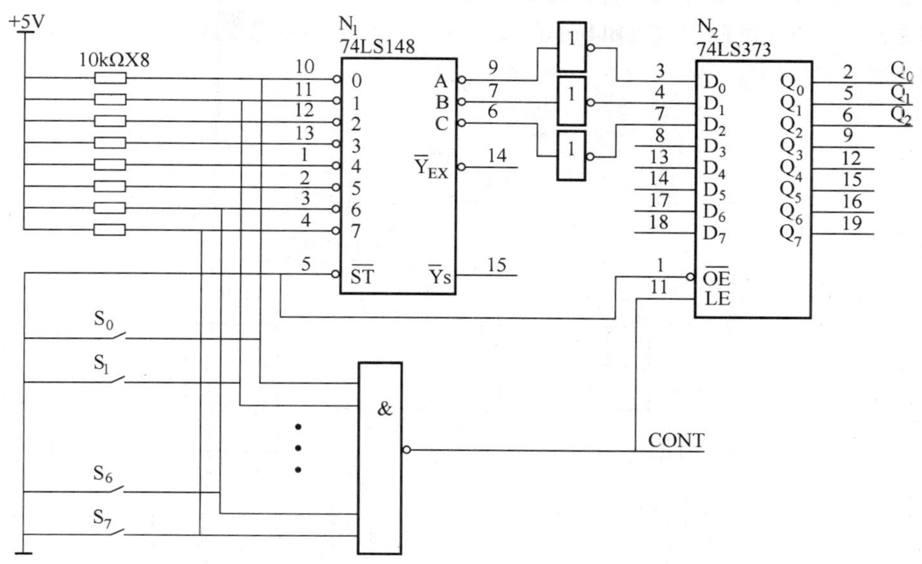

图 5-23　编码/锁存/锁存控制电路

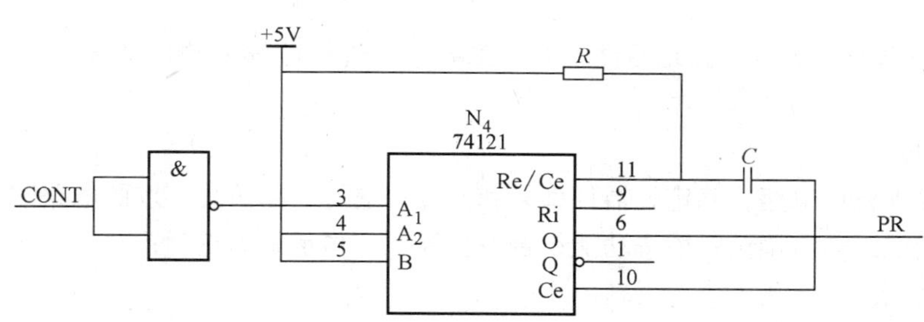

图 5-24　单稳态电路结构

显示电路比较简单，只需将锁存器 74LS373 输出的 Q_2、Q_1、Q_0分别送入译码/驱动电路（如 7448、CD4511 等）即可，然后译码/驱动电路驱动七段 LED 就可以显示了。

2）单稳态电路　单稳态电路的作用是将锁存控制信号 CONT（实际上是一个上升沿脉冲）转换为宽度为 2s 的脉冲信号，可以采用集成单稳态触发器实现。由于下降沿触发的集成单稳态触发器 74LS121 的输出脉宽可以通过外接电阻和电容的值方便设定，因此本实验选用 74LS121 构成输出脉宽为 2s 的单稳态触发器，单稳态电路结构如图 5-24 所示，采用下降沿触发方式（也可采用上升沿触发方式）。由于锁存控制信号 CONT 为上升沿脉冲，因此将其反相后作为 74LS121 的触发脉冲。

根据该电路脉冲宽度的表达式

$$t_W = 0.69RC$$

取 R = 100kΩ，根据 $0.69RC = 2s$，则有 $C = 29\mu F$，取 33μF。

图 5-24 中的单稳态电路也可以用 555 电路实现。

3）手动控制电路/报警电路　手动控制电路的作用是在报警状态能够通过按键手动消除报

警，可以采用图 5-25 所示电路。图中 SB_8 为手动消除报警按键。NE555 和外围电路构成多谐振荡器，调节 R_1、R_2 和 C 的参数选择一个合适的谐振频率。图中的非门用两输入与非门代替，这种设计方法可以减少所用器件的种类和数量（因为 74LS00 内部有 4 个两输入与非门，电路中只用了一部分，还有剩余的门，故可用与非门代替非门，而不必另选集成非门），这种方法是工程中常用的方法。

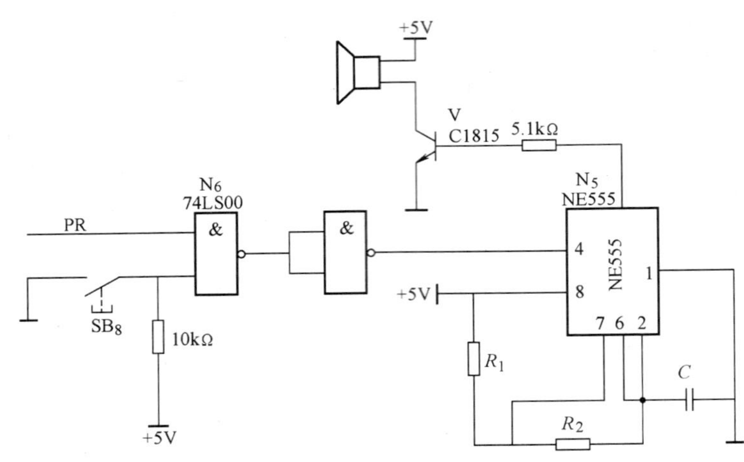

图 5-25　手动控制及报警电路

（3）元器件选择　本实验对元器件没有特殊要求，选用能够实现功能要求的通用元器件即可。

4. 实验内容

按照实验要求设计电路，确定元器件型号和参数；进行电路仿真；按照电路图在实验板上搭建电路，检查无误后通电调试；检查功能是否符合要求，指示是否正确；对测试结果进行详细分析，得出实验结论。

5. 实验报告要求

分析实验任务，选择技术方案；确定原理框图；画出电路原理图；对所设计的电路进行综合分析，包括工作原理和设计方法；进行仿真并对结果进行分析说明；写出调试步骤和调试结果，列出实验数据，画出关键点的波形；对实验数据和电路的工作情况进行分析，得出实验结论；写出收获和体会；请思考以上设计方案中还有哪些可改进的地方？

5.3.2　脉冲序列发生器实验

1. 实验任务

设计并制作一个脉冲序列发生器，周期性的产生脉冲序列 101001101001。

2. 实验目的

通过本实验，进一步熟悉多谐振荡器、计数器、数据选择器的用法，掌握脉冲序列发生器的设计方法。

3. 参考电路

（1）设计方案　周期性脉冲序列发生器的实现方法很多，可以由触发器构成，可以由计数器外加组合逻辑电路构成，可以由 GAL 构成，也可以由 CPLD/FPGA 构成等。本设计采用由计数器加多路数据选择器的设计方案，脉冲序列发生器原理框图如图 5-26 所示。

（2）参考设计　脉冲序列发生器需要一个时钟信号，可采用由 TTL 非门和石英晶体振荡器构成的串联式多谐振荡器产生时钟信号，如图 5-27 所示。

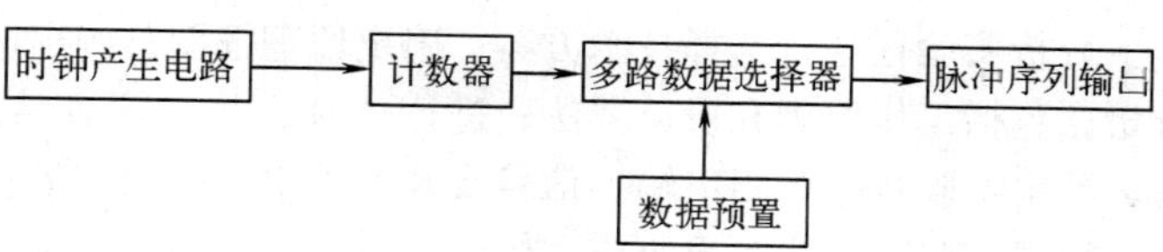

图 5-26　脉冲序列发生器原理框图

主电路部分如图 5-28 所示，图中 74LS161 和与非门构成十二进制计数器，之所以设计十二进制计数器，是因为脉冲序列的宽度为 12 位。图中数据选择器采用八选一模拟开关 CC4051 也可采用数据选择器 74LS151 实现。

（3）元器件选择　本实验中对元器件没有特殊要求，选用通用元件即可。

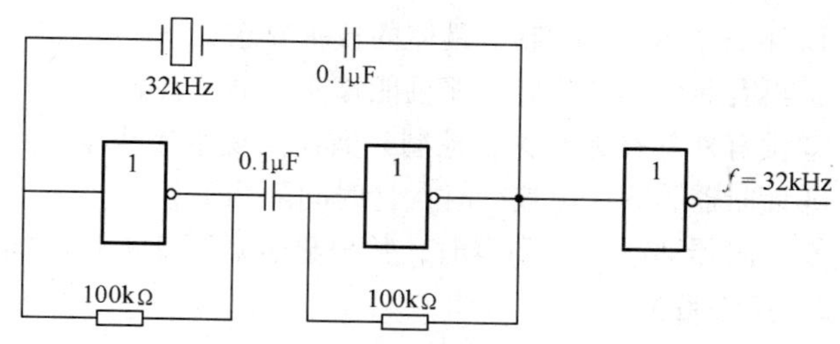

图 5-27　时钟信号产生电路

4. 实验内容

按照实验要求设计电路，确定元器件型号和参数；进行电路仿真；按图在实验板上搭建电路，检查无误后通电调试；测量时钟波形和输出波形，检查是否符合要求。对测试结果进行详细分析，得出实验结论。

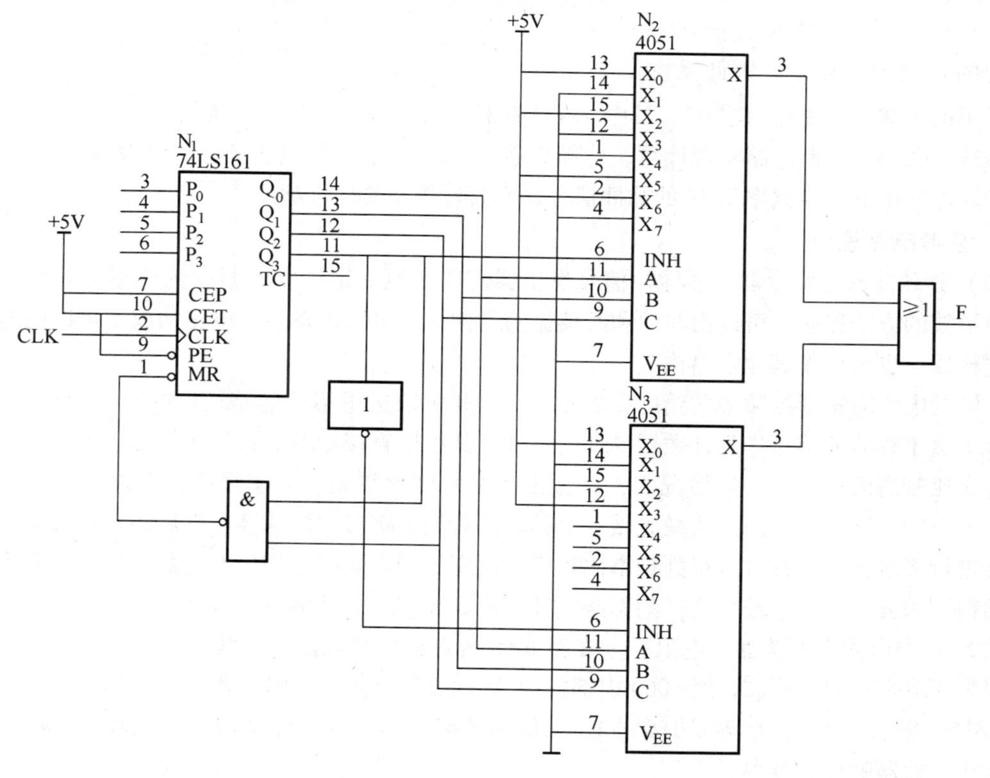

图 5-28　主电路部分

本实验中对元器件没有特殊要求，选用通用元器件即可。

5. 实验报告要求

分析实验任务，选择技术方案；确定原理框图；画出电路原理图；对所设计的电路进行综合分析，包括工作原理和设计方法；进行仿真，并对仿真结果分析说明，写出调试步骤和调试结果，列出实验数据，画出输出信号及其他关键信号的波形；对实验数据和电路的工作情况进行分析，得出实验结论；写出收获和体会。

5.3.3 篮球竞赛30s计时器实验

1. 实验任务

设计一个30s计时器，具体的技术要求如下：

①具有30s计时功能，并且能够实时显示计数结果。

②设有外部操作开关，控制计数器实现直接清零、启动以及暂停/连续工作等操作。

③计时器为30s递减计时，计时间隔为1s。

④计时器递减计时到零时，数码显示器不能灭灯，同时发出光电报警信号。

2. 实验目的

通过本实验，熟悉计数器、振荡器、显示电路的设计方法，同时熟悉数字系统设计中不同数字信号之间时序配合的设计方法。

3. 参考设计方案

本实验的核心部分是要设计一个30s计数器，并且对计数结果进行实时显示，同时要实现设计任务中提到的各种控制要求，因此系统可以采用图5-29所示的技术方案。其中30s计数器和控制电路是整个系统的核心部分，30s计数器为递减计数器，控制电路实现计数、外部清零、启动计数、暂停/连续、译码/显示、报警等控制。秒脉冲发生器产生频率为1s的脉冲信号，作为计数器的计时脉冲。

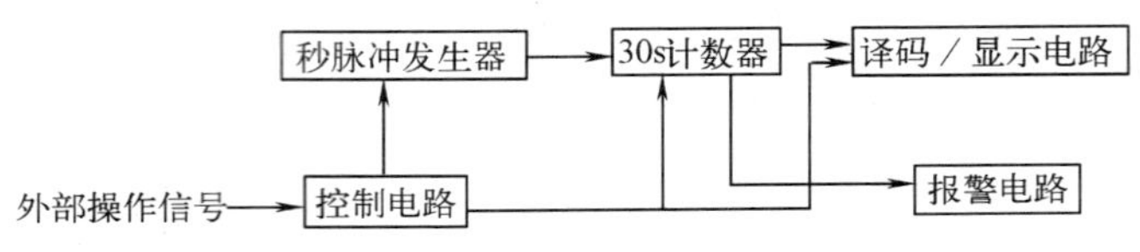

图5-29 篮球竞赛30s计时器原理框图

4. 参考电路设计

（1）秒脉冲信号发生器　秒脉冲信号发生器需要产生一定精度和幅度的矩形波信号。实现这样矩形波的方法很多，可以由非门和石英振荡器构成，可以由单稳态电路构成，可以由施密特触发器构成，也可以由其他电路构成。

不同的电路对矩形波频率的精度要求不同，由此可以选用不同电路结构的脉冲信号发生器。本实验中由于秒脉冲信号作为计数器的计时脉冲，其精度直接影响计数器的精度，因此要求秒脉冲信号有比较高的精度。一般情况下，要做出一个精度比较高、频率很低的振荡器有一定的难度，工程上解决这一问题的办法是先做一个频率比较高的矩形波振荡器，然后将其输出信号通过计数器进行多级分频，就可以得到频率比较低、精度比较高的脉冲信号发生器，其精度取决于振荡器的精度和分频级数。按照这样的思路设计出图5-30所示的秒脉冲信号发生器。

图5-30中由陶瓷振荡器、电阻、电容和4060内含的振荡电路共同构成32768Hz振荡器，产生频率为32768Hz的矩形波，经4060内部的14级计数器分频，得到频率为2Hz的矩形波，然后由74LS160进行二分频，在74LS160的Q_0端得到频率为1Hz的秒脉冲信号，用该脉冲作为三十进制减法计数器的计数脉冲。

（2）30s减法计数器　30s减法计数器采用74LS192设计，74LS192是十进制同步加法/减法计数器，采用8421BCD码编码，具有直接清零、异步置数功能，表5-1为其功能表。

由功能表可以看出，当 $\overline{LD}=1$，CR = 0，CPD = 1 时，如果有时钟脉冲加到 CPU 端，则计数器在预置数的基础上进行加法计数，当计数到 9（1001）时，$\overline{CO}$端输出进位下降沿跳变脉冲；当 $\overline{LD}=1$，CR = 0，CPU = 1 时，如果有时钟脉冲加到 CPD 端，则计数器在预置数的基础上进行减法计数，当计数到 0（0000）时，$\overline{BO}$ 端输出借位下降沿跳变脉冲。由此设计出三十进制减法计数器，如图 5-31 所示。图中预置数为 $N=(00110000)_{8421BCD}=(30)_{10}$，当低位计数器（$N_4$）的借位输出端 $\overline{BO}$ 输出借位脉冲时，高位计数器才进行减法计数。当计数到高、低位计数器都为零时，高位计数器（N_3）的借位输出端 $\overline{BO}$ 输出借位脉冲，使 N_3 置数端 $\overline{LD}=0$，则计数器完成置数（置 0），在 CPD 端输入脉冲的作用下，进行下一循环的减法计数。

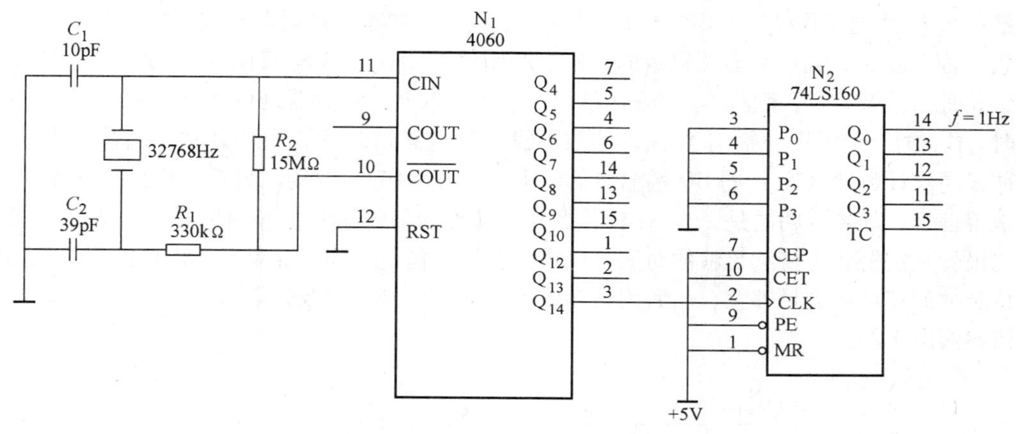

图 5-30　秒脉冲信号发生器

表 5-1　74LS192 的功能表

CPU	CPD	$\overline{LD}$	CR	操作
×	×	0	0	置数
↑	1	1	0	加计数
1	↑	1	0	减计数
×	×	×	1	清零

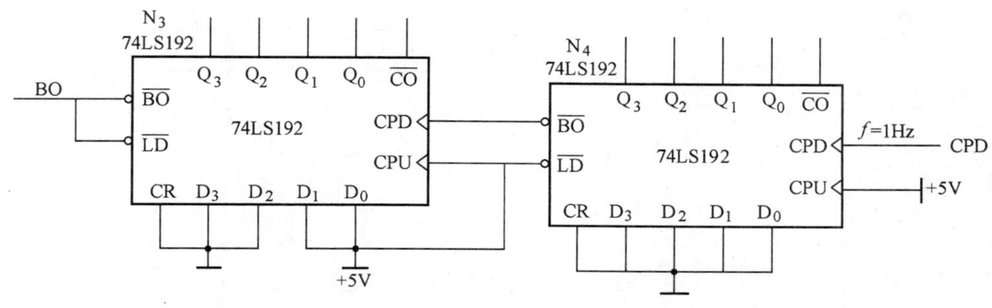

图 5-31　三十进制减法计数器

(3) 控制电路　按照系统的要求，电路应该完成以下 4 个功能：

1) 当操作直接清零按键时，要求计数器清零。

2) 当启动按键闭合时，控制电路应封锁时钟信号 CP（秒脉冲信号），同时计数器完成置数功能，显示器显示 30s 字样。当启动按键释放时，计数器开始减法计数。

3) 当暂停/连续开关处于暂停状态时，控制电路封锁计数脉冲，计数器停止计数，显示器显示原来的数，而且保持不变，当暂停/连续开关处于连续状态时，计数器正常计数，另外，外部操作开关都应采取消抖措施，以防止机械抖动造成电路工作不稳定。

4) 当计数器递减到零时，控制电路输出报警信号，计数器保持状态不变。

按照以上要求设计图 5-32 所示参考电路，图中 S_2 拨向清零端时，74LS192 的 CR =1，计数器清零；当 S_2 拨向工作端时，CR = 0，计数器进入工作状态，这时，若按下启动按键 S_1，计数器置数，若释放 S_1，则计数器在置数的基础上开始递减计数。当 S_3 拨向连续端时，G_4 输出为高电平，此时如果 BO =1，则将 G_2 打开，秒脉冲进入计数器，计数器进行连续计数；当 S_3 拨向暂停端时，G_4 输出低电平，将 G_2 封锁，计数器没有计数脉冲送入，暂停计数。当计数器计满 30 个脉冲，高位计数器（N_5）的 BO 端输出低电平，一方面将 G_2 封锁，另一方面点亮发光二极管，发出报警信号。需要说明的是，当 N_5 计数到 0 时输出的借位信号持续时间很短，为了使得报警发光二极管在报警状态持续足够的时间，可用锁存器将借位脉冲锁存起来，也可以用单稳态电路将借位脉冲的宽度展到足够宽，然后用锁存或展宽后的信号控制报警电路。用单稳态电路展宽的方法请参阅图 5-24。

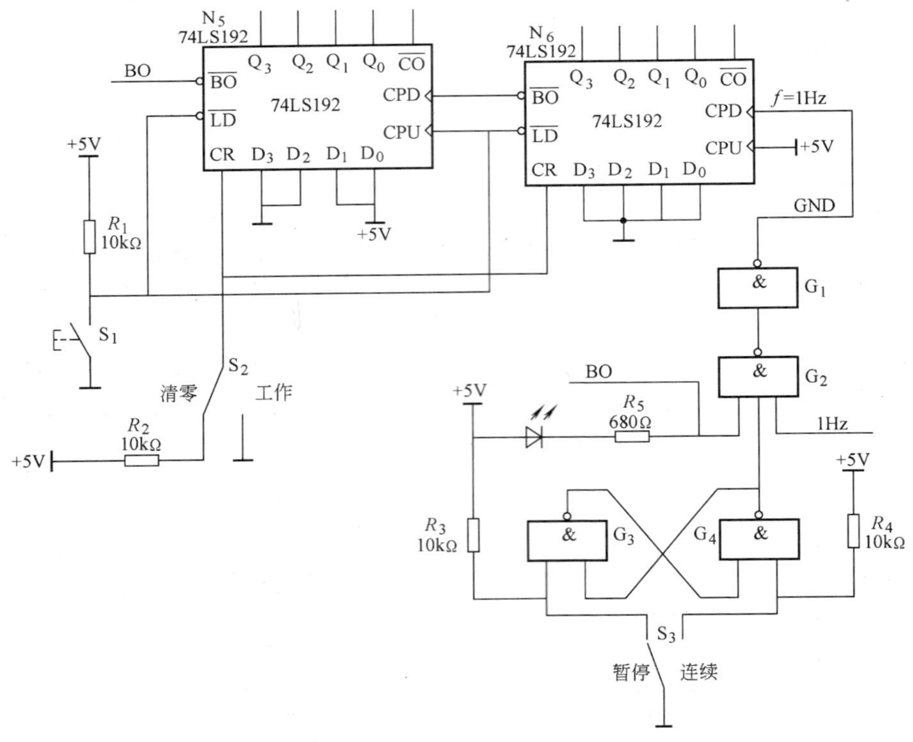

图 5-32　三十进制计数器控制电路

译码电路和显示电路比较简单，请自行设计。

（4）主要元器件　CC4060、74LS192、74LS160、74LS00、74LS10、七段 LED 显示器、发光二极管、按键、32768Hz 陶瓷振荡器、电阻、电容等。

5. 实验内容

按照实验要求设计电路，确定元器件型号和参数；进行电路仿真；按图在实验板上搭建电路，检查无误后通电调试；检查功能是否符合要求，指示是否正确；对测试结果进行详细分析，得出实验结论。

6. 实验报告要求

分析实验任务，选择技术方案；确定原理框图；画出电路原理图；对所设计的电路进行综合分析，包括工作原理和设计方法；进行电路仿真并对结果进行分析说明；写出调试步骤和调试结果，列出实验数据；画出关键信号的波形；对实验数据和电路的工作情况进行分析，得出实验结论；写出收获和体会。

5.3.4　交通灯控制器实验

1. 设计任务

设计一个十字路口的交通信号灯控制器，控制 A、B 两条交叉道路上的车辆通行，具体要求如下：

1）每条道路设一组信号灯，每组信号灯由红、黄、绿 3 个灯组成，绿灯表示允许通行，红灯表示禁止通行，黄灯表示该车道上已过停车线的车辆继续通行，未过停车线的车辆停止通行。

2）每条道路上每次通行的时间为 25s。

3）每次变换通行车道之前，要求黄灯先亮 5s，才能变换通行车道。

4）黄灯亮时，要求每秒钟闪烁一次。

2. 实验目的

通过本实验熟悉用中规模集成电路进行时序逻辑电路和组合逻辑电路设计的方法，掌握简单数字控制器的设计方法。

3. 参考设计方案

图 5-33 为交通灯控制器的一个参考设计方案。

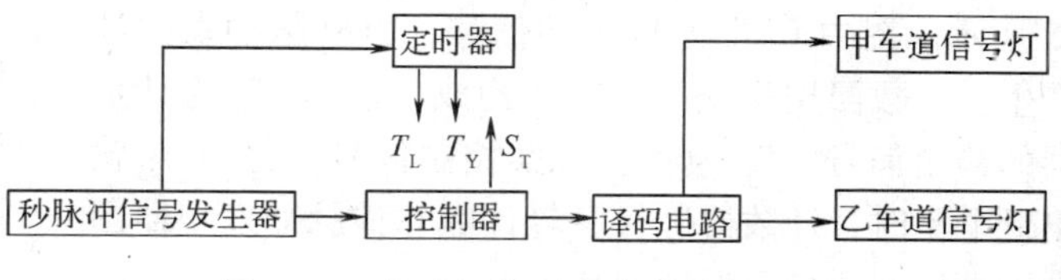

图 5-33　交通灯控制器参考设计方案

在这一方案中，系统主要由控制器、定时器、秒脉冲信号发生器、译码器、信号灯组成。其中控制器是核心部分，由它控制定时器和译码器的工作，秒脉冲信号发生器产生定时器和控制器所需的标准时钟信号，译码器输出两路信号灯的控制信号。

T_L、T_Y 为定时器的输出信号，S_T 为控制器的输出信号。

当某车道绿灯亮时，允许车辆通行，同时定时器开始计时，当计时到 25s 时，则 T_L 输出为 1，否则，$T_L=0$；

当某车道黄灯亮后，定时器开始计时，当计时到 5s 时，T_Y输出为 1，否则 $T_Y = 0$。

S_T 为状态转换信号，当定时器计数到规定的时间后，由控制器发出状态转换信号，定时器开始下一个工作状态的定时计数。

一般情况下，十字路口的交通信号灯工作状态如下：

1）A 车道绿灯亮，B 车道红灯亮，此时 A 车道允许车辆通行，B 车道禁止车辆通行。当 A 车道绿灯亮够规定的时间后，控制器发出状态转换信号，系统转入下一个状态。

2）A 车道黄灯亮，B 车道红灯亮，此时 A 车道允许超过停车线的车辆继续通行，而未超过停车线的车辆禁止通行，B 车道禁止车辆通行。当 A 车道黄灯亮够规定的时间后，控制器发出状态转换信号，系统转入下一个状态。

3）A 车道红灯亮，B 车道绿灯亮。此时 A 车道禁止车辆通行，B 车道允许车辆通行，当 B 车道绿灯亮够规定的时间后，控制器发出状态转换信号，系统转入下一个状态。

4）A 车道红灯亮，B 车道黄灯亮。此时 A 车道禁止车辆通行，B 车道允许超过停车线的车辆继续通行，而未超过停车线的车辆禁止通行。当 B 车道绿灯亮够规定的时间后，控制器发出状态转换信号，系统转入下一个状态——1）中描述的状态。

由以上分析看出，交通信号灯有 4 个状态，可分别用 S_0、S_1、S_3、S_2 来表示，并且分别分配状态编码为 00、01、11、10，由此得到控制器的状态，如表 5-2 所示。

表 5-2　控制器的状态表

控制器状态	信号灯状态	车道运行状态
S_0（00）	A 绿灯，B 红灯	A 车道通行，B 车道禁止通行
S_1（01）	A 黄灯，B 红灯	A 车道过线车通行，未过线车禁止通行，B 车道禁止通行
S_3（11）	A 红灯，B 绿灯	A 车道禁止通行，B 车道通行
S_2（10）	A 红灯，B 黄灯	A 车道禁止通行，B 车道过线车通行，未过线车禁止通行

图 5-34 画出了控制器的状态转换图，图中 T_Y 和 T_L 为控制器的输入信号，S_T 为控制器输出信号。

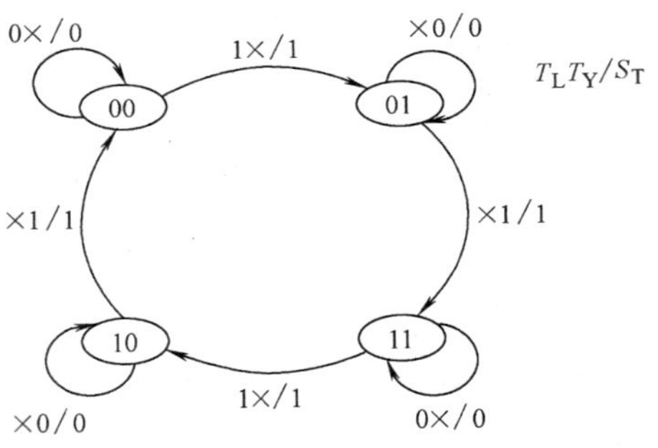

图 5-34　控制器的状态转换图

4. 参考电路设计

（1）定时器电路　以秒脉冲作为计数器的计数脉冲，设计一个二十五进制和五进制的计数器，如图 5-35 所示。图中 CLK 为秒脉冲信号，由秒脉冲发生器产生。计数器用两块 74LS163 构成，T_Y 和 T_L 为计数器的输出信号。S_T 为状态转换控制信号，每当 S_T 输出低电平时，计数器进行一轮计数。秒脉冲发生器图中未画出，请自行设计。

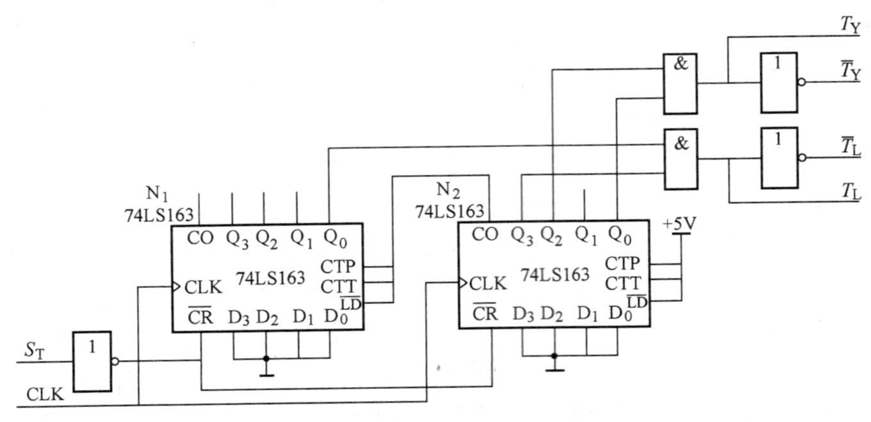

图 5-35　定时器电路

（2）控制器电路　按照图 5-34 中的状态转换图，控制器有 4 个状态，因此可由两个触发器构成，本设计中选用两个 D 触发器产生 4 个状态。控制器的输入为触发器的现态以及 T_L 和 T_Y，控制器的输出为触发器的次态和控制器状态转换信号 S_T，由此得到表 5-3 所示的状态转换表。

表 5-3　控制器状态转换表

输入				输出		
现态		状态转换条件		次态		状态转换信号
Q_1^n	Q_0^n	T_L	T_Y	Q_1^{n+1}	Q_0^{n+1}	S_T
0	0	0	×	0	0	0
0	0	1	×	0	1	1
0	1	×	0	0	1	0
0	1	×	1	1	1	1
1	1	0	×	1	1	0
1	1	1	×	1	0	1
1	0	×	0	1	0	0
1	0	×	1	0	0	1

根据表 5-3，写出状态方程和状态转换信号方程为

$$Q_1^{n+1}=\overline{Q_1^n}Q_0^nT_Y+Q_1^nQ_0^n+Q_1^n\overline{Q_0^n}\;\overline{T_Y}$$

$$Q_0^{n+1}=\overline{Q_1^n}\,\overline{Q_0^n}T_L+\overline{Q_1^n}Q_0^n+Q_1^nQ_0^n\;\overline{T_L}$$

$$S_T=\overline{Q_1^n}\,\overline{Q_0^n}T_L+\overline{Q_1^n}Q_0^nT_Y+Q_1^n\overline{Q_0^n}T_Y+Q_1^nQ_0^nT_L$$

以上 3 个逻辑函数可用多种方法实现，本设计选用四选一数据选择器 74LS153 来实现，这种实现方法比较简单。触发器采用双 D 触发器 74LS74。设计中将触发器的输出看作逻辑变量，将 T_Y、T_L 看作输入信号，按照由数据选择器实现逻辑函数的方法实现以上 3 个逻辑函数，由此得到控制器的原理图，如图 5-36 所示。图中 R 和 C 构成上电复位电路，保证触发器的初始状态为 0，触发器的时钟输入端输入 1Hz 秒脉冲。

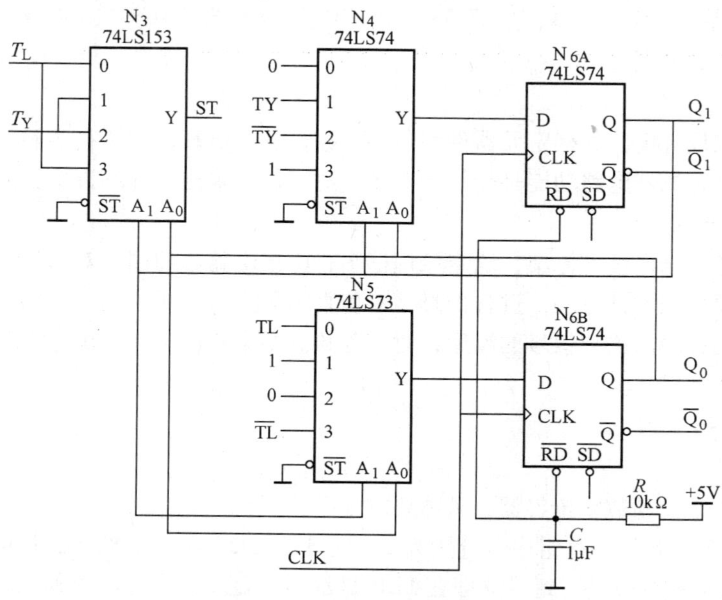

图 5-36　控制器电路图

（3）译码器　译码器的作用是将控制器输出 Q_1、Q_0 构成的4种状态转换成为A、B车道上6个信号灯的控制信号。

定义：A车道绿灯亮为AG=1，A车道绿灯灭为AG=0；A车道黄灯亮为AY=1，A车道黄灯灭为AY=0；A车道红灯亮为AR=1，A车道红灯灭为AR=0。B车道绿灯亮为BG=1，B车道绿灯灭为BG=0；B车道黄灯亮为BY=1，B车道黄灯灭为BY=0；B车道红灯亮为BR=1，B车道红灯灭为BR=0。

则有表5-4所示的译码器输入和输出之间的对应关系。

表5-4　控制器输出与信号灯之间的对应关系

状态（Q_1Q_0）	AG	AY	AR	BG	BY	BR
0　0	1	0	0	0	0	1
0　1	0	1	0	0	0	1
1　1	0	0	1	1	0	0
1　0	0	0	1	0	1	0

由表5-4可以写出AG、AY、AR、BG、BY、BR与 Q_1 和 Q_0 之间的逻辑关系：

$$AG=\overline{Q}_1\overline{Q}_0,\quad AY=\overline{Q}_1Q_0,\quad AR=Q_1$$

$$BG=Q_1Q_0,\quad BY=Q_1\overline{Q}_0,\quad BR=\overline{Q}_1$$

由此可以设计出译码电路，译码电路的输入信号为 Q_1、$\overline{Q}_1$、Q_0、$\overline{Q}_0$，也就是图5-36中控制器电路的输出，译码电路的输出AG、AY、AR、BG、BY、BR就是6个灯的控制信号。该电路很简单，请自行设计。

实验中当6个信号灯选用发光二极管时，由于发光二极管需要足够的驱动电流，因此用TTL门电路驱动时，建议用低电平驱动，因为TTL门电路低电平驱动能力要强于高电平驱动能力，否则用高电平驱动时，由于TTL门电路驱动能力的限制，发光二极管会出现亮度不足的现象。

设计任务中要求黄灯亮时每秒钟闪烁一次，可将AY（BY）信号与秒脉冲信号共同送入两输入与门，然后用其输出信号去控制黄灯即可。

（4）主要元器件　74LS163、74LS153、74LS74、74LS00、74LS04、74LS09、7407、NE555、发光二极管、电阻、电容等。

5. 实验内容

按照实验要求设计电路，确定元器件型号和参数，进行仿真；按图在实验板上搭建电路，检查无误后通电调试；测试电路功能是否符合要求。对测试结果进行详细分析，得出实验结论。

6. 实验报告要求

分析实验任务，选择技术方案；确定原理框图；画出电路原理图；对所设计的电路进行综合分析，包括工作原理和设计方法；进行仿真，对仿真结果进行分析说明；写出调试步骤和调试结果，列出实验数据；画出关键信号的波形；对实验数据和电路的工作情况进行分析；写出收获和体会。

5.3.5　简易抢答器实验

1. 实验任务

设计并制作一个简易数字抢答器，具体要求如下：

1）抢答组数分为8组，每组序号分别为1、2、3、4、5、6、7、8，按键 SB_0 ~ SB_7 分别对应8个组，抢答者按动本组按键，组号立即在LED显示器上显示，同时封锁其他组的按键信号。

2）系统设置外部清除键，按动清除键，LED显示器自动清零灭灯。

3）数字抢答器定时为30s，通过控制键启动抢答器后，要求30s定时器开始工作，发光二极管点亮。

4）抢答者在30s内进行抢答，则抢答有效，如果30s定时到时，无抢答者，则本次抢答无效，系统短暂报警。

2. 实验目的

通过本实验熟悉优先编码器、触发器、计数器、单稳态触发器、555电路、译码/驱动电路的应用方法，熟悉时序电路的设计方法。

3. 参考设计方案

能够满足以上要求的设计方案很多，图5-37提供了一种参考设计方案的原理框图。该方案中系统主要由定时电路、8线-3线优先编码器、RS锁存器、译码显示和报警电路等几个部分组成。其中定时电路、锁存器及8线-3线优先编码器3部分的时序配合非常重要。当主持人按下控制按键时，锁存器清零，计数器置数。当主持人释放控制键时，发光二极管点亮，定时器开始工作，同时锁存器的输出使8线-3线优先编码器使能，编码器等待数据输入，在30s之内，首先按动抢答按键的组号立即被锁存到LED显示器上，与此同时，8线-3线优先编码器禁止工作，封锁其他组的按键信号。若定时时间30s已到而无抢答者，锁定编码器，抢答按键信号无效，同时定时器输出信号，使报警电路发出短暂报警信号，说明本次抢答无效，发光二极管熄灭。

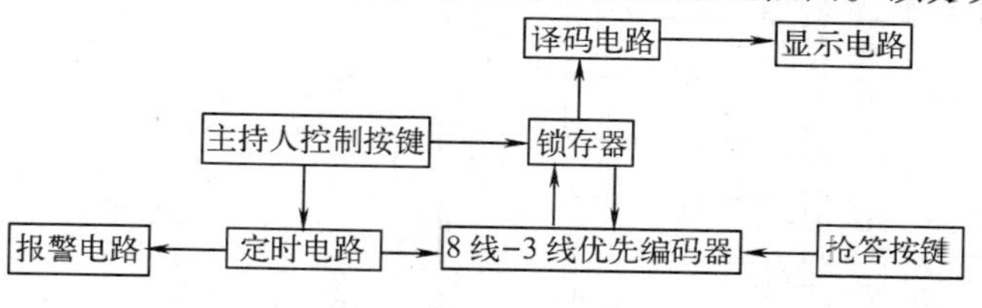

图5-37 抢答器原理框图

4. 参考电路设计

（1）编码/锁存电路 编码/锁存电路如图5-38所示，图中74LS148是8线-3线优先编码器，它的$\overline{ST}$、$\overline{Y}_{EX}$及$\overline{Y}_S$分别是输入、输出使能端及优先标志端。当$\overline{ST}=0$时，编码器进入工作状态，如果这时输入端至少有一个编码请求信号（逻辑0）输入时，在输出端有编码信号输出，同时$\overline{Y}_{EX}$为0，否则为1；当$\overline{ST}=1$时，优先标志和输出使能端均为1，编码器处于禁止状态。

当主持人按动清除/开始键（SB_8闭合）时，将RS锁存器74LS279全部清零，译码驱动电路的输出为0，这时LED显示器灯灭（译码/驱动电路图中未画出，请大家自行设计），同时由于4Q端输出为低电平使得G_2输出为0，则$\overline{ST}=0$，编码器使能，输入有效。但由于此时74LS279为清零状态，输出全部为零，不管$SB_0 \sim SB_7$有无按键按下，显示组号的显示器显示结果为0，当然，计数器也不工作，输出为0，也就是说抢答还未正式开始。当主持人释放清除/起始键（SB_8打开）后，锁存器清零状态，由于$\overline{ST}$依然为0，编码器使能，而G_3的输出为1，发光二极管VL点亮，计数器开始计数，抢答开始。在这期间只要按动任一输入抢答键，编码器输出经RS锁存器锁存，由显示器显示组号；与此同时，由于有有效输入信号输入，$\overline{Y}_{EX}$由1翻转为0。4Q端输出为1，即$\overline{ST}=1$，编码器输入禁止，停止编码，封锁其他组的按键输入信号，LED显示最先按动按键的那个组对应的组号，实现优先抢答功能。图5-38中N_3（74121）与R_5、C_1构成单稳态电路，将主持人按下按键SB_8然后释放SB_8在G_1的输入端产生的上升沿脉冲转换成一定宽度（$t_W=0.69R_5C_1$）的脉冲输出。合理选择R_5C_1，使$t_W=0.69R_5C_1>30s$，就可以保证使主持人将SB_8释放后发光二极管VL点亮，表示计时开始，而30s到后VL_1熄灭。N_4（74121）与R_2、C_2构成单稳态电路，将30s计数器的输出BO转换成一定宽度（$t_W=0.69R_6C_2$）的脉冲输出。其作用是保证30s到后禁止编码器编码，R_6C_2要选得足够大。

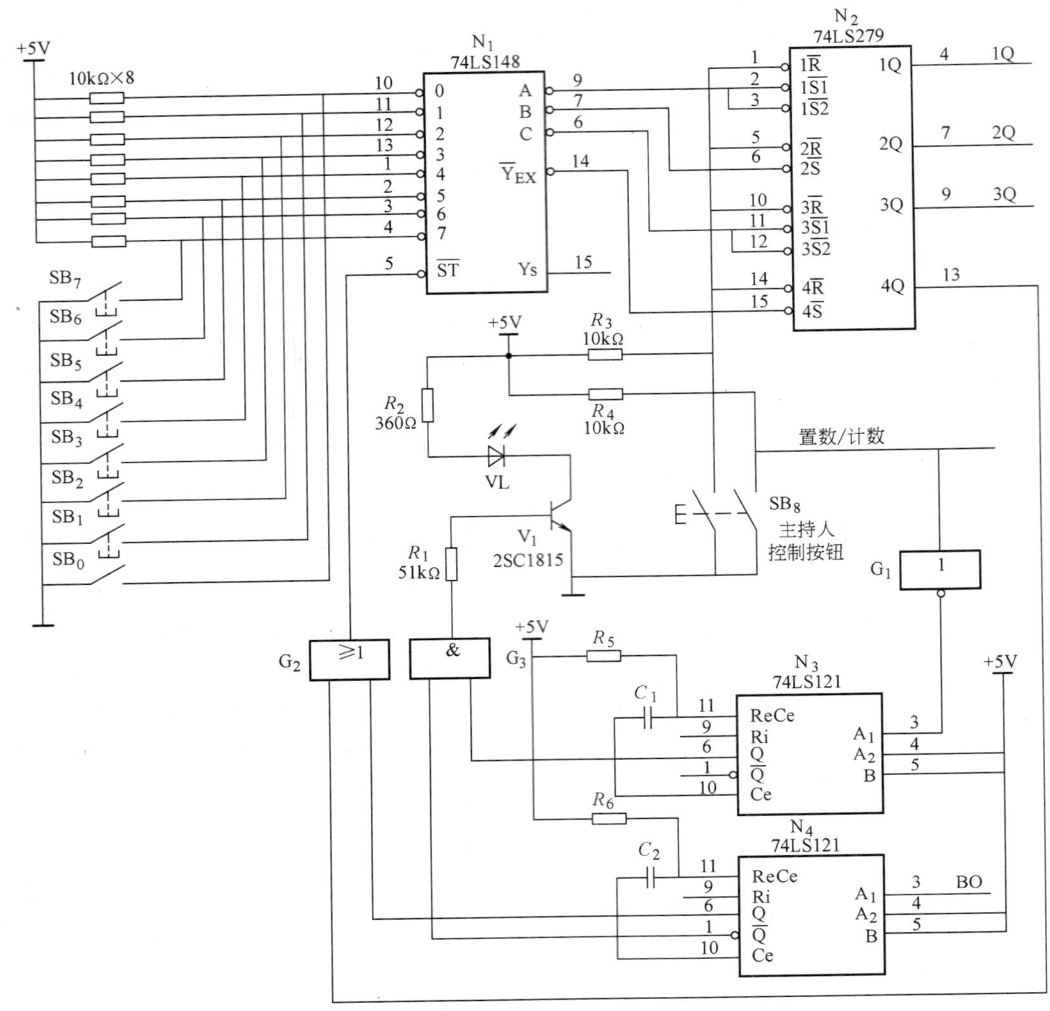

图 5-38　编码/锁存电路

(2) 定时电路　30s 定时电路可采用图 5-39 所示电路，图中当主持人按下 SB_8 时，一方面为 74LS279 清零，另一方面为 30s 计数器送入置数信号，计数器完成置数。当释放 SB_8 后，计数器进行递减计数，当计数器为 0 时（N=00000000），高位计数器（N_5）的 $\overline{BO}$ 端输出 0，封锁秒脉冲，计数器停止计数。

图 5-39 中 1Hz 的秒脉冲信号可由 555 电路产生，这部分电路请读者自行设计。

(3) 报警电路　报警电路可以采用如图 5-40 所示电路。它的工作原理是由 555 构成多谐振荡器，产生的矩形波（频率 $f=1.43/[(R_7+2R_6)C_3]$），控制晶体管构成的推动级，使扬声器发出报警信号。单稳态触发器 74121 与电阻 R_8 和电容 C 构成报警定时电路，用于控制报警状态持续的时间。当三十进制减法计数器计满后，高位计数器（N_5）的 $\overline{BO}$ 端输出脉冲的下降沿触发单稳态电路，使得 74121 的 Q 端输出一个正脉冲，启动报警电路，正脉冲的宽度 $t_W=0.69R_5C$，因此通过选择 R_8 和 C 的取值，确定报警持续时间。

SB_9 用于手动消除报警，SB_9 按下，多谐振荡器停止振荡，反之，振荡器工作。

本实验中用于定时和展宽脉冲的单稳态电路除了用 74121 实现外，还可以用 555 等其他电路实现。

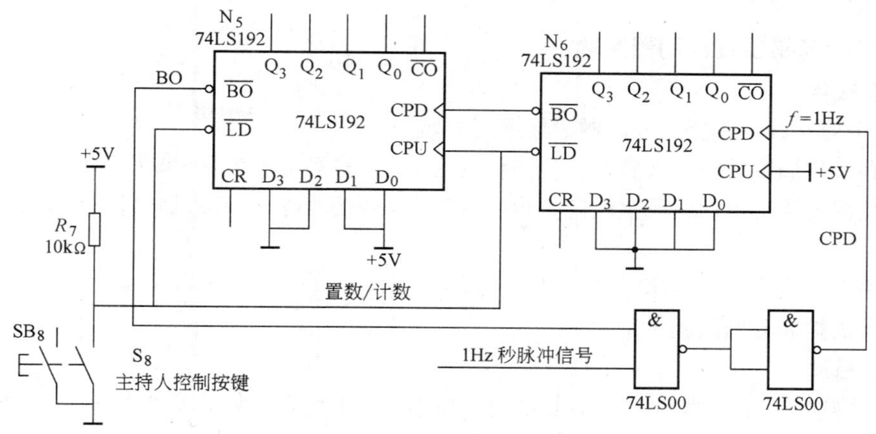

图 5-39　30s 定时电路

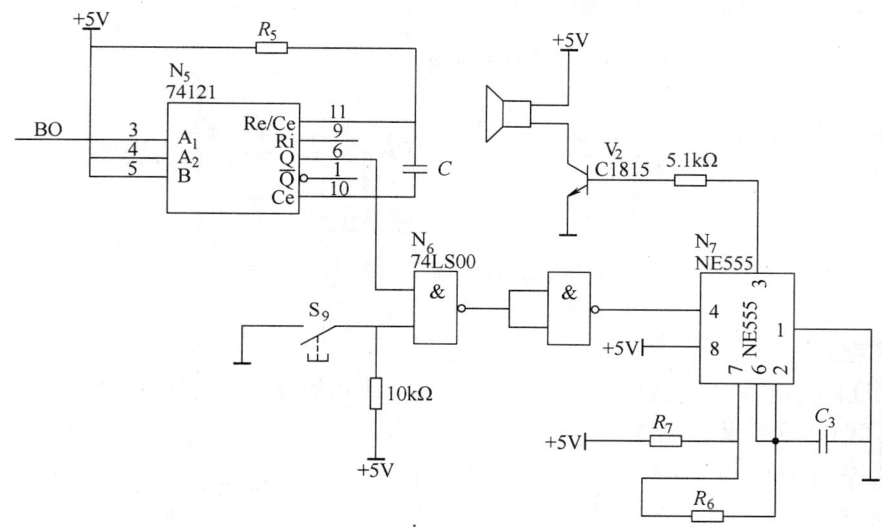

图 5-40　报警电路

（4）主要器件　74LS148、74LS279、7448、74LS160、74LS90、74LS121、74LS04、74LS00、七段显示器（LED）、发光二极管、NE555、2SC1815 及扬声器等。

5. 实验内容

按照实验要求设计电路，确定元器件型号和参数；用 Multisim 进行仿真，检查设计的正确性；按图在实验板上搭建电路，检查无误后通电调试；测试电路功能是否符合要求。对测试结果进行详细分析，得出实验结论。

6. 实验报告要求

分析实验任务，选择技术方案；确定原理框图；画出电路原理图；对所设计的电路进行综合分析，包括工作原理和设计方法；进行仿真，并对仿真结果进行分析说明；写出调试步骤和调试结果，列出实验数据；画出关键信号的波形；对实验数据和电路的工作情况进行分析；写出收获和体会；请思考该本设计方案和单元电路还有哪些不完善之处？如何进一步改进设计，使得设计更加合理、完善、实用?

5.3.6 数字式简易温度控制器实验

1. 实验任务

设计一个简易数字式温度控制器，具体要求如下:

1）能够实现温度的检测及转换，检测精度为1℃，检测范围为0~50℃。

2）系统温度给定值由拨码盘设定，当检测值温度小于给定值时将加热器打开，否则关闭加热器。

3）利用LED数码管显示检测到的温度值。

4）系统的控制时间间隔设定为5s。

2. 实验目的

通过本实验熟悉比较器、定时器/计数器、BCD——七段译码器、A/D转换器、EPROM等数字器件的功能及使用方法；学习数字系统的设计方法。

3. 参考设计方案

图5-41提供了一种数字式简易温度控制器的参考设计方案。

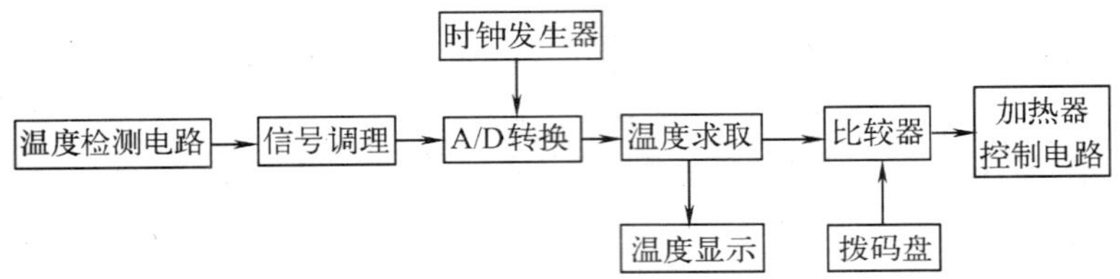

图5-41　数字式简易温度控制器原理框图

4. 参考电路

（1）温度检测电路　温度检测电路可采用图5-42所示的桥式温度测量电路。图中检测元件可采用铂电阻Pt100或其他热电阻传感器，本实验采用Pt100。Pt100的阻值与温度之间关系为

$$R = R_0(1 + At + Bt^2)$$

式中，t 为摄氏温度；R_0 为 $t=0$℃时的阻值；A、B为常数，由实验法测得。本实验中，由于控制精度并不很高，因此可以将二次项忽略，这样，Pt100阻值与温度之间的关系可用下式近似表示：

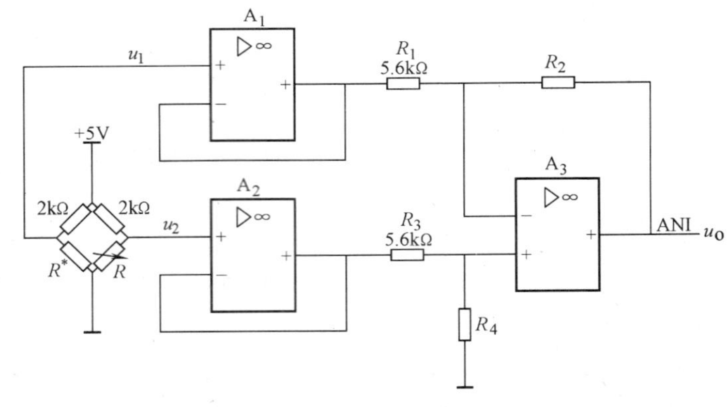

图5-42　温度检测电路

$$R = 100\Omega + 0.386\frac{\Omega}{℃}t$$

式中，100Ω为Pt100在0℃时的阻值。

在图5-42所示的检测电路中，将Pt100（图中为电阻 R）所检测的温度信号转换为电压信号输出。为使运放在静态时两输入端平衡，令 $R_1=R_3$，$R_2=R_4$。图中 $R*=100\Omega$，如果设 A_3 的输出为 u_o，则有

$$u_1 = 5 \times \left(\frac{100\Omega}{2100\Omega}\right)\text{V}$$

$$u_2 = 5 \times \left(\frac{100\Omega + 0.386\,\frac{\Omega}{℃}t}{2100\Omega + 0.386\,\frac{\Omega}{℃}t}\right)\text{V}$$

$$\begin{aligned}
u_o &= (u_2 - u_1)\frac{R_2}{R_1} \\
&= K(u_2 - u_1) \qquad \left(\text{其中 } K = \frac{R_2}{R_1}\right) \\
&= 5K \times \left(\frac{100\Omega + 0.386\,\frac{\Omega}{℃}t}{2100\Omega + 0.386\,\frac{\Omega}{℃}t} - \frac{100\Omega}{2100\Omega}\right)\text{V} \\
&\approx 5K \times \frac{0.386\,\frac{\Omega}{℃}t}{2100\Omega + 0.386\,\frac{\Omega}{℃}t} \\
&\approx 5K \times \frac{0.386\,\frac{\Omega}{℃}t}{2100\Omega}
\end{aligned}$$

令 $t = 50℃$ 时，$u_o = 5\text{V}$，则 $K = 108.8$，故有 $R_2/R_1 = 108.8$，取 $R_1 = 5.6\text{k}\Omega$，则 $R_2 = 609.4\text{k}\Omega$，故取 $R_1 = R_3 = 5.6\text{k}\Omega$，取 $R_2 = R_4 = 620\text{k}\Omega$。

（2）A/D 转换电路　A/D 转换器型号很多，为简单起见，本实验采用 8 位 A/D 转换器 ADC0809，其引脚如图 5-43 所示，其详细技术资料参阅其数据手册。

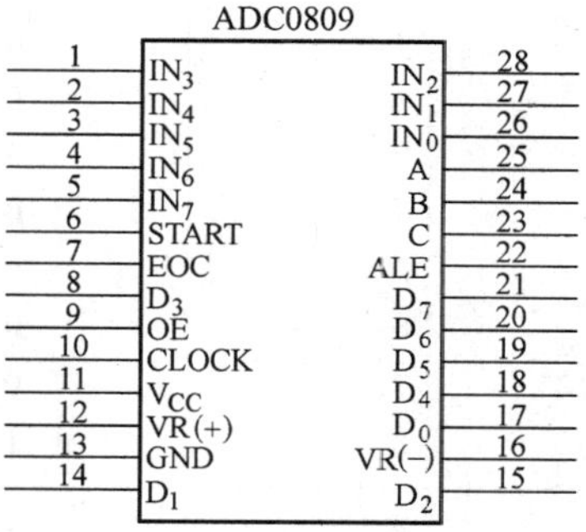

ADC0809 有 8 路模拟量输入端，本实验只有一路模拟量信号，可以任意选其中的一路，外接来自检测电路的电压信号。START 端接时钟控制信号，二进制数据输出 $D_0 \sim D_7$ 接到 EPROM 的地址线 $A_0 \sim A_7$ 上。

图 5-43　ADC0809 引脚图

（3）二进制数-BCD 码转换　经 A/D 转换后的二进制数反映温度大小，但是它不是 BCD 码，还不能用它直接去显示，必须先将其转换为 BCD 码，然后才能送到显示电路进行温度显示，才能送到比较器与温度给定进行比较。A/D 转换后的二进制数与温度大小有一定的对应关系，这种关系与信号调理电路的电压增益有关，为了方便，将这一关系固化在 EPROM2716 中，以 A/D 转换器的输出数据作为地址，去读取存储在 EPROM2716 中对应温度信号的 BCD 码，实现 A/D 转换后的二进制数与温度之间的转换。

假设温度变化范围为 0 ~ 50℃，A/D 转换所得的最大二进制数为 0FAH，则每 1℃所对应的数字量为 05H，据此，2716 中固化的数据如表 5-5 所示。图 5-44 为 2716 的引脚图。

表 5-5　2716 中固化的数据

地　址	00	01	02	03	04	05	…	F9	FA
数　据	00	00	00	00	00	01	…	50	50

（4）显示电路　利用4线-七段显示译码器/驱动器74LS248即可将所得的BCD码转换为七段显示码送至LED数码管显示。

（5）比较器　用两片4位数码比较器74LS85级联可以实现两个8位BCD码的比较，比较结果用以控制加热器。

（6）拨码盘　两个BCD拨码盘并联的结构示意图如图5-45所示，每个BCD码拨码盘后面有5位引出线，其中一位为输入控制线（编号为A），另外4位是数据线（编号为8、4、2、1）。拨盘拨到某个位置时，输入控制线A与数据线8、4、2、1接通。其状态表如表5-6所示。

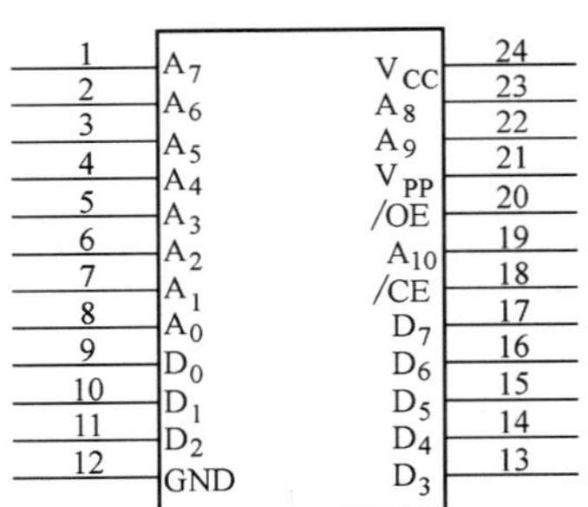

图5-44　2716的引脚图

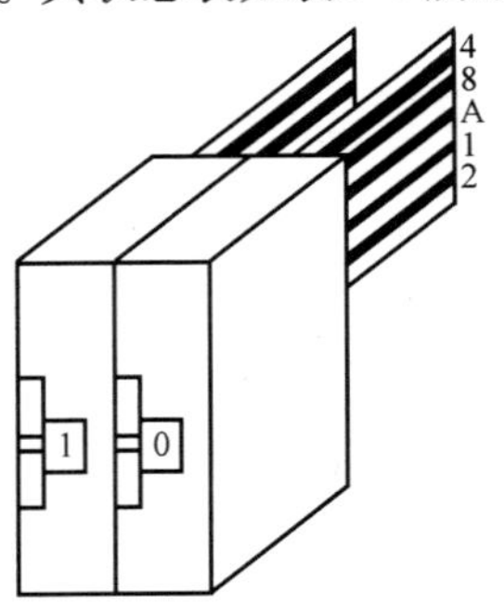

图5-45　两个BCD拨码盘并联的结构示意图

表5-6　BCD拨码盘状态表

位　　置	8	4	2	1
0	0	0	0	0
1	0	0	0	1
2	0	0	1	0
3	0	0	1	1
4	0	1	0	0
5	0	1	0	1
6	0	1	1	0
7	0	1	1	1
8	1	0	0	0
9	1	0	0	1

（7）加热器接口电路　加热器所用电源为220V工频交流电，因此必须将强电与弱电相互隔离。本实验采用固态继电器作为接口元件，固态继电器的内部结构如图5-46所示。当然也可以用直流继电器作为接口电路，将强电与弱电相互隔离。

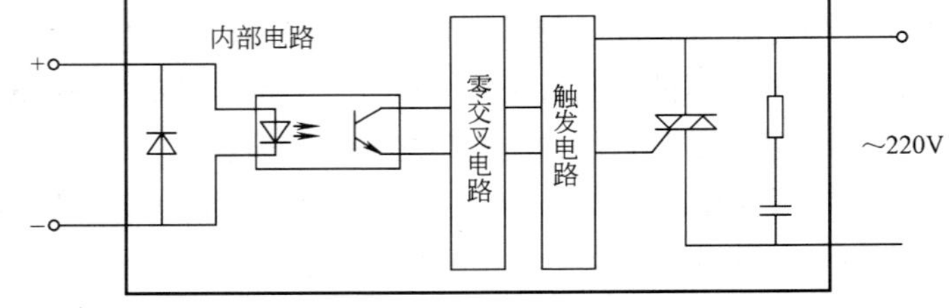

图5-46　固态继电器的内部结构

图5-47为比较电路与固态继电器（SSR）驱动电路。由于比较器的输出电流有限，不足以驱动固态继电器，因此用比较器控制晶体管来驱动固态继电器。设计时，通过选择基极电阻阻值确定晶体管的基极电流，保证晶体管工作在饱和/截止状态。

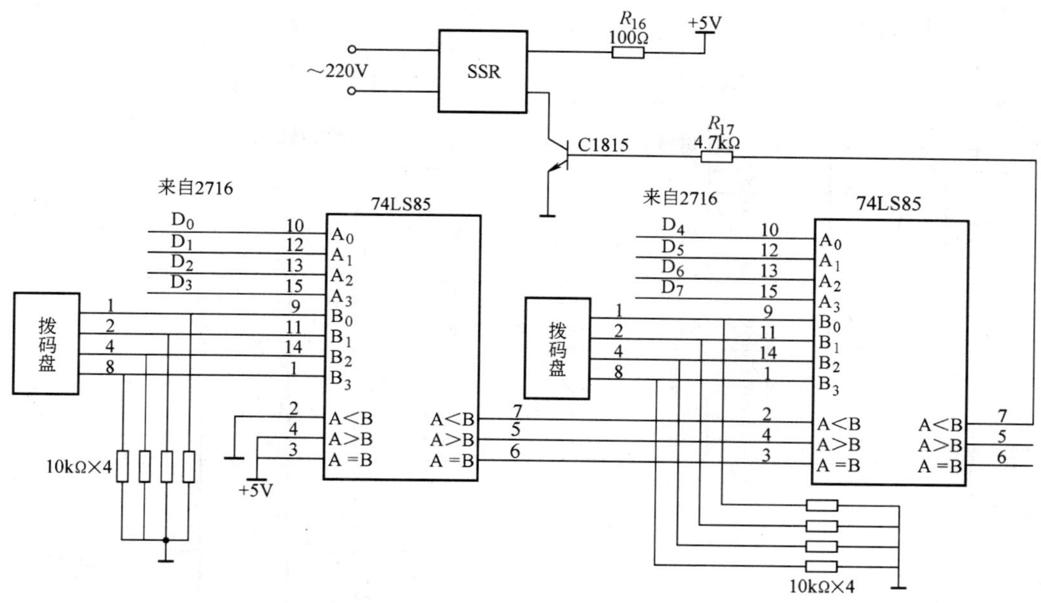

图 5-47 比较电路与固态继电器驱动电路

（8）时钟发生器 利用 555 定时器产生频率为 2Hz 的脉冲（周期为 0.5s）作为十进制计数器 74LS192 的时钟脉冲，则在 74LS192 的进位端每 5s 就可产生 1 个脉冲，用此脉冲启动 A/D 转换控制，实现每 5s 进行一次采集和控制，这部分电路可采用图 5-48 所示电路。图中 555 和外围元件构成 2Hz 振荡器，输出信号经 74LS192 构成的十进制计数器分频，得到频率为 0.2Hz 的脉冲信号。

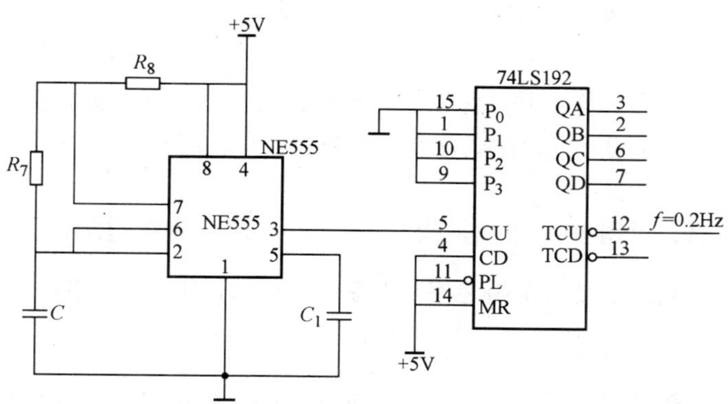

图 5-48 时钟电路

图 5-49 为 A/D 转换、温度求取译码、驱动及显示电路 74LS248 输出端是 OC 结构，因此使用时在每个段的输出端和电源之间要接上拉电阻，图 5-49 中未画出。图中 LED_1 显示温度的个位数值，LED_2 显示十位数。

将图 5-42、图 5-43、图 5-44、图 5-45、图 5-46、图 5-47、图 5-48、图 5-49 连接起来，就构成系统的电原理图。

（9）主要元器件 2716，74LS248、74LS85、74LS192、LF412、ADC0809、NE555、数码管、拨码盘、2SC1815、Pt100、固态继电器、电阻、电容等。

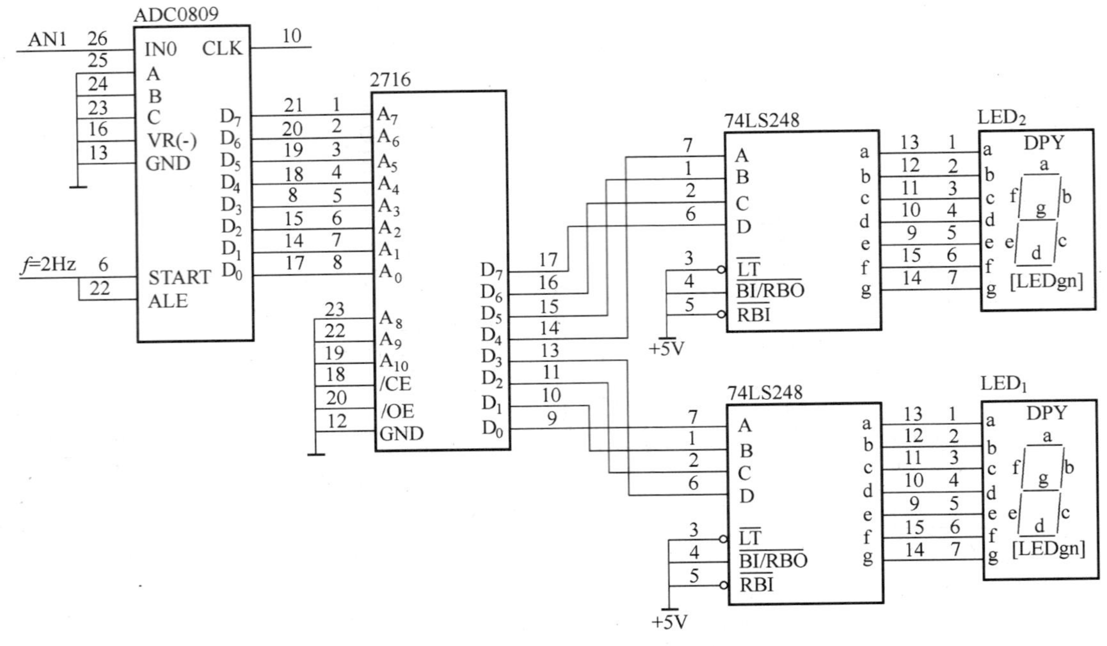

图 5-49 A/D 转换、温度求取及显示电路

为了获得比较高的测量精度，图 5-42 中的电阻可以选用 1% 的五环金属膜电阻；电阻 R_1、R_2、R_3、R_4 要精心挑选，保证 $R_1=R_3$，$R_2=R_4$，使阻值尽可能实现匹配，提高电路的共模抑制比；A_1 和 A_2 要选择输入电阻较大的运算放大器，如 TL082，A_3 要选择精度较高，输入电阻较大，共模抑制比较高的运算放大器，如 OP07、LF412 等。

5. 实验内容

按照实验要求设计电路，确定元器件型号和参数；按照电路图在实验板上搭建电路，检查无误后通电调试；改变 Pt100 的温度，检查控制是否符合要求，LED 显示是否正确。对测试结果进行详细分析，得出实验结论。

实验中为方便调试，可用 100Ω 的电阻串联一个 20～30Ω 可调电阻代替 Pt100，然后调节可调电阻，模拟水温的变化。温度和电阻之间的关系可通过 $R=100\Omega+0.386\dfrac{\Omega}{℃}t$ 获得。

6. 实验报告要求

分析实验任务，选择技术方案；确定原理方框图；画出电路原理图；对所设计的电路进行综合分析，包括工作原理和设计方法；写出调试步骤和调试结果，列出实验数据，画出关键点信号的波形；对实验数据和电路的工作情况进行分析；写出收获和体会。

请思考本设计还有哪些不完善的地方？如何改进，方可使设计更加合理、完善、实用？

5.4 电子技术综合性实验

5.4.1 数控增益放大器实验

1. 实验任务

设计一个数字控制增益的放大器，要求在控制按键的作用下，放大器的增益依次在 1～8 之间转换，同时用 LED 数码管显示放大器的增益。

2. 实验目的

通过本实验，熟悉运算放大器、计数器、模拟开关、加法器、译码/显示电路的用法。

3. 参考设计

按照要求，放大器的增益应在 1 ~ 8 之间，因此，可选择图 5-50 所示的同相输入比例放大器，其电压增益为

$$A_{uf} = 1 + \frac{R_2}{R_1}$$

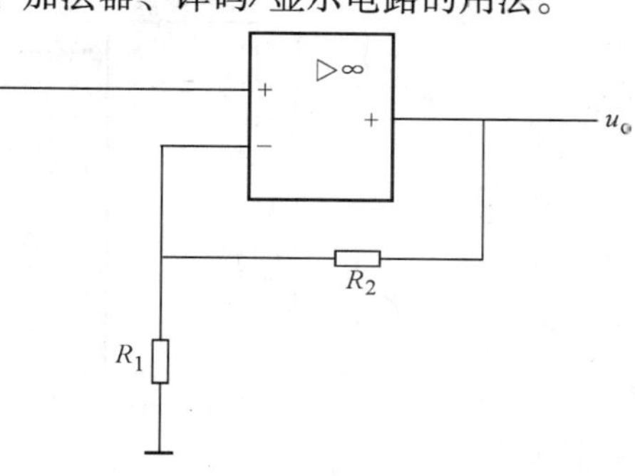

图 5-50　同相输入比例放大器

如果取 $R_1 = 10\text{k}\Omega$，则可以通过改变 R_2 实现增益的改变，当 $R_2 = 0$ 时，$A_{uf} = 1$；当 $R_2 = 10\text{k}\Omega$，$A_{uf} = 2$；当 $R_2 = 20\text{k}\Omega$，$A_{uf} = 3$；依次类推，当 $R_2 = 70\text{k}\Omega$，$A_{uf} = 8$。为达到放大器增益数字控制的目的，可由八选一模拟开关和电阻构成数控电阻网络，代替图中的 R_2，通过改变八选一模拟开关的地址编码，改变电阻网络的等效电阻，实现数控电压增益的目的，由此设计出图 5-51 所示的电路。图中用 74LS160 构成八进制计数器，八选一模拟开关选择 CC4051（CC4051 的技术参数及使用方法请参阅其数据手册），计数器的 Q_2、Q_1、Q_0 作为模拟开关 CC4051 的地址输入。每按动一下按键 S_1，计数器的值加一，数控电阻网络的等效电阻发生变化，由此控制放大器的增益在 1 ~ 8 之间变化。

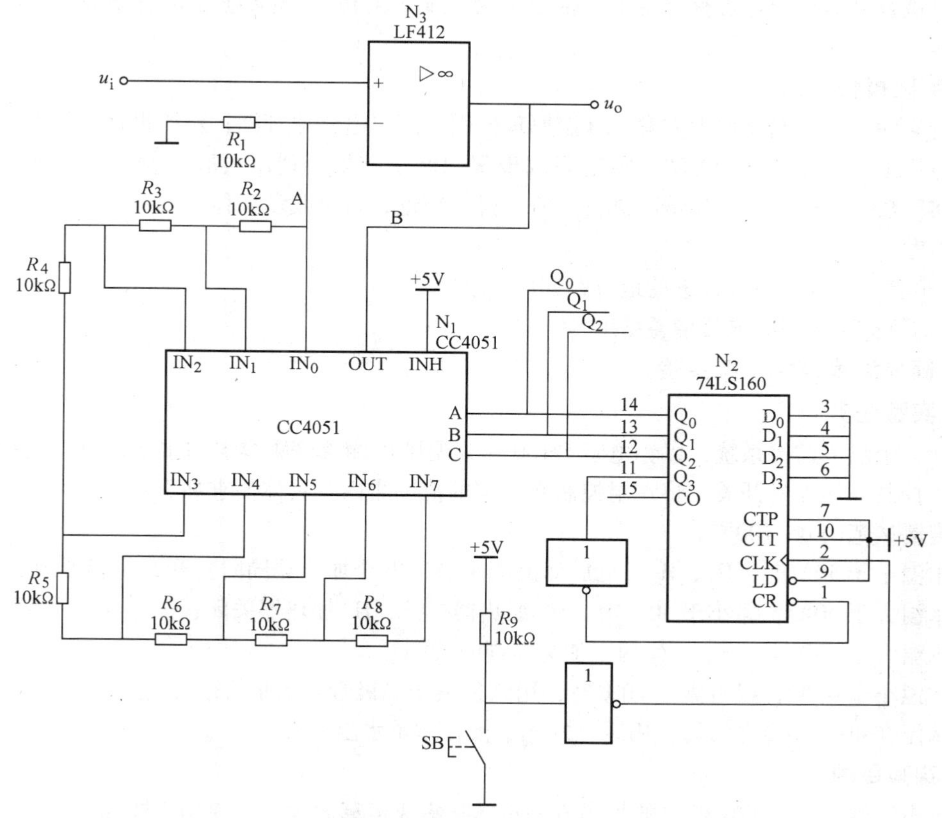

图 5-51　数控增益放大器

为了直观地显示放大器的增益，译码/显示电路如图 5-52 所示。图中 74LS283 为二进制加法器，通过加一运算，将计数器的值转换为电压放大倍数。

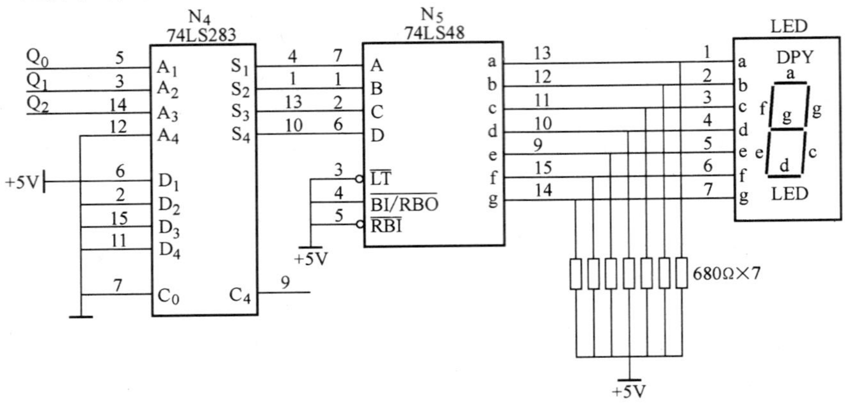

图 5-52　译码/显示电路

4. 主要元器件

主要元器件包括：74LS283，74LS48，74LS160，74LS04，LF412，CC4051。

5. 实验内容

按照实验要求设计电路，确定元器件型号和参数；按图在实验板上搭建电路，检查无误后通电调试；检查电路功能是否符合要求，指示是否正确；对测试结果进行详细分析，得出实验结论。

6. 实验报告要求

分析实验任务，选择技术方案；确定原理框图；画出电路原理图；对所设计的电路进行综合分析，包括工作原理和设计方法；写出调试步骤和调试结果，列出实验数据，画出关键点的波形；对实验数据和电路的工作情况进行分析，得出结论；写出收获和体会。

请思考：

1）实验电路有没有可改进的地方？如何改进？

2）如何提高电路的电压增益精度？

5.4.2　简易温度监控系统实验

1. 实验任务

设计一个温度监控系统，以铂电阻 Pt100 作为温度传感器检测容器内水的温度，用检测到的温度信号控制加热器的开关，将水温控制在一定的范围之内。具体要求如下：

温度测试范围 0～100℃。

当水温小于 50℃时，H_1、H_2（见后面的图 5-54）两个加热器同时打开，将容器内的水加热；

当水温大于 50℃，但小于 60℃时，H_1 加热器打开，H_2 加热器关闭；

当水温大于 60℃时，H_1、H_2 两个加热器同时关闭；

当水温小于 40℃，或者大于 70℃时，用红色发光二极管发出报警信号；

当水温在 40～70℃之间时，用绿色发光二极管指示水温正常。

2. 实验目的

通过本实验，学习温度信号的采集方法；熟悉集成运算放大器的使用方法和模拟信号的一般处理方法；熟悉比较器的使用方法；熟悉继电器和发光二极管的使用方法。

3. 参考电路设计

（1）温度的采集　本实验以 Pt100 作为传感器检测温度，温度检测电路及分析请参阅实验 5.3.6。在图 5-42 中，若检测温度范围为 0～100℃，设 100℃时输出电压 $u_o=5V$，则当 $R_1=R_3=5.6k\Omega$ 时，$R_2=R_4=304.7k\Omega$，取 $R_2=R_4=300k\Omega$。设 U_{R1} 和 U_{R2} 分别对应于 40℃和 70℃的水温，当 R_2 和 R_4 的阻值确定后，U_{R1} 和 U_{R2} 的实际大小可通过实验测得，在图 5-42 电路中对水加热，测得水温为 40℃时 A_3 的输出电压 u_o 即为 U_{R1}，水温为 70℃时 A_3 的输出电压即为 U_{R2}。

（2）比较/显示电路　比较电路采用图 5-53 所示的电路，其中 A_4、A_5 构成窗口比较器，通过调节电位器 RP_1 使 A_4 的同相输入端电压等于 U_{R1}，调节 RP_2 使 A_5 的同相输入端电压等于 U_{R2}。当 $U_{R1}<u_o<U_{R2}$ 时，即水温在 40～70℃之间时，窗口比较器输出为低电平，红色发光二极管 VL_1 熄灭，绿色发光二极管 VL_2 点亮，指示水温正常。否则，窗口比较器输出高电平，红色发光二极管 VL_1 点亮，绿色发光二极管 VL_2 熄灭，处于报警状态。

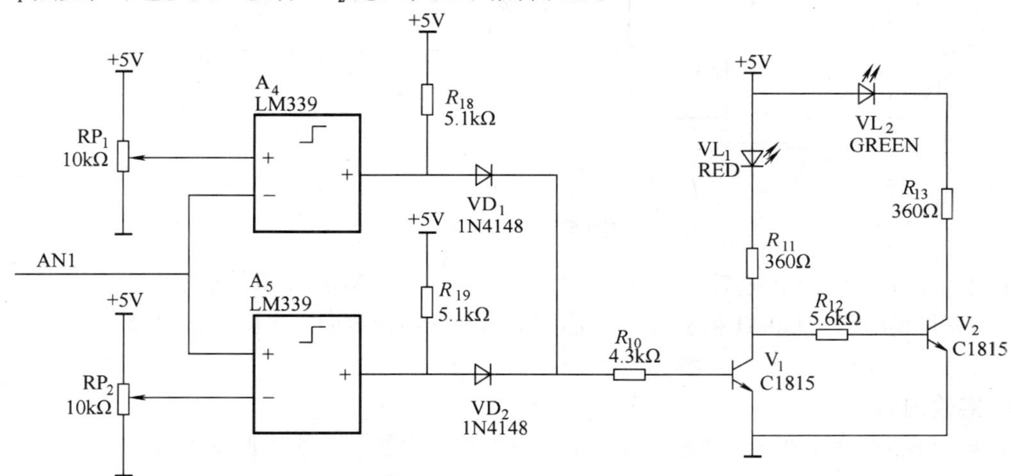

图 5-53　比较/显示电路

（3）控制电路　控制电路可以采用图 5-54 所示电路。假设 U_{R3} 和 U_{R4} 分别对应于 50℃和 60℃水温，U_{R3} 和 U_{R4} 的大小可通过实验测得。同样在图 5-42 电路中对水加热，使得在水温在 100℃时 A_3 的输出电压（即 u_o）为 5V，然后测得水温为 50℃时的 A_3 的输出电压 u_o 即为 U_{R3}，水温为 60℃时的 A_3 的输出电压 u_o 即为 U_{R4}，调节电位器 RP_3 和 RP_4，分别使电压比较器 A6、A7 的同相输入端电压为 U_{R3} 和 U_{R4}。当 $u_o<U_{R3}$ 时，继电器 K_1 和 K_2 的常开触点闭合，加热器 H_1 和 H_2 都工作；$U_{R3}<u_o<U_{R4}$ 时，继电器 K_2 的常开触点闭合，加热器 H_2 工作，H_1 断开；当 $u_o>U_{R4}$ 时，继电器 K_1 和 K_2 的常开触点都断开，加热器 H_1 和 H_2 都停止加热。

在图 5-53、图 5-54 电路中为了使大家熟悉发光二极管和继电器的驱动方法，驱动器采用晶体管设计，实际上采用门电路驱动发光二极管，采用集成电路驱动器（如 ULN2003）驱动继电器会使电路更为简单。采用门电路和 ULN2003 驱动的方法请自行设计。

4. 元器件选择

为了获得比较高的测量精度，图 5-42 中的电阻可以选用 1% 的五环金属膜电阻；电阻 R_1、R_2、R_3、R_4 要精心挑选，保证 $R_1=R_3$，$R_2=R_4$，或者采用电位器调节得到两只匹配的 5.6kΩ 及 300kΩ 电阻，提高电路的共模抑制比；A_1 和 A_2 要选择输入电阻较大的运算放大器，如 TL082，A_3 要选择精度较高，输入电阻较大，共模抑制比较高的运算放大器，如 OP07、LF412 等；比较器选用 LM339，继电器选用 3A/5V 直流继电器。

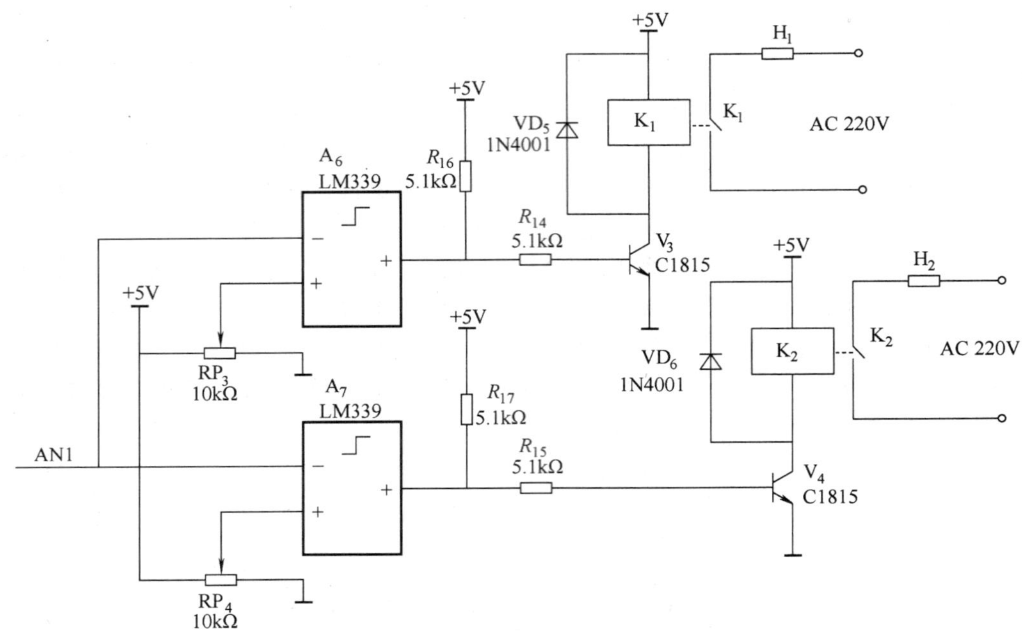

图 5-54　控制电路

主要元器件：Pt100 铂电阻、TL082、OP07、LM339、ULN2003、IN4001，IN4148、2SC1815、6.8kΩ 精密可调电阻、330kΩ 精密可调电阻、150Ω 精密可调电阻、电阻器、3A/5V 直流继电器、加热器等。

5. 实验内容

按照实验要求设计电路，确定元器件型号和参数；为使电路便于调试，可将图 5-42 中标号为 R_1 和 R_3 的电阻改为 6.8kΩ 的电位器，将 R_2 和 R_4 的电阻改为 330kΩ 的电位器，在实验板上搭建电路，检查无误后通电调试；将水加热为 100℃，调节 330kΩ 的两只电位器，使 A_3 的输出电压 u_o 为 5V（注意：为保证电路精度，在调电位器时，一方面要保证 A_3 的输出电压 u_o 为 5V，同时还要保证 u_o 为 5V 时两只电位器的调节后的阻值要大体相等，请思考：①应如何调试？请设计调试方法；②如何改进电路设计，使调试变得简单？），然后改变水温，使其分别为 40℃、50℃、60℃、70℃，测得 u_o 电压，即为 U_{R1}、U_{R3}、U_{R4}、U_{R2}；调整电位器 RP_1、RP_3、RP_4、RP_2，使其中间端电压分别为 U_{R1}、U_{R3}、U_{R4}、U_{R2}，改变水温在 0～100℃之间变化，检查控制是否符合要求，指示是否正确。对测试结果进行详细分析，得出实验结论。

实验中为方便调试，可用精密可调电阻代替 Pt100，然后调节精密可调电阻，模拟水温的变化。温度和电阻之间的关系可通过 $R=\left(100+\frac{0.386t}{℃}\right)\Omega$ 公式获得。实验中涉及 AC220V 交流电，要注意用电安全。

6. 实验报告要求

分析实验任务，选择技术方案；确定原理方框图；画出电路原理图；对所设计的电路进行综合分析，包括工作原理和设计方法；对设计的电路进行仿真，分析并说明仿真结果；写出调试步骤和测试结果，列出实验数据；对实验数据和电路的工作情况进行分析，得出实验结论；写出收获和体会。

请思考：结合本实验的具体情况及实验中遇到的问题，请分析并思考本实验中有哪些部分电路设计还有不足之处？如何进一步改进电路，以提高测量精度，方便调试，并使电路更为合理？

5.4.3 数控电流源实验

1. 实验任务

设计一个8档数字控制电流源，要求在控制按键的作用下，电流源输出电流依次为0、10mA、20mA、30mA、40mA、50mA、60mA、70mA，同时用LED数码管显示这8个电流档位。

2. 实验目的

通过本实验，熟悉运算放大器、计数器、D/A转换器、译码/显示电路的应用，并熟悉负反馈的应用。

3. 参考方案

按照要求，本实验要设计一个电流大小可以用数字方式控制的电流源。一般情况下，对电流直接进行控制相对比较困难，而对电压的控制要简单得多，而且容易实现，因此工程上通常设计一个电压/电流转换电路，即U/I转换电路，U/I转换电路的输出信号为电流 I，输入信号为控制信号 U，U、I 之间的关系为

$$I = KU$$

然后通过对电压的控制实现对电流的控制，其中 K 由U/I转换电路的结构和元器件参数确定。控制电压 U 可以通过数字控制方式得到，本实验中电压 U 由计数器和按键构成的控制电路控制D/A转换器产生。由于实验要求产生的电流共有8档，由此可由八进制计数器控制D/A转换器产生8种不同数值的控制电压。

按照上述方案，其实验原理框图如图5-55所示。

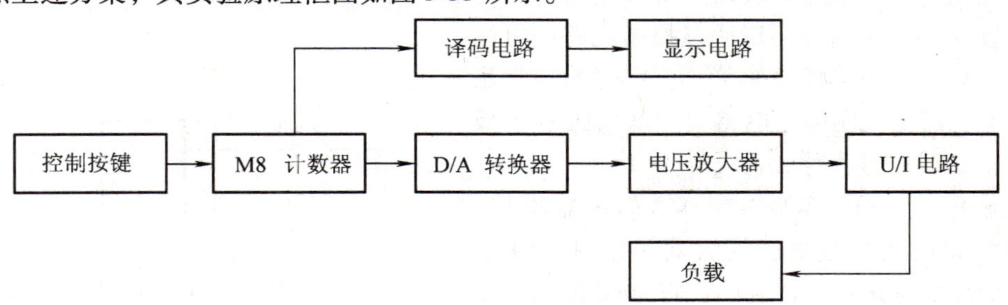

图5-55 数控电流源原理框图

4. 参考电路设计

（1）控制电路与D/A转换电路 控制电路与D/A转换电路可采用图5-56所示电路，图中每按动一次按键S，计数器的值加1，连续按动按键，则由74LS161的 $Q_2Q_1Q_0$ 依次循环输出000、001、010、011、100、101、110、111。请注意图中74LS161虽然是按照十六进制计数器工作，但是在按照八进制计数器使用。采用8位D/A转换器DAC0832完成D/A转换，DAC0832的技术参数及应用方法请参阅其数据手册。当74LS161的 $Q_2Q_1Q_0$ 在000-111之间变化时，D/A转换器的理论输出电压 U_1 在 $0 \sim -5 \times \dfrac{112}{256}\text{V} = -2.1875\text{V}$ 之间变化。

（2）U/I转换电路 U/I转换电路的设计方式很多，下面给出一种参考设计方案，电路如图5-57所示。

图5-57中 R 为采样电阻，可以推导出该电路中 $I = U/R$（请自行推导），可见该电路是一个很好的线性U/I转换电路，因此当 R 选定后，可以通过电压 U 实现对电流 I 的线性控制。但是这个电路是不能满足本实验要求的，因为实验要求输出最大电流为70mA，在图5-57中电流 I 是由运算放大器 A_3 提供的，而通用运算放大器一般最大输出电流只有几个毫安，并且通常在工程应

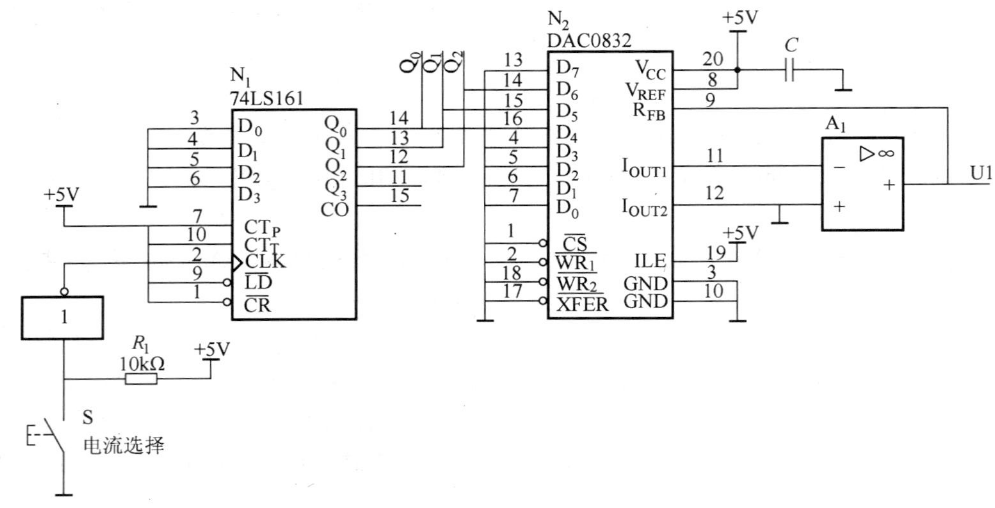

图 5-56 控制电路与 D/A 转换电路

用中对元器件还要降额使用，因此该电路输出电流达不到要求。当然可以采用大电流运算放大器，但通常大电流运算放大器的价格较贵，从实验训练的角度考虑，不采用这种方案。针对通用运算放大器输出电流不足的问题，可以采用图 5-58 所示的改进电路，图中如果忽略晶体管的发射结导通电阻和基极偏置电阻 R_6，等效电路仍然为图 5-57 电路，依然满足 $I=U/R$ 的关系，但由于从晶体管 V 输出电流，可以明显提高电路的电流输出能力，只要合理选择晶体管，就可以输出满足要求的电流。需要说明的是电路中控制电压 U 的极性必须为正（请思考为什么?）

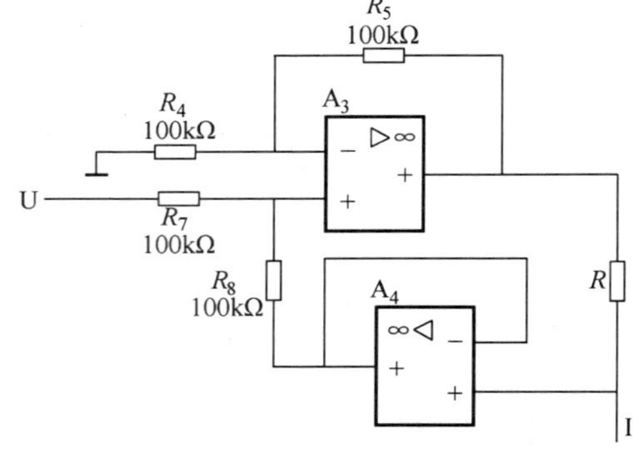

图 5-57 U/I 转换电路

（3）电压放大器　实验中在 D/A 转换器和 U/I 转换电路之间增加一级电压放大器，如图 5-59 所示。该放大器的作用有二：其一，将 DAC 的输出电压放大到 U/I 转换电路需要的大小，以便于对电流进行控制；其二，当 DAC0832 的参考电压为正极性电压时（图 5-56 中逻辑电路的供电电压为 +5V，故方便起见选 DAC0832 的参考电压 $V_{REF}=+5V$），图 5-56 中运算放大器 A_1 的输出电压 U_1 为负电压（参见 DAC0832 数据手册），而图 5-58 中 U/I 转换电路的控制电压应为正电压，所以通过图 5-59 的反相放大器对 U_1 进行倒相，就可满足控制电压的极性要求。如果在图 5-58 电路中 R 取 30Ω，要输出 0～70mA 电流，电压 U 对应的理论值范围为 0～2.1V，当图 5-56 中计数器的值 $Q_2Q_1Q_0$ 在 000～111 变化时，D/A 转换器的理论输出在 0～-2.1875V 之间变化，因此图 5-59 的电压增益理论值为 -0.96，可取图 5-58 所示电阻值，调试中可以通过调整电位器 RP，得到需要的电压增益。

图 5-58 电路输出与输入关系清晰，但该电路在小电流时线性不够好，误差比较明显。图 5-60 为图 5-58 的改进电路，图中如果忽略 R_6 和晶体管的发射结导通电阻，电路依然满足 $I=U/R$ 的关系，但该电路可以减小图 5-58 电路中小电流时的电流误差（请思考为什么?）。

（4）显示电路　显示电路可采用图 5-61 电路，其中 Q_2、Q_1、Q_0 为计数器的输出信号。

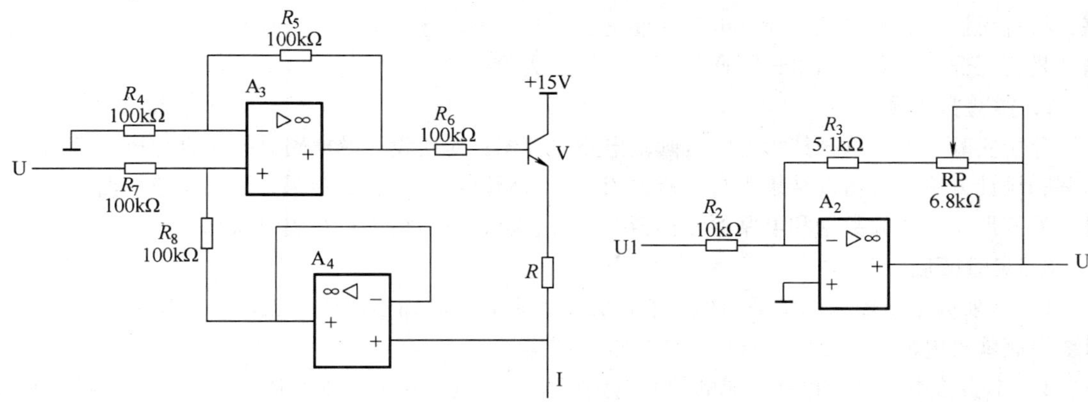

图 5-58　电流输出采用三极管的 U/I 转换电路　　　　图 5-59　反相电压放大器

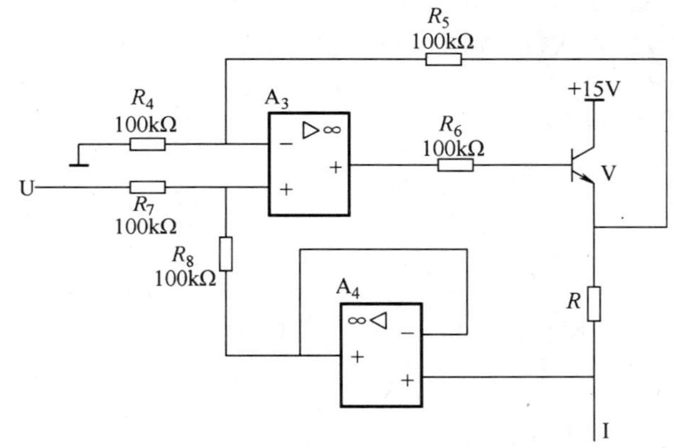

图 5-60　改进的 U/I 转换电路

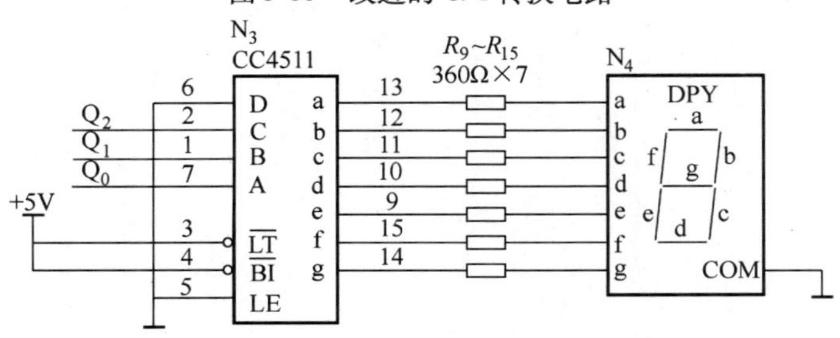

图 5-61　档位显示电路

5. 元器件选择

图 5-57、图 5-58、图 5-59、图 5-60 电路中运算放大器选通用运算放大器即可，如 RC4558、TL082、LF412 等，图 5-56 电路中的运算放大器应选择输入电流小、零漂小、开环增益大的运算放大器，以提高转换精度。图 5-58、图 5-60 中晶体管可选 $I_{CM} \geqslant 0.7A$，耐压 50V，β 值较大的管子即可。采样电阻 R 应该选择阻值比较小，精度较高的电阻，并且在额定功率的选择上要留出 2 ~3 倍的裕量，如果该电阻阻值选得过大，将影响到电路的输出电流能力（请思考为什么?）。其他电阻选 1% 精度的 1/4W 金属膜电阻即可。

6. 实验内容

按照实验要求设计电路，确定元器件型号和参数；进行电路仿真；按图在实验板上搭建电路，检查无误后通电调试；检查电路功能是否符合要求，输出电流是否符合要求，显示电路显示内容是否正确；对测试结果进行详细分析，得出实验结论。

7. 实验报告要求

分析实验任务，选择技术方案；画出电路原理图；对所设计的电路进行综合分析，包括工作原理和设计方法；对仿真结果进行分析说明；写出调试步骤和测试结果，列出实验数据，画出关键点的波形；对实验数据和电路的工作情况进行分析，得出结论；写出收获和体会。

8. 实验拓展

1）本实验中电流源的负载阻值不能过大，否则会影响输出电流的大小，请思考为什么？如果要提高输出电流，在电路设计中应该采取哪些措施？

2）本实验中若将计数器构成的控制电路用单片机电路代替，则可通过对单片机的编程使数控电流源的控制更为灵活；若用单片机做控制器，选择更高精度的 D/A 转换器，并通过电流采样、A/D 转换、单片机控制引入电流负反馈，并对输出进行补偿，则可以实现高精度电流源；若将 U/I 转换电路用功率放大器代替，则可实现数控电压源。具体实现方法请自行设计，本实验不做要求。

第 6 章　电子技术课程设计基础知识

6.1　概述

电子技术课程设计的主要任务是通过解决一两个实际问题，巩固和加深“模拟电子技术基础”和“数字电子技术基础”课程中所学的理论知识和实验技能，基本掌握常用电子电路的一般设计方法，提高电子电路的设计和实验能力，为以后从事生产和科研工作打下一定的基础。

电子技术课程设计的主要内容包括理论设计、安装与调试及写出设计总结报告等。其中理论设计又包括选择总体方案、设计单元电路、选择元器件及计算参数等步骤，是课程设计的关键环节。安装与调试是把理论付诸实践的过程，通过安装与调试，进一步完善电路，使之达到课题所要求的性能指标，使理论设计转变为实际产品。课程设计的最后要求写出设计总结报告，把理论设计的内容、组装调试的过程及性能指标的测试结果进行全面的总结，把实践内容上升到理论的高度。

衡量课程设计完成好坏的标准是：理论设计正确无误；产品工作稳定可靠，能达到所要求的性能指标；电路设计性能价格比高，便于生产、测试和维修；设计总结报告翔实，数据完整可靠等。

本章首先介绍常用电子系统设计的基本方法和一般步骤，然后分别针对模拟电子系统和数字电子系统的设计方法进行了详细的介绍，在设计过程中特别强调了 EDA 和可编程器件等新技术、新器件的应用。关于电子电路的安装调试及抗干扰技术等内容第 5 章已有叙述，这里不再介绍。

6.2　电子系统设计的基本方法和一般步骤

所谓电子系统，通常是指若干相互连接、相互作用的基本电路组成的具有特定功能的电路整体。它能根据特定的控制信号，去执行预期的功能。电子系统通常由输入、输出、信息处理 3 部分组成，用来实现对某种信息的处理、控制或者带动某种负载。一般我们把规模比较小、功能比较单一的电路称为单元电路，而功能复杂，由若干个单元电路、功能块组成的规模比较大的电子电路称为电子系统。

6.2.1　电子系统设计的基本方法

电子系统的设计方法有自顶向下、自底向上以及自顶向下与自底向上相结合的设计方法。自顶向下方法的特点是将系统按“系统—子系统—功能模块（或称部件）—单元电路—元器件—版图”这样的过程来设计，如图 6-1 中左边箭头所示。自底向上的方法则相反，按“元器件（版图）—单元电路—功能模块—子系统—系统”这样的过程来设计，如图 6-1 中右边箭头所示。

自顶向下法从系统级设计开始，首先根据设计课题中对系统的指标要求，将系统的行为（功能）全面、准确地描述出来，然后根据该系统应具备的各项功能将系统划分和定义为若干个适当规模的、能够实现某一功能且相对独立的子系统，全面、准确地描述它们的功能（即输入、输出关系）及相互之间的联系，这项任务完成之后，就设计或选用一些部件组成实现这些既定功能的子系统，最后进行元件级的设计，即选用适当的元件去实现前面所设计的各个部件。自顶向下法是一种概念驱动的设计方法，该方法要求在整个设计中尽量运用概念（即抽象）去描述和分析设计对象，而不要过早地考虑实现该设计的具体电路、元器件和工艺，以便抓住主要矛盾，避免纠缠在具体细节上，这样才能控制住设计的复杂性。

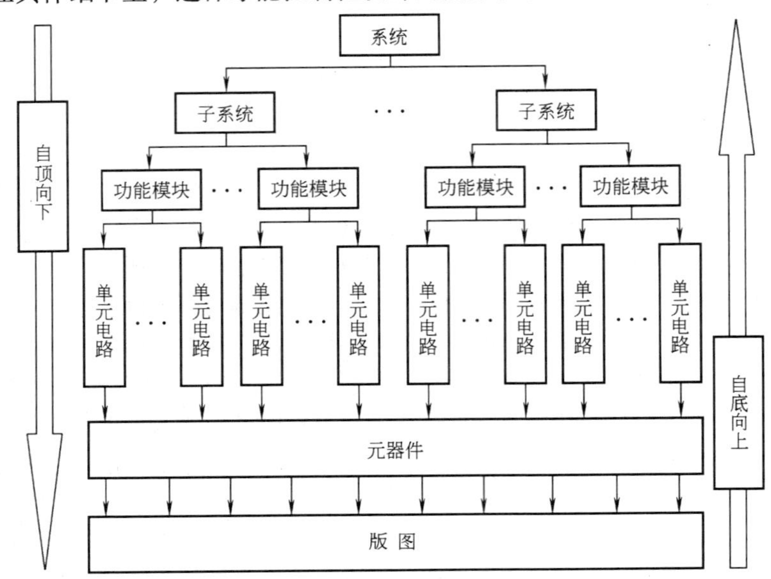

图 6-1　自顶向下法和自底向上法设计过程示意图

自底向上的方法与其相反，它是根据要实现系统各个功能的要求，先从可用的元器件中选出合用的，设计成一个个部件，当一个部件不能直接实现系统的某个功能时，就须由多个部件组成子系统实现该功能，直至系统所要求的全部功能都能实现为止。显然，由于在设计过程中，部件设计在先，设计人员的思想将受限于这些所设计出的或选用的现成部件，便不容易实现系统化、清晰易懂、可靠性高、可维护性好的设计，因此在现代设计中普遍采用自顶向下法。但自底向上法也并非完全无用武之地，它在系统的组装和测试过程中却是行之有效的。此外，在以 IP（Intellectual Property）核为基础的 VLSI 片上系统的设计中也得到重视和采用。

自顶向下法的要领在于整个设计在概念上的演化从顶层到底层应当逐步由概括到展开，由粗略到精细。只有当整个设计在概念上得到验证与优化后，才能考虑“采用什么电路、元器件和工艺去实现该设计”这类具体问题。

此外，设计人员在运用该方法时还必须遵循下列原则，方能得到一个系统化的、清晰易懂的以及可靠性高、可维护性好的设计：

（1）正确性和完备性原则　该方法要求在每一级（层）的设计完成后，都必须对设计的正确性和完备性进行反复地仔细检查，即检查指标所要求的各项功能是否都实现了，且留有必要的余地，最后还要对设计进行适当的优化。

（2）模块化、结构化原则　每个子系统、部件或子部件应设计成在功能上相对独立的模块，即每个模块均有明确的可独立完成的功能，而且对某个模块内部进行修改时不影响其他的模块。子系统之间、部件之间或者子部件之间的联系形式应当与结构化程序设计中模块间的联系形式相仿。

（3）问题不下放原则　在某一级的设计中如果遇到问题时，必须将其解决了才能进行下一级（层）的设计，切不可把上一级（层）的问题留到下一级（层）去解决。

（4）高层主导原则　在底层遇到的问题找不到解决办法时，必须退回到它的上一级（层）去甚至再上一级去，通过修改上一级的设计来减轻下一级设计的困难，或找出上一级设计中未发现的错误并将其解决，才是正确地解决问题的策略。

（5）直观性、清晰性原则　设计中不主张采用那些使人难以理解的诀窍和技巧，应当在实际的设计中和文档中直观、清晰地反映出设计者的思路。设计文档的组织与表达应当具有高度的条理性与简明性。一个可读性好的设计，不仅使得同一项目组的设计人员之间的交流方便、高效，而且使今后系统的修改、升级和维修大为方便，即达到维护性好的目的。

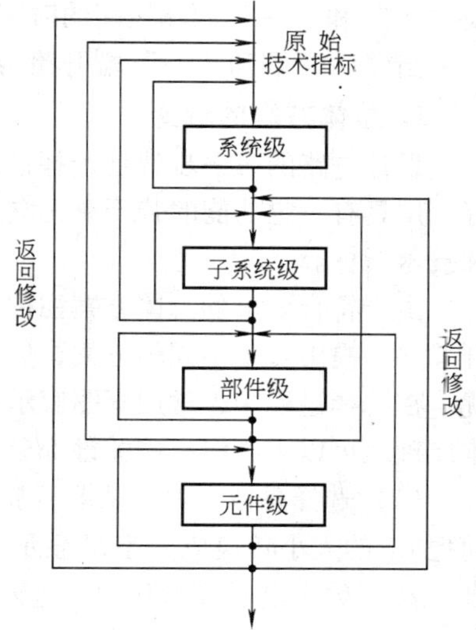

图 6-2　自顶向下的设计方法

综上所述，进行一项大型、复杂系统设计的过程，实际上是一个自顶向下的过程中还包括了由底层回到上层进行修改的多次反复的过程，如图 6-2 所示。

实际上，为了节约设计时间，保证设计质量，元器件、单元电路、模块甚至功能块都不必由系统设计者一一自行设计，而可以利用某些成熟的、经过考验的设计。因此，对一般现代化的系统设计，设计者利用自顶向下的设计方法，只需设计到模块或功能块为止，尤其是 IP 技术的发展，某些成熟的子系统也可在系统设计中使用。换言之，这是一种自顶向下与自底向上相结合的设计方法，或者说是一种基于模块和 IP 技术的自顶向下的设计方法。

6.2.2　电子系统设计的一般步骤

电子电路的一般设计步骤是：选择总体方案，画出系统框图，设计单元电路，选择元器件，计算参数，画出总体电路图，进行组装与调试等。

由于电子电路种类繁多，千差万别，设计方法和步骤也因情况不同而各异，因而上述设计步骤需要交叉进行，有时甚至会出现反复。因此在设计时，应根据实际情况灵活掌握。

下面举一个例子来说明电子系统设计的一般步骤。

例　设计一个大电容数字显示测量电路，要求如下：

①能测量电容量不超过 1990μF 的大容量的电解电容器。

②用两只 LED 数码管和一只发光二极管构成数字显示器。发光二极管用来显示最高位，它的亮状态和暗状态，分别表示数字“1”和“0”。数码管用来显示后两位，它们分别显示出 0～9 十个数字。最大显示数字为 199，最小显示数字为 0。

③数字显示器所显示的数字 N 与被测电容 C_X 的函数关系为

$$N = \frac{C_X}{10\mu\text{F}} \tag{6-1}$$

式中，N 为正整数。

④在正常工作条件下，接上被测电容器后便可自动显示出数字（不需要测试者进行清零和启动），响应时间不超过 2s，即接上被测电容 2s 后，数字显示器所显示的数字 N 符合上述函数关系。其误差的绝对值不超过 $3N/100+2$（设环境温度在 15～25℃范围内）。

⑤若被测电容超过 1990μF，则数码管呈全暗状态，发光二极管呈亮状态，表示超量程。

⑥测量电路应有被测电容器的两个插孔，并标上符号“+”和“-”。“+”端电位的瞬时

值不低于“－”端电位的瞬时值，而且它们之间的开路电压瞬时值最大不超过5.5V。

当“＋”端和“－”端被短路时，数字显示器的状态与 $C_X > 1990\mu F$ 时的状态相同，而且即使“＋”和“－”两端短路的时间很长，测量电路也不会因此损坏。

当“＋”端和“－”端开路时，数字显示器所显示的数字应当为0。

1. 总体方案的选择

设计电路的第一步就是选择总体方案。所谓总体方案是根据所提出的任务、要求和性能指标，用具有一定功能的若干单元电路组成一个整体，来实现各项功能，满足设计题目提出的要求和技术指标。

由于符合要求的总体方案往往不止一个，应当针对任务、要求和条件，查阅有关资料，以广开思路，提出若干不同的方案，然后仔细分析每个方案的可行性和优缺点，加以比较，从中取优。在选择过程中，常用框图表示各种方案的基本原理。框图一般不必画得太详细，只要说明基本原理就可以了，但有些关键部分一定要画清楚，必要时需画出具体电路来加以分析。

(1) 选择总体方案　从题目要求中可以看出第三条是最主要的，也就是说首先应当考虑如何把 C_X 的大小转换成数字量显示出来，使之符合所要求的函数关系。根据“模拟电子技术基础”和“数字电子技术基础”这两门课中所学过的知识，可以提出下列方案：

方案Ⅰ：如果把三角波输入给以被测电容器作为微分电容的微分电路，在电路参数选择适当的条件下，微分电路的输出幅度与 C_X 成正比，再经峰值检测电路或精密整流及滤波电路，可以得到与 C_X 成正比的直流电压 U_X，然后再进行A/D转换，送给数字显示器，便可实现所要求的函数关系，如图6-3所示。

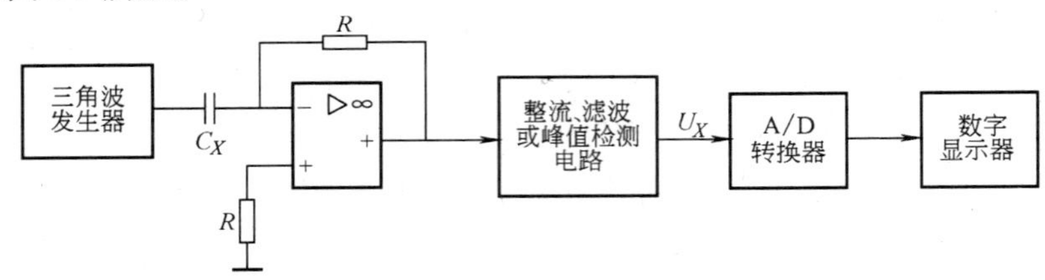

图6-3　大电容数显式测量方案Ⅰ

方案Ⅱ：用图6-4所示的框图代替A/D转换器，可得到第二种方案。图中压控振荡器输出矩形波，它的频率 f_X 与 U_X 成正比，而 U_X 与被测电容 C_X 成正比，因而 f_X 与 C_X 成正比。在计数控制时间 T_c 等参数选择合适的条件下，数码管显示器显示的数字 N 与 C_X 的大小可符合题中所要求的函数关系。

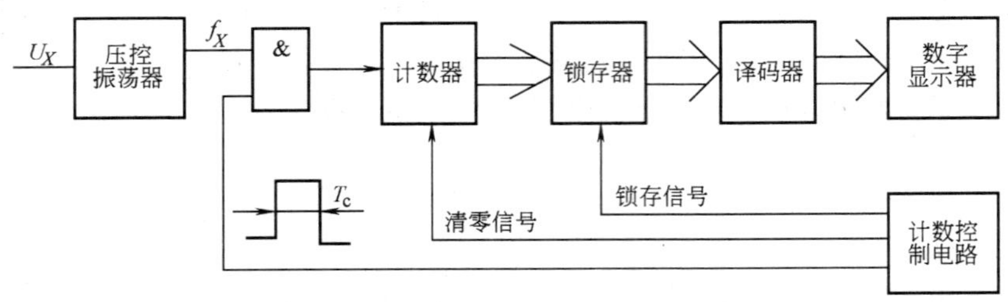

图6-4　大电容数显式测量方案Ⅱ

方案Ⅲ：如图6-5所示，利用单稳电路或电容充放电电路等，可以把被测电容器的大小转换成脉冲的宽窄，即脉冲的宽度 T_X 与 C_X 成正比。只要把此脉冲与频率固定的方波（标准脉冲发生器产生的脉冲）相与，便得到计数脉冲，将它送给计数器、锁存器、译码器和数字显示器。如果标准脉冲的频率等参数选择合适，便可实现题中要求的函数关系。图中计数控制电路输出的脉冲宽度 T_X 应与 C_X 成正比。

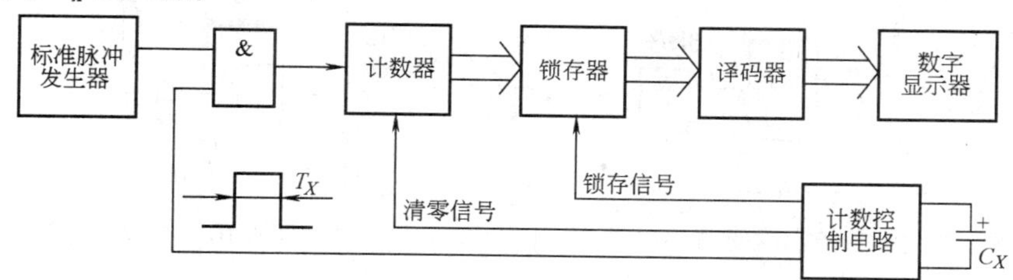

图 6-5　大电容数显式测量方案Ⅲ

（2）方案比较，作出初步选择　方案Ⅰ采用了 A/D 转换器，价格比较贵；方案Ⅱ电路复杂、成本高、安装调试困难；方案Ⅲ 电路简单，采用之。

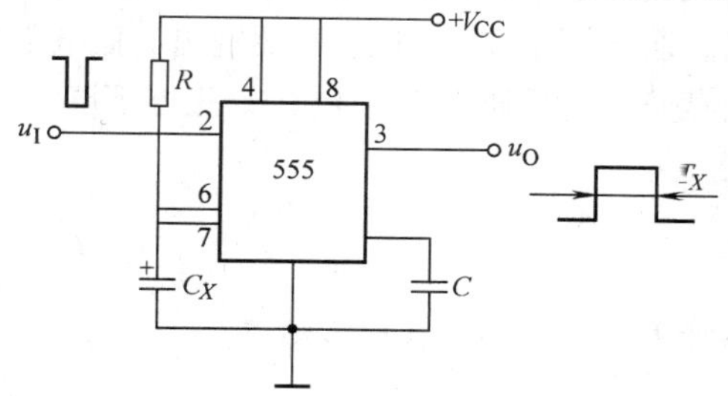

图 6-6　用 555 电路构成的单稳电路

（3）可行性分析　此方案是否可行，关键在于控制电路能否实现 T_X 与 C_X 成正比，还需要涉及具体电路和被测电容量的范围，进行进一步分析。

①把电容量的大小转换成脉冲的宽窄，常用的方法之一是用 555 定时器构成单稳态电路，如图 6-6 所示。但该电路对本题的具体要求存在两个问题：第一，查阅 555 定时器的有关资料可知，用它构成的单稳态电路所产生的时间误差可达到 5%，再加上其他原因产生的误差，测量精度很难达到设计要求。第二，在正常的工作条件下，此电路输出脉冲宽度 T_X 与 C_X 的函数关系为

$$T_X = RC_X \ln 3 \tag{6-2}$$

式中的 R 一般取 1kΩ 以上，如果 R 太小（例如 $R = 100\Omega$），则此电路的时间误差会明显增大，甚至不能正常工作。由于 C_X 的最大值为 1990μF，如果取 $R = 1\text{k}\Omega$，则 T_X 大于 2s，超过设计要求的响应时间，故不能采用这种电路。

②用施密特反相器可构成如图 6-7 所示的方波发生器，它的振荡周期 T_X 与 C_X 成正比。但存在以下两个问题：第一，如果图中的施密特反相器是 TTL 器件 CT74LS14，则振荡周期的稳定性差。第二，如果图中的施密特反相器用 CMOS 器件 CC40106，则图中 R 的值应较大，若 R 小于 2kΩ，则振荡周期的稳定性差，甚至不能正常工作，即使 $R = 2\text{k}\Omega$，由于 C_X 的最大值为 1990μF，振荡周期超过 2s，也不满足设计要求。

③利用集成运算放大器构成的方波发生器如图 6-8 所示，该电路的振荡周期也和电容量成正比，但是图中电容两端的电压 u_C 的瞬时值有时为正值，有时为负值，这与设计要求不符。

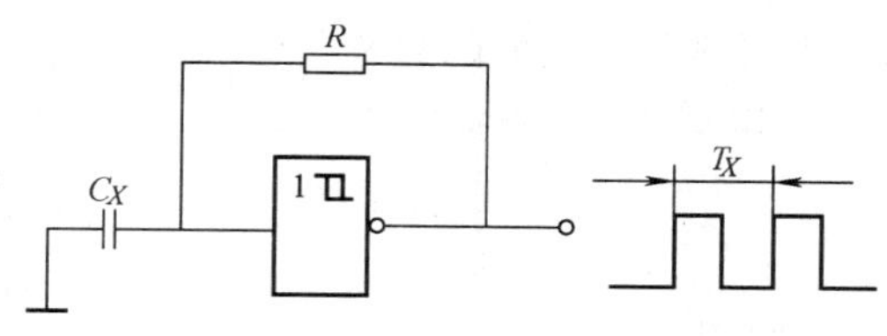

图 6-7　利用施密特反相器构成的方波发生器

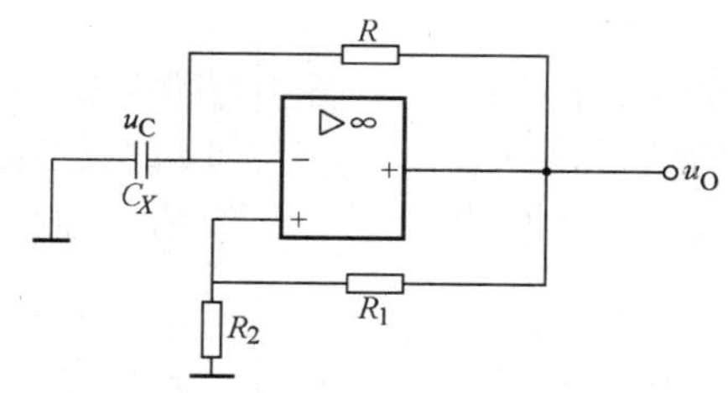

图 6-8　利用集成运算放大器构成的方波发生器

④根据 *RC* 充放电规律，利用充放电开关、电压比较器和与门构成如图 6-9 所示电路。图中的充放电开关采用如图 6-10 所示的电路。

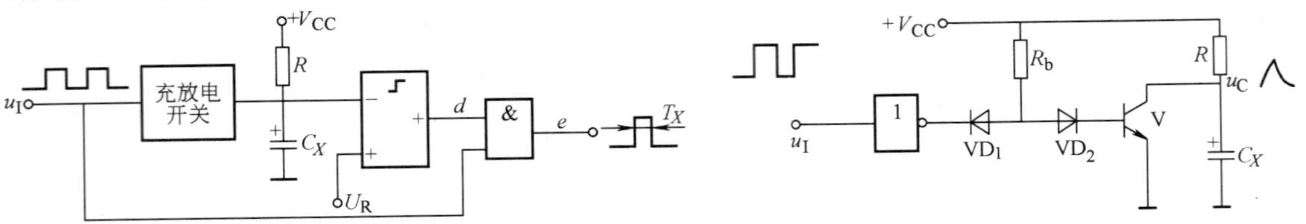

图 6-9　产生计数控制时间的示意图　　　　图 6-10　充放电开关电路

为了使反相器输出的电平幅度不受晶体管导通的影响，图中加了二极管 VD_1，它是锗开关二极管。为了保证晶体管在 u_I 为高电平时能可靠截止，图中加了硅开关二极管 VD_2。当反相器的输入为高电平时，晶体管 V 由导通变为截止，C_X 充电，u_C 逐渐上升。当 $u_C > U_R$（U_R 为正值）后，图 6-9 所示的电压比较器输出为低电平。当反相器的输入由高电平变为低电平时，晶体管 V 由截止变为导通，C_X 放电，u_C 逐渐下降，当 $u_C < U_R$ 时，电压比较器输出为高电平。根据推导可得

$$T_X = RC_X \ln \frac{V_{CC} - V_{CES}}{V_{CC} - U_R} \tag{6-3}$$

若取 $U_R = (V_{CC} + V_{CES})/2$，则得

$$T_X = RC_X \ln 2 \tag{6-4}$$

这样，图中 *R* 的值可以取得比较小，若 $R = 100\Omega$，当 $C_X = 1990\mu F$ 时，$T_X = 0.138s$，它比 2s 小得多，可满足题中对响应时间的要求，因此方案Ⅲ是可行的。

（4）改进措施　虽然图 6-9 所示电路可将 C_X 转换成脉冲的宽窄，使 T_X 与 C_X 成正比，但还有以下两点值得改进。

①式（6-3）表明，T_X 与晶体三极管的饱和压降 V_{CES} 有关，如果 V_{CES} 不太稳定，会直接影响测量精度。

②若取 $R = 100\Omega$，当 $C_X = 1990\mu F$ 时，$T_X = 0.138s$，尽管它比题中要求的响应时间短得多，但比人眼的滞留时间（约 0.1s）大，因此需要采用数据锁存器，否则数码管所显示的数字就不够清晰，如果 $T_X < 0.1s$，则可省去数据锁存器。虽然减小 *R* 可以使 $T_X < 0.1s$，但减小 *R* 将增大电源的损耗。为使在不减小 *R* 的情况下能减小 T_X，在图 6-9 所示的电路中再加一个电压比较器组成如图 6-11 所示的电路。

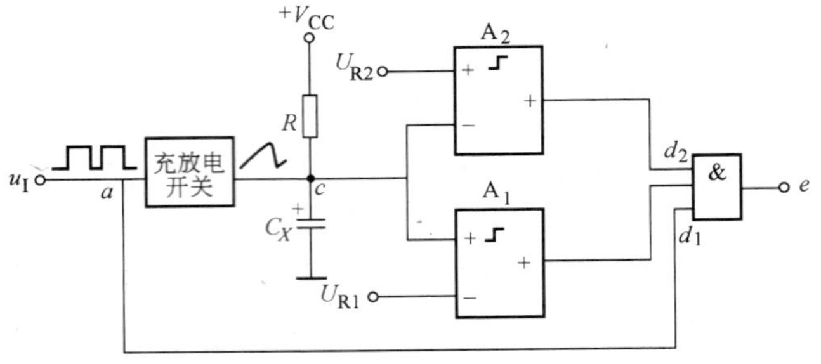

图 6-11　改进措施示意图

图 6-11 中，A_1 和 A_2 分别为同相输入和反相输入电压比较器，它们的参考电压 $U_{R1} < U_{R2}$，且均为正值，图中 *a*、*c*、d_1、d_2 和 *e* 的波形见图 6-12。图 6-12 的 *f* 是计数器的清零信号，即每次计数前，由它使计数器清零。经推导得

$$t_{X1} = RC_X \ln \frac{V_{CC} - V_{CES}}{V_{CC} - U_{R1}} \tag{6-5}$$

$$t_{X2} = RC_X \ln \frac{V_{CC} - V_{CES}}{V_{CC} - U_{R2}} \tag{6-6}$$

$$T_X = t_{X2} - t_{X1} = RC_X \ln \frac{V_{CC} - U_{R1}}{V_{CC} - U_{R2}} \tag{6-7}$$

若取 $U_{R1} = V_{CC}/5$，$U_{R2} = V_{CC}/3$ 代入式（6-7）得

$$T_X = RC_X \ln \frac{6}{5} = 0.182RC_X \tag{6-8}$$

由此可见，T_X 不仅与晶体管的饱和压降 V_{CES} 无关，而且与电源电压 V_{CC} 无关。这样就不会因 V_{CES} 和 V_{CC} 变动引起测量误差。另外，若仍取 $R=100\Omega$，当 $C_X=1990\mu F$，则 $T_X \approx 36ms$，它比人眼的滞留时间都小得多。如果显示时间（图 6-12 中 $T_d - T_X$）比 0.1s 大得多，不用数据锁存器，数码管仍可显示出清晰的数字，从而节省了器件，降低了成本。

经过上面详细分析研究，说明方案Ⅲ是确实可行的。

（5）画出详细的框图　方案原来的框图不够详细，有些问题尚未详细考虑，因此在设计单元电路之前，必须画出详细的框图，如图 6-13 所示。

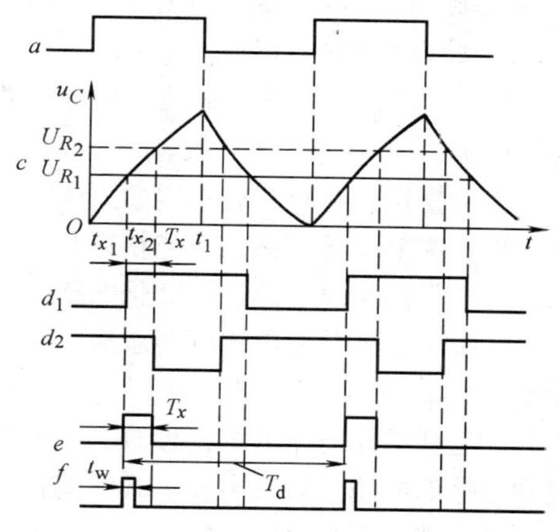

图 6-12　图 6-11 中的波形及清零脉冲波形

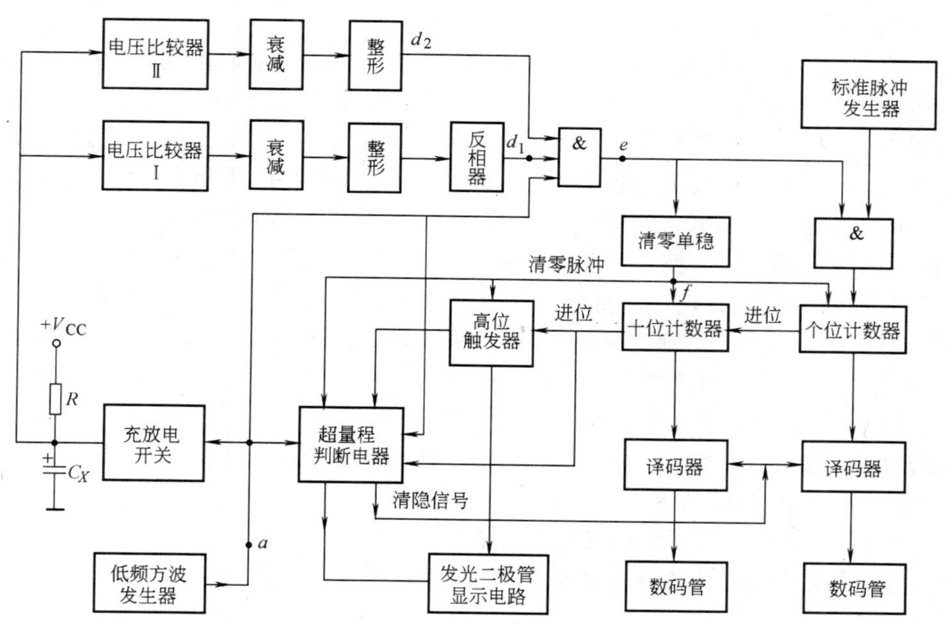

图 6-13　大电容数字显示测量电路框图

选择方案应注意的几个问题：

①应当针对关系到电路全局的问题，开动脑筋，多提些不同的方案，深入分析比较。有些关键部分，还要提出各种具体电路，根据设计要求进行分析比较，从而找出最优方案。

②不要盲目热衷于数字化方案。数字电路确有不少优点，但对于输入输出都是模拟量的装置，如果采用数字化方案，则要先用 A/D 转换器将模拟量转换为数字量，经过数字电路处理后，再经 D/A 转换器将数字量转换成模拟量，这就必然带来成本高、电路复杂等缺点。因此，不仔

细分析而一概认为数字化方案比模拟电路方案好的观点是不适宜的。必须从实际出发，针对具体问题提出多种不同方案，经过充分地分析和比较选出最佳方案。

③既要考虑方案的可行性，还要考虑性能、可靠性、成本、功耗和体积等实际问题。

④选定一个满意的方案并非易事，在分析论证和设计过程中需要不断改进和完善，出现一些反复是难免的，但应尽量避免方案上的大反复，以免浪费时间和精力。

2. 单元电路的设计

在确定了总体方案、画出详细框图之后，便可进行单元电路设计。设计单元电路的一般方法和步骤为：

①根据设计要求和已选定的总体方案的原理框图，确定对各单元电路的设计要求，必要时应详细拟定主要单元电路的性能指标。应注意各单元电路之间的相互配合，但要尽量少用或不用电平转换之类的接口电路，以简化电路结构，降低成本。

②拟定出各单元电路的要求后，应全面检查一遍，确实无误后方可按一定顺序分别设计各单元电路。

③选择单元电路的结构形式。一般情况下，应查阅有关资料，以丰富知识、开阔眼界，从而找到合适的电路。如确实找不到性能指标完全满足要求的电路时，也可选用与设计要求比较接近的电路，然后调整电路参数。

下面针对上述例子选择的方案 III 所确定的详细框图来说明单元电路的设计步骤和方法。

（1）低频方波发生器

1）确定振荡周期　由以上讨论可知，低频方波发生器的振荡周期就是整个测量电路的响应时间。而设计要求响应时间不应超过 2s，因此该方波发生器的周期也不应超过 2s，但它又不能太短，其原因是：第一，被测电容 C_X 的充放电需要一定的时间。图 6-12 所示的波形说明，每次充电结束时 u_C 应超过 U_{R2}，每次放电结束时 u_C 应低于 U_{R1}，图 6-11 所示电路才能正常工作。在分析此电路时已经指出，设 $R=100\Omega$，$C_X=1990\mu F$，计算充电时间为 36ms，再加上放电时间，并需留有适当裕量，因此，方波发生器的周期应当比 36ms 大得多。第二，人眼存在滞留时间，一般为 0.1s，如果显示时间 T_d（见图 6-12 中的 e）小于 0.1s，那么就会出现错误的视觉效果。故显示时间应比 0.1s 大得多，通常取 0.1～1s。由于被测电容较大，显示时间可适当取长些。

综上所述，低频方波发生器的振荡周期应选在 1s 左右。

2）电路选择　由于低频方波发生器的频率较低，而且对它的精度和稳定度要求不高，因此可用普通的 CMOS 反相器 CC40106 构成，如图 6-14 所示。

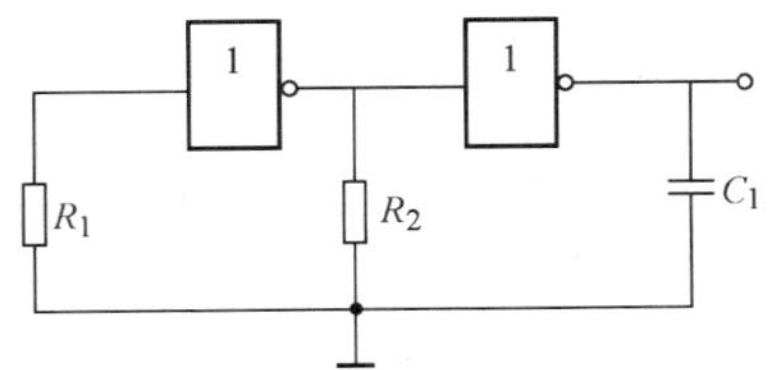

图 6-14　低频方波发生器

3）参数计算　图 6-14 所示电路其振荡周期与反相器的阈值电压有关，因此只能粗略估算，当 $R_1=R_2=R$ 时，振荡周期可按下式粗略估算：

$$T=1.8RC_1 \tag{6-9}$$

根据以上分析，此电路振荡周期为 1s，因此可按式（6-10）确定 R 的阻值和 C_1 的容量：

$$1.8RC_1=1s \tag{6-10}$$

式中，R 的单位为 Ω；C_1 的单位为 μF。若选 $C_1=0.15\mu F$，则 $R_1=R_2=3.6M\Omega$。

（2）标准脉冲发生器

1）确定振荡频率　显示器所显示的数字 N 与被测电容 C_X 的函数关系见式（6-1）。在计数时间 T_X 内，应送给计数器 N 个计数脉冲，所以标准脉冲发生器的振荡周期 T_{CP} 与 T_X 应符合如下函数关系：

$$T_{CP}=\frac{1}{N}T_X \tag{6-11}$$

将式（6-1）和式（6-8）代入式（6-11），可得

$$T_{CP}=R\times10\mu F\times\ln\frac{6}{5}$$

再将 $R=100\Omega$ 代入式（6-11），则 $T_{CP}=182\mu s$。因此，标准脉冲发生器的振荡频率应为

$$f_{CP}=\frac{1}{T_{CP}}=5.49kHz$$

显然要求 f_{CP} 应比较稳定。

2）电路选择　我们知道，由集成运算放大器构成的方波发生器的振荡频率是比较稳定的。采用LM324集成运放构成的方波发生器如图6-15所示，LM324的增益带宽为1MHz，满足上述要求。

3）参数计算　图6-15电路的振荡周期可按式（6-12）粗略估算：

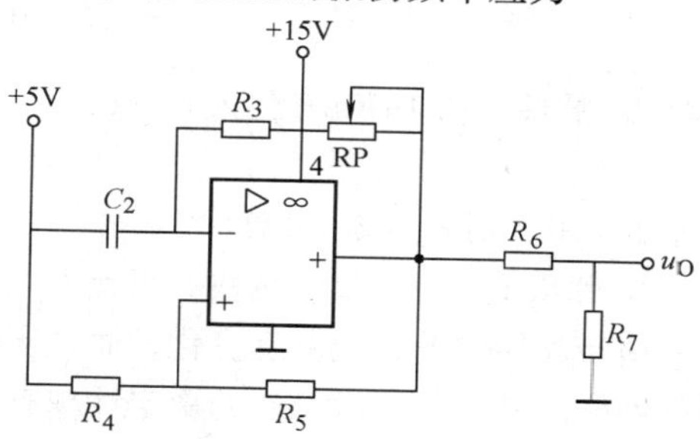

图6-15　采用LM324构成的方波发生器

$$T_{CP}\approx2RC_2\ln\left(1+\frac{2R_4}{R_5}\right) \tag{6-12}$$

式中，R 为 R_3 与 R_{RP} 之和。如果 $R_4=R_5$，并将 $T_{CP}=182\mu s$ 代入式（6-12），则

$$RC\approx82.8\mu s$$

若取 $C_2=0.01\mu F$，则 $R=8.28k\Omega$。

由于以上近似估算误差较大，而且计算出的电阻的实际阻值不可能正好为标称值，因此 R 的阻值应当可以调整，为此图中用 R_3 和 RP 相串联作为 R。上面估算出 $R=8.28k\Omega$，所以可选用一个 $6.8k\Omega$ 的金属膜电阻作为 R_3，选 $R_p=3k\Omega$。此外，R_4、R_5 和 R 应满足对称平衡条件，即 $R_4/\!/R_5=R$，取 $R_4=R_5=16k\Omega$。R_6 和 R_7 起衰减作用，由于324的输出可达13V（单电源供电，电源电压+15V），应衰减为（3～5）V，才能送给后面的TTL电路，故若取为5V，R_6 应为 R_7 的2倍，取 $R_6=2k\Omega$，$R_7=1k\Omega$。

（3）充放电开关电路　电路见图6-10，图中 R 已选为 100Ω，V_{CC} 为+5V，剩下的问题就是通过估算选择 R_b 的阻值和选择晶体管V。

1）R_b 的估算　当 u_I 为低电平时，晶体管导通，C_X 放电。在 C_X 两端电压 u_C 大于晶体管的饱和压降 V_{CES} 的情况下，C_X 的放电电流可按下式估算：

$$-i_{C_x}\approx\beta I_B-\frac{V_{CC}-u_C}{R}>\beta I_B-\frac{V_{CC}}{R}$$

式中，i_{C_x} 前的负号表示 C_X 的放电电流的实际方向与图中所示的假定正方向相反。将 $V_{CC}=5V$、$R=100\Omega$ 代入上式，则

$$-i_{C_x}>\beta I_B-50mA \tag{6-13}$$

式中，β 是晶体管的电流放大系数；I_B 是晶体管的基极电流，它与 R_b 的函数关系是

$$I_B\approx\frac{V_{CC}-1.4V}{R_b} \tag{6-14}$$

式中，1.4V是硅二极管和硅晶体管发射结正向压降之和的近似值。

将 $V_{CC}=5V$ 代入式(6-14)，再代入式（6-13），则

$$-i_{C_x}>\beta\frac{3.6V}{R_b}-50mA \tag{6-15}$$

至于放电电流 i_{C_x}应取多大，可以这样考虑：充电结束时，u_C 的最大值是 +5V，希望放电结束时 u_C 的最小值接近于零，而放电时间约等于低频方波发生器振荡周期的一半，为 0.5s，即

$$\frac{1}{C_X}\int_0^{0.5s}(-i_{C_x})\mathrm{d}t = 5\mathrm{V} \tag{6-16}$$

为了计算方便，将式（6-15）中的“>”换成“=”，然后代入式（6-16），则

$$\frac{1}{C_X}\int_0^{0.5s}\left(\beta\frac{3.6\mathrm{V}}{R_b} - 50\mathrm{mA}\right)\mathrm{d}t = 5\mathrm{V} \tag{6-17}$$

再将 C_X 的最大值 1990μF 代入式（6-17），求解可得

$$R_b \approx 0.051\beta \mathrm{k}\Omega$$

若取 $\beta=50$，则 $R_b\approx 2.55\mathrm{k}\Omega$。

显然 R_b 越小 C_X 放电越快。因此 R_b 的阻值按 $R_b\leqslant 2.55\mathrm{k}\Omega$ 考虑。

由于晶体管的 β 随温度变化，而且实际的放电时间可能不到 0.5s，并考虑到 R_b 越小，晶体管的饱和压降越低，对工作的稳定性越有利，故 R_b 选用阻值为 1.8kΩ 的碳膜电阻器。

2）晶体管的选择　估算 i_C 的最大值：前面已取 $R_b=1.8\mathrm{k}\Omega$，将它代入式（6-14），得 $I_B=2\mathrm{mA}$。一般晶体管的 β 值在 50～100 范围内，因此晶体管的集电极电流的最大值是

$$(i_C)_{max} = (\beta i_B)_{max} \leqslant 100\times 2\mathrm{mA} = 200\mathrm{mA}$$

估算晶体管的平均功耗：根据晶体管的工作情况，经推导，晶体管的功耗 P_V 可按下式计算：

$$P_V < 3\mathrm{V}\,\frac{1}{T}\,\frac{U_{CEM}-1\mathrm{V}}{1-\dfrac{50\mathrm{mA}}{\beta I_B}}C_X + 12.5\mathrm{mW}$$

由于 $T=1\mathrm{s}$，$U_{CEM}\leqslant 5\mathrm{V}$，$\beta\geqslant 50$，$I_B=2\mathrm{mA}$，$C_X\leqslant 1990\mu\mathrm{F}$，代入上式可得

$$P_V < 61\mathrm{mW}$$

根据 i_C 的最大值和 P_V 的值，晶体管可选用 3DK4。

（4）电压比较器及整形电路　前面已经介绍了图 6-11 中两个电压比较器的作用，下面就电路的选择和有关元件参数的确定加以说明。

1）选择电路　电压比较器及整形电路如图 6-16 所示。

图中集成运算放大器选用 LM324，单电源供电，电源电压为 +15V。由于 LM324 的响应速度比较慢，所以用施密特反相器 CT74LS14 整形，分压电阻 R_{15}、R_{16}及 R_{17}、R_{18}是为了保证 LM324 的输出电压和 TTL 电平兼容。

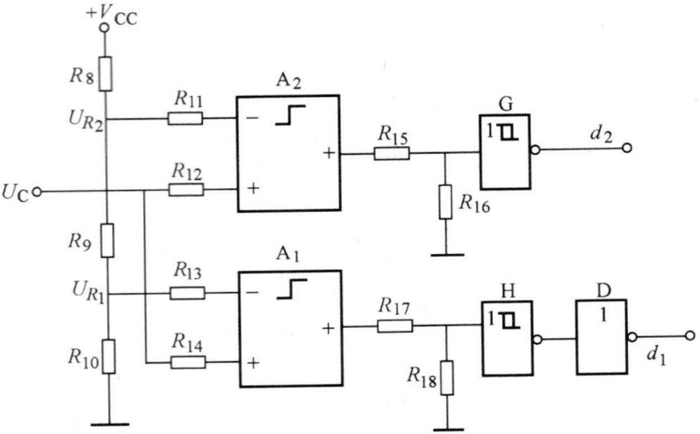

图 6-16　电压比较器及限幅整形电路

2）估算电阻值　图 6-16 所示电路中参考电压 U_{R1}和 U_{R2}为

$$U_{R1} = \frac{R_{10}}{R_8+R_9+R_{10}}V_{CC}$$

$$U_{R2} = \frac{R_9+R_{10}}{R_8+R_9+R_{10}}V_{CC}$$

根据图 6-16 电路的要求，$U_{R1}=V_{CC}/5$，$U_{R2}=V_{CC}/3$，若取 $R_8=10\mathrm{k}\Omega$，则可计算出 R_9 和 R_{10} 之值，取 $R_9=2\mathrm{k}\Omega$，$R_{10}=3\mathrm{k}\Omega$，均用金属膜电阻器。

图中 R_{11}、R_{12}、R_{13}和 R_{14}接运放的输入端，当输入过电压时起限流保护作用。根据对称平衡条件和已选定的 R_8、R_9 和 R_{10} 的阻值，分别取 $R_{11}=4.7\mathrm{k}\Omega$，$R_{12}=8.2\mathrm{k}\Omega$，$R_{13}=5.1\mathrm{k}\Omega$，$R_{14}=$

7.5kΩ，均选用碳膜电阻器。

图中 R_{15}、R_{16}、R_{17}和 R_{18}组成分压电路。当集成运放用 +15V 单电源供电时，其输出低电平基本上等于零，输出高电平约为13V，应衰减为 3～5V，才能送给 TTL 施密特反相器，因此衰减系数可取 1/3，即

$$\frac{R_{16}}{R_{15}+R_{16}}=\frac{1}{3}$$

解之可得 $R_{15}=2R_{16}$。同理，$R_{17}=2R_{18}$。

查阅器件手册可知 LM324 的高电平输出电流和 CT74LS14 的低电平输入电流，据此可选择电阻 $R_{15}=R_{17}=2\text{k}\Omega$，$R_{16}=R_{18}=1\text{k}\Omega$，均选用碳膜电阻器。

（5）计数器　根据设计要求，计数器的最大容量为 199。高位可用一个 D 触发器或 JK 触发器，个位和十位各用一个 BCD 码计数器。

由于 CMOS 集成电路功耗小、价格便宜，故选用 CC4518 作为该电路的个位和十位 BCD 码计数器。CC4518 的内部逻辑图及外部接线图如图 6-17a、b 所示。

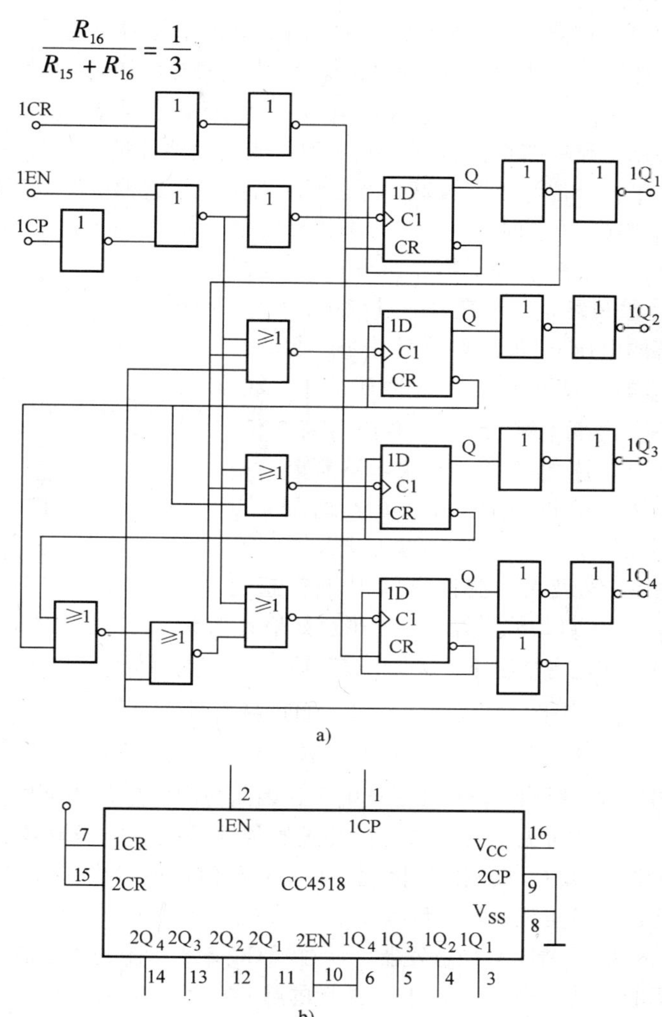

图 6-17　CC4518 的内部逻辑图及外部接线图

①由 CC4518 的逻辑图可知，将衰减后的标准脉冲发生器的输出信号接到它的 1CP 端，而将图 6-13 中 e 点的计数控制信号接至 1EN 端，从而省去图 6-13 中标准脉冲信号发生器与计数器之间的与门。

②若从 1EN 端输入计数脉冲，则 CC4518 的触发器由计数脉冲的下降沿触发。而当个位计数器为 1001 状态时，它的 $1Q_4=1$，若再来一个计数脉冲，则 $1Q_4$ 由 1 变为 0，即出现下降沿，因此 $1Q_4$ 可作为个位计数器的进位输出端。也就是说只要把 $1Q_4$ 和 2EN 相连便可实现级联。同理，可将 $2Q_4$ 作为十位计数器的进位输出端。

③高位触发器的接法：根据设计要求，若十位计数器的 $2Q_4$ 端在计数时间内出现下降沿，高位触发器的 $3Q_1$ 端应当由 0 状态变为 1 状态。在 $3Q_1=1$ 以后，若 $2Q_4$ 再出现下降沿，$3Q_1$ 应保持状态不变，直至清零信号到来为止。选用 D 触发器 CT74LS74 作为高位触发器，它是由上升沿触发的，因此 $2Q_4$ 必须经过反相后才能接到 D 触发器的时钟输入端，如图 6-18 所示。图中 D 触发器的输入端

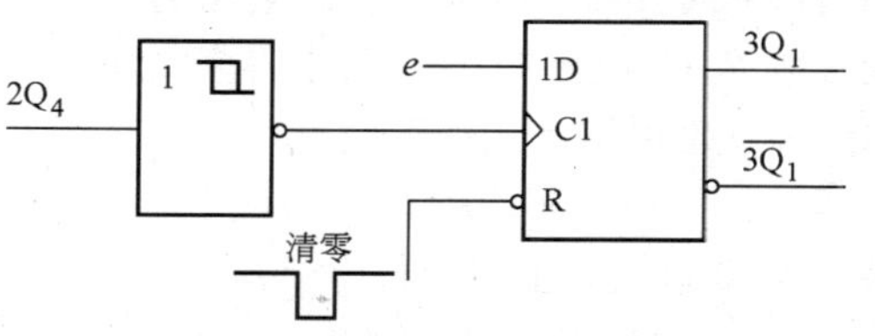

图 6-18　高位触发器的接法

接图 6-13 中的 e 端，为了使计数脉冲波形好，反相器采用了施密特反相器。

（6）七段显示译码/驱动器　BCD-七段显示译码/驱动器 CT74LS47 的作用是将 BCD 计数器的输出译码成 LED 数码管所需的七段输入形式。根据设计要求，此译码器应具有消隐功能，CT74LS47 的引脚 4（$\overline{BI}/\overline{RBO}$）既可作消隐输入，也可以作为串行消隐输出，我们把它作为输入信号，它被悬空或接高电平时，数码管按正常情况显示，当它接低电平时，数码管呈全暗状态。具体电路接法读者可参考总图 6-21 中七段显示译码/驱动器部分。

（7）超量程判断及显示电路　所谓超量程是指 C_X 超过 1990μF 或 C_X 被短路。超量程判断及显示电路如图 6-19 所示。超量程可能出现两种情况：第一，高位计数器的输出端 $3Q_1$ 已经是高电平，十位计数器的 $2Q_4$ 仍有下降沿出现，这种情况可用图 6-19 中虚线左下方的电路判断。当 $\overline{Q}_{E1}$ 为低电平时，与门 N 输出为低电平，表示超量程。第二，当 C_X 很大或 C_X 被短路时，在充放电过程中，C_X 两端的电压 u_C 可能始终低于 U_{R1} 或 $u_C > U_{R1}$ 的时间很短，在这种情况下，$2Q_4$ 不会出现下降沿，$\overline{Q}_{E1}$ 不会由高变低，此时应用虚线左上方的电路判断。根据图 6-12 的波形可知，在 t_1 时刻 a 点的波形出现下降沿，C_X 充电结束，此时 u_C 值最大，在正常情况下它超过 U_{R2}，d_2 点的波形处于低电平。如果 t_1 时刻 d_2 点的波形处于高电平，则说明 C_X 很大或 C_X 被短路。在正常情况下，a 点出现下降沿，d_2 点为低电平，则 $\overline{Q}_{E2}$ 为高电平。若 C_X 很大或 C_X 被短路，$\overline{Q}_{E2}$ 为低电平，发光二极管亮，而且与门 N 输出低电平。

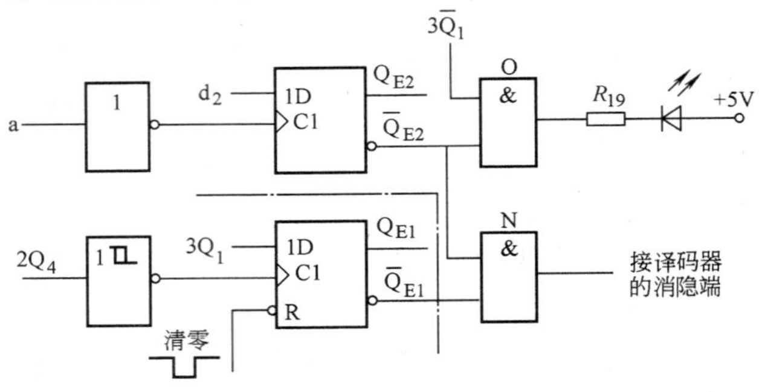

图 6-19　超量程判断及显示电路

此外，图中与门 O 的另一输入端接高位触发器的 $3\overline{Q}_1$，只要十位计数器的 $2\overline{Q}_4$ 在计数时间内出现过下降沿，$3\overline{Q}_1$ 便是低电平，因而与门 O 输出为低电平，使发光二极管点亮。

由此可见，发光二极管发光的条件是：$C_X \geqslant 1000\mu F$。与门 N 输出为低电平的条件是 $C_X \geqslant 2000\mu F$ 或 C_X 被短路。因此，只要将与门 N 的输出端和作为显示译码器的 CT74LS47 的引脚 4 相连，便可实现题目对量程显示的要求。

（8）清零单稳触发器　计数器 CC4518 所需的清零信号如图 6-12 中的 f 所示。D 触发器所需要的清零信号与它反相。f 波形的脉冲宽度 t_w 的要求是：

①t_W 应比 CC4518 清零端的延迟时间大得多，以保证能够有效清零。

②t_W 应比时钟周期 T_{CP} 小得多，以免引起不该有的误差。

前面在设计时钟脉冲单元电路时，已求出 $T_{CP} = 182\mu s$，它比 CC4518 清零端的延迟时间大很多倍，因此选清零信号 $t_W = 30\mu s$，作为选择单稳电路主要参数的依据。

由于对 t_W 的稳定性要求不高，可选用单稳电路，如图 6-20 所示。图中 u_I 的波形是图 6-12 中的波形 e 或波形 d_1。显然，此电路的时间常数 $R_{21}C_3$ 应比的 u_I 周期小得多，输出脉冲宽度可按下式估算：

$$t_W = 0.7R_{21}C_3$$

将 $t_W = 30\mu s$ 代入上式，得

$$R_{21}C_3 \approx 42.8\mu s$$

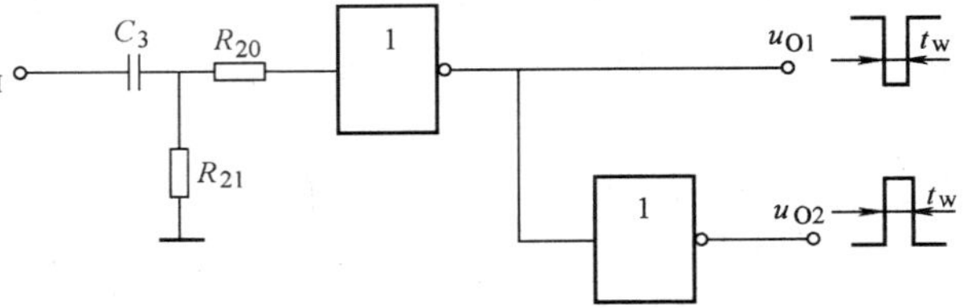

图 6-20　清零单稳电路

因此取 $C_3=1000\text{pF}$，$R_{21}=43\text{k}\Omega$。R_{20}为限流保护电阻，它的阻值可在 10～100kΩ 范围内选择。

3. 总电路图的画法

设计好各单元电路以后，应画出总电路图。总电路图是进行实验和印制电路板设计制作的主要依据，也是进行生产、调试、维修的依据，因此画好一张总电路图非常重要。

画总电路图的一般方法如下：

①画总电路图应注意信号的流向，通常从输入端或信号源画起，由左到右或由上到下按信号的流向依次画出各单元电路。但一般不要把电路画成很长的窄条，必要时可按信号流向的主通道依次把各单元电路排成类似字母“U”的形状，它的开口可以朝左，也可以朝其他方向。

②尽量把总电路图画在同一张图样上，如果电路比较复杂，一张图样画不下，应把主电路画在同一张图样上，而把一些比较独立或次要的部分（例如直流稳压电源）画在另一张或者几张图样上，并用适当的方式说明各图样之间的信号联系。

③电路图中所有的连线都要表示清楚，各元器件之间的绝大多数连线应在图样上直接画出，连线通常画成水平线或竖线，一般不画斜线。互相连通的交叉线，应在交叉处用圆点标出。连线要尽量短。电源一般只标出电源电压的数值（例如 +5V、+15V、-15V）。电路图的安排要紧凑和协调，稀密恰当。避免出现有的地方画得很密，有的地方却空出一大块。总之，要清晰明了，容易看懂，美观协调。

④电路图中的中大规模集成电路，通常用框形表示。在框中标出它的型号，框的边线两侧标出每根连线的功能名称和引脚号。除中大规模器件外，其余元器件的符号应当标准化。

⑤集成电路器件的引脚较多，多余的引脚应作适当处理。

⑥如果电路比较复杂，设计者经验不足，有些问题在画出总体电路之前难以解决，可以先画出总电路图的草图，调整好布局和连线之后，再画出正式的总电路图。

以上只是总电路图的一般画法，实际情况千差万别，应根据具体情况灵活掌握。

根据上述方法和前面例子所确定的框图及设计的单元电路，可画出总电路图，如图 6-21 所示。

①图中的反相器 A、B、C、D、E 和 F 合用一片 CC4049，图中的施密特反相器 G、H、I、J、K 和 L 合用一片 CT74LS14，图中的与门 M、N 和 O 合用一片 CT74LS11。

②高位触发器和超量程判断电路选用双 D 触发器，共用两片 CT74LS74。

③集成运放 A_1、A_2 和 A_3 合用一片 LM324，由 +15V 单电源供电，其余器件均用 +5V 电源供电。

④图中的 R_{22}和 C_4 起延迟作用，其目的是为了使清零时高位触发器（图中为 D_2）的 D 端为低电平。这样，即使在清零时十位计数器的 $2Q_4$ 端出现下降沿，高位触发器也不会翻成 1 状态（若翻成 1 状态，则会发生错误的进位信号），从而保证发光二极管的显示状态与题中相符。

此外，图中个别参数值可能需要在实验时作适当调整。

4. 器件的选择

从某种意义上讲，电子电路的设计就是选择最合适的元器件，并把它们最好地组合起来。因此在设计过程中，经常遇到选择元器件的问题，不仅在设计单元电路和总体电路及计算参数时要考虑选哪些元器件合适，而且在提出方案、分析和比较方案的优缺点时，有时也需要考虑用哪些元器件以及它们的性能价格比如何等。选择元器件时，必须搞清两个问题：第一，根据具体问题和方案，需要哪些元器件，每个元器件应具有哪些功能和性能指标；第二，有哪些元器件实验室有，哪些在市场上能买到，性能如何，价格如何，体积多大。电子元件种类繁多，新产品不断出现，这就需要经常关心元器件的信息和新动向，多查资料。

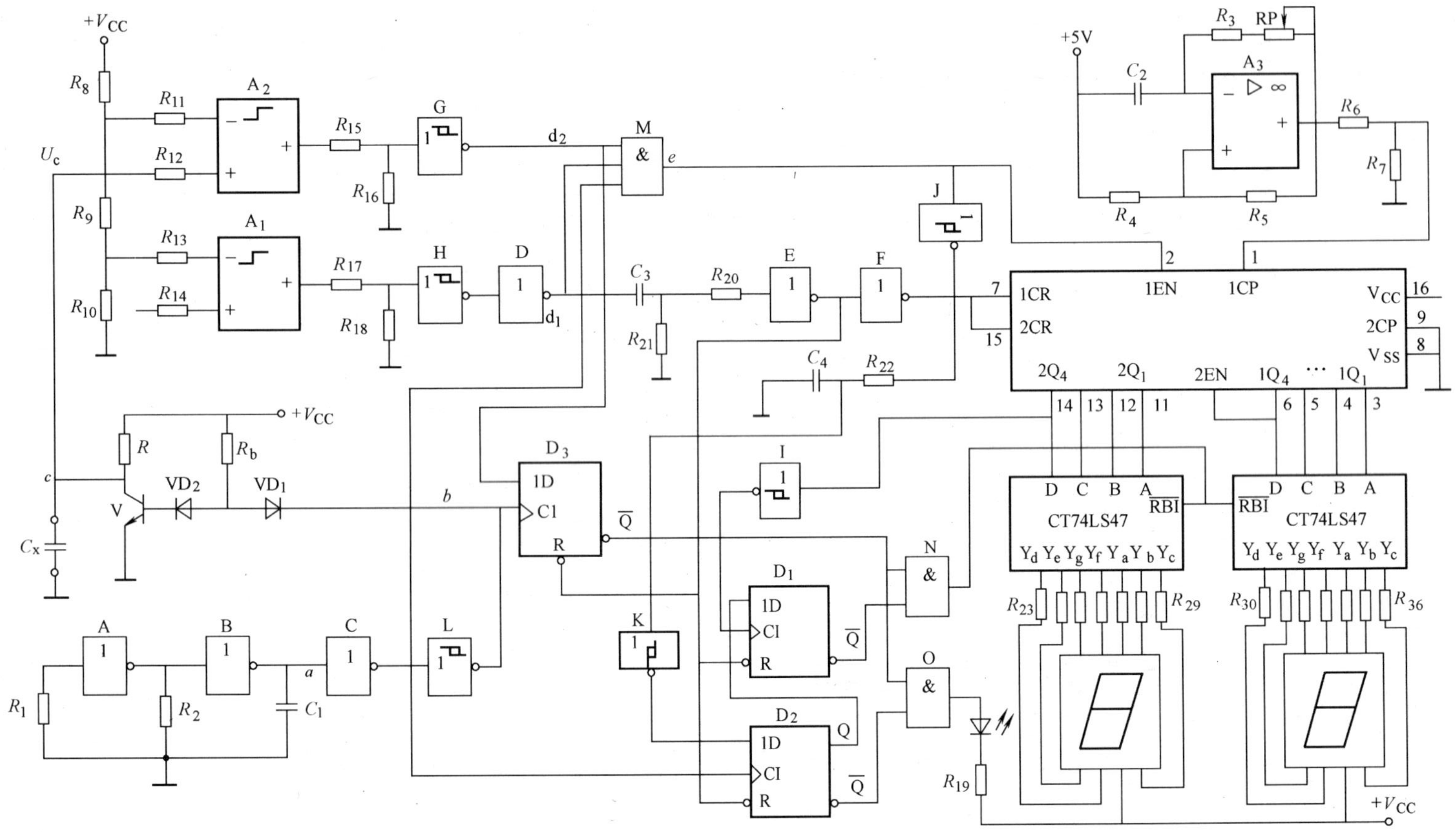

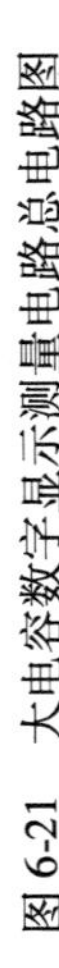

图 6-21　大电容数字显示测量电路总电路图

（1）一般优先选用集成电路　集成电路的应用越来越广泛，它不但减小了电子设备的体积、降低了成本，提高了可靠性，安装、调试比较简单，而且大大简化了设计，使数字电路的设计非常方便。现在各种模拟集成电路的应用也使得放大器、稳压电源和其他一些模拟电路的设计比以前容易得多。例如：+5V 直流稳压电源的稳压电路，以前常用晶体管等分立元件构成串联式稳压电路，现在一般都用集成三端稳压器 W7805 构成。二者相比，显然后者比前者简单得多，而且很容易设计制作，成本低、体积小、重量轻、维修简单。但是，不要以为采用集成电路一定比用分立元件好，有些功能相当简单的电路，只要一只二极管或晶体管就能解决问题，若采用集成电路反而会使电路复杂，成本增加。例如 5～10MHz 的正弦信号发生器，用一只高频晶体管构成电容三点式 *LC* 振荡器即可满足要求。若采用集成运放构成同频率的正弦波信号发生器，由于宽频带集成运放价格高，成本必然高。因此在频率高、电压高，电流大或要求噪声极低等特殊场合仍需采用分立元件，必要时可画出两种电路进行比较。

（2）怎样选择集成电路　集成电路的品种很多，选用方法一般是“先粗后细”，即先根据总体方案考虑应该选用什么功能的集成电路，然后考虑具体性能，最后根据价格等因素选用某种型号的集成电路。例如需要构成一个三角波发生器，既可用函数发生器 8038，也可用集成运放构成。为此就必须了解 8038 的具体性能和价格。若用集成运放构成三角波发生器，就应了解集成运放的主要指标，选哪种型号符合三角波发生器的要求，货源和价格等情况如何，综合比较后再确定是选用 8038 好，还是选用集成运放构成的三角波发生器好。

选用集成电路时，除以上所述外，还必须注意以下几点：

①应熟悉集成电路的品种和几种典型产品的型号、性能、价格等，以便在设计时能提出较好的方案，较快地设计出单元电路和总电路。

②选择集成运放，应尽量选择“全国集成电路标准化委员会提出的优选集成电路系列”（集成运放）中的产品。

③同一种功能的数字集成电路可能既有 CMOS 产品，又有 TTL 产品，而且 TTL 器件中有中速、高速、甚高速、低功耗和肖特基低功耗等不同产品，CMOS 数字器件也有普通型和高速型两种不同产品，选用时一般情况可参考表 6-1。对于某些具体情况，设计者可根据它们的性能和特点灵活掌握。

表 6-1　选用 TTL 和 CMOS 的规则

对器件性能的要求		推荐选用的器件种类
工作频率	其他要求	产品种类
不高（例如 5MHz 以下）	使用方便、成本低、不易损坏	肖特基低功耗 TTL
高（例如 30MHz）		高速 TTL
较低（例如 1MHz 以下）	功耗小或输入电阻大、或干扰容限大，或高低电平一致性好	普通 CMOS
较高	功耗小或输入电阻大、或干扰容限大，或高低电平一致性好	高速 CMOS

④CMOS 器件可以与 TTL 器件混合使用在同一电路中，为使二者的高、低电平兼容，CMOS 器件应尽量使用 +5V 电源。但与用 +15V 供电的情况相比，某些性能有所下降，例如，抗干扰的容限减小，传输延迟时间增长等。因此，必要时 CMOS 器件仍需 +15V 电源供电，此时，CMOS 器件与 TTL 器件之间必须加电平转换电路。

⑤集成电路的常用封装方式有 3 种：即扁平式、直立式和双列直插式。为便于安装、更换、调试和维修，一般情况下，应尽可能选用双列直插式集成电路。

（3）阻容元件的选择　电阻和电容是两种常用的分立元件，它们的种类很多，性能各异。阻值相同、品种不同的两种电阻或容量相同、品种不同的两种电容用在同一电路中的同一位置，可能效果大不一样。此外，价格和体积也可能相差很大。例如，图 6-22 所示反相比例放大电路，当它的输入信号频率为 100kHz 时，如果 R_1 和 R_2 采用两只精度为 0.1% 的绕线电阻，其效果不如用两只精度为 0.1% 的金属膜电阻的效果好，这是因为绕线电阻一般电感效应较大，且价格贵。又如图 6-23 所示直流稳压电源中的滤波电容的选择，图中 C_1 起滤波作用，C_3 用于改善电源的动态特性（即在负载电流突变时，可由 C_3 提供较大的电流），它们通常采用大容量的铝电解电容，这种电容的电感效应较大，对高次谐波的滤波效果差，通常需要并联一只 0.01～0.1μF 的高频滤波电容，即图中的 C_2 和 C_4。若选用两只 0.047μF 的聚苯乙烯电容作为 C_2 和 C_4，不仅价格贵，体积大，而且效果差，即输出电压的纹波较大，甚至可能产生高频自激振荡，如用两只 0.047μF 的瓷片电容就可克服上述缺点。

所以，设计者应当熟悉各种常用电阻和电容的种类、性能和特点，以便根据电路的要求进行选择。

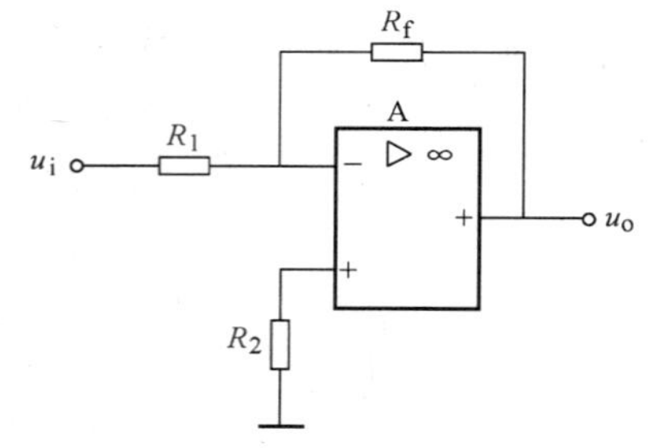

图 6-22　反相比例放大电路

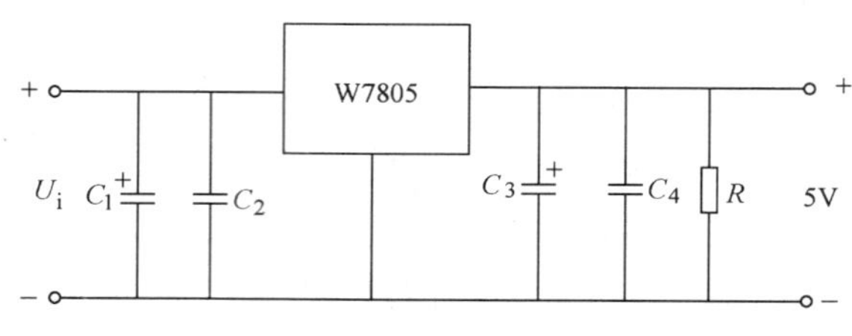

图 6-23　直流稳压电源

6.3　模拟电子系统设计

一般电子系统按照所处理信号的不同，可以分为模拟电子系统和数字电子系统。

模拟电子系统的输入与输出信号是模拟信号。其主要功能是对模拟信号进行检测、处理、变换或产生。模拟信号的特点是在时间和幅度上都是连续的，在一定的动态范围内可以任意取值。

6.3.1　模拟电子系统的设计过程

前文已经对电子系统的设计步骤进行了介绍，然而，具体到模拟电子系统的设计，又因其特殊性而有所不同。模拟电子系统的设计步骤通常也可分为选择总体方案，画出系统框图，设计单元电路，选择元器件，计算参数，画出总体电路图等步骤，具体设计流程如图 6-24 所示。

1. 设计要求的分析及总体方案的选择

先分析模拟电子系统的输入信号和输出信号，要将每一个输入信号的波形和幅度、频率等参数以及输出的要求都准确地弄清楚，从而明确系统的功能和各项性能指标，例如增益、频带宽度、信噪比、失真度等，作为设计的基本要求，并由此选择系统的方案。

在考虑总体方案时，应特别注意考虑方案的可行性，这是与设计数字电子系统的重要区别之处，因为数字电子系统主要完成功能设计，在工作频率不高时，通常都是能实现的，不同设计方案之间的差异充其量是电路的繁简不同而已。模拟电子系统则不然，其各个指标之间有相关性，各种方案又有其局限性，如果所提的要求搭配不当或所选择的电路不适合，有时从原理上就不可能实现或非常难以实现设计的要求。设计者在这方面应有足够的知识和经验，对方案进行充分的论证。此外，对模拟电子系统的设计还应重视技术指标的精度及稳定性，调试的方便性，应尽量设法减少调试工作。这些要求不能都放到设计模块时去讨论，必须从确定总体方案时就加以考虑。倘若从原理上看，所考虑的模拟电子系统的精度和稳定性就不高，则在进行模块设计时无论怎样努力也是无济于事的。

在总体方案设计完成后，应作出电子系统的框图。接着，应将某些技术指标在各级框中进行合理的分配，这些指标包括增益、噪声、非线性等，因为它们都是各部分指标的综合结果。将指标分配到各模块以后，就对各模块提出了定量的要求，而不是含含糊糊地设计，这样有效地提高了设计的效率。

2. 单元电路的设计

这一步应选择单元电路的具体电路，在模拟电子系统的设计过程中还要考虑以下问题：

1）模拟电子系统的设计不仅应满足一般的功能和指标要求，还应特别注意技术指标的精度及稳定性，应充分考虑元器件的温度特性、电源电压波动、负载变化及干扰等因素的影响。要注意各功能单元的静态及动态指标及其稳定性，更要注意组成系统后各单元之间的耦合形式、反馈类型、负载效应及电源内阻、地线电阻等对系统指标的影响。

2）应十分重视级间阻抗匹配的问题。例如一个多级放大器，其输入级与信号源之间的阻抗匹配有利于提高信噪比；中间级之间的阻抗匹配有利于提高开环增益；输出与负载之间阻抗匹配有利于提高输出功率与效率等。

3）元器件选择方面应注意参数的分散性及其温度的影响。在满足设计指标要求的前提下，应尽量选择来源广泛的通用型元器件。

可供选择的元器件有：

①各类晶体管。

②运算放大器。

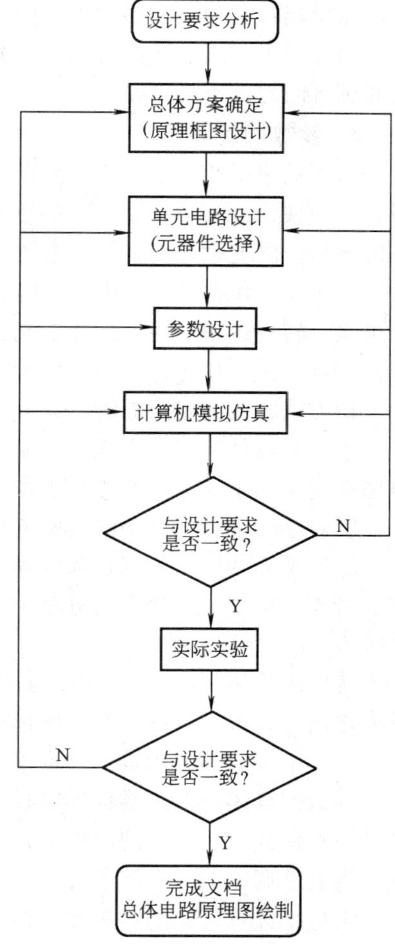

图 6-24　模拟电子系统设计流程图

③专用集成电路。属于功能块的专用集成电路有：模拟信号发生器（如单片精密函数发生器、高精度时基发生器、锁相环频率合成器等），模拟信号处理单元（如测量放大器、RC 有源滤波器等），模拟信号变换单元（如电压比较器、采样保持器、多路模拟开关、电压—电流变换器、电压—频率变换器、频率解码电路等），属于小系统级的专用集成电路有调频发射机、调频接收机、手表表芯等。

④可编程模拟器件。这是一种新型的大规模集成器件。

为了节省设计和制作的时间，提高电路的稳定性，在题目要求许可的条件下，若能选择到合用的专用集成电路，则应优先使用专用集成电路。否则应尽量使用运算放大器，在不得已的情况下，例如对功率的要求比较苛刻，普通大功率运放不能实现时才考虑使用晶体管。

无论使用什么器件都应认真阅读器件手册，弄清器件的各个参数是否符合技术指标要求（这些指标应在查阅前预先拟好），对关键的参数千万不可错过，不可凑合。要多查阅一些同类的器件，经过比较选取其中较优者，但在选取时还应考虑如下问题：

①器件的来源是否广泛，切不可选取那些市场上很少见，难以买到的产品。

②应尽量选取新问世的产品，不要选取那些已经被淘汰的产品。

③尽量选取调试容易的器件。

④价格过于昂贵的器件不宜使用。

由此可见，选取器件也是一项重要的技能，它需要经过一段时间的磨练方可具备，我们在学习和训练时对此不可忽略。

3. 参数的计算

对于数字系统设计，通常到前一步就可以结束了，因为数字电子系统的设计主要依赖于逻辑，在模块设计完毕，除非有些地方因为竞争存在出现逻辑错误，需要做时序上的调整外，一般不需要做大的变动。但在模拟电子系统的设计过程中，常常需要计算一些参数，例如，在设计积分电路时，不仅要求出电阻值和电容值，而且还要估算出集成运放的开环电压放大倍数、差模输入电阻、转换速率、输入偏置电流、输入失调电压和输入失调电流及温漂，才能根据计算结果选择元器件。至于计算参数的具体方法，主要在于正确运用在“模拟电子技术基础”中已经学过的分析方法，搞清电路原理，灵活运用计算公式。对于一般情况，计算参数应注意以下几点：

①各元器件的工作电压、电流、频率和功耗等应在允许的范围内，并留有适当裕量，以保证电路在规定的条件下，能正常工作，达到所要求的性能指标。

②对于环境温度、交流电网电压等工作条件，计算参数时应按最不利的情况考虑。

③涉及元器件的极限参数（例如整流桥的耐压）时，必须留有足够的裕量，一般按 1.5 倍左右考虑。例如，如果实际电路中晶体管 C、E 两端的电压 U_{CE} 的最大值为 20V，挑选晶体管时应按 $U_{(BR)CEO} \geqslant 30V$ 考虑。

④电阻值尽可能选在 1MΩ 范围内，最大一般不应超过 10MΩ，其数值应在常用电阻标称值系列之内，并根据具体情况正确选择电阻的品种。

⑤非电解电容尽可能在 100pF ~ 0.1μF 范围内选择，其数值应在常用电容器标称值系列之内，并根据具体情况正确选择电容的品种。

⑥在保证电路性能的前提下，尽可能设法降低成本，减少器件品种，减小元器件的功耗和体积，为安装调试创造有利条件。

⑦应把计算确定的各参数值标在电路图的恰当位置。

由于模拟电子系统在相当程度上是依赖参数之间的配合，而每一步设计的结果又总会有一定的误差，整个系统的误差是各部分误差的综合结果，就有可能使系统误差超出指标要求，所以对模拟电子系统而言，在完成前一步设计后，有必要重新核算一次系统的参数，看它是否满足指标要求，并有一定余地。核算系统指标的方法是按与设计相反的路径进行。

4. 计算机的模拟仿真

随着计算机技术的飞速发展，电子系统的设计方法也发生了很大的变化。目前，电子设计自动化技术已成为现代电子系统设计的必要手段。在计算机工作平台上，利用电子设计自动化软件，可以对各种电路进行仿真、测试、修改，大大提高了电子设计的效率和准确度，同时节约了设计费用。目前电子线路辅助分析设计的常见软件有 Multisim（或 EWB）、PSPICE、Systemview 等。

5. 实验的验证

设计要考虑的因素和问题相当多，由于电路在计算机上进行模拟时采用元器件的参数和模型与实际器件有差别，所以对计算机模拟正确的电路，还要进行实验验证。通过实验可以发现问题、解决问题。若性能指标达不到要求，应该深入分析问题出在哪些元件或单元电路上，再对它们重新设计和选择，直到完全满足性能指标为止。

6. 总体电路图的绘制

总体电路图是在原理框图、单元电路、参数计算和元器件的基础上绘制的，它是安装、调试、印制电路板设计和维修的依据。

6.3.2 设计过程中 EDA 技术的使用

对模拟电子系统设计而言，EDA（电子设计自动化）技术的应用主要指模拟（仿真）软件的使用，这类软件有 Multisim（或 EWB）、PSPICE、Systemview 等。

在系统设计阶段以及单元电路设计阶段，可使用 Multisim（或 EWB）、PSPICE 等软件进行仿真。与数字系统不同的是，对模拟电路的模拟结果与其器件参数关系甚大。这是因为电路中使用的模拟器件本身参数的离散性非常大，而实际使用的物理器件的参数又常常与模拟时所使用的标准器件参数相差甚远，因而模拟的结果与实际制作的结果常会有较大差异，所以模拟的结果不如数字电子系统的逻辑模拟那样准确，但作为对设计方案的探讨，一般还是有参考价值的。如果希望模拟结果尽量靠近真实结果，可采用 PSPICE 或高版本的 Multisim，将所选用的器件用实测参数（而不是通过手册查得的参数）输入，则模拟的结果与实际情况就会较为接近。

下面举几个例子来说明模拟电子系统的设计方法。为了突出怎样利用电子技术所学知识来设计模拟电子系统的方法而不是全过程，以下例子中的计算机模拟仿真、实验验证过程不再一一进行，请读者自行验证。

6.3.3 设计举例

1. 函数发生器的设计

设计并制作能产生方波、三角波、正弦波等多种波形的函数发生器。具体设计要求如下：

输出波形工作频率范围为 2Hz ~ 20kHz，并且输出波形的频率连续可调；

正弦波幅值 ±10V，失真度小于 1.5%；

方波幅度 ±10V；

三角波峰峰值 20V，输出波形幅值连续可调。

（1）总体方案的确定　函数发生器可采用不同电路形式和元器件来实现。具体电路可以采用运放和分立器件构成，也可以用专用集成芯片设计。

1）采用运放和分立器件构成

①用正弦波振荡器实现函数发生器。用正弦波振荡器产生正弦波，正弦波信号通过变换电路（例如施密特触发器）得到方波输出，再用积分电路将方波变成三角波，用正弦波振荡器实现函数发生器原理框图如图 6-25 所示。

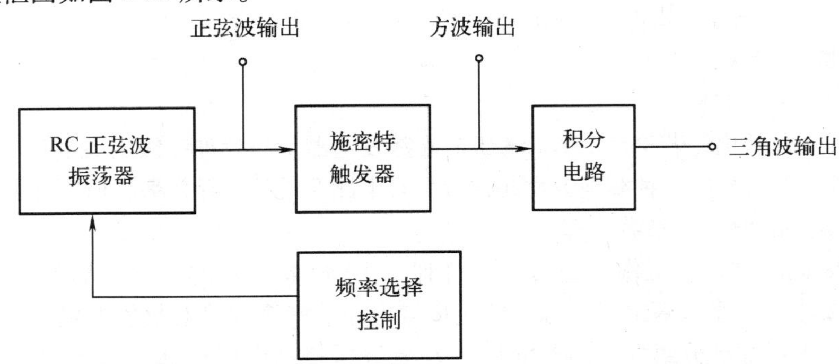

图 6-25　用正弦波振荡器实现函数发生器原理框图

正弦波振荡器可以选用桥式（RC 串并联）正弦波振荡器。该振荡器采用 RC 串并联网络作为选频和反馈网络，其振荡频率 $f_0 = 1/(2\pi RC)$，改变 R、C 的数值，就可以得到不同频率的正弦波信号。为了使输出电压稳定，必须采用稳幅措施。

②用多谐振荡器实现函数发生器。一种方案是首先利用多谐振荡器产生方波信号，然后用积分电路将方波变换为三角波，再用折线近似法将三角波变成正弦波，用多谐振荡器实现函数发生器的一种原理框图（一）如图6-26所示。

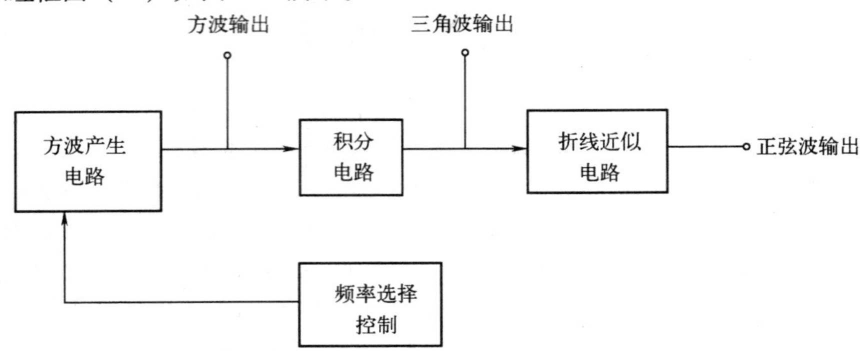

图6-26　用多谐振荡器实现函数发生器的一种原理框图（一）

另一种方案是首先利用多谐振荡器产生方波信号，然后用积分电路将方波变换为三角波，而正弦波由方波经滤波电路得到，用多谐振荡器实现函数发生器的一种原理框图（二）如图6-27所示。

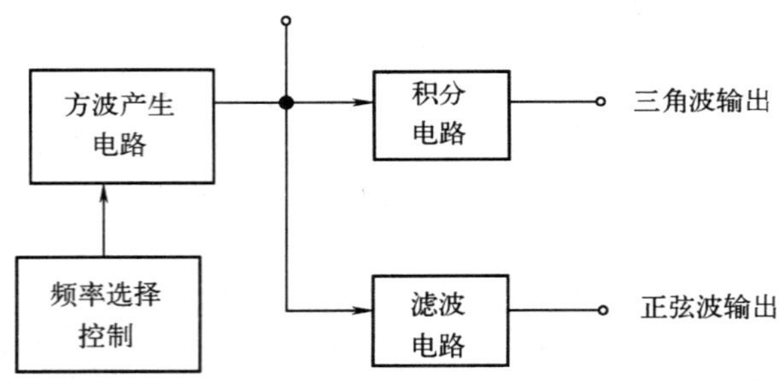

图6-27　用多谐振荡器实现函数发生器的一种原理框图（二）

2）利用单片函数发生器ICL8038组成函数发生器　随着集成制造技术的不断发展，信号发生器已被制造成专用集成电路。目前用的较多的集成函数发生器是ICL8038。ICL8038波形发生器只需连接少量外部元件就能产生高精度的正弦波、方波、三角波和脉冲波。其主要技术指标为

输出频率范围：0.001Hz～300kHz

最高温度系数：$\pm 250\times10^{-6}/℃$

电源电压范围：单电源供电：10～30V

双电源供电：（±5～±15）V

正弦波失真度：1%

三角波线性度：0.1%

由上述指标可以看出，若选用ICL8038组成函数发生器，只要加一级放大器调节输出幅值完全能达到题目要求，而且与前几种实现方案相比较具有电路简单的明显优势，所以此处选用该方案。

（2）单元电路的设计与参数计算

1）ICL8038内部结构、工作原理及管脚排列　ICL8038芯片的内部结构如图6-28所示。由图可以看出，该芯片主要由两组电流源、两个比较电路、一个双稳态触发电路、两个输出缓冲器和一个正弦波变换器等部分组成。图中电流源 I_1 始终保持与电路连通，电流源 I_2 是否接通则受双稳态触发器输出信号Q的控制，电流源 I_1 和 I_2 的大小可通过外接电阻调节，但 I_2 必须大于 I_1。电压比较器A和B的阈值分别为 U_R（$U_R=V_{CC}+V_{EE}$）的2/3和1/3。当双稳态触器输出为低电平时，电流源 I_2 断开，此时由电流源 I_1 给10脚的外接电容 C 充电，C 两端的电压 u_C 逐渐线性增

大。当该电压增大到（2/3）U_R 时，比较器 A 翻转并触发双稳态，使之改变状态，同时驱动开关 S 换向，电流源 I_2 接入，由于 $I_2 > I_1$，因此电容 C 开始放电，u_C 又逐渐线性减小，当该电压减小到（1/3）U_R 时，比较器 B 又翻转并触发双稳态，使之再次改变状态，并切断电流源 I_2，此后电路重新进入充电过程。如此周而复始，便可以实现振荡。

若 $I_2 = 2I_1$，触发器输出端 $\overline{Q}$ 的信号经缓冲器 1 缓冲后，由 9 引脚输出方波信号，而电容充放电电压经缓冲器 2 缓冲后，由 3 引脚输出三角波；同时该三角波经正弦波变换电路后，由 2 引脚输出正弦波信号。当 $I_1 < I_2 < 2I_1$ 时，u_C 上升和下降的时间不相等，引脚 3 输出锯齿波。因此 ICL8038 可输出矩形波、三角波、正弦波和锯齿波等 4 种不同的波形。

ICL8038 芯片采用双列直插式封装，共有 14 个引脚，如图 6-29 所示。其中，引脚 1 和引脚 12 为正弦波调整端；引脚 2 为正弦波输出端；引脚 3 为三角波输出端；引脚 4 和引脚 5 为占空比和频率调整端；引脚 6 为正电源输入端；引脚 7 为频率调整偏置电压的输出口，可输出一个与电源电压成比例的偏置信号；引脚 8 为频率调整信号的输入口，当该端输入随时间变化的电压信号可在输出端得到相应的调频信号；引脚 9 为方波、脉冲波输出端；引脚 10 为定时电容的接入口；引脚 11 为负电源引入端，使用单电源时，此端接地；引脚 13、14 为空脚，不用作电气连接。

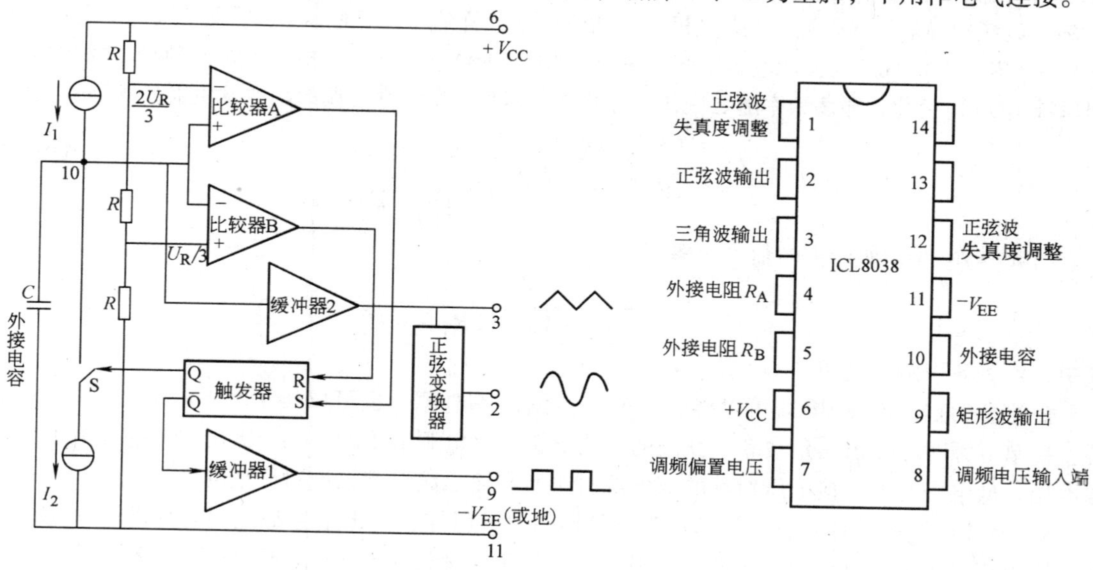

图 6-28　集成函数发生器 ICL8038 的原理框图

图 6-29　ICL8038 的管脚图

2）ICL8038 的常用接法　图 6-30 为 ICL8038 应用电路的基本接法。其中，由于该器件的矩形波输出端为集电极开路形式，因此一般需在引脚 9 与正电源之间接一个电阻 R，其阻值在 10kΩ 左右；电阻 R_A 决定电容 C 的充电速度，R_B 决定电容 C 的放电速度，电阻 R_A、R_B 的值可在 1kΩ ~ 1MΩ 内选取，电位器 RP 用于调节输出信号的占空比；10 引脚外接一定值电容 C；图中 ICL8038 的 7 引脚和 8 引脚短接，即 8 引脚的调频电压由内部供给，在这种情况下，由于 7 引脚的调频偏置电压一定，所以输出信号的频率由 R_A、R_B 和 C 决定，其频率 f 约为

$$f = \frac{3}{5R_A C\left(1 + \frac{R_B}{2R_A - R_B}\right)} \tag{6-18}$$

当 $R_A = R_B$ 时，所产生的信号频率

$$f = 0.3/(R_A C) \tag{6-19}$$

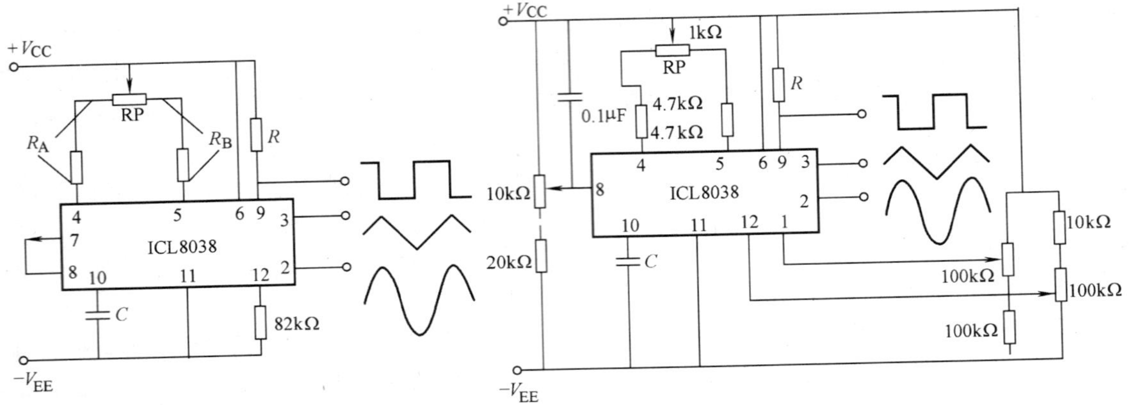

图 6-30　ICL8038 基本接法

图 6-31　频率可调、失真小的函数发生器

若用 100kΩ 电位器代替图中 82kΩ 的电阻，调节它可以减小正弦波的失真度，若要进一步减小正弦波的失真度，可采用图 6-31 所示的调整电路。调整该电路可使正弦波输出信号失真度小于 0.8%。调频扫描信号输入端（8 脚）极易受到信号噪声及交流噪声的影响，因而 8 脚与正电源之间接入一个容量为 0.1μF 的去耦电容。调整图中左边的 10kΩ 电位器，正电源 V_{CC} 与管脚 8 之间的电压（即调频电压）变化，振荡频率随之变化，因此该电路是一个频率可调的函数发生器，其频率

$$f=\frac{3\ (V_{CC}-V_{in})}{V_{CC}-V_{EE}}\frac{1}{R_A C}\frac{1}{1+\dfrac{R_B}{2R_A-R_B}} \tag{6-20}$$

当 $R_A=R_B$ 时，所产生的信号频率

$$f=\frac{3\ (V_{CC}-V_{in})}{V_{CC}-V_{EE}}\frac{1}{2R_A C} \tag{6-21}$$

式中，V_{in} 为 8 引脚的电位。

需注意的是，ICL8038 既可以接 10～30V 范围的单电源，也可以接 ±5～±15V 范围的双电源。接单电源时，输出三角波和正弦波的平均值正好是电源电压的一半，输出方波的高电平为电源电压，低电平为地。接电压对称的双电源时，所有输出波形都以地对称摆动。

3）具体电路的设计与参数计算　由该题目的要求可知，输出信号都是相对地电平对称的波形，所以应采用电压对称的双电源。又根据输出频率在 2Hz～20kHz 范围内变化，若采用图 6-30 所示的基本电路，根据式（6-18）改变 R_A、R_B 或 C 可以改变输出信号的频率，但是要保证输出方波和三角波，需同时改变 R_A 和 R_B，并保持 $R_A=R_B$，即需要双联电位器，而且通过调节可变电容器改变电容 C 也十分不便，因此采用图 6-31 所示的频率可调的波形发生电路。考虑到仅靠改变压控电压改变频率不满足在 2Hz～20kHz 宽范围内变化，为了扩展频率范围，采用分档切换电容的方法，如图 6-32 所示。电容与频率变化范围的对应关系如表 6-2 所示。

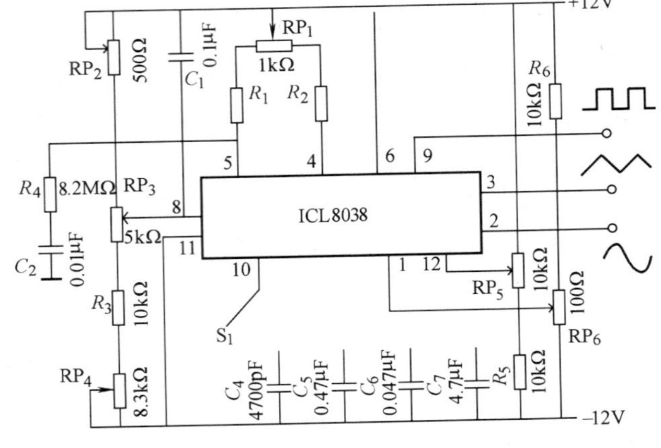

图 6-32　函数发生器

表 6-2　电容与频率变化范围的对应关系

电　　容	频率变化范围	电　　容	频率变化范围
4.7μF	2～20Hz	0.047μF	200Hz～2kHz
0.47μF	20～200Hz	4700pF	2～20kHz

当 $C=4.7\mu F$ 时，频率对应着最低变化范围。若 R_1、R_2 均取标称值4.3kΩ，RP_1 取1kΩ 的电位器（$R_A=4.8k\Omega$），电源取 ±12V，则代入式（6-21）中可以算出，当频率处于2～20Hz 范围内时，（$V_{CC}-V_{in}$）处于0.722～7.22V 范围内，这可以由 RP_2、RP_3、RP_4 和 R_3 组成的分压网络得到。频率的调节方法是：如将开关与4.7μF 的电容接通，先将 RP_3 滑动端调至最上端，改变 RP_2 使输出频率为20Hz；然后将 RP_3 滑动端调至最下端，改变 RP_4 使输出频率为2Hz，多次调节后，改变 RP_3 输出信号频率可在2～20Hz 范围内连续可调。其他频段的计算方法与频率调节方法类似。另外，调节 RP_5 和 RP_6 可以使正弦波的失真度满足题目要求。

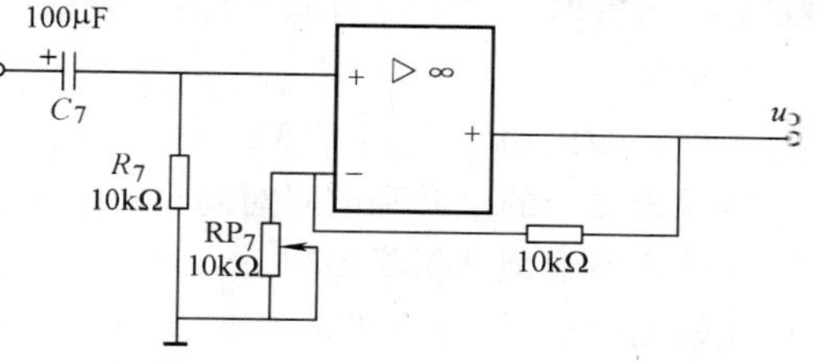

图 6-33　同相比例放大电路

为了使输出幅值满足题目要求，设计了由 LF353 组成的同相比例放大电路，如图 6-33 所示。调节 RP_7 就可以调节幅值，使之满足题目要求。

（3）总电路图　函数发生器总电路图如图 6-34 所示。

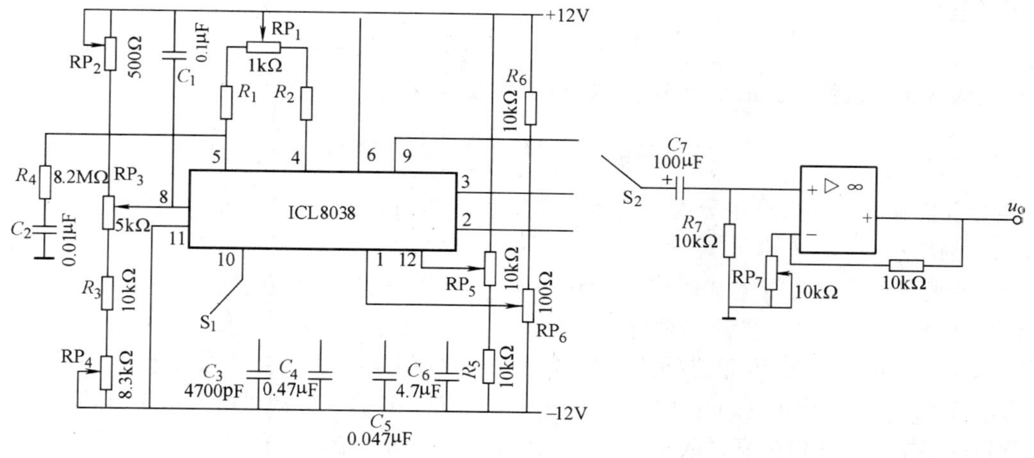

图 6-34　函数发生器总电路图

2. 实用低频功率放大器的设计

设计具有信号放大能力的低频功率放大器，其原理示意图如图 6-35 所示。

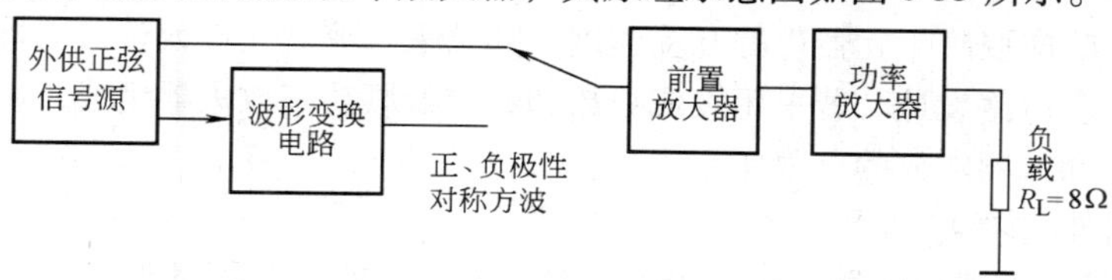

图 6-35　低频功率放大器原理示意图

基本要求：

在正弦信号输入电压幅度为5～700mV，等效负载$R_L=8\Omega$条件下，放大器应满足：

①额定输出功率$P_{oN}\geqslant 10W$；

②带宽$BW\geqslant 50\sim 10000Hz$；

③在满足输出功率P_{oN}和带宽BW的情况下，非线性失真系数$\gamma\leqslant 3\%$；

④在满足输出功率P_{oN}时，效率$\eta\geqslant 55\%$；

⑤当前置放大器输入端交流短路时，R_L上的交流功率≤10mW。

放大器的时间响应：由外供正弦信号经变换电路产生正、负极性的对称方波（频率为1000Hz、上升时间和下降时间≤1μs、峰值电压为$200mV_{p\text{-}p}$）输入前置放大器，在$R_L=8\Omega$条件下，应满足：

①额定输出功率$P_{oN}\geqslant 10W$；

②输出波形的上升和下降时间≤12μs；

③输出波形顶部斜降≤2%；

④输出波形过冲量≤5%。

（1）题目分析　根据题目要求，本设计的总体方框图非常明了，即本设计由前置放大器、功率放大器和波形变换电路3个单元电路组成。如何实现题目中要求的指标，关键在于对两级放大器的设计，而波形变换电路的目的是将正弦信号电压变换成符合要求的方波信号电压，以用来测试放大器的时域特性指标。

题目要求额定输出功率$P_{oN}\geqslant 10W$。当额定输出功率$P_{oN}=10W$时，在$R_L=8\Omega$上的正弦波输出电压幅值为

$$U_{om}=\sqrt{2P_{oN}R_L}=\sqrt{2\times 10\times 8}V=12.65V$$

假设输入正弦波幅值为最小值5mV，则整个放大器的电压增益为

$$A_u=20\lg\frac{U_{om}}{U_i}=20\lg\frac{12.65}{5\times 10^{-3}}=68dB$$

68dB的增益需在3级放大器中分配。通常功率输出级的增益为20dB左右，前置放大器要承担48dB以上的增益。

指标中要求放大器的带宽BW≥50～10000Hz，对50Hz的低频响应就要求各级的输入耦合电容和输出耦合电容足够大，特别是耦合到负载$R_L=8\Omega$的电容C_L要求很大。为了满足耦合要求，C_L应大于$1/(\omega R_L)$值的50倍，据此估算C_L为19895μF。如此大的电容无法选用，所以只能采用没有电容C_L的所谓OCL（Output Capacitor-Less）电路。这样，电源供电就得采用对称双电源。

题目中要求的非线性失真系数$\gamma\leqslant 3\%$和效率$\eta\geqslant 55\%$两个指标是有联系的。如果非线性失真小，末级功放就必须工作在甲乙类，这时效率就必然降低，因此两者必须相互兼顾。

放大器的噪声主要来自于电路高频自激噪声和电源产生的交流噪声。所以，要消除或降低这类噪声电平，除了选用低纹波电压的直流稳压电源外，在电路中还必须防止产生高频自激，具体措施可以加接防振电容等。

放大器的时间响应取决于元器件的开关速度。如果采用分立元件设计放大器，则主要取决于晶体管的频响性能和电路设计。若采用集成运放和集成低频功率放大器组成，则时间响应就取决于器件的转换速率和低频功放的上限频率指标。

（2）单元电路的选择与设计

1）前置放大器　前置放大器一般要求输入阻抗要高，输出阻抗要低。除此之外，由上述分析可知，前置放大器的设计上需满足增益、带宽、低噪和高速4个方面的要求。

就电路形式上来说，在满足指标的要求下，有晶体管、集成运放、专用集成前置放大器和可编程模拟器件构成的前置放大器可供选择。目前有大量高性能的集成运放和专用前置低频放大器的集成电路，因此前置放大器已几乎没有采用分立器件设计的了。此处可供选择的专用集成前置放大器有日本夏普公司的 IR3R18、IR3R16，NEC 公司的 μPC1228H，富士通公司的 MB3105 等。专用集成前置放大级的优点是外围元件少、调试方便，但究其内核大多采用集成运放结构集成为一体。为说明设计方法而采用集成运放设计的前置放大器电路。

采用集成运放设计前置放大级时，必须选用满足要求的集成运放芯片。可供选择型号的集成运放的参数如表 6-3 所示。

表 6-3　高速、低噪、宽带集成运放

公司	型号	片内运放数	增益带宽积 GBW/MHz	转换速率 SR/V · μs^{-1}	低噪声电流 i_0/pA · $\sqrt{Hz}^{-1}$	开环增益 G_{OL}/dB	R_{id}/Ω
NSC	LF347	四运放	4	13	0. 01	100	10^{12}
	LF353	双运放	4	13	0. 01	100	10^{12}
	LF356	单运放	5	12	0. 01	100	10^{12}
	LF357	单运放	20	50	0. 01	100	10^{12}
PM	OP－16	单运放	19	25	0. 01	120	6×10^6
	OP－37	单运放	40	17	0. 01	120	6×10^6
sig	NE5532	单运放	10 功率带宽 PBW＝100kHz （u_o ＝ ±14V，R_L ＝600Ω）	9	2. 7	80	3×10^5
	NE5534	双运放	10 功率带宽 PBW＝200kHz （u_o ＝ ±10V，直接耦合）	13	2. 5	84	1×10^5

为了提高输入电阻和共模抑制性能，减小输出噪声，必须采用同相比例放大电路，如图 6-36 所示。

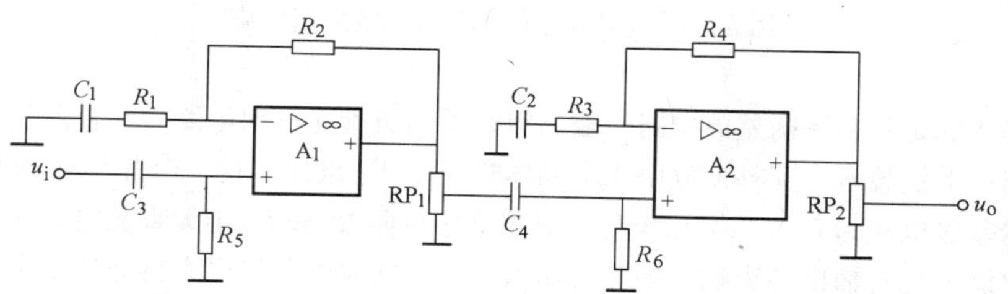

图 6-36　两级同相比例放大电路

为了尽可能保证不失真放大，图中采用两级放大电路。运放芯片可以采用单片四运放 LF347 或单片双运放 LF353、NE5532，或者采用两片单运放来实现。

由上述分析知，低频功率放大器的总增益为 68dB，这两级前置放大器的增益安排在 50dB 左右较合适，那么每级增益 25dB 左右。这样来考虑每级的增益，就可以保证充分发挥每级的线性放大性能并满足带宽要求，从而可保证不失真，即达到高保真放大质量。

图中 C_1、C_2 均为隔直电容，是为满足各级直流反馈稳定直流工作点而加的，但对交流反馈

C_1、C_2 必须呈短路，即要求 C_1、C_2 的容抗远小于 R_1、R_3 的阻值。C_3、C_4 为耦合电容，为保证低频响应，要求其容抗远小于放大器的输入电阻。R_5、R_6 为各级运放输入端的平衡电阻，通常 $R_5 = R_2$，$R_6 = R_4$。

2）低频功率放大器　低频功率放大器有两种设计电路可供选择，即分立元件功率放大器和专用集成低频功率放大电路。选用合适的集成功放时必须满足题目中的技术指标，而且还要求输出功率和频响范围有相当大的余地。同时还希望外围电路简单、不易自激，还要有完善的内部保护电路，工作安全可靠。可供选择的芯片有日本 NEC 公司的 μPC1188H，日立公司的 HA1397 等。目前采用分立器件的低频功率放大器趋向淘汰，但由于分立器件低功放可对每级工作状态和性能逐级调整，有很大的灵活性和自由度，因此分立器件低频功放容易满足题目给出的指标，这相对于集成功放内电路已固定不变，无法仔细调试指标而言，是个明显的优点。因此，在很多指标要求高的场合，仍采用分立器件低功放电路。

分立器件低频功放电路主要有输出耦合电容的 OTL 低频功放和直接耦合的 OCL 低频功放电路。根据题目中放大器时间响应和频响的要求，采用有快速时间响应和较宽频带的直接耦合 OCL 低频功放电路，如图 6-37 所示。

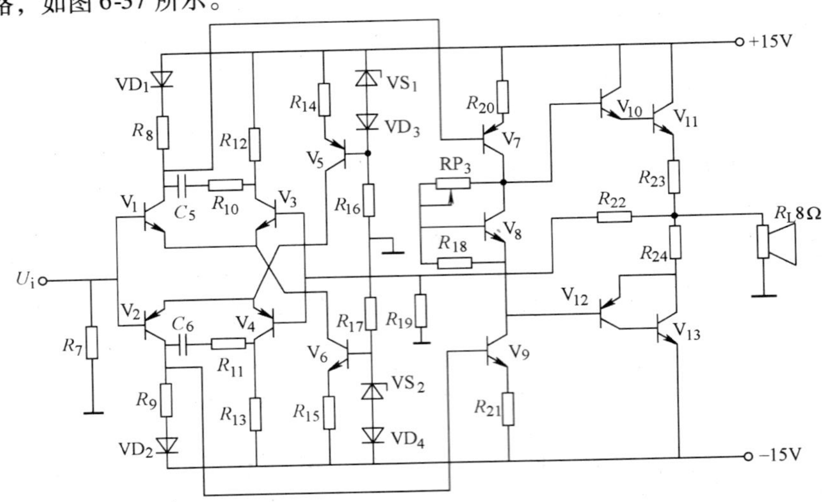

图 6-37　直接耦合 OCL 低频功放应用电路

该电路输入级是互补平衡差放电路，输出级是甲乙类推挽输出电路。互补差放平衡激励是该低频功放电路的关键技术。互补差放由 4 个晶体管 $V_1 \sim V_4$ 组成。这 4 个晶体管的参数应严格对称，则各管的基极电流为 $I_{b1} = I_{b2}$、$I_{b3} = I_{b4}$。显然基极电阻 R_7 和 R_{19} 中无直流电流流过，因此消除了基极回路电流变化对输出的影响，同时对输入信号中的共模分量也有良好的平衡抑制作用，提高了共模抑制比，对稳定中点电位也有好处。由于互补差放电路平衡，因此可以输出幅度相等、相位相反的激励信号给 V_5、V_6，且 V_5、V_6 交替互为恒流负载，因此这种激励方法增益高、失真小，使输出级获得足够的激励，故输出功率大、效率高。

3）波形变换电路　题目中还提出了测试放大器的时间响应的要求，因此要求设计者自行设计一个波形变换电路。由正弦信号经过该变换电路产生一个满足题目中指标要求的正、负极性对称的方波，作为测试信号。题目中所提出的脉冲波形的参数：上升时间 t_r、下降时间 t_f，以及顶部斜率 δ 和波形过冲量 α 等，可以用如图 6-38 所示的脉冲波形图来定义。

图中脉冲上升时间 t_r 和下降时间 t_f 是以脉冲幅度的 10% ~ 90% 的时间为测量点的。即从

$0.1U_m$ 上升到 $0.9U_m$ 的时间为 t_r，由 $0.9U_m$ 下降到 $0.1U_m$ 的时间为 t_f。

由频谱特性知，脉冲前后沿越陡，t_r 和 t_f 越小，则其频谱所占的带宽愈宽。如果要一个网络不失真地传输这个脉冲，它就必须要有足够的宽度。理论分析和实践证明，脉冲的 t_r 或 t_f 与带宽 BW 的关系可近似地表示为

$$t_r BW = 0.35 \sim 0.45$$

对于上式，如果脉冲的过冲量 α 较小（例如 $\alpha \leqslant 5\%$），则 $t_r BW \approx 0.35$；$\alpha > 5\%$ 时，则 $t_r BW \approx 0.45$。过冲量 α 可定义为脉冲过冲幅值 U_s 与脉冲幅值 U_m 之差和脉冲幅值的比的百分数，即

$$\alpha = \frac{U_s - U_m}{U_m} \times 100\%$$

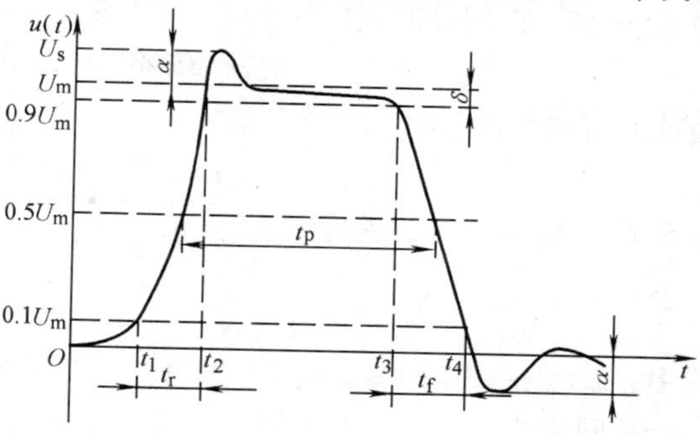

图 6-38　脉冲波形图

如图 6-38 所示，α 也与 BW 有关，BW 越大 α 越小。

由上述分析可知，为尽可能降低上升时间 t_r、下降时间 t_f 以及过冲量 α，必须选用频带足够宽的放大器来进行波形变换。

脉冲波形的顶部斜率 δ 和波形的低频特性有关，可以用下式表示：

$$\delta = 2\pi f_L t_p U_m$$

式中，t_p 为脉冲宽度，通常用 $0.5U_m$ 处的脉冲时间表示；f_L 为系统的低频下限频率，一般集成运放的 f_L 可以到直流，所以用集成运放构成波形变换电路时，δ 可做得很小。

波形变换电路可采用施密特触发器电路，即迟滞电压比较器结构，如图 6-39 所示。图中集成运放 A_3 可采用转换频率 $SR > 10\text{V}/\mu\text{s}$，增益带宽积 $GBW > 10\text{MHz}$ 的运放芯片，例如 LF357、OP-16、OP-37、NE5534 等。为保证输出方波幅度稳定，输出接两只稳压二极管 VS_3、VS_4。R_{26} 为稳压二极管的限流电阻，把流过 VS_3、VS_4 的电流限定在 6mA 左右。C_7、C_8 为脉冲加速电容，它可以进一步减小方波脉冲上升和下降时间。RP_4 用于调节波形变换电路输出电压值。

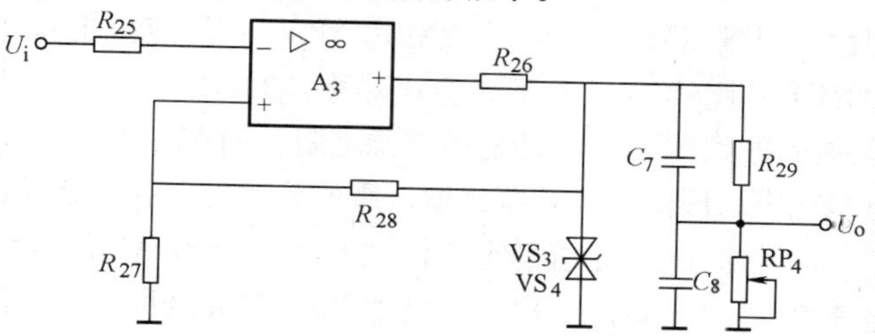

图 6-39　波形变换电路

（3）参数计算

1）前置放大级　前面已经指出，两级前置放大器的总增益在 50dB 左右。集成运放的 V_{CC} 采用 ±12V，若总增益 G_u 为 54dB，则输入 $u_{im} = 5\text{mV}$ 时，可满足第二级输出幅度 $u_{om} = 2.5\text{V}$ 左右的要求。各级输出由 RP_1 和 RP_2 调节衰减量，在输入信号不同幅度时，即 $u_{im} = 5 \sim 700\text{mV}$ 时，满足第二级输出幅度 $u_{om} = 2.5\text{V}$ 左右。

对第一级，要求在信号最强时，保证输出不失真。即要求 $u_{im} = 700\text{mV}$ 时，$u_{o1m} = 10\text{V}$（低于电源电压 2V）。所以

$$A_{u1} = \frac{u_{o1m}}{u_{im}} = \frac{10}{0.7} = 14.3$$

取 $A_{u1} = 14$，当输入信号最小，即 $u_{im} = 5\text{mV}$ 时，RP_1 放在最大输出位置时 u_{o1m} 为

$$u_{o1m} = A_{u1} u_{im} = 14 \times 5\text{mV} = 70\text{mV}$$

第二级要求输出为 $u_{om} \geqslant 2.5\text{V}$，在输入信号最小为 70mV 时，其增益为

$$A_{u2}=\frac{u_{om}}{u_{o1m}}=\frac{2.5}{0.07}=35.7$$

取 $A_{u2}=36$，根据前面列出的 A_{u1}、A_{u2} 关系式，可确定 R_1、R_2 和 R_3、R_4 的值（标称值）分别为

$$R_1=R_3=4.3\text{k}\Omega,\ R_2=62\text{k}\Omega,\ R_4=150\text{k}\Omega$$

由前面可知平衡电阻

$$R_5=R_2=62\text{k}\Omega,\ R_6=R_4=150\text{k}\Omega$$

电容 C_1、C_2 可由下式确定：

$$\frac{1}{\omega C_1}\leqslant\frac{1}{50}R_1$$

式中，$\omega=2\pi\times50\text{rad/s}$，$R_1=4.3\text{k}\Omega$，所以可确定 $C_1=C_2=33\mu\text{F}$。电容 C_3、C_4 为耦合电容，由于运放同相放大器输入阻抗很高，所以可选用 1～10μF 电容就可以了。

2）功率放大器　上述介绍的功率放大器（见图6-37）是采用双电源供电的 OCL 结构，因此供电电压值可根据输出功率来进行计算。题目中要求在 8Ω 负载上输出功率 $P_{ON}\geqslant10\text{W}$，所以可计算出负载上输出电压的峰值为

$$u_{om}=\sqrt{2R_LP_{ON}}=\sqrt{2\times8\times10}\text{V}=12.65\text{V}$$

考虑功率的管压降一般为 2V 左右，则供电电压

$$V_{CC}=u_{om}+2\text{V}=14.65\text{V}$$

拟采用 $V_{CC}=\pm15\text{V}$ 双电源供电。

前面已经指出，互补差放输入级起平衡激励作用，是直接耦合 OCL 低频功放的技术关键。因此，NPN 型管 V_1、V_3 和 PNP 型管 V_2、V_4 应挑选得严格对称，β 均应相等，且 $\beta\geqslant150$，$f_T\geqslant100\text{MHz}$。此外 V_5、V_6 管也应该对称，$\beta\geqslant150$，$f_T\geqslant100$ MHz。在此电路中，V_5、R_{14}、VS_1 和 VD_3 是差分放大器 V_2、V_4 的射极有源电阻，而 V_6、R_{15}、VS_2 和 VD_4 组成差分放大器 V_1、V_3 的射极有源电阻。因此，互补差放输入级的静态工作点电流可以由这两个有源电阻来确定。

电路中 V_1～V_4 管静态工作点电流 $I_{CQ}=1\text{mA}$，则 V_5、V_6 恒流源（即有源电阻）将提供静态电流为 $I_5=I_6=2\text{mA}$。稳压二极管 VS_1、VS_2 的稳定电压值 $U_Z=5\text{V}$，VD_3、VD_4 的导通压降与 V_5、V_6 的 BE 结导通压降相同（这儿 VD_3、VD_4 对 V_5、V_6 的 U_{BE} 起温度补偿作用）。显然，R_{14} 和 R_{15} 的阻值为

$$R_{14}=R_{15}=\frac{U_Z}{I_5}=\frac{5}{2}\text{k}\Omega=2.5\text{k}\Omega$$

取 $R_{14}=R_{15}=2.4\text{k}\Omega$，稳压管电流选 $I_5=3\text{mA}$，则

$$R_{16}=R_{17}=\frac{V_{CC}-U_Z-U_{on}}{I_Z}=\frac{15-5-0.7}{3}\text{k}\Omega=3.1\text{k}\Omega$$

取 $R_{16}=R_{17}=3\text{k}\Omega$。

激励放大级的 PNP 型管 V_7 和 NPN 管 V_9 也应对称，要求其 $\beta\geqslant120$，$f_T\geqslant100\text{MHz}$，选择其静态工作点电流 $I_7=I_9=5\text{mA}$（使 V_7、V_9 工作在甲类）。二极管 VD_1、VD_2 用作为 V_7、V_9 的 U_{BE} 的温度补偿二极管。R_{20} 和 R_{21} 上的压降即为 R_8 和 R_9 上的压降，取 $R_8=R_9=1\text{k}\Omega$，则 $U_{R21}=R_9\times I_{CQ}=1\times10^3\times1\times10^{-3}\text{V}=1\text{V}$，可求得 R_{20} 和 R_{21} 电阻值为

$$R_{20}=R_{21}=\frac{U_{R21}}{I_7}=\frac{1}{5\times10^{-3}}\Omega=200\Omega$$

OCL 输出级 V_{10}、V_{11} 构成 NPN 型复合管，V_{12}、V_{13} 构成 PNP 复合管。其中 NPN 型管 V_{10} 和 PNP 型管 V_{12} 应对称，$\beta\geqslant100$，$f_T\geqslant100\text{MHz}$。两只 NPN 型大功率管 V_{11}、V_{13} 采用相同型号、相同

参数的功率管，要求 $P_{CM}>0.2P_{OM}=3W$（P_{OM}为最大输出功率，并假设 $P_{OM}=15W$）、$\beta\geqslant30$、$f_T\geqslant$ 20MHz。

为减少失真，输出级采用甲乙类工作状态，图中的 V_8、R_{18}、RP_3 是为消除交叉失真而加的甲乙类偏置电路。交流状态下流过 V_{11}、V_{13}的交流电流最大峰值，即为流过负载的最大峰值 I_{LM}。I_{LM}可用如下关系式估算：

$$I_{LM}=\sqrt{\frac{2P_{OM}}{R_L}}=\sqrt{\frac{2\times15}{8}}A=1.94A$$

因此，要求大功率管 V_{11}、V_{13}的 $I_{CM}\geqslant2A$。甲乙类工作的两管偏置电流 I_{CQ11}、I_{CQ13}可选取为50mA，若 R_{23}和 R_{24}取为0.5Ω，则 R_{23}和 R_{24}上的压降为 $U_R=0.05\times0.5V=0.025V$。相对于偏置电压 U_{CE8}来讲 U_R 可以不计，则 V_8 的 U_{CE8}可估算为 $3\times0.7=2.1V$，因为

$$U_{CE8}=\left(1+\frac{R_{RP3}}{R_{18}}\right)U_{BE8}$$

其中 $U_{BE8}=0.7V$，并取 $R_{18}=2k\Omega$，由上式可求得

$$R_{RP3}=(3-1)R_{18}=2R_{18}=2\times2k\Omega=4k\Omega$$

可以选取 $R_{P3}=5.6k\Omega$ 的可调电阻。

低频功放增益为 $G_u=68dB$，已经设计的前置放大级增益为50dB，若考虑有一定余量则本级功放增益可设计成28dB，即25 倍左右。若取 $R_{19}=R_7=2.2k\Omega$，不难计算得 $R_{22}=53k\Omega$，可取 $R_{22}=51k\Omega$。

电路按图中元件值装配好后，只需调整 RP_3 使输出静态电流在60mA 左右，就可正常工作。因此，该电路装配调试极为方便。

3）波形变换电路　稳压二极管 VS_3、VS_4 稳定电压值选为 $U_Z=\pm3V$。假设迟滞比较器的迟滞宽度 $\Delta U=0.7V$，取 $R_{27}=10k\Omega$，则 R_{28}可用下式来确定

$$R_{28}=\left(\frac{2U_Z}{\Delta U}-1\right)R_{27}=\left(\frac{2\times3}{0.7}\right)\times10k\Omega=75.71k\Omega$$

取 $R_{28}=75k\Omega$。另外，电阻 R_{25}、R_{26}、R_{29} 可分别选为 10kΩ、1.5kΩ、10kΩ，电位器 RP_4 选为5.6kΩ，电容 C_7、C_8 可分别选作 56pF、100pF。

该电路若采用集成运放 LF357，输出方波的上升和下降时间可做到小于 0.5μs。调节输出幅度可调节到200mV，满足题目中指标要求。

（4）总体电路图的绘制　低频功率放大器总电路如图 6-40 所示。

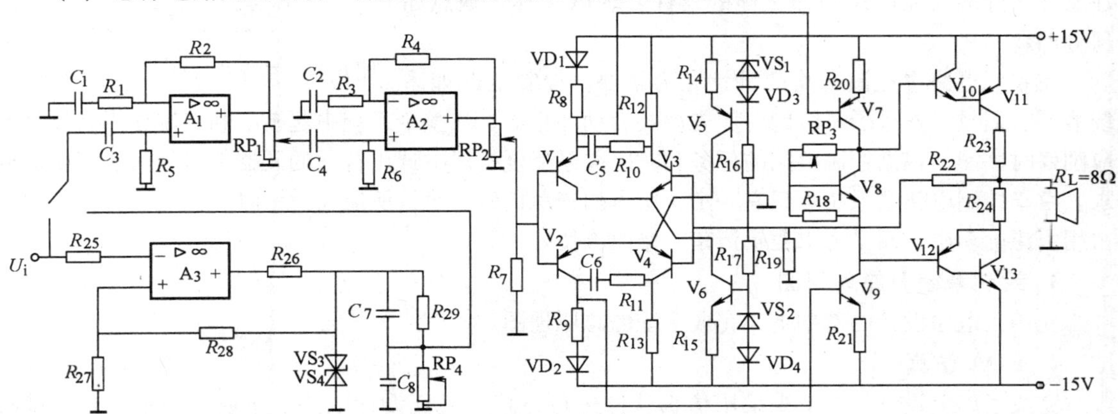

图 6-40　低频功率放大器总电路图

6.4 数字电子系统设计

6.4.1 数字电子系统的设计过程

数字电子系统是用来对数字信号进行采集、加工、传输和处理的电子电路。其设计步骤除了一般不需要进行参数计算外，与模拟电子系统的设计步骤大致相同，如图6-41所示。需要说明的是，该图中的“下载”一步是针对采用可编程器件来说的，若采用中小规模器件，则要跳过该步骤。下面着重说明以下几个设计步骤。

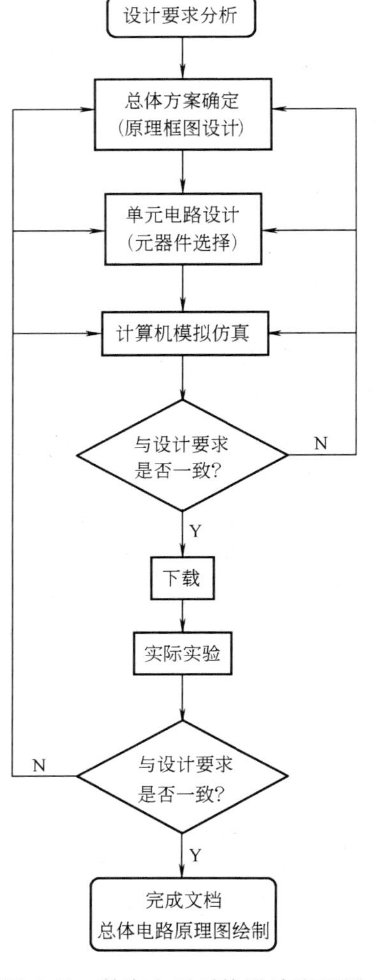

图6-41 数字电子系统设计流程图

1. 总体方案的确定

首先明确数字系统的输入和输出以及深刻理解系统所要完成的功能，然后对可能的实现方法及其优缺点做深入研究、全面分析和比较，选择一个好的方案以保证达到所要求的全部功能与精度，同时还要兼顾工作量和成本。完成此部分后可画一张简单的流程图。

2. 单元电路设计

单元电路设计是数字电子技术课程设计的关键一步，它的完成情况决定了数字电子技术课程设计的成功与失败。它将总体方案化整为零，分解成若干个子系统和单元电路，然后逐个进行设计。在设计时要尽可能选择现成的电路，这样有利于减少今后的调试工作量。在元器件的选择上应优先选用中大规模集成电路，这样做不但能够简化设计，而且有利于提高系统的可靠性。对于规模较大或功能较特殊的模块，市场上买不到相应的产品或库中没有相应的元器件时，需要设计者自行设计。在采用PLD的设计方法中，设计者可以利用已有的模块组建新模块，也可用硬件描述语言来制作。无论采用什么方法，都需要对各集成功能模块相当熟悉，所以在学习过程中，应注意积累关于各种模块的使用知识，特别注意什么样的功能可使用什么样的器件实现以及其优缺点如何等问题。

在单元电路中控制电路的设计尤为重要。控制电路如系统清零、复位，安排子系统的时序先后及启动停止等，在整个系统中起核心和控制作用，设计时应画好时序图，根据控制电路的任务和时序关系反复构思，选用合适的元器件，使其达到功能要求。由于控制电路在系统中只有一个，所占的资源比例很小，所以在设计时，往往不过分讲究其占用资源的多少，而是力求逻辑清楚、修改方便。

3. 绘制系统总原理草图

在单元电路设计的基础上，完成系统的总原理图。

4. EDA仿真

完成了以上设计，接下来采用仿真软件进行仿真以验证设计电路的正误。如果仿真结果有误，需要返回到前两步重新设计。若采用中、小规模集成电路设计，则跳过第5步直接到第6

步；若采用可编程器件实现，则继续第 5 步。

5. 下载，验证结果

用原理图输入法或 VHDL 等硬件语言输入法，进行编译、仿真。待正确无误后，适配管脚并下载，并在实验箱上验证结果。

6. 绘制总体电路图

在仿真结果正确或验证结果正确后，确定最终方案并绘制总体电路图。

需注意的是上述用可编程器件实现的步骤仅限于原理图输入法的情况，VHDL 硬件语言输入法的步骤可参照以下的例子。

6.4.2 EDA 和 VHDL 语言的应用

用 PLD 设计数字系统与前面所述完全相同，只是设计在开发软件平台上进行而已。设计完毕（编译通过）就利用开发平台上的模拟软件进行模拟（PLD 厂家称此项工作为仿真），然后烧录（下载）到 PLD 芯片中去。对使用频率不是十分高的子系统而言，只要逻辑模拟结果正确，下载以后系统功能一般不会出现问题。

目前在我国各大专院校流行的 PLD 器件有 XILINX 公司的 XC3000 及 XC4000 系列，ALTERA 公司的 FLEX10K 系列、MAX7000 系列，LATTICE 公司的 1000 系列等，还有少数院校使用原 AMD 公司的产品，所用的开发软件有 XILINX 公司的 FUNDATION，ALTERA 公司的 MAXPLUS Ⅱ、QUARTUS，LATTICE 公司的 SYNARIO、EXPERT 等以及原 AMD 公司的开发软件，此外还有少数院校使用大型软件 SYNOPSYS 等。应当说，任何公司的芯片，只要它的资源能满足设计的需要，都是可以使用的，关键是使用者是否能较熟练地掌握这些器件及其开发软件的使用。本书数字电子系统的仿真与下载采用的是 ALTERA 公司的 Quartus Ⅱ开发软件。

用 PLD 开发软件设计数字子系统的常用方法有原理图输入法和语言输入法。原理图输入法与传统的采用中小规模芯片设计的方法基本相同，只是多一步下载过程，这一点由图 6-41 的流程图可以清楚地看出。另外需要特别提到的是 VHDL 或 Verilog 等高级硬件描述语言的使用。VHDL 或 Verilog 都是 IEEE 支持的高级硬件描述语言，是 IEEE 的标准之一。它们的功能强大，适用面广，不仅可以描述电路的结构，还可以直接描述电路的行为，这样，对控制器的设计便可以直接根据 ASM 图在行为域上完成，而不必先设计出控制器的电路再用语言来输入，这无疑给设计工作带来极大的方便。更有甚之，VHDL 与 Verilog 不仅可以用来描述所有的模块，还可以用它们描述子系统本身。所以应熟练掌握 VHDL 或 Verilog，以便在设计过程中能够很好地应用。

6.4.3 设计举例

在下面的设计示例中，为了达到“源于基础，启迪思维，掌握新技术”，使读者能够循序渐进地从传统的通用集成电路的应用转向可编程器件的应用，从系统的硬件设计转向硬件、软件高度渗透的设计，以提高和拓宽数字系统的设计能力，我们先用通常的中小规模集成电路设计的方法设计了数字频率计、数字钟，然后综合采用原理图输入法、VHDL 硬件语言输入法，用数字可编程器件设计实现了数字钟。

1. 数字频率计

数字频率计是用来测量正弦信号、矩形信号、三角波等波形工作频率的仪器，其测量结果直接用十进制数字显示。本题目要求采用中、小规模芯片设计一个具有下列功能的数字频率测量仪。

①频率测量范围：1Hz ~ 10kHz。

②数字显示位数：4 位数字显示。

③测量时间：$t \leqslant 1.5\mathrm{s}$。

④被测信号幅度 $U_{xm}=0.5\sim5\mathrm{V}$（正弦波、三角波、方波）。

（1）题目分析及总体方案的确定　频率的测量总的来说有3种方法：直接测量法、直接与间接测量相结合的方法和多周期同步测量法。直接测量法最简单，但测量误差大；后两种方法测量精度高，但电路复杂。由于该题目没有对测量误差提出特别的要求，为简便起见，采用直接测量法。

直接测频的原理图如图6-42所示。

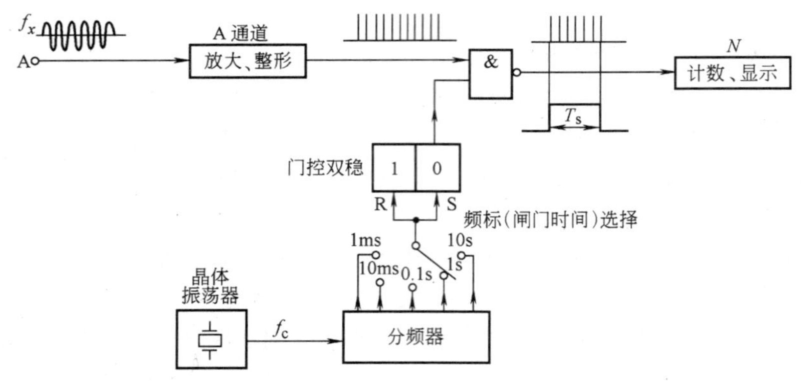

图6-42　直接测频的原理图

设 f_X 为待测频率，从A端输入被测信号，经整形电路变成方波，加到与非门的一个输入端上。该与非门起主闸门的作用，在与非门的第二个输入端上加闸门控制信号，控制信号为低电平时，闸门关闭，无信号进入计数器；控制信号为高电平时，闸门开启，整形后的脉冲进入计数器计数。若闸门控制信号高电平取1s，则在闸门时间1s内计数器计得的脉冲个数 N 就是被测信号频率 f_X，即有 $f_X=N\mathrm{Hz}$。

根据该原理得到数字频率计的组成框图如图6-43a所示，图中的逻辑控制电路的作用有两个：一是产生锁存脉冲，使显示器上的数字稳定；二是产生清零脉冲，使计数器每次测量从零开始计数。各信号之间的时序关系如图6-43b所示，图中信号由上而下依次是被测信号由放大整形电路得到的脉冲信号、时间基准信号、闸门电路输出、锁存脉冲和清零脉冲。

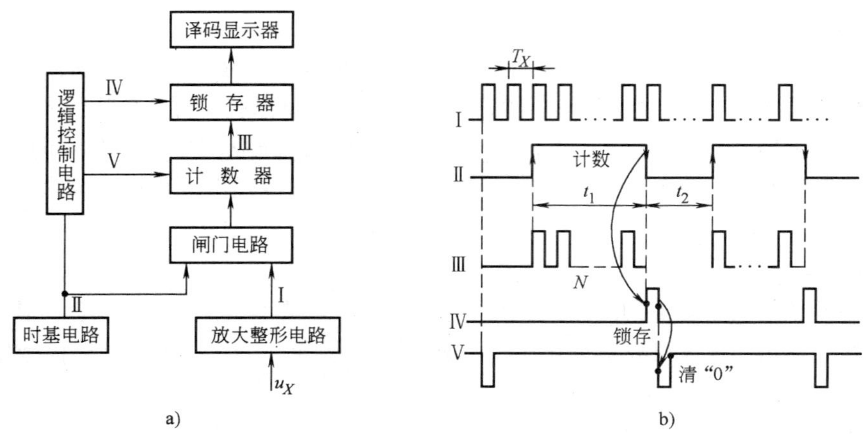

图6-43　数字频率计的组成框图和波形图

（2）单元电路设计与参数计算

1）放大整形电路　放大整形电路如图 6-44 所示。0.5～5V 的被测信号经二极管限幅后交流放大，在输出端得到以 2.5V 为基准，幅值为 1～1.4V 的信号，该信号经施密特触发器 74LS14 整形后输出同频率的脉冲信号，通过测量脉冲信号的频率，就得到了被测信号的频率。放大器中的运放型号根据频率测量范围（1Hz～10kHz）来选择。

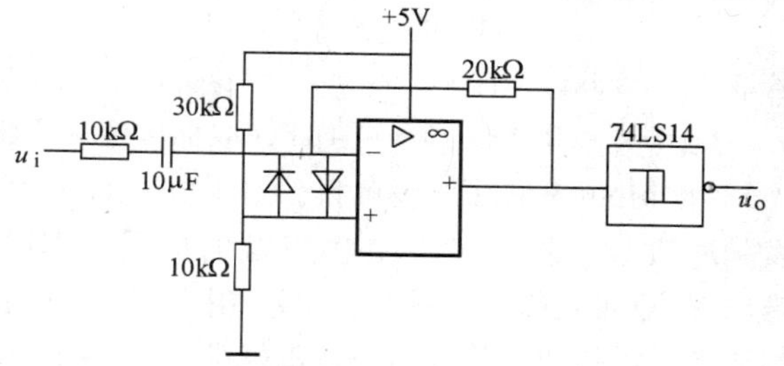

图 6-44　放大整形电路

2）时基电路　时基电路的作用是产生一个标准时间信号（高电平持续时间为 1s），可由定时器 555 构成的多谐振荡器产生或通过晶体振荡器分频获得（精度要求高时），此处选用前者。时基电路如图 6-45 所示。

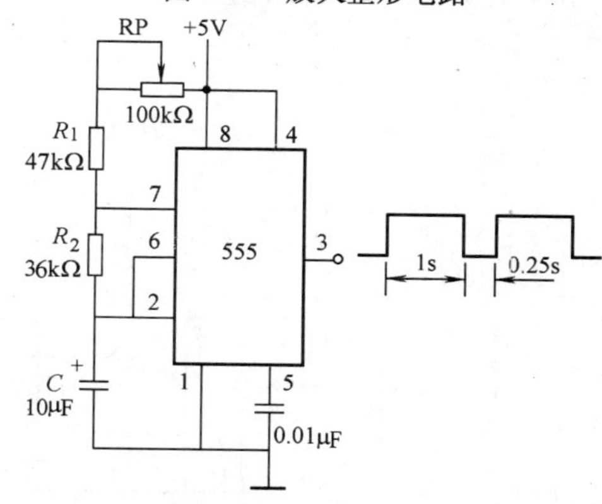

图 6-45　时基电路

若振荡器的频率 $f_0=1/(t_1+t_2)=0.8\text{Hz}$，则振荡器的输出波形如图 6-43b 中的波形Ⅱ所示，其中 $t_1=1\text{s}$，$t_2=0.25\text{s}$。由式 $t_1=0.7(R'_1+R_2)C$（R'_1 为 R_1 与 RP 接入电路的实际值之和）和 $t_2=0.7R_2C$，可计算出电阻 R'_1、R_2 及电容 C 的值。若取电容 $C=10\mu\text{F}$，则

$R_2=t_2/(0.7C)=35.7\text{k}\Omega$，取标称值 36kΩ。

$R'_1=t_1/(0.7C)-R_2=107\text{k}\Omega$ 取标称值 $R_1=47\text{k}\Omega$，$R_{RP}=100\text{k}\Omega$。

3）逻辑控制电路　根据图 6-43b 所示波形，在时基信号Ⅱ结束时产生的负跳变用来产生锁存信号Ⅳ，锁存信号Ⅳ的负跳变又用来产生清零信号Ⅴ。脉冲信号Ⅳ和Ⅴ可由两个单稳态触发器 74LS123 产生，它们的脉冲宽度由电路的时间常数决定。

74LS123 是一个双单稳态触发器，每个触发器的功能如表 6-4 所示。触发器的输入输出波形关系如图 6-46 所示。输入脉冲 B_1 触发后还可以借助 B_2 再触发，使输出脉冲展宽，故称为可重触发。由图 6-46 可见，未加重触发脉冲时的输出端 Q 的脉宽为 t_{W1}，加重触发脉冲后的脉宽变为 t_{W2}。即

$$t_{W2}=T+t_{W1}$$

对于 74LS123：

$$t_{W1}=0.45R_{ext}C_{ext} \tag{6-22}$$

式中，R_{ext} 为其外接定时电阻；C_{ext} 为其外接定时电容。

表 6-4　74LS123 功能表

输　入			输　出	
CLR	A	B	Q	$\overline{Q}$
0	×	×	0	1
×	1	×	0	1
×	×	0	0	1
1	0	↑	⊓	⊔
1	↓	1	⊓	⊔
↑	0	1	⊓	⊔

由 74LS123 组成的逻辑控制电路如图 6-47 所示。

设锁存信号Ⅳ和清零信号Ⅴ的脉冲宽度 t_W 相同，$t_W=0.02\text{s}$，则由式（6-22）得

$$t_W=0.45R_{ext}C_{ext}=0.02\text{s}$$

若取 $R_{ext}=10\text{k}\Omega$，则

$C_{ext}=t_W/(0.45R_{ext})=4.4\mu\text{F}$，取标称值 $4.7\mu\text{F}$。

由 74LS123 的功能表可得，当 $1\overline{R_D}=1B=1$、触发脉冲从 1A 端输入时，在触发端的负跳变作用下，输出端 1Q 可获得一正脉冲，采用相同的连接可在 $2\overline{Q}$ 端获得一负脉冲，其波形关系正好满足图 6-43b 所示波形Ⅳ和Ⅴ的要求。手动复位按钮 SB 按下时，计数器清零。

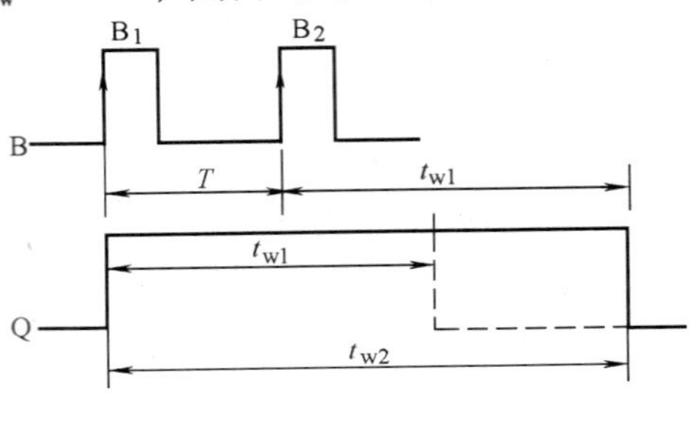

图 6-46　可重触发单稳态触发器的输入输出波形

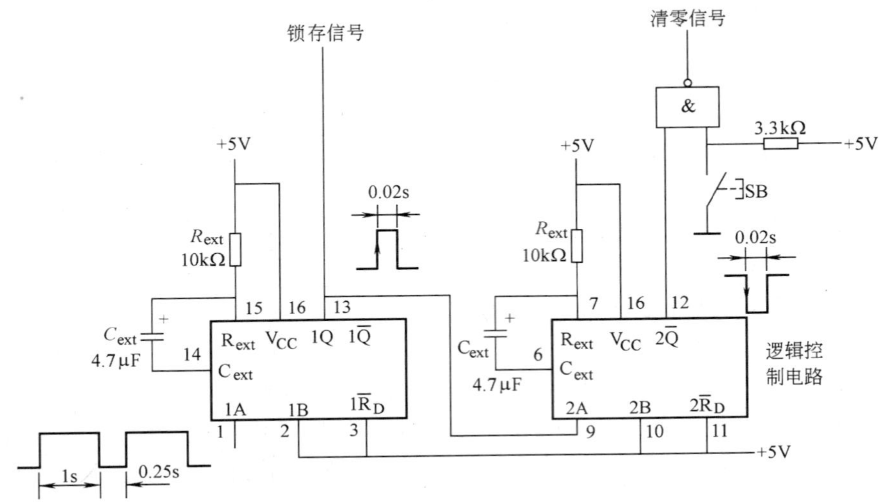

图 6-47　逻辑控制电路

4）计数器、锁存器　根据题意频率值由 4 位数字显示，则计数器相应地应该是 10000 进制。10000 进制计数器可由 4 片 74LS90 构成，即每一片连成十进制，则 4 片级联构成 10000 进制。

锁存器的作用是将计数器在 1s 结束时所计得的数进行锁存，使显示器上能稳定地显示此时计数器的值。如图 6-43b 所示，1s 计数时间结束时，逻辑控制电路发出锁存信号Ⅳ，将此时计数器的值送译码显示器。

选用 8 位锁存器 74LS273 可以完成上述功能，当时钟脉冲 CP 的正跳变来到时，锁存器的输出等于输入，即 Q = D，从而将计数器的输出值送到锁存器的输出端。正脉冲结束后，无论 D 为何值，输出端 Q 的状态仍保持原来的状态不变。所以在计数期间，计数器的输出不会送到译码显示器。

5）译码显示电路　译码显示电路可由 8 段发光数码显示器 BS201/202 和输出高电平有效的译码器 74LS48 组成。74LS48 的内部有升压电阻，因此可以直接与显示器相连接。为了使整数数值最前面的零不显示，将数码显示器最高位的脉冲消隐输入 $\overline{\text{RBI}}$ 接地，并将高位的脉冲消隐输出 $\overline{\text{RBO}}$ 与低位的脉冲消隐输入 $\overline{\text{RBI}}$ 相连，如图 6-48 所示。

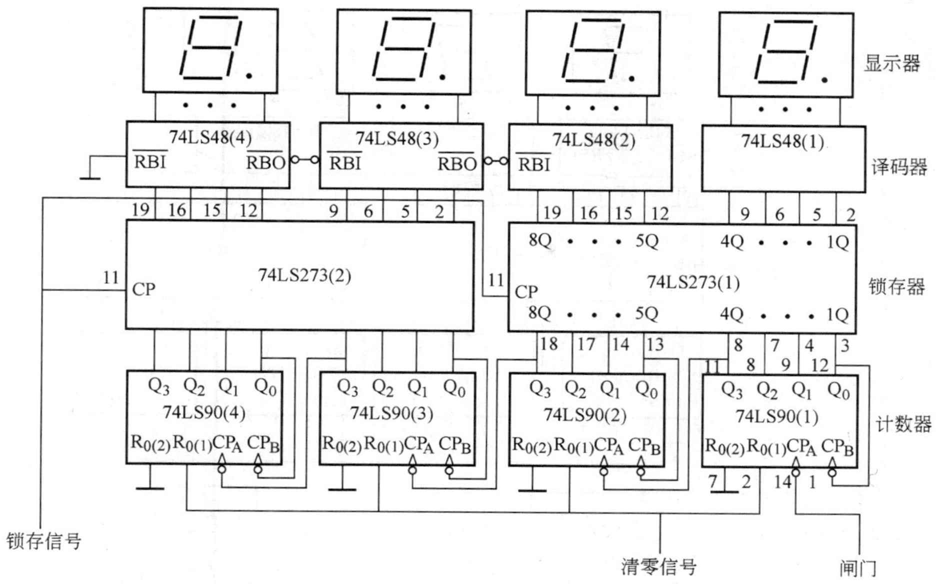

图 6-48　计数、锁存、译码显示电路

（3）总体电路图　数字频率计总电路图如图 6-49 所示。

2. 数字钟

设计要求：

①能进行正常的时、分、秒计时功能，分别由 6 个数码管显示 24h、60min、60s。

②S_h 键进行校时：按下 S_h 键时，时计数器以秒速度递增，并按 24 循环，计满 23 后再回 00。

③S_m 键进行校分：按下 S_m 键时，分计时器以秒速度递增，并按 60 计数循环，计满 59 后再回 00，但不向“时”进位。

④S_c 键进行秒清零：按下 S_c 键时，可对秒清零。

⑤扬声器整点报时：当计时到达 59′51″时开始报时，在 59′51″、53″、55″、57″鸣叫声频率为 500Hz；到达 59′59″时为最后一声整点报时，频率为 1kHz。

方法 1：用中小规模集成电路来实现。

（1）总体方案的确定　根据设计要求，数字钟电子系统由振荡器、分频器、“时”“分”“秒”对应的计数器、译码显示器、校时电路和整点报时电路等，原理框图如图 6-50 所示。该系统的工作原理是：振荡器产生稳定的高频脉冲信号，作为数字钟的时间基准，再经分频器输出标准秒脉冲。秒计数器计满 60 后向分计数器进位，分计数器计满 60 后向小时进位，小时计数器设置成二十四进制计数器。计数器的输出经译码器送显示器。计时出现误差时可以用校时电路进行校时、校分、校秒。由分计数器、秒计数器的结果控制整点报时电路。

（2）单元电路的设计　在设计单元电路和选择元器件时，尽量选用同类型的元器件，如所有功能的部件都采用 TTL 集成电路或采用 CMOS 集成电路，整个系统所用的元器件种类应尽可能少。下面介绍各单元电路的设计。

1）振荡器　振荡器是数字钟的核心。振荡器的稳定度及频率的准确度决定了数字钟计时的准确程度，通常选用晶振构成振荡器电路。一般来说，振荡器的频率越高，计时精度越高。如果精度要求不高也可采用集成逻辑门与 RC 组成的时钟源振荡器或由集成定时器 555 与 RC 组成的多谐振荡器。这里选用 555 组成的多谐振荡器，设振荡频率 $f_0=1\text{kHz}$，电路参数如图 6-51 所示。

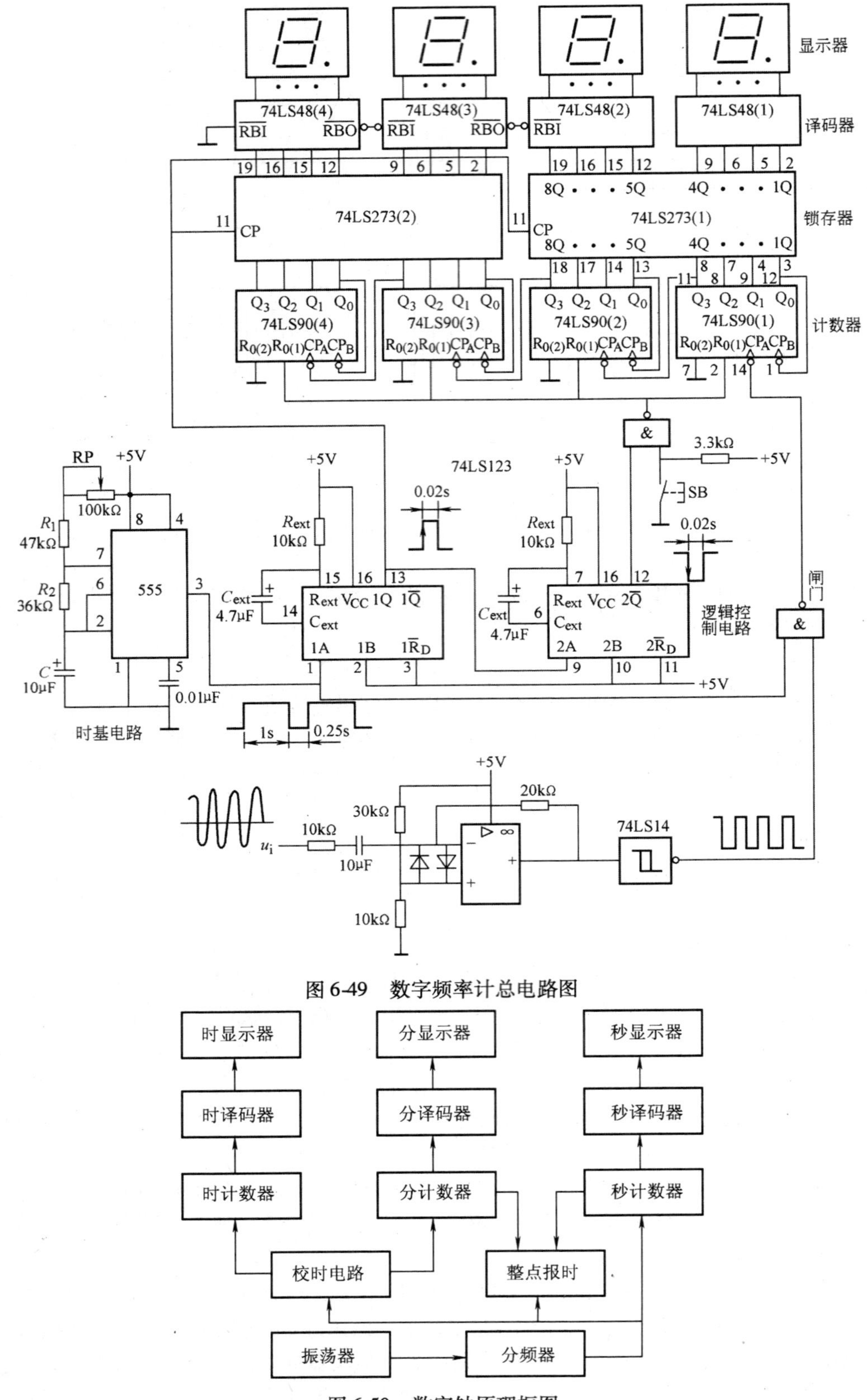

图 6-49　数字频率计总电路图

图 6-50　数字钟原理框图

2）分频器　分频器的功能有两个：一是产生标准脉冲信号；二是提供整点报时电路用的1kHz的高音频信号和500Hz的低音频信号。因为74LS90是二-五-十进制计数器，所以选用3片就可以完成上述功能，即3片级联则可获得所需要的频率信号：第1片的Q_0端输出频率为500Hz，第2片的Q_3端输出为10Hz，第3片的Q_3端输出为1Hz。分频器电路如图6-52所示。

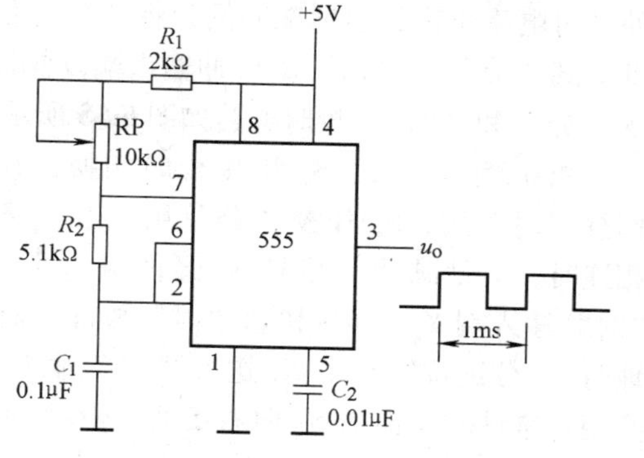

图6-51　555振荡器

3）时间计数器　由总系统框图可知，数字时钟需要两个六十进制计数器分别用作"分"和"秒"的计数，还需要一个二十四进制计数器作"小时"的计数。计数器可以采用前面的中规模集成计数器74LS90，这里我们采用同步十进制计数器CT74192。CT74192构成的六十进制计数器如图6-53a所示。个位用CT74192构成十进制计数器，进位输出作为十位的计数输入信号，从而将两片CT74192连成100进制计数器。然后采用整体的反馈归零法将一百进制计数器组成六十进制计数器。同样，用两片CT74192先串行进位连接后经整体的反馈归零法构成的二十四进制计数器，如图6-53b所示。

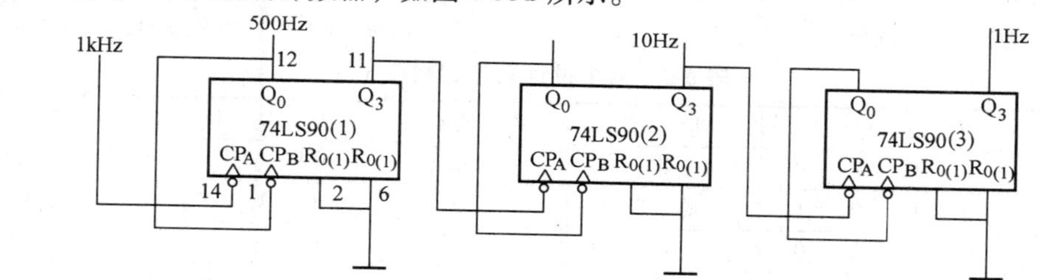

图6-52　分频器电路

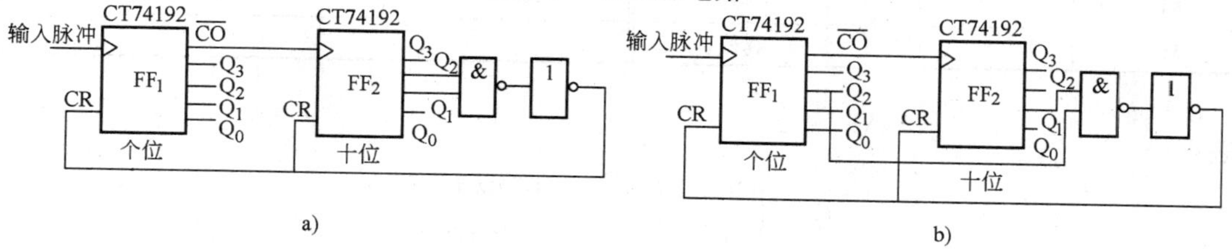

图6-53　六十进制和二十四进制计数器

a）六十进制计数器　b）二十四进制计数器

4）译码、驱动及显示电路　从数字钟计数器输出的信号为8421BCD代码，需要经译码变成七段字形代码，用七段数码管显示出来。

七段数码管分共阴、共阳两种，这里选用共阴数码管BS201，相应的译码器采用CT74248。由于采用静态方式显示，每个数码管必须有一个相应的译码器将8421BCD代码译成七段字形代码。1位译码显示电路如图6-54所示。

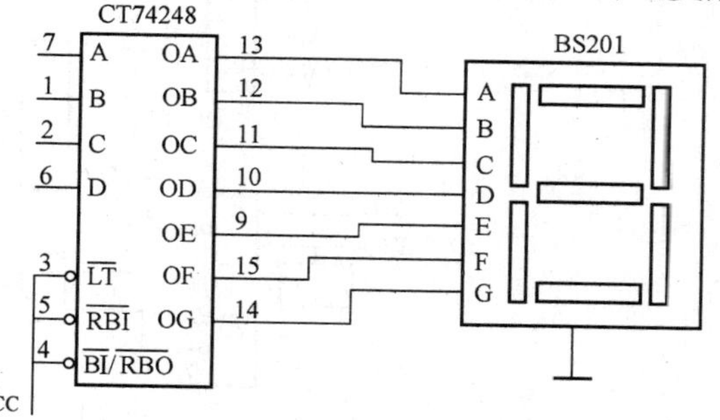

图6-54　1位译码显示电路

5）校时电路　在计数开始或计时出现误差时，必须和标准时间校准，这一功能由校时电路完成。校时的方法是给被校的计时电路引入一个超出常规计时许多倍的快速脉冲信号，从而使计时电路快速到达标准时间。将“秒”信号分别引到“分”和“时”的脉冲输入端以便快速校准“分”和“时”，校时电路如图6-55所示。

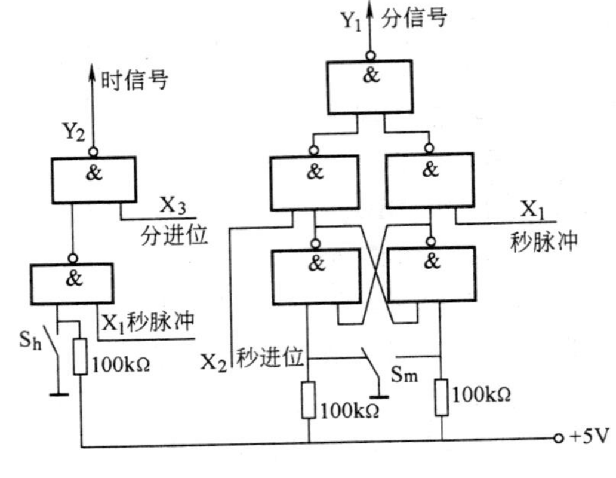

图6-55　校时电路

图6-55中，S_h、S_m用作校时切换，其中S_h作校“时”用，S_m作校“分”用。当S_h不与地相连时，“秒脉冲”信号X_1经两级与非门送到“时”输入端Y_2，实现快速“时”校准；而S_h接地时，“分进位”信号X_3送入“时”输入端Y_2，实现正常计时。而当S_m向右拨时，使“秒脉冲”信号X_1经两级与非门送到“分”输入端Y_1，实现“分”的快速校准；当S_m向左拨时，“秒进位”信号X_2经两级与非门送到“分”输入端Y_1，即实现正常计时。

6）整点报时电路　根据题目要求，每当数字钟快要到整点时发出声响，设4声低音（约500Hz）分别发生在59′51″、59′53″、59′55″及59′57″，最后一声高音发生在59′59″，它们的持续时间均为1s，如表6-5所示。

表6-5　秒个位计数器的状态

CP/s	Q_3	Q_2	Q_1	Q_0	功　能	CP/s	Q_3	Q_2	Q_1	Q_0	功　能
50	0	0	0	0	停	56	0	1	1	0	停
51	0	0	0	1	鸣低音	57	0	1	1	1	鸣低音
52	0	0	1	0	停	58	1	0	0	0	停
53	0	0	1	1	鸣低音	59	1	0	0	1	鸣高音
54	0	1	0	0	停	00	0	0	0	0	停
55	0	1	0	1	鸣低音						

由表可得

$$Q_3=\begin{cases}\text{“0”时，输入500Hz音响}\\ \text{“1”时，输入1kHz音响}\end{cases}$$

只有当分十位的$Q_2Q_0=11$，分个位的$Q_3Q_0=11$，秒十位的$Q_2Q_0=11$及秒个位的$Q_0=1$时，音响电路才能工作。整点报时电路如图6-56所示，这里采用的都是TTL与非门。

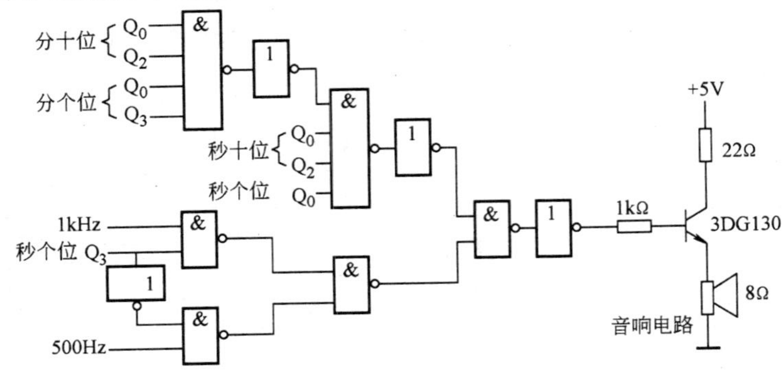

图6-56　整点报时电路

（3）总体电路图　数字钟总体电路如图 6-57 所示。

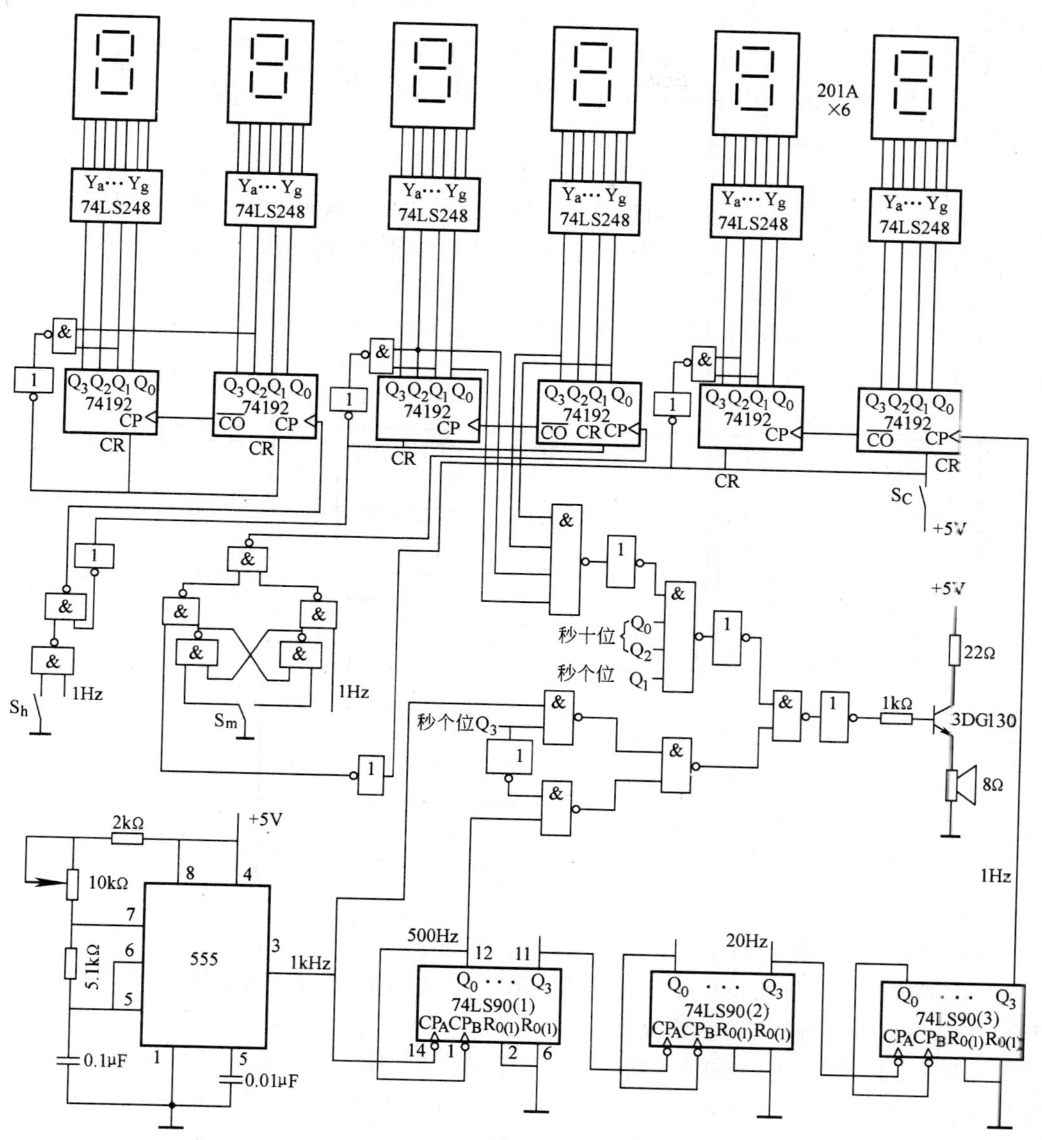

图 6-57　数字钟总体电路

方法 2：数字钟的 CPLD/FPGA 实现。

上述利用中小规模器件实现的方法需要多片集成电路通过电路连接构成完整系统，体积大、设计周期长、调试复杂、故障率高。若采用 CPLD/FPGA 可编程器件来实现，只需要一片芯片即可完成除时钟源、按键、扬声器和显示器（数码管）之外的所有数字电路功能，而且体积小、设计周期短（设计过程中即可实现时序仿真）、调试方便、故障率低、修改升级方便。下面采用自顶向下的设计模式，利用混合输入方式（原理图输入和 VHDL 语言输入）实现数字钟的设计、下载和调试，以点盖面说明 CPLD/FPGA 的设计方法。

（1）数字钟顶层设计　根据上述各单元电路设计结合总体电路图可知数字钟控制模块的外

部输入输出要求为：输入信号有 1kHz 时钟信号、低电平有效的秒清零信号 S_c、低电平有效的校分信号 S_m、低电平有效的校时信号 S_h（为使其意义更加明确，下文将 S_c、S_m、S_h 分别记作 CLR、SETmin、SEThour）；输出信号有整点报时信号 SOUND（59′51″、59′53″、59′55″、59′57″时为 500Hz 低频声，59′59″时为 1kHz 高频声）、时十位显示信号 h1（a，b，c，d，e，f，g）、时个位显示信号 h0（a，b，c，d，e，f，g）、分十位显示信号 m1（a，b，c，d，e，f，g）、分个位显示信号 m0（a，b，c，d，e，f，g）、秒十位显示信号 s1（a，b，c，d，e，f，g）、秒个位显示信号 s0（a，b，c，d，e，f，g）。由此可以看出，输入信号较少，只有 4 个，输出信号很多（共有 42 个）且主要集中在显示信号上，一般而言，为减少连线和节约资源，在信号具有共同属性时可将其并联，通过适当控制实现分时复用，数码管分时复用电路（或称作为动态扫描显示）如图 6-58 所示，按照分时复用方式输出则显示部分输出管脚可减少为 7 个但需补 3 个控制信号（SEL0、SEL1、SEL2）。

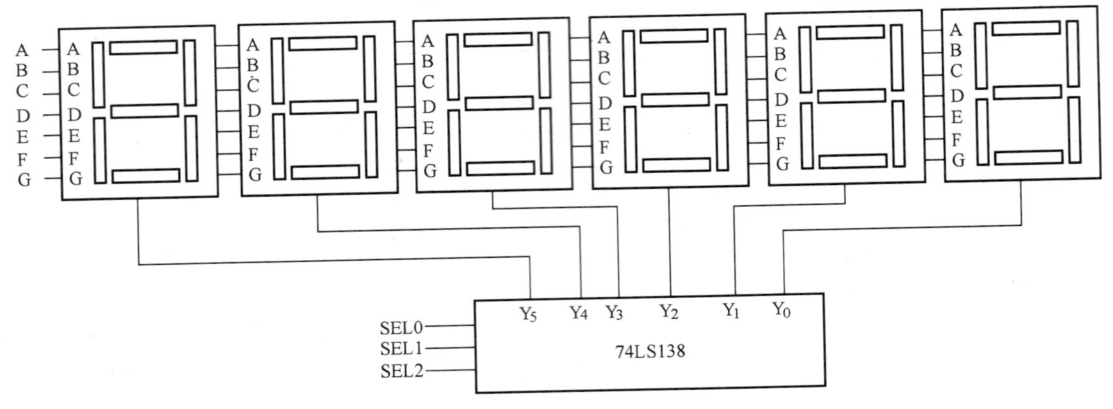

图 6-58　数码管分时复用电路

根据外部输入输出要求划分内部功能模块有：

①内部 1Hz 的时间基准和整点报时用的 1kHz 和 500Hz 的脉冲信号，需要设计一个输入为 1kHz 输出为 1Hz 和 500Hz 的分频模块 FENP。

②实现六十进制带有进位和清零功能的秒计数模块 SECOND，输入为 1Hz 脉冲和低电平有效的清零信号 CLR，输出为秒个位 s0 [3...0]、秒十位 s1 [3...0]、进位信号 co。

③实现六十进制带有进位和置数功能的分计数模块 MINUTE，输入为 1Hz 脉冲和高电平有效的使能信号 EN，输出为分个位 m0 [3...0]、分十位 m1 [3...0]、进位信号 co。

④实现二十四进制无进位功能的时计数模块 HOUR，输入为 1Hz 脉冲和高电平有效的使能信号 EN，输出为时个位 h0 [3...0]、时十位 h1 [3...0]。

⑤实现分时复用功能模块 SELTIME，输入为秒个位 s0 [3...0]、秒十位 s1 [3...0]、分个位 m0 [3...0]、分十位 m1 [3...0]、时个位 h0 [3...0]、时十位 h1 [3...0]、扫描时钟 CLK1K，输出为 D [3...0] 和显示控制信号 SEL [3...0]。

⑥实现整点报时功能模块 ALERT，输入为分个位 m0 [3...0]、分十位 m1 [3...0]、秒个位 s0 [3...0]、秒十位 s1 [3...0]，输出为高频声控制 Q1K 和低频声控制 Q500。

⑦实现译码显示功能模块 DISPLAY，输入为 D [3...0]，输出为 Q [6...0]。

由上述功能模块组成的数字钟顶层原理图如图 6-59 所示。

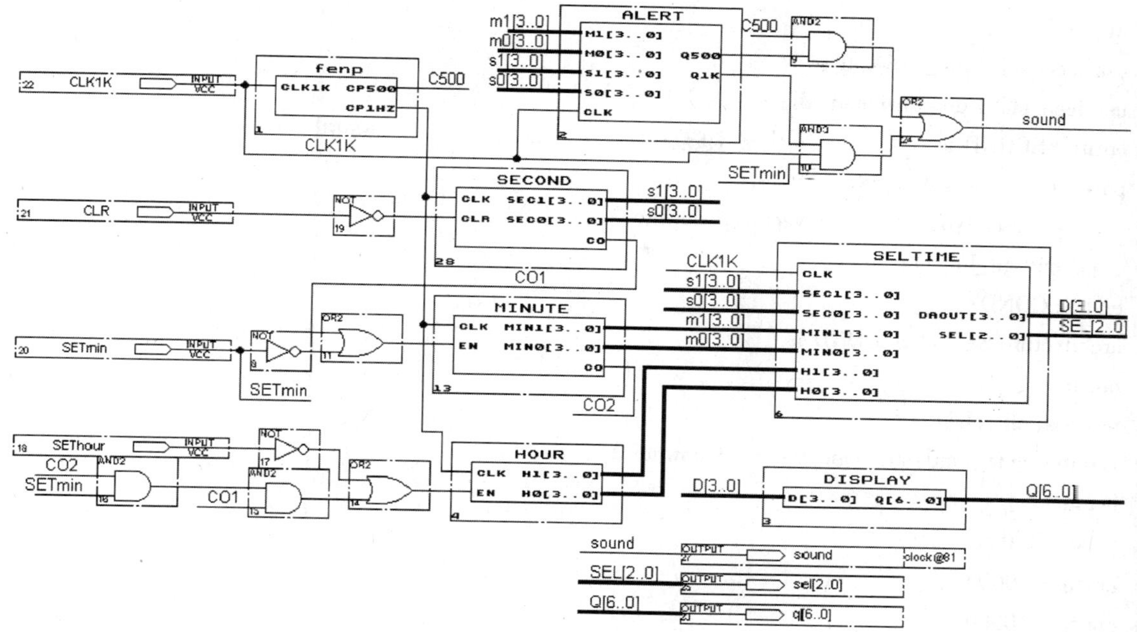

图 6-59　数字钟顶层原理图

（2）数字钟功能模块设计

1）分频模块

功能要求：输入为 1kHz，输出为 1Hz 和 500Hz 脉冲信号，分频模块如图 6-60 所示。

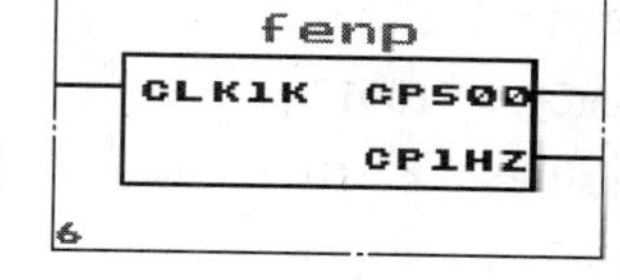

图 6-60　分频模块

设计思路：采用原理图输入方式实现 2 分频和 1000 分频，如图 6-61 所示。

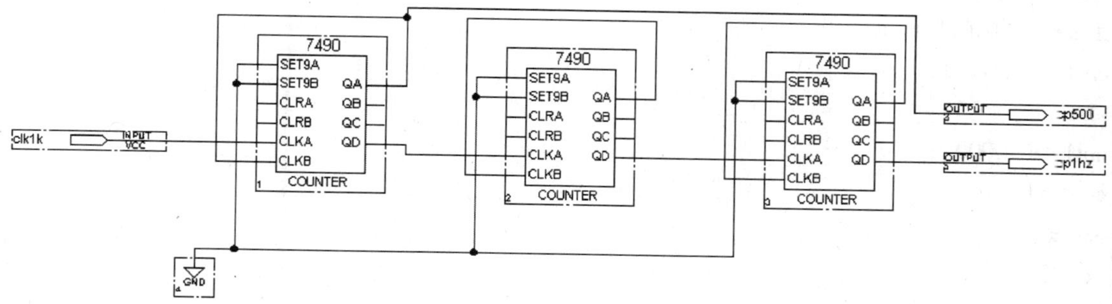

图 6-61　分频模块底层原理

2）秒模块

功能要求：实现带有进位和清零功能的六十进制“秒”计数器，输入为 1Hz 脉冲和低电平有效的清零信号 CLR，输出为秒个位 s_0［3...0］、秒十位 s_1［3...0］、进位信号 co，模块 SECOND 如图 6-62 所示。

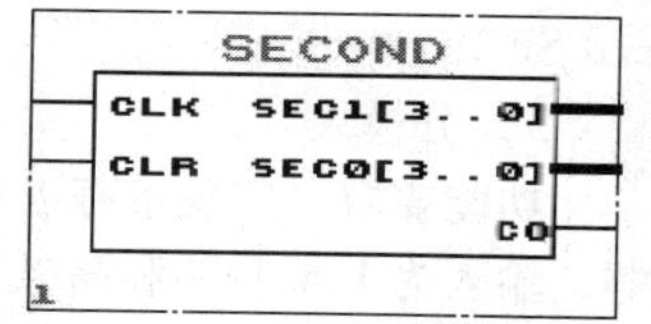

图 6-62　模块 SECOND

设计思路：采用 VHDL 语言输入方式，以时钟 clk 和清零信号 clr 为进程的敏感变量，当 clr 为“1”时清零，clr 为“0”时在时钟上升沿作用下状态小于 59 计数而等于 58 时产生进位。源程序如下：

```
library ieee;
use ieee. std_logic_1164. all;
use ieee. std_logic_unsigned. all;
entity SECOND is
port(clk,clr:in std_logic;
     sec1,sec0:out std_logic_vector(3 downto 0);
  co:out std_logic);
end SECOND;
architecture SEC of SECOND is
begin
process(clk,clr)
variable cnt1,cnt0:std_logic_vector(3 downto 0);
begin
if clr ='1'then
cnt1: = "0000";
cnt0: = "0000";
elsif clk'event and clk ='1'then
if cnt1 = "0101" and cnt0 = "1000" then
co < ='1';
cnt0: = "1001";
elsif cnt0 < "1001" then
cnt0: = cnt0 + 1;
else
cnt0: = "0000";
if cnt1 < "0101" then
cnt1: = cnt1 + 1;
else
cnt1: = "0000";
co < ='0';
end if;
end if;
end if;
sec1 < = cnt1;
sec0 < = cnt0;
end process;
end SEC;
```

3）分模块

功能要求：实现带有进位和置数功能的六十进制“分”计数器，输入为1Hz脉冲和高电平有效的使能信号EN，输出为分个位m_0［3...0］、分十位m_1［3...0］、进位信号co，分模块如图6-63所示。

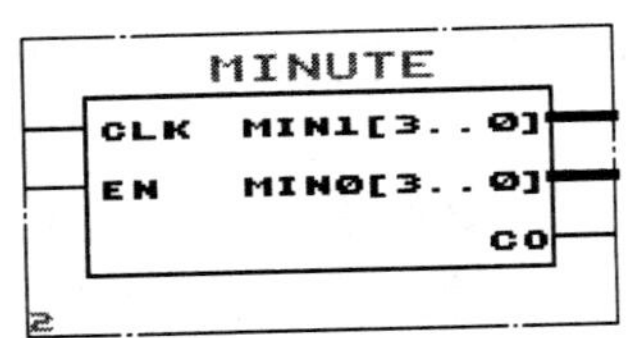

图6-63　分模块

设计思路：采用 VHDL 语言输入方式，以时钟 clk 为进程的敏感变量，当 en 为“1”时，在时钟上升沿作用下状态小于 59 时完成计数；等于 58 时产生进位。源程序如下：

```
library ieee;
use ieee. std_logic_1164. all;
use ieee. std_logic_unsigned. all;
entity MINUTE is
port(clk,en:in std_logic;
     min1,min0:out std_logic_vector(3 downto 0);
     co:out std_logic);
end MINUTE;
architecture MIN of MINUTE is
begin
process(clk)
variable cnt1,cnt0:std_logic_vector(3 downto 0);
begin
if clk'event and clk ='1'then
if en ='1'then
if cnt1 = "0101" and cnt0 = "1000" then
co < ='1';
cnt0: = "1001";
elsif cnt0 < "1001" then
cnt0: = cnt0 +1;
else
cnt0: = "0000";
if cnt1 < "0101" then
cnt1: = cnt1 +1;
else
cnt1: = "0000";
co < ='0';
end if;
end if;
end if;
end if;
min1 < = cnt1;
min0 < = cnt0;
end process;
end MIN;
```

4）时模块

功能要求：实现无进位的二十四进制“时”计数器，输入为 1Hz 脉冲和高电平有效的使能信号 EN，输出为时个位 H_0 [3...0]、时十位 H_1 [3...0]，时计数模块如图 6-64 所示。

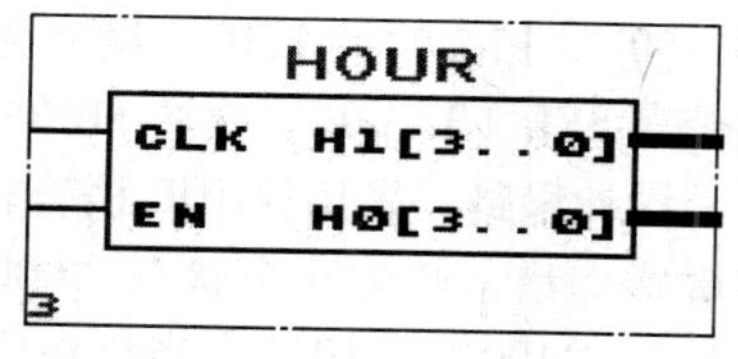

图 6-64　时计数模块

设计思路：采用 VHDL 语言输入方式，以时钟 clk 为进程的敏感变量，当 en 为“1”时，在时钟上升沿作用下状态小于 23 时计数。源程序如下：

```
library ieee;
use ieee. std_logic_1164. all;
use ieee. std_logic_unsigned. all;
entity HOUR is
port(clk,en:in std_logic;
     h1,h0:out std_logic_vector(3 downto 0));
end HOUR;
architecture hour_arc of HOUR is
begin
process(clk)
variable cnt1,cnt0:std_logic_vector(3 downto 0);
begin
if clk'event and clk ='1'then
if en ='1'then
if cnt1 = "0010" and cnt0 = "0011" then
cnt1: = "0000";
cnt0: = "0000";
elsif cnt0 < "1001" then
cnt0: = cnt0 + 1;
else
cnt0: = "0000";
cnt1: = cnt1 + 1;
end if;
end if;
end if;
h1 < = cnt1;
h0 < = cnt0;
end process;
end hour_arc;
```

5）动态扫描模块

功能要求：实现动态扫描功能，输入为秒个位 s0 [3...0]、秒十位 s1 [3...0]、分个位 m0 [3...0]、分十位 m1 [3...0]、时个位 H0 [3...0]、时十位 H1 [3...0]、扫描时钟 1kHz，输出为 D [3..0] 和显示控制信号 SEL [3...0]，模块 SELTIME 如图 6-65 所示。

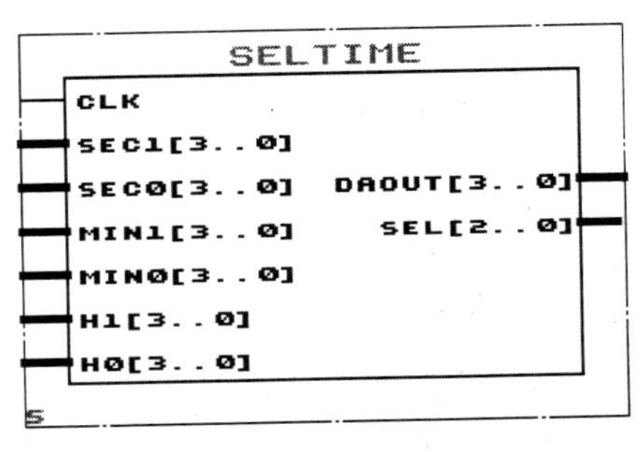

图 6-65　动态扫描模块

设计思路：采用 VHDL 语言输入方式，以 clk 为进程敏感变量，产生 6 个状态“000”、“001”、“010”、“011”、“100”、“101”。当状态分别为“000”、“001”、“010”、“011”、“100”、“101”时，对应地输出秒个

位、秒十位、分个位、分十位、时个位、时十位有效，同步将扫描状态码输出。源程序如下：

```
LIBRARY ieee;
use ieee. std_logic_1164. all;
use ieee. std_logic_unsigned. all;
use ieee. std_logic_arith. all;
ENTITY SELTIME IS
    PORT(
        clk: IN   STD_LOGIC;
        sec1,sec0,min1,min0,h1,h0:in std_logic_vector(3 downto 0);
        daout : OUT   STD_LOGIC_vector (3 downto 0);
        sel : out std_logic_vector ( 2 downto 0));
END SELTIME;
ARCHITECTURE fun OF SELTIME IS
    SIGNAL count: STD_LOGIC_vector ( 2 downto 0);
BEGIN
    sel <= count;
    process (clk)
        begin
            if (clk'event and clk ='1') then
                if ( count >= "101") then
                    count <="000";
                else
                    count <= count + 1;
                end if;
            end if;
    case count is
    when "000"  => daout <= sec0;
    when "001"  => daout <= sec1;
    when "010"  => daout <= min0;
    when "011"  => daout <= min1;
    when "100"  => daout <= h0;
    when others  => daout <= h1;
    end case;
    end process;
end fun;
```

6）整点报时模块

功能要求：实现整点报时功能，输入为分个位 m_0 [3...0]、分十位 m_1 [3...0]、秒个位 s_0 [3...0]、秒十位 s_1 [3...0]，输出为高频声控制 Q1K 和低频声控制 Q500，整点报时模块如图 6-66 所示。

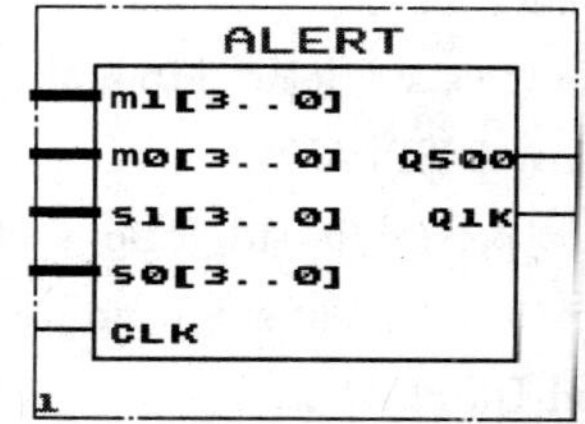

图 6-66　整点报时模块

设计思路：采用 VHDL 语言输入方式，以 clk 为进程敏感变量，在时钟上升沿作用下，当 m1 = “0101”、m0 = “1001”、s1 =

"0101", s0 分别为"0001"、"0011"、"0101"、"0111"时, q500 输出为"1"; 当 m1 = "0101"、m0 = "1001"、s1 = "0101"、s0 = "1001"时, q1k 输出为"1"。源程序如下:

```
library ieee;
use ieee.std_logic_1164.all;
entity ALERT is
port(m1,m0,s1,s0:in std_logic_vector(3 downto 0);
clk:in std_logic;
q500,q1k:out std_logic);
end ALERT;
architecture sss_arc of ALERT is
begin
process(clk)
begin
if clk'event and clk ='1'then
if m1 ="0101" and m0 ="1001" and s1 ="0101" then
if s0 ="0001" or s0 ="0011" or s0 ="0101" or s0 ="0111" then
q500 <='1';
else
q500 <='0';
end if;
end if;

if m1 ="0101" and m0 ="1001" and s1 ="0101" and s0 ="1001" then
q1k <='1';
else
q1k <='0';
end if;
end if;
end process;
end sss_arc;
```

7）显示模块

功能要求: 实现译码显示功能, 输入为 D [3...0], 输出为 Q [6...0]。译码显示模块如图 6-67 所示。采用 VHDL 语言输入方式实现源程序如下:

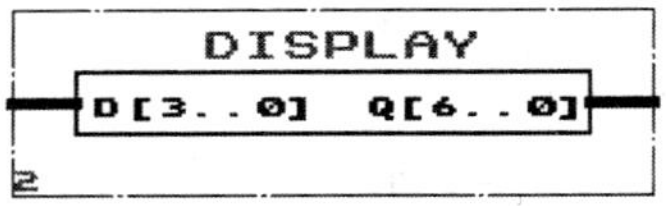

```
library ieee;
use ieee.std_logic_1164.all;
entity DISPLAY is
    port(d:in std_logic_vector(3 downto 0);
        q:out std_logic_vector(6 downto 0));
end DISPLAY;
architecture disp_arc of DISPLAY is
```


图 6-67　译码显示模块

```
begin
    process(d)
      begin
        case d is
            when"0000" =>q<="0111111";
            when"0001" =>q<="0000110";
            when"0010" =>q<="1011011";
            when"0011" =>q<="1001111";
            when"0100" =>q<="1100110";
            when"0101" =>q<="1101101";
            when"0110" =>q<="1111101";
            when"0111" =>q<="0100111";
            when"1000" =>q<="1111111";
            when others =>q<="1101111";
        end case;
          end process;
end disp_arc;
```

（3）功能仿真　根据各模块功能要求，分别对各模块进行功能仿真，满足功能要求后生成宏模块。按照图 6-59 形成数字钟顶层图。

（4）编译、下载、实测　对数字钟顶层图编译后下载到 CPLD/FPGA 芯片中，将数字实验箱中的各部分按照图 6-68 连接电路即可进行实际测试。

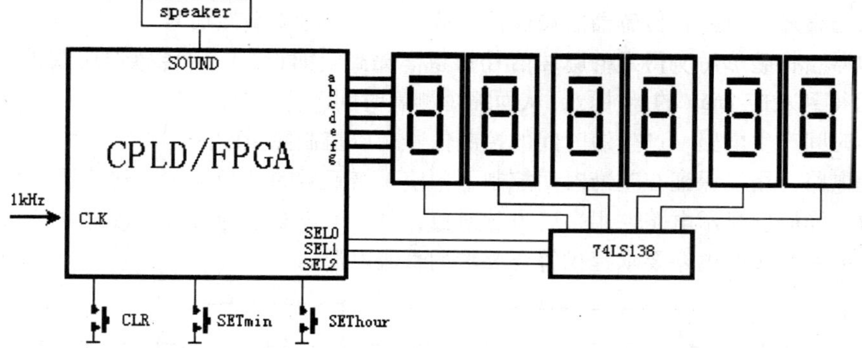

图 6-68　数字钟连接图

第7章　电子系统设计举例及设计题目

7.1　电子系统设计举例

设计题目　设计一个脉搏计，要求实现在15s内测量1min的脉搏数，并且显示其数字。正常人脉搏数为60～80次/min，婴儿为90～100次/min，老人为100～150次/min。

7.1.1　总体方案

1. 题目分析

电子脉搏计是用来测量一个人心脏跳动次数的电子仪器，也是心电图的主要组成部分。由给出的设计技术指标可知，脉搏计是用来测量频率较低的小信号（传感器输出电压一般为几个毫伏），它的基本功能是：

①用传感器将脉搏的跳动转换为电压信号，并加以放大、整形和滤波。

②在短时间内（15s内）测出每分钟的脉搏数。

2. 选择总体方案

（1）提出方案　满足上述设计功能可以实施的方案很多，现提出下面两种方案。

方案Ⅰ　如图7-1所示，图中各部分的作用如下：

1）传感器　将脉搏跳动信号转换为与此相对应的电脉冲信号。

2）放大与整形　电路将传感器的微弱信号放大，整形除去杂散信号。

3）倍频器　将整形后所得到的脉冲信号的频率提高。如将15s内传感器所获得的信号频率4倍频，即可得到对应1min的脉冲数，从而缩短测量时间。

4）基准时间产生电路　产生短时间的控制信号，以控制测量时间。

5）控制电路　用以保证在基准时间控制下，使4倍频后的脉冲信号送到计数、显示电路中。

6）计数、译码、显示电路　用来读出脉搏数，并以十进制数的形式由数码管显示出来。

7）电源电路　按照电路要求提供符合要求的直流电源。

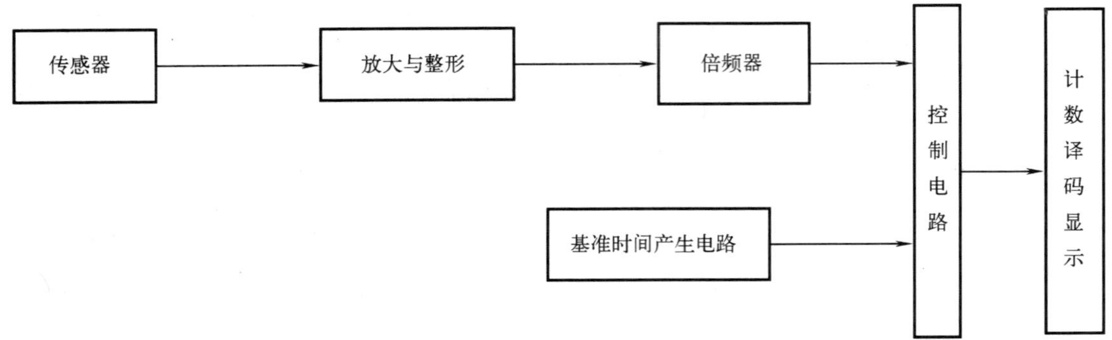

图7-1　脉搏计方案Ⅰ

上述测量过程中，由于对脉冲进行了4倍频，计数时间也相应地缩短了4倍（15s），而数码管显示的数字却是1min的脉搏跳动次数。用这种方案测量的误差为±4次/min，测量时间越短，误差也越大。

方案Ⅱ　如图7-2所示。该方案是首先测出脉搏跳动5次所需的时间，然后再换算为每分钟脉搏跳动的次数，这种测量方法的误差小，可达±1次/min，此方案的传感器、放大与整形、计数、译码、显示电路等部分与方案Ⅰ完全相同，现将其余部分的功能叙述如下：

1）六进制计数器　用来检测6个脉搏信号，产生5个脉冲周期的门控信号。

2）基准脉冲（时间）发生器　产生周期为0.1s的基准脉冲信号。

3）门控电路　控制基准脉冲信号进入8位二进制计数器。

4）8位二进制计数器　对通过门控电路的基准脉冲进行计数，例如5个脉搏周期为5s，即门打开5s的时间，让0.1s周期的基准脉冲信号进入8位二进制计数器，显然计数值为50，反之，由它可相应求出5个脉冲周期的时间。

5）定脉冲数产生电路　产生定脉冲数信号，如3000个脉冲送入可预置8位计数器输入端。

6）可预置8位计数器　以8位二进制计数器输出值（如50）作为预置数，对3000个脉冲进行分频，所得的脉冲数（如得到60个脉冲信号）即心率，从而完成计数值换成每分钟的脉搏次数。现在所得的结果即为每分钟60次的脉搏数。

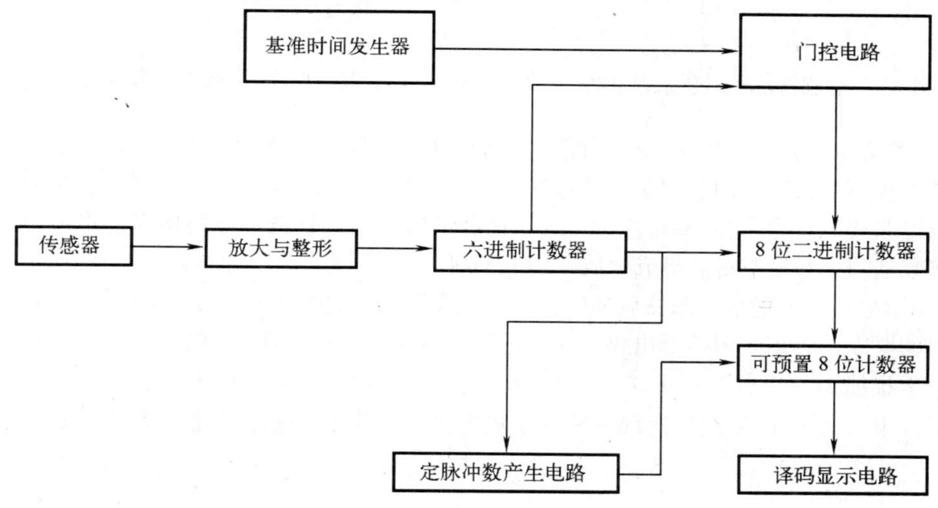

图7-2　脉搏计方案Ⅱ

（2）方案比较　方案Ⅰ结构简单，易于实现，但测量精度偏低；方案Ⅱ电路结构复杂，成本高，测量精度较高。根据设计要求，精度为±4次/min，在满足设计要求的前提下，应尽量简化电路，降低成本，故选择方案Ⅰ。

7.1.2　单元电路设计

1. 放大与整形电路

如上所述，此部分电路的功能是由传感器将脉搏信号转换为电信号，一般为几十毫伏，必须加以放大，以达到整形电路所需的电压，一般为几伏。放大后的信号波形是不规则的脉冲信号，因此必须加以滤波整形，整形电路经电平转换电路使输出电压满足计数器的要求。

（1）选择电路　所选放大整形电路框图如图7-3所示。

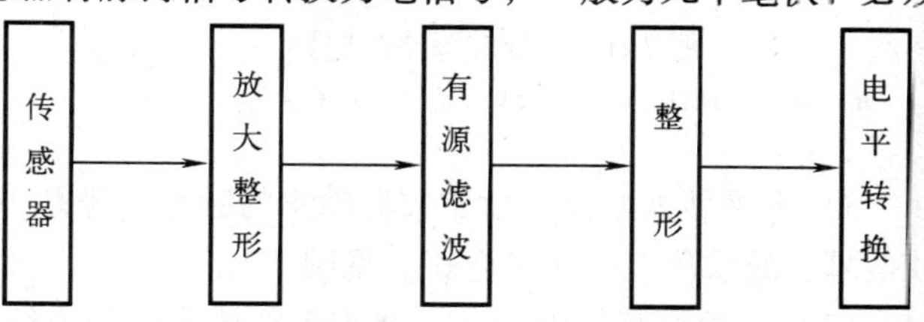

图7-3　放大与整形电路框图

1）传感器　传感器采用了红外光电转换器，作用是通过红外光照射人的手指的血脉流动情况，把脉搏跳动转换为电信号，其原理电路如图 7-4 所示。图中，红外线发光二极管 VL 采用 TLN104，接收晶体管 V 采用 TLP104。用 +5V 电源供电，R_1 取 500Ω，R_2 取 10kΩ。

2）放大电路　由于传感器输出电阻比较高，故放大电路采用了同相放大器，如图 7-5 所示，运放采用了 LM324，电源电压 ±5V，放大电路的电压放大倍数为 10 倍左右，电路参数如下：$R_4 = 100\text{k}\Omega$，$R_5 = 10\text{k}\Omega$，$R_3 = 10\text{k}\Omega$，$C_1 = 100\mu\text{F}$。

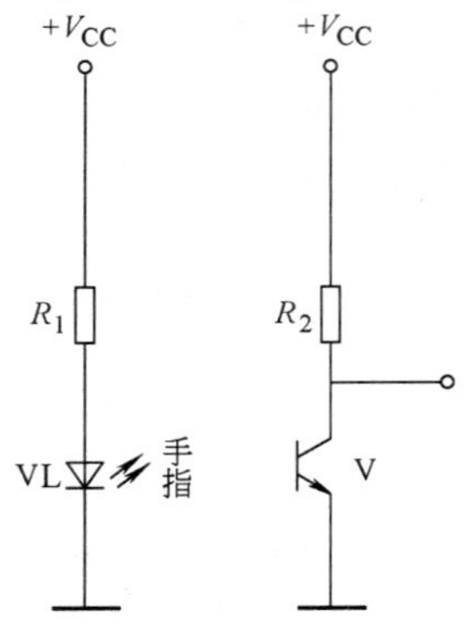

图 7-4　传感器信号调节原理电路

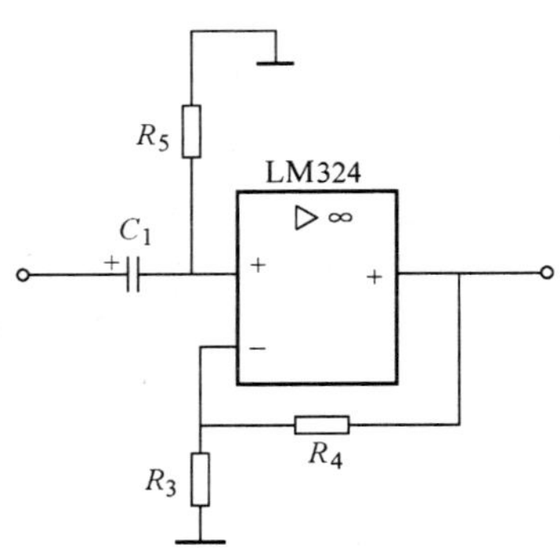

图 7-5　同相放大器电路

3）有源滤波电路　采用了二阶压控有源低通滤波电路，如图 7-6 所示，作用是把脉搏信号中的高频干扰信号去掉，同时把脉搏信号加以放大，考虑到去掉脉搏信号中的干扰尖脉冲，所以有源滤波电路的截止频率为 1kHz 左右。为了使脉搏信号放大到整形电路所需的电压值，通常电压放大倍数选用 1.6 倍左右。集成运放采用 LM324。

4）整形电路　经过放大滤波后的脉搏信号仍是不规则的脉冲信号，且有低频干扰，仍不满足计数器的要求，必须采用整形电路，这里选用了滞回电压比较器，如图 7-7 所示，其目的是为了提高抗干扰能力。集成运放采用了 LM339，其电路参数如下：$R_{10} = 5.1\text{k}\Omega$，$R_{11} = 100\text{k}\Omega$，$R_{12} = 5.1\text{k}\Omega$，电源电压 ±5V。由于 LM339 属于集电极开路输出，使用时输出端应加 2kΩ 的上拉电阻。

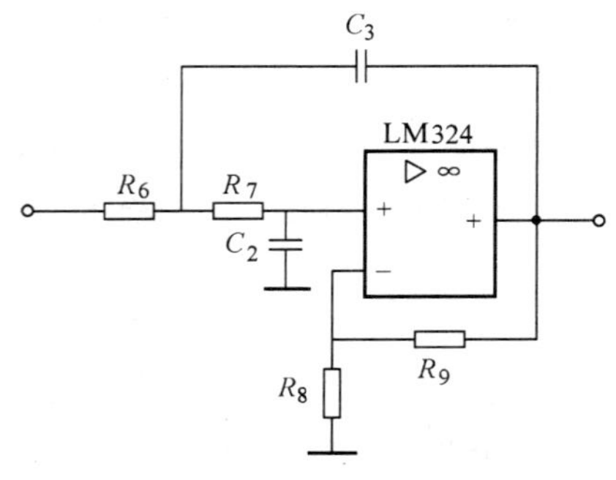

图 7-6　二阶有源滤波电路

R_6、R_7　1.6kΩ　R_8　15kΩ　R_9　1kΩ　C_2、C_3　0.1μF

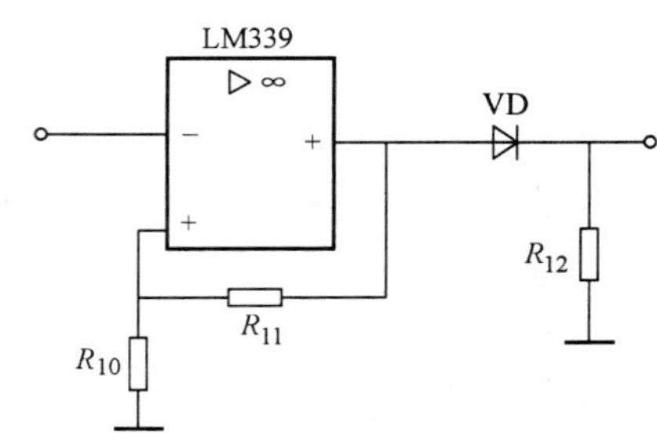

图 7-7　施密特整形电路和电平转换电路

5）电平转换电路　由比较器输出的脉冲信号是一个正负脉冲信号，不满足计数器要求的脉冲信号，故采用电平转换电路，见图 7-7。

（2）参数计算　由于在本书的实验部分已经介绍了由集成运放组成的电压放大电路、有源滤波电路、电压比较器的设计方法和参数计算，这里不再重复。

（3）放大与整形部分电路　如图 7-8 所示。

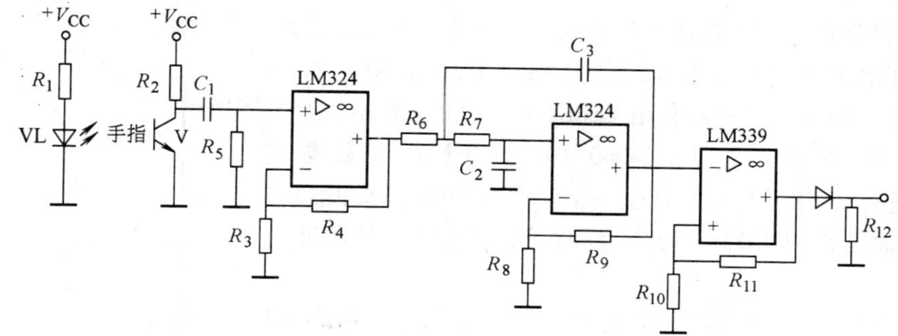

图 7-8　放大与整形部分电路

2. 倍频电路

该电路的作用是对放大整形后的脉搏信号进行 4 倍频，以便在 15s 内测出 1min 内的人体脉搏跳动次数，从而缩短测量时间，以提高诊断效率。

倍频电路的形式很多，如锁相倍频器、异或门倍频器等，由于锁相倍频器电路比较复杂，成本比较高，所以这里采用了能满足设计要求的异或门组成的 4 倍频电路，如图 7-9 所示。

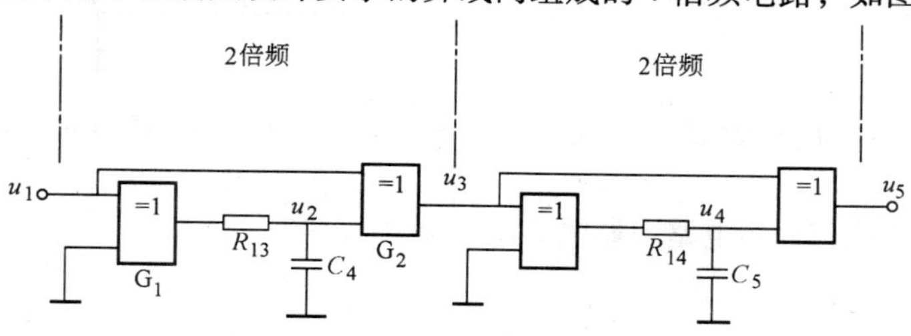

图 7-9　4 倍频电路

G_1 和 G_2 构成 2 倍频电路，利用第一个异或门的延迟时间对第二个异或门产生作用，当输入由“0”变成“1”或由“1”变成“0”时，都会产生脉冲输出，输入输出波形如图 7-10 所示。

电容 C 的作用是为了增加延迟时间，从而加大输出脉冲宽度。根据实验结果选用 $C_4 = 33\mu F$，$R_{13} = 10k\Omega$，$C_5 = 6.8\mu F$，$R_{14} = 10k\Omega$，由两个 2 倍频电路就构成了 4 倍频电路，其中异或门选用了 CC4070。

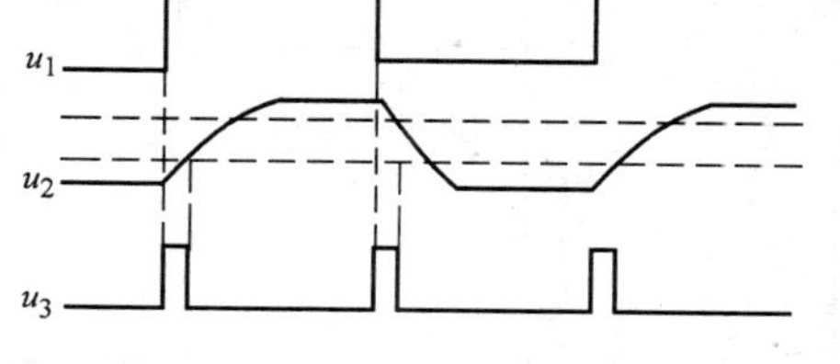

图 7-10　2 倍频电路的输入输出波形

3. 基准时间产生电路

基准时间产生电路的功能是产生一个周期为 30s（即脉冲宽度为 15s）的脉冲信号，以控制在 15s 内完成 1min 的测量任务。实现这一功能的方案很多，我们采用如图 7-11 的方案。

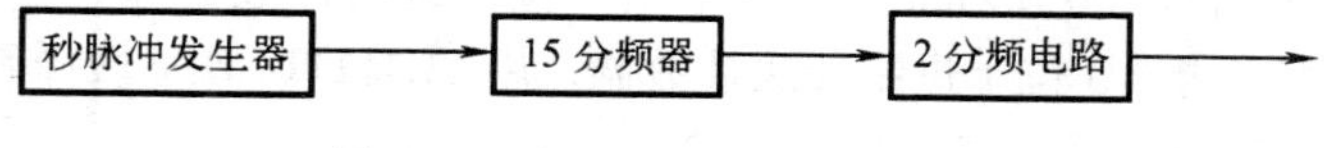

图 7-11　基准时间产生电路框图

由框图可知，该电路由秒脉冲发生器、15 分频电路和 2 分频电路组成。

（1）秒脉冲发生器　电路如图 7-12 所示。为了保证基准时间的准确，采用了石英晶体振荡电路，石英晶体的主频为 32.768kHz，反相器采用 CMOS 器件，R_{15} 可在 5～30MΩ 范围内选择，R_{16} 可在 10～150kΩ 范围内选择，振荡频率基本等于石英晶体的谐振频率，改变 C_7 的大小对振荡频率有微调的作用。这里选用 R_{15} 为 5.1MΩ，R_{16} 为 51kΩ，C_6 为 56pF，C_7 为3～56pF，反相器利用了 CC4060 中的反相器，如图 7-12 和图 7-13 所示。选用 CC4060 14 位二进制计数器对 32.768kHz 进行 14 次 2 分频，产生一个频率为 2Hz 的脉冲信号，然后用双 D 触发器 CC4013 进行 2 分频得到周期为 1s 的脉冲信号。

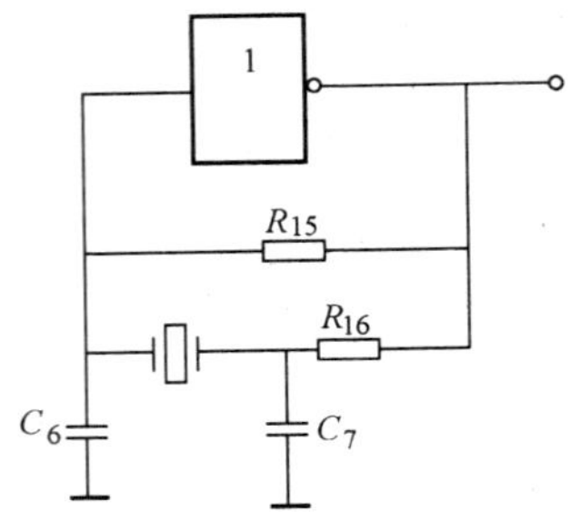

图 7-12 石英晶体振荡器

(2) 15 分频和 2 分频器 电路如图 7-14 所示，由 SN74161 组成十五进制计数器，进行 15 分频，然后 CC4013 组成 2 分频电路，产生一个周期为 30s 的方波，即一个脉宽为 15s 的脉冲信号。

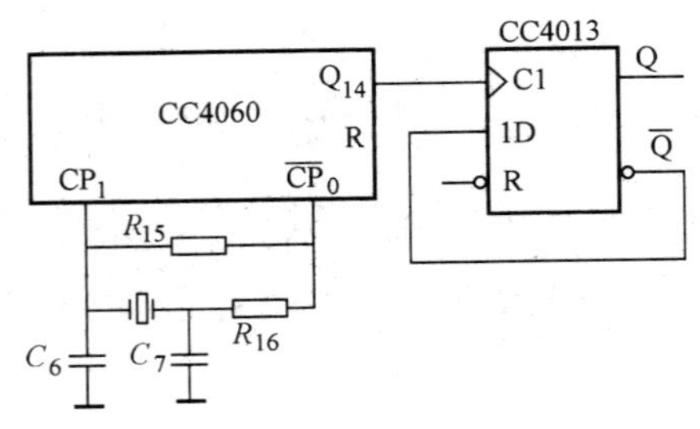

图 7-13 秒脉冲发生器

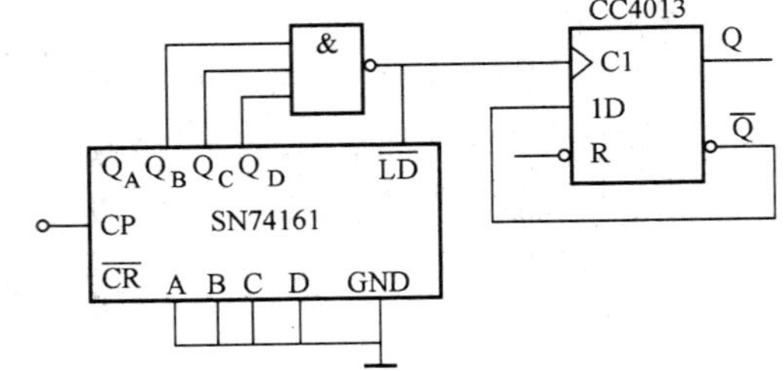

图 7-14 15 分频和 2 分频电路

(3) 基准时间产生部分的电路图如图 7-15 所示。

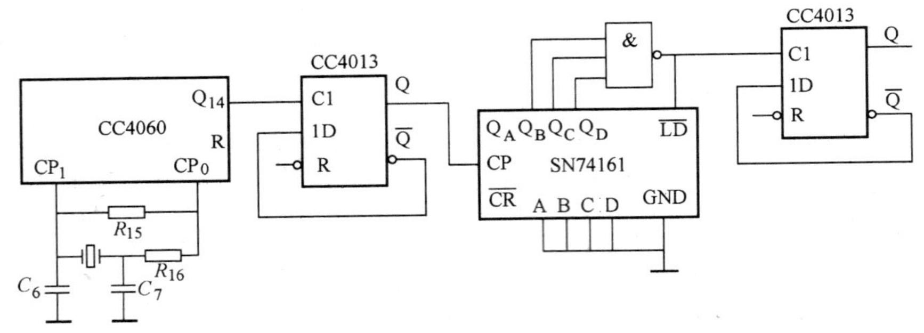

图 7-15 基准时间产生部分电路图

4. 计数、译码、显示电路

该电路的功能是读出脉搏数，以十进制数形式用数码管显示出来，如图 7-16 所示。

因为人的脉搏数最高是 150 次/min，所以采用 3 位十进制计数器即可。该电路用双 BCD 同步十进制计数器 CC4518 构成 3 位十进制加法计数器，用 CC4511BCD 七段译码器译码，用七段数码管 LT547R 完成七段显示。

5. 控制电路

控制电路的作用主要是控制脉搏信号经放大、整形、倍频后进入计数器的时间，另外还应具有为各部分电路清零等功能，如图 7-17 所示。

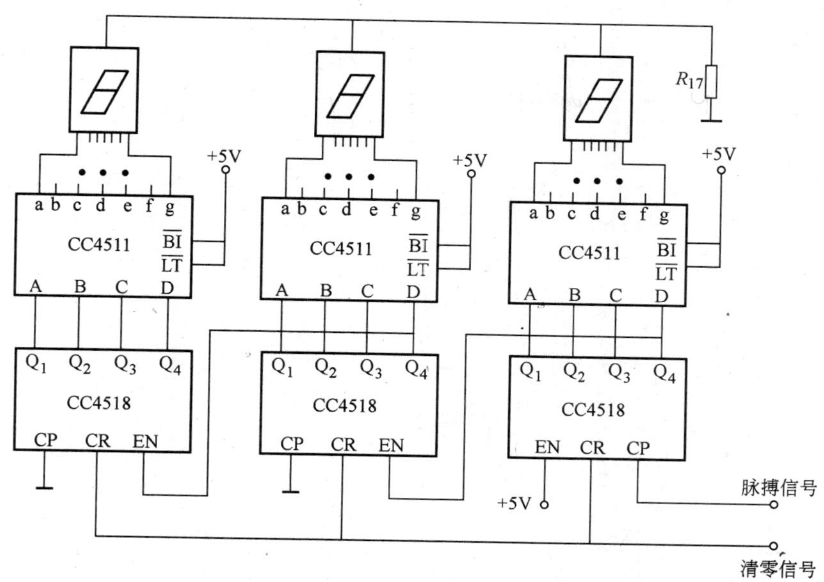

图 7-16 计数、译码、显示电路

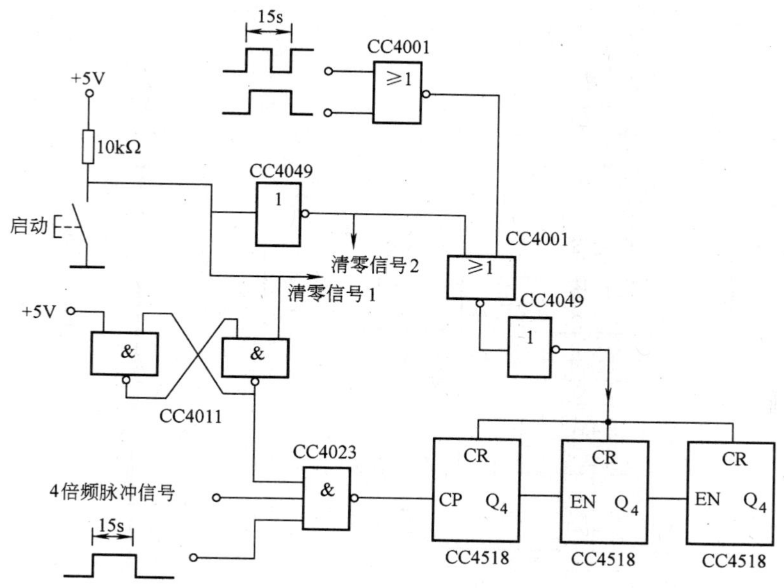

图 7-17 控制电路

7.1.3 画总电路图

根据以上设计好的单元电路和图 7-1 所示的框图，可画出本题的总体电路，如图 7-18 所示。该例子也可以采用可编程器件来实现，在此不再赘述。

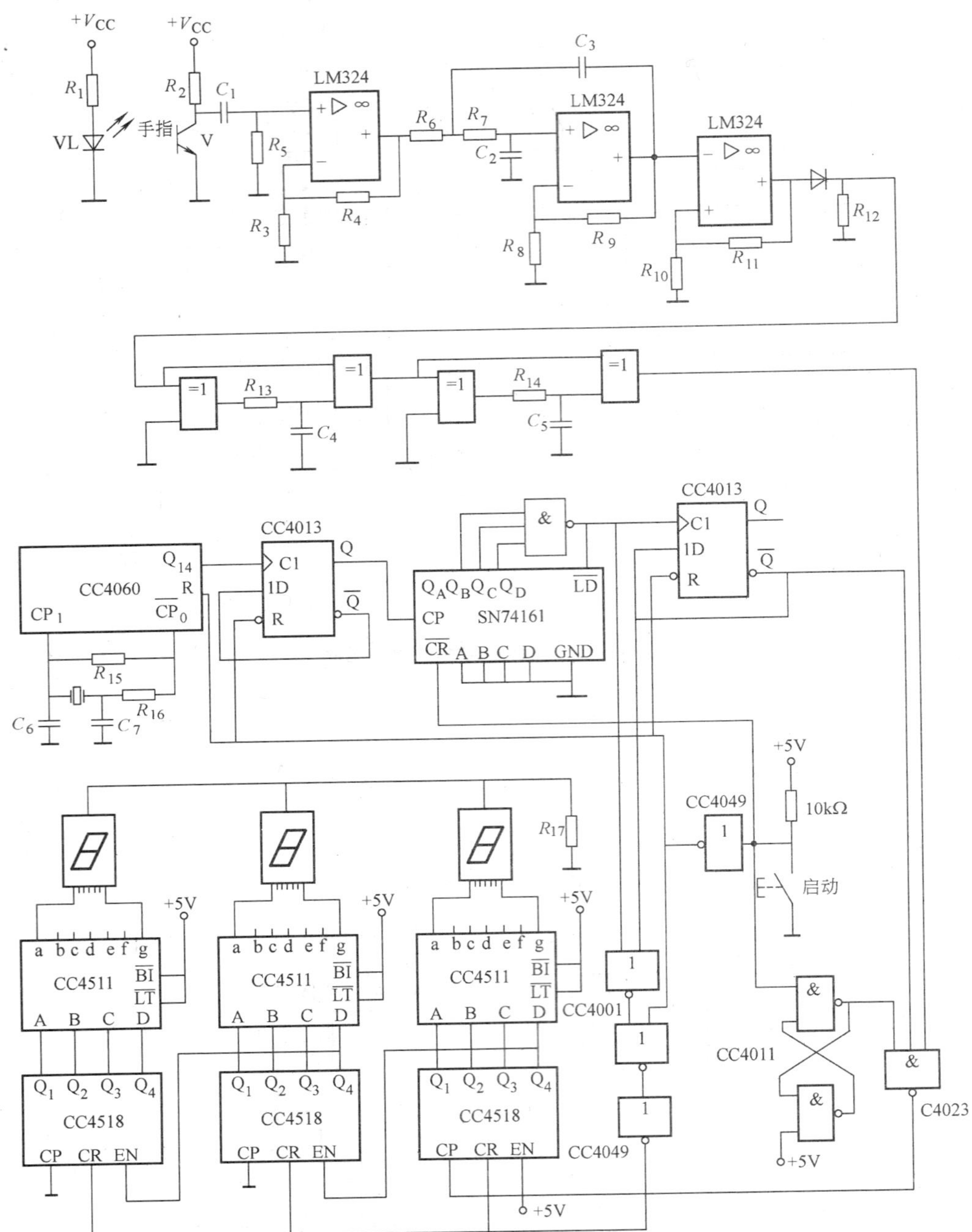

图 7-18　脉搏计的总体电路图

7.2　课程设计题目

7.2.1　测量放大器

测量放大器是一种高增益、高输入电阻和高共模抑制比的直接耦合放大器。它能够对各种传感器送来的缓慢变化的信号进行放大，通常用在数据采集、自动控制及精密测量等电子系统中。

1. 设计要求及技术指标

设计并制作一个测量放大器，如图7-19所示。输入信号 U_I 取自桥式测量电路的输出。当 $R_1=R_2=R_3=R_4$ 时，$U_I=0$；当 R_2 改变时，产生 $U_I \neq 0$ 的电压信号。测量电路与放大器之间有1m长的连接线。

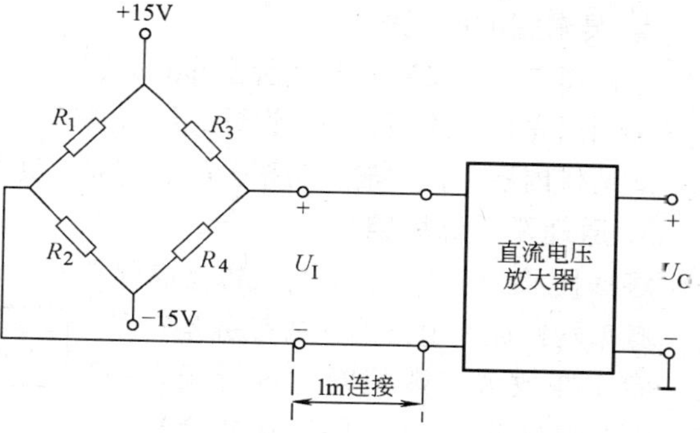

图7-19 测量放大器框图

主要技术指标如下：

①差模电压放大倍数 $A_{ud}=1\sim500$，可手动调节。

②最大输出电压为 ±10V，非线性误差小于0.5%。

③在输入共模电压 −7.5 ~ +7.5V 范围内，共模抑制比 $K_{CMR}>10^5$。

④在 $A_{ud}=500$ 时，输出端噪声电压的峰—峰值小于1V。

⑤通频带0~10Hz。

⑥直流电压放大器的差模输入电阻≥2MΩ（可不测试，由电路设计予以保证）。

2. 要求完成的任务

①计算元件参数，安装、调试测量放大器。

②画出完整电路图，对测试结果进行分析，写出设计总结报告。

③设计并制作一个信号变换放大器，能够将函数发生器单端输出的正弦电压信号不失真地转换为双端输出信号，用作测量直流电压放大器频率特性的输入信号。

④选作内容：设计一个差模电压放大倍数可预置并显示的电路，预置范围1~500，步距为1。

3. 基本原理及设计思路

由3个运放组成的通用数据放大器是一个高增益、高输入电阻和高共模抑制比的直接耦合放大器，一般具有差动输入、单端输出的形式。这种放大器能够对直流或缓慢变化的信号加以放大，能够满足本课题的要求。

4. 主要参考元器件

集成运放OP07，电阻若干。

7.2.2 全集成电路高保真扩音机

随着集成技术的飞速发展，各种专用集成电路大量地涌现出来。在各种音响设备中，各种功能电路单元也不断地被集成电路所取代，尤其是功率集成电路已形成了系列化产品，并以高的性能价格比占领了市场。

1. 设计要求及技术指标

设计并制作一全集成电路高保真扩音机。主要技术指标如下：

①最大不失真输出功率 $P_{OM}>5W$。

②负载阻抗 $R_L=4\Omega$。

③频率特性（功率放大电路）60Hz~15kHz。

④失真度 $\gamma<3\%$

⑤频率均衡特性符合美国工业协会标准。

⑥音调调节特性　低音100Hz ±12dB

　　　　　　　　高音10kHz ±12dB。

⑦输入灵敏度小于 5mV。

⑧输入阻抗 $R_i \geq 100k\Omega$。

2. 要求完成的任务

①计算参数，安装、调试所设计的电路。

②画出完整电路图，写出设计总结报告。

③选作内容：扩大输出功率，$P_{OM} > 8W$，负载阻抗 $R_L = 8\Omega$。

3. 原理及设计思路

根据技术指标要求，全集成电路高保真扩音机由 3 部分组成，其框图如图 7-20 所示。

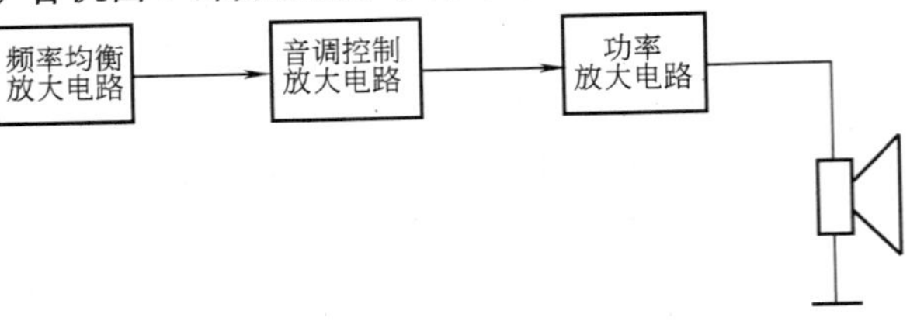

图 7-20　全集成电路高保真扩音机框图

频率均衡放大电路的主要任务是在具有一定中频放大倍数的同时进行频率补偿，使其符合 RIAA（美国工业协会）标准，以满足唱片对扩音机频率响应的要求（由于工艺上的要求，唱片或磁带在录制时要维持一定的频率特性，即压低了低频段，提高了高频段）。图 7-21 所示给出了 RIAA 特性的曲线图。音调控制放大电路主要作用是按照技术指标的要求实现对低音或高音的提升或衰减，其控制特性如图 7-22 所示。功率放大电路可采用集成电路功放来满足输出功率的要求。

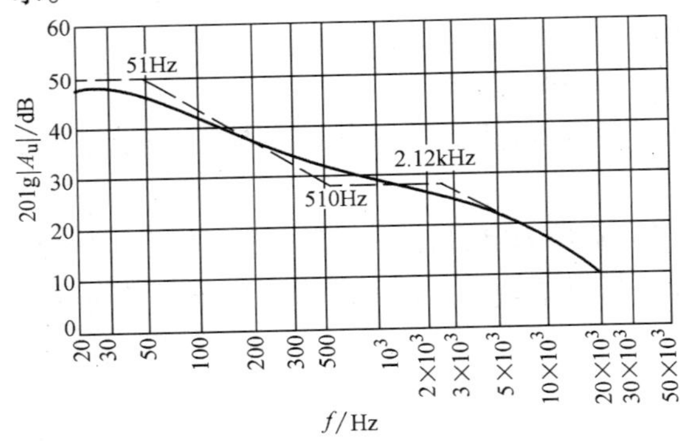

图 7-21　RIAA 特性

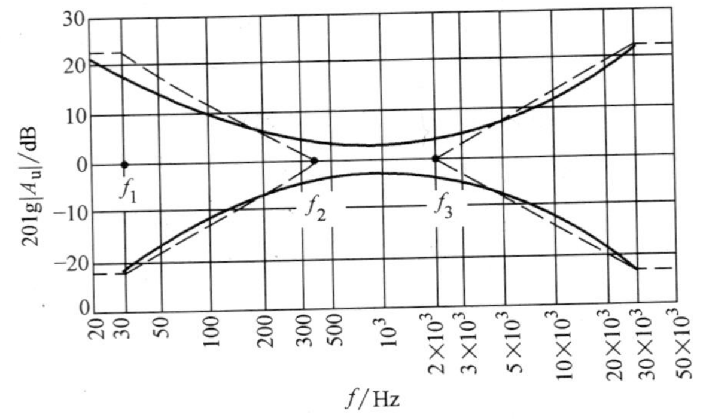

图 7-22　音调控制放大电路的控制特性

4. 主要参考元器件

集成运放 LM324、集成功放 LA4430，以及电阻、电容若干。

7.2.3　可编程函数发生器

函数发生器是一种能够产生方波、三角波和正弦波的装置，在测量技术、计算技术、自动控制及遥测遥控等领域中广泛应用。实现函数发生器的方案很多，目前已有专用的函数发生器集成芯片。本课题要求采用集成运放及各种无源元件，根据振荡原理和波形转换原理实现函数发生器。

1. 设计要求及技术指标

设计一可编程函数发生器，设计要求及技术指标如下：

①输入 8 位二进制数，数值由最小值到最大值变化时，要求输出方波、三角波和正弦波，其频率在 50Hz ~ 1kHz 之间变化。

②输出方波的幅值±6V。

③输出三角波的幅值±4V。

④输出正弦波的幅值大于2V。

2. 要求完成的任务

①计算参数，安装、调试所设计的电路。

②画出完整电路图，写出设计总结报告。

③选作内容：输出频率为20～500Hz连续可调的矩形波和锯齿波。输出矩形波的幅值±5V，占空比50%～95%连续可调；输出锯齿波的幅值±3V，斜率连续可调。

3. 基本原理及设计思路

可编程函数发生器的组成框图如图7-23所示。可以看出，可编程函数发生器由3部分组成。第一部分是D/A数模转换器，它的任务是把通过编程得到的二进制代码000～FFH转换成与其大小成比例的控制电压U_c；第二部分是压控方波-三角波发生器，它是一个振荡频率受U_c控制的振荡器，其输出的方波和三角波的频率与控制电压U_c的大小成正比；第三部分是波形变换器，它的任务是将三角波变换成正弦波。如果采用8位D/A转换器，输出频率变化可分为256个等级，再选择适当的积分电容、电阻值，可使信号频率在50～1kHz范围内变化。

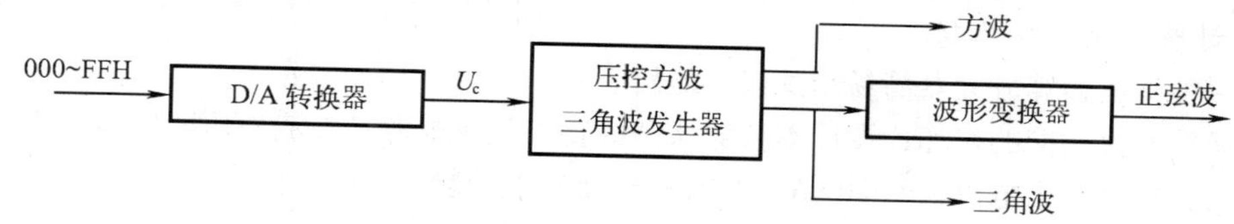

图7-23　可编程函数发生器组成框图

4. 主要参考元器件

DAC0832、μA741、9013、稳压管、电阻及电容若干。

7.2.4　有源滤波系统

有源滤波器是通过有用频率信号而同时抑制无用频率信号的电子装置。通常使用的有源滤波器有低通滤波器、高通滤波器、带通滤波器和带阻滤波器，常用在信息处理、数据传送和干扰抑制等方面。

1. 设计要求及技术指标

设计一有源滤波系统，设计要求及主要技术指标如下：

①设计二阶有源低通滤波器，要求截止频率$f_H=1000$Hz，通带内电压放大倍数$A_{up}=1.5$，品质因数$Q=0.707$。

②设计二阶有源高通滤波器，要求截止频率$f_L=1000$Hz，通带内电压放大倍数$A_{up}=1.5$，品质因数$Q=0.707$。

③设计二阶有源带通滤波器，中心频率$f_0=1000$Hz，通带内电压放大倍数$A_{up}=1.5$，品质因数$Q=0.707$。

2. 要求完成的任务

①写出电路的传递函数，正确选择电路中的参数，并用Multisim 2001进行仿真。

②安装、调试3种有源滤波器。

③画出完整电路图，写出设计总结报告。

④选作内容：设计二阶有源带阻滤波器，中心频率$f_0=1000$Hz，通带电压放大倍数$A_{up}=$

1.5，品质因数 $Q=0.707$。

3. 基本原理及设计思路

有源滤波器由集成运算放大器、电阻和电容组成。二阶压控电压源有源滤波器典型结构如图7-24所示。图中 $Y_1 \sim Y_5$ 是电路中的导纳。二阶压控电压源滤波器传递函数的一般表达式为

$$A_U(S)=\frac{u_o(s)}{u_i(s)}=\frac{A_{up}Y_1Y_4}{Y_5(Y_1+Y_2+Y_3+Y_4)+[Y_1+Y_2(1-A_{up})+Y_3]Y_4}$$

式中，A_{up}表示同相输入端电压增益，即 $A_{up}=1+R_a/R_b$。

适当选择 $Y_i(i=1\sim5)$ 就可以构成低通、高通、带通及带阻等有源滤波器。

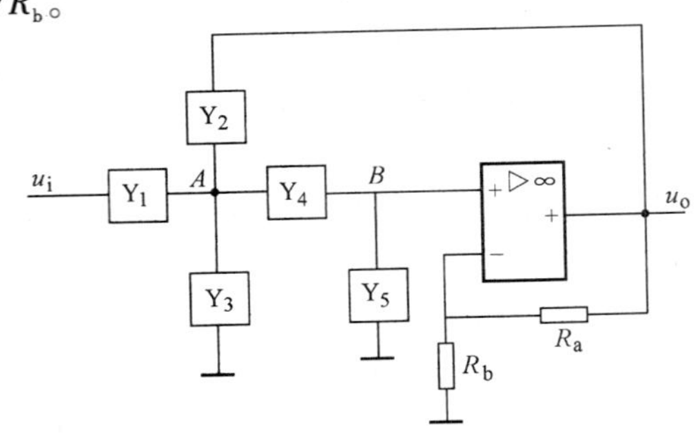

图7-24 二阶压控电压源有源滤波器结构图

4. 主要参考元器件

集成运放OP07、电阻及电容若干。

7.2.5 集成运算放大器简易测试仪

集成运算放大器性能、参数测试的方法和设备有多种，本课题采用简易电路实现对运放性能好坏的测试。

1. 设计要求及技术指标

设计一种集成运算放大器简易测试仪，能用于判断集成运放放大功能的好坏；设计本仪器所需的直流稳压电源，直流稳压电源要求有±15V两路电压输出，每路输出电流大于50mA，并有过电流保护功能。

2. 要求完成的任务

①计算参数，组装、调试电路，以满足设计要求。

②画出完整电路图，写出设计实验报告。

3. 工作原理及设计思路

测试集成运算放大器放大功能的好坏，可以采用交流放大法，其测量原理图如图7-25所示。

被测运放接成反相放大器，其闭环放大倍数 $A_{up}=-R_f/R_1$，若取 $R_f=510\text{k}\Omega$，$R_1=5.2\text{k}\Omega$，则 $A_{up}=-100$。输入信号取70mV时，其输出幅度应为7V左右，若无输出或幅度偏小，则说明运放损坏或者性能不好。利用该方法可方便地判断运放的好坏。为此，需要有产生正弦波信号 u_i 的波形产生电路，而且还需要对被测运放输出信号电压进行测量，即需要有交流毫伏表。集成运算放大器简易测试仪原理框图如图7-26所示。其中，毫伏表可用集成运放、整流电桥和电流表组成，使流过电流表的电流值正比于输入电压值。

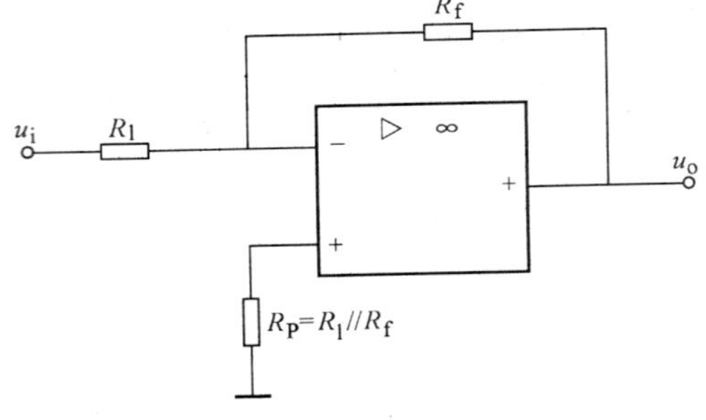

图7-25 交流放大法测量原理图

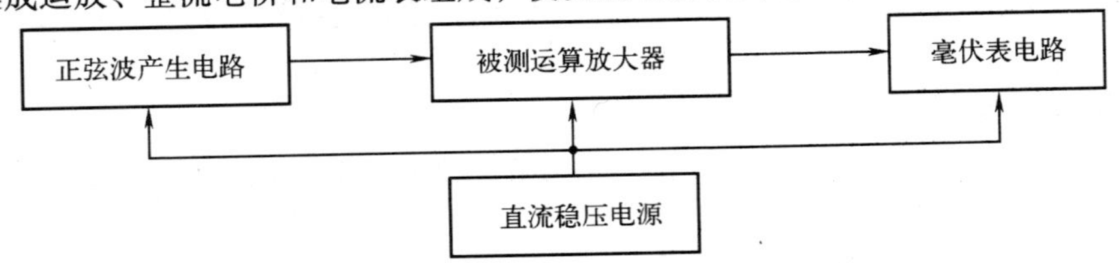

图7-26 集成运算放大器简易测试仪原理框图

4. 主要参考元器件

μA741、电流表、二极管、电容和电阻若干。

7.2.6 金属探测器

1. 设计要求及技术指标

设计一种可探测金属的电子装置——金属探测器，探测器性能要求如下：

①探测距离大于20cm（金属物体越大，探测距离也越大，对1分硬币的探测距离为20cm）。

②具有自动回零功能。

③连续工作时间：一组5号干电池可连续工作40h。

2. 要求完成的任务

①计算参数，组装、调试电路，以满足设计要求。

②画出完整电路图，写出设计实验报告。

3. 工作原理及设计思路

金属探测器在国防、公安、地质等部门有着广泛的应用。常见的金属探测器大都是利用金属物体对电磁信号产生涡流效应的原理。探测的方法一般有3种：①频移识别：利用金属物体使电路电信号频率改变来识别金属物体的存在；②场强识别：利用金属物体对信号产生谐波的场强变化而使振幅随之变化来识别金属物体；③相移识别：利用金属对信号产生谐波的相位变化来识别金属物体。

本探测器利用第②种识别方法进行设计。利用探头线圈产生交变电磁场在被测金属物体中感应出涡流，涡流产生反作用于探头，使探头线圈阻抗发生变化，从而使探测器的振荡器振幅也发生变化。该振幅变化量作为探测信号，经放大、变换后转换成音频信号，驱动音响电路发声，音频信号随被测金属物的大小及距离的变化而变化。

金属探测器原理框图如图7-27所示。

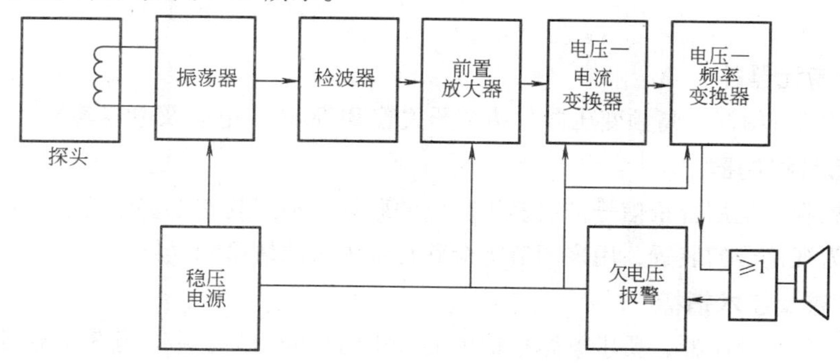

图7-27 金属探测器原理框图

4. 主要参考元器件

探头、DG747、CW7905、CH7555，二极管、电容和电阻若干。

7.2.7 开关型直流稳压电源

开关电源是一种高频电源变换电路，它既可以采用市电经整流、滤波后高效率地产生一路或多路稳定的直流电压输出，也可以甩掉体积大、重量重的工频变压器，同时也适用于以电池为电源而需要稳压的场合，满足于各类便携式电子产品的供电。目前开关电源已用于彩色电视机、摄录像机、计算机、通信系统及仪器仪表等行业，并且应用范围越来越广。

1. 设计要求及技术指标

设计一开关型直流稳压电源，设计要求及技术指标如下：

①输入交流电压220V（50～60Hz）。

②输出直流电压5V，输出电流3A。

③输入交流电压在180～250V之间变化时，输出电压相对变化量小于2%。

④输出电阻R_o<0.1Ω。

⑤输出最大纹波电压小于10mV。

2. 要求完成的任务

①计算电路参数，安装、调试电路。

②画出总电路图，写出设计总结报告。

③选作内容：输出直流电压在5～15V之间连续可调。

3. 工作原理及设计思路

一种用市电供电的开关电源框图如图7-28所示。220V市电直接经桥式整流、电容滤波后成为300V高压直流电，加在高频变压器的一次绕组上。由脉宽调制器输出的高频脉冲控制功率开关管的导通与截止，使高频变压器的一次绕组得到高频脉冲波。此信号经高频变压器降压后整流滤波输出，得到所需要的直流输出电压U_o，U_o经采样反馈电路加到脉宽调制器上。这样，输出直流电压的变化会改变脉宽调制器输出的高频脉冲的占空比，从而达到自动稳压的目的。脉宽调制器可选集成脉宽调制组件TL94或SG3524等。

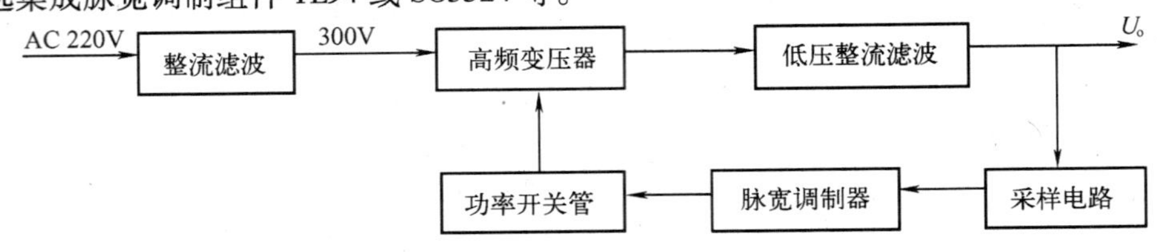

图7-28　开关电源电路框图

4. 主要参考元器件

脉宽调制组件TL494、高频变压器、功率开关管BU508C、电阻及电容若干。

7.2.8　音乐彩灯控制器

音乐彩灯控制器是用音乐信号控制多组颜色的彩灯，利用其亮度变化反映音乐信号。是一种将听信号转换为视信号的装置，用来调节听众欣赏音乐时的情绪和气氛。

1. 设计要求及技术指标

设计一音乐彩灯控制器，要求电路把输入的音乐信号分为高、中、低3个频段，并且分别控制3种颜色的彩灯。每组彩灯的亮度随各自输入音乐信号大小分八个等级。输入信号最大时，彩灯最亮。当输入信号的幅度小于10mV时，要求彩灯全亮。主要技术指标如下：

①高频段2000～4000Hz，控制蓝灯。

②中频段500～1200Hz，控制绿灯。

③低频段50～250Hz，控制红灯。

④电源电压交流220V，输入音乐信号≥10mV。

2. 要求完成的任务

①计算参数，安装、调试电路。

②画出总电路图，写出设计总结报告。

③选作内容：输入信号的幅度小于10mV时，要求彩灯亮暗闪烁。

3. 工作原理及设计思路

图 7-29 所示为音乐彩灯控制器低频段的电路框图。彩灯用双向晶闸管控制，把同步触发脉冲每 8 个分为一组，利用音乐信号的大小控制每组脉冲出现的个数，就可以控制加在正弦波半波的个数，从而也就控制了灯泡的亮度。根据题目要求，用带通滤波器把音乐信号分成 3 个频段，经放大器放大后经过整流器变为直流，其直流电平随音乐信号大小而上下浮动。此电平作为参考电压加在电压比较器的一个输入端，由同步触发脉冲作为计数信号的数模转换器，输出阶梯波作为比较电压加在电压比较器的另一个输入端，使电压比较器的输出高电平的时间与参考电压成正比，并控制与门打开时间，以决定放过同步脉冲的个数去触发晶闸管，从而控制彩灯的亮度。其他两个频段的电路框图与低频段的电路框图相同。

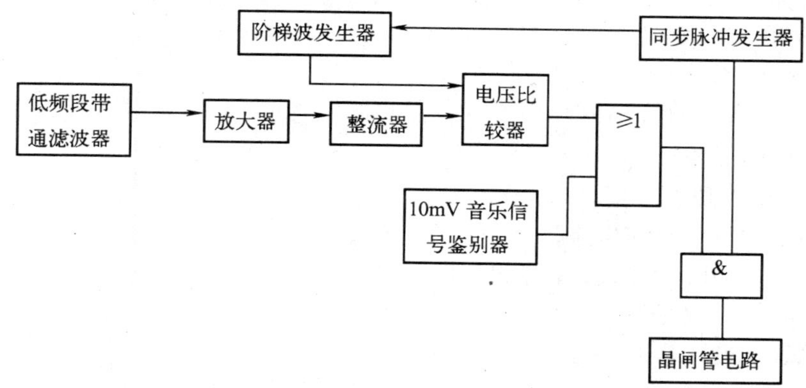

图 7-29 音乐彩灯控制器的电路框图

4. 主要参考元器件

CC40163、LM324、双向晶闸管、电阻及电容若干。

7.2.9 有线对讲机

在学生宿舍楼、医院病房或多室住宅中，为了管理、联系方便或快速地传递信息，安装对讲系统是最有效的方法之一。对讲机分为有线对讲机和无线对讲机两大类，本课题要求设计有线双向对讲机，使甲乙任何一方可用扬声器向对方讲话，或收听对方的讲话。

1. 设计要求及技术指标

设计一有线双向对讲机。设计要求如下：

①甲乙任何一方可用扬声器向对方讲话，或收听对方的讲话。

②用控制按钮来控制发话或收听，同时对方呼叫时有铃声响。

2. 要求完成的任务

①计算参数，安装、调试对讲机电路。

②画出完整电路图，写出设计总结报告。

③选作内容：多路对讲机。

3. 工作原理及设计思路

图 7-30 所示为双向对讲机的原理框图。其中，平衡转换器可由平衡电桥电路构成，扬声器内阻作为一桥臂电阻。不讲话时，电桥平衡，输出为零；讲话时内阻发生变化，电桥电路

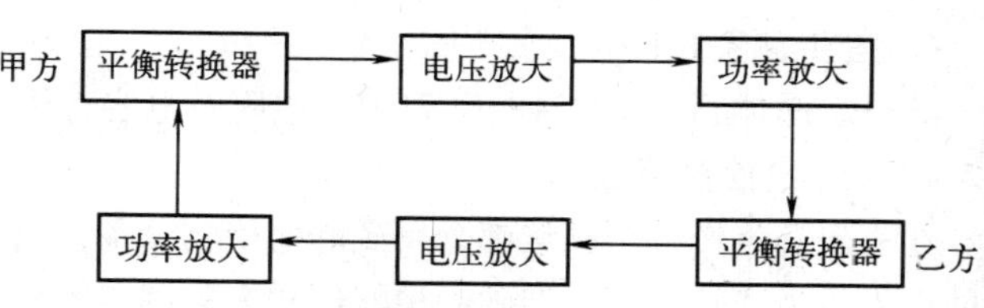

图 7-30 双向对讲机的原理框图

产生输出电压，此电压经电压放大电路放大后经过功放电路加到对方的平衡转换器上，推动扬声器发声。

4. 主要参考元器件

集成功放 5G37、μA741、8Ω 扬声器、电阻及电容若干。

7.2.10 数字温度计

温度计是工农业生产及科学研究中最常用的测量仪表。本课题要求设计一数字式温度计，即用数字显示被测温度。数字式温度计不仅读数方便，而且测量精确，得到广泛应用。

1. 设计要求及技术指标

设计一数字温度计，设计要求及技术指标如下：

①测量范围 0～200℃。

②测量精度 0.1℃。

③4 位 LED 数码管显示。

2. 要求完成的任务

①用 ispPAC10 实现。

②计算参数，安装、调试电路。

③画出完整电路图，写出设计总结报告。

④选作内容：数字体温计

3. 工作原理及设计思路

图 7-31 所示为数字温度计的电路框图。由温度传感器、放大器、$3\frac{1}{2}$ 位 A/D 转换器和显示器等组成。被测的温度经过温度传感器转换成随温度变化的电压，此电压经放大器放大后送到 $3\frac{1}{2}$A/D转换器 CC7107 进行 A/D 转换，最后用数字显示被测温度值。其输出读数与 CC7107 的被测电压 U_{IN}和参考电压 U_{REF}的关系是

$$\text{输出读数} = \frac{U_{IN}}{U_{REF}} \times 2000 \tag{7-1}$$

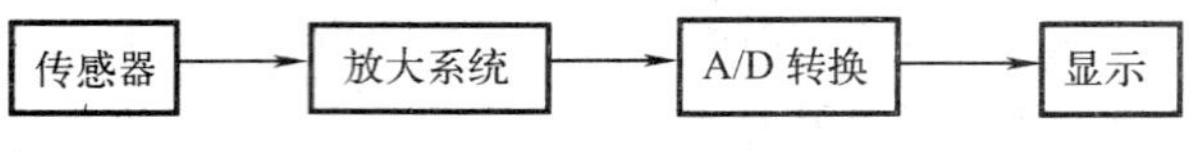

图 7-31 数字温度计的电路框图

数字温度计的传感器，可以使用一个对温度敏感的硅热敏晶体管，在温度发生变化时，热敏晶体管的 b-e 正向压降的温度系数为 −2mV/℃，利用这个特性可以测量温度的变化。由于在 0℃时晶体管的基极存在一个电压 U_{be}，因此需要设计一个调零电路，调节调零电路使热敏晶体管在 0℃的环境中温度计输出为零，也就是显示器的读数显示为零。温度计满度读数为 200.0（200℃），调节时，热敏晶体管放置在 200℃的环境中，由于热敏晶体管的温度系数为 −2mV/℃，所以在 200℃的环境下，热敏晶体管的 be 结压降增量为 −400mV，根据式（4-22）可知，调节参考电压，使 $U_{REF} = -400\text{mV}$ 时，输出读数为 200.0，这样，就使数字温度计实现 0～200℃的测量，其精度为 0.1℃。

4. 主要参考元器件

硅热敏晶体管、LM324、CC7107、电阻及电容若干。

7.2.11 峰值检测系统

在科研、生产各个领域都会用到峰值检测设备，例如检测建筑物的最大承受力，金属材料承受的最大压力和拉力等，准确测量峰值对有关课题的研究具有重要意义。

1. 设计要求及技术指标

设计一峰值检测系统，设计要求及技术指标如下：

①用传感器和检测电路测量某建筑物的最大承受力。传感器的输出信号为0～5mV，1mV等效于4000N。

②测量值用数字显示，显示范围为0000～1999。

③峰值电压保持稳定。

2. 要求完成的任务

①计算参数，安装、调试电路。

②画出完整电路图，写出设计总结报告。

③选作内容：传感器的输出信号分为4档：1～10μV、10～100μV、100μV～1mV，1～10mV，要求能够自动切换量程。

3. 工作原理及设计思路

本课题的关键任务是检测峰值并使之保持稳定，且用数字显示峰值。图7-32所示为峰值检测系统的电路框图。它分别由传感器、放大器、采样/保持、采样/保持控制电路、A/D转换、译码显示、数字锁存控制电路组成。各组成部分的作用是

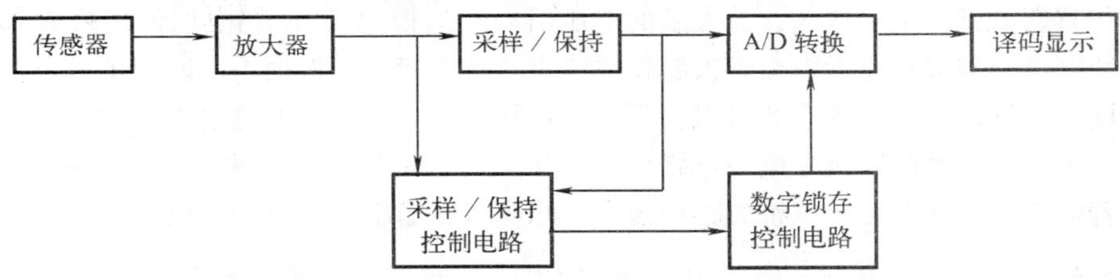

图7-32　峰值检测系统电路框图

①传感器把被测信号量转换成电压量。

②放大器将传感器输出的小信号放大，放大器的输出结果满足模/数转换器的转换范围。

③采样/保持对放大后的被测模拟量进行采样，并保持峰值。

④采样/保持控制电路。该电路通过控制信号实现对峰值采样，小于原峰值时，保持原峰值，大于原峰值时，保持新的峰值。

⑤A/D转换将模拟量转换成数字量。

⑥译码显示完成峰值数字量的译码显示。

⑦数字锁存控制电路对模/数转换的峰值数字量进行锁存，小于峰值的数字量不能锁存。

4. 主要参考元器件

μA741、集成采样/保持器LF398、74121、MC1403、MC14433、CC4511、MC1413、LED数码管。

7.2.12　数字电子秤

数字电子秤具有精度高、性能稳定、测量准确、使用方便等优点。该产品不仅用于商业上而且还广泛地用于各个生产领域。

1. 设计要求及技术指标

设计一个数字电子秤，设计要求及技术指标如下：

①测量范围：0～1.999kg、0～19.99kg、0～199.9kg、0～1999kg。

②用数字显示被测重量，小数点位置对应不同的量程显示。

2. 要求完成的任务

①计算参数，安装、调试电路。

②画出完整电路图，写出设计总结报告。

③选作内容：自动切换量程。

3. 工作原理及设计思路

数字电子秤一般由以下5部分组成：传感器、信号放大系统、A/D转换系统、显示器和切换量程系统。其原理框图如图7-33所示。

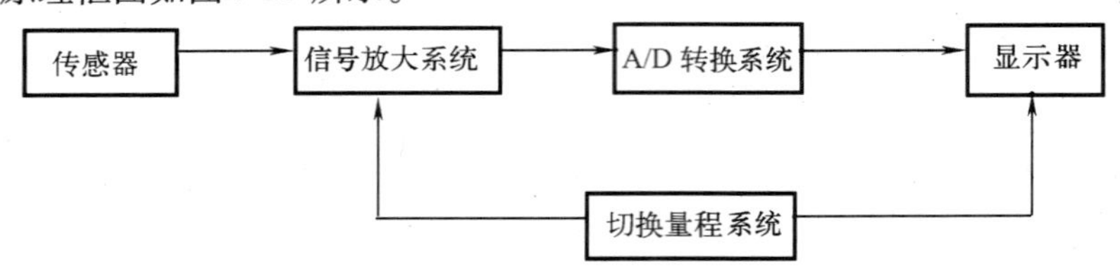

图7-33　数字电子秤原理框图

电子秤的测量过程是把被测物体的重量通过传感器将重量信号转换成电压信号输出，放大系统把来自传感器的微弱信号放大，放大后的电压信号经过模/数转换把模拟量转换成数字量，数字量通过数字显示器显示重量。由于被测物体的重量相差较大，根据不同的重量可以切换量程系统选择不同的量程，显示器的小数点对应不同的量程显示。传感器测量电路通常使用电桥测量电路，应变电阻作为桥臂电阻接在电桥电路中。无压力时，电桥平衡，输出电压为零；有压力时，电桥的桥臂电阻值发生变化，电桥失去平衡，有相应电压输出。此信号经放大器放大后输出应满足模数转换的要求，当选用3 $\frac{1}{2}$位A/D转换器CC7107时，A/D转换的输入量应是0~1.999V。当测量的重量范围很大时，可以通过设置量程转换来切换量程。

4. 主要参考元器件

电子秤传感器、CC7107、LM324、LM339、LED数码管、电阻及电容若干。

7.2.13　简易数控直流电源

直流稳压电源分为线性稳压电源和开关稳压电源两种。本课题要求设计一线性稳压电源，其输出电压不仅要求用数字显示，同时要求能够用“+”、“-”两键按步进方式分别控制输出直流电压的增减。

1. 设计要求及技术指标

设计一个有一定输出电压范围和功能的数控电源，数控直流电源原理示意图如图7-34所示。设计要求及主要技术指标如下：

①输出电压：范围0~+9.9V，步进0.1V，纹波电压不大于10mV。

②输出电流：500mA。

③输出电压值由数码管显示。

④由“+”、“-”两键分别控制输出电压增减。

⑤为实现上述几部分工作，自制一稳

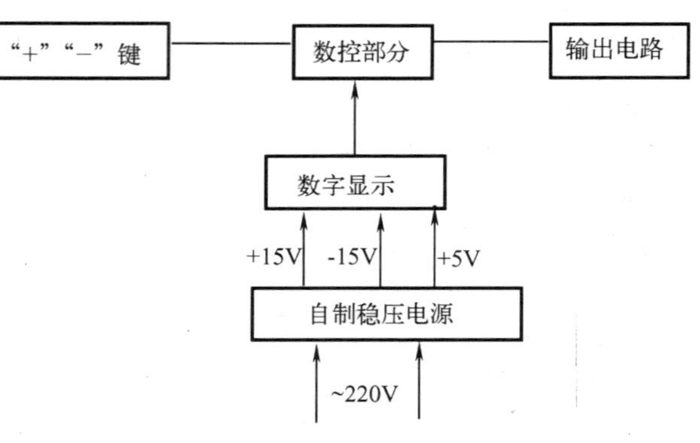

图7-34　数控直流电源原理示意图

压电源，输出 ±15V、+5V。

2. 要求完成的任务

①计算参数，安装、调试所设计电路。

②画出完整电路图，写出设计总结报告。

③选作内容：输出电压可预置在 0～+9.9V 之间的任意一个值。

3. 基本原理及设计思路

数控电源与常规可调电源不同，它通过数字量控制输出电压，因此其输出电压不是连续可调，而是步进增减的，根据课题要求，输出电压应从 0V 调到 9.9V，每步 0.1V，总计 99 步。考虑到要求数控电源最大能输出 500mA 电流，故选用三端可调电源 LM317，通过改变其公共端对地电位的办法来调节输出电压。因为 LM317 的固定输出电压为 +1.25V，如能使 LM317 公共端对输出地在不加控制脉冲时输出为 1.25V，每输入一个脉冲，公共端电压增加 0.1V，输入 99 个脉冲，LM317 公共端电位变为 8.65V，即可使数控电源在 0～+9.9V 范围之间按要求变化。图 7-35 为数控直流电源的总体电路框图。

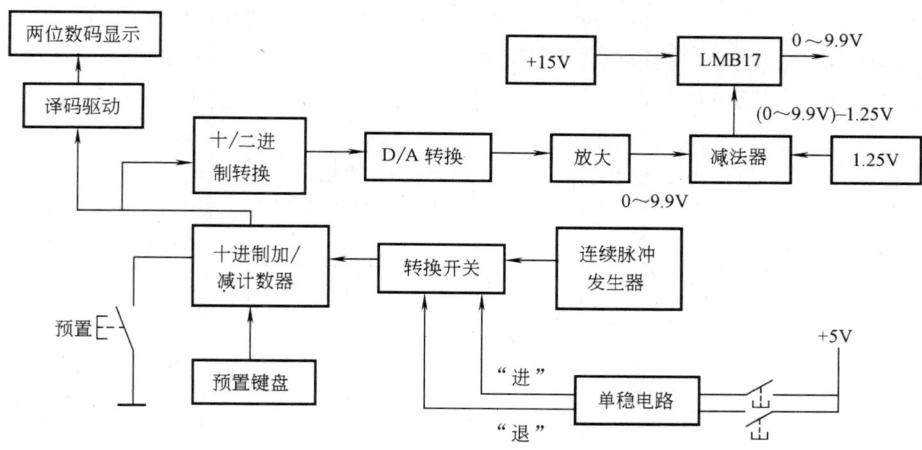

图 7-35 数控直流电源总体电路框图

4. 主要参考元器件

LM317、LM324、DAC0832、74LS83、74LS192、NE555、74LS221、74LS248、共阴数码显示管。

7.2.14 晶体管 β 值数字显示测试电路

晶体管的 β 值可用晶体管特性图示仪测量，但存在读数不直观和误差较大等缺点。本题目要求用数字显示测量电路测量晶体管的 β 值，既直观又方便，而且误差小。

1. 设计要求及技术指标

设计一个晶体管 β 值数字显示测量电路，其性能指标如下：

1）可测量 NPN 型硅晶体管的直流电流放大系数 β（设 $\beta<200$），测试条件为

①$I_B=10\mu A$，允许误差 ±2%。

②$14V<U_{CE}<16V$，且对不同 β 值的晶体管，U_{CE} 的值基本不变。

2）在测量过程中不需要进行手动调节，便可自动满足上述测试条件。

3）用两只 LED 数码管和一只发光二极管构成数字显示器。发光二极管用来表示最高位，它的亮状态和暗状态分别代表 1 和 0，而两只数码管分别用来显示个位和十位，即数字显示器可显

示不超过 199 的正整数和零。

4）测量电路设有被测晶体管的 3 个插孔，分别标上 e、b、c，当晶体管的发射极、基极和集电极分别插入 e、b、c 插孔时，开启电源后，数字显示器自动显示出被测晶体管的数值。响应时间不超过 2s。

5）在温度不变的条件下（20℃），本测量电路的误差之绝对值不超过$\frac{5N}{100}+1$。这里 N 是数字显示器的读数。

6）数字显示器所显示的读数应清晰，并注意避免出现“叠加现象”。

2. 要求完成的任务

①计算参数，安装、调试电路。

②画出总电路图，写出设计总结报告。

③选作内容：β 值自动分选仪（把 β 值的范围 0～200 每隔 50 分为 1 档，共分 4 档）。

3. 工作原理及设计思路

图 7-36 为 β 值数字显示测试电路的原理框图。被测晶体管通过 β-U 转换电路，把晶体管的 β 值转换成对应的电压，然后再通过压控振荡器把电压转换为频率，若计数时间及电路参数选择合适，在计数时间内通过的脉冲个数即为被测晶体管的 β 值。

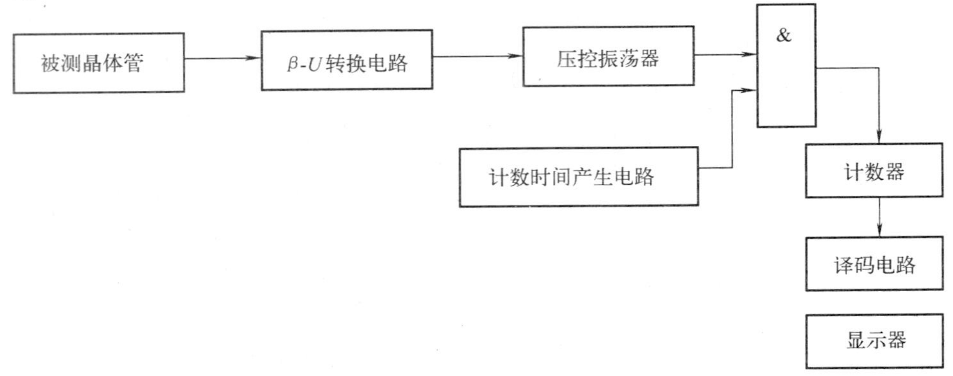

图 7-36　β 值数字显示测试电路的原理框图

4. 主要参考元器件

LM324、LM351、LM311、NE555、74LS74、74LS90、74LS47、74LS14、CC4011、电阻及电容若干。

7.2.15　数字频率计

数字频率计是直接用十进制数字来显示被测信号频率的一种测量装置。它不仅可以测量正弦波、方波、三角波和尖脉冲信号的频率，而且还可以测量它们的周期。数字频率计在测量其他物理量如转速、振动频率等方面获得广泛应用。考虑到大规模可编程逻辑器件的高集成度、高可靠性及可编程等特点，本课题要求用一片 EPF10k10LC84-4 器件实现数字频率计中所有的数字逻辑功能。

1. 设计要求及技术指标

用大规模可编程逻辑器件设计一个数字频率计，主要技术指标如下：

①频率测量范围：1Hz～10kHz。

②数字显示位数：4 位数字显示。

③测量时间：$t \leq 1.5$s。

④被测信号幅度 $U_{xm}=0.5 \sim 5$V（正弦波、三角波、方波）。

2. 要求完成的任务

①利用设计软件对 EPF10k10LC84-4 器件进行设计输入、设计仿真及器件编程，使其具备所要求的逻辑功能。

②计算参数，安装、调试电路。

③画出完整电路图，写出设计总结报告。

④选作内容：用数字频率计测量信号周期。

3. 工作原理及设计思路

数字频率计的原理框图如图 7-37 所示，其中脉冲形成电路的作用是将被测信号变成脉冲信号，其重复频率等于被测频率 f_X。时间基准信号发生器提供标准的时间脉冲信号，若其周期为 1s，则门控电路的输出信号持续时间亦准确地等于 1s。闸门电路由标准秒信号进行控制，当秒信号来到时，闸门开启，被测脉冲信号通过闸门送到计数译码显示电路，秒信号结束时闸门关闭，计数器停止计数。由于计数器计得的脉冲数 N 是在一秒时间内的累计数，所以计数器所显示的数字 N 即为被测频率 f_X 的值。图中门控电路、闸门电路及计数锁存译码电路三部分可集成到一片 EPF10k10LC84-4 器件内实现。

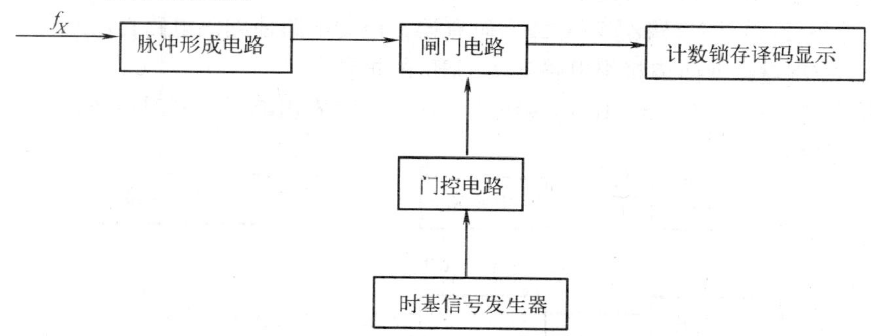

图 7-37　数字频率计原理框图

4. 主要参考元器件

EPF10k10LC84-4、晶振（32768Hz）、CC4060、74LS14、μA741、共阴数码管。

7.2.16　带报警器的密码电子锁和门铃电路

密码电子锁保密防盗性能好，可以不需要钥匙，只要记住开锁的密码和方法，便可开锁，既方便又可避免因丢失钥匙带来的烦恼和损失，如果密码泄露，主人可以重新设置新的开锁密码。本系统将电子门铃、防盗报警器和电子锁合为一体，用途更多。

1. 设计要求及技术指标

设计一带报警器的密码电子锁和门铃电路，设计要求如下：

①编码按钮分别为 1，2，…，9 九个按键。

②用发光二极管作为输出指示灯，灯亮代表锁“开”，暗为“不开”。

③设计开锁密码，并按此密码设计电路。密码可以是 1～9 位数。若按开锁编码规定数的先后顺序按动按钮后，发光二极管由暗变亮，表示电子锁打开。

④该电路应具有防盗报警功能，密码顺序不对或密码有误时系统自动复位，当开锁时间超过 5min 时，则蜂鸣器发出 1kHz 频率信号报警。

⑤设计门铃电路，按动门铃按钮，发出500Hz的频率信号，并可使编码电路清零，同时可解除报警。

2. 要求完成的任务

①计算参数，安装、调试电路。

②画出完整电路图，写出设计总结报告。

③选作内容：按动门铃按钮时，产生音乐信号。

3. 工作原理及设计思路

电子锁主要由输入元件、电路（包括电源）和锁体3部分组成，后者包括电磁线圈、锁栓、弹簧和锁框等。当电磁线圈中有一定的电流通过时，磁力吸动锁栓，锁便打开。否则，锁栓进入锁框，即处在锁住状态。为了便于实验，我们用发光二极管代表电磁线圈，当发光二极管为亮状态时，代表电子锁被打开，暗状态代表锁着。

图7-38所示为该系统的电路框图。本系统的设计可使电子锁具有可编程功能，可编密码高达1814400个。由图可知，每来一个输入时钟，编码电路的相应状态就向前前进一步。在操作过程中，按照规定的密码顺序，按动编码按键，编码电路的输出就跟随这个代码的信息。正确输入编码按键的数字，通过控制电路供给编码电路时钟，一直按规定编码顺序操作完，则驱动开锁电路把锁打开。用十进制计数器/分配器CC4017的顺序脉冲输出功能可以实现密码锁的功能。

在操作过程中，如果密码顺序不对或密码有误，控制电路使编码电路自动复位，当开锁时间超过5min时，控制电路使防盗报警电路产生1kHz的报警。

按动门铃及清零按钮可使500Hz振荡电路工作，门铃发出响声，同时该按钮还使编码电路清零并解除防盗报警。

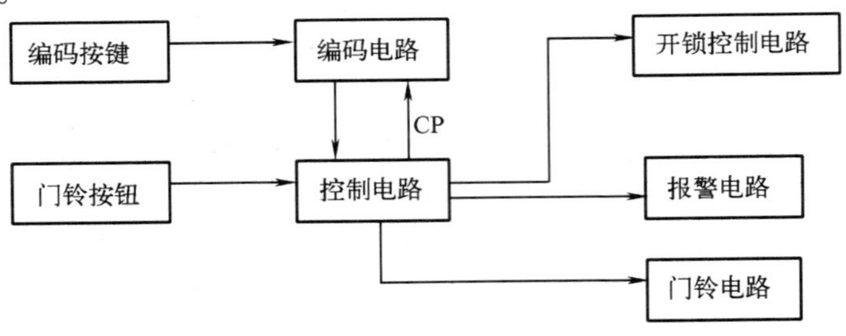

图7-38　带报警器的密码电子锁和门铃电路原理框图

4. 主要参考元器件

CC4017、NE555、9013、8050、1N4148。

7.2.17　多路信号显示转换器

在数字电路测试中，为了分析系统的逻辑关系，往往需要同时显示几个点的输出波形，便于观察和比较。为了使单踪示波器能同时显示多路被测信号波形，可在单踪示波器的输入端接入一个多路转换电路，实现对多路信号的同时观察。

1. 设计要求及技术指标

设计一个多路信号转换器，与单踪示波器配合使用，同时显示多路被测信号，其技术指标如下：

①同时显示8路数字信号波形且清晰稳定。

②被测信号上限频率不小于2000Hz。

2. 要求完成的任务

①设计电路，并进行安装调试。

②画出完整电路图，写出设计实验报告。

③选作内容：能够同时以“0”和“1”二进制码形式显示 8 路数字波形的逻辑状态。

3. 工作原理及设计思路

根据课题要求，图 7-39 所示为多路信号显示转换器的电路框图。八选一数据选择器把输入的 8 路数字信号在地址形成器的控制下，轮流地送入示波器的 Y 轴通道。D/A 电路用于形成阶梯电压信号，共有 8 个梯阶，使各路被测信号在示波器屏幕的不同垂直位置（即不同的地址）显示出来。系统时钟（或被测信号的时钟）经 16 分频后的信号送至示波器的同步输入端（X 轴通道），作为示波器的外同步信号。由于示波器荧光屏上所涂的荧光粉具有一定的余辉时间，在合适的系统时钟作用下，能够同时观察到屏幕上显示的 8 路输入信号。

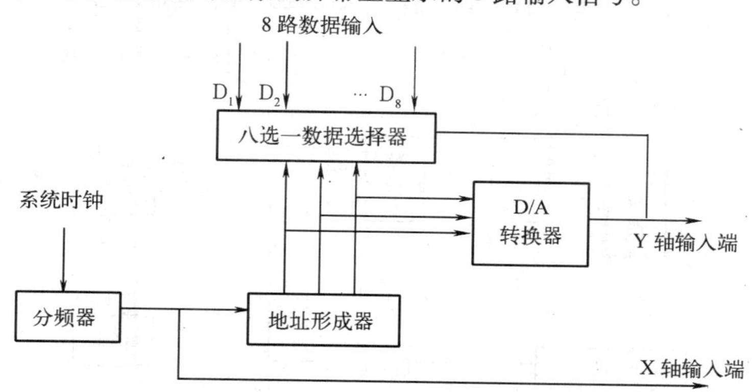

图 7-39　多路信号显示转换器的电路框图

4. 主要参考元器件

74LS151、CC4060、μA741、CC4518。

7.2.18　光电计数器

在啤酒、汽水和罐头等灌装生产线上，常常需要对随传送带传送到包装处的成品瓶进行自动计数，以便统计产量或为计算机管理系统提供数据。本课题要求设计一光电计数器，当瓶子从发光器件和光接收器件之间通过时，通过瓶子的挡光作用，使接收到的光强发生变化，并通过光电转换电路变换成输出电压的变化。当把输出电压的变化转换成计数脉冲时，就可实现自动计数。

1. 设计要求及技术指标

设计一光电计数器，设计要求及技术指标如下：

①发光器件和光接收器件之间的距离大于 1m。

②有抗干扰技术，防止背景光或瓶子抖动产生误计数。

③每计数 100，用灯闪烁 2s 指示一下。

④LED 数码管显示计数值。

2. 要求完成的任务

①计算参数，安装、调试电路。

②画出完整电路图，写出设计总结报告。

③选作内容：发光器件和光接收器件之间的距离大于 2m。

3. 工作原理及设计思路

在光电转换电路中，发光器件（例如 LED）的输出光强与通过其工作电流成正比，发光侧与接收侧的距离越大时，要求输出光强也越强，即要求工作电流越大。一般 LED 的工作电流约为 10～50mA，因此为了提高传送距离，必须提高 LED 的工作电流。当使 LED 处于脉冲导电状态时（脉冲调制），允许的工作电流可增大 $\sqrt{T_0/t_W}$倍，（T_0 为脉冲周期，t_W 为脉冲宽度），即光强扩大了 $\sqrt{T_0/t_W}$，大大提高了传送距离。

图 7-40 为光电计数器的电路框图。无瓶子挡光时，整形后输出和调制光是同频率的脉冲信号，挡光时输出一个高电平（如图 7-41 所示），即有没有瓶子挡光，整形输出信号的脉冲宽度是不一样的。把不同的脉宽变换为不同的电平，形成触发沿，作为计数脉冲，可实现对瓶子的自动计数。脉宽变电平电路如图 7-42 所示。把脉宽变为电容上电压，并以此作为控制信号。瓶子不挡光时，信号脉冲窄，电容上电压小，使脉宽变电平电路输出为 1，挡光后脉冲变宽，电容上电压能达到某阈值电压使脉宽变电平电路输出为 0。从而瓶子挡一次光、能形成一个计数脉冲沿。

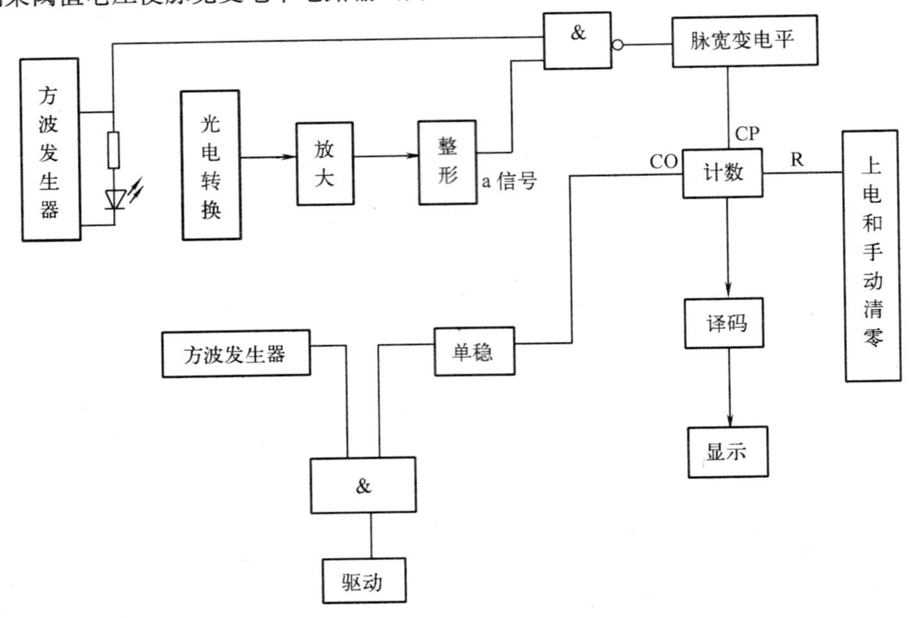

图 7-40　光电计数器的电路框图

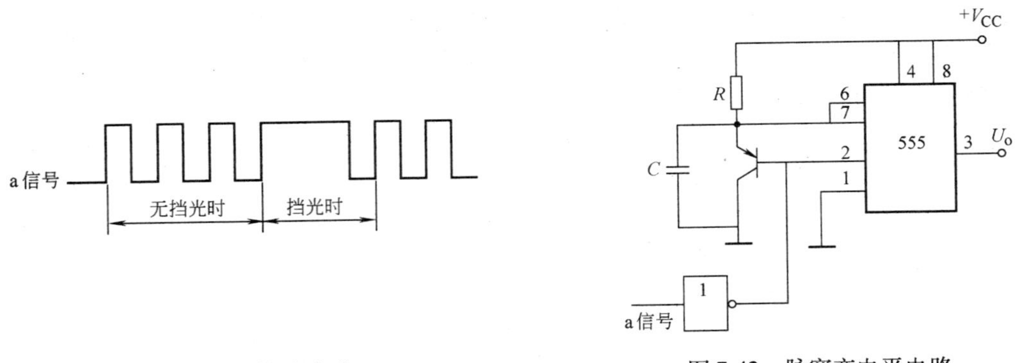

图 7-41　a 信号波形

图 7-42　脉宽变电平电路

4. 主要参考元器件

NE555、光耦合器、74LS14、μA741、CD4518、电阻及电容若干。

7.2.19　数字波形合成器

在某些场合，对于信号的频率、相位以及失真度求较高。例如，在精密陀螺测试中，对于

400Hz 三相正弦交流电源的这些参数要求就很严格，它要求频率稳定度$\Delta f/f \leqslant 10^{-4}$，相位误差角$\Delta\varphi \leqslant 3°$，非线性失真系数$\gamma < 1\%$等。如果这些指标不满足，将会使陀螺角动量变化，电动机升温，产生干扰力矩，从而影响陀螺马达的正常工作和测试。本课题要求采用数字合成技术，通过石英晶体振荡器、分频器及 D/A 转换器等数字波形合成方案，输出高的频率、相位稳定度的正弦波形。

1. 设计要求及技术指标

设计一个具有高频率稳定度和高相位稳定度的正弦信号源。设计要求及技术指标如下：

①正弦信号频率$f = 400\text{Hz}$。

②频率稳定度$\Delta f/f \leqslant 10^{-4}$。

③输出两相正交正弦信号，即相差 90°。

④相位误差$\Delta\varphi \leqslant 3°$。

⑤幅值$U_m = 5\text{V} \pm 0.2\text{V}$。

⑥正弦信号非线性失真系数$\gamma < 1\%$。

2. 要求完成的任务

①组装、调试电路，借助频率计、示波器等测试各项指标，使之满足设计要求。

②画出完整电路图，写出设计总结报告。

③选作内容：输出正弦信号频率具有微调功能，频率范围 360 ~ 440Hz。

3. 工作原理及设计思路

从理论上讲，用数字波形合成技术可以合成任意波形。以合成正弦波为例，假设要合成的正弦波频率为f，幅值为U_m。首先把它的一个周期分为N等分，用具有N个阶梯的阶梯波来逼近所要求的正弦波，如图 7-43 所示。可见N越大，其逼近程度越好，失真也越小。数字波形合成器主要就是合成这种阶梯波，然后通过低通滤波器滤除高次谐波分量从而获得所需要的正弦波。图 7-44 所示为正弦阶梯波合成器的原理框图。其中脉冲发生器的振荡频率F与正弦波的频率f之间的关系为

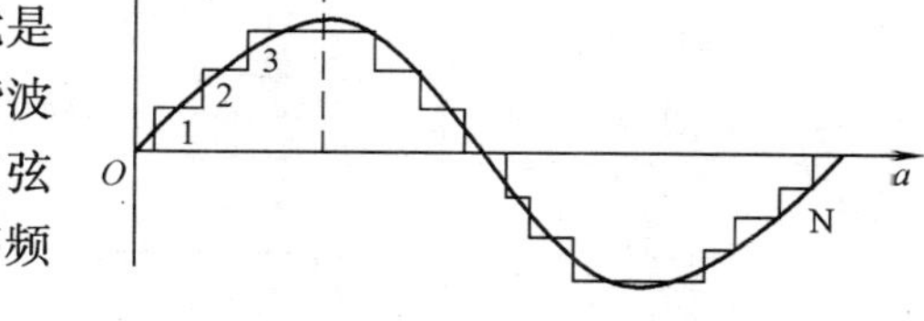

图 7-43 用阶梯波合成正弦波

$$F = Nf \text{ 即 } f = F/N$$

式中，N为分频器的分频系数，也称计数器的有效状态数。

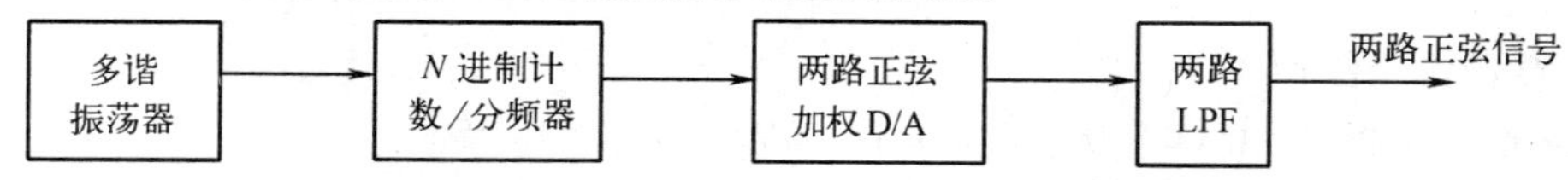

图 7-44 正弦阶梯波合成器的原理框图

计数器的N个有效状态与正弦波的N等分对应，也就是与阶梯波的N个阶梯对应。用上述N个状态变量（例如N分别为 100000，110000，111000，…，111111，011111，001111，…，000001 共 12 个状态变量）分别去控制正弦加权 D/A 转换器的权电阻（该权电阻值等于该状态所对应的正弦值），就可以得到阶梯正弦波。当要求输出相位差为φ的两路正弦波时，两路阶梯波对应的阶梯应错开M个计数器的状态，即

$$\varphi = M2\pi/N$$

式中，$2\pi/N$为计数器两个相邻状态之间的相位差。

4. 主要参考元器件

96kHz 晶振、74LS74、μA741、MC14518、电阻及电容若干。

7.2.20 数字存储示波器

通用示波器一般是用来观察一定频率范围内的周期性信号的。若用通用示波器来观察一次性输出波形、非周期性信号或频率很低的周期性信号时，其显示的图形将跳跃、闪动、观察不清，如果能够用足够快的速度将波形变换成数字信号后存入 RAM，然后再以合适的速度周期地将存入的数据取出，经 D/A 转换后输入通用示波器，就可以观察到稳定的周期性波形。

1. 设计要求及技术指标

设计一个单一通道的数字存储示波器。设计要求及性能指标如下：

①输入信号电压范围 0 ~ 5V。

②输入信号频率 0 ~ 500Hz。

③信息记忆的容量要求为 2k × 8 位。

④采集信息频率要求在 10 ~ 1kHz 之间可调。

⑤显示存储信息时的输出频率要求在 100 ~ 1kHz 之间可调。

2. 要求完成的任务

①组装、调试电路，以满足设计要求。

②画出完整电路图，写出设计总结报告。

③选作内容：设计一个双输入通道的数字存储示波器，能够同时采集两路模拟信号。

3. 工作原理及设计思路

图 7-45 所示为数字存储示波器的原理框图。每隔一段时间对输入的模拟信号进行采样，然后经过 A/D 转换，把这些数字化后的信息按一定的顺序存入 RAM 中，当采样频率足够高时，就可以实现信号的不失真存储。当需要观察这些信息时，只要以合适的频率把这些信息从存储器 RAM 中按原顺序取出，经 D/A 转换和 LPF 滤波后送至示波器就可以观察到稳定的还原后的波形。

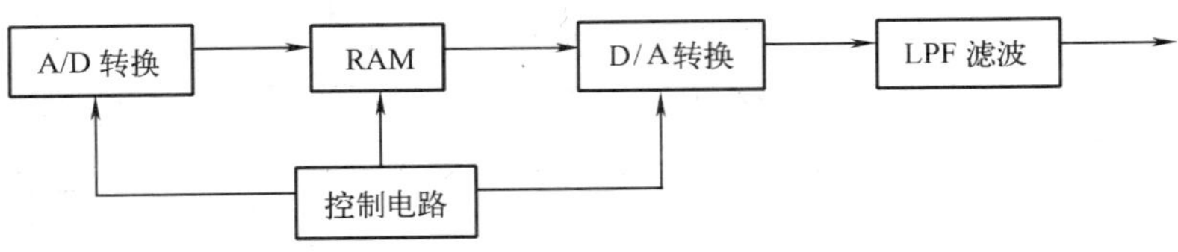

图 7-45　数字存储示波器的原理框图

4. 主要参考元器件

ADC0809、CC4043、RAM6116、DAC0832、1MHz 晶振、CC4520。

7.2.21 可编程字符显示器

可编程字符（图案）显示，是指显示的字符或图案可以通过编制程序的方法进行灵活转换。如列车次数与时刻表显示屏，商品广告宣传显示屏，舞台彩灯图案的显示等等，都是将显示的内容预先编程，再由控制电路或者计算机使要显示的内容按照一定的规律显示出来。

1. 设计要求及技术指标

设计一个可编程字符显示器，设计要求如下：

①显示 4 个以上字符（如“欢迎光临”）。

②显示的字符清晰稳定。

2. 要求完成的任务

①写出设计步骤，画出设计电路图。

②设计显示字符的程序，列出所设计的程序清单。

③写 EPROM。

④安装、调试电路。

⑤选作内容：显示一幅图案。

3. 工作原理及设计思路

图 7-46 是可编程字符显示器的基本组成框图。其中 EPROM 只读存储器用于存放各种字符或图案的代码，它是字符显示器的核心部件。发光二极管显示屏用来显示字符或图案，由于它是由若干只发光二极管组成的点阵式显示屏，因此需要在行选通线和列选通线的控制下才能显示出字符来。提供行选通线的电路称为行选线产生电路，提供列选通线的电路称为列选线产生电路。地址计数器为 EPROM 提供地址线，它的计数脉冲由时钟脉冲源提供。

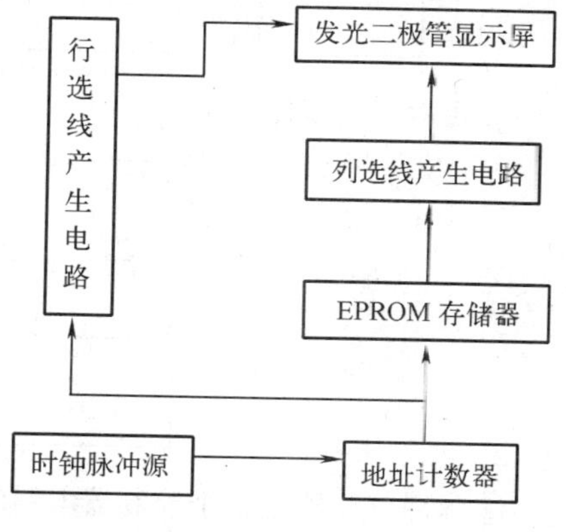

图 7-46　可编程字符显示器基本组成框图

电路的工作原理是，在时钟脉冲的作用下，地址计数器计数，EPROM 相对应的地址单元中的代码输出，以驱动列选通线产生电路，地址计数器同时又为行选通线产生电路提供地址，随着地址计数器计数值的变化，发光二极管显示屏逐行扫描，显示屏上显示出字符或图案。

4. 主要参考元器件

EPROM2764、16 × 16 发光二极管矩阵显示屏、74LS54、74LS74、74LS93、NE555。

7.2.22　步进电动机控制器

步进电动机接受步进脉冲而一步一步地转动，可以带动机械装置实现精密的角位移和直线移位，被广泛应用于各种自动控制系统中。步进电动机的工作方式主要取决于输出步进脉冲的控制器电路。

1. 设计要求及技术指标

①设计一个兼有三相六拍、三相三拍两种工作方式的脉冲分配器。

②能控制步进电动机作正向和反向运转。

③设计驱动步进电动机工作的脉冲放大电路，使之能驱动一个相电压为 24V、相电流为 0.2A 的步进电动机工作。

④设计步数显示和步数控制电路，能控制电动机运转到预置的步数时即停止转动，或运转到预定圈数时停转。

⑤设计电路工作的时钟信号，频率为 10Hz ~ 10kHz，且连续可调。

2. 要求完成的任务

①计算参数，组装、调试电路，以满足设计要求。

②画出完整电路图，写出设计实验报告。

3. 工作原理及设计思路

①如图 7-47 所示，步进电动机由转子和定子组成，定子上绕制了 A、B、C 三相绕组，而转子上没

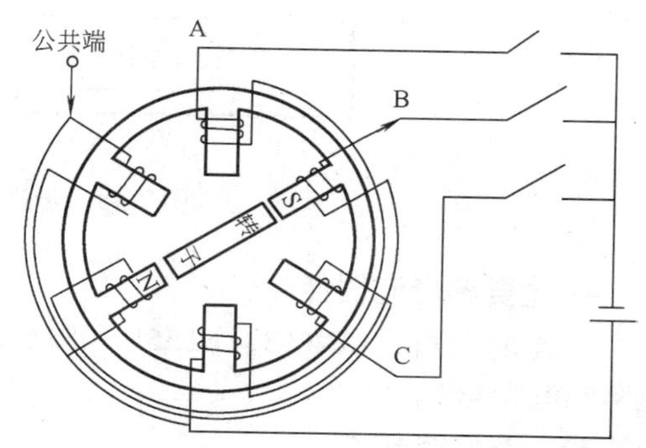

图 7-47　三相步进电动机结构示意图

有绕组。当三相定子绕组轮流接通驱动脉冲时，产生磁场吸引转子转动，每次转动的角度称为步距。根据三相所加脉冲的方式不同而产生不同的步距，其中，三相三拍方式的步距为3°，三相六拍方式的步距为1.5°。根据不同的信号频率形成不同的转速。由三相脉冲加入的不同相序形成正转或反转。下面是两种工作方式的脉冲加入次序：

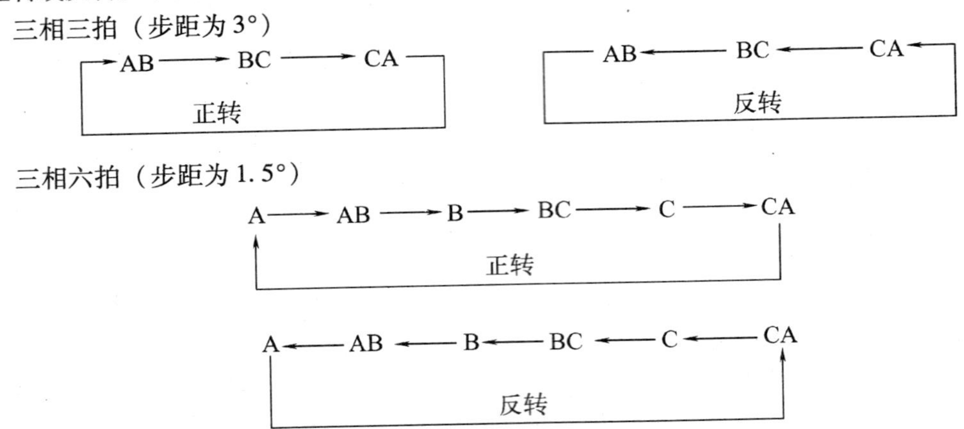

②脉冲分配器是整个控制器电路的核心，它将连续脉冲分配给A、B、C三相绕组，其分配方式因工作方式X、转动方向Y的不同而不同。由于脉冲分配器将输入时钟信号变为三相脉冲输出，并受X和Y的控制，实质上是一个具有5个变量的可控计数器电路。应按计数器的设计方法设计，同时还必须考虑自启动，否则可能出现无效循环。

③步进电动机的功放电路应该根据所选电动机的电压、电流参数设计，可选用分立器件，也可以用集成功放电路。

④由于步进电动机是每输入一个脉冲走一步，步数显示与控制可以通过对输入脉冲的技术来完成，先将需要转动的步数预置到计数器中，每转一步减去1，直到减到零为止。在计数的同时，对步数进行译码和显示。当然，也可以对电动机转动的圈数作计数，使之转到预定圈数停止工作。

步进电动机控制器原理框图如图7-48所示。

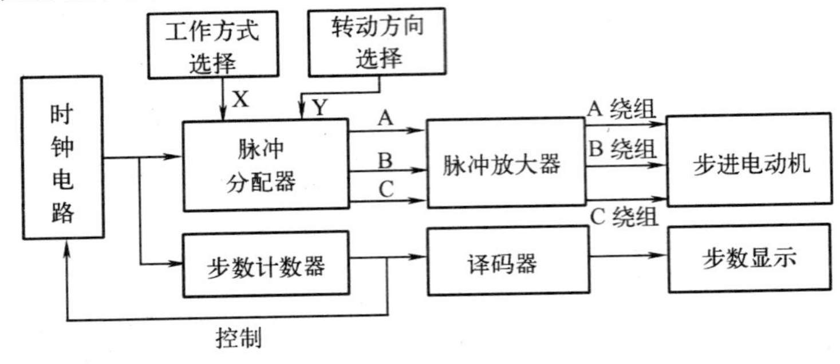

图7-48　步进电动机控制器原理框图

4. 主要参考元器件

步进电动机、CC4013、NE555、IRF640、CW338、CC4011、TWH8751、LM7812、1N4007、电阻和电容若干。

7.2.23　路灯控制器

安装在公共场所或道路两旁的路灯通常希望随日照光亮度的变化而自动开启和关断，以满足行人的需求，又能节电。

1. 设计要求及技术指标

①设计一个路灯自动照明的控制电路。当日照光亮到一定程度时使灯自动熄灭，而日照光暗到一定程度时又能自动点亮。开启和关断的日照光照度根据用户进行调节。

②设计计时电路，用数码管显示路灯当前一次的连续开启时间。

③设计计数显示电路，统计路灯的开启次数。

2. 要求完成的任务

①组装、调试电路，以满足设计要求。

②画出完整电路图，写出设计实验报告。

3. 工作原理及设计思路

①要用日照光的亮度来控制灯的开启和关断，首先必须检测出日照光的亮度。可采用光敏晶体管、光敏二极管或光敏电阻等光敏元件作传感器得到信号，再通过信号鉴幅，取得上限和下限门槛值，用以实现对路灯的开启和关断控制。

②若将路灯开启的启动脉冲信号作计时起点，控制一个计数器对标准时基信号作计数，则可计算出路灯的开启时间，使计数器中总是保留着最后一次的开启时间。

③路灯的驱动电路可用继电器或晶闸管电路。

路灯控制器原理框图如图 7-49 所示。

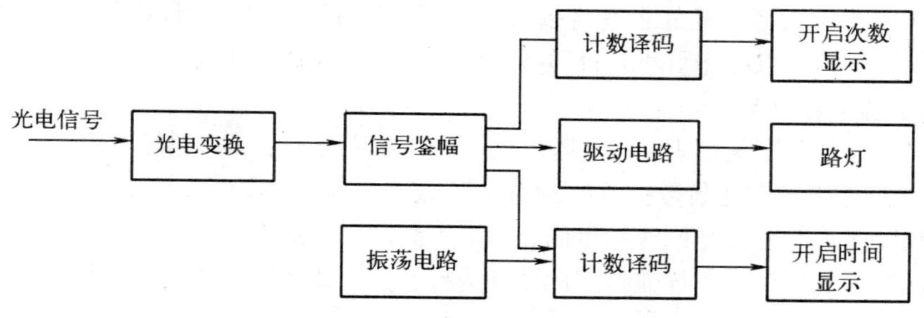

图 7-49　路灯控制器原理框图

4. 主要元器件

自选。

7.2.24　出租车自动计费器

出租车自动计费是根据客户用车的实际情况而自动显示用车费用的数字仪表。仪表根据用车起价、行车里程计费及等候时间计费 3 项求得客户用车的总费用，通过数码自动显示，还可以连接打印机自动打印数据。

1. 设计要求及技术指标

①设计一个自动计费器，具有行车里程计费，等候时间计费及起价等 3 部分。用 4 位数码管显示总的金额，最大值为 99.99 元。

②行车里程单价、等候时间单价、起价均通过 BCD 码拨盘输入。

③在车辆启动和停止时发出音响信号，以提醒顾客注意。

2. 要求完成的任务

①用可编程器件实现。

②组装、调试电路，以满足设计要求。

③画出完整电路图，写出设计实验报告。

3. 工作原理及设计思路

（1）行车里程计费　行车里程的计费电路将汽车行驶的里程数转换成与之成正比的脉冲个数，然后由计数译码电路变成收费金额。里程传感器可用干簧继电器实现，安装在于汽车轮相连接的涡轮变速器上的磁铁使干簧继电器在汽车每前进 10m 闭合一次，即输出一个脉冲信号，实验用一个脉冲源模拟。若每前进 1km，则输出 100 个脉冲，将其设为 P_3，然后选用 BCD 码比例乘法器（如 J690）将里程脉冲数乘以一个表示每千米（公里）单价的比例系数，比例系数可通过 BCD 码拨盘预置，例如单价是 1.5 元/km，则预置的两位 BCD 码为 $B_2=1$、$B_1=5$，则计费电路将里程计费变换为脉冲个数。

$P_1=P_3(B_2+0.1B_1)$，由于 P_3 为 100，经比例乘法器运算后使 P_1 为 150 个脉冲，即脉冲当量为 0.01 元/脉冲。

（2）等候里程电路　与里程计费一样，需要把等候时间变换成脉冲个数，且每个脉冲所表示的金额（即当量）应和里程计费等值（0.01 元/脉冲）。因而，需要有一个脉冲发生器产生与等候时间成正比的脉冲信号，例如，100 个脉冲/10min 并将其设为 P_4。然后通过有单价预置的比例乘法器进行乘法运算，即得到等待时间计费值 P_2。如果设等待单价是 0.45 元/分钟，则

$$P_2=P_4(0.1B_4+0.01B_3)$$

其中，$B_4=4$，$B_3=5$。

（3）起价计费　按照同样的当量将起价输入到电路中，其方法可以通过计数器的预置端直接进行数据预置，也可以按当量将起价转换成脉冲数，向计数器输入脉冲。例如起价是 8 元，则 $P_0=8$，对应的脉冲数为 $8/0.01=800$。

最后，得到总的行车费用 $P=P_0+P_1+P_2$，经计数译码及显示电路显示结果。

图 7-50 框图中表示的起价数据直接预置到计数器中作为初始状态。行车里程计费和等候时间计费这两项的脉冲信号不是同时发生的，因而可利用一个或门进行求和运算，即或运算后的信号即为两个脉冲之和，然后用计数器对此脉冲进行计数，即求得总的用车费用。

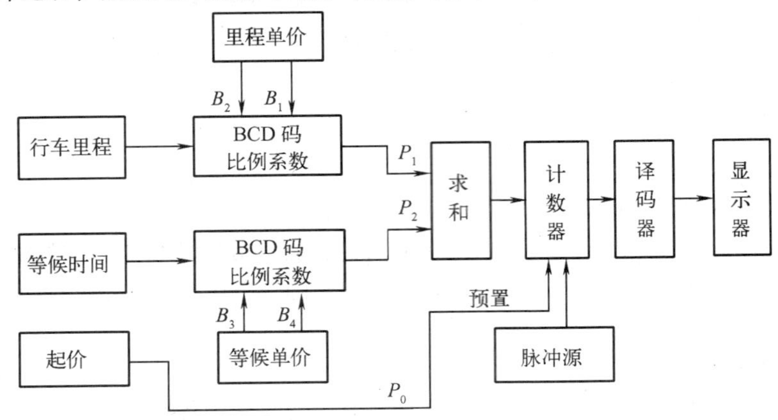

图 7-50　出租计费器原理框图

7.2.25　洗衣机控制器

普通洗衣机的主要控制电路是一个定时器，它按照一定的洗涤程序控制电机作正向和反向转动。定时器可以采用机械式，也可以采用电子式，这里要求用中小规模集成芯片设计制作一个电子定时器，来控制洗衣机的电机作如下运转：

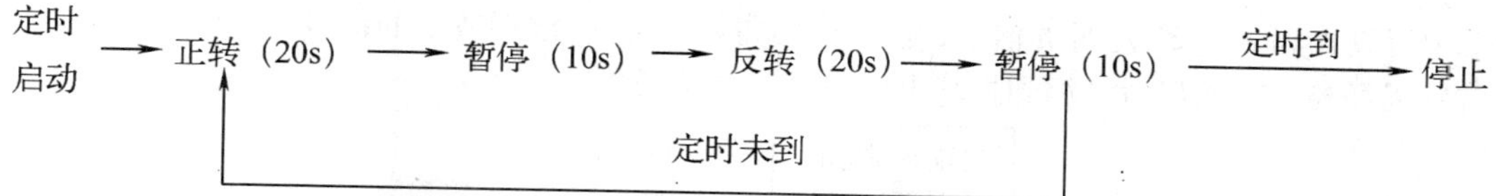

1. 设计要求及技术指标

①设电动机继电器由 K_1 和 K_2 控制，洗衣机电动机驱动电路如图 7-51 所示。洗涤时间在 0 ~ 20min 内由用户任意设定。

②用两位数码管显示洗涤的预置时间（分钟数），按倒计时方式对洗涤过程作计时显示，直到时间到而停机。

③当定时时间到达终点时，一方面使电动机停转，同时发出音响信号提醒用户注意。

④洗涤过程在送入预置时间后即开始运转。

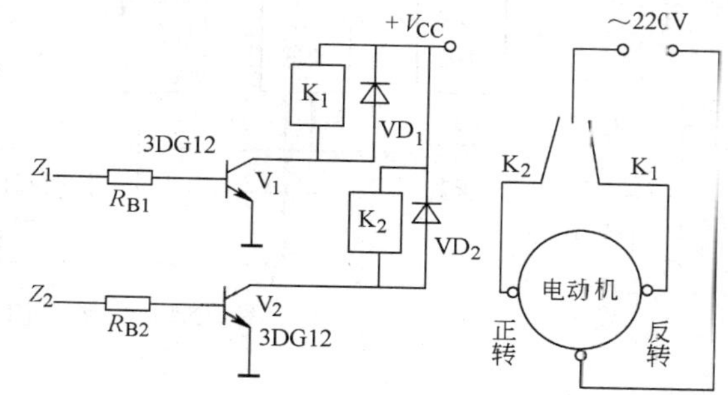

图 7-51 洗衣机电动机驱动电路

2. 要求完成的任务

①画出整体电路图，要求选用大规模可编程逻辑器件 ISP 或 FPGA 实现。

②利用设计软件对可编程器件进行设计输入、设计仿真和器件编程，使器件具有所规定的逻辑功能。

③安装调试所设计的电路，使之达到技术指标要求。

④分析实验结果，写出设计说明书。

3. 工作原理及设计思路

1）本定时器实际上包含两级定时的概念，一是总洗涤过程的定时，二是在总洗涤过程中又包含电动机的正转、反转和暂停 3 种定时，并且这 3 种定时是反复循环直至所设定的总定时时间到为止。依据上述要求，可画出总定时时间 T 和电动机驱动信号 Z_1、Z_2 的工作波形，如图 7-52 所示。

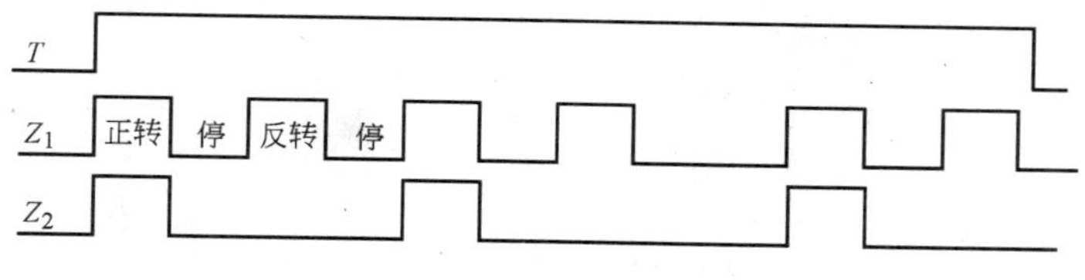

图 7-52 定时器信号时序图

当总定时时间在 0 ~ 20min 以内设定一个数值后，在此时间内 T 为高电平 1，然后用倒计时的方法每分钟减 1 直至 T 变为零。在此期间，若 $Z_1 = Z_2 = 1$，实现正转；若 $Z_1 = Z_2 = 0$，实现暂停；若 $Z_1 = 1$，$Z_2 = 0$，实现反转。

2）实现定时的方法很多，比如采用单稳电路实现定时，又如将定时初值预置到计数器中，使计数器运行在减计数状态，当减到全零时，则定时时间到。图 7-53 所示的洗衣机定时器电路原理框图就是采用后种方法实现的。由秒脉冲产生器产生的时钟信号经 60 分频后，得到分频脉冲信号。洗涤定时时间的初值先通过拨盘或数码开关设置到洗涤时间计数器中，每当分脉冲到来，计数器减 1，直至减到定时时间为止。运行中间，剩余时间经译码后在数码管上进行显示。

由于 Z_1 和 Z_2 的定时长度可分解为 10s 的倍数，由秒脉冲到分脉冲变换的六十进制计数器的

状态中可以找到 Z_1、Z_2 定时的信号，经译码后得到 Z_1、Z_2 波形所示的信号。这两个信号以及定时信号 T 经控制门输出后，得到推动电动机的工作信号。

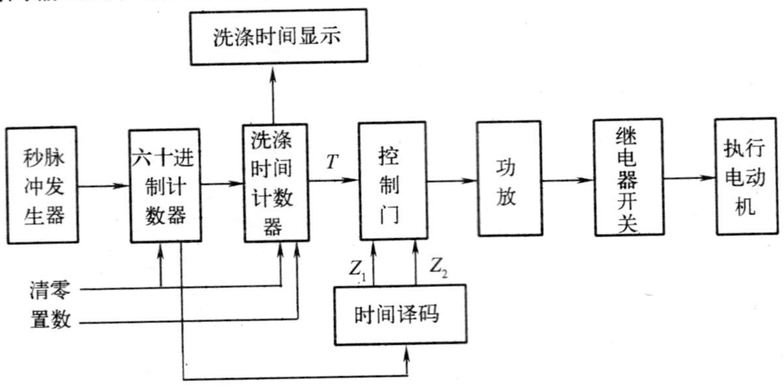

图 7-53　洗衣机定时器电路原理框图

第 8 章　Multisim10 软件的使用

EDA（Electronics Design Automation）——电子设计自动化，即用计算机帮助设计人员完成电子线路的原理性设计和仿真，从而提高设计效率、缩短开发周期。EDA 仿真已成为当前电路设计必备之过程，掌握 EDA 仿真不仅可以全面了解整个电路的性能、提高设计能力，而且可以为产品工艺设计提供必要的参考。在电类本科教学大纲中就明确要求，学生必须掌握一种以上 EDA 软件的应用，这是对电类学生的基本功要求。

Multisim10 提供了全面集成化的设计环境，完成从原理图设计输入、电路仿真分析到电路功能测试等工作。当改变电路连接或改变元件参数，对电路进行仿真时，可以清楚地观察到各种变化对电路性能的影响，可以完成各种各样的电路设计、分析、测试。熟练掌握这种测试平台的应用，既可以节约时间又可以大幅度节约成本，便于电子信息、通信工程、自动化、电气控制类专业学生自学、开展综合性、设计性实验，有利于培养学生综合分析能力、开发和创新能力。

8.1　Multisim10 软件简介

Multisim10 和 Ultiboard10 是美国国家仪器公司下属的 Electronics Workbench Group 推出的交互式 SPICE 仿真和电路分析软件，专用于原理图捕获、交互式仿真、电路板设计和集成测试。通过将 NI Multisim10 电路仿真软件和 LabVIEW 测试软件相集成，那些需要设计制作自定义印制电路板（PCB）的工程师能够非常方便地比较仿真数据和真实数据，避免设计上的反复，减少原型错误并缩短产品上市时间。

Multisim10 软件具有很强的仿真设计功能，包括：

（1）全功能电路仿真系统　有元器件的编辑、选取、放置；电路图的编辑、绘制；电路工作状况的测试；电路特性的分析；电路图报表输出、打印；档案的转出/转入。

（2）完整的系统设计工具　其强大功能包含：结合 SPICE、VHDL、Verilog HDL 共同仿真；电路图的建立；完整的零件库；SPICE 仿真；高阶 RF 设计功能；虚拟仪器测试及分析功能；计划及团队设计功能；VHDL 及 Verilog HDL 设计与仿真；FPGA/CPLD 组件合成；PCB 文件转换功能。

基于上述原因，Multisim10 非常适合电子类课程的教学和实验。

8.2　Multisim10 的集成环境

8.2.1　Multisim 10 基本界面

启动 Windows“开始”菜单中的 Multisim10，Multisim10 的基本界面如图 8-1 所示。按功能分为菜单栏、工具栏、状态栏和工具信息窗口。其中，菜单栏包括主菜单；工具栏包括系统工具栏、图形注释工具栏、主工具栏、仿真运行开关、仪器工具栏、元器件工具栏；状态栏包括运行状态条；工作信息窗口包括电路窗口、电子表格检视窗、设计工具窗。下面对各部分加以详细介绍。

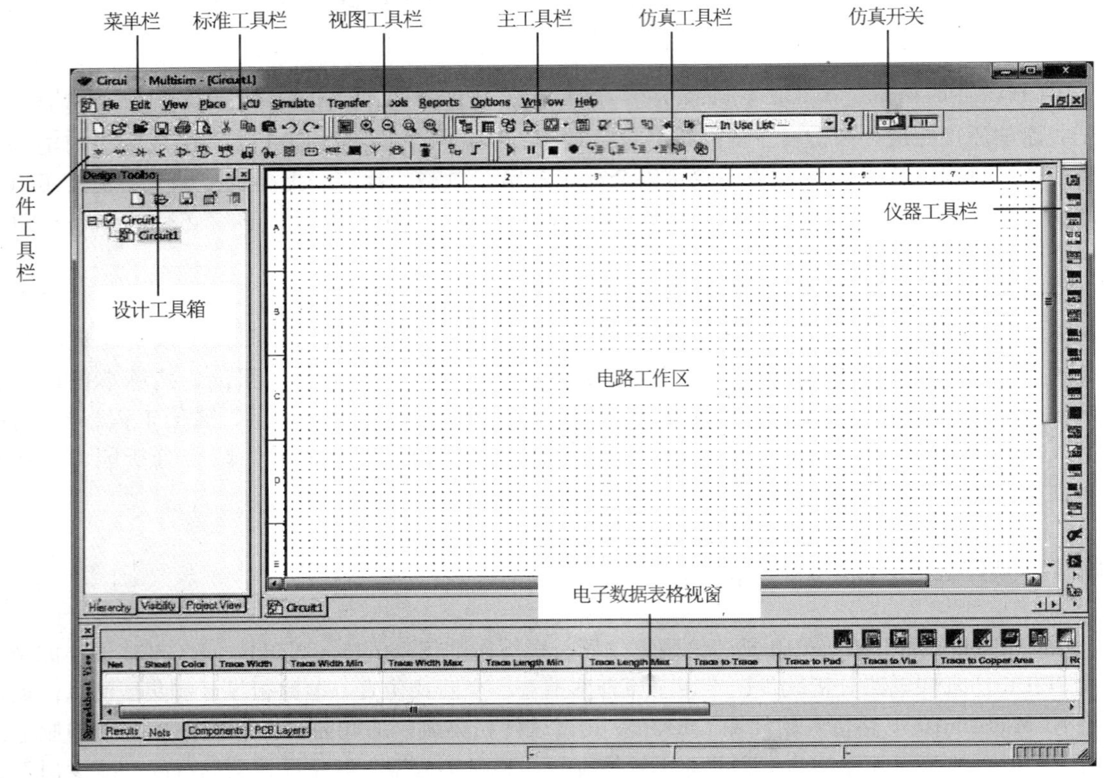

图 8-1　Multisim10 的基本操作界面

8.2.2　菜单栏

与所有 Windows 应用程序类似，菜单中提供了本软件几乎所有的功能命令。Multisim10 菜单栏包含着 12 个主菜单，如图 8-2 所示。在每个主菜单下都有一个下拉菜单，用户可以从中找到电路文件的存取、SPICE 文件的输入和输出、电路图的编辑、电路的仿真与分析及在线帮助等各项功能的命令。

File　Edit　View　Place　MCU　Simulate　Transfer　Tools　Reports　Options　Window　Help

图 8-2　菜单栏

现对 Multisim10 菜单栏中主要项所对应的主要功能说明如下：

（1）File（文件）菜单　主要用于管理所创建的电路文件，如打开、保存和打印等，如图 8-3 所示。

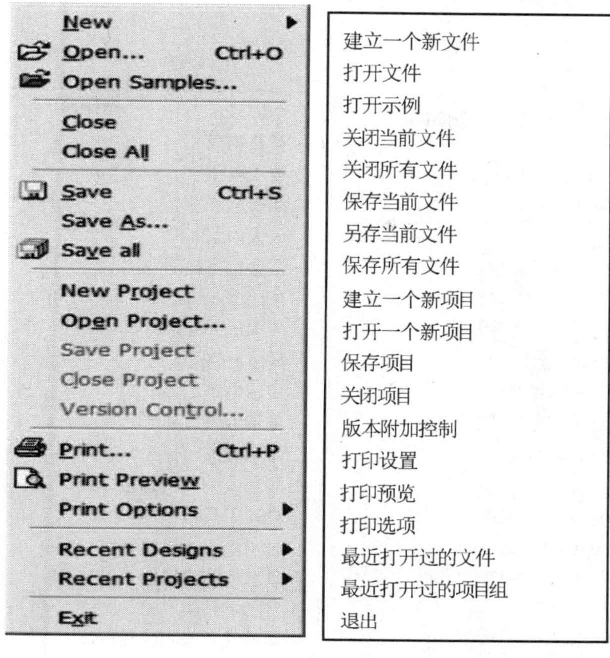

图 8-3　File 菜单

（2）Edit（编辑）菜单　主要用于在电路绘制过程中，对电路和元件进行各种技术性处理，如图 8-4 所示。

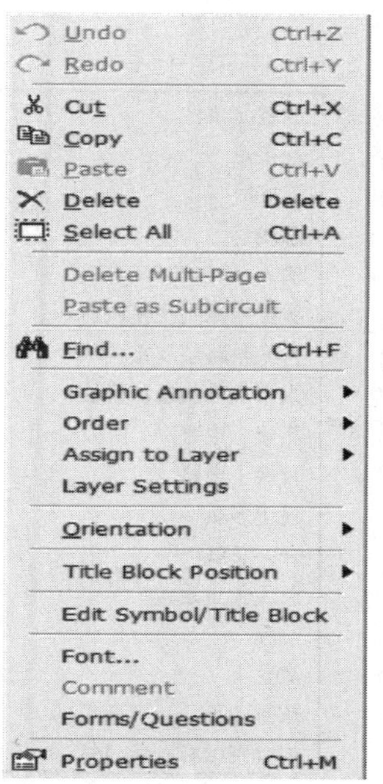

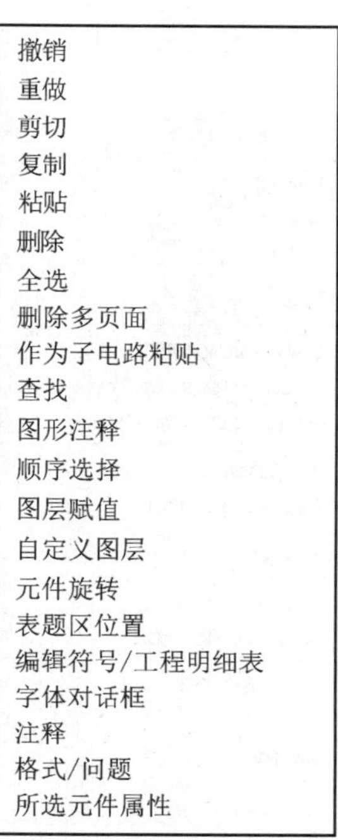

图 8-4　Edit 菜单

（3）View（窗口显示）菜单　用于确定仿真界面上显示的内容以及电路图的缩放和元件的查找，如图 8-5 所示。

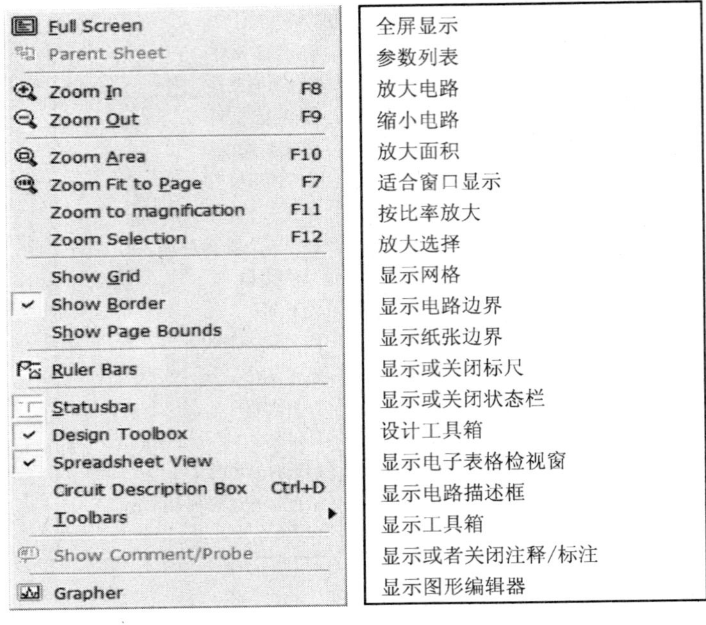

图 8-5　View 菜单

（4）Place（放置）菜单　提供在电路窗口内放置元件、连接点、总线和文字等命令，其下拉菜单如图 8-6 所示。

Place 菜单项	快捷键	说明
Component...	Ctrl+W	放置元器件
Junction	Ctrl+J	连接点
Wire	Ctrl+Q	连接线
Bus	Ctrl+U	总线
Connectors		输入/输出端口连接器
New Hierarchical Block...		新建电路层次模块
Replace by Hierarchical Block	Ctrl+Shift+H	替换电路层次模块
Hierarchical Block from File...	Ctrl+H	来自文件的层次模块
New Subcircuit	Ctrl+B	新建子电路
Replace by Subcircuit	Ctrl+Shift+B	替换子电路
Multi-Page		设置多页
Merge Bus...		合并总线
Bus Vector Connect...		总线矢量连接
Comment		注释
Text	Ctrl+T	放置文字
Graphics		放置图形
Title Block...		放置图纸标题信息栏

图 8-6　Place 菜单

（5）Simulate（仿真）菜单　提供电路仿真设置与操作命令，其下拉菜单如图 8-7 所示。

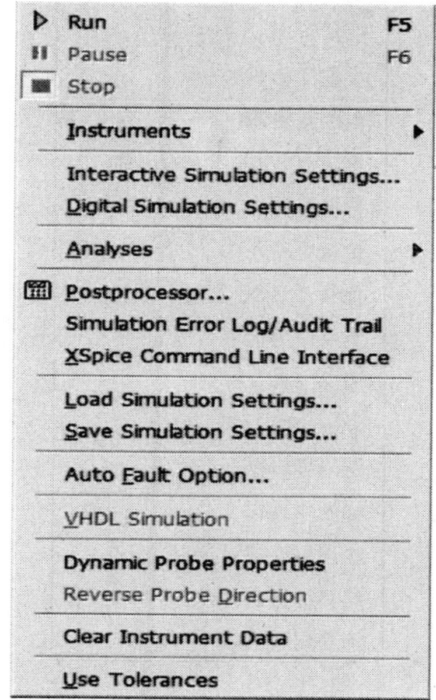

运行
暂停
停止
仪表选择
交互式仿真参数设置
数字电路仿真设置
选择仿真分析方法
打开后处理器对话框
电路仿真错误记录/检查数据跟踪
Xspice 命令行接口
调用仿真设置
保存仿真设置
自动设置电路故障
VHDL 仿真
动态探针属性
探针反向测量
清除仪器数据
元器件容差

图 8-7　Simulate 菜单

（6）Transfer（文件输出）菜单　提供将仿真结果传递给其他软件处理的命令，其下拉菜单如图 8-8 所示。

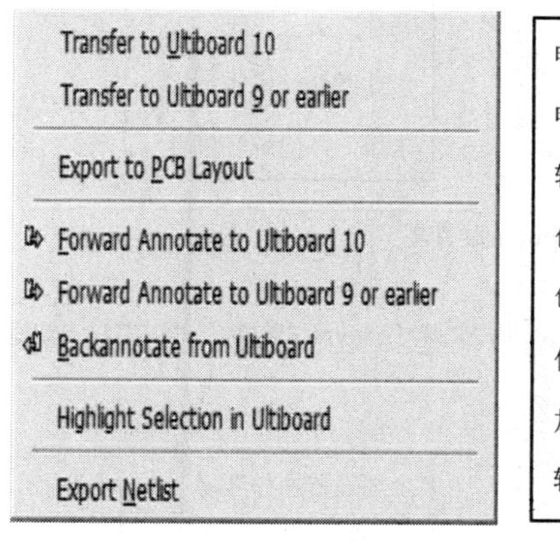

电路图传输给 Ultiboard 10
电路图传输给 Ultiboard 9 或更早的版本
输出 PCB 设计图
创建 Ultiboard 10 注释文件
创建 Ultiboard 9 或更早版本注释文件
修改 Ultiboard 10 注释文件
加亮版图选择区
输出网表

图 8-8　Transfer 菜单栏

（7）Tools（工具）菜单　主要用于编辑或管理元器件和元件库，其下拉菜单如图 8-9 所示。

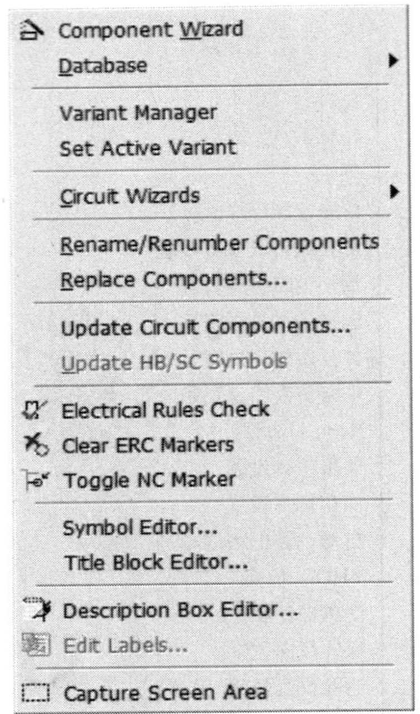

元件编辑器
数据库
变量管理
设置活动变量
电路编辑器
重新命名/重新编号元件
置换元件
更新电路元件
更新 HB/SC 符号
电气规则检查
清除 ERC 标记
设置 NC 标志
符号编辑器
标题块编辑
描述框编辑对话框
编辑标签
捕获屏幕区域

图 8-9 Tools 菜单栏

（8）Reports（报表）菜单 主要用于提供电路图材料清单，其下拉菜单如图 8-10 所示。

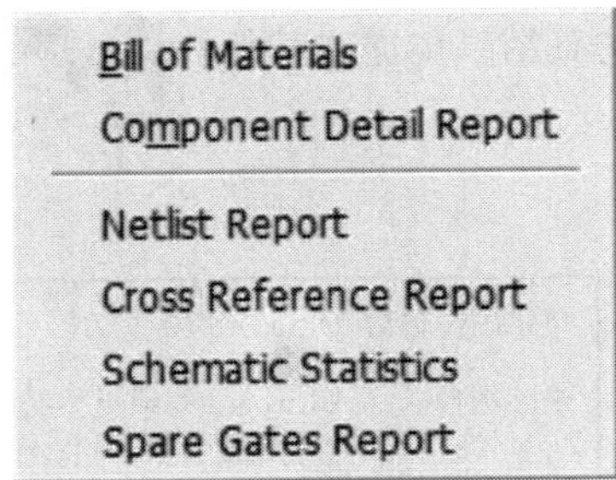

电路图器件使用清单
元器件详细参数报告
网络表报告
元件交叉参照表
电路图统计报告
未用元件门统计报表

图 8-10 Reports 菜单栏

（9）Options 菜单 用于定制电路的界面和电路某些功能的设定，其下拉菜单如图 8-11 所示。

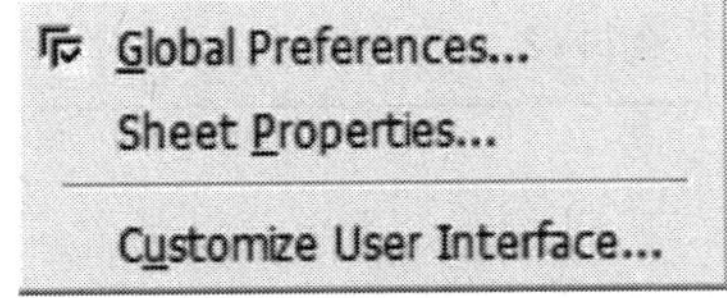

全局设置操作环境
工作表单属性
定制用户界面

图 8-11 Options 菜单栏

（10）Window（窗口） 用于调节显示窗口，其下拉菜单如图 8-12 所示。

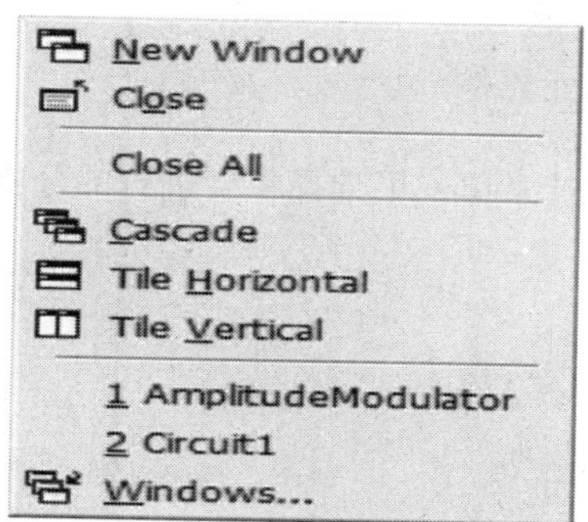

新开窗口
关闭当前窗口
关闭所有窗口
层叠窗口
窗口水平平铺
窗口垂直平铺
当前用户文档名称

窗口对话框

图 8-12　Window 菜单栏

（11）Help（帮助）　帮助菜单主要为用户提供在线技术帮助和使用指导，其下拉菜单如图 8-13 所示。

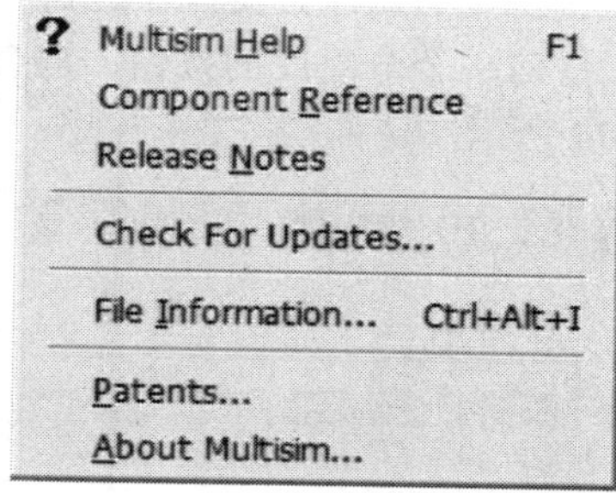

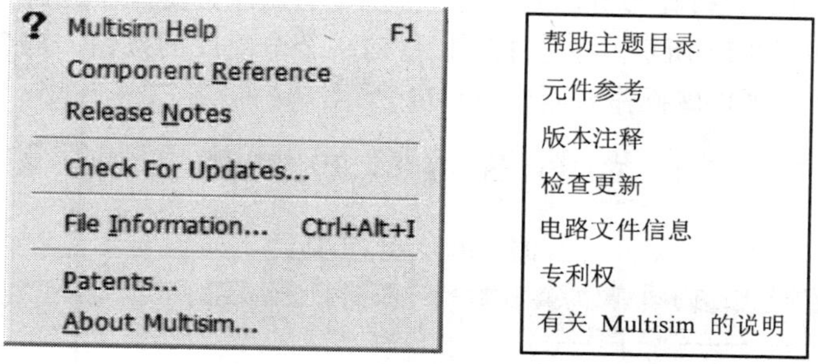

帮助主题目录
元件参考
版本注释
检查更新
电路文件信息
专利权
有关 Multisim 的说明

图 8-13　Help 菜单栏

8.2.3　标准工具栏

标准工具栏如图 8-14 所示，此栏中包括了新建、打开、保存、打印、剪切、复制、粘贴、撤销等常用的基本功能按钮，使用方法与 windows 应用程序类似。

图 8-14　标准工具栏

8.2.4　主工具栏

该工具栏是 Multisim10 的核心，集中了对已建立电路进行后期处理的主要工具，还包括了修改和维护元器件库所需要的工具，使用它可进行电路的建立、仿真和分析，并最终输出设计数据等。主工具栏如图 8-15 所示。

图 8-15　主工具栏

：层次项目按钮，用于显示或隐藏设计工具箱。

：层次电子数据表按钮，用于显示或隐藏电子表格工具栏。

：数据库管理按钮，用于开启数据库管理对话框，对元器件进行编辑。

：元件编辑器按钮，用于调整或增加元器件。

：图形编辑器分析按钮，在出现的下拉菜单中可选择将要进行的分析方法。

：用于电气规格检查。

：修改 Ultiboard 注释文件。

：创建 Ultiboard 注释文件。

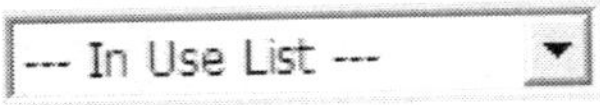

--- In Use List --- ：当前在用的元器件列表。

？：帮助信息。

8.2.5　元件工具栏

Multisim10 将所有的元件模型分门别类地放到 16 个元件分类库中，每个元件库放置同一类型的元件，其结构如图 8-16 所示。单击工具栏任何一个分组库的按钮，均会弹出一个多窗口的元器件库操作界面，元器件库操作界面如图 8-17 所示。

MISC

图 8-16　元件工具栏

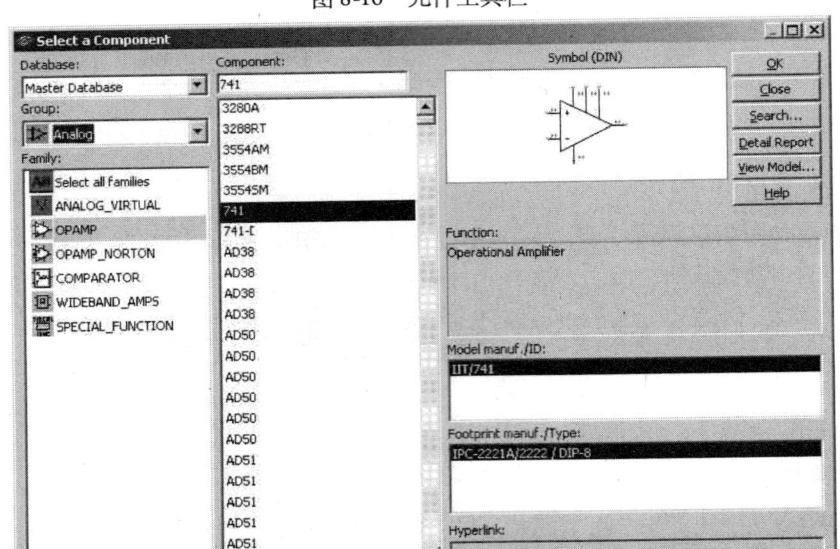

图 8-17　元器件库操作界面

：电源元件库。

：基本元器件库，含有基本虚拟器件、额定虚拟器件、排阻、开关、变压器、非线性变压器、继电器、连接器、插座、电阻、电容、电感、电解电容、可变电容、可变电感等基本元件。

：二极管库，包括虚拟二极管、齐纳二极管、发光二极管、整流器、稳压二极管、晶闸管整流管、双向开关二极管、变容二极管等各种二极管。

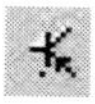

：晶体管库，包括 NPN 和 PNP 型的各种型号的晶体管。

：模拟元器件库，含有虚拟运算放大器、诺顿运算放大器、比较器、宽带放大器、特殊功能放大器。

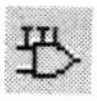

：TTL 元器件库，含有各种 74 系列及 74lS 系列的 TTL 芯片。

：CMOS 元器件库，同 TTL 元件库。

：其他数字元器件库，放置杂项数字电路，含有 51 和 51 芯片及各种 RAM 和 ROM。

：模数混合元器件库，放置杂项元件，含虚拟混合元器件、定时器、模/数转换器和数/模转换器及各种模拟开关。

：指示器元件库，含有电压表、电流表、探测器、蜂鸣器、电灯、虚拟白炽灯，数码管及条形光柱。

：杂项库元器件库，含有晶振、真空管、开关电源降压转换器、开关电源升压转换器等。

：外设库，含有液晶显示器、键盘等。

：RF 射频元器件。

：电机元器件按钮。

：放置 MCU。

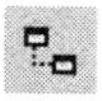

：设置层次栏按钮。

：放置总线按钮。

8.2.6 仪表工具栏

该工具栏含有 21 种用来对电路工作状态进行测试的仪器仪表，习惯上将其工具栏放置于工作平台的右边（见图 8-1），这里为了方便，将其横向排列，如图 8-18 所示。

图 8-18 仪器工具栏

这 21 个测量仪表从左至右分别是：数字万用表（Multimeter）、函数信号发生器（Function Generator）、瓦特表（Wattmeter）、双通道示波器（Oscilloscope）、四通道示波器（4 Channel Oscilloscope）、伯德图仪（Bode Plotter）、频率计（Frequedcy Counter）、字信号发生器（Word Generator）、逻辑分析仪（Logic Analyzer）、逻辑转换器（Logic Converter）、IV 分析仪（IV-Analysis）、失真分析仪（Distortion Analyzer）、频谱分析仪（Spectrum Analyzer）和网络分析仪（Network Analyzer）、Agilent 信号发生器（Agilent Function Generator）、Agilent 万用表（Agilent Multimeter）、Agilent 示波器（Agilent Oscilloscope）、示波器（Tektronix Oscilloscope）、实时测量探针（Measurement Probe）、LabVIEW 虚拟仪器（LabVIEW Instruments）和电流探针（Current Probe）。

8.2.7 其他部分

（1）电路窗口　界面的中央就是电路窗口。电路窗口也称为 Workspace，相当于一个现实工作中的操作平台，电路图的编辑绘制、仿真分析及波形数据显示等都将在此窗口中进行。

（2）仿真开关　由仿真运行/停止和暂停按钮组成，用以控制仿真进程。

（3）视图工具栏　包含了对主窗口（即电路窗口）内的视图进行放大、缩小等操作的功能按钮。Multisim10 支持用鼠标滚轮代替使用缩放按钮对视图的缩放功能。

（4）仿真工具栏　包括仿真运行、暂停、停止等按钮，主要用于对单片机程序的调试。

（5）设计工具箱　用来管理原理图的不同组成元素。设计工具箱由 3 个不同的选项卡组成，分别为层次化（Hierarchy）选项卡、可视化（Visibility）选项卡和工程视图（Project View）选项卡。

①“层次化”选项卡：该选项卡可以显示所设计电路原理图的分层情况，页面上方的 5 个按钮从左到右为：新建原理图、打开原理图、保存、关闭当前电路图和（对当前电路、层次化电路和多页电路）重命名。

②“可视化”选项卡：由用户对电路原理图指定图层参数信息的显示进行设定。

③“工程视图”选项卡：显示所建立的工程，包括原理图文件、PCB 文件、仿真文件等。

（6）电子表格检视窗　它是一个以电子表格方式显示电路设计内容的工作窗口。用以显示和输出，如网络形式、元器件连接、PCB 图层等设计信息。

（7）状态栏　状态栏在界面的最下边，用以显示仿真状态、时间等信息。

8.3 电路仿真过程

以图 8-19 所示的单管放大电路（射极偏置放大电路）为例，简略介绍 Multisim 仿真过程。其中包括电路窗口的设置、元器件的调用、电路的连接、虚拟仪器的使用和电路分析方法等内容。

从图中可以看出该电路由 1 只 3DG6 晶体管（设 $\beta=80$）、3 个电容、7 只电阻和 1 只电位器以及 12V 的直流电源和交流信号源组成。改变电位器 Rp，输出随之变化引起失真的情况时，可用示波器来观察。该电路也可以在实验箱上完成，两者相比较，在 Multisim 环境下更方便对实验电路的参数进行调整和修改。

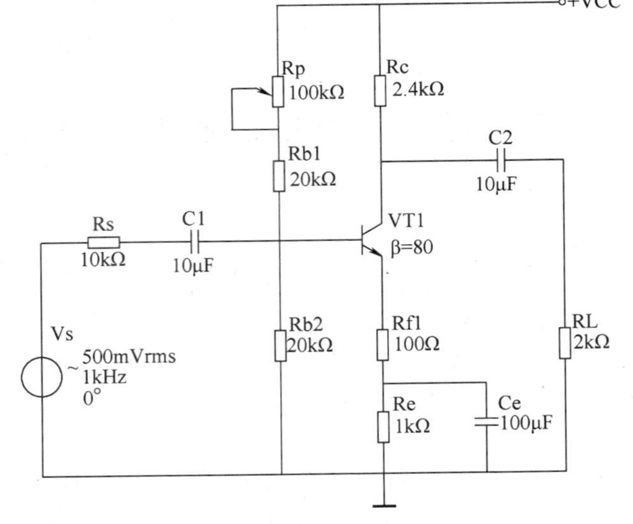

图 8-19　晶体管单管放大电路

8.3.1 编辑原理图

编辑原理图包括建立电路文件、设计电路界面、放置元件、连接线路、编辑处理及保存文件等步骤。

（1）建立电路文件　若从启动 Multisim 系统开始，则在 Multisim 基本界面上总会自动打开一个空白的电路文件。在 Multisim 正常运行时也只需单击系统工具栏中 New 按钮，同样将出现一个空白的电路文件，系统自动命名为 Circuit 1，可以在保存其电路文件时再重新命名。

（2）设计电路界面　初次打开 Multisim 时，Multisim 仅提供一个基本界面，新文件的电路窗口是一片空白。在进行某个实际电路实验之前，通常会考虑这个电路界面如何布置，如需要多大的操作空间、元器件及仪器仪表放在什么位置。在针对某个具体文件时应当考虑设计一个富有个性的电路界面，这可通过菜单 View 的各个命令，或 Options 菜单栏中的若干个选项来实现。对本例，则：

①选取 Options 中的 Global preferences…，然后打开 Parts 页，如图 8-20 所示。

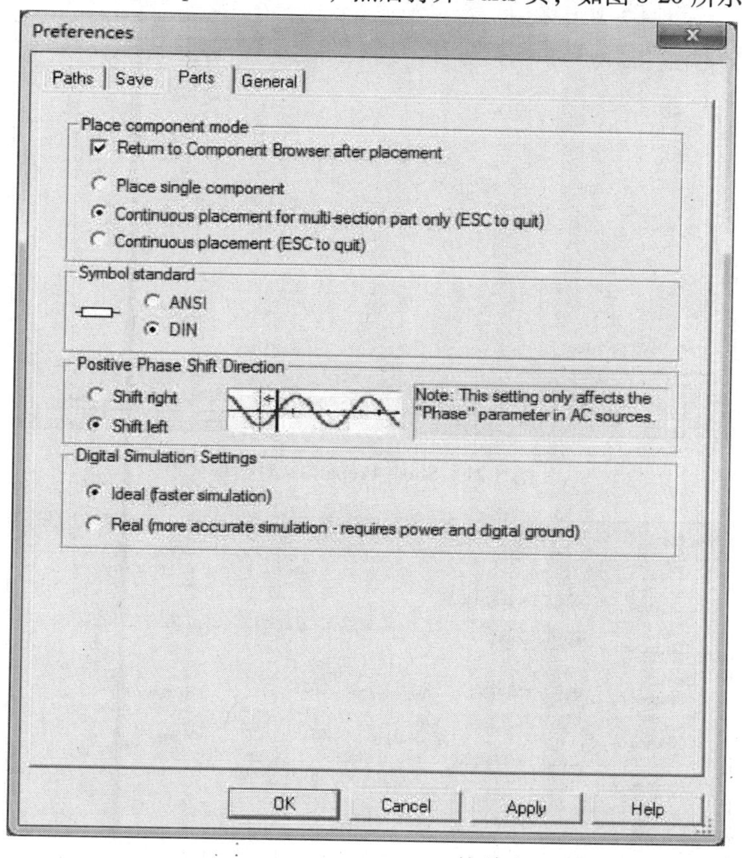

图 8-20　Preferences 对话框

选中 Symbol standard 区内的 DIN 项。Multisim 提供了两套电气元器件符号标准，其中 ANSI 是美国标准，DIN 是欧洲标准。DIN 与我国现行的标准非常相近，所以应该选择 DIN。

②选择 Options 中的 Sheet Properties 下的 Workplace 页，如图 8-21 所示。

选中 Show Grid（也可从 View 菜单中选取 Show Grid 项），在电路窗口中则出现栅格，使用栅格便于电路元器件之间的连接，使创建出的电路图整齐美观。

③单击菜单栏 Place/Title Block 命令，在打开对话框的查找范围处指向 Multisim/Titleblocks 目录，在该目录下选择一个 *. tb7 图纸标题栏文件，放在电路工作区。用鼠标指向文字块，双击鼠标左键，在打开的 Title Block 对话框中，对其相关内容进行设计，如图 8-22 所示。

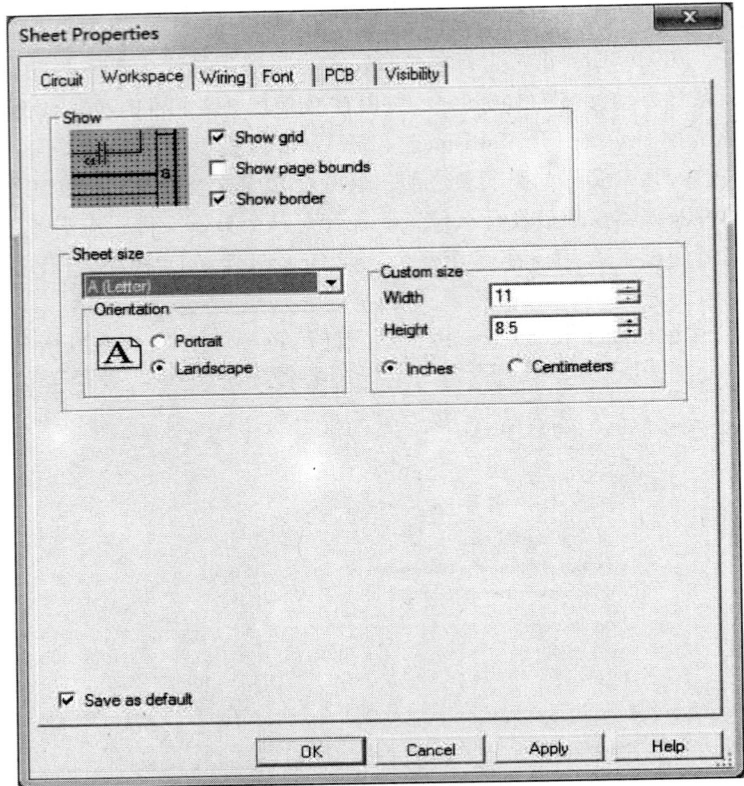

图 8-21　Sheet Properties 对话框

Title Block

Title	实验二 单管放大电路				
Description	单管放大电路				
Designed by	电子技术课程组	Document No	0001	Revision	1.0
Checked by		Date	&d	Size	A
Approved by		Sheet	&p of &P		
Custom Field 1					
Custom Field 2					
Custom Field 3					
Custom Field 4					
Custom Field 5					

OK　Cancel　Help

图 8-22　Title Block 对话框

经过以上简单的几步设置后，其界面如图 8-23 所示。如果选择 Sheet Properties 对话框中的 Circuit 页，还可以设置电路的颜色、大小及文字的放置等。

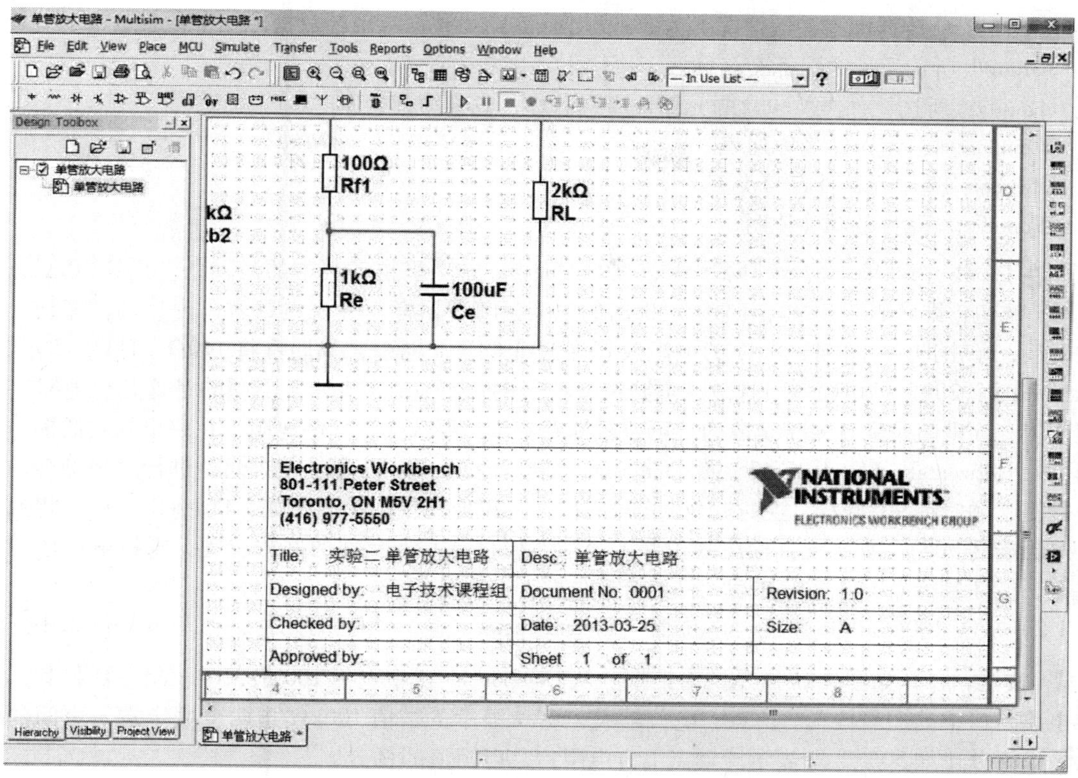

图 8-23　用户设置的界面

（3）放置元件　Multisim 已将精心设计的若干元器件模型放置在元件工具栏的元件库中，这些元器件模型是进行电路仿真设计的基础。电路仿真设计的第一步就是要考虑如何选择与放置所需的元器件。

1）放置电阻　用鼠标左键单击元件工具栏上的基本元件库（Basic）按钮，基本元件库即可自动打开。如图 8-24 所示。

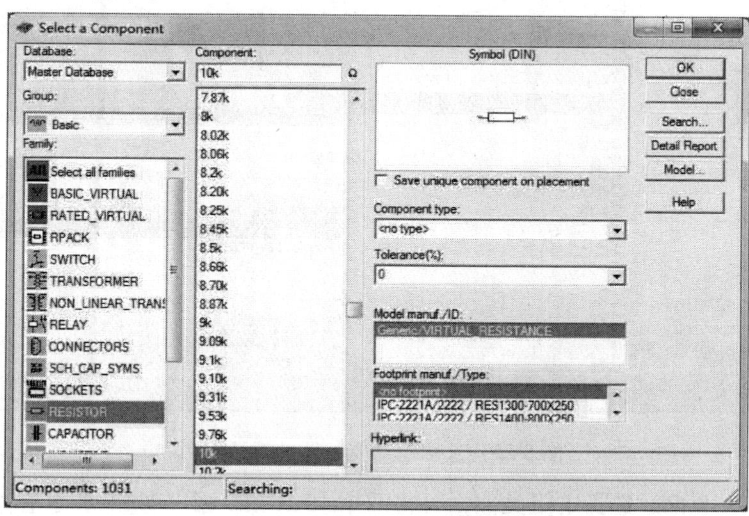

图 8-24　基本元件库对话框

Database：数据库，默认情况下为 Master Database，它是常用的数据库。

Group：所选元件的图标类名称。

Family：所选元件类所包含的元器件序列名称，也称为分类库。

Component：元器件名称列表。

Symbol：选中元器件符号类型。

Function：元件的功能说明。

在 Family 选项里单击 RESISTOR，在 Component 选项里拉动其中的滚动条，找到 10kΩ，单击 OK 按钮，即将 10kΩ 的电阻选中。选出的电阻紧随着鼠标指针在电路窗口内移动，移到合适位置后，单击即可将这个 10kΩ 的电阻放置在当前位置。同理，我们可将 100Ω、1kΩ、2.4kΩ、2kΩ 和两个 20kΩ 的电阻一一选放到电路窗口适当的位置上，与 10kΩ 不同的是这几个电阻要垂直放置，而电阻是默认横着摆放的，可以鼠标右键单击要改变方向的电阻，在弹出的对话框中选择 Flip Horizontal、Flip Vertical、90 Clockwise 或 90 CounterCW 命令，可对元件进行水平翻转、垂直翻转、顺时针 90°旋转、逆时针 90°旋转操作（可以使用快捷键。例如，Ctrl + R 就可以将元件顺时针旋转 90°）。如果元件摆放的位置不合适，想移动一下元件的摆放位置，则将鼠标放在元件上，按住鼠标左键，即可拖动元件到合适位置。

2）放置 100kΩ 的电位器　电位器（Potentiometer）是一个三端元件，在基本元件库中。单击按钮，打开如图 8-25 所示的对话框。从 Component 栏中选择 100kΩ，与电阻一样将其选放在电路窗口中的适当位置。注意：电位器符号旁所显示的数值 100kΩ 指两个固定端子之间的阻值，而百分比如 50%，则表示滑动点下方电阻占总电阻值的百分比。

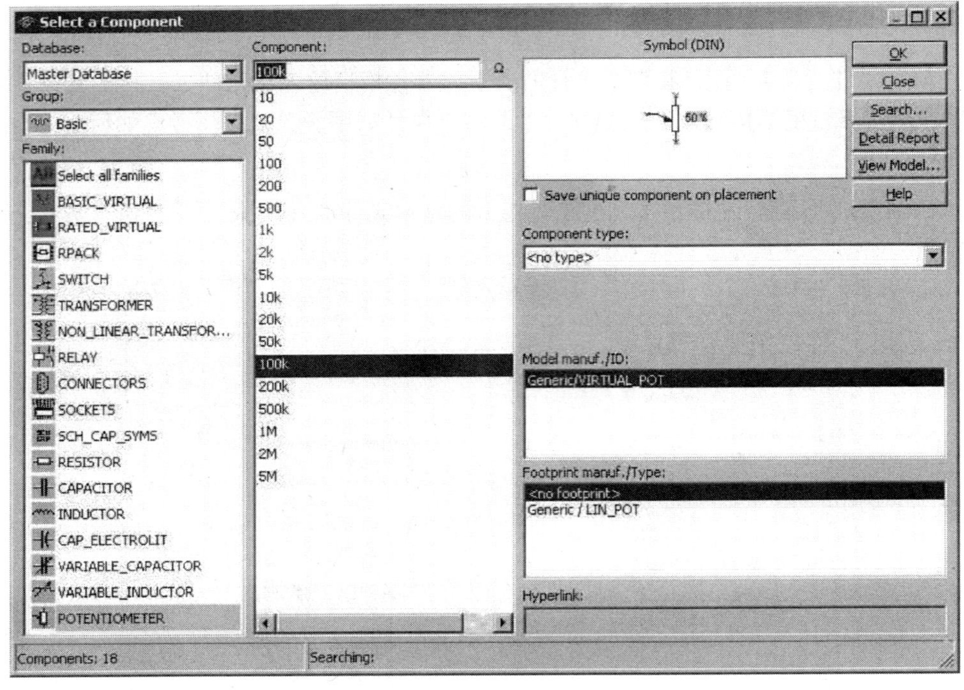

图 8-25　选取滑动变阻器的对话框

3）放置电容　与前述选择电阻类似，可将两个 10μF 和一个 100μF 的电容选放到电路窗口的适当位置。单击 Basic 元件库按钮，在 Family 选项里单击 CAPACITOR，在 Component 选项里拉动其中的滚动条，找到10μF，如图8-26所示。单击OK按钮，即将10μF的电容选中并拖放到合适的工作区。

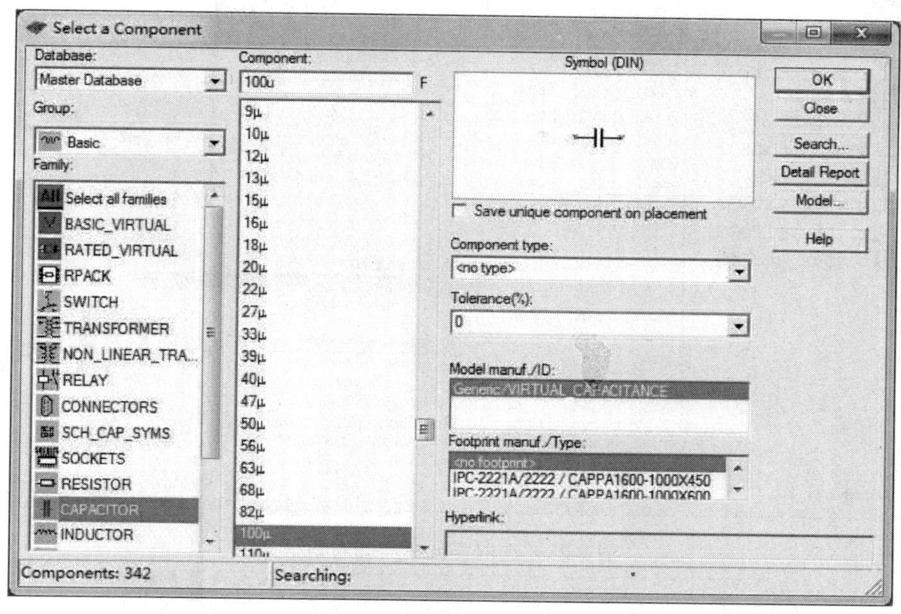

图8-26　选取电容对话框

4）放置12V的直流电源　直流电源为放大电路提供电能。Multisim环境下的这个电压源可直接从电源库（Source）中选取。当鼠标左键单击电源库按钮，电源库的Family窗口内的元器件图8-27所示。

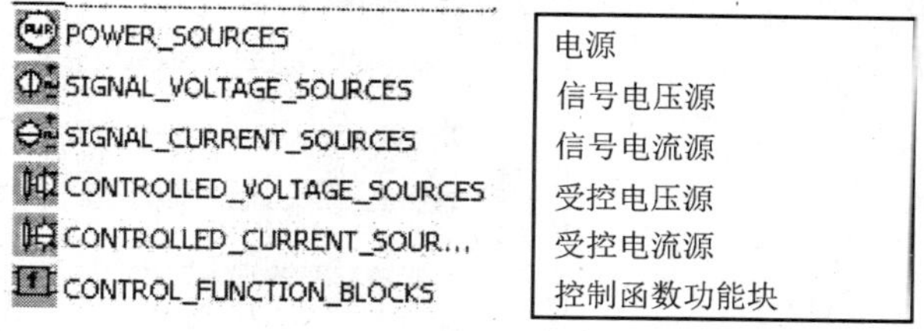

图8-27　电源库中的元器件列表

选中“电源（POWER _ SOURCES）”，其“Component”栏下内容如图8-28所示。有交流电源、直流电源、非线性电源、TTL电源、CMOS电源等，还要1个接地端和1个数字电路接地端。可选的直流电压源有“DC _ POWER”和“VCC”，前者是一个电压值可设置的理想电压源，而后者是直流电压源的简化表示形式 VCC ，主要用于数字电路中（VCC常用于为数字元件提供电能或逻辑高电平。双击其符号，打开Digital Power对话框中可对其数值进行设置，正值和负值均可。注意同一个电路只能有一个VCC，如有另一个数字电源，可以打开Digital Power对话框，在Label选项卡下修改其RefDes，如修改为VCC1）。

这里选用理想电压源，选择“DC _ POWER”，单击OK按钮，即可取出一个正好是12V的电压源。如果需要其他电压值，双击已经放置在电路窗口中的该电压源的符号。在打开的DC _ POWER属性对话框中的Value栏中进行设置，如图8-29所示。

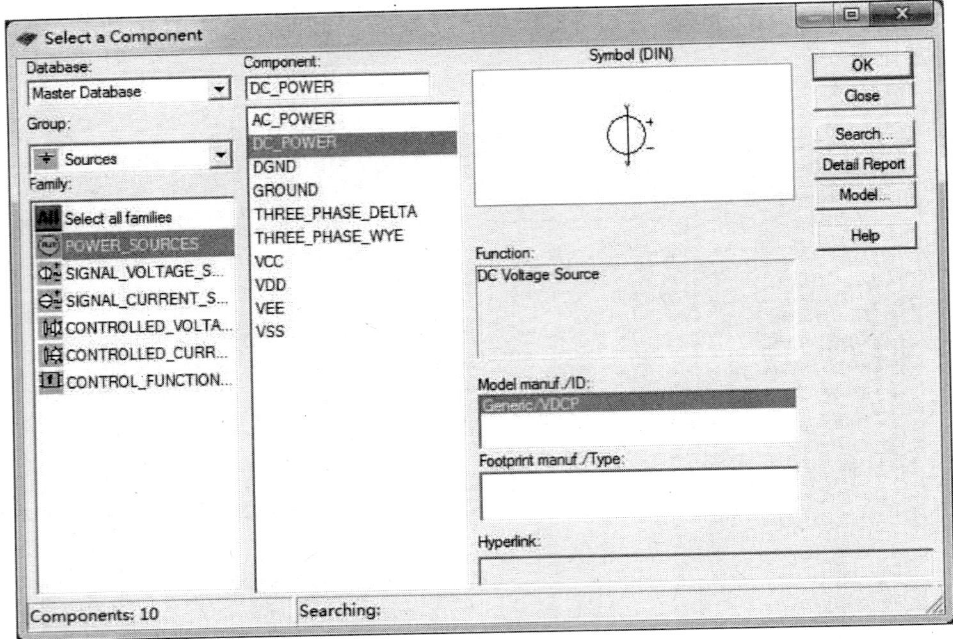

图 8-28　选取直流电压源对话框

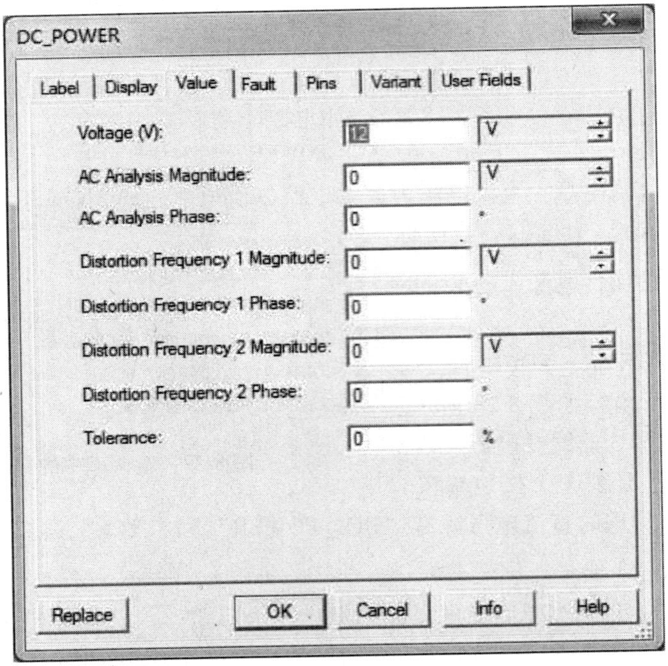

图 8-29　DC _ POWER 属性对话框

5）放置交流信号源　单击 Source 库中的图标，选择“AC _ POWER”，带出一个参数是120Vrms（Voltage RMS）60Hz 0°的交流信号源 120 Vrms 60 Hz 0°，放到电路窗口适当的位置上。本例要求的信号源是：500mVrms 1kHz 0°，双击电路窗口中该信号源符号，打开 AC _ POWER 对话框，如图 8-30 所示。

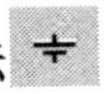

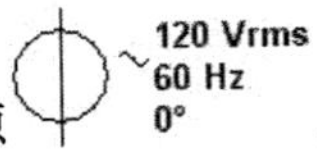

在 Value 页中将 Voltage 的值修改为 500mVrms，该值为电压有效值（Voltage RMS）

AC_POWER

Label | Display | Value | Fault | Pins | Variant | User Fields

Voltage (RMS):	500	mV
Voltage Offset:	0	V
Frequency (F):	1000	Hz
Time Delay:	0	sec
Damping Factor (1/sec):	0	
Phase:	0	°
AC Analysis Magnitude:	1	V
AC Analysis Phase:	0	°
Distortion Frequency 1 Magnitude:	0	V
Distortion Frequency 1 Phase:	0	°
Distortion Frequency 2 Magnitude:	0	V
Distortion Frequency 2 Phase:	0	°
Tolerance:	0	%

Replace　OK　Cancel　Info　Help

图 8-30　AC _ POWER 属性对话框

6）放置 NPN 晶体管　NPN 晶体管是放大电路的核心，当鼠标左键单击晶体管库按钮，打开的对话框如图 8-31 所示。

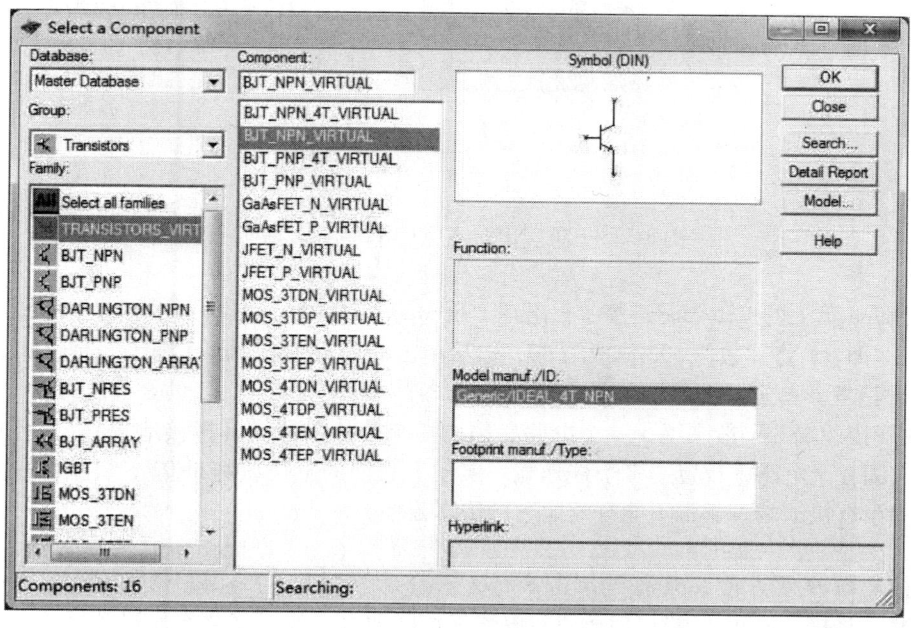

图 8-31　NPN 晶体管选择对话框

晶体管模型也分为现实模型和虚拟模型两种，但比前面所介绍的几个器件的模型复杂得多。由于 Multisim 是国外的公司，所以它所设计的现实模型主要是国外几个大公司的产品，如 Zetex、TI 及 National 等，本例中用到的 3DG6（$\beta=80$），没有相对应的晶体管器件模型，因此，只能从虚拟模型中选取。3DG6 是国产的 NPN 型管，使用 BJT _ NPN _ VIRTUAL 来代替。与选取虚拟电阻方法一样，从晶体管库中取出 BJT _ NPN _ VIRTUAL 放到电路窗口适当位置上。3DG6 的主要参数 $\beta=80$，而 BJT _ NPN _ VIRTUAL 的典型值是 100，需要修改。双击电路窗口中 BJT _ NPN _ VIRTUAL 的元件符号，打开 BJT _ NPN _ VIRTUAL 属性对话框，如图 8-32 所示。

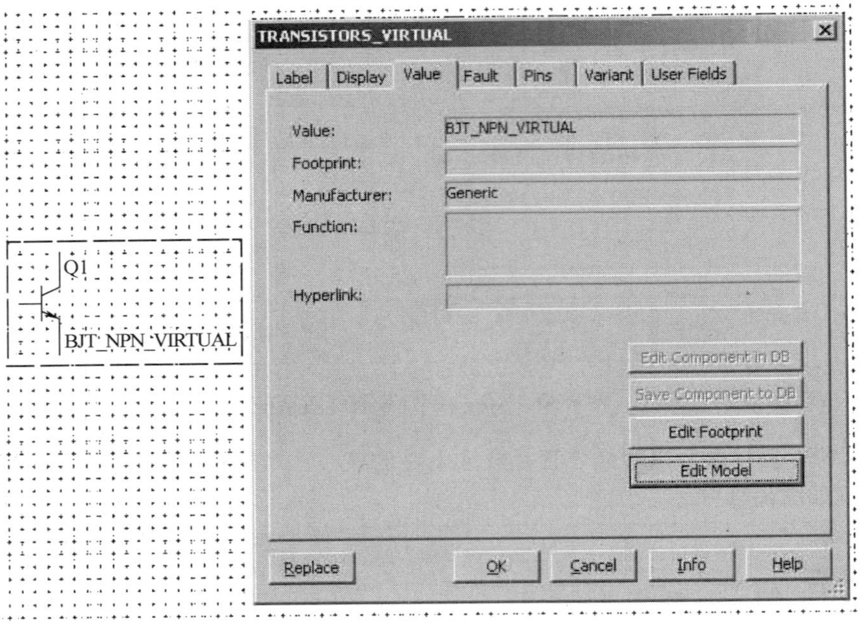

图 8-32　BJT _ NPN _ VIRTUAL 属性对话框

单击 Value 页上的 Edit Model 按钮，出现 Edit Model 对话框，如图 8-33 所示。这里有许多参数，其中 BF 即 β。将其数值 100 修改为 80，然后单击 Change Part Model 按钮，回到 BJT _ NPN _ VIRTUAL 对话框。单击“确定”按钮，则完成对 BJT _ NPN _ VIRTUAL 的 β 值的修改。

7）放置接地端　一般来说，一个电路必须有一个公共参考点（即接地端），而且只能有一个。有时在同一个电路中放置了多个接地端，实质上它们的电位值都是 0V，属于同一点。如果一个电路中没有接地端，通常不能有效地进行仿真分析。

调用接地端非常方便，只需再单击 Source 元件库，在 POWER_SOURCES 中找到“GROUND”，将接地按钮拖出后放置在电路工作区即可。放置完全部元器件后的电路窗口如图 8-34 所示。

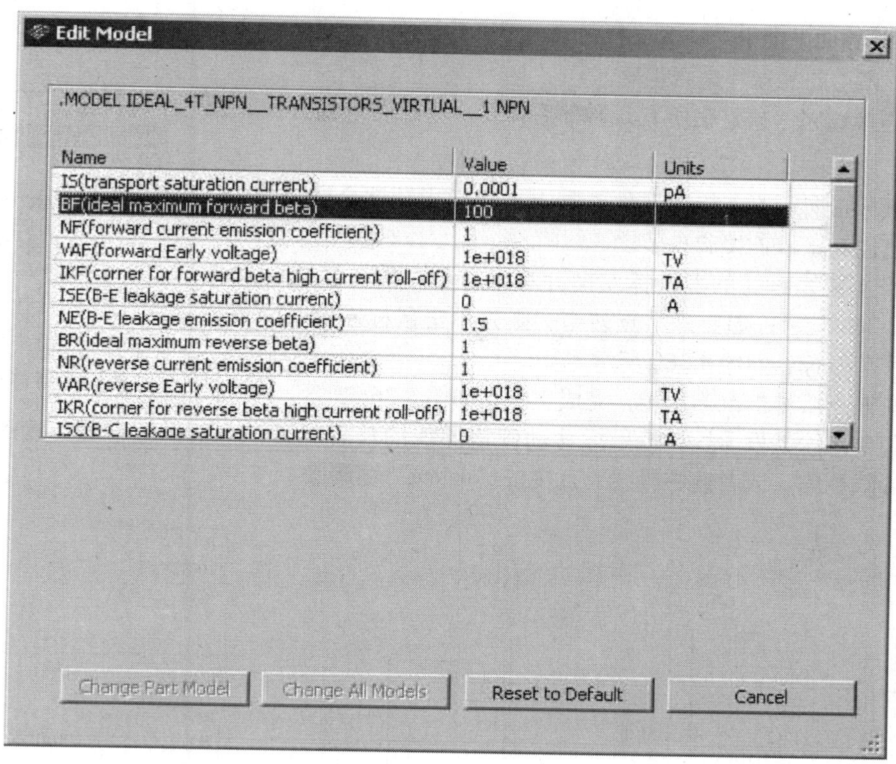

图 8-33　Edit Model 对话框

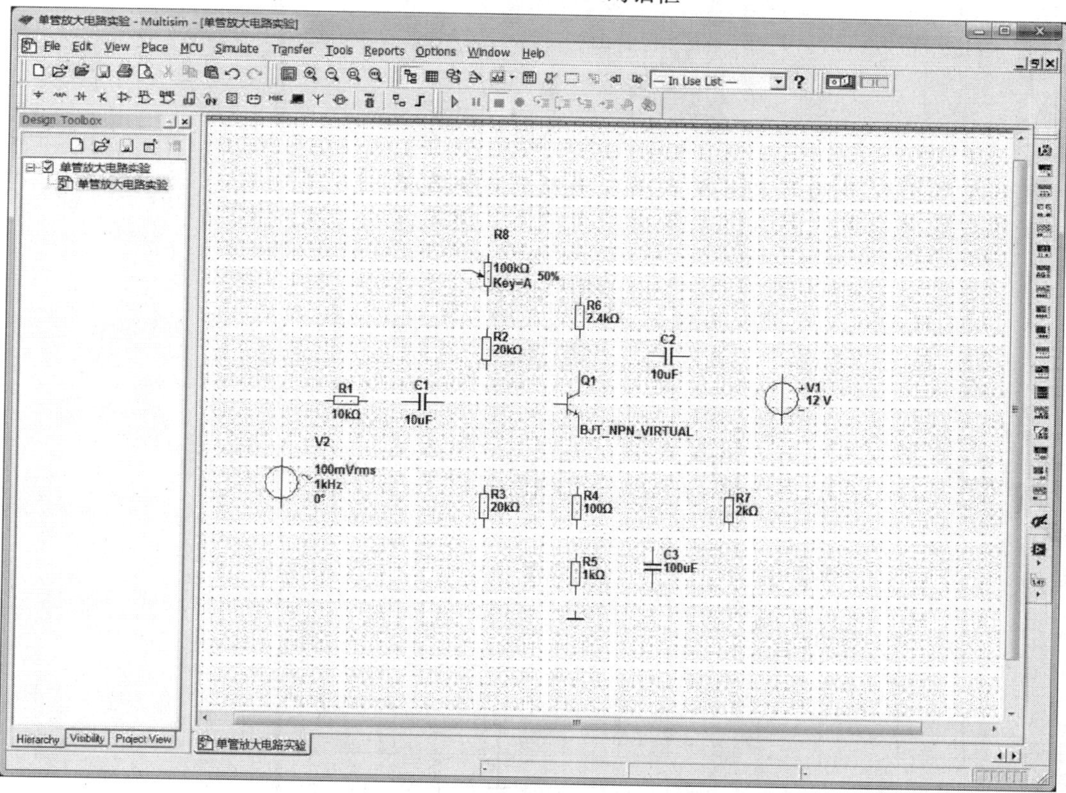

图 8-34　已放置在电路窗口中的元器件

Multisim 界面上的 In Use List 栏内列出了电路所使用的所有元器件，如图 8-35 所示，使用它可以检查所调用的元器件是否正确。

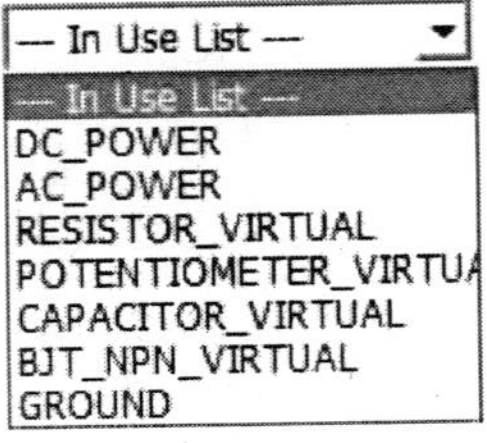

图 8-35 电路中所使用的所有元器件列表

（4）连接线路　放置完所有元器件后需要对其进行线路连接，操作步骤如下：

①将鼠标指向所要连接的元件引脚上，鼠标指针就会变成✦状，表示导线已经和正极连接起来了。

②开始连接线路：单击鼠标左键并移动鼠标，即可拉出一条虚线，如图 8-36a 所示；如要从某点转弯，则先单击鼠标左键，固定该点，然后移动鼠标，如图 8-36b 所示。

③到达终点后单击鼠标左键，完成连线，如图 8-36c 所示。

如果想要删除某根导线，将鼠标移动到该导线的任意位置，单击鼠标右键，选择“删除”即可将该导线删除。或者选中导线，直接按“delete”键删除。

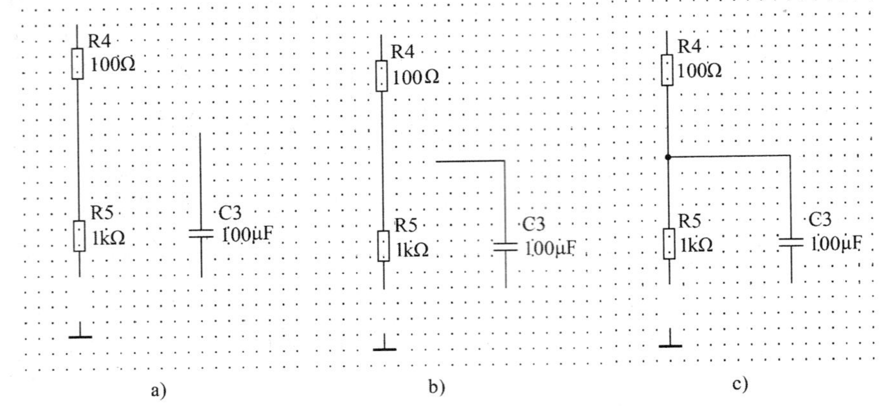

图 8-36 线路连接方法

用上述方法就可对整个电路进行连线，连接后的电路如图 8-37 所示。

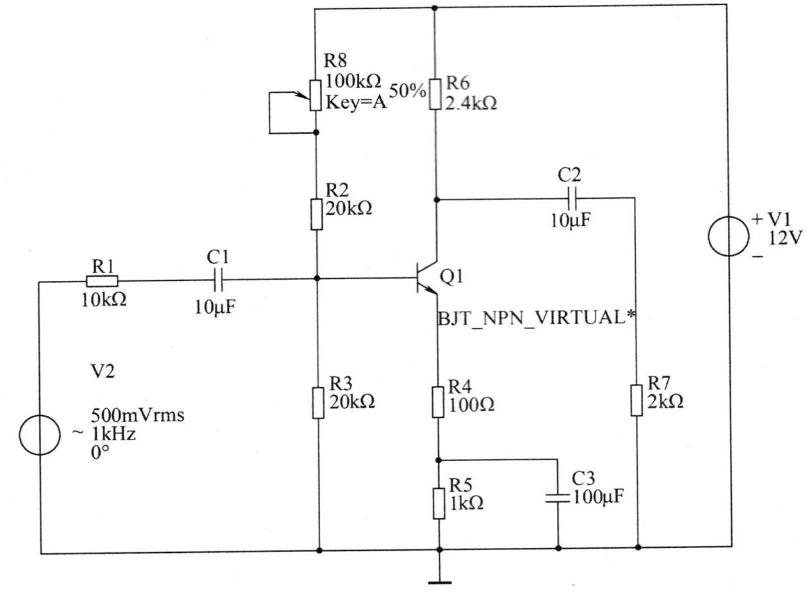

图 8-37 连接后的电路

（5）对电路图进一步编辑处理　为了使电路窗口中已编辑的电路图更整洁、更便于仿真分析，可以对电路图做进一步编辑处理。

1）修改元件的参考序号（Reference ID）　元件的参考序号是在元件选取时由系统自动给定的，但有时与我们的习惯表示不同，如本例中 R_6 习惯应表示为 R_c，可以通过双击该元件符号，在其属性对话框中修改其参考序号。仍以 R_6 为例，其属性对话框如图 8-38 所示，将 Label 页上 Reference ID 栏内的 R_6 修改为 R_c。

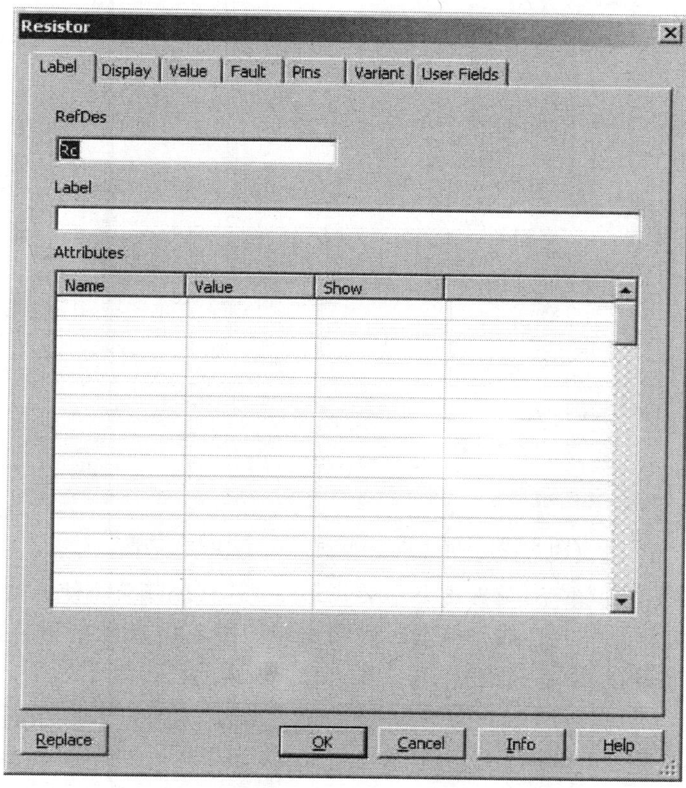

图 8-38　Resistor 属性对话框

2）调整元件和文字标注的位置　如对某些元件放置的位置不满意，可以调整其位置。调整位置的方法是：选中这些元件，单个元件只要将鼠标指针指向所要调整位置的元件，然后单击即可。若要同时选中多个元件时，可按住鼠标左键，拖出一个虚线框框住所要移动的元件，松开左键即可。所选中元件的 4 个角上将各出现一个小方块。要大幅度移动元件的位置可以直接拖动；小幅度的位置调整，最好是利用键盘上的方向键。

当对电路上的元件进行连线、移动、翻转或旋转时，元件的序号（如 R_1）或数值（如 10kΩ）等文字标注可能会出现在不恰当的位置上。调整的方法是：指针指向所要调整位置的元件序号或元件值上，点击则对应文字的 4 个角上各出现一个小方块表示选中。按住鼠标左键直接拖动或者利用键盘上的方向键移动即可。

3）显示电路的节点号　电路元件连接后，系统会自动给出各个节点的序号。但有时这些节点号并未出现在电路图上，这时可启动 Options 菜单中的 Sheet Properties，然后打开 Circuit 页，选中 Net Names 框内的 Show All，如图 8-39 所示。

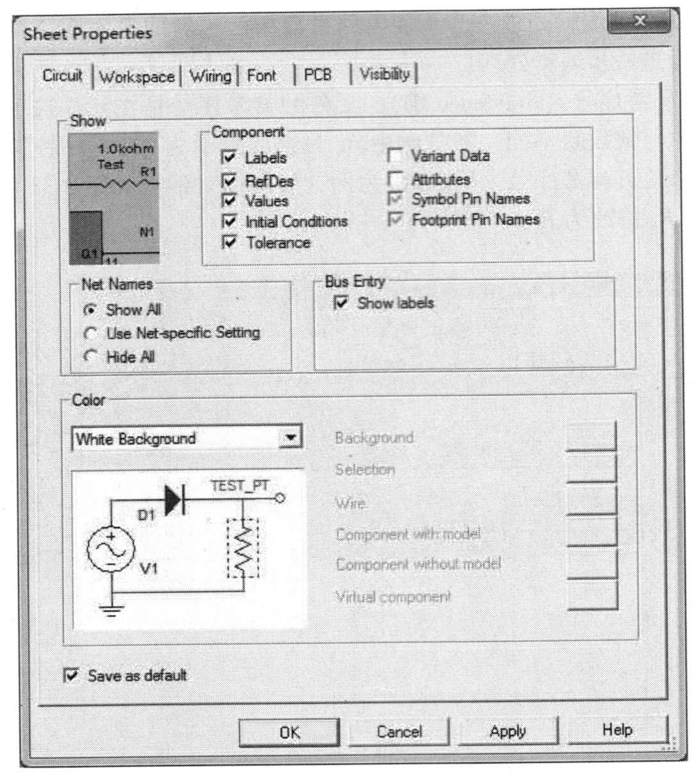

图 8-39　Sheet Properties 中的 Circuit 对话框

4）修改元件或连线的颜色　修改电路中某些元件或连线的颜色将使电路更加清晰可辨。方法之一是：指针指向此元件或连线，单击右键则出现如图 8-40 所示的下拉菜单。选定 Change Color 项，弹出如图 8-41 所示的“颜色”对话框，选取所需的色彩即可。

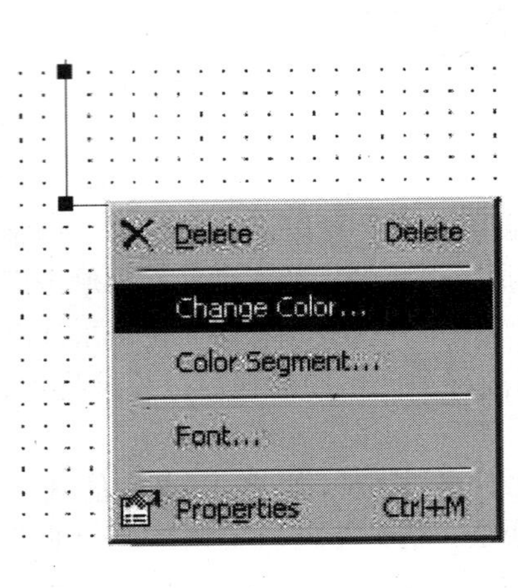

图 8-40　线条颜色修改下拉菜单

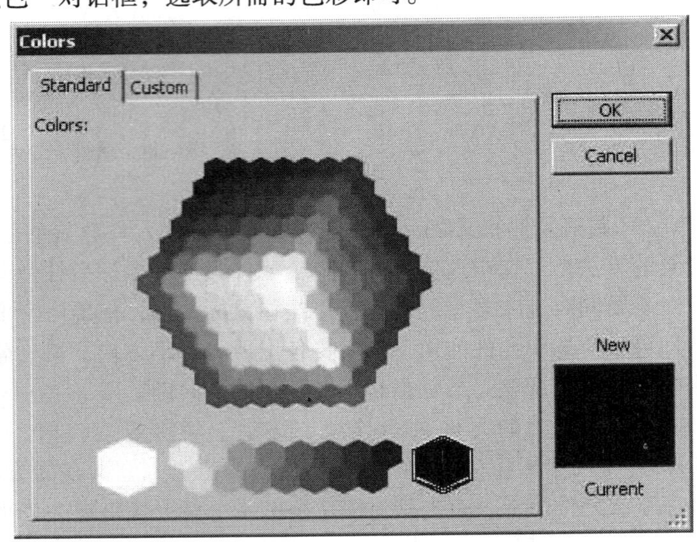

图 8-41　颜色选取对话框

5）删除元件或连线　对于电路图中不需要的元件或连线可以删除，方法是先选中要删除的元件或连线，然后选取系统工具栏中的 Cut 按钮即可。万一删错，可启动 Edit 菜单中的 Undo 命令将其恢复。另外，当删除一个元件时，与该元件连接的连线也将一并消失，但删除连线不会影响到元件。

进一步编辑处理后的电路图如图 8-42 所示。

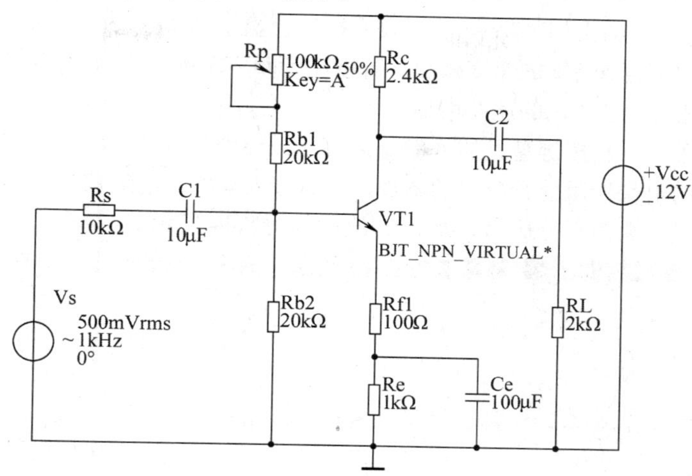

图 8-42　进一步编辑处理后的电路图

（6）保存文件　编辑电路图之后可以将其换名保存，方法与保存一般文件相同。对本例，原来系统自动命名为“Circuit l. ms10”，现将其重新命名为“单管放大电路实验 . ms10”，并保存在适当的路径下。

8.3.2　分析与仿真

编辑好电路原理图之后，就可以对所编辑的电路进行仿真分析了。

①首先需从窗口右边的仪表工具栏（Instruments Toolbar）中调出一台双通道示波器，方法同从元件工具栏中选取虚拟元件。与元器件的连接方式一样，将示波器的 A 通道接输入信号源，B 通道接输出端（负载 R_L 的一端），如图 8-43 所示。

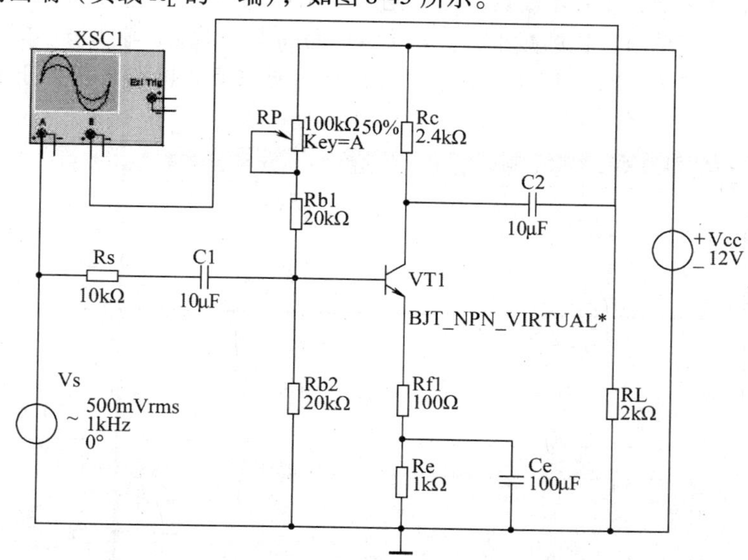

图 8-43　示波器的连接

②双击电路窗口中的示波器图标，即可开启示波器面板，启动电路窗口右上角的电路仿真开关，示波器窗屏幕上将产生输入和输出两个波形。为了看到较清晰的波形，需调节示

波器界面上的时基（Time base）和 A、B 两通道（Channel _ A，Channel _ B）中的 Scale 值，这里设置时基的 Scale 值为 200μs/Div，A、B 两通道的 Scale 值为 1V/Div。

③电位器 RP 旁标注的文字"Key = A"表明按动键盘上 A 键，显示阻值按 5% 的速度增加，而实际接入电路的电阻值按 5% 的速度减小；若按动 Shift + A 键，显示阻值将以 5% 的速度减小，而实际接入电路的电阻值按 5% 的速度增加。

④启动仿真开关，反复按键盘上的 A 键，观察示波器波形变化。

随着一旁显示的电位器阻值百分比的增加，实际接入电路的电阻减小，输出波形产生饱和失真越来越严重。当显示数值百分比为 85% 时，波形如图 8-44 所示。

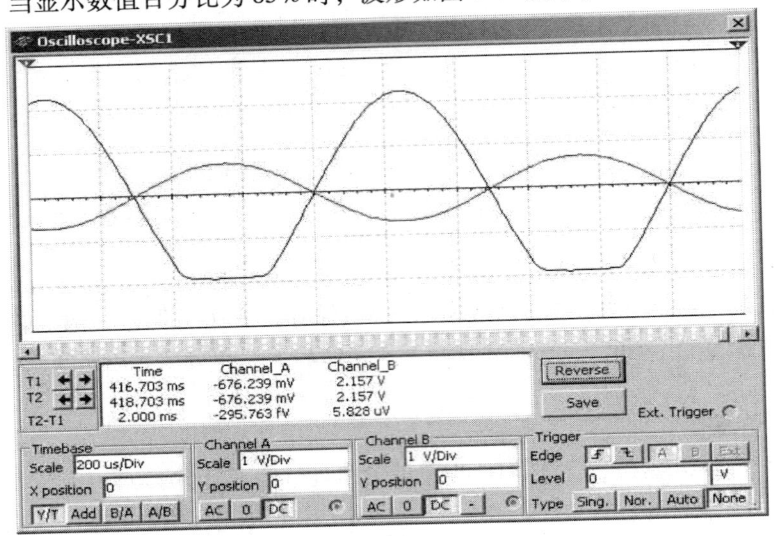

图 8-44　示波器显示的饱和失真波形

⑤反复按 Shift + A 键，观察示波器波形变化。

随着电位器显示阻值百分比的减小，实际接入电路的电阻增加，输出波形的饱和失真逐步减小。当显示数值百分比为 70% ~ 80% 时，输出波形已不见失真，电路真正处于放大状态，如图 8-45 所示。

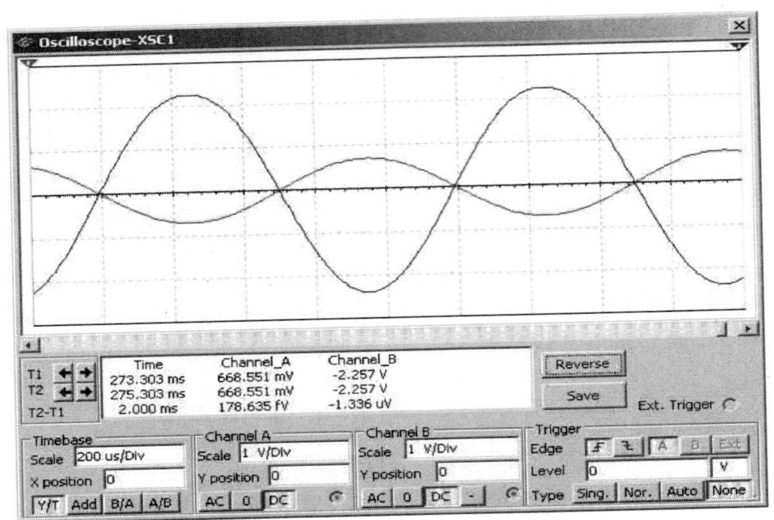

图 8-45　示波器显示的电路放大状态波形（A = 75%）

如再按 Shift + A 键，电位器显示阻值继续减小，从示波器中可观察到输出电压产生了截止失真，图 8-46 是显示数值百分比为 35% 时的失真波形。

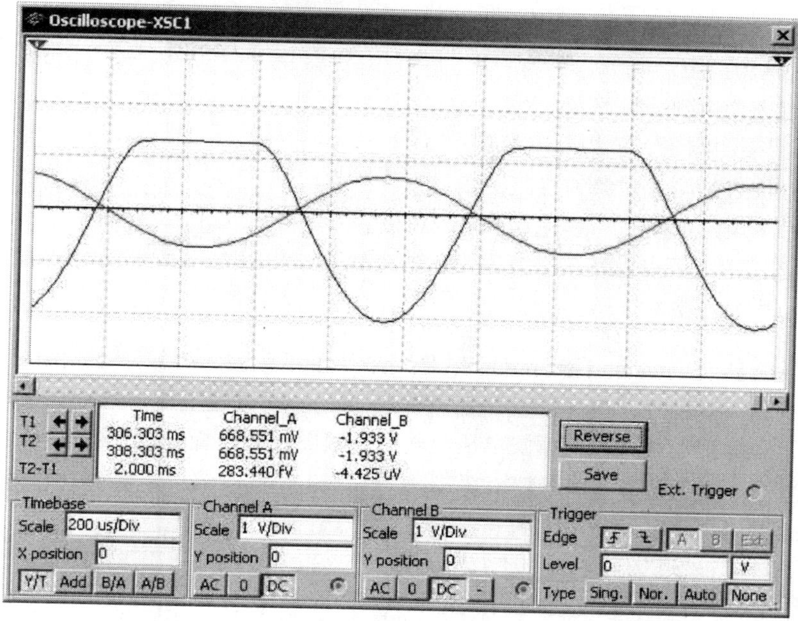

图 8-46 示波器显示的截止失真波形

从本例的仿真设计过程中可以看出，在 Multisim 的环境下进行电路的仿真实验，不仅与在现实环境下做的实验设计有许多相同的地方，且更方便快捷，其仿真结果有助于分析电路原理以及改进电路设计。

8.4 常用虚拟仪器的使用

将用于电路测试任务的各种仪器非常逼真地与电原理图一起放置在同一个操作界面上，进行各项测试实验，这是 Multisim10 仿真软件最具特色的功能之一。在 Multisim10 的仪器工具栏（Instruments）中共有 21 种用来对电路工作状态进行测试的仪器仪表（见图 8-18），这些仪器可用于模拟、数字以及射频等电路的测试。使用时只需拖动仪器库中所需仪器的图标，再对图标快速双击就可以得到该仪器的面板（注意：在 Multisim 的仪器库中同一种虚拟仪器不止一台，在同一个仿真电路中允许调用多台相同的仪器）。

尽管虚拟仪器的基本操作与现实仪器非常相似，但毕竟存在着一些区别，为了更好地使用这些虚拟仪器，下面将介绍几种最常用虚拟仪器的使用方法。

8.4.1 数字万用表

数字万用表（Mulitimeter）可以用来测量交流电压（电流）、直流电压（电流）、电阻以及电路中两节点的分贝损耗。其量程可也自动调整。单击图标仪器工具栏上的 按钮，完成对万用表的放置，双击图标得到数字万用表参数设置控制面板，如图 8-47 所示。

图 8-47 数字万用表图标和面板

图中的黑色条形框用于测量数值的显示。下面为测量类型的选取栏。

A：测量对象为电流。

V：测量对象为电压。

Ω：测量对象为电阻。

dB：将万用表切换到分贝显示。

~：表示万用表的测量对象为交流参数。

—：表示万用表的测量对象为直流参数。

+：对应万用表的正极；－对应万用表的负极。

Set：单击该按钮，可以设置数字万用表的各个参数。如图 8-48 所示的对话框。

8.4.2 函数信号发生器

函数信号发生器（Function Genertor）是用来产生正弦波、方波和三角波信号的仪器，对于三角波和方波还可以设置其占空比（Duty cycle）大小。对偏置电压设置（Offset）可指定将正弦波、方波和三角波叠加到设置的偏置电压上输出。其图标和面板如图 8-49 所示。

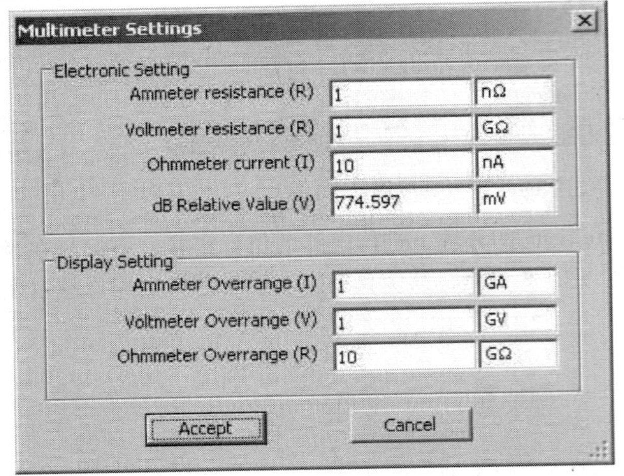

图 8-48 数字万用表参数设置界面

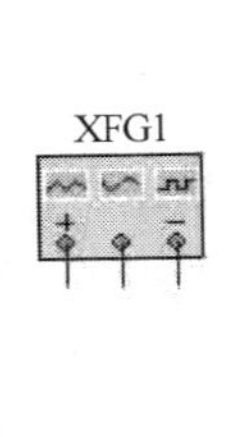

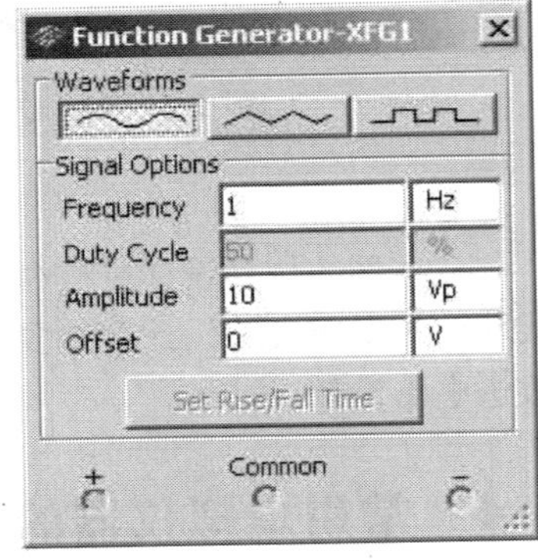

图 8-49 函数信号发生器图标和面板

（1）连接 函数信号发生器的图标有 +、Common 和 −，3 个输出端子与外电路相连输出电压信号，其连接规则是：

①连接 + 和 Common 端子，输出信号为正极性信号，幅值等于信号发生器的有效值。

②连接 Common 和 − 端子，输出信号为负极性信号，幅值等于信号发生器的有效值。

③连接 + 和 − 端子，输出信号的幅值等于信号发生器的有效值的两倍。

④同时连接 +、Common 和 − 端子，且把 Common 端子与公共地（Ground）符号相连，则输出两个幅值相等、极性相反的信号。

（2）面板操作 改动面板上的相关设置，可改变输出电压信号的波形类型、大小、占空比或偏置电压等。

- Waveforms 区：选择输出信号的波形类型，有正弦波、方波和三角波等 3 种周期性信号选择。
- Signal Options 区：对 Waveforms 区中选取的信号进行相关参数设置。
- Frequency：设置所要产生信号的频率，范围在 0.001pHz ~ 1000THz。

● Duty Cycle：设置所要产生信号的占空比，设定范围为 1% ~99%。

● Amplitude：设置所要产生信号的最大值（电压），其可选范围从 0.001pVp ~ 1000TVp。

● Offset：设置偏置电压值，即把正弦波、三角波、方波叠加在设置的偏置电压上输出，其可选范围从 -999kV 级到 999kV。

● Set Rise/Fall Time 按钮：设置所要产生信号的上升时间与下降时间，该按钮只有在产生方波时有效。

8.4.3 瓦特表

瓦特表（Wattmeter）用于测量电路的功率。它可以测量电路的交流或直流功率。其图标和面板如图 8-50 所示。

图中的黑色条形框用于显示所测量的功率，即电路的平均功率。下面为测量类型的选择栏。

Power Factor：功率因数显示栏。

Voltage：电压的输入端点，从“+”、“-”极接入。

Current：电流的输入端点，从“+”、“-”极接入。

在图 8-51 所示的仿真电路中，应用瓦特表来测量复阻抗的功率及功率因数。其结果为：平均功率为 1.346W，功率因数为 0.967。

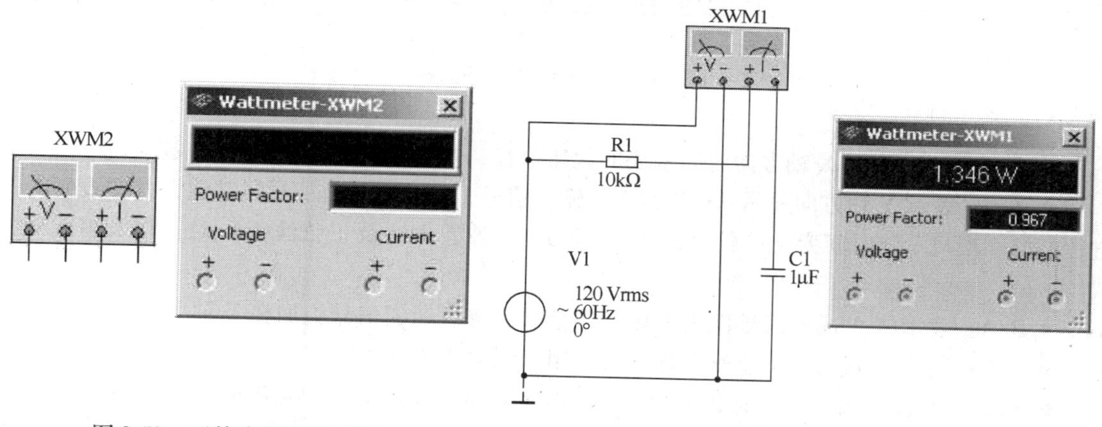

图 8-50　瓦特表图标和面板

图 8-51　瓦特表测试电路

8.4.4 双通道示波器

双通道示波器（Oscilloscope）是电子实验中使用最为频繁的仪器之一，可用来观察信号波形并可测量信号幅度、频率及周期等参数的仪器。该仪器的图标和面板如图 8-52 所示。

（1）连接　与所有虚拟仪器一样，Multisum 中仅允许示波器图标上的端子与电路测量点相连接。Multisim 提供的是一个双踪示波器，有 A、B 两个通道和一个外触发端。该虚拟示波器与现实示波器的连接方式稍有不同，从前文图 8-43 所示示波器与电路连接电路中可以看出：

①A、B 两通道分别只需一根线与被测点相连，测量的是该点与“地”之间的波形。

②若需测量器件两端的信号波形，只需将 A 或 B 通道的正负端与器件两端相连即可。

（2）面板操作　示波器面板及其操作如下：

1）Timebase 区　用来设置 X 轴方向时间基线扫描时间。

● Scale：选择 X 轴方向每一个刻度代表的时间。单击该栏后将出现刻度翻转列表，根据所测信号频率的高低，上下翻转选择适当的值。

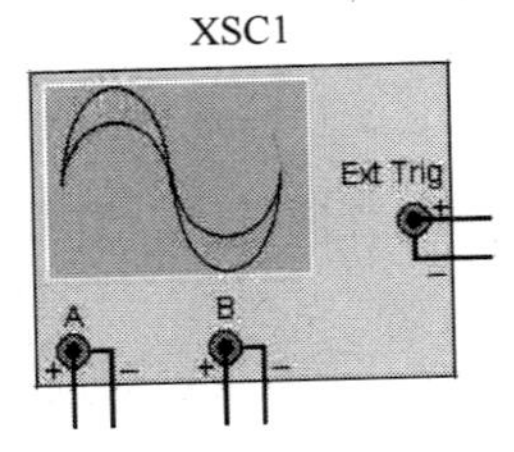

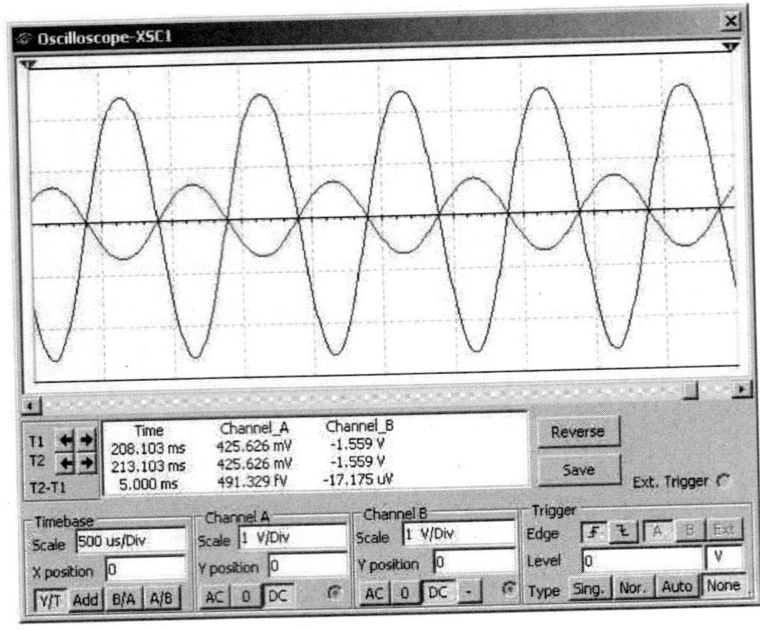

图 8-52　示波器图标和面板

- X position：表示 X 轴方向时间基线的起始位置，修改其设置可使时间基线左右移动。
- Y/T：表示 Y 轴方向显示 A、B 通道的输入信号，X 轴方向显示时间基线，并按设置时间进行扫描。当显示随时间变化的信号波形（例如三角波、方波及正弦波等）时，常采用此种方式。
- B/A：表示将 A 通道信号作为 X 轴扫描信号，将 B 通道信号施加在 Y 轴上。
- A/B：与 B/A 相反。以上这两种方式可用于观察李萨育图形。
- ADD：表示 X 轴按设置时间进行扫描，而 Y 轴方向显示 A、B 通道的输入信号之和。

2）Channel A 区　用来设置 Y 轴方向 A 通道输入信号的标度。

- Scale：表示 Y 轴方向对 A 通道输入信号而言每格所表示的电压数值。单击该栏后将出现刻度翻转列表，根据所测信号电压的大小，上下翻转选择一适当的值。
- Y position：表示时间基线在显示屏幕中的上下位置。当其值大于零时，时间基线在屏幕中线上侧，反之在下侧。
- AC：表示屏幕仅显示输入信号中的交变分量（相当于实际电路中加入了隔直电容）。
- DC：表示屏幕将信号的交直流分量全部显示。
- 0：表示将输入信号对地短路。

3）Channel B 区　用来设置 Y 轴方向 B 通道输入信号的标度，其设置与 Channel A 区相同。

4）Trigger 区　用来设置示波器触发方式。

- Edge：表示将输入信号的上升沿或下跳沿作为触发信号。
- Level：用于选择触发电平的大小。
- Sing.：选择单脉冲触发。
- Nor.：选择一般脉冲触发。

- Auto：表示触发信号不依赖外部信号。一般情况下使用 Auto 方式。
- A 或 B：表示用 A 通道或 B 通道的输入信号作为同步 X 轴时基扫描的触发信号。
- Ext：用示波器图标上触发端子 T 连接的信号作为触发信号来同步 X 轴时基扫描。

5）测量波形参数　在屏幕上有两条左右可以移动的读数指针 T1 和 T2，指针上方有三角形标志。通过鼠标器左键可拖动读数指针左右移动。当波形在示波器的屏幕稳定后，通过左右移动 T1 和 T2 的游标指针，在示波器显示屏下方的条形显示区中，对应显示 T1 和 T2 游标指针使对应的时间和相应时间所对应的 A/B 波形的幅值。通过这个操作，可以简要的测量 A/B 两个通道的各自波形的周期和某一通道信号的上升和下降时间。

为了测量方便准确，单击 Pause（或 F_6 键）使波形“冻结”，然后再测量更好。

6）设置信号波形显示颜色　只要设置 A、B 通道连接导线的颜色，则波形的显示颜色便与导线的颜色相同。方法是快速双击连接导线，在弹出的对话框中设置导线颜色即可。

7）改变屏幕背景颜色　单击展开面板右下方的 Reverse 按钮，即可改变屏幕背景的颜色。如要将屏幕背景恢复为原色，再次单击 Reverse 按钮即可。

8）存储读数　对于读数指针测量的数据，单击展开面板右下方 Save 按钮即可将其存储。数据存储格式为 ASCII 码格式。

9）移动波形　在动态显示时，单击 II （暂停）按钮或按 F_6 键，均可通过改变 X position 设置，从而左右移动波形；利用指针拖动显示屏幕下沿的滚动条也可左右移动波形。

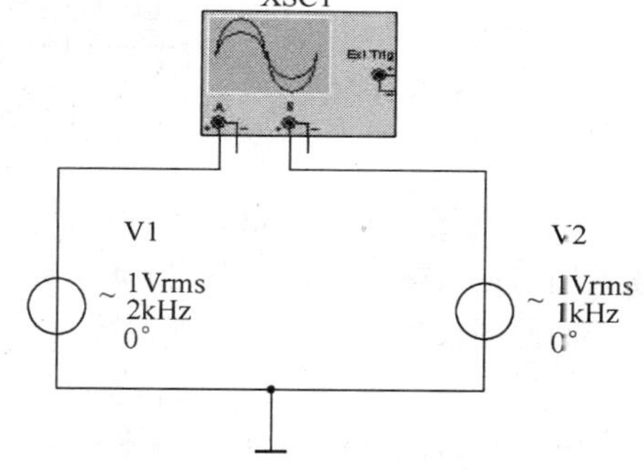

图 8-53　观察李沙育图形的电路

例：观察李沙育图形的电路，如图 8-53 所示。

如选择示波器面板 Timebase 区中的 B/A 按钮，即以 B 通道为横轴，A 通道为纵轴，在示波器上显示李沙育图形，如图 8-54 所示。

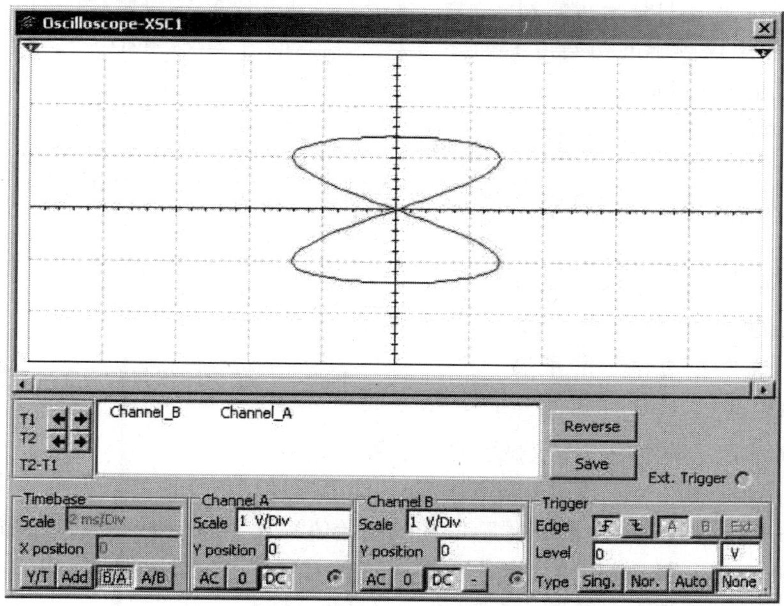

图 8-54　李沙育图形

8.4.5 伯德图仪

伯德图仪（Bode Plotter）是用来测量和显示一个电路、系统或放大器幅频特性 $A(f)$ 和相频特性 $\varphi(f)$ 的一种仪器，类似于实验室的频率特性测试仪（或扫频仪），图 8-55 是伯德图仪的图标和面板。

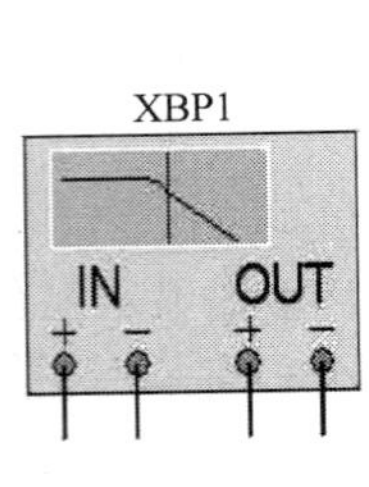

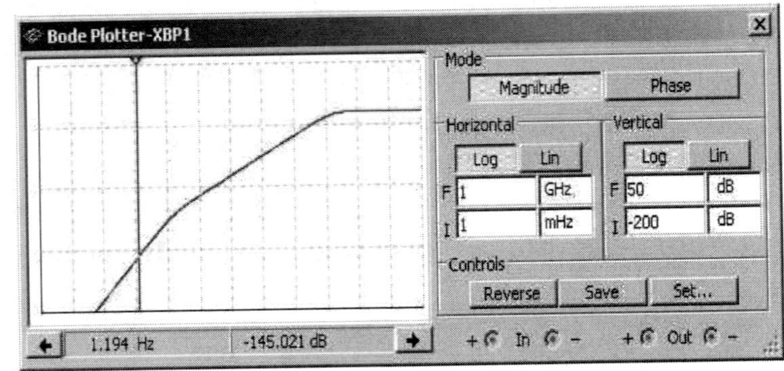

图 8-55　伯德图仪的图标和面板

（1）连接　伯德图仪的图标包括 4 个接线端，左边 in 是输入端口，其 V＋、V－分别与电路输入端的正负端子相接；右边 out 是输出端口，其 V＋、V－分别与电路输出端的正负端子连接。由于伯德图仪本身没有信号源，所以在使用伯德图仪时，必须在电路的输入端口示意性地接入一个交流信号源（或函数信号发生器），且无需对其参数进行设置。例如，用伯德图仪测量图 8-42 所示放大电路的频率特性（晶体管型号换成 2N2222A），其连接如图 8-56 所示。

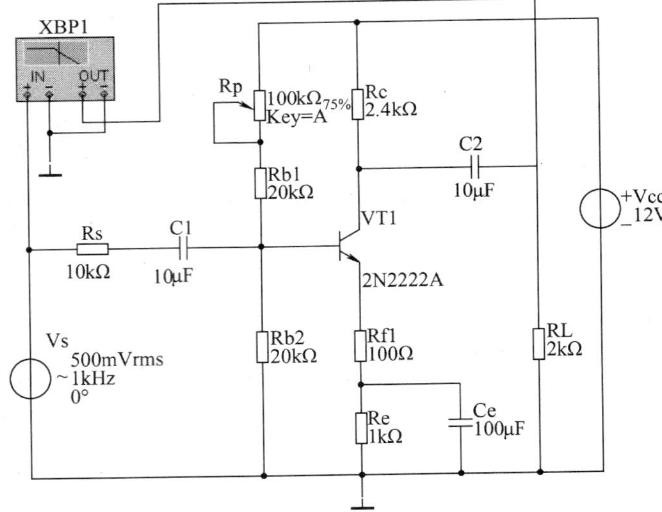

图 8-56　伯德图仪与电路连接示例

通过对伯德图仪面板中 Horizontal（水平坐标）字符下方的频率设置对话框可设置伯德图仪频率的初始值 I（Inital）和最终值 F（Final）。

（2）面板操作　伯德图仪的面板及其操作如下：

1）Mode 区　设置显示屏幕中显示内容的类型。

● Magnitude：选择左边显示屏里展示幅频特性曲线。

● Phase：选择左边显示屏里展示相频特性曲线。

2）Horizontal 区　确定伯德图仪显示的 X 轴频率范围。

选择 Log，则标尺用 Log$f$ 表示；若选用 Lin，即坐标标尺是线性的。当测量信号的频率范围较宽时，用 Log 标尺为宜，I 和 F 分别是 Inital（初始值）和 Final（最终值）的缩写。

为了清楚显示某一频率范围的频率特性，可将 X 轴频率范围设定得小一些。

3）Vertical 区　设定 Y 轴的刻度类型。

测量幅频特性时，若单击 Log（对数）按钮后，Y 轴刻度的单位是 dB（分贝），标尺刻度为

$20\log A(f)$ dB，其中 $A(f)=V_o(f)/V_i(f)$；当单击 Lin（线性）按钮后，Y 轴是线性刻度。一般情况下采用线性刻度。

测量相频特性时，Y 轴坐标表示相位，单位是度，刻度是线性的。

该区下面的 F 栏用以设置最终值，而 I 栏则用以设置初始值。

需要指出的是：若被测电路是无源网络（谐振电路除外），由于 $A(f)$ 的最大值为 1，所以 Y 轴坐标的最终值设置为 0dB，初始值设为负值。对于含有放大环节的网络（电路），$A(f)$ 值可大于 1，最终值设为正值（+dB）为宜。

4）Controls 区

- Reverse：设置背景颜色，在黑或者白之间切换。
- Save：以 BOD 格式保存测量结果。
- Set：设置扫描的分辨率，单击该按钮后，屏幕出现如图 8-57 所示的对话框。数值越大读数精度越高，但将增加运行时间，默认值是 100。

图 8-57　设置扫描分辨率

5）测量读数　利用鼠标拖动（或单击读数指针移动按钮）读数指针，可测量某个频率点处的幅值或相位，其读数在面板右下方显示。

例：放大电路进行幅频特性和相频特性测量，电路连接图如图 8-56 所示。

双击图标，打开伯德图仪的面板，对面板上的各项进行适当设置，其运行结果分别如图 8-58a 和 b 所示。

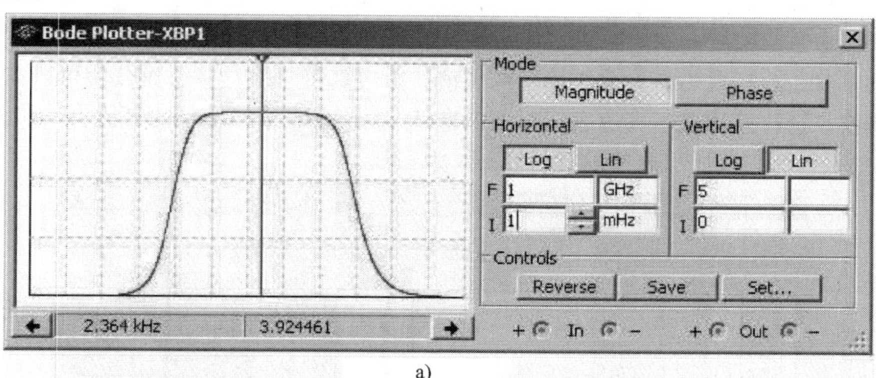

a)

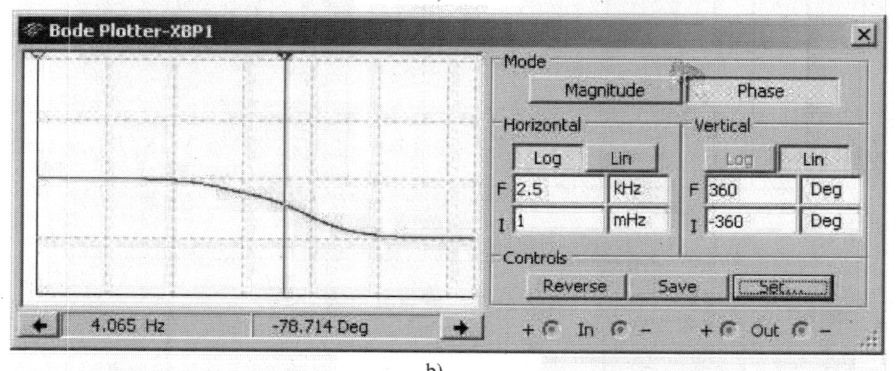

b)

图 8-58　图 8-56 所示放大电路的频率特性
a）幅频特性　b）相频特性

8.4.6 逻辑转换仪

逻辑转换仪（Logic Converter）的功能包括：将逻辑电路转换成真值表；将真值表转换成最小项之和形式的表达式；将真值表转换成最简与或表达式；将逻辑表达式转换成真值表；将表达式转换成逻辑电路；将表达式转换成与非-与非形式的逻辑电路。

逻辑转换仪是 Multisim 特有的虚拟仪器，实验室并不存在这样的实际仪器。逻辑转换仪的面板和图标如图 8-59 所示。

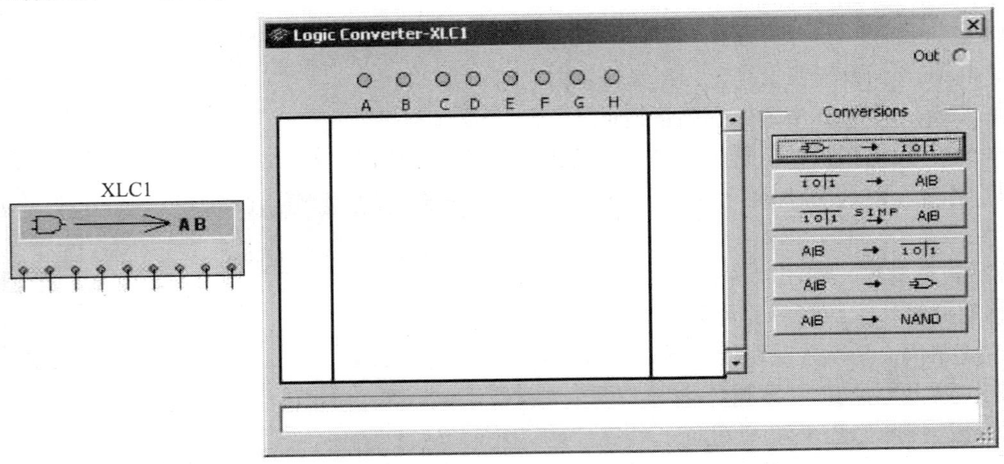

图 8-59　逻辑转换仪的面板和图标

①单击通道 A，则出现其两个状态，即 0 和 1 两个状态。若再单击 B，则出现 A、B 的组合方式 00、01、10、11。其右侧对应其输出的真值，单击真值中的“?”，则其值可以在 0、1、和 x 之间相互转换。这样就构成了真值表。同理单击 C，生成了一个三变量的真值表。如图 8-60 所示（图中给出的是一个三人表决电路的真值表，A 为主裁）。

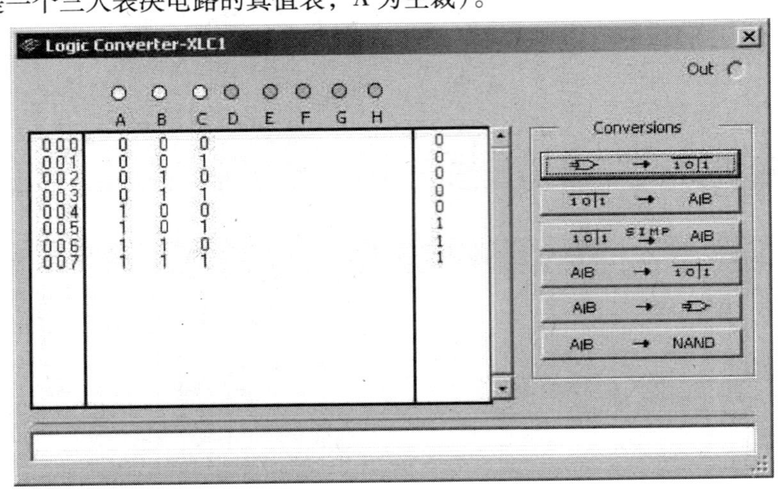

图 8-60　三变量真值表

②单击 10|1 → A|B 即可生成其与或逻辑表达式，如图 8-61 所示。

③单击 10|1 SIMP A|B，即可生成其最简与或表达式，如图 8-62 所示。

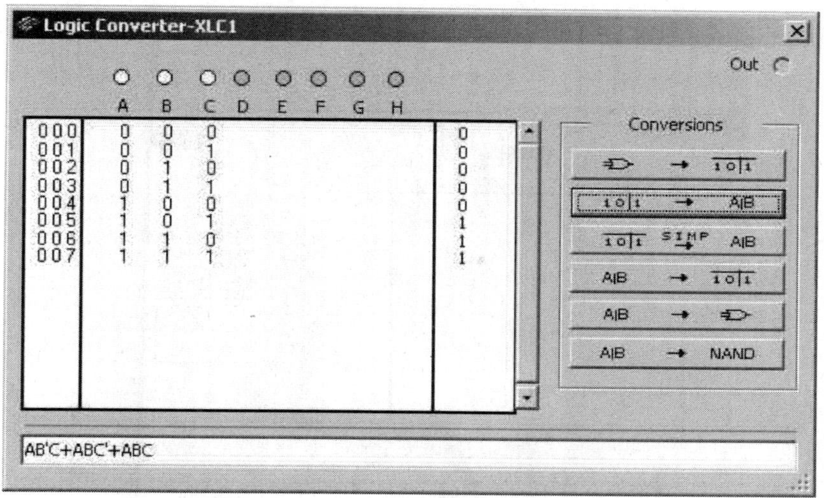

图 8-61 生成与或逻辑表达式

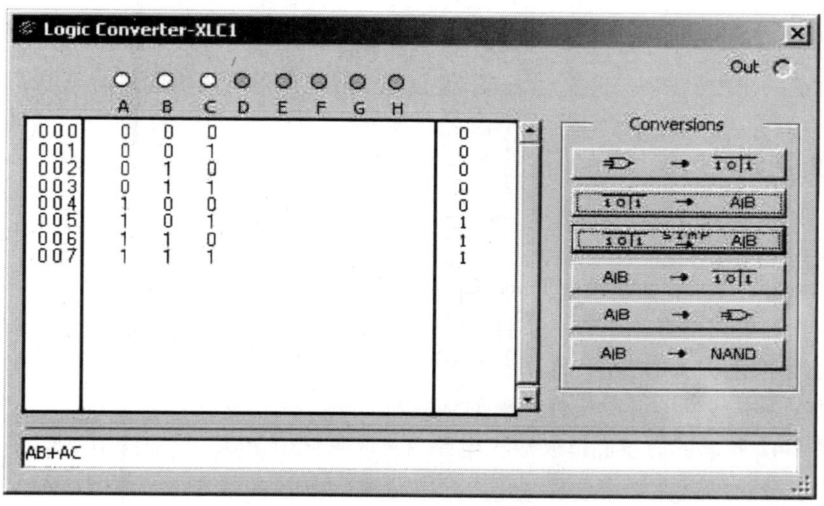

图 8-62 生成最简表达式

④单击 AIB → [门电路图标]，即可生成其电路形式，如图 8-63 所示。

⑤单击 AIB → NAND 即可生成其与非门电路，如图 8-64 所示。

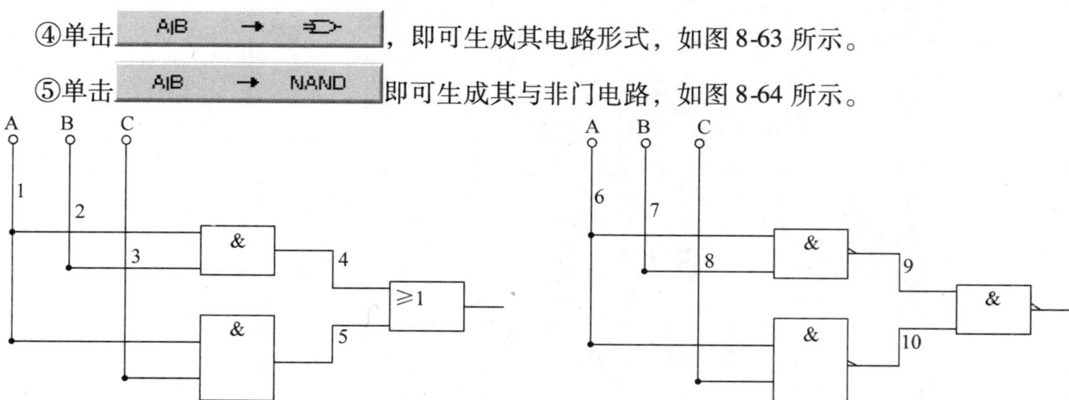

图 8-63 表达式转换为逻辑电路

图 8-64 表达式转换为与非-与非电路

⑥在表达式框输入表达式：AB + BC + AC，再单击 则可以生成真值表，如图 8-65 所示。

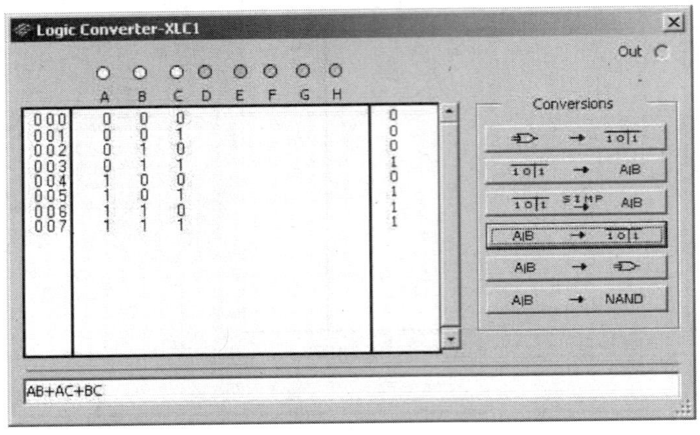

图 8-65　表达式转换真值表

同理可以用与门和或门搭建简单的电路，将其输入端接至逻辑转换仪的输入端，将其输出端接逻辑转换仪的输出端，单击 ，从而得到逻辑电路的真值表和表达式。

8.5　典型分析方法

8.5.1　直流工作点分析

直流工作点分析（DC Operating Point Analysis）也称静态工作点分析，是在电路中电感短路、电容开路时，计算电路的静态工作点。直流分析的结果通常可用于电路的进一步分析，如在进行暂态分析和交流小信号分析之前，程序会自动先进行直流工作点分析，以确定暂态的初始条件和交流小信号情况下非线性器件的线性化模型参数。

下面以图 8-42 所示的简单晶体管放大电路（β 取默认值 100，滑动变阻器调到 80%）为例，介绍直流工作点分析的基本操作过程。首先在电路窗口中编辑出电路原理图，选择菜单 Options/Sheet Properties，则弹出如图 8-66 对话框。在 Circuit 中的 Net Names 栏中选择 Show All，用于显示

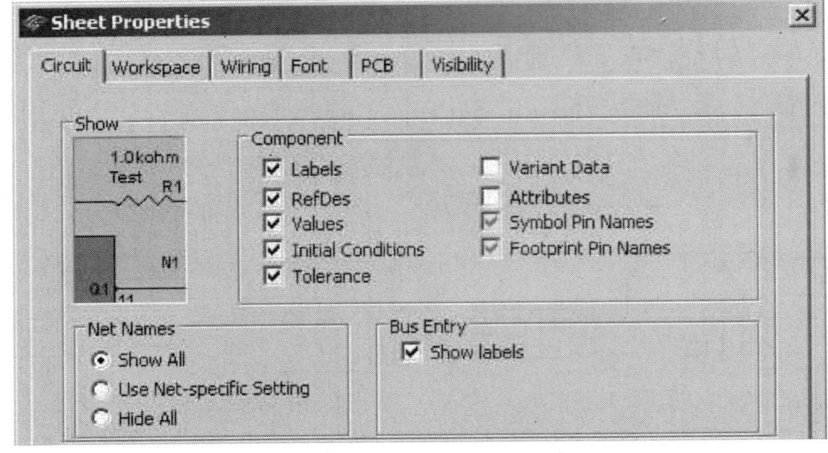

图 8-66　电路图节点显示设置对话框

电路图中各节点的标号。带节点标号的电路如图 8-67 所示。

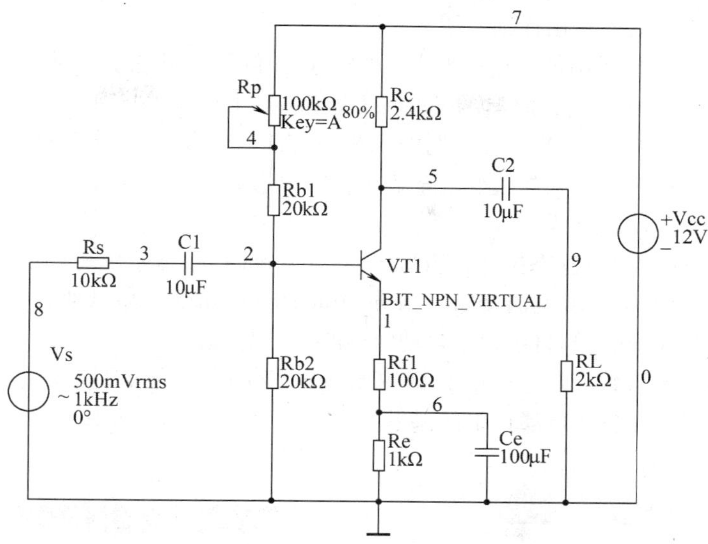

图 8-67　带节点标号的单管放大电路图

再启动 Simulate 菜单中 Analyses 命令下的 DC Operating Point 命令项（或者在主工具栏上单击中的下三角按钮，在下拉菜单中选择 DC Operating Point 命令），此时出现如图 8-68 所示的 DC Operating Point Analysis 对话框。

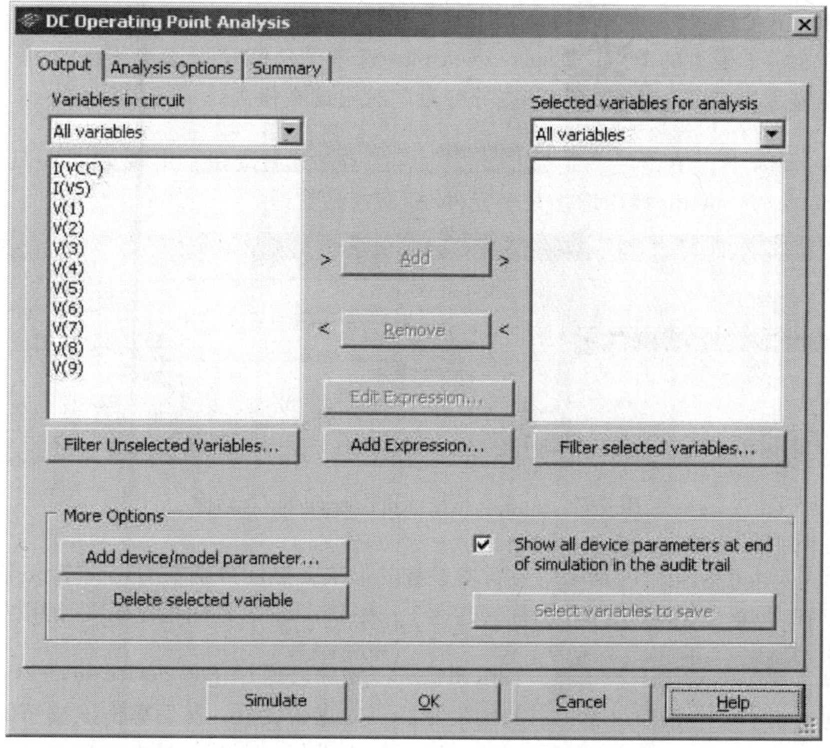

图 8-68　DC Operating Point Analysis 对话框

该对话框包括 Output、Analysis Options 及 Summary 共 3 页。由于这 3 页也会同样出现在其他分析的对话框中，因而此处给出详细介绍。

(1) Output 页　主要作用是选定所要分析的节点。使用 Add 按钮，从 Variables in circuit 栏内，将所需要分析的电路节点，添加到 Selected Variables for analysis 列表框中；使用 Romove 按钮，可删除不需要分析的电路节点。本例中分析节点 1、2、5、7，分别对应晶体管的发射极、基极、集电极和直流电源。如果要改变变量显示，可单击 variables in circuit 下拉列表的下箭头按钮，出现如图 8-69 所示的变量类型选择表。

其中 Static probes 是显示静态探针，Voltage and current 是仅显示电压和电流变量，Voltage 仅显示电压变量，Current 仅显示电流变量，Device/Model Parameters 显示的是元件/模型参数变量（如果有的话），All variables 则显示程序自动给出的全部变量。

如果还需显示其他参数变量，可单击 DC Operating Point Analysis 对话框下的 Filter Unselected Variables 按钮，可对程序没有自动选中的某些变量进行筛选。单击此按钮，出现如图 8-70 所示的对话框。

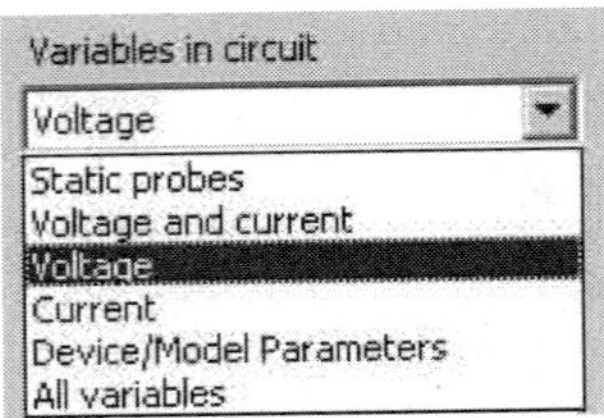

图 8-69　变量类型选择表

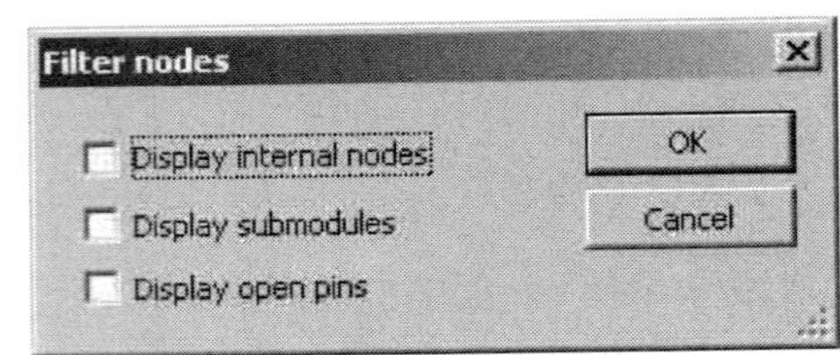

图 8-70　Filter nodes 对话框

该对话框有 3 个选项：Display internal nodes 选项的功能是显示内部节点；Display submodules 选项的功能是显示子模型的节点；Display open pins 选项的功能是把连接开路的引脚（即没被用到的引脚）也显示出来。选中者将与节点等变量同时出现在栏内。

More Options 区中，单击 Add device/model parameter... 按钮，出现如图 8-71 所示的对话框，可在 Variables in circuit 栏内增加某个元件/模型的参数。

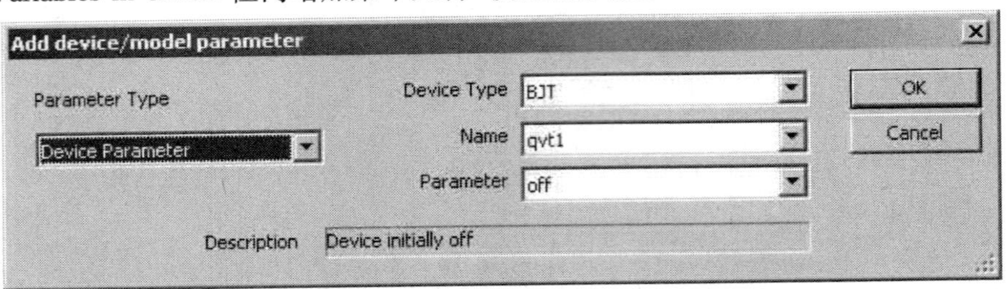

图 8-71　Add device/model parameter 对话框

可以在 Parameter Type 栏内指定所要新增参数的形式，然后分别在 Device Type 栏内指定元件模块的种类、在 Name 栏内指定元件名称（序号）、在 Parameter 栏内指定所要使用的参数。

单击 Delete selected variable 按钮，可以删除已通过 Add device/model parameter 按钮选择到 variables in circuit 栏内且不再需要的变量。首先选中变量，然后单击该按钮即可删除。

Filter Selected Variables 与 Filter Unselected variables 类似，不同之处在于前者只能筛选由后者已经选中且放在 Selected variables for analysis 栏的变量。

（2）Analysis Options 页　与仿真分析有关的其他分析选项设置页，如图 8-72 所示。

SPICE Options 区，用于设置 Spice 模型参数。其中 Use Multisim Default 为选择系统给出的默认参数；Use CustomSetting 为选择用户自定义模型参数，可以单击 Customize... 按钮进行定义。

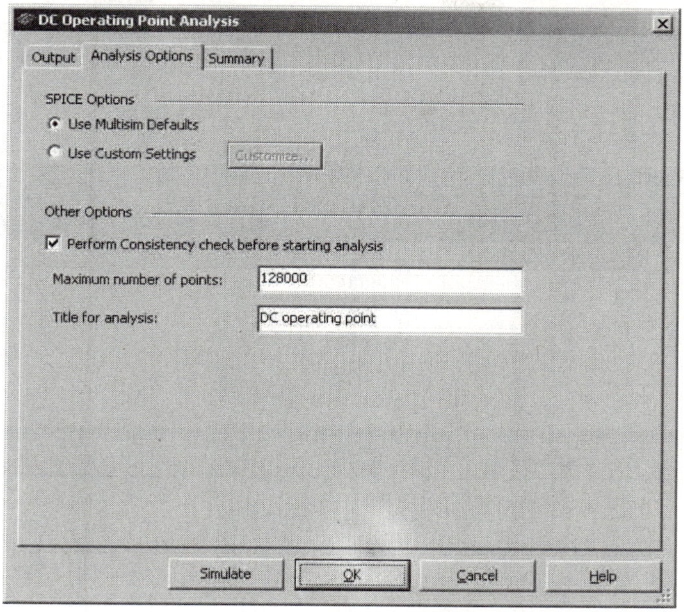

图 8-72　Analysis Options 对话框

在 Other Options 区中，若选择 Perform Consistency check before starting analysis 项，则表示在进行分析之前要先进行一致性检查。Maximum number of points 栏用来设定最多的取样点数。Title for analysis 用来输入所要进行分析的名称（可用中文）。

（3）Summary 页　对分析设置进行汇总确认，如图 8-73 所示。

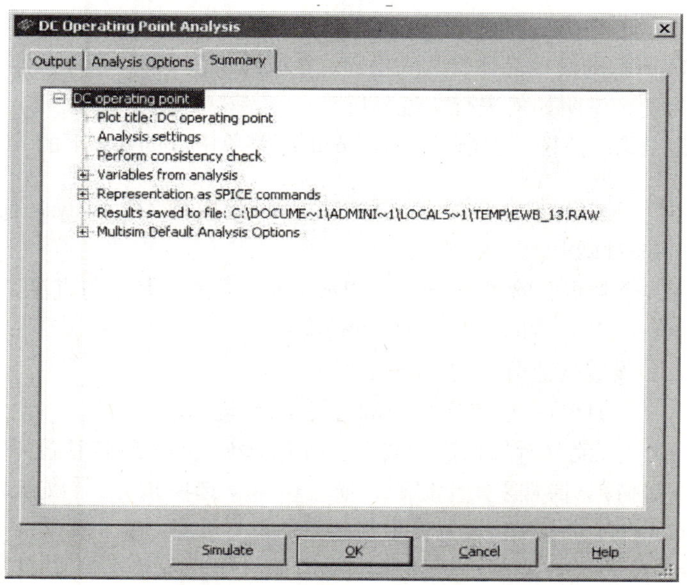

图 8-73　Summary 对话框

在 Summary 页中，程序给出了所设定的参数和选项，用户可确认检查所要进行的分析设置是否正确。

经过前两页的设置，如果在 Summary 页内确认正确，单击 Simulate 按钮即可进行分析。分析结果如图 8-74 所示

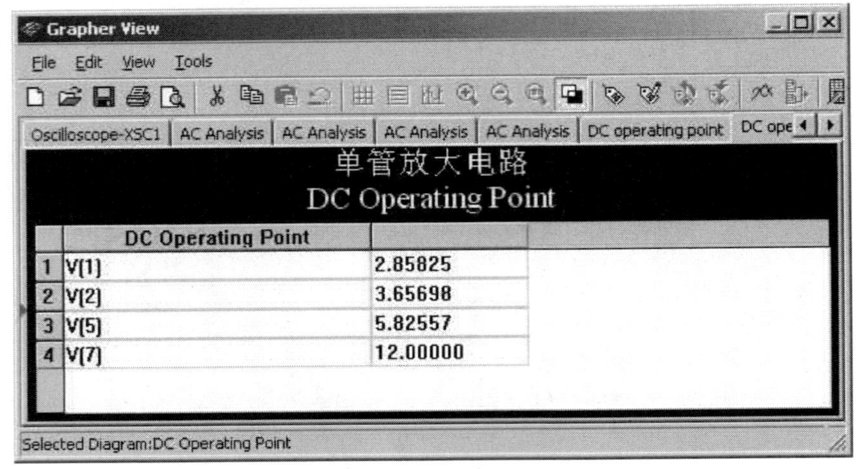

图 8-74　直流分析结果

8.5.2　交流分析

交流分析（AC Analysis）是分析电路的小信号频率响应。分析时程序自动先对电路进行直流工作点分析，以便建立电路中非线性元件的交流小信号模型，并把直流电源置零，交流信号源、电容及电感等用其交流模型，如果电路中含有数字元件，将认为是一个接地的大电阻。交流分析是以正弦波为输入信号，不管我们在电路的输入端输入何种信号，进行分析时都将自动以正弦波替换，而其信号频率也将以设定的范围替换之。交流分析的结果，以幅频特性和相频特性两个图形显示。如果将伯德图仪连至电路的输入端和被测节点，也可获得同样的交流频率特性。

下面还以图 8-42 所示的简单晶体管放大电路（β 取默认值 100，滑动变阻器调到 80%，节点编号参考图 8-67）为例，说明如何进行交流分析。

在工作窗口创建出该电路图后，启动菜单 Simulate 菜单中 Analyses 下的 AC Analysis 命令（或者在主工具栏上单击 中的下三角按钮，在下拉菜单中选择 AC Analysis 命令），将出现如图 8-75 所示的 AC Analysis 对话框。

该对话框中包括 4 个翻页，除了 Frequency Parameters 页外，其余与直流工作点分析的设置一样，不再赘述。Frequency Parameters 页中包含下列项目：

- Start frequency：设置交流分析的起始频率。
- Stop frequency（FSTOP）：设置交流分析的终止频率。
- Sweep type：设置交流分析的扫描方式，包括 Decade（10 倍程扫描）和 Octave（8 倍程扫描）及 Linear（线性扫描）。通常采用十倍程扫描（Decade 选项），以对数方式展现。
- Number of points per decade：设置每十倍频率的取样数量。
- Vertical scale：从该下拉菜单中选择输出波形的纵坐标刻度，其中包括 Decibel（分贝）、Octave（8 倍）、Linear（线性）及 Logarithmic（对数）。通常采用 Logarithmic 或 Decibel 选项。

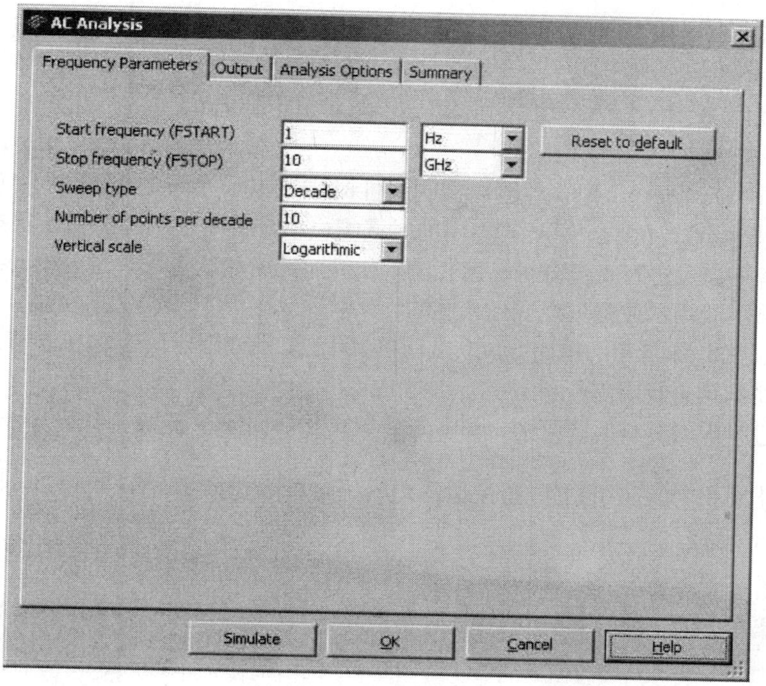

图 8-75　AC Analysis 对话框

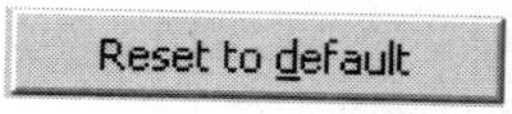

Reset to default：该按钮把所有设置恢复为程序默认值。

对于本例，设起始频率为 1Hz，终止频率为 10kHz，扫描方式设为 Decade，取样值设为 10，纵轴坐标设为 Logarithmic。另外，在 Output variables 页里，选定分析节点 9；在 Miscellaneous Options 页，Title for analysis 栏输入“交流分析”，最后单击“Simulate”进行分析，其结果如图 8-76 所示。

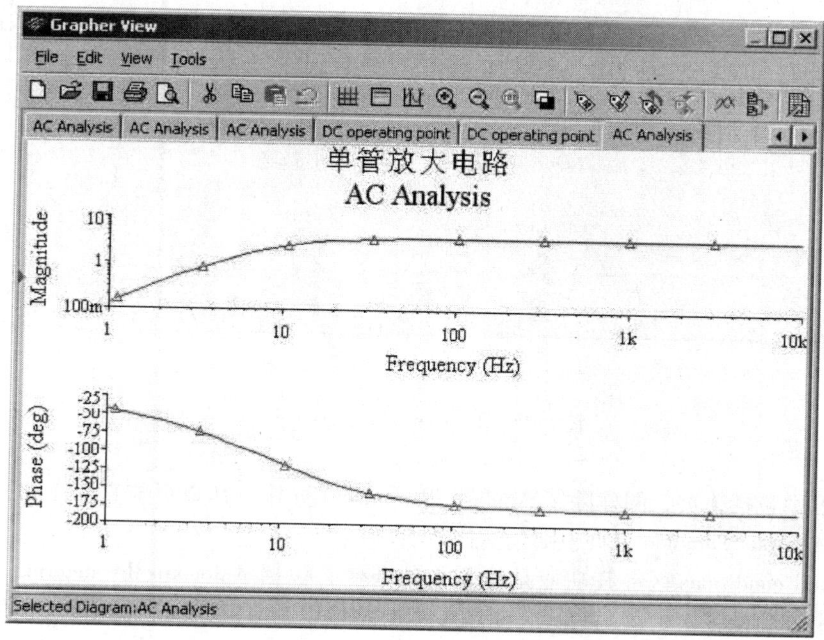

图 8-76　交流分析结果

从图中所示的结果中发现，幅频特性的纵轴用该点电压值来表示。这是因为不管输入的信号源的数值多少，程序一律将其视为一个幅度为单位 1 且相位为零的单位源，这样从输出接点取得的电压的幅度就代表了增益值，相位就是输出与输入之间的相位差。

8.5.3 瞬态分析

瞬态分析（Transient Analysis）是一种非线性时域（Time Domain）分析，可以在激励信号（或没有任何激励信号）的情况下计算电路的时域响应。分析时，电路的初始状态可由用户自行指定，也可由程序自动进行直流分析，用直流解作为电路初始状态。瞬态分析的结果通常是分析节点的电压波形，故用示波器可观察到相同的结果。

下面仍以如图 8-42 所示的电路（β 取默认值 100，滑动变阻器调到 80%，节点编号参考图 8-67）为例，说明如何进行瞬态分析。

当我们要进行瞬时分析时，可启动 Simulate 菜单中 Analyses 下的 Transient Analysis 命令（或者在主工具栏上单击 中的下三角按钮，在下拉菜单中选择 Transient Analysis 命令），出现如图 8-77 所示的对话框。

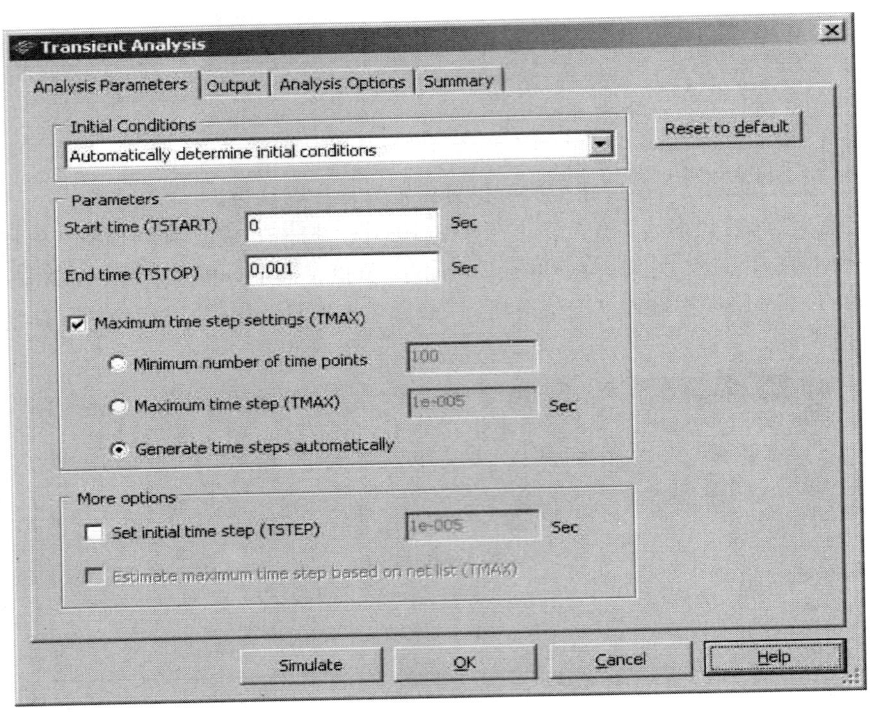

图 8-77　Transient Analysis 对话框

该对话框中包括 4 页，同样除了 Analysis Parameters 页外，其余页与直流工作点分析的设置一样。而在 Analysis Parameters 页中则包括如下项目：

（1）Initial conditions 区　其功能是设置初始条件，包括 Automatically determine initial conditions（由程序自动设置初始值）、Set to zero（将初始值设为 0）、User defined（由用户定义初始值）及 Calculate DC operating point（通过计算直流工作点得到的初始值）。

（2）Parameters 区　本区的功能是对时间间隔和步长等参数进行设置。包括：

- Start time：设置开始分析的时间。
- Endtime：设置结束分析的时间。
- Maximum time step settings：最大时间步长设置。
- Minimum number of time points：设置以时间内的取样点数来分析的步长，选取该选项后，在右边栏指定单位时间间距内最少要取样的点数。
- Maximum time step（TMAX）：设置以时间间距设置分析的步长，选取该选项后，在右边栏指定最大的时间间距。
- Generate time steps automatically：设置由程序自动决定分析的时间步长。

（3）More options 区　Set initial time step 选项由用户决定是否自行确定起始时间步长；如不选择，则由程序自动约定；如选择，则在其右边栏内输入步长大小。Estimate maximum time step based on net list 用来决定是否根据网表来估算最大时间步长。

Reset to default：该按钮将所有设置恢复为默认值。

对于本例，选取 Automatically determine initial conditions 选项，由程序自动设定初始值，然后将开始分析的时间设为 0、结束分析的时间设为 0.005s、选取 Maximum time step（TMAX）选项及 Generate time steps automatically 选项。另外，在 Output variables 页中，选择节点 3 和 9 作为分析变量，在 Analysis Options 页的 Title for analysis 栏内输入“瞬时分析”，最后通过单击 Simulate 按钮进行分析，其结果如图 8-78 所示。

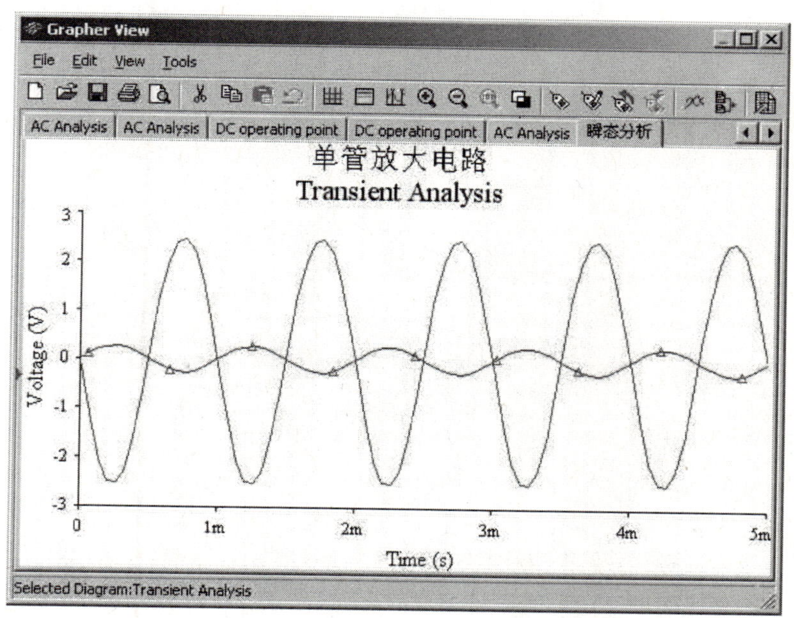

图 8-78　瞬态分析结果

除了上述 3 种最基本的分析之外，还有傅里叶分析、噪声分析、失真分析、直流扫描分析、灵敏度分析、参数扫描分析和温度扫描分析等。其中，傅里叶分析是分析周期性正弦波信号的一种数学方法；噪声分析是分析噪声对电路性能的影响；失真分析是分析电路的非线性失真及相位偏移；直流扫描分析是计算电路中某一点上的直流工作点随电路中一个或两个直流电源的数值变化的情况；灵敏度分析是计算电路的输出变量对电路中元器件参数的敏感程度；参数扫描分析是通过对电路中某些元件的参数在一定取值范围内变化时对电路直流工作点、瞬态特性及交流频率特性的影响进行分析，以便对电路的某些性能指标进行优化。这些分析有助于分析和设计电路，从而最终优化电路。由于篇幅所限，在这儿就不一一详述了。如果实际中用到这些分析，可查阅详细介绍 Multisim 的相关书籍。

第 9 章 Quartus II 软件的使用

Quartus II 软件工具是 Altera 公司的 CPLD/FPGA 集成开发软件，具有完善的可视化设计环境，并具有标准的 EDA 工具接口。本章将向读者介绍 Quartus II 软件的基本使用方法。

9.1 概述

Quartus II 设计软件是 Altera 公司提供的完整的多平台设计环境，它是 Altera 公司前一代 CPLD/FPGA 集成开发环境 MAX + PLUS II 的更新换代产品。Quartus II 软件不仅继承了 MAX + PLUS II 工具的优点，更提供了对新器件和新技术的支持，使得设计者能够轻松和全面地介入设计的每一环节。

Quartus II 软件能够直接满足特定设计需求，为可编程芯片系统（SOPC）设计提供全面的设计环境，它是集系统级设计、嵌入式软件开发、可编程逻辑设计于一体的综合性的开发平台。此外，Quartus II 软件可以通过与 DSP Builder 工具、MATLAB/Simulink 相结合，方便地实现各种 DSP 应用系统。Quartus II 软件还支持 LPM/Megafunction 宏功能模块库，用户可以充分利用成熟的模块，简化设计的复杂性，加快设计速度。Quartus II 软件对第三方 EDA 工具有良好的支持，除了自身具备仿真功能以外，同时也支持第三方的仿真工具，如 ModelSim。这也使用户可以在设计流程的各个阶段熟练地掌握第三方 EDA 工具。

Quartus II 软件可以在 XP、Linux 及 UNIX 系统上使用，除了可以使用 Tcl 脚本完成设计流程外，还提供了完善的用户图形界面设计方式，具有运行速度快、界面统一、功能集中及易学易用等特点。Altera 公司的 Quartus II 软件属于第四代 PLD 开发平台，支持器件种类众多，如 APEX20K、Cyclone、APEXII、Excalibur、Mercury 及 Stratix 等新器件系列。该软件还与 Cadence、ExemplarLogic、MentorGraphics、Synopsys 和 Synplicity 等 EDA 供应商的开发工具兼容，从而改进了软件的 LogicLock 模块设计功能，增添了 FastFit 编译选项，推进了网络编辑性能，提升了调试能力。

9.2 开发环境主界面介绍

在桌面上双击 Quartus II 的快捷图标或单击【程序】/【Altera】/【Quartus II 9.0】，启动 Quartus II 9.0 程序，进入用户界面后可见其默认界面，如图 9-1 所示。

用户界面由标题栏、菜单栏、工具栏、资源管理窗口、工作区、状态显示窗口、结果显示窗口和信息提示窗口组成，进入用户界面后，用户可以通过调用菜单命令【Tools】/【Customize】，在“Customize”对话框中根据个人操作习惯，自定义 Quartus II 软件的布局、菜单、命令和图标。

9.2.1 标题栏

标题栏位于图 9-1 中的第一栏，用于显示当前工程项目的路径和工程项目的名称。

9.2.2 菜单栏

由图 9-1 可以看出，菜单栏由文件（File）、编辑（Edit）、视窗（View）、工程（Project）、

资源分配（Assignments）、操作（Processing）、工具（Tools）、窗口（Window）和帮助（Help）下拉菜单组成。

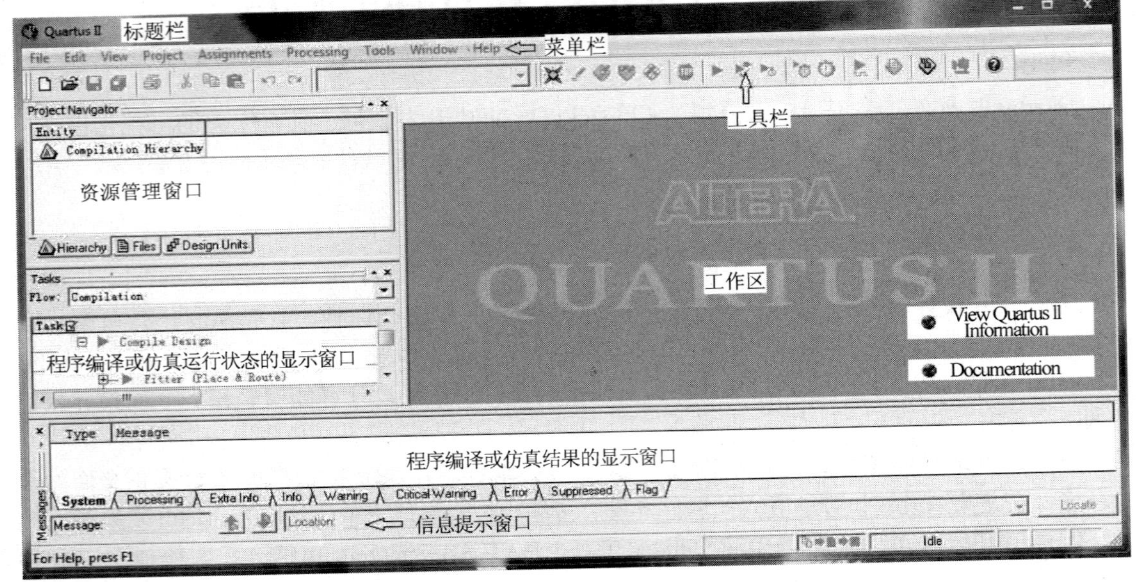

图 9-1　Quartus II 9.0 用户界面

1.【File】菜单

【File】菜单除了具有文件管理的功能外，还有许多其他的选项。单击菜单栏中的【File】弹出下拉菜单，如图 9-2 所示。【File】菜单包括的常用命令功能如下：

【New】：新建文件，其下还有子菜单。单击【New】弹出“New”对话框，如图 9-3 所示。此新建输入文件对话框中包括若干子框：【Design Files】子框、【Memory Files】子框、【Verification/Debugging Files】子框及【Other Files】子框，供用户进行选择。

【Design Files】子框用于新建设计文件，常用的有 AHDL 文本文件、VHDL 文本文件、Verilog HDL 文本文件和原理图文件等。【Verification/Debugging Files】子框中的【Vector Waveform File】选项用于建立矢量波形文件。

【Open】：打开文件命令，通过打开文件对话框可以选择已经存在的文件。

【Close】：关闭文件命令。

【New Project Wizard】：新建工程向导，此向导将引导设计者创建工程，设置顶层设计单元，引用设计文件，进行器件设置。

【Open Project】：打开已有的工程项目。

【Convert MAX + PLUS II Project】：将 MAX + PLUS II 的工程转化为 Quartus II 工程，并生成一个 Quartus II 的文件（.qpf）和设置文件（.qsf）。MAX + PLUS II 的顶层设计文件为 GDF 文件，仿真文件为 SCF 文件，在转换 MAX + PLUS II 工程时，Quartus II 不会修改这些文件。

【Save Project】：保存工程。

【Close Project】：关闭工程。

【Save As】：将当前文件另存。

【File Properties】：查看文件属性。

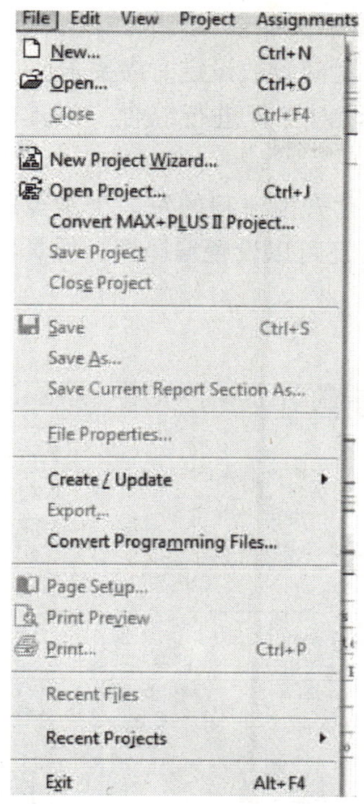

图 9-2 【File】菜单

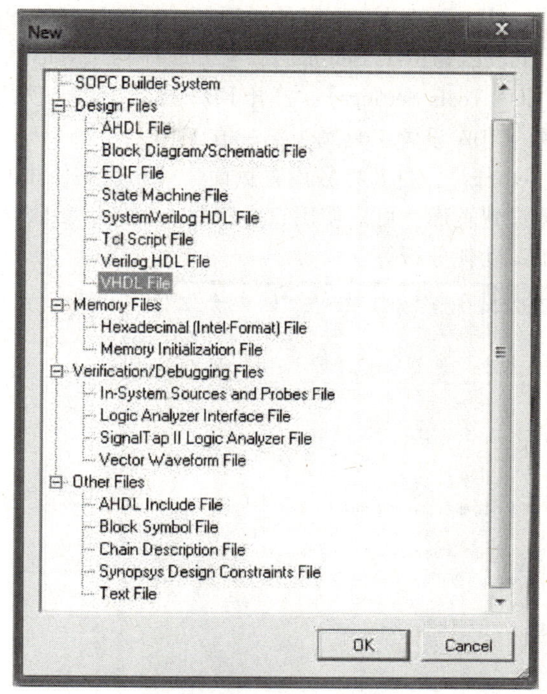

图 9-3 “New”对话框

【Create/Update】：用户设计的具有特定应用功能的模块经过模拟仿真和调试证明无误后，可执行该命令，建立一个默认的图形符号后再放入用户的设计库中，供后续的高层设计调用。

2.【View】菜单

进行全屏显示或对窗口进行切换，包括层次窗口、状态窗口、消息窗口等，如图 9-4 所示。

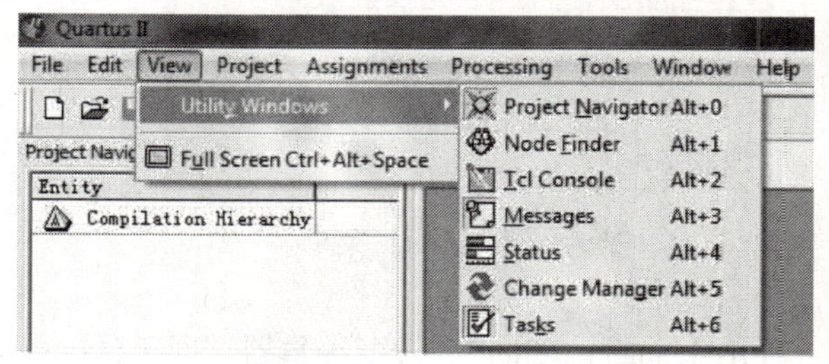

图 9-4 【View】菜单

3.【Project】菜单

单击菜单栏中的【Project】弹出下拉菜单，如图 9-5 所示。【Project】菜单包括的常用命令功能如下：

【Add Current File to Project】：将当前文件加入工程中。

【Revisions】：创建或删除工程，在弹出的窗口中单击 Create... 按钮创建一个新的工程。

【Archive Project】：为工程归档或备份。

【Generate PowerPlay Early Power Estimator File】：生成功率分析文件。

【Set as Top-Level Entity】：把工作区打开的文件设定为顶层文件。

【Hierarchy】：打开工程工作区显示的源文件的上一层或下一层源文件及顶层文件。

4.【Assignments】菜单

单击菜单栏中的【Assignments】弹出下拉菜单，如图 9-6 所示。该菜单的主要功能是对工程的参数进行配置，如引脚分配、时序约束、参数设置。【Assignments】菜单包括的常用命令功能如下：

【Device】：为当前设计选择器件。

【Pins】：打开分配引脚的对话框，给设计信号分配 I/O 引脚。

【Timing Analysis Settings】：打开时序约束对话框，为当前的时间参数设定时序要求。

【EDA Tools Settings】：打开 EDA 设置工具。使用该工具可以对工程进行综合、仿真、时序分析等。EDA 设置工具属于第三方工具。

【Settings】：打开参数设置页面，可切换到使用 Quartus II 软件开发流程的每一个步骤所需要的参数设置页面，可以使用它对工程、文件、参数等进行修改，还可以设置编译器、仿真器、时序分析、功耗分析等。

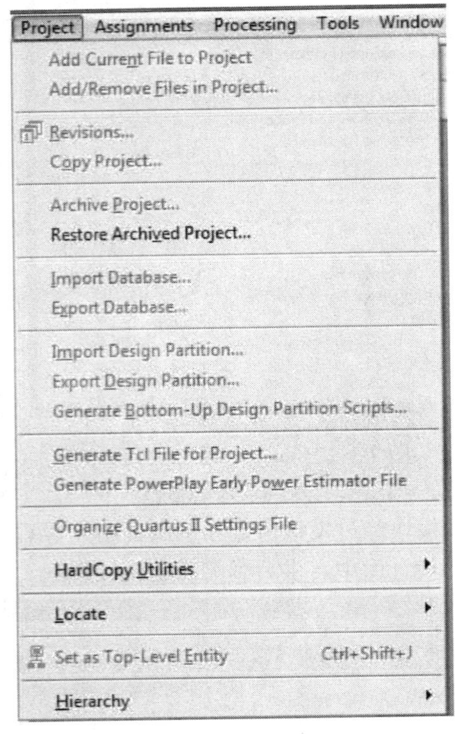

图 9-5 【Project】菜单

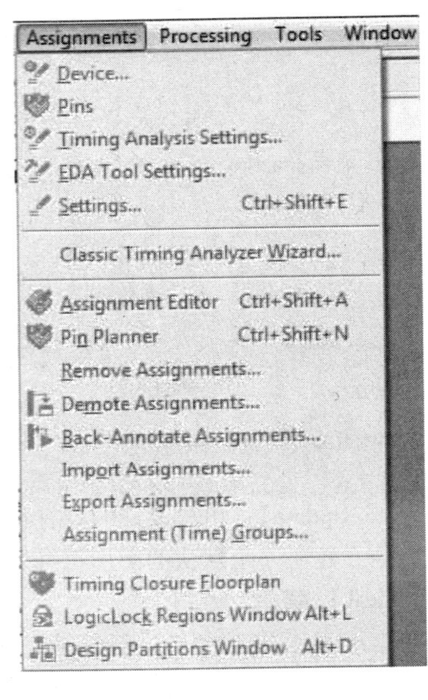

图 9-6 【Assignments】菜单

【Assignment Editor】：分配编辑器，用于分配引脚，设定引脚电平标注，设定时序约束等。

【Pin Planner】：使用它将所设计电路的 I/O 引脚合理地分配到已设定器件的引脚上。

5.【Processing】菜单

【Processing】菜单如图 9-7 所示，其功能是对所设计的电路进行编译以及检查设计的正确性。

【Stop Processing】：停止编译设计项目。

【Start Complilation】：开始完全编译过程，包括分析与综合、适配、布局布线、延时分析等过程。

【Analyze Current File】：分析当前的设计文件，主要对当前设计文件的语法、语序进行检查。

【Complilation Report】：适配信息报告，通过它可以查看详细的适配信息，包括设置和适配结果等。

【Start Simulation】：开始功能仿真。

【Simulation Report】：生成功能仿真报告。

【Compiler Tool】：是一个编译工具，可以有选择地对项目中的各个文件进行分别编译。

【Simulator Tool】：对编译过的电路进行功能仿真或时序仿真。

【Classic Timing Analyzer Tool】：典型的时序仿真工具。

【PowerPlay Power Analyzer Tool】：功耗分析工具。

6.【Tools】菜单

【Tools】菜单如图 9-8 所示，其常用命令功能如下：

【Run EDA Simulation Tool】：运行 EDA 仿真工具，EDA 是第三方仿真工具。

【Run EDA Timing Analysis Tool】：运行 EDA 分析工具，EDA 是第三方仿真工具。

【Programmer】：打开编程器窗口，以便对器件进行下载编程。

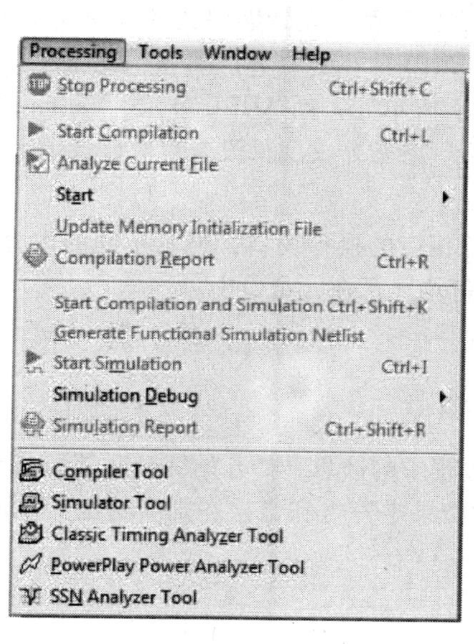

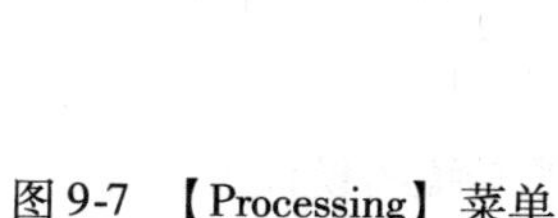

图 9-7 【Processing】菜单

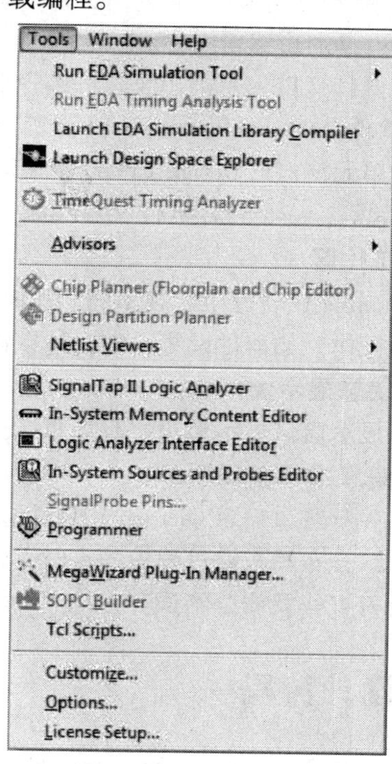

图 9-8 【Tools】菜单

9.2.3 工具栏

如图 9-1 所示，工具栏紧邻菜单栏下方。工具栏包括了常用命令的快捷图标，每种图标在菜单栏均能找到相应的命令菜单。将鼠标移到相应图标时，在鼠标下方就出现此图标对应的英文名称，快捷图标的含义如下：

(Project Navigation)：项目文件引导。

(Settings)：器件设置，与 Assignments/Settings 功能相同。

(Assignment Editor)：分配编辑器，与 Assignments/Assignment Editor 功能相同。

(Pin Planner)：引脚规划，与 Assignments/Pin Planner 功能相同。

(Stop Processing)：停止进程。

(Start Compilation)：开始完全编译。

(Start Analysis & Synthesis)：开始分析和综合编译。

(Start Classic Timing Analyzer)：开始典型时序分析。

(Start Simulation)：开始仿真。

(Compilation Report)：产生编译报告。

(Programmer)：下载编程。

(Help Index)：帮助索引，单击该按钮后再单击窗口的任何部位，将显示相关帮助文档。

9.2.4　资源管理窗口

资源管理窗口用于显示当前工程中所有相关的资源文件。资源管理窗口左下角有3个标签，分别是结构层次（Hierarchy）、文件（Files）和设计单元（Design Units）。

结构层次窗口（Hierarchy）在工程编译前只显示顶层模块名，工程编译后，此窗口按层次列出了工程中所有的模块，并列出了每个源文件所用资源的具体情况。顶层可以是设计者的文本文件，也可以是图形编辑文件。

文件窗口（Files）列出了工程编译后的所有文件，文件类型有设计器件文件（Design Device Files）、软件文件（Software Files）和其他文件（Others Files）。

设计单元窗口（Design Units）列出了工程编译后的所有单元，如AHDL单元、Verilog单元、VHDL单元等，一个设计器件文件对应生成一个设计单元，参数定义文件没有对应设计单元。

9.2.5　工作区

在Quartus II软件中实现不同功能时，此区域将打开相应的操作窗口，显示不同的内容，进行不同的操作。如器件设置，定时约束设置、编译报告等均显示在此窗口中。

9.2.6　状态显示窗口

状态显示窗口显示模块、布局布线过程及时间。

9.2.7　信息提示窗口

信息提示窗口显示Quartus II软件综合、布局布线过程中的信息，如开始综合时调用源文件、库文件，综合布局布线过程中的定时、告警、错误等。如果是警告和错误，则会给出具体原因，以便设计者查找及修改错误。

9.3　设计流程

应用Quartus II软件开发基于可编程逻辑器件的数字电路或系统的设计流程如图9-9所示。

（1）创建工程　使用新项目工程创建（【New Project Wizard】）创建工程并制定目标器件或者器件系列。

（2）设计输入　将设计者所要设计的电路以开发软件要求的形式表达出来。包括原理图输入方式、文本输入方式、EDIF网表输入方式及波形输入等方式。

（3）编译　设计输入后，需要检查设计文件编辑得是否规范，比如图形设计文件中信号线有无遗漏，元件端口属性是否匹配等，这就需要进行编译处理。编译由Quartus II软件中的编译器完成。编译器主要完成设计项目的检查和逻辑综合，将项目最终设计结果生成可编程逻辑器件的下载文件，并为模拟和编程产生输出文件。编译器包括分析综合（Analysis & Synthesis）、适配（Fitter）、布局布线（Assembles）、延时分析（Classic Timing Analyzer）等处理模块。

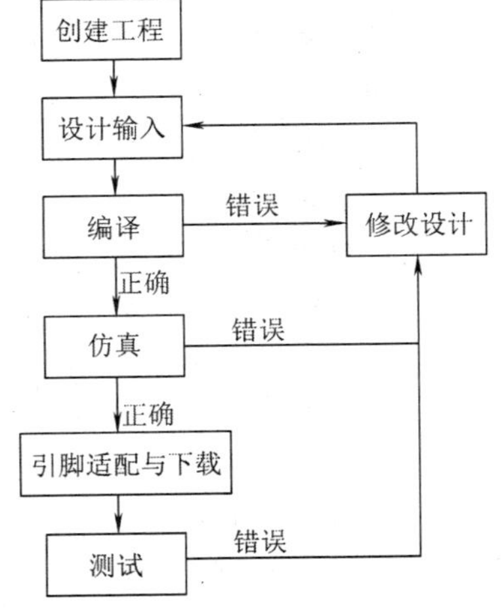

图9-9　Quartus II软件的设计流程

（4）仿真　包括功能仿真和时序仿真。功能仿真又称为前仿真，是在不考虑器件延时的理想情况下仿真设计项目，以验证其逻辑功能的正确性；时序仿真又称为后仿真，是在考虑具体适配器件的各种延时的情况下仿真设计项目，它是接近真实器件运行特性的仿真。

（5）引脚适配与下载　仿真正确后，需将输入输出信号锁定在可编程逻辑器件确定的引脚上，当编译成功后，使用器件编程将编程文件下载到实际器件。

（6）测试　对编程后的 CPLD/FPGA 器件加入实际的激励信号进行测试，检查是否可以完成预定的功能。

上述任何一步出错，均需要回到设计输入阶段，改正错误，重新按设计流程进行设计。

9.4　设计举例

在多种 Quartus II 设计输入方式中，最常用的是原理图输入方式和文本输入方式。下面依次举例介绍这两种输入方式的使用方法，然后介绍基于这两种输入方式下的混合输入方式。

9.4.1　基于原理图输入举例

原理图输入方式是指输入以常用数字集成电路或创建模块实现的原理图的输入方式，它是 CPLD/FPGA 设计的基本方法之一。下面以 74160 设计八进制计数器为例，介绍如何使用 Quartus II 原理图输入方式进行设计。

1. 建立工作目录

任何一项设计都是一个工程（Project），在一般情况下，在设计前首先应该为工程建立一个放置与此工程相关的所有设计文件的文件夹。不同的设计项目最好放在不同的文件夹中，而同一工程的所有文件都必须放在同一文件夹中。此处设立的工作目录为：D:\examples\jinzhi8，以方便设计工程项目的存储。

注意：文件夹不能用中文。

2. 创建工程

1）启动 Quartus II 9.0 用户界面窗口。

2）选择【File】/【New Project Wizard】菜单项，利用创建工程向导创建一个新的工程。弹出“New Project Wizard：Introduction”对话框，如图 9-10 所示。

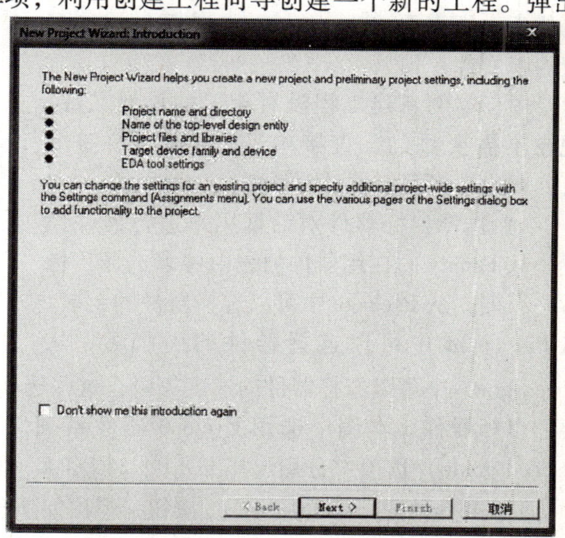

图 9-10　“New Project Wizard：Introduction”对话框

选中“Don't show me this introduction again”，再新建工程就不会出现此对话框。单击 Next > 按钮，弹出“New Project Wizard”对话框，如图 9-11 所示。

在该框的第一栏键入工程路径，或者单击 ... 按钮，可以选择存入的路径（本例中选择第一步建立的文件夹 D:\examples\jinzhi8）；在第二栏工程项目名称中输入 jinzhi8 作为当前工程的名字，工程名称可以使用任何名字，但不能出现中文字符；第三栏是该工程的层次化设计的顶层设计实体名称，默认与工程项目名称相同。没有特别的需要，一般保持软件的默认状态。本例中，两者都命名为 jinzhi8，如图 9-12 所示。

注意：工程名称必须与顶层设计实体名称相同，否则软件显示出错。

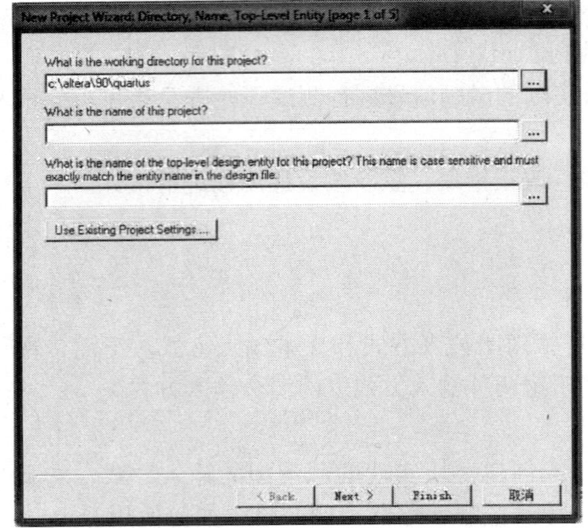

图 9-11 “New Project Wizard”对话框

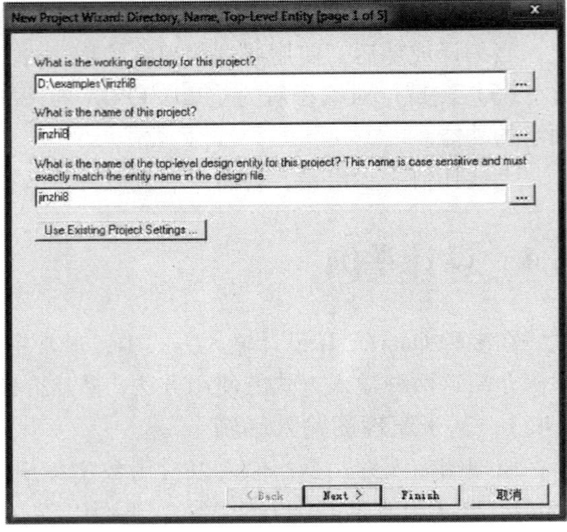

图 9-12 “New Project Wizard”对话框

3）设计文件选择。单击 Next > 按钮，弹出“Add Files”对话框，如图 9-13 所示。在这一步骤中可以给创建的工程添加设计输入文件（可以是原理图、AHDL、VHDL、VerilogHDL、EDIF、VQM 文件等），单击 ... 按钮，在弹出的窗口中查找所需的源文件，选中后单击“Add”按钮，即可完成文件的添加。也可以通过单击“Add All”按钮将工作目录下的所有文件都添加到工程中。若用户用到用户自定义的库，则需要单击 User Libraries... 按钮，添加相应的库文件。

由于本例新建工程没有相关的设计文件，现在不需要添加，直接单击 Next > 按钮即可，弹出选择目标器件对话框。

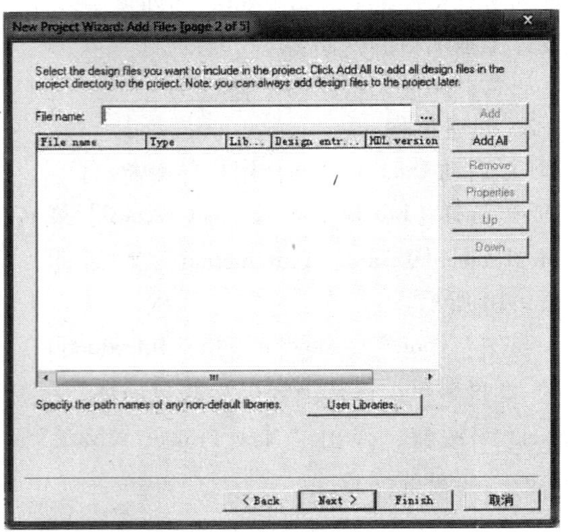

图 9-13 “Add Files”对话框

4）选择目标器件对话框用来进行器件设置。从 Family 的在用器件列表中可以选择目标器件系列，从 Package 中可以选择器件的封装，从 Pin count 中可以选择器件的引脚数，从 Speed grade 中可以选择器件的速度等级。这些选项可以缩小可用器件列表的范围，以快速找到需要的目标器件。本例中选用 Cyclone 器件系列，在封装（Package）、引脚（Pin count）、速度（Speed grade）选项中分别选择 PQFP、240 和 8，型号选 EP1C6Q240C8，如图 9-14 所示。

5）工具设置。单击 Next > 按钮，弹出如图 9-15 所示的对话框，用来指定软件集成的 EDA 工具。如果选择默认信息，则表示选择 Quartus II 软件自带的仿真器和综合器。

6）单击 Next > 按钮，弹出如图 9-16 所示的对话框，它是工程设置信息显示窗口。检查全部信息，若无误，则可以单击 Finish 按钮，完成工程的创建。若有误，可以单击 < Back 按钮返回，重新设置，即完成当前工程的创建。

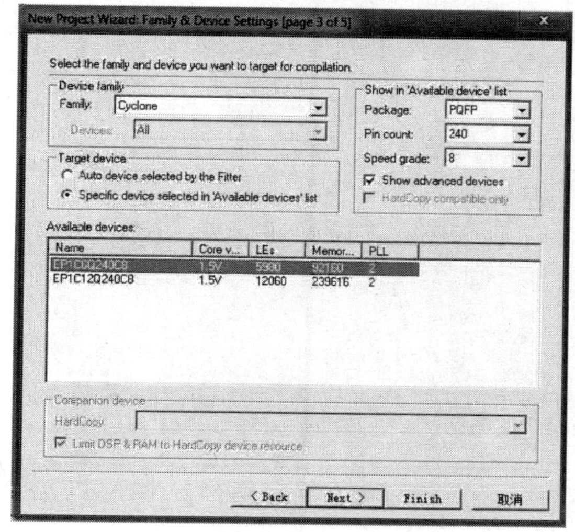

图 9-14　目标器件对话框

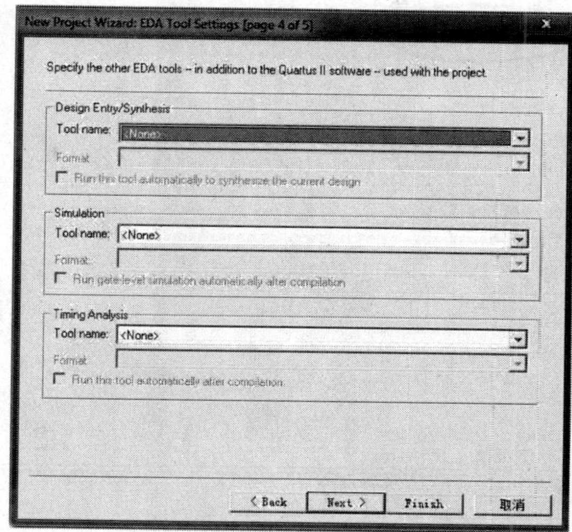

图 9-15　EDA 工具设置

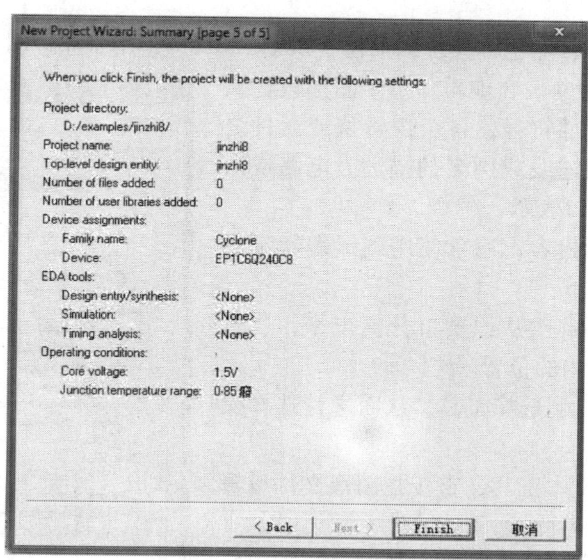

图 9-16　工程设置信息窗口

工程创建完成界面如图 9-17 所示，在工程设置信息窗口（图中椭圆形圈中）中，显示了当前工程名和选用器件型号。在标题栏处显示了该项目工程路径为 D:\examples\jinzhi8，工程名称为 jinzhi8，顶层实体名为 jinzhi8。

3. 原理图输入

（1）选择【File】/【New】菜单项，弹出选择设计文件类型“New”对话框，如图 9-18 所示。在对话框中的“Design Files”页面中选择输入源文件的类型，原理图输入方式要选择“Block Diagram/Schematic File”类型，单击 OK 按钮，即弹出图形编辑器对话框，如图 9-19 所示。

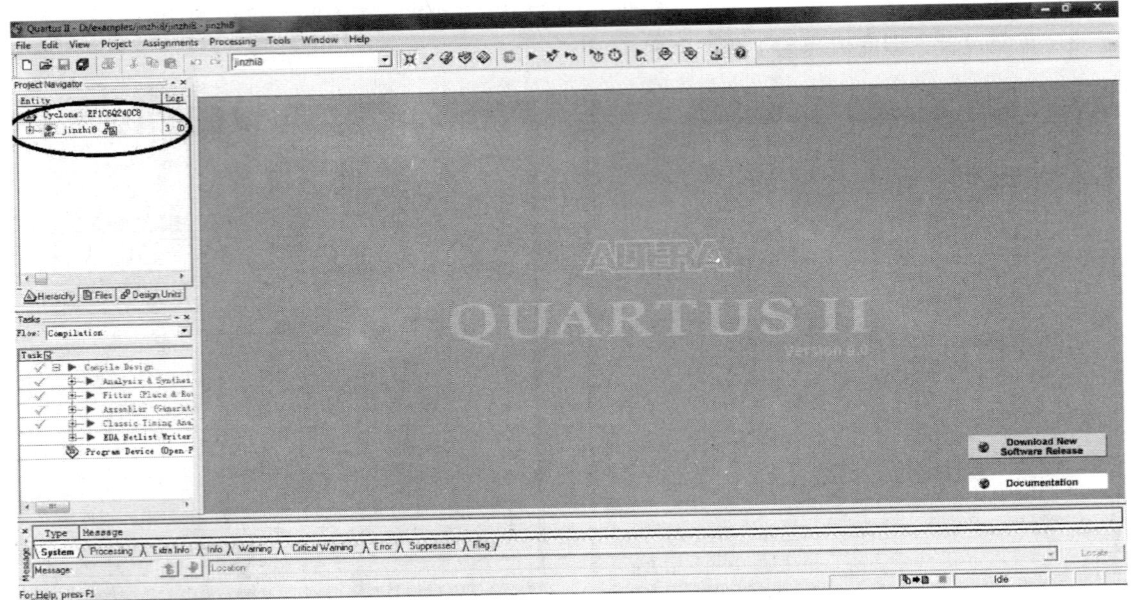

图 9-17　工程创建完成界面

Quartus II 的图形编辑器也称为块编辑器（Block Editor），用于原理图（Schematic）和结构图（Block Diagram）形式的输入和编辑。每个图形设计文件包括逻辑块符号和元件符号，各个逻辑块或元件之间的信号传递关系采用连线或网名的描述，电路或系统的输入、输出采用端口表示。

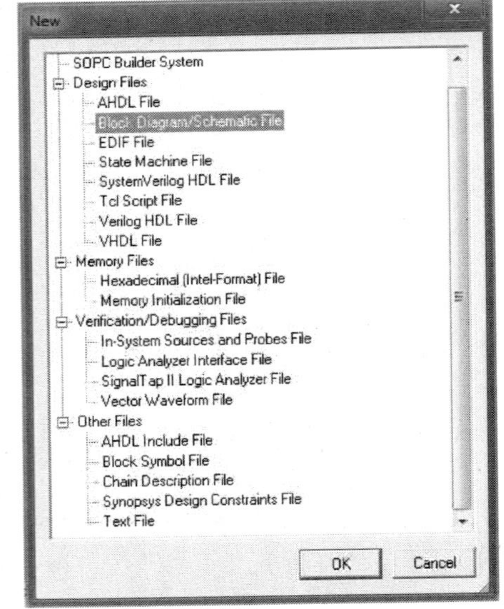

图 9-18　设计文件类型“New”对话框

为了方便输入设计内容，通常使用图形编辑工具栏，快捷键工具功能如下：

（Detach Windows）：从原窗口分离出来，也就是为了放大或缩小视窗内的位置。

（Selection Tools）：选择工具，从而进行选择操作。

A（Text Tools）：文本工具，直接在图形文件编辑区添加文字信息，增强可读性。

（Symbol Tool）：选择原理图符号输入工具，可以从元件库中任意选择所需要的逻辑符号。

（Block Tool）：块图工具，可以在图形文件编辑区放置逻辑模块。

（Othogonal Node Tool）：节点导线绘制工具，将不同逻辑符号模块连接起来。

（Othogonal Bus Tool）：总线绘制工具，将总线连接起来。

（Othogonal Conduit Tool）：管道绘制窗口，通过管道代替节点导线和总线。

（Use Rubbering）：橡皮筋功能，可对被选择的对象移动或拉伸。

（Use Partial Line Selection）：断线功能，橡皮筋功能被禁止，被选择对象与电路其他部分独立移动。

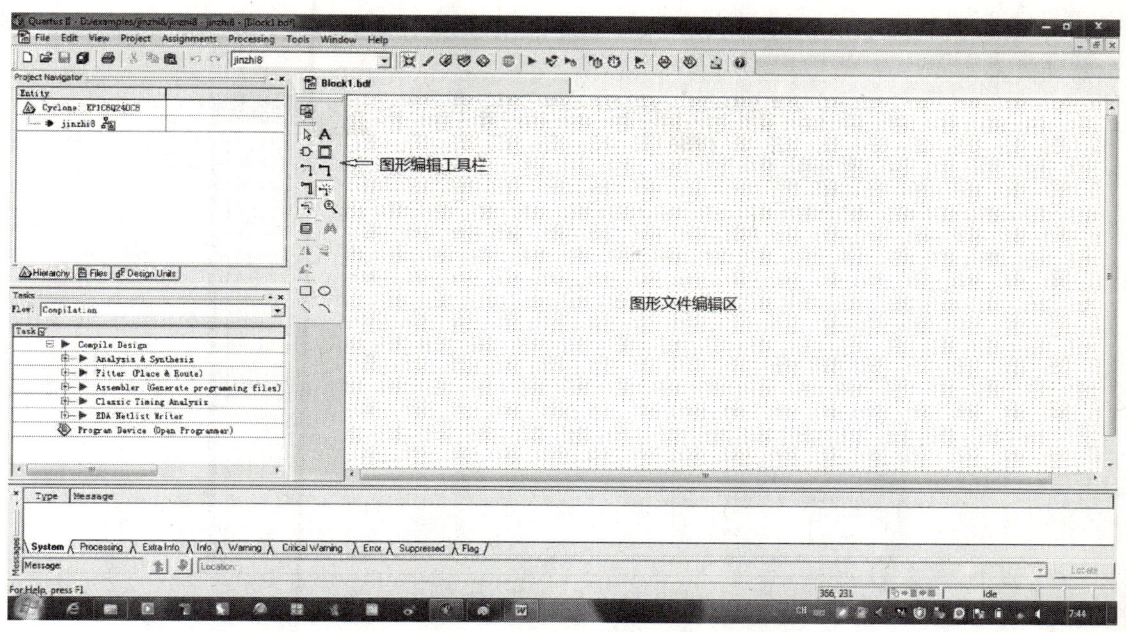

图 9-19　图形编辑对话框

(Zoom Tool)：对所编辑原理图进行放大或缩小，按鼠标左键进行放大，按鼠标右键进行缩小。

(Full Screen)：全屏显示图形文件编辑区。

(Find)：查找。

(Flip Horizontal)：水平旋转。

(Flip Vertical)：垂直旋转。

(Rotate Left 90)：逆时针旋转 90°。

(Rectangle Tool)：绘矩形。

(Over Tool)：绘椭圆。

(Line Tool)：绘直线。

(Arc Tool)：绘曲线。

(2) 原理图符号输入　有以下几种方式，设计者可以根据自己的习惯来选择输入方式。

1) 单击【Edit】/【Insert Symbol】，弹出“Symbol”对话框，如图 9-20 所示。

2) 在图形编辑工具栏单击图标。

3) 在图形文件编辑区的空白位置双击鼠标左键，弹出“Symbol”对话框。

Quartus II 软件为实现不同的逻辑功能提供了大量的基本单元符号和宏功能模块，设计者可以直接调用。在“Symbol”对话框左侧“Libraries”列表区域内，列出了可以调用的库资源，库目录包括了宏功能模块库（megafunctions）、其他元件库（others）及基本库（primitives）。单击目录前的加号“+”，可以展开各个列表，搜索所需要的元件。

1) 宏功能模块库：宏功能模块库（megafunctions）包含了许多可以直接使用的参数化模块，包含算法类型（arithmetic）、门类型（gates）、I/O 类型、存储器（storage）4 个子类。arithmetic 子类中包含的是算法函数，如累加器、加法器、乘法器和 LPM 算术函数等；gates 子类中包含的是多路复用器和门函数；I/O 子类中包含的是时钟数据恢复（CDR）、锁相环（PLL）、千兆位收发器（GXB）、LVDS 接收发送器等；storage 子类中包含的是存储器、移位寄存器模块和 LPM 存储器函数。

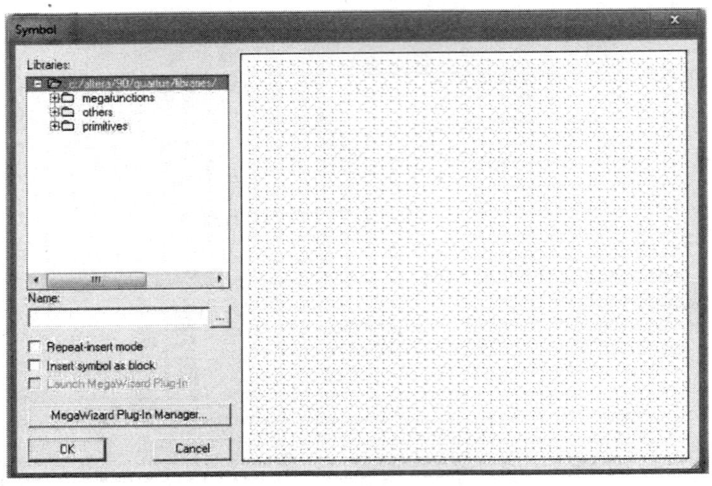

图 9-20 “Symbol” 对话框

2）其他元件库：其他元件库（others）包括了与 MAX + PLUS II 兼容的所用中规模器件，如编码器、译码器、计数器和寄存器等 74 系列的全部器件。

3）基本库：基本库（primitives）包括了缓冲逻辑单元（buffer）、基本逻辑单元（logic）、其他单元（other）、引脚单元（pin）和存储单元（storage）5 个子类。Buffer 子类中包含的是缓冲逻辑器件，如 alt _ in buffer、alt _ out _ buffer、wire 等；logic 子类中包含的是基本逻辑器件，如 and、or、xor 等门电路器件；other 子类中包含的是常量单元，如 constant、vcc 和 gnd 等；pin 子类中包含的是输入、输出和双向引脚单元；storage 子类中包含的是各类触发器，如 dff、tff 等。

下面以 74160 实现八进制计数器为例说明如何放置所需元器件。首先调入 74160，可以根据相应元件属性选择相应的子库，这里选择其他元件库中的 74160，如图 9-21 所示；如果了解元件名称，可以在 “Symbol” 对话框左侧 “Name” 一栏中，可以输入原理图符号的名称 74160，被搜索的符号名称直接出现在元件列表中。单击 OK 按钮，所选择的器件符号可以跟随光标出现在图形文件编辑区，根据具体情况选择合适位置，按鼠标左键放置该原理图符号。

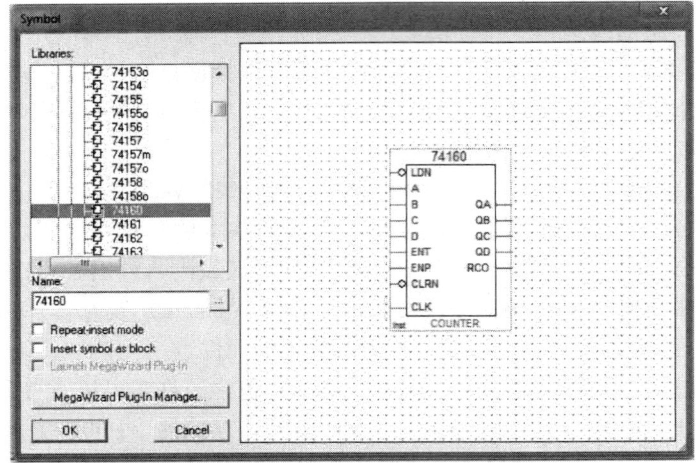

图 9-21 在 “Symbol” 对话框中选中 74160 器件

在“Symbol”对话框左侧选中“Repeat-insert mode”项，表示可以重复插入相同元件；选中“Insert symbol as block”项，表示以模块形式插入元件，图形方式和模块形式的区别如图 9-22 所示，图形文件编辑区左侧是以图形方式显示的逻辑符号，而右侧是以模块形式显示的逻辑符号。MegaWizard Plug-In Manager... 按钮表示启动宏功能插入管理器。

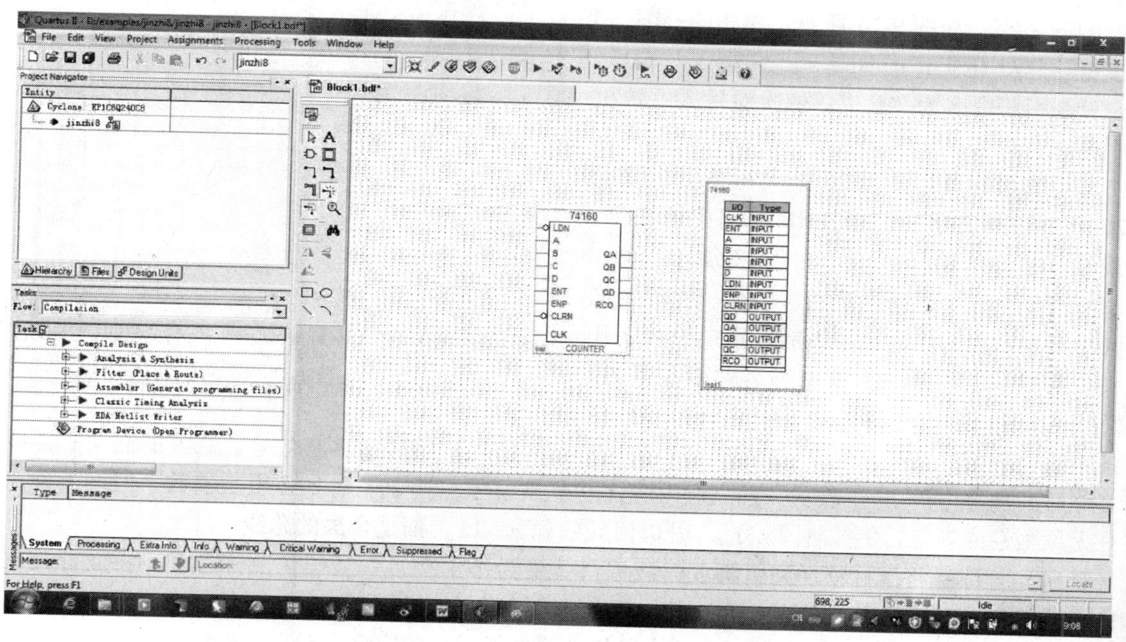

图 9-22　图形方式和模块形式输入 74160 器件符号

本例若采用同步置数法，一个八进制计数器需要 1 片 74160 器件、1 片 3 输入与非门、一个 VCC、GND 和相应的输入（INPUT）、输出（OUTPUT）引脚。VCC 和 GND 用于设置高低电平，而在 Quartus II 原理图输入法中，输入和输出也需要按照元件来调入。在“Symbol”对话框左侧“Name”一栏中依次输入 nand3、vcc、gnd、input 和 output，将所需元件放置到图形文件编辑区中，如图 9-23 所示。

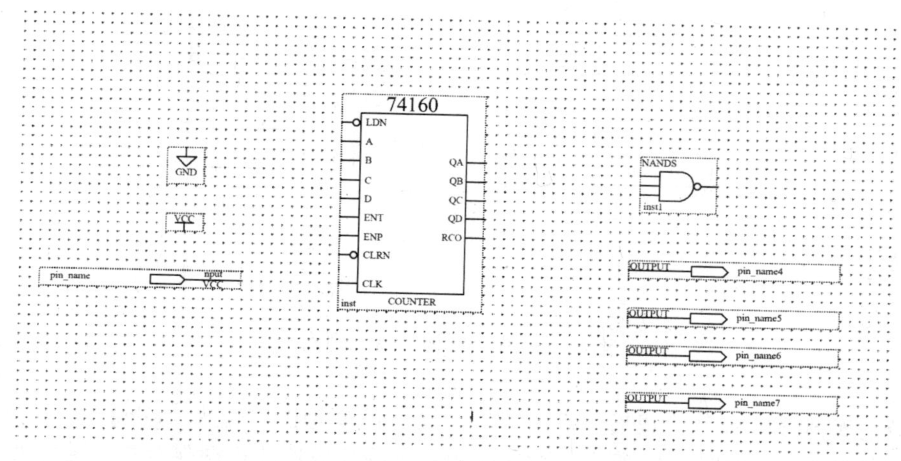

图 9-23　放置元件和相应输入、输出引脚

（3）输入输出的命名　所需元器件放置后，需要对输入、输出进行命名。该设计电路中，输入对应着时钟信号 CP，输出对应着 Q3、Q2、Q1 和 Q0。可以双击 pin _ name 输入名称，或者在 pin _ name 上单击鼠标右键，弹出“Pin Properties”对话框，在 Pin name［s］中输入引脚的名字，如图 9-24 所示，单击 确定 按钮。此处在 Pin name［s］中输入“CP”，也就是引脚命名为“CP”。依次对输入、输出引脚进行命名。

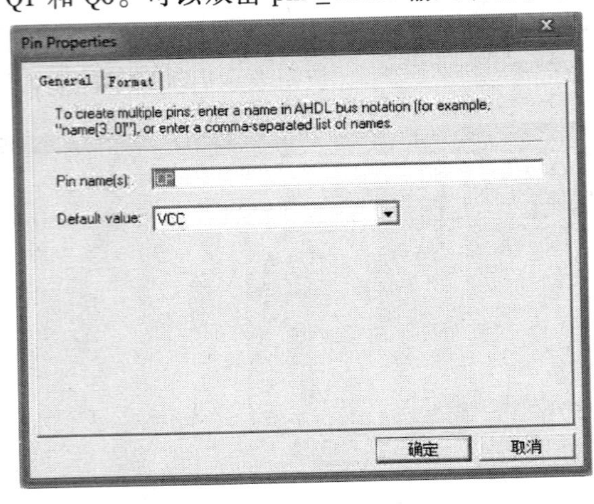

图 9-24　“Pin Properties”对话框

引脚名称可以使用 26 个大写英文字母和 26 个小写英文字母，以及 10 个阿拉伯数字，或是一些特殊符号“/”“_”来命名，例如 AB，/5C，a _ b 都是合法的引脚名。引脚名称大小写表示相同的含义；不能以阿拉伯数字开头；在同一个设计文件中引脚名称不能重名。总线（Bus）在图形编辑窗口中显示为的是一条粗线，一条总线可代表 2～256 个节点的组合，即可以同时传递多路信号。总线的命名必须在名称后面加上［a..b］，表示一条总线内所含的节点编号，其中 a 和 b 必须是整数，但谁大谁小并无原则性的规定，例如 A[3..0]、B[0..15]、C[8..15] 都是合法的总线。

（4）连线　将鼠标移动到引脚或连线端口就变为小十字，一直按住鼠标左键，将鼠标拖到待连接的另一个端口上，放开左键，则一条连线画好了。如果需要删除一根线，单击这根连线并按 Del 键。对于单节点的连线，可以单击鼠标右键选择相应的线型。对导线的命名，可以选中一段导线，导线会变成蓝色并在单击位置出现“｜”闪烁光标，此时可以输入导线节点名称。完整的八进制计数器原理图如图 9-25 所示。

注意：74160 的输出端由高位到低位分别为 QD、QC、QB 和 QA，并行置数端高位到低位分别为 D、C、B 和 A。

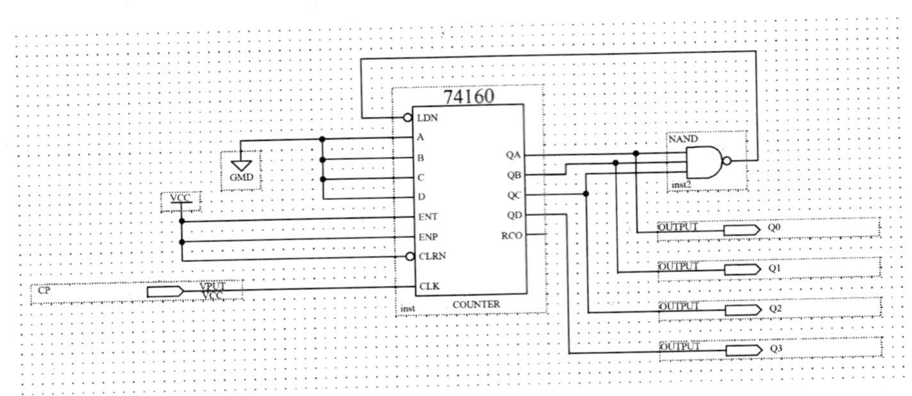

图 9-25　八进制计数器原理图

（5）保存原理图　设计完成后，需要保存所绘制的原理图。选择【File】/【Save As】选项，弹出保存文件对话框，如图 9-26 所示。设计好的八进制计数器原理图保存在已建立的工作目录 D:\examples\jinzhi8 中，文件名为 jinzhi8. bdf。

4. 编译

可以通过选择【Assignments】/【Settings】选项来设定编译模式。在弹出的对话框左边栏中选"Compilation Process Settings"项来设定，弹出"Settings-add"对话框，如图9-27所示。为了使编译的速度加快，可以打开"Use smart compilation"选项；为了节省编译所占用的磁盘空间，可以打开"Preserve fewer node names to save disk space"选项，这样可使得每次的重复编译运行得更快。

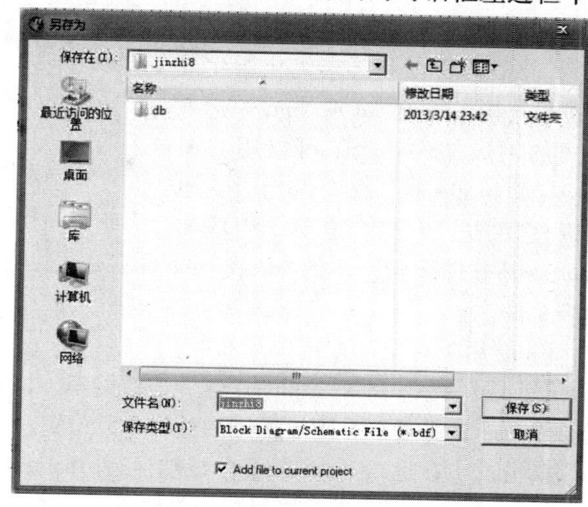

图9-26 保存文件对话框

进行全程编译可以在Quartus II软件中选择菜单【Processing】/【Compiler Tool】或单击图形编辑界面中的▶按钮，弹出编译器窗口，如图9-28所示，编译器窗口包含对设计文件处理的全过程。该编译器包括了4个处理模块：分析综合（Analysis & Synthesis）、适配（Fitter）、布局布线（Assembler）、延时分析（Classic Timing Analyzer）。这些模块各自对应相应的菜单命令，可以单独分步执行，也就是分步编译。单击每个工具前面的小图标可以单独启动每个编译器。如果单击▶ Start按钮，则按顺序进行所有处理，完成全编译流程，但耗时较长。

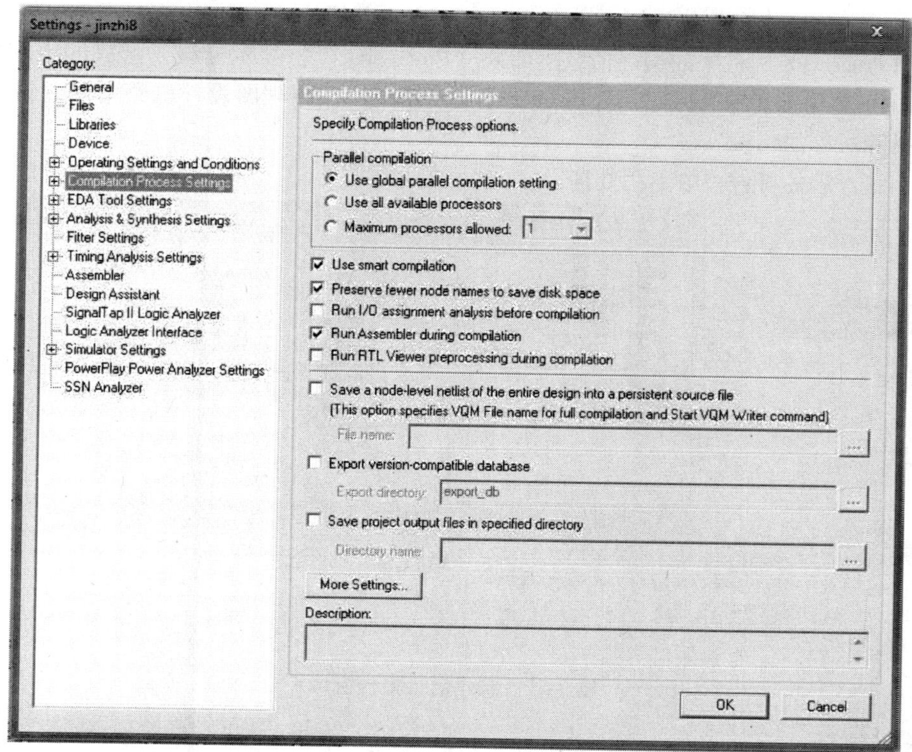

图9-27 选择编译模式

Analysis & Synthesis 用于分析综合的功能，即将原理图、硬件描述语言等设计输入翻译成由与、或、非门，触发器，RAM 等基本逻辑单元组成的逻辑连接（网表），并根据目标和要求优化所生成的逻辑连接，输出 edf 或 vqm 等标准格式的网表文件。除了可以用“Analysis & Synthesis”命令综合外，也可以使用第三方综合工具，生成与 Quartus II 软件配合使用的 edf 或 vqm 网表文件。

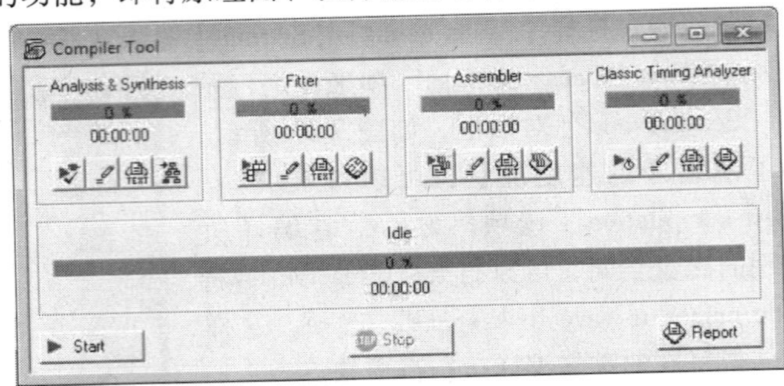

图 9-28　编译器窗口

Fitter 用于对设计进行布局布线。Fitter 使用由 Analysis & Synthesis 建立的数据库，将工程的逻辑和时序要求与器件的可用资源相匹配，将每个逻辑功能分配给最好的逻辑单元位置，进行布局和时序分析，并选择相应的互连路径和引脚分配。在运行 Fitter 前必须成功运行 Analysis & Synthesis。

Assembler 为编程或配置目标器件建立一个或多个编程文件，自动将 Fitter 的器件、连接单元和引脚分配转换为该器件的编程图像，这些图像以目标器件的一个或多个 programmer 对象文件（. pof）或 SRAM 对象文件（. sof）的形式存在。在运行 Assembler 前必须成功运行 Fitter。

Classic Timing Analyzer 的作用是分析已实现电路的速度性能。Classic Timing Analyzer 允许用户分析设计中所有逻辑的功能，并协助引导 Fitter 满足设计中的时序分析要求。在运行 Classic Timing Analyzer 前必须成功运行 Assembler。

编译完成后，会将有关的编译信息在报告窗口自动显示出来，如图 9-29 所示。注意图 9-29 中下方的“Processing”栏中的编译信息。如果“Processing”栏显示错误，可双击此条文，即弹出对应的 vhdl 文件，在深色标记条处即为文件中的错误，在原理图设计电路中修改错误后再次编译直至排除所有的错误。

注意：编译后的警告一般不用处理。

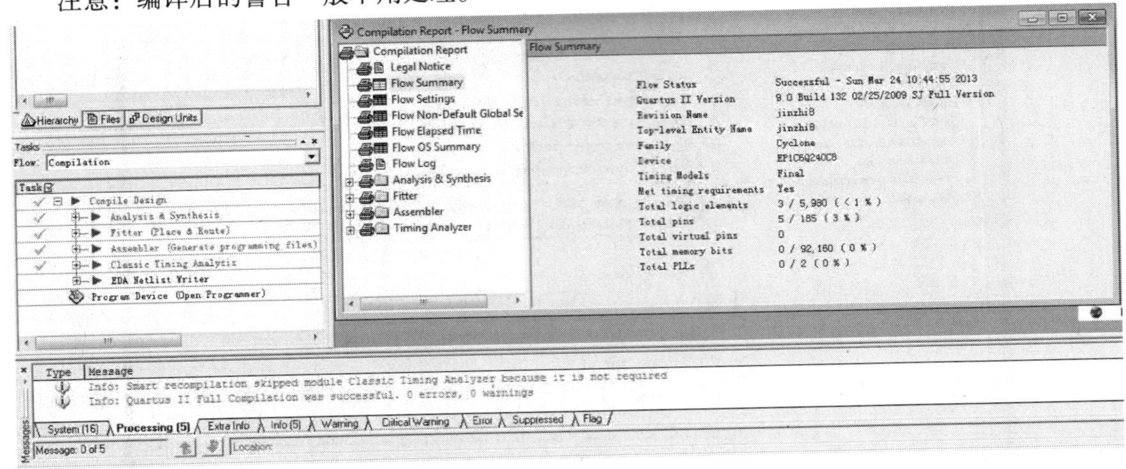

图 9-29　编译信息报告窗口

5. 波形仿真

设计者可以通过 Quartus II 软件仿真器对设计的功能与时序进行仿真，以保证设计的正确性。功能仿真只检查设计项目的逻辑功能，时序仿真则将延时信息考虑在内，更符合系统的实际工作情况。

在仿真之前，需要指定所有输入作为激励信号。矢量波形文件.vwf是Quartus II软件中最主要的波形文件，下面介绍以矢量波形文件.vwf作为激励源进行仿真的步骤。

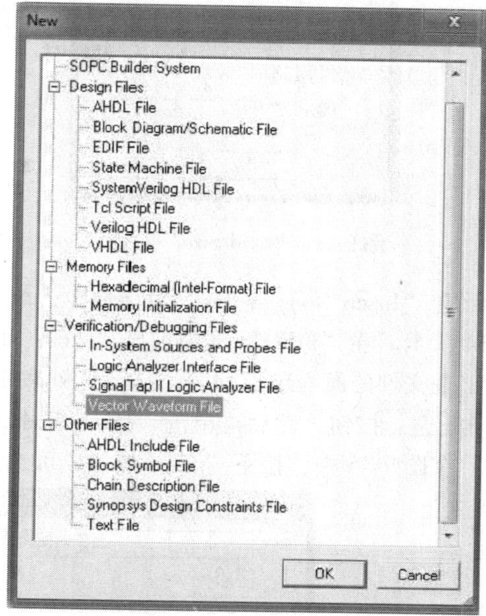

图9-30　建立波形文件

（1）创建波形文件　选择【File】/【New】菜单项，弹出“New”对话框，在该对话框的“Verification/Debugging Files”类型中选择矢量波形文件“Vector Waveform File”选项，如图9-30所示。

单击 OK 按钮，弹出波形编辑窗口，如图9-31所示。它包括时间信息提示栏、节点列表区、波形编辑工作栏等。

时间信息提示栏的主要功能如下：

Master Time Bar：主时间栅显示位置的时间，主时间栅是指在波形显示区中的带有方块操作柄加上蓝色的纵向直线，如图9-31所示。

按钮 ◂：沿时间轴向左移动的主时间栅的按钮。

按钮 ▸：沿时间轴向右移动的主时间栅的按钮。

Pointer：光标所在位置的时间。

Interval：光标所在位置与主时间栅之间的时间间隔。

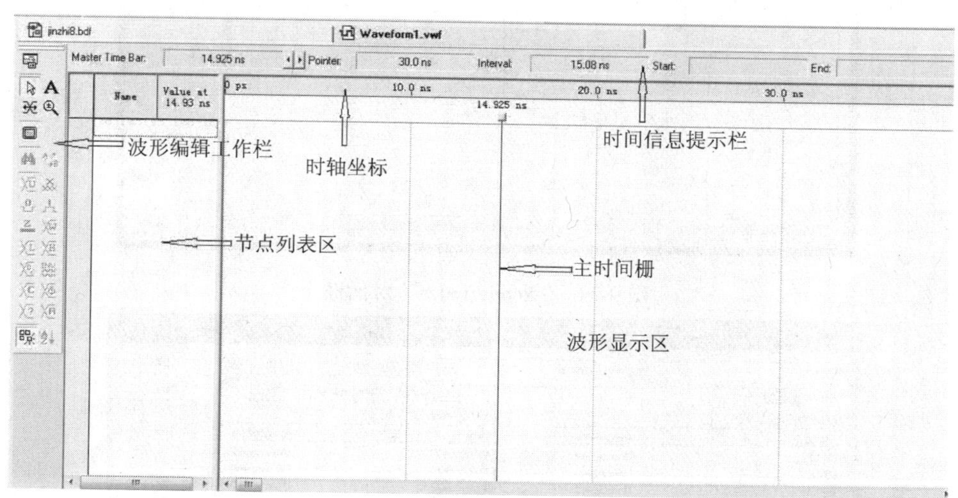

图9-31　波形编辑窗口

Start：选中波形的起始时间。

End：选中波形的结束时间。

波形显示区的上方显示的是时间轴坐标，区域内以虚线标出的是时间轴栅格（Grid）坐标。选择【Edit】/【Grid Size】菜单项，弹出“Grid Size”对话框，如图9-32所示，即可根据仿真周期和仿真时间选择时间栅格时间。Quartus II软件仿真器默认时间轴栅格时间为10ns。

（2）输入信号节点　在节点列表区双击鼠标左键，弹出“Insert Node or Bus”对话框，如图9-33所示。

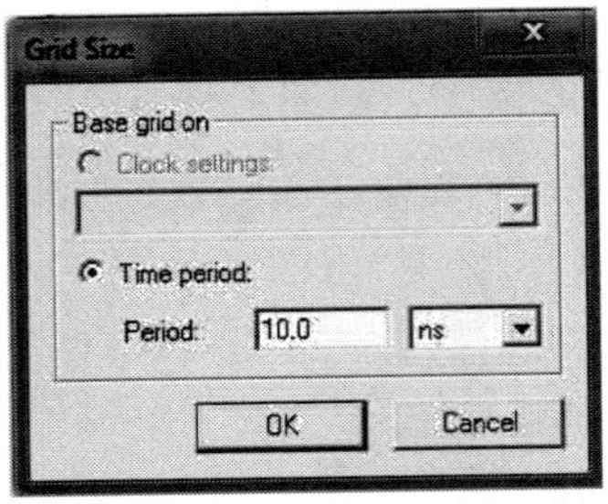

图 9-32 “Grid Size”对话框

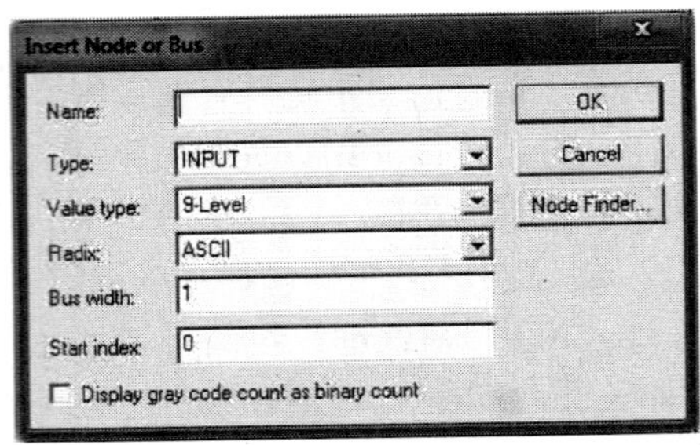

图 9-33 “Insert Node or Bus”对话框

在“Insert Node or Bus”对话框中，单击 Node Finder... 按钮，弹出“Node Finder”对话框，如图 9-34 所示。在“Filter”框中选择“Pins：all”，单击列表 List 按钮，即在“Node Finder”对话框中出现文件的所有节点列表，从节点列表中依次选择 CP、Q3、Q2、Q1 和 Q0，如图 9-35 所示，单击 OK 按钮，然后再单击“Insert Node or Bus”对话框的 OK 按钮。

在图 9-35 中，按下“〉〉”按钮，可选择添加全部节点；也可以通过“〉”添加部分节点。

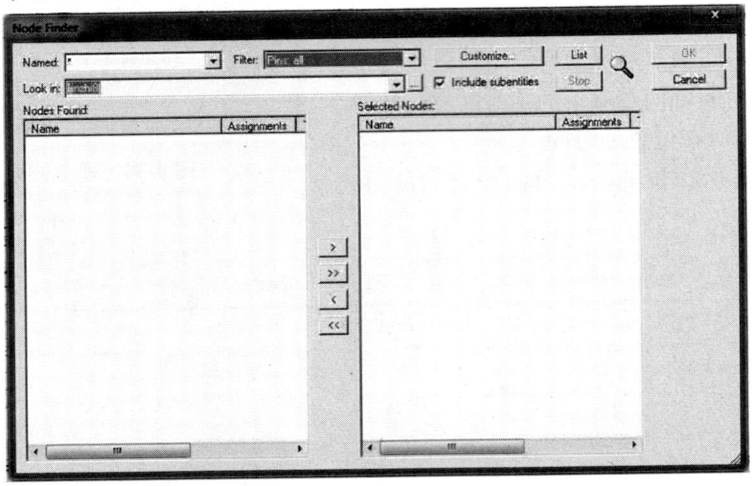

图 9-34 “Node Finder”对话框

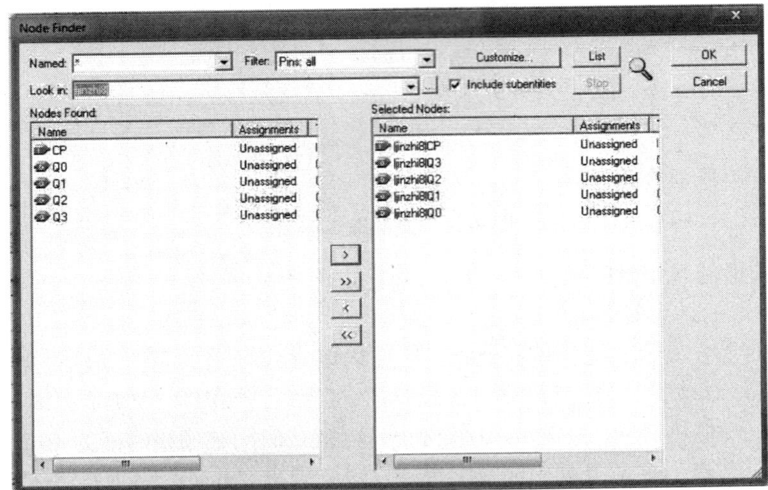

图 9-35 选择信号节点

（3）编辑输入信号波形　首先需要设置仿真结束时间，它限定了计算机仿真的运算时间范围。根据仿真需要可以使仿真时间设置在一个合理的区域内。Quartus II 软件仿真器的默认仿真结束时间为 1μs。选择【Edit】/【End time】菜单项，在弹出的“End time”对话框中选择仿真结束时间和时间单位，如图 9-36 所示。图 9-37 所示为波形编辑工具栏，在选中某节点后，波形编辑工具栏的命令即可变为可用状态，这里介绍几种常用的编辑功能。

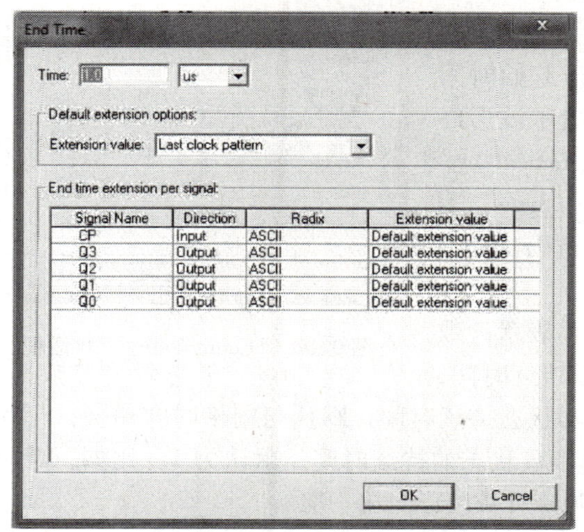

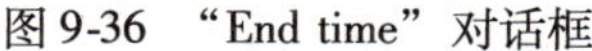
图 9-36　“End time”对话框

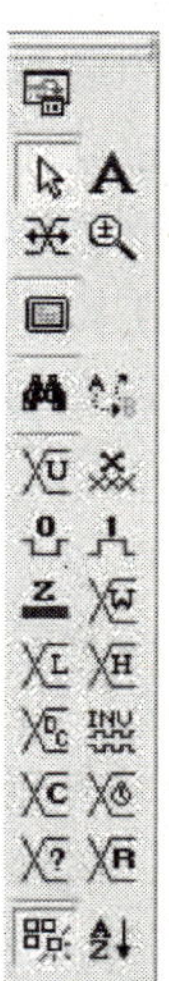

图 9-37　波形编辑工具栏

（Wave Editing Tool）：波形编辑工具，移动光标可以编辑某段信号波形。

（Full Screen）：可切换仿真波形文件呈全屏显示。

（Find）：查找信号、节点、总线或信号组。

（Replace）：替换节点、信号、总线或信号组。

（Uninitialized）：设置被选信号或区域为逻辑值未初始化“U”。

（Forcing Unknown）：设置被选信号或区域为逻辑值“X”。

（Forcing Low（0））：设置被选信号或区域为逻辑值“0”。

（Forcing High（1））：设置被选信号或区域为逻辑值“1”。

（High Impedance（Z））：设置被选信号或区域为逻辑值“Z”。

（Weak Unknown）：设置被选信号或区域为逻辑值“W”。

（Weak Low（L））：设置被选信号或区域为逻辑值“L”。

（Weak High（H））：设置被选信号或区域为逻辑值“H”。

（Don't Care（DC））：设置被选信号或区域为任意状态“DC”。

（Invert）：设置被选信号或区域为随机信号或原信号状态相反等。

（Count Value）：设置被选信号或区域为计数周期值。

（Overwrite Clock）；将所选波形设置为时钟信号波形。

（Arbitrary Value）：将所选的波形设置为特定波形。

（Radom Value）：将所选的波形设置为任意波形。

（Snap to Grid）：表示捕捉到的网格。

（Sort）：按字符排序。

本例中，输入信号只有 CP，CP 可以由 XC（Count Value）得到。单击 XC（Count Value），得到“Count Value”对话框，如图 9-38 所示。在“Counting”页面中，出现各栏的功能如下：“Radix”用于设置计数值的码制，在“Radix”选项中有 7 种数据格式：ASCII、Binary（二进制）、Octal（八进制）、Fractional（分数或小数）、Hexadecimal（十六进制）、Octal（八进制）、Signed Decimal（有符号十进制）和无符号十进制（Unsigned Decimal）；“Start Value”表示波形起始时间点，也就是零时刻的波形数值；“End Value”表示波形终点，也就是仿真结束时间点的波形数值；“Increment by”用于设置每个时钟波形计数值的增加值；“Count type”表示计数趋势采用普通二进制（Binary）还是格雷码（Gray code）方式。

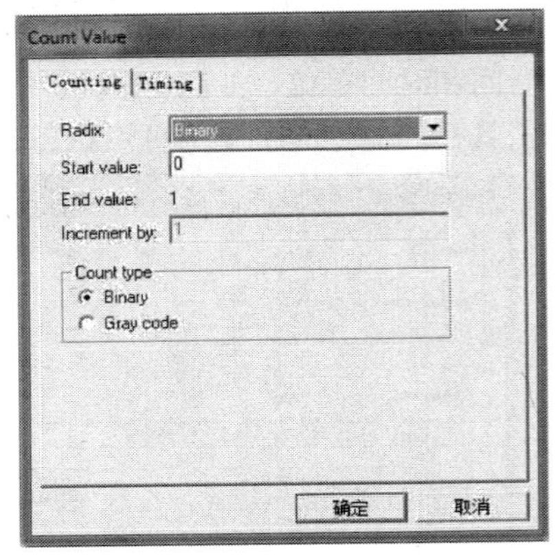

图 9-38 “Count Value”对话框

“Timing”页面如图 9-39 所示，“Start time”表示计数起始时间，默认设为 0；“End time”表示波形结束时间，默认与仿真时间相同；“Count every”表示计数器状态持续时间，默认与栅格时间相同；“Multiplied by”表示可以在仿真时间范围内任意选择计数状态的持续时间，默认为 1。比如，“Count every”为 10ns，“Multiplied by”为 5，则每隔 50ns 计数波形变化一次。

输入信号 CP 也可以由 XC（Overwrite Clock）得到。“Clock”对话框如图 9-40 所示。其中，“Time range”用于设置波形时间的长度；“Start time”表示波形起始时间；“End time”表示波形的结束时间；“Period”用于设置时钟波形周期；“Offset”用于设置时钟波形偏移量；“Duty cycle”表示时钟波形占空比。

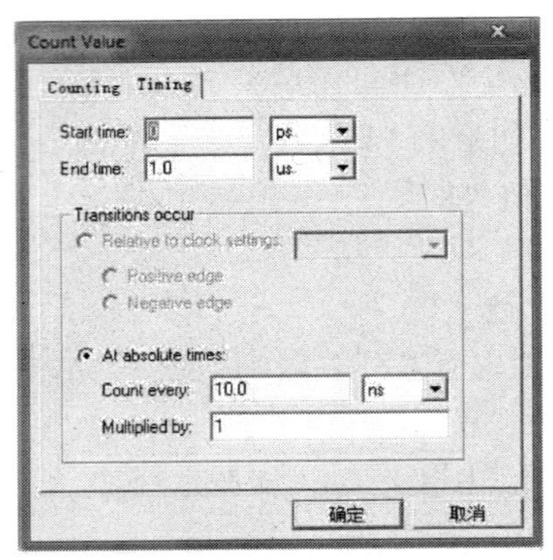

图 9-39 “Timing”页面

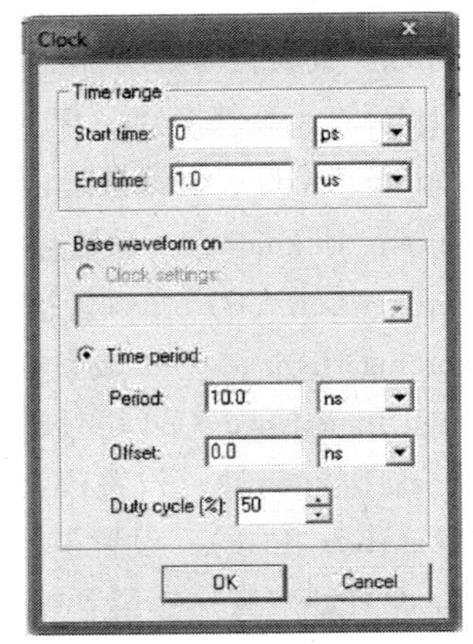

图 9-40 “Clock”对话框

为了便于观察仿真结果，可以将几个输出组合到一块。组合的方法：拖动鼠标左键选中 Q3、Q2、Q1 和 Q0（注意要由高位到低位排列），单击鼠标右键，在弹出的对话框选 Grouping-group…，如图 9-41 所示。弹出“Group”对话框，如图 9-42 所示，在“Group name”框输入组合后的名称，如 Q3-0，在“Radix”框中输入组合时的组合方式，如 Hexadecimal。

注意：编辑完测试波形文件后必须保存，文件名与原理图文件名称相同，只是尾缀不同，即保存为 jinzhi8. vwf。

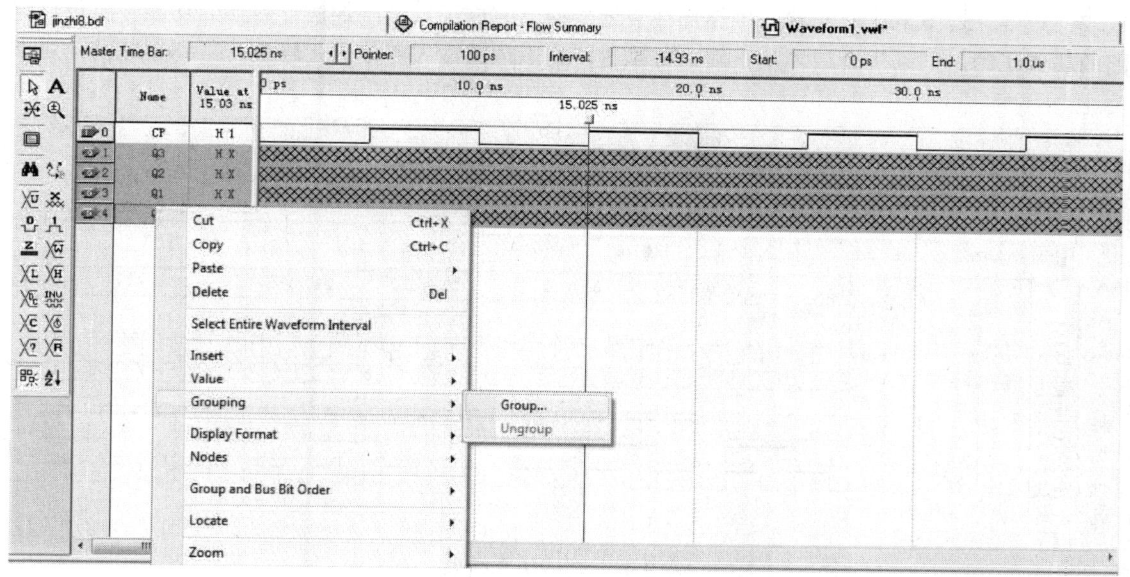

图 9-41　将输出组合到一块

（4）设计仿真　建立测试波形文件后，选择【Processing】/【Simulator Tool】菜单项，弹出“Simulator Tool”设置页面，如图 9-43 所示。“Simulation mode”表示仿真模式，如果要完成功能仿真，则在仿真模式中选择“Functional”；若要完成时序仿真，则在仿真模式中选择“Timing”。

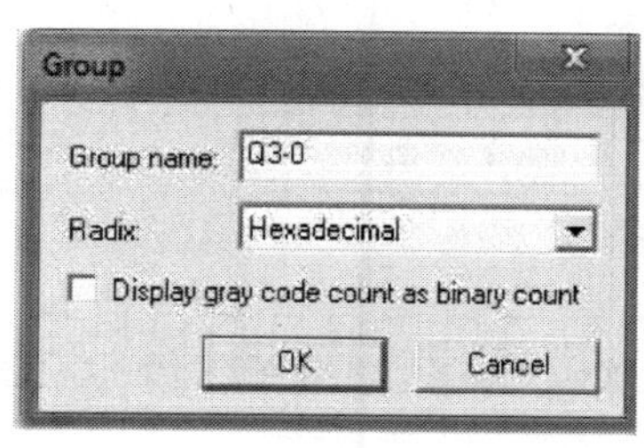

图 9-42　“Group”对话框

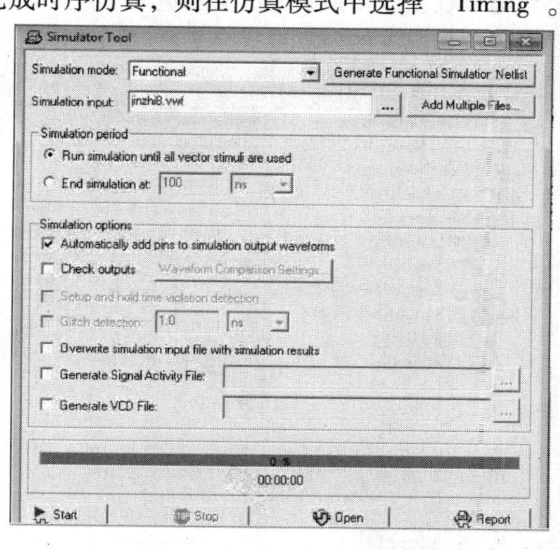

图 9-43　“Simulator Tool”设置页面

若选择功能仿真，则在仿真之前必须单击“Generate Functional Simulation Netlist”，产生功能仿真网表文件，然后单击“Start”，启动仿真。仿真显示“Simulator Was Successful”后，单击“确定”，再单击“Report”就可以看到仿真波形，单击 Q3-0 前面的“+”，得到的仿真波形如图 9-44 所示。

由图 9-44 可以看出，Q3Q2Q1Q0 依次在 0000、0001、0010、0011、0100、0101、0110 和 0111 八个状态中循环往复地变换；由组合信号 Q3-0 的变化可以更明显地看出，Q3-0 依次在 0、

1、2、3、4、5、6 和 7 八个状态中循环往复地变换，完成了八进制加法计数器的功能，所设计电路的功能正确。如果仿真结果不正确，可以返回到原理图输入部分进行修改，直到满足设计要求为止。

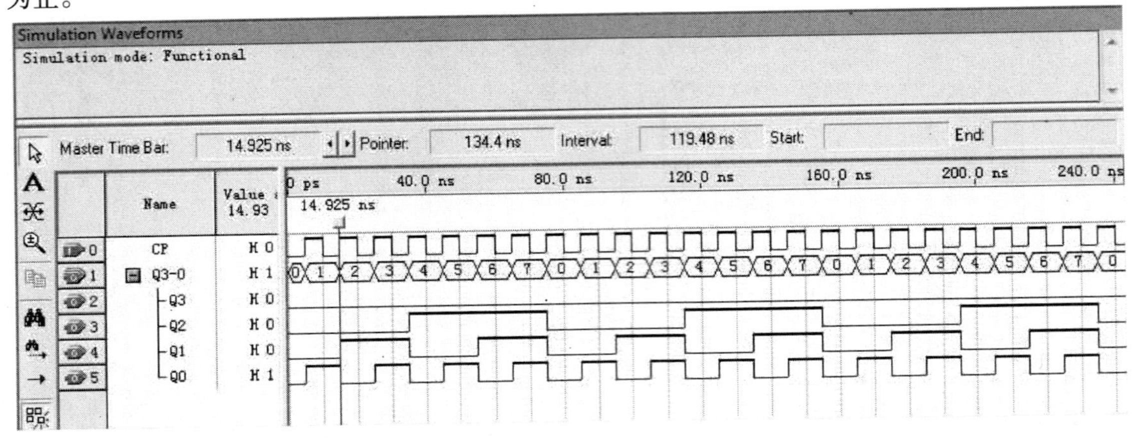

图 9-44 功能仿真结果

若选择时序仿真，在仿真模式中选择“Timing”后，直接单击“Start”，启动仿真。同样仿真显示“Simulator Was Successful”后，单击“确定”，再单击“Report”就可以看到仿真波形，如图 9-45 所示。由图 9-45 可以明显地看出，Q3-0 同样依次在 0、1、2、3、4、5、6 和 7 八个状态中循环往复地变换，完成了八进制加法计数器的功能。由于时序仿真是考虑具体适配器件的各种延时的情况下的仿真结果，仿真输出波形有毛刺。

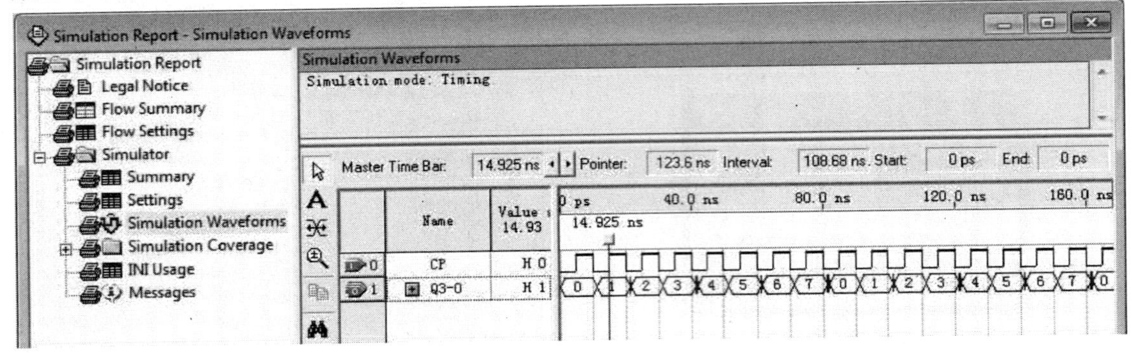

图 9-45 时序仿真结果

6. 引脚分配

为器件的输入、输出制定具体的引脚号码，称为引脚分配。为了能对设计的计数器进行硬件测试，应将其输入输出信号锁定在芯片确定的引脚上，编译后下载。

下面以杭州康芯 GW48 教学实验系统为例来说明引脚分配方法。此实验箱上的可编程器件是 FPGA 芯片 EP1C6Q240C8，就是前文工程建立时所选择的芯片。它的各个引脚已经与实验箱上的其他相关电路相连。选择的实验模式的不同，对应的连接不同。此处选择实验模式 5，其对应连接电路如图 9-46 所示，信号名与芯片引脚号对照表如表 9-1 所示。

由图 9-46 可以看出，8 个显示灯 D8-D1 依次对应着信号名 PIO15-PIO8，查表 9-1 可以看出信号名 PIO15-PIO8 分别对应着 12、8、7、6、4、3、2 和 1 脚。对于八进制计数器，根据原理图，其输出是 Q3、Q2、Q1 和 Q0，可以选择 4 个显示灯与之对应，如可以选择 Q0-D1-1 脚，Q1-D2-2 脚，Q2-D3-3 脚，Q3-D4-4 脚。

由图 9-46 还可以看出，实验箱上有 4 个时钟信号，即 CLOCL0、CLOCL2、CLOCL5 和 CLOCL9，查表 9-1 可以看出依次对应着 28、153、152 和 29 引脚。八进制计数器的输入 CP 可以选择 1 个时钟信号与之对应，考虑到人眼的视觉暂留效应，选择低频输出的 CLOCK2，即 153 引脚。

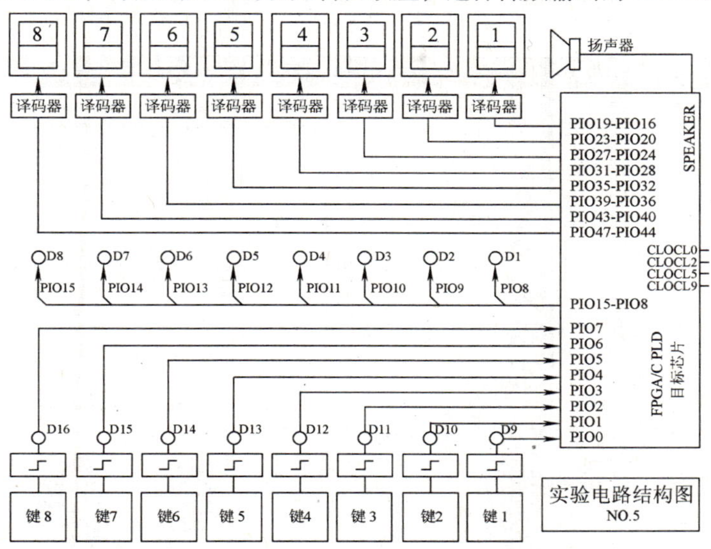

图 9-46　模式 5 实验电路

表 9-1　信号名与芯片引脚号对照表

结构图上的信号名	EPIC60240引脚号	结构图上的信号名	EPIC60240引脚号	结构图上的信号名	EPIC60240引脚号	结构图上的信号名	EPIC60240引脚号
PIO0	233	PIO19	16	PIO38	159	PIO67	217
PIO1	234	PIO20	17	PIO39	160	PIO68	180
PIO2	235	PIO21	18	PIO40	161	PIO69	181
PIO3	236	PIO22	19	PIO41	162	PIO70	182
PIO4	237	PIO23	20	PIO42	163	PIO71	183
PIO5	238	PIO24	21	PIO43	164	PIO72	184
PIO6	239	PIO25	41	PIO44	165	PIO73	185
PIO7	240	PIO26	128	PIO45	166	PIO74	186
PIO8	1	PIO27	132	PIO46	167	PIO75	187
PIO9	2	PIO28	133	PIO47	168	PIO76	216
PIO10	3	PIO29	134	PIO48	169	PIO77	215
PIO11	4	PIO30	135	PIO49	173	PIO78	188
PIO12	6	PIO31	136	PIO60	226	PIO79	195
PIO13	7	PIO32	137	PIO61	225	SPEAKER	174
PIO14	8	PIO33	138	PIO62	224	CLOCK0	28
PIO15	12	PIO34	139	PIO63	223	CLOCK2	153
PIO16	13	PIO35	140	PIO64	222	CLOCK5	152
PIO17	14	PIO36	141	PIO65	219	CLOCK9	29
PIO18	15	PIO37	158	PIO66	218		

可以在分配编辑器或引脚配置器中进行引脚分配操作。这里以在引脚配置中进行引脚分配操作为例来说明。单击主快捷工具栏中的图标或执行【Assignments】/【Pin Planner】命令，弹出引脚配置对话框，如图 9-47 所示。

用鼠标左键双击资源配置端口名对应“Location”列的空格，弹出包括全部引脚的下拉滚动框，根据输入输出与目标器件的接口对应关系，在滚动框中选择特定编号的引脚，如图 9-47 所示。

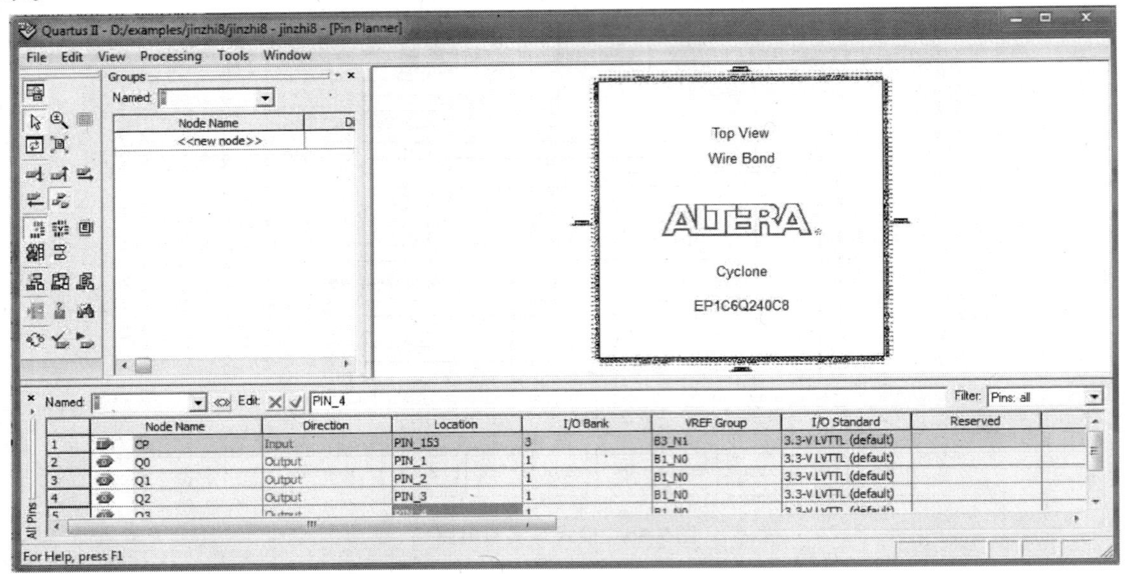

图 9-47　引脚配置对话框

注意：引脚分配完成后，必须再编译一次，才能将引脚锁定信息编译进编程下载文件中。如果编译出现问题，可以对器件重新设置。

编译之后的原理图如图 9-48 所示。由图 9-48 可以看出，编译后各输入输出引脚已锁定。

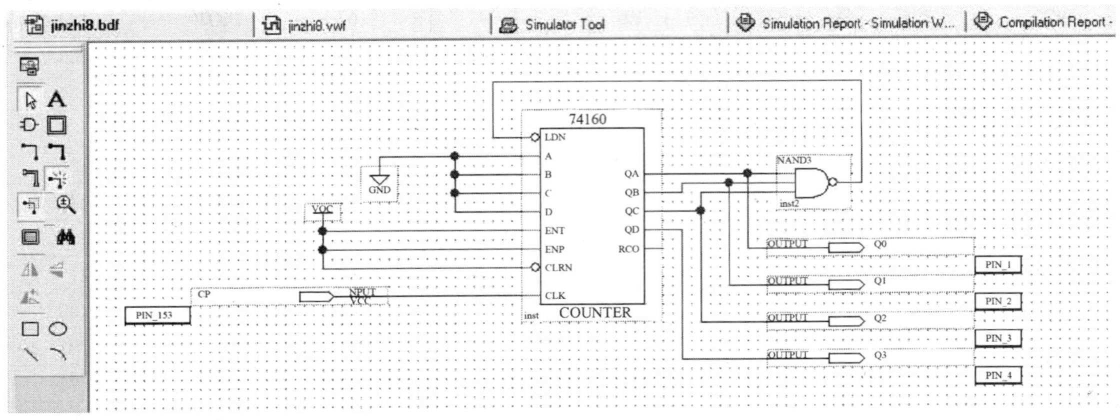

图 9-48　引脚分配编译后的原理图

该例中，输出也可以用数码管显示。由图 9-46 可以看出实验系统中共有 8 个数码管，可以从中选取 1 个，如数码管 1。则由图 9-46 和表 9-1 看出，用数码管显示时，Q0、Q1、Q2 和 Q3 分别对应 13、14、15 和 16 引脚。只要返回到引脚配置对话框重新对引脚进行适配，然后编译即可。

7. 编程下载

编程下载是指将编译产生的 SOF 下载文件下载到 FPGA 的过程。

Altera 编程器硬件包括 MasterBlaster、ByteBlasterMV、ByteBlaster Ⅱ、USB-Blaster 和 Ethernet-Blaster 下载电缆或 Altera 编程单元（APU）。首先，将硬件连接好，通过下载电缆将目标板和并口通信线连接好，并接通电源。在菜单【Tools】中选择编程器 Programmer 或单击工具栏上的按钮，则编程器自动打开编程下载窗口，如图 9-49 所示。

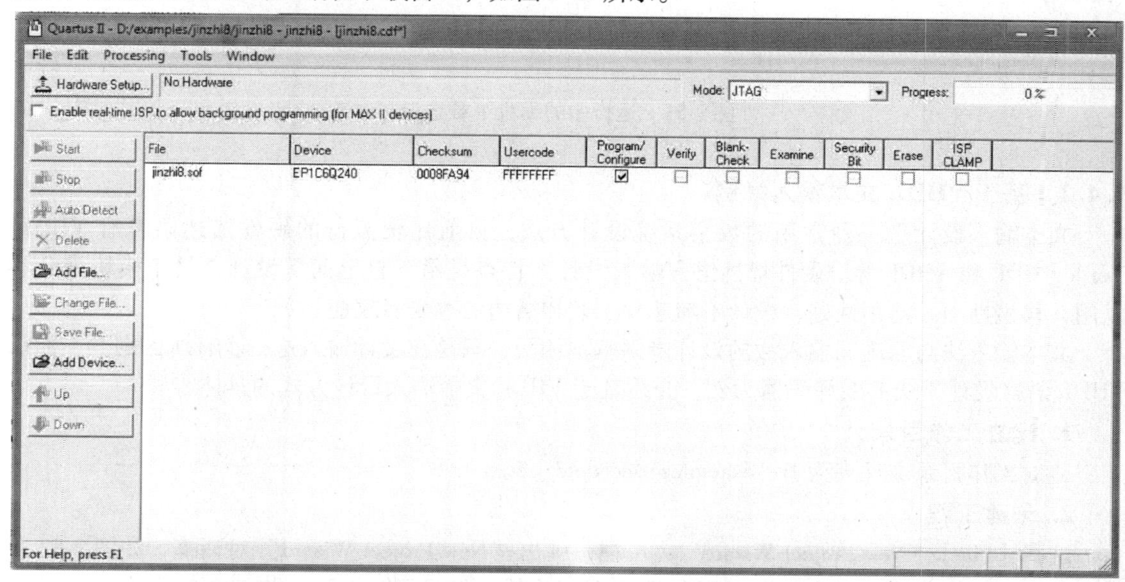

图 9-49　编程下载窗口

在“Mode”栏中有 4 种编程模式可以选择：JTAG、In Socket Programming、Passive Serial 和 Active Serial。最常用的编程模式是 JTAG 和 Active Serial。JTAG 编程模式主要用在调试阶段，Active Serial 编程模式用于板级调试无误后将用户程序固化在串行配置芯片 EPCS 中。此处选 JTAG。

如果窗口中显示没有硬件（No Hardware），则用鼠标单击单击 Hardware Setup... 按钮，在新弹出的“Hardware Setup”设置窗口中“Currently selected Hardware”栏内选择 ByteBlaster［LPT1］，如图 9-50 所示。如果下载电缆一直保持不变，不需每次都要设置。

然后单击 Close ，返回到编程下载窗口。单击编程下载窗口的“Start”按钮，软件自动将数据文件下载到 FPGA 中，如图 9-51 所示，当“Progress”显示为 100% 时，下载结束。

成功下载后，可利用实验箱进行硬件测试。加电运行后，如果发现设计有误，需要修改设计文件，重新下载，重复前面所述的设计步骤，直到成功。

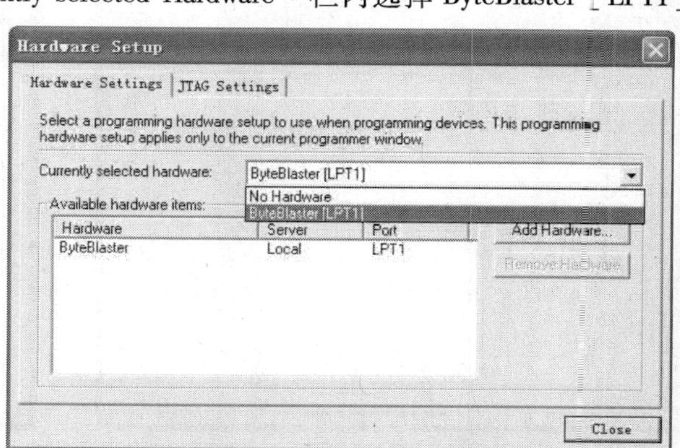

图 9-50　“Hardware Setup”设置窗口

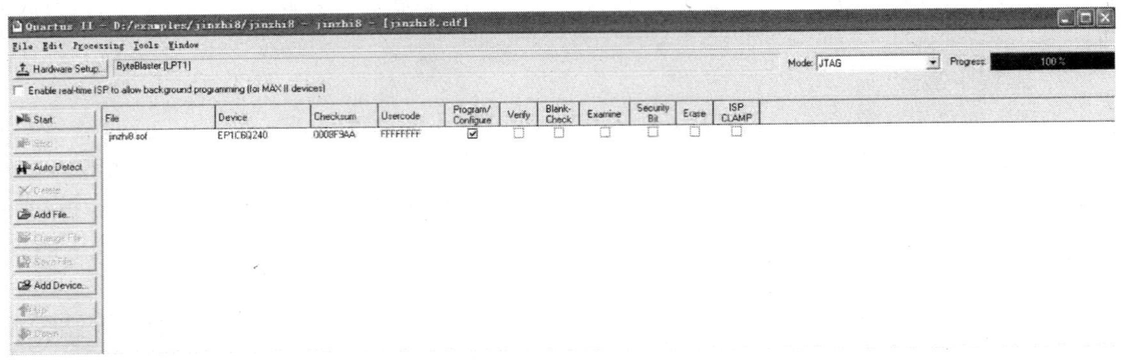

图 9-51　运行中的编程下载窗口

9.4.2　基于 VHDL 文本输入举例

文本输入设计是一种常用的数字系统设计方式，目前比较流行的硬件描述语言有 VHDL、Verilog HDL 和 AHDL 等。硬件描述语言输入设计的特点是易于自上而下设计，易于模块划分和复用，移植性强，通用性好，设计不随芯片工艺和结构的改变而改变。

文本输入法与原理图输入法的设计步骤基本相同，只是在设计输入这一步有所区别。下面以 VHDL 语言设计 3 线-8 线译码器为例，介绍基于 VHDL 文本输入设计方式的具体步骤。

1. 建立工作目录

建立工作目录文件夹为 D:\examples\decoder3 _ 8。

2. 创建工程

选择【File】/“New Project Wizard”菜单栏，弹出“New Project Wizard”对话框，如图 9-52 所示。在该对话框的第一栏中输入工程路径作为当前的工作目录；在第二栏工程项目名称中输入 decoder3 _ 8，作为当前工程的名字；在第三栏顶层设计名默认与工程项目名称相同。

在如图 9-53 所示的“Add Files”对话框（由于新建工程没有相关的设计文件，现在不需要添加）中，直接单击 Next > 按钮进入目标芯片选择界面。

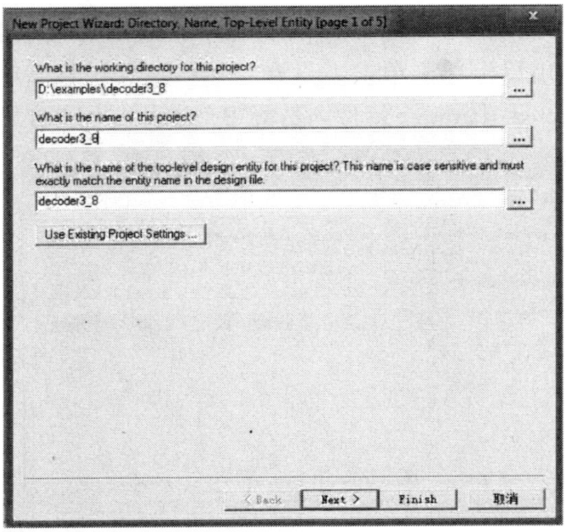

图 9-52　“New Project Wizard”对话框

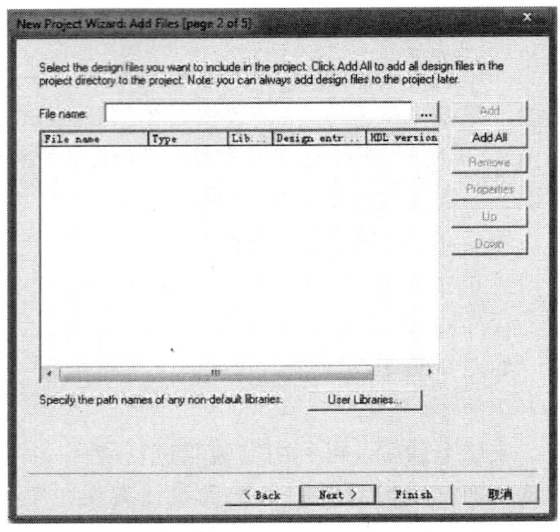

图 9-53　“Add Files”对话框

在目标器件选择界面中选择要使用的具体芯片，如图 9-54 所示，这里选择 Cyclone 系列中的 EP1C6Q240C8 器件。

单击 Next > 按钮，弹出选择仿真器和综合器类型窗口，如图 9-55 所示，如果选择默认信息，则表示选择 Quartus II 软件自带的仿真器和综合器。

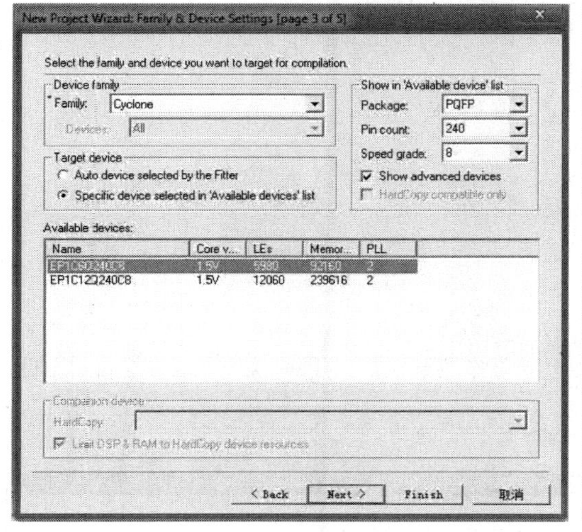

图 9-54 目标器件选择界面

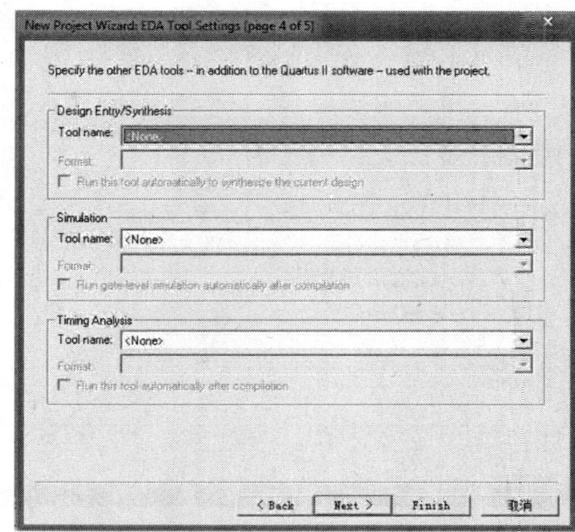

图 9-55 EDA 工具设置

单击 Next > 按钮，弹出工程设置信息显示窗口，如图 9-56 所示。检查全部参数设置是否正确，若无误，则单击 Finish 按钮。

3. 建立文本编辑文件

建立好工程以后，选择【File】/【New】菜单项，弹出选择设计文件类型对话框，如图 9-57 所示。在“New”对话框的“Design Files”页面中选择输入源文件的类型，这里选择“VHDL File”文件类型，单击 OK 按钮。

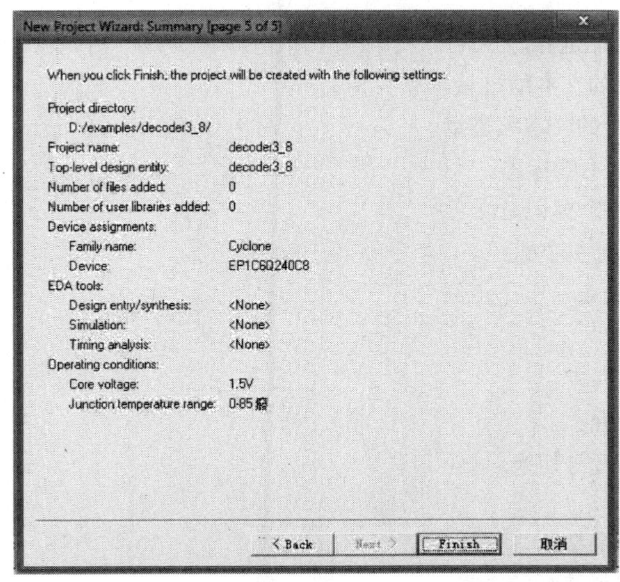

图 9-56 工程设置信息显示窗口

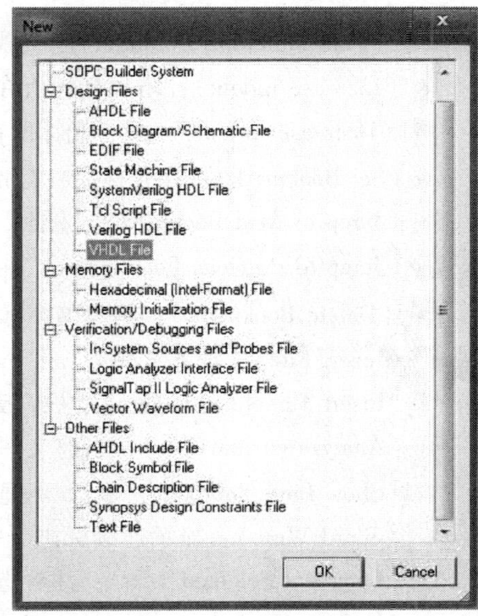

图 9-57 选择设计文件类型对话框

进入 VHDL 文本编辑窗口，如图 9-58 所示。

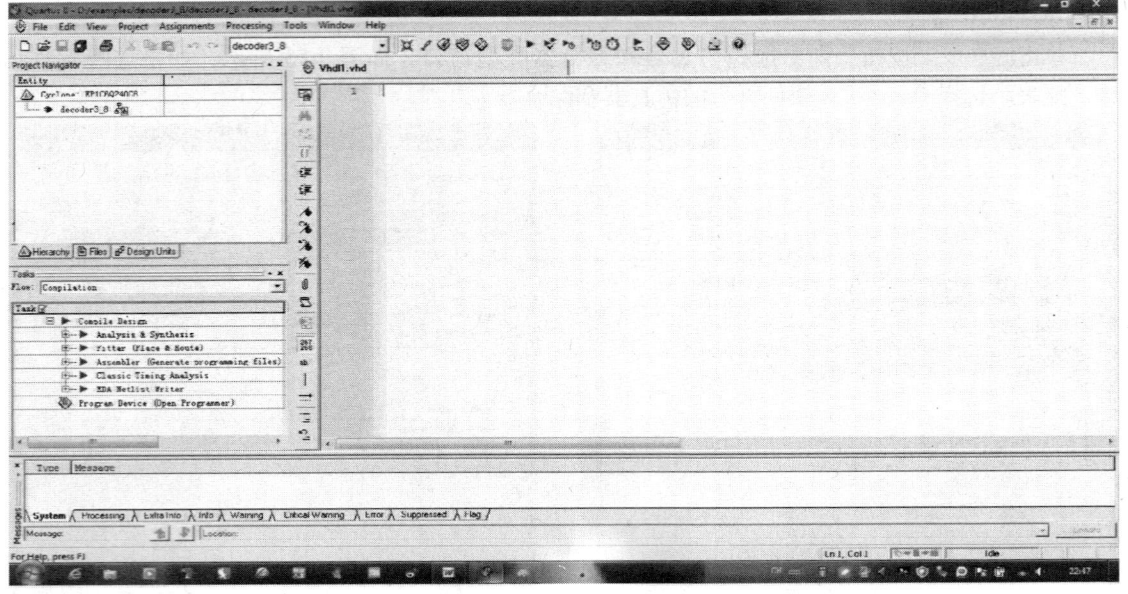

图 9-58　VHDL 文本编辑窗口

VHDL 文本编辑窗口中的文本编辑工具栏如图 9-59 所示，常用的编辑功能如下：

图 9-59　文本编辑工具栏

(Find)：查找。

(Replace)：替换文本。

(Find Matching Delimiter)：查找匹配定界。

(Increase Indent)：增加光标所在行的文本缩进量。

(Decrease Indent)：减小光标所在行的文本缩进量。

(Set Bookmark)：在光标所在行设置书签标志。

(Jump to Next Bookmark)：跳到下一个标记。

(Jump to Previous Bookmark)：跳到上一个标记。

(Delete Bookmark)：删除书签标志。

(Insert File)：插入文件。

(Insert Template)：插入语法模板。

(Analyze current File)：当前文件分析。

(Show Line Number)：显示/不显示行号切换。

(Word Wrap)：显示连续标志。

(Comment Selected Text)：注释选择的文本。

(Uncomment Selected Text)：取消注释选择的文本。

在文本编辑窗口输入如下所示的 3 线-8 线译码器 VHDL 源程序。

```
LIBRARY IEEE;
USE IEEE. STD _ LOGIC _ 1164. ALL;
ENTITY decoder3 _ 8 IS
    PORT(a:IN STD _ LOGIC _ VECTOR(2 DOWNTO 0);
         y:OUT STD _ LOGIC _ VECTOR(7 DOWNTO 0));
END decoder3 _ 8;
ARCHITECTURE beh OF decoder3 _ 8 IS
BEGIN
    PROCESS (a)
    BEGIN
        CASE a is
          WHEN"000" => y <= "11111110";
          WHEN"001" => y <= "11111101";
          WHEN"010" => y <= "11111011";
          WHEN"011" => y <= "11110111";
          WHEN"100" => y <= "11101111";
          WHEN"101" => y <= "11011111";
          WHEN"110" => y <= "10111111";
          WHEN"111" => y <= "01111111";
          WHEN OTHERS => y <= "01111111";
        END CASE;
    END PROCESS;
END beh;
```

文本输入完成后，保存设计文本。选择【File】/【Save As】菜单项，找到已经建立的文件夹 D:\examples\decoder3 _ 8，存盘文件名要与实体名保持一致，即 decoder3 _ 8. vhd。

4. 编译综合

上面的工作做好后，执行【Processing】/【Compiler Tool】菜单项或直接单击▶按钮，启动编译器，编译报告窗口自动显示出来，如图 9-60 所示。

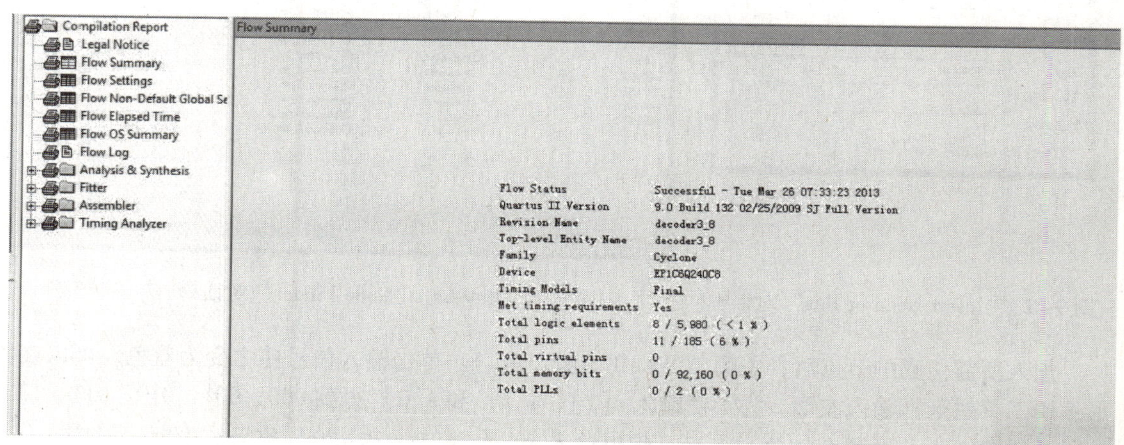

图 9-60　编译报告窗口

编译完成后，除了可以在编译报告窗口查看相关编译信息以外，还可以查看编译综合后的电路原理图。

5. 仿真验证

选择【File】/【New】菜单项，弹出“New”对话框，在该对话框中“Verification/Debugging File”类型中选择矢量波形文件“Vector Waveform File”选项，单击 OK 按钮，则弹出波形编辑窗口，如图 9-61 所示。

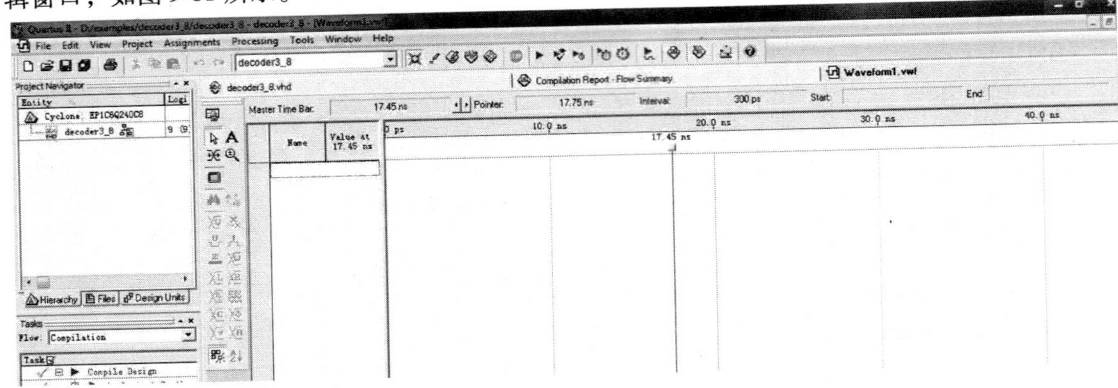

图 9-61 波形编辑窗口

选择【Edit】/【End time】菜单项，在弹出的“End Time”对话框中选择仿真结束时间和时间单位，单击 OK 按钮。此处选择 2μs。

在波形编辑窗口左边 Name 列的空白处双击鼠标左键，弹出“Insert Node or Bus”对话框，如图 9-62 所示。在此对话框中单击 Node Finder... 按钮，弹出“Nodes Found”对话框，在“Filter”框中选择“Pins：all”，再单击 List 按钮，在“Nodes Found”栏中列出设计的所有节点，从中选择要加入波形的节点，如图 9-63 所示。

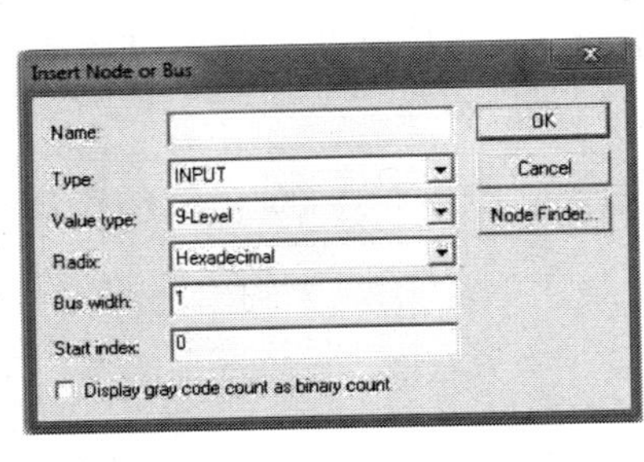

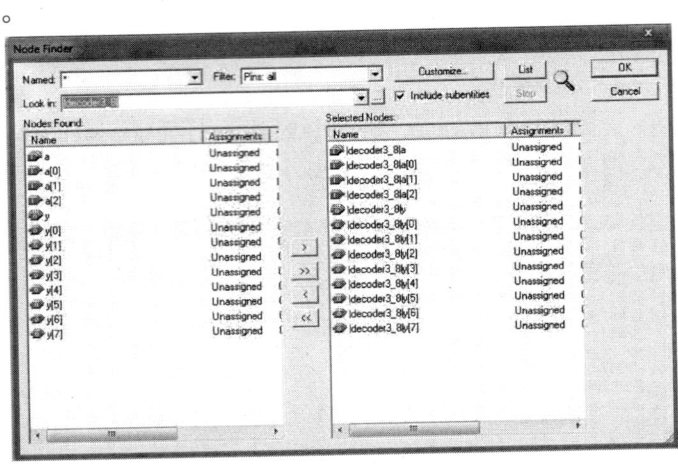

图 9-62 “Insert Node or Bus”对话框

图 9-63 “Node Finder”对话框

加入所需仿真的节点后，关闭“Node Finder”窗口。单击输入信号使之变为蓝色，可以在波形编辑工具栏选择输入波形。为了使输入 a[2]、a[1] 和 a[0] 得到 000、001、010、011、100、101、110 和 111 八种组合，单击 XC 后，编辑输入 a[2]、a[1] 和 a[0] 信号波形时，对应“Timing”页面中 Multiplied by 栏内依次填 4、2 和 1，得到输入信号波形如图 9-64 所示。

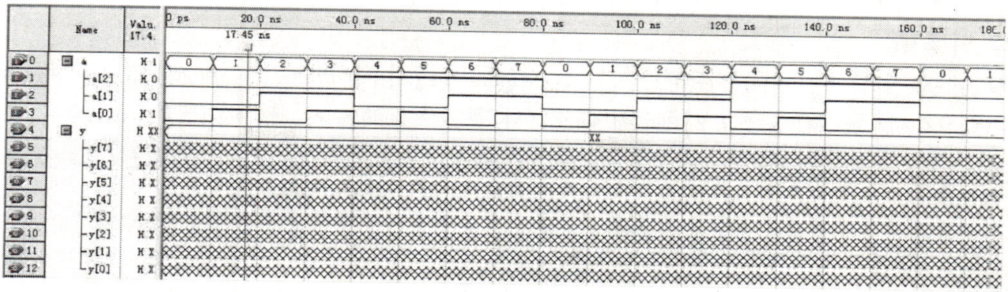

图 9-64　编辑输入信号波形

编辑完输入波形后，选择【File】/【Save as】选项，保存波形文件，默认名为 decoder3_8. vwf，存盘即可。选择【Processing】/【Simulator Tool】菜单项，弹出“Simulator Tool”对话框，如图 9-65 所示，这里只完成功能仿真，所以选择的仿真模式是 Functional。

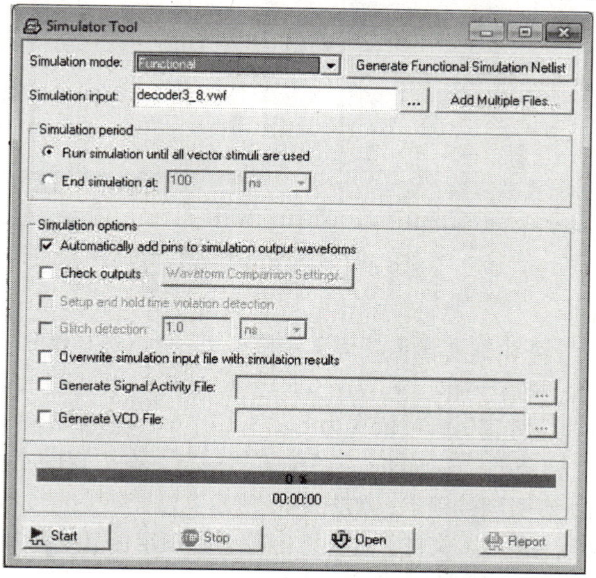

图 9-65　“Simulator Tool”对话框

在做功能仿真之前，单击 Generate Functional Simulation Netlist 命令，产生功能仿真网表文件。然后启动 Start 按钮启动仿真器，直到出现“Simulation was successful”仿真结束，单击“确定”，再单击“Report”就可以看到仿真波形。仿真波形如图 9-66 所示。

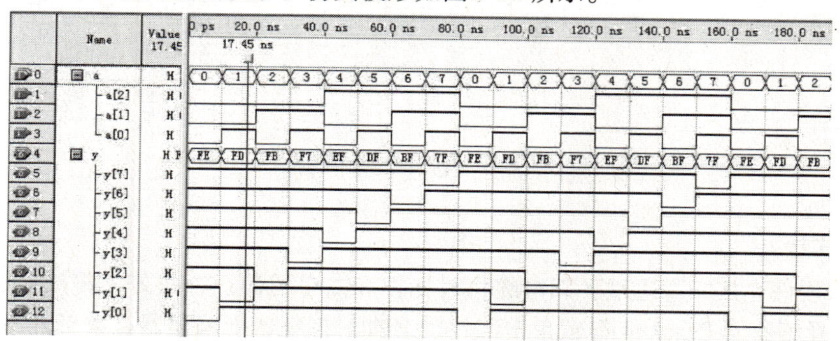

图 9-66　decoder3-8 的功能仿真波形

6. 引脚锁定

单击主快捷工具栏中的图标或执行【Assignments】/【Pin Planner】命令，弹出引脚配置对话框，如图 9-67 所示，在左下方的列表中列出了本项目所有的输入、输出引脚名。

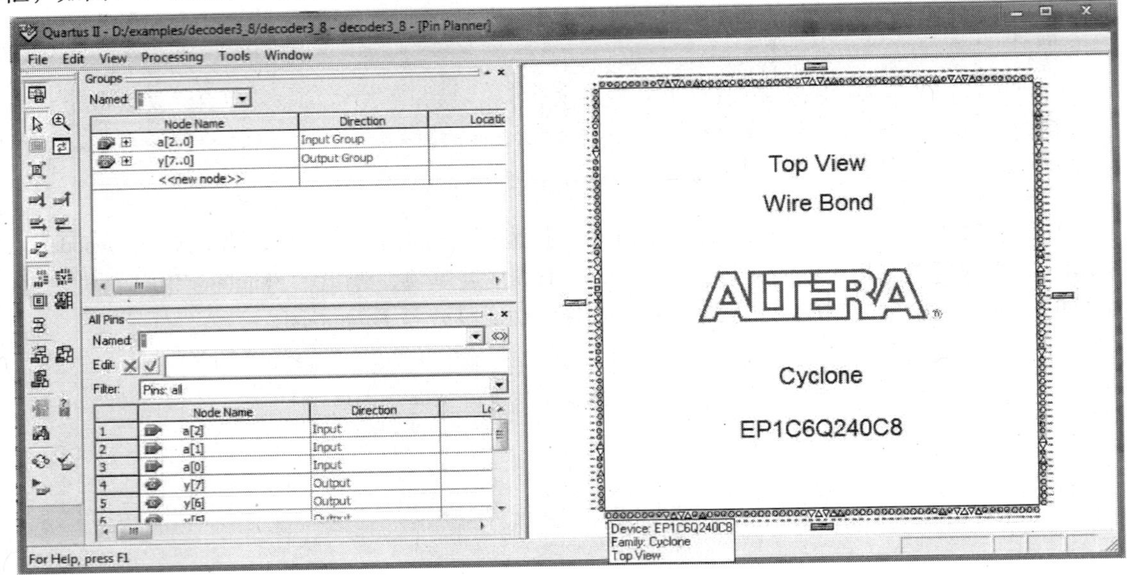

图 9-67　引脚配置对话框

参照图 9-46 和表 9-1，3 个输入 a[2]、a[1] 和 a[0] 可以选择键 3、键 2 和键 1，对应引脚号依次为 235、234 和 233；8 个输出 y[7]、y[6]、y[5]、y[4]、y[3]、y[2]、y[1] 和 y[0] 可以选择显示灯 PIO15-PIO8，对应引脚号依次为 12、8、7、6、4、3、2 和 1。

双击"Pin Planner"窗口的"Location"栏中的某一行，在出现的下拉栏中选择器件对应端口名作为引脚号，直到所有引脚被锁定，如图 9-68 所示。

引脚锁定后，必须再编译输入文件，这样才能将引脚锁定信息编译到编程文件中。此后就可以准备将编译好的 SOF 文件下载到目标板 FPGA 中去。

Node Name	Direction	Location	I/O Bank	VREF Group	I/O Standard	Reserved	Group
a[2..0]	Input Group				3.3-V LVTTL (default)		
a[2]	Input	PIN_235	2	B2_N2	3.3-V LVTTL (default)		a[2..0]
a[1]	Input	PIN_234	2	B2_N2	3.3-V LVTTL (default)		a[2..0]
a[0]	Input	PIN_233	2	B2_N2	3.3-V LVTTL (default)		a[2..0]
y[7..0]	Output Group				3.3-V LVTTL (default)		
y[7]	Output	PIN_12	1	B1_N0	3.3-V LVTTL (default)		y[7..0]
y[6]	Output	PIN_8	1	B1_N0	3.3-V LVTTL (default)		y[7..0]
y[5]	Output	PIN_7	1	B1_N0	3.3-V LVTTL (default)		y[7..0]
y[4]	Output	PIN_6	1	B1_N0	3.3-V LVTTL (default)		y[7..0]
y[3]	Output	PIN_4	1	B1_N0	3.3-V LVTTL (default)		y[7..0]
y[2]	Output	PIN_3	1	B1_N0	3.3-V LVTTL (default)		y[7..0]
y[1]	Output	PIN_2	1	B1_N0	3.3-V LVTTL (default)		y[7..0]
y[0]	Output	PIN_1	1	B1_N0	3.3-V LVTTL (default)		y[7..0]

图 9-68　引脚锁定编辑窗口

7. 编程下载

首先，将硬件连接好，通过下载电缆将目标板和并口通信线连接好，并接通电源。在菜单【Tools】中选择编程器 Programmer 或单击工具栏上的按钮，则编程器自动打开编程下载窗口。注意检查设置：编程模式选 JTAG，下载接口方式选 ByteBlaster [LPT1]，下载配置文件为 decoder3_8. sof。如果设置正确，单击编程下载窗口的"Start"按钮，软件自动将数据文件下载到

FPGA中，如图9-69所示，当“Progress”显示为100%时，下载结束。成功下载后，可利用实验箱进行硬件测试。

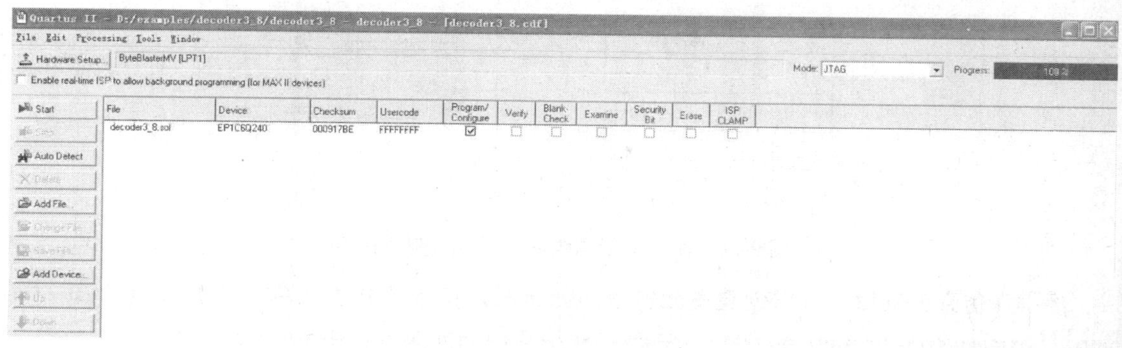

图9-69　运行中的编程下载窗口

9.4.3　混合输入举例

在使用可编程逻辑器件进行设计时，往往不会像前文给出的八进制计数器或3线-8线译码器那样简单。对于复杂数字逻辑电路或数字系统的设计，需要设计者针对设计任务进行模块划分，进行层次化、结构化的设计，就是对系统设计方案的逐级分解，图9-70所示为用Quartus II进行复杂数字系统的设计流程。在实际工程项目中往往参加项目的人使用的设计方式可能不同，这就要求设计者掌握混合输入法以设计复杂的数字系统。

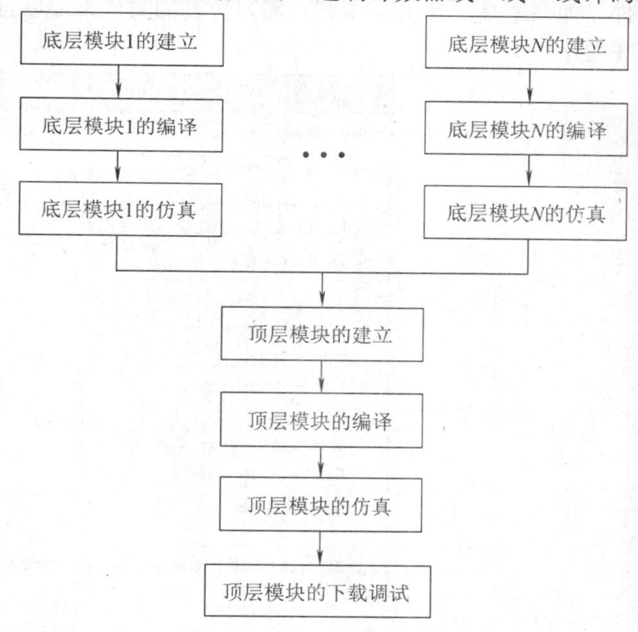

图9-70　复杂数字系统的设计流程

下面以一个简单的实例-彩灯循环电路（要求共有8只彩灯，使其7亮1暗，且这一暗灯循环右移）为例来说明混合输入的方法。

8彩灯循环电路可以分为八进制计数器和3线-8线译码器两个模块。混合输入的步骤如下：

1）建立工作目录文件夹为D:\examples\caideng。

2）创建一个新工程，其顶层文件是一个.bdf格式。

3）创建八进制计数器模块。按照9.4.1节所述的步骤以原理图输入方式完成八进制计数器的输入以及编译和仿真。

在上述运行过程中要注意，在一个工程下完成底层文件编译之前，必须在Project菜单下，利用Set as Top-level Entity进行顶层文件的设置，否则就要出错。

另外要注意，由于9.4.2节中3线-8线译码器的输入是以总线的形式出现的，为了便于顶层电路的连接，在编辑八进制计数器的原理图时，输出也采用总线形式，如图9-71所示。

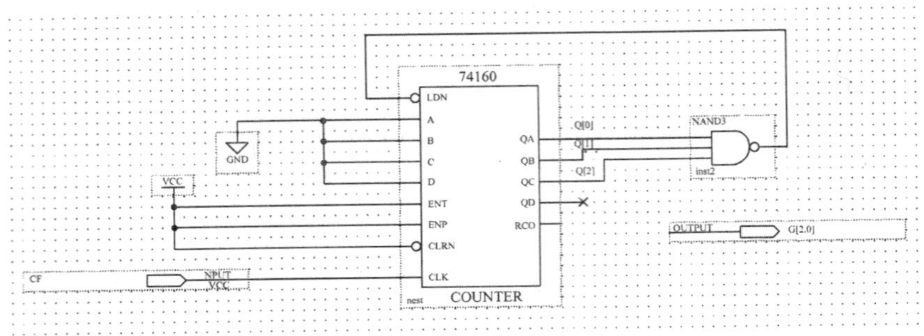

图 9-71　输出采用总线形式的八进制计数器

经编译仿真正确后，可以创建图元符号。创建图元符号的方法是单击【File】|【Create/Update】|【Symbol Files for Current File】，生成 . bsf 格式的图元文件。生成的 8 进制计数器的图元符号分别如图 9-72 所示。

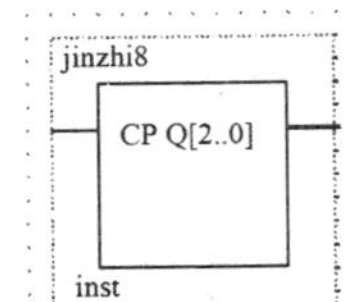

图 9-72　八进制计数器的图元符号

4）创建 3 线-8 线译码器模块。按照 9. 4. 2 节所述的步骤以 VHDL 文本输入方式完成 3 线-8 线译码器的输入、编译和仿真。在仿真过程中，注意检察 Simulator Tool 窗口中的 Simulation input 处是否是要仿真的文件，如果不是，利用 ... 浏览到需要仿真的文件添加后再做仿真，如图 9-73 所示。

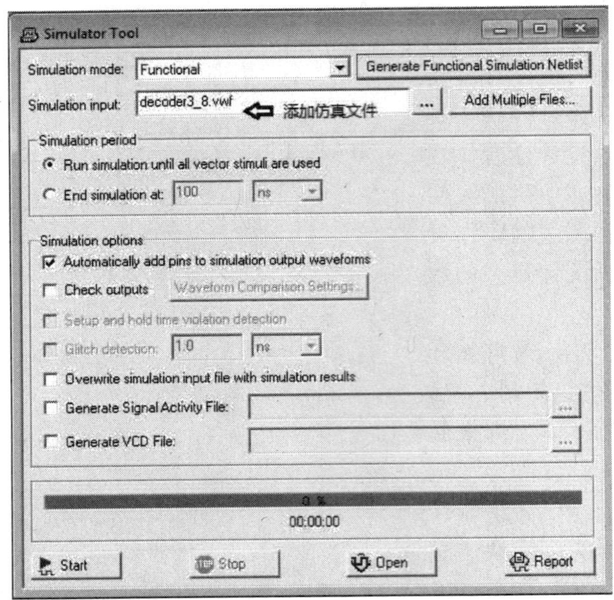

图 9-73　仿真文件添加窗口

如上面一样该程序经编译仿真正确后，创建图元符号，生成的 3 线-8 线译码器的图元符号如图 9-74 所示。

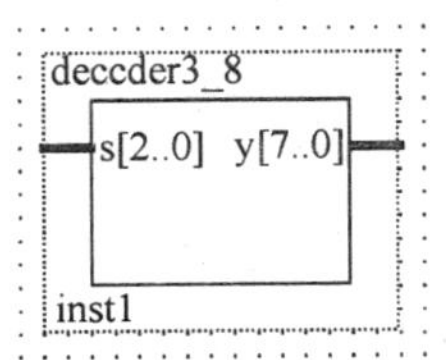

图 9-74　3 线-8 线译码器的图元符号

5）建立原理图文件并调用图元符号。模块调用可以采用图形方式，也可以采用 VHDL 方式，下面以用图形方式说明模块调用的方法。

建立原理图文件，并双击鼠标左键后在弹出对话框中的【Project】栏中选择生成的图元符号，如图 9-75 所示。

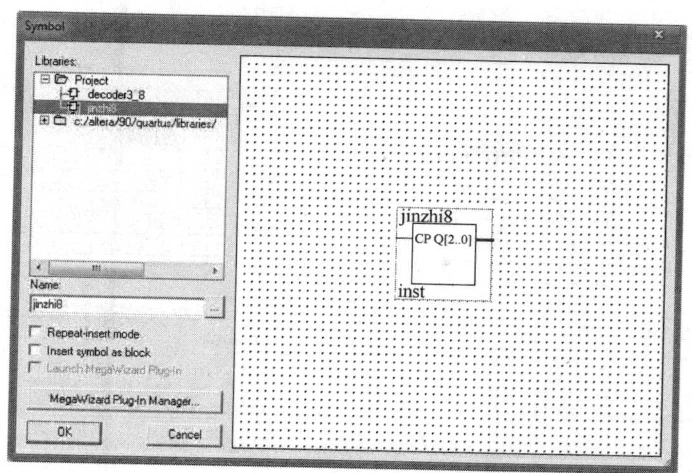

图 9-75　模块的调用

将两个图元符号添加到原理图编辑器中，并放置一个输入和一个输出引脚，摆放所用图元和引脚，连接各个模块并命名，得到顶层原理图如图 9-76 所示。保存该图。

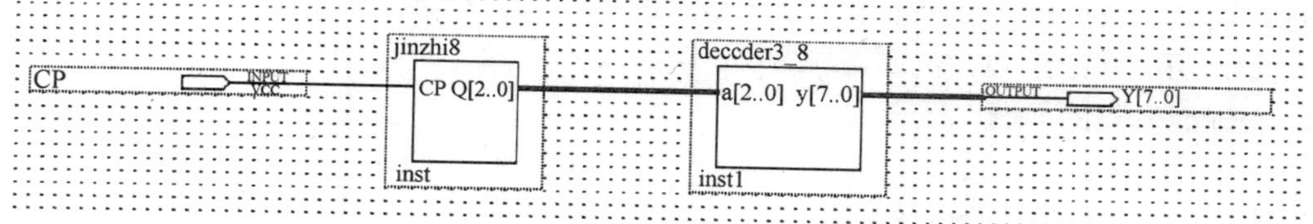

图 9-76　顶层原理图

注意在完成顶层文件编译之前，也必须在 Project 菜单下，利用 Set as Top-level Entity 进行顶层文件的设置。

对 caideng 图形文件进行编译后，可以看到使用 11 个逻辑单元、9 个引脚等资源利用情况的编译报告，如图 9-77 所示。

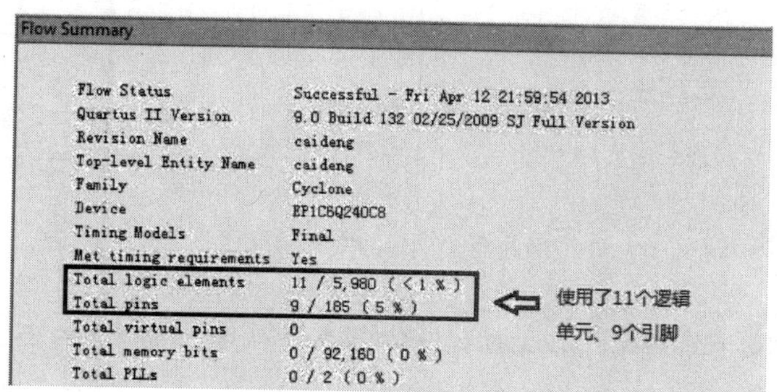

图 9-77　顶层文件的编译报告

仿真前首先创建波形矢量文件，然后进行功能仿真，功能仿真结果如图 9-78 所示。可以看出，在时钟 cp 的作用下，8 个输出顺次出现低电平，可以控制彩灯暗灯循环右移，因此可以完成 8 彩灯循环电路的功能。

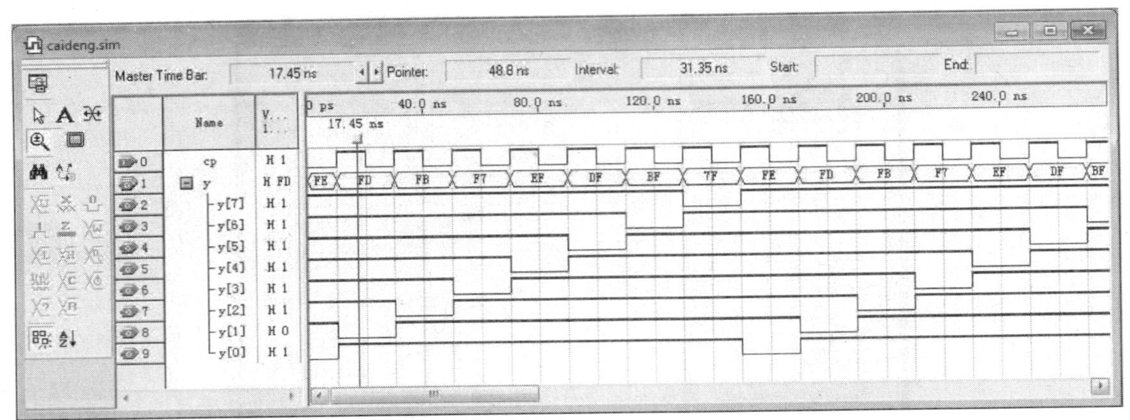

图 9-78　顶层文件的仿真结果

6）管脚适配与下载。具体步骤与上两节相同。

9.4.4　常见问题

使用 Quartus II 平台进行任务的设计和调试时，常常会遇到一些问题。尽管 Quartus II 提供了错误提示，但有些错误所在的位置和错误类型的提示，不是非常到位。为了使设计者更好、更快地完成设计，我们给出一些常见错误的提示，以供大家参考。

1. 编译时遇到的问题

（1）输入端重复

错误提示：Pin "CP" overlaps another pin, block, or symbol。

在对图 9-79 进行编译时，出现了上述错误。

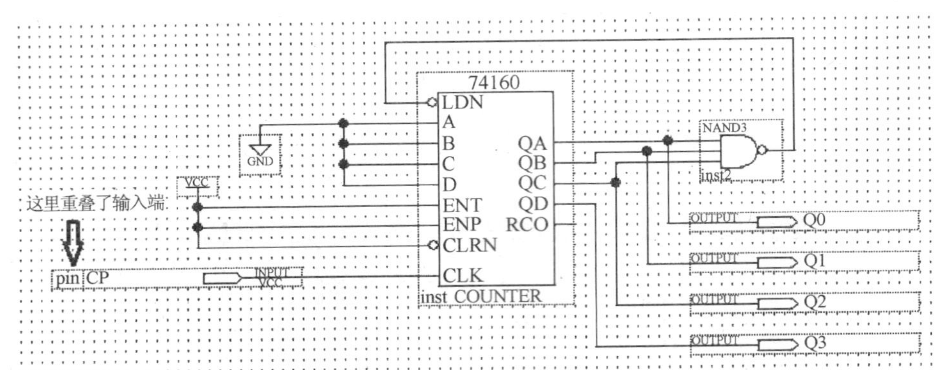

图 9-79　重叠的输入端口

修改方法：用鼠标双击错误，光标会自动跳动图 9-79 中输入端 CP 处。这里叠加了两个 input 端口，删除一个即可。

（2）语法格式不规范

错误提示：VHDL syntax error at decoder3 _ 8. vhd(3) near text "ENTITY"; expecting "(", or "'", or"."。

图 9-80 所示电路（9. 4. 2 节的 3 线-8 线译码器）进行编译时，由于第二句末缺少分号，出现了上述错误。

修改方法：在第二句末添加分号。

注意：整个语句结束后，要以分号作为结束标志。

```
1  LIBRARY IEEE;
2  USE IEEE.STD_LOGIC_1164.ALL  <==  该语句末缺少分号
3  ENTITY decoder3_8 IS
4          PORT(a :IN STD_LOGIC_VECTOR(2 DOWNTO 0);
5               y : OUT STD_LOGIC_VECTOR(7 DOWNTO 0));
6  END decoder3_8;
7  ARCHITECTURE beh OF decoder3_8 IS
8  BEGIN
9          PROCESS (a)
10         BEGIN
11                 CASE a is
12                   WHEN"000"=>y<="11111110";
13                   WHEN"001"=>y<="11111101";
14                   WHEN"010"=>y<="11111011";
15                   WHEN"011"=>y<="11110111";
16                   WHEN"100"=>y<="11101111";
17                   WHEN"101"=>y<="11011111";
```

图 9-80　语法错误实例

（3）端口连线属性

错误提示：Width mismatch in port "a[2..0]" of instance "inst1" and type decoder3_8--source is ""Q[3..0]" (ID jinzhi8:inst)"。

在对图 9-81 进行编译时，由于 jinzhi8 的输出是 4 个输出的总线，而 decoder3_8 的输入是 3 个输入的总线，二者不匹配，因此出现上述错误。

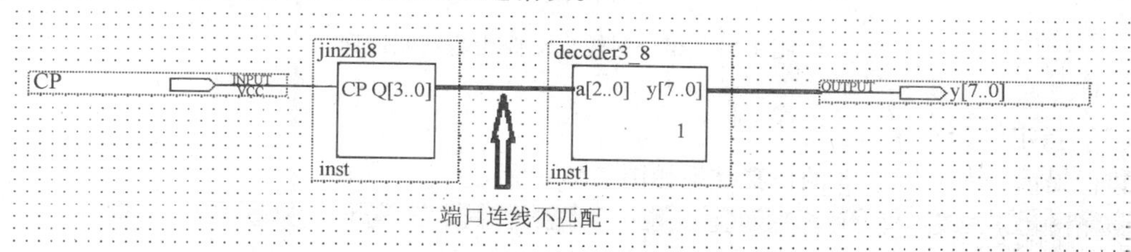

图 9-81　端口连线属性不同

修改方法：按照图 9-71 所示，将输出 jinzhi8 的输出改为 3 个输出的总线结构，编译仿真后创建模块，再调用模块连接顶层原理图。

2. 仿真时遇到的问题

（1）功能仿真时网表文件的建立

错误提示：Run Generate Functional Simulation Netlist (quartus_map caideng--generate_functional_sim_netlist) to generate functional simulation netlist for top level entity "caideng" before running the Simulator (quartus_sim)。

修改方法：功能仿真要在仿真工具（Simulator Tool）对话框中先执行“Generate Functional Simulation Netlist”建立网表文件，只有网表文件建立成功，如图 9-82 所示，才能进行仿真，执行“Start”。

（2）组合时输出端的排列顺序

错误提示：仿真 jinzhi8 时，出现了图 9-83 所示的仿真结果。由图 9-83 可以看出，状态在 0、4、2、6、1、5、3、7 依次循环

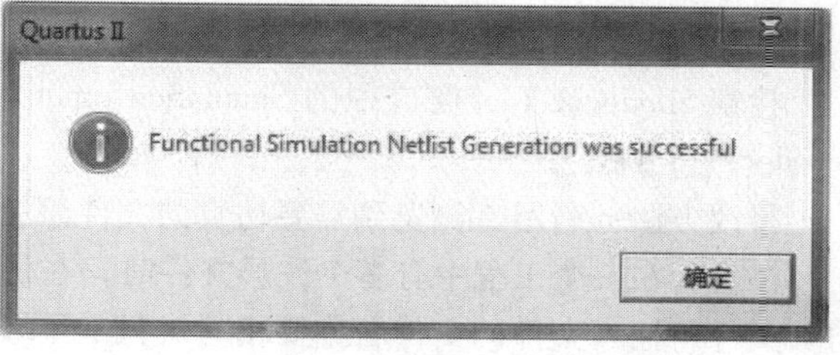

图 9-82　网表文件建立成功提示

出现，循环状态数是对的，但是状态顺序不对。

修改方法：组合输出时要按照由高位到低位的顺序排列，如图 9-84 所示。

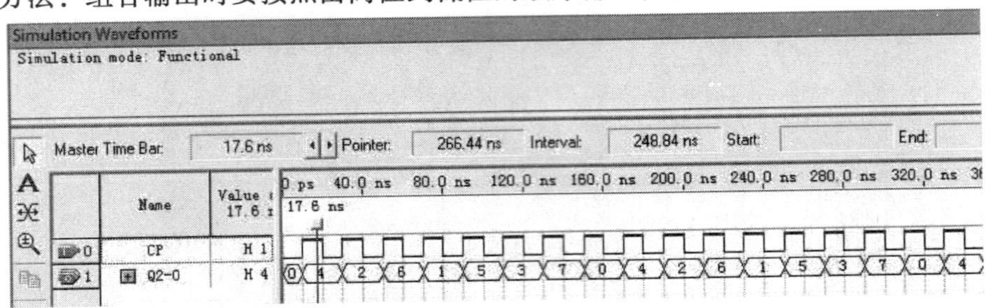

图 9-83　组合时输出端排列顺序错误

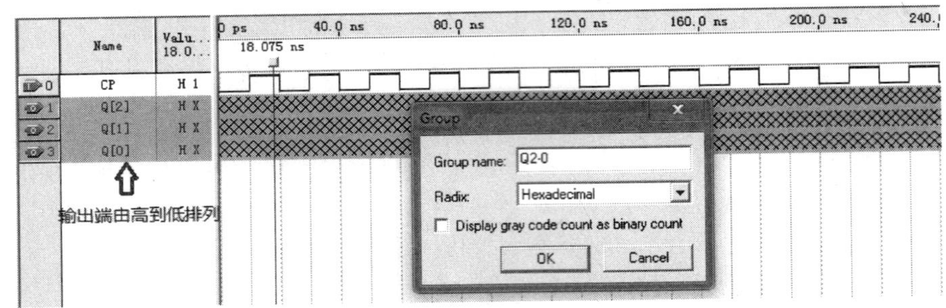

图 9-84　组合时输出端要由高到低排列

(3) 指定仿真文件

错误提示：decoder3 _ 8 的仿真结果如图 9-85 所示。

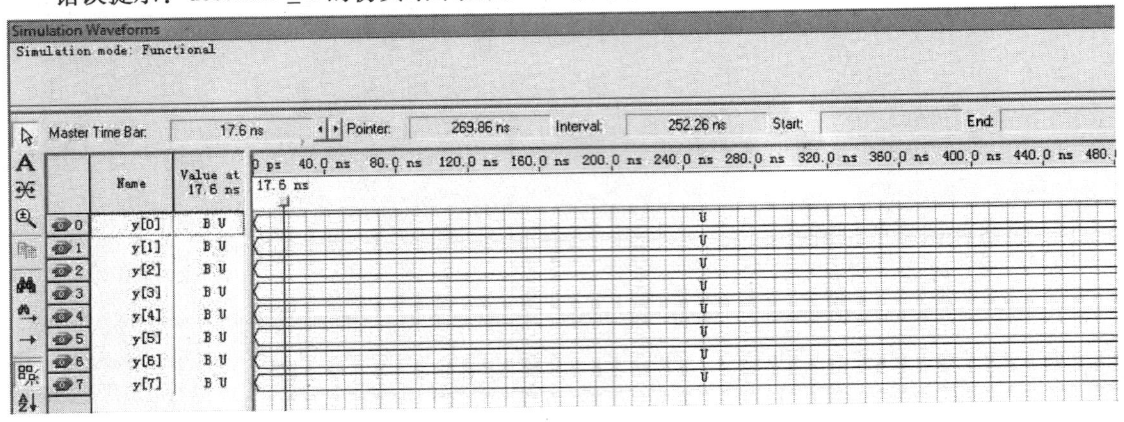

图 9-85　指定仿真文件错误时的仿真结果

检察 Simulator Tool 窗口中的 Simulation input 处对应文件是 jinzhi8. vwf，不是要仿真的文件 decoder3 _ 8. vwf。

修改方法：利用□浏览到需要仿真的文件添加后再做仿真，如图 9-86 所示。

注意：在一个工程中有多个波形文件时，在仿真时要在 Simulation Input 处要选择仿真文件。仿真文件与输入文件的文件名称要相同（只是尾缀不同），如 decoder3 _ 8. vwf 与 decoder3 _ 8. vhd 文件名称相同，jinzhi8. vwf 与 jinzhi8. bdf 文件名称相同。

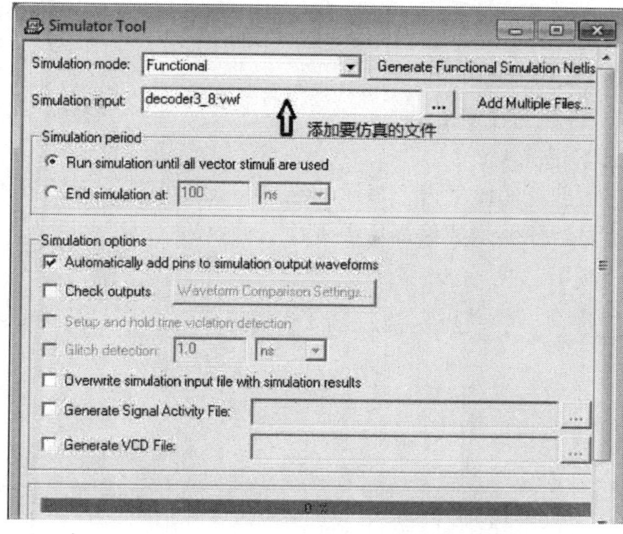

图 9-86 Simulation input 处添加仿真文件

3. 器件编程时遇到的问题

（1）分配引脚的常见问题

错误提示：Cannot display Pin Planner：the current Compiler settings assign an AUTO device。

修改方法：单击 Assignments/device，在如图 9-87 所示界面中，“Target device” 处要选 “Specific device selected in Available devices list”。

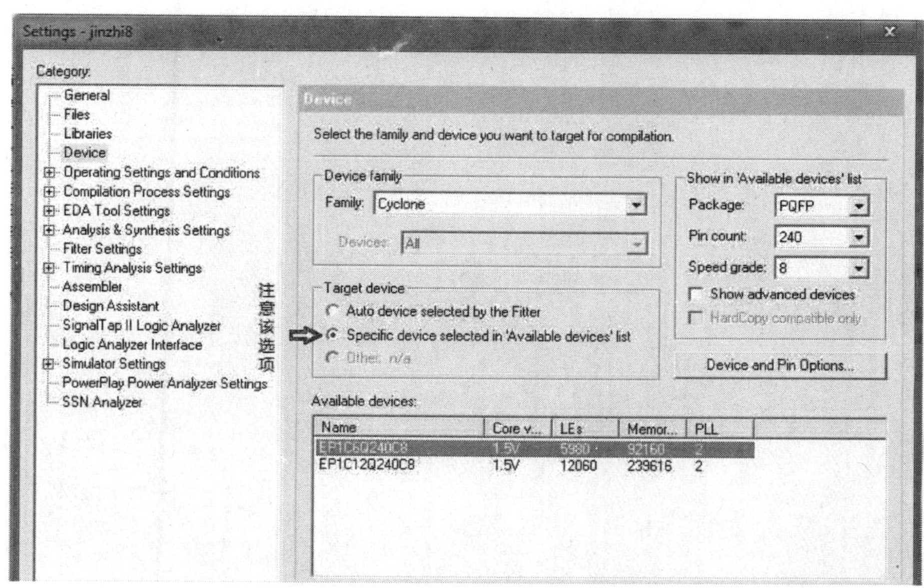

图 9-87 目标器件的选择

（2）下载失败

错误提示：Can't access JTAG chain。

修改方法：

1）检查计算机并口引出的电缆线是否与实验箱的 JTAG 口相连。

2）检查实验箱的电源是否打开。

3）检查下载配置文件是否正确。

（3）下载后的结果不正确

错误提示：下载完成后，实验平台上显示的结果与设计不符，不随输入改变。

修改方法：引脚锁定后，一定要编译后再下载。

附　　录

附录 A　常用集成运放芯片

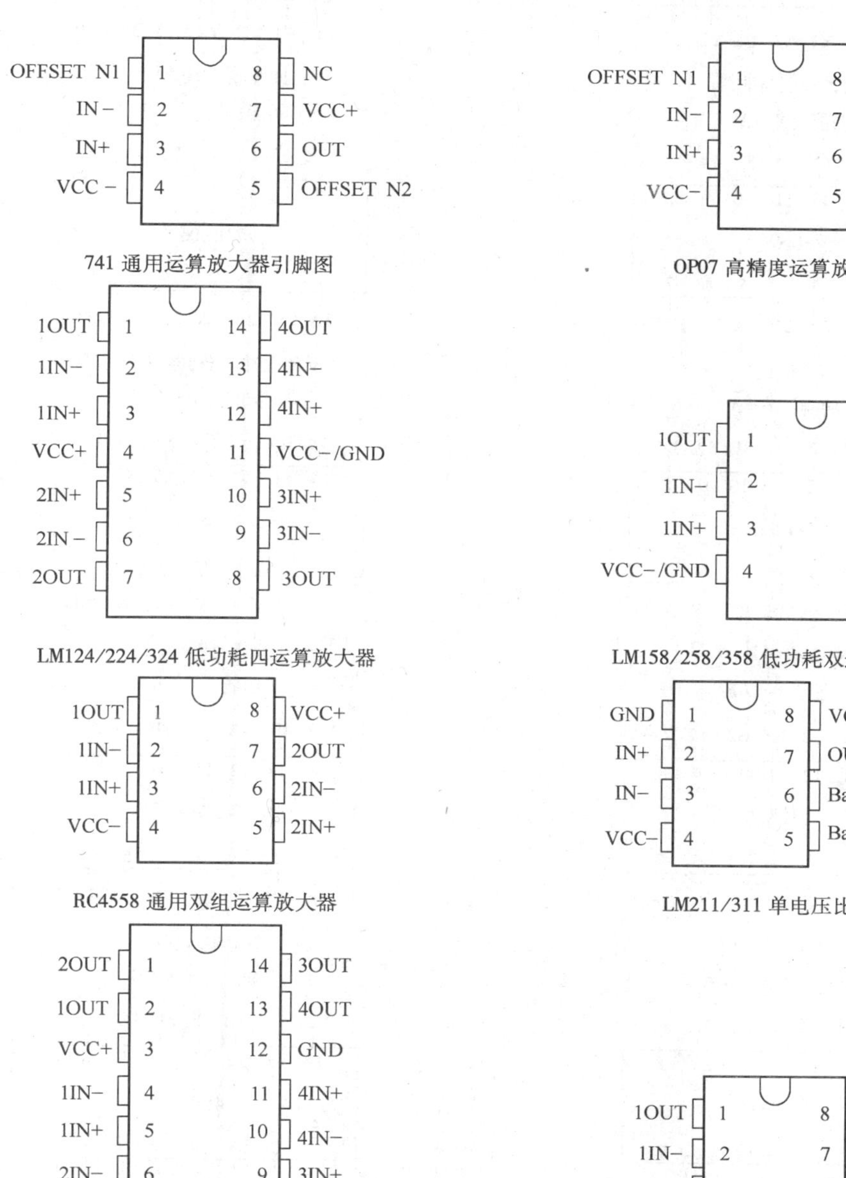

741 通用运算放大器引脚图

OP07 高精度运算放大器

LM124/224/324 低功耗四运算放大器

LM158/258/358 低功耗双运算放大器

RC4558 通用双组运算放大器

LM211/311 单电压比较器

LM139/239/339 精密电压比较器

LM193/293/393 精密电压比较器

附录B　常用数字电路集成芯片

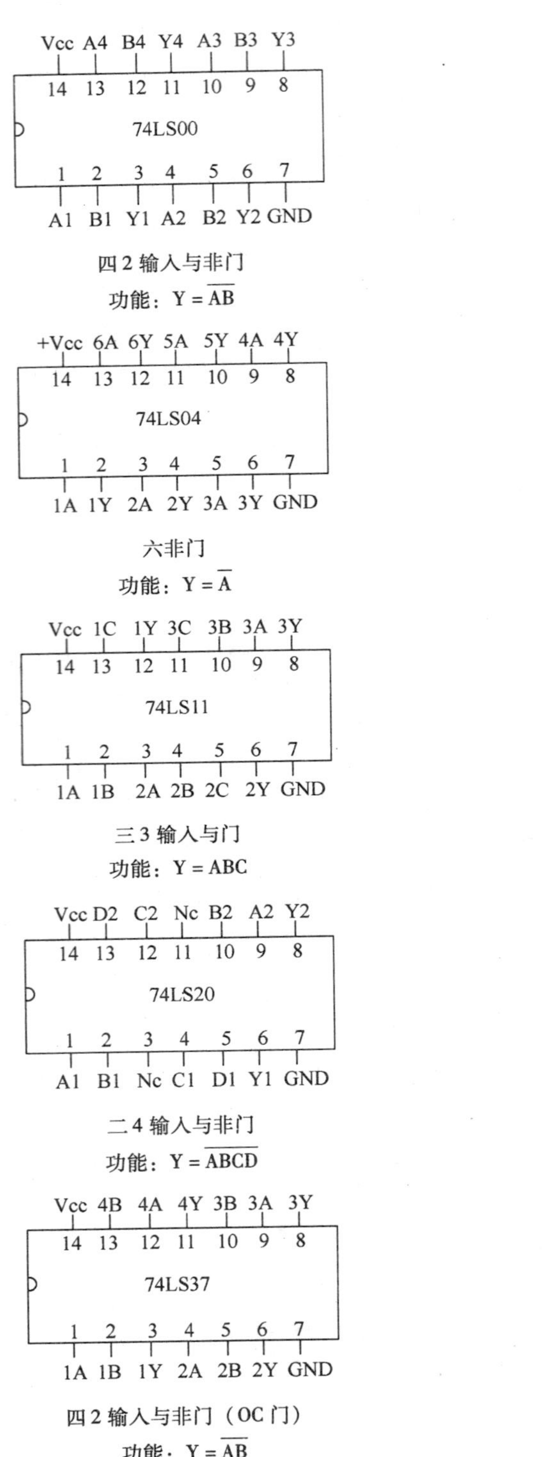

四2输入与非门

功能：$Y=\overline{AB}$

六非门

功能：$Y=\overline{A}$

三3输入与门

功能：$Y=ABC$

二4输入与非门

功能：$Y=\overline{ABCD}$

四2输入与非门（OC门）

功能：$Y=\overline{AB}$

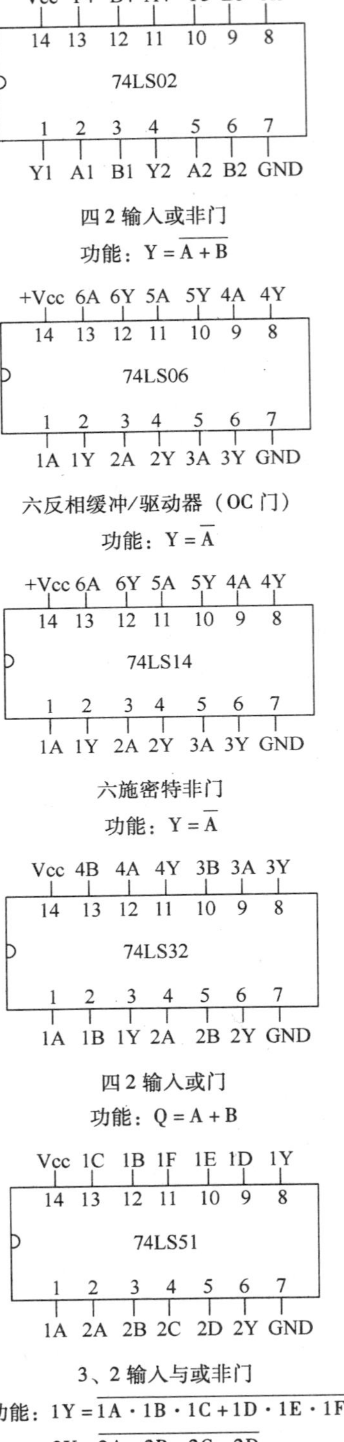

四2输入或非门

功能：$Y=\overline{A+B}$

六反相缓冲/驱动器（OC门）

功能：$Y=\overline{A}$

六施密特非门

功能：$Y=\overline{A}$

四2输入或门

功能：$Q=A+B$

3、2输入与或非门

功能：$1Y=\overline{1A\cdot 1B\cdot 1C+1D\cdot 1E\cdot 1F}$

$2Y=\overline{2A\cdot 2B+2C\cdot 2D}$

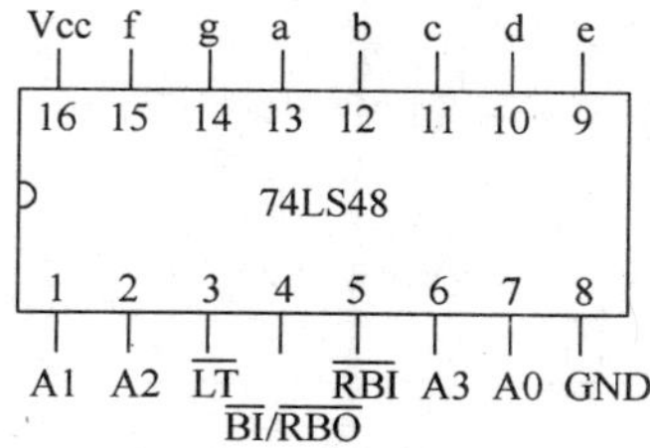

BCD-七段译码器/驱动器

$\overline{BI}/\overline{RBO}$消隐输入/脉冲消隐输出

$\overline{LT}$灯测试输入端

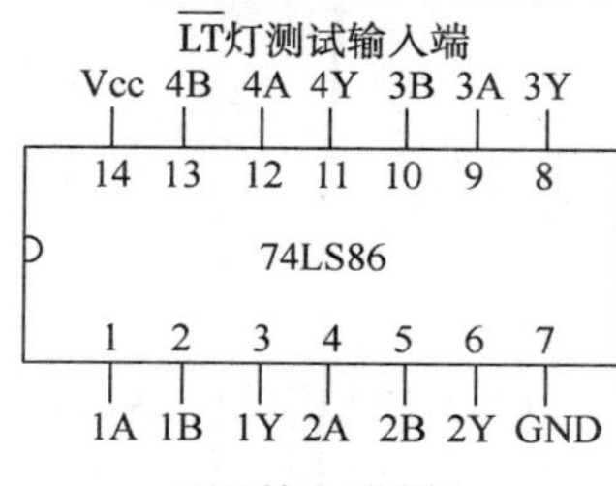

四 2 输入异或门

功能：$Y = A \oplus B$

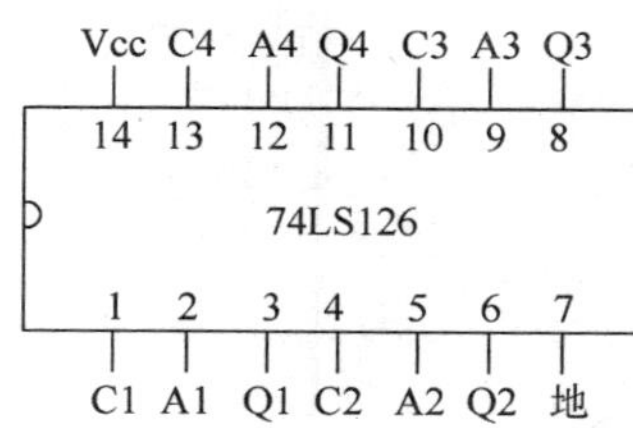

四三态输出总线缓冲门

功能：C = 1 时 Q = A

C = 0 时 Q = 高阻

74LS74功能表

输		入		输	出
$\overline{Sd}$	$\overline{Rd}$	CP	J	Q	$\overline{Q}$
0	1	×	×	1	0
1	0	×	×	0	1
0	0	×	×	Φ	Φ
1	1	↑	1	1	0
1	1	↑	0	0	1
1	1	0	×	Q_o	$\overline{Q}_o$

74LS112功能表

输		入			输	出
$\overline{Sd}$	$\overline{Rd}$	CP	J	K	Q	$\overline{Q}$
0	1	×	×	×	1	0
1	0	×	×	×	0	1
0	0	×	×	×	Φ	Φ
1	1	↓	0	0	保	持
1	1	↓	1	0	1	0
1	1	↓	0	1	0	1
1	1	↓	1	1	计	数
1	1	1	×	×	保	持

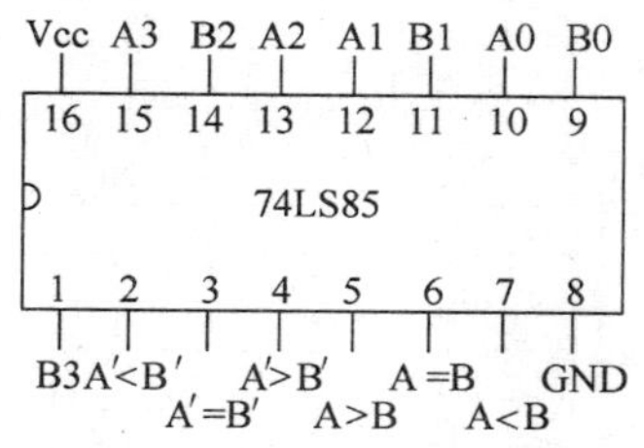

其中：A′ < B′、A′ = B′、A′ > B′为级连输入

4 位数字比较器

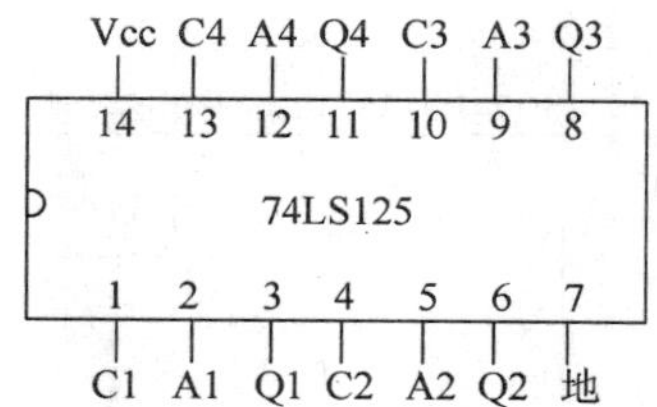

四三态输出总线缓冲门

功能：C = 0 时 Q = A

C = 1 时 Q = 高阻

Vcc $2\overline{R}_D$ 2D 2CP $2\overline{S}_D$ 2Q $2\overline{Q}$

14 13 12 11 10 9 8

74LS74

1 2 3 4 5 6 7

$1\overline{R}_D$ 1D 1CP $1\overline{S}_D$ 1Q $1\overline{Q}$ GND

双上升沿 D 触发器（有预置、清除端）

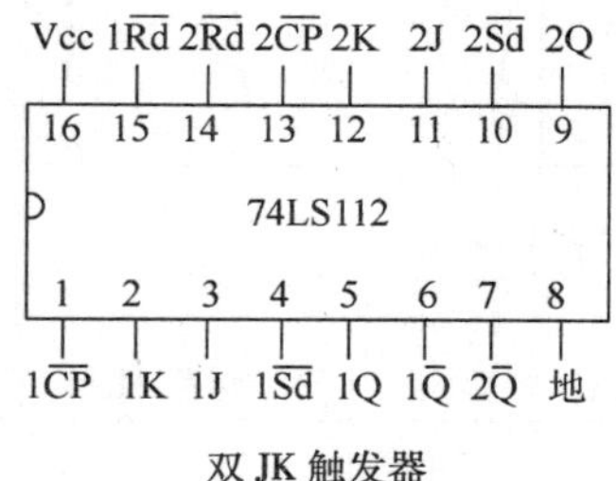

双 JK 触发器

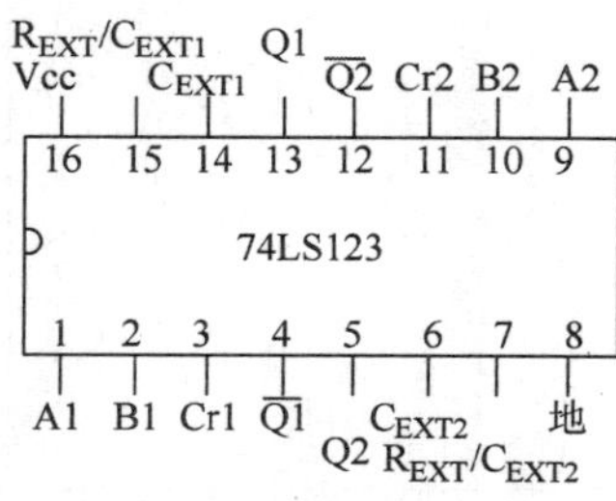

双可再触发单稳态多谐振荡器

74LS123功能表

输入			输出	
Cr	A	B	Q	$\overline{Q}$
0	×	×	0	1
×	1	×	0	1
×	×	0	0	1
1	0	↑	⊓	⊔
1	↓	1	⊓	⊔
↑	0	1	⊓	⊔

Vcc $\overline{Y0}$ $\overline{Y1}$ $\overline{Y2}$ $\overline{Y3}$ $\overline{Y4}$ $\overline{Y5}$ $\overline{Y6}$
16 15 14 13 12 11 10 9
74LS138
1 2 3 4 5 6 7 8
A0 A1 A2 $\overline{S3}$ $\overline{S2}$ S1 $\overline{Y7}$ 地

3/8 译码器

74LS138 3/8译码器的功能表

输入					输出							
S1	$\overline{S2}+\overline{S3}$	A2	A1	A0	$\overline{Y0}$	$\overline{Y1}$	$\overline{Y2}$	$\overline{Y3}$	$\overline{Y4}$	$\overline{Y5}$	$\overline{Y6}$	$\overline{Y7}$
0	×	×	×	×	1	1	1	1	1	1	1	1
×	1	×	×	×	1	1	1	1	1	1	1	1
1	0	0	0	0	0	1	1	1	1	1	1	1
1	0	0	0	1	1	0	1	1	1	1	1	1
1	0	0	1	0	1	1	0	1	1	1	1	1
1	0	0	1	1	1	1	1	0	1	1	1	1
1	0	1	0	0	1	1	1	1	0	1	1	1
1	0	1	0	1	1	1	1	1	1	0	1	1
1	0	1	1	0	1	1	1	1	1	1	0	1
1	0	1	1	1	1	1	1	1	1	1	1	0

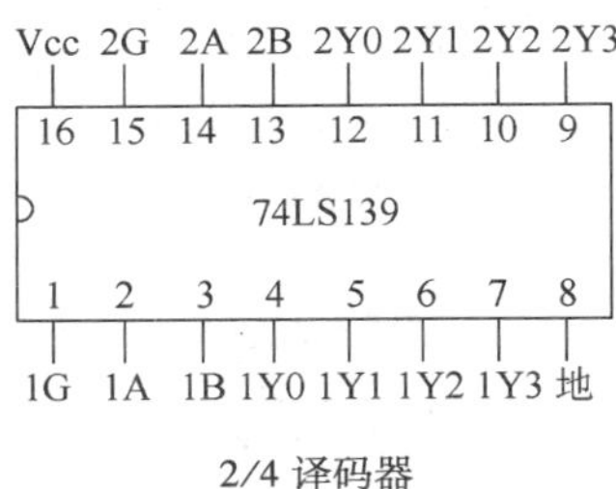

2/4 译码器

74LS139 2/4译码器的功能表

G	B	A	Y0	Y1	Y2	Y3
1	Φ	Φ	1	1	1	1
0	0	0	0	1	1	1
0	0	1	1	0	1	1
0	1	0	1	1	0	1
0	1	1	1	1	1	0

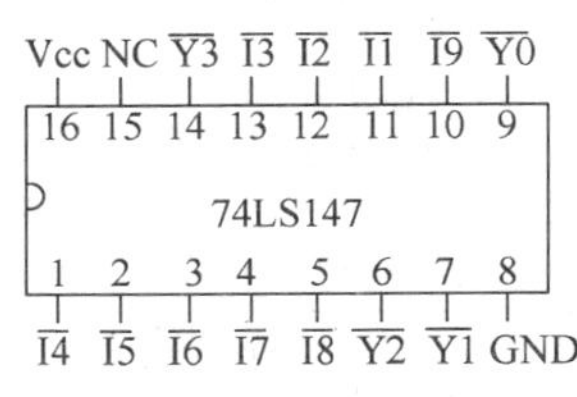

10 线-4 线优先编码器（BCD 输出）

74LS147功能表

输入									输出			
$\overline{I1}$	$\overline{I2}$	$\overline{I3}$	$\overline{I4}$	$\overline{I5}$	$\overline{I6}$	$\overline{I7}$	$\overline{I8}$	$\overline{I9}$	$\overline{Y3}$	$\overline{Y2}$	$\overline{Y1}$	$\overline{Y0}$
1	1	1	1	1	1	1	1	1	1	1	1	1
×	×	×	×	×	×	×	×	0	0	1	1	0
×	×	×	×	×	×	×	0	1	0	1	1	1
×	×	×	×	×	×	0	1	1	1	0	0	0
×	×	×	×	×	0	1	1	1	1	0	0	1
×	×	×	×	0	1	1	1	1	1	0	1	0
×	×	×	0	1	1	1	1	1	1	0	1	1
×	×	0	1	1	1	1	1	1	1	1	0	0
×	0	1	1	1	1	1	1	1	1	1	0	1
0	1	1	1	1	1	1	1	1	1	1	1	0

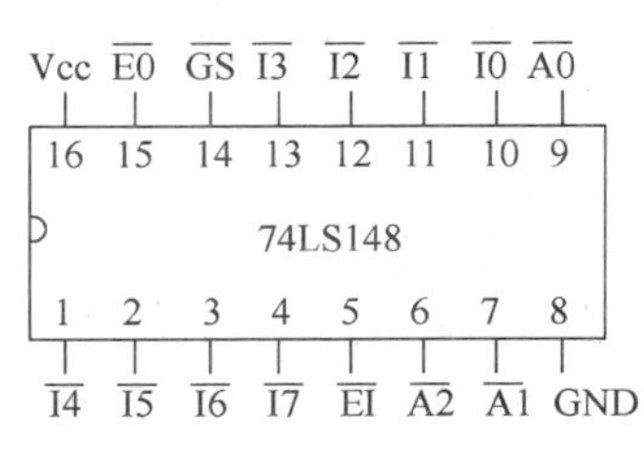

8 线-3 线优先编码器

$\overline{EI}$选通输入端，$\overline{EO}$选通输出端

$\overline{GS}$为片优先编码输出端

74LS148功能表

输入									输出				
$\overline{EI}$	$\overline{I0}$	$\overline{I1}$	$\overline{I2}$	$\overline{I3}$	$\overline{I4}$	$\overline{I5}$	$\overline{I6}$	$\overline{I7}$	$\overline{A2}$	$\overline{A1}$	$\overline{A0}$	$\overline{GS}$	$\overline{E0}$
1	×	×	×	×	×	×	×	×	1	1	1	1	1
0	1	1	1	1	1	1	1	1	1	1	1	1	0
0	×	×	×	×	×	×	×	0	0	0	0	0	1
0	×	×	×	×	×	×	0	1	0	0	1	0	1
0	×	×	×	×	×	0	1	1	0	1	0	0	1
0	×	×	×	×	0	1	1	1	0	1	1	0	1
0	×	×	×	0	1	1	1	1	1	0	0	0	1
0	×	×	0	1	1	1	1	1	1	0	1	0	1
0	×	0	1	1	1	1	1	1	1	1	0	0	1
0	0	1	1	1	1	1	1	1	1	1	1	0	1

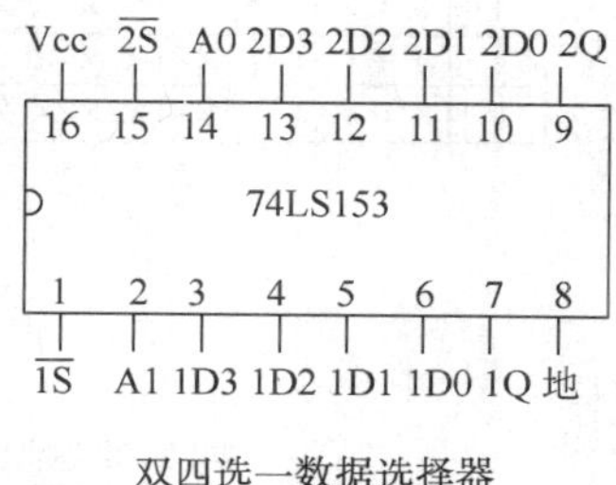

双四选一数据选择器

74LS153功能表

输入				输出
$\overline{S}$	A1	A0	D	Q
1	Φ	Φ	Φ	0
0	0	0	D0	D0
0	0	1	D1	D1
0	1	0	D2	D2
0	1	1	D3	D3

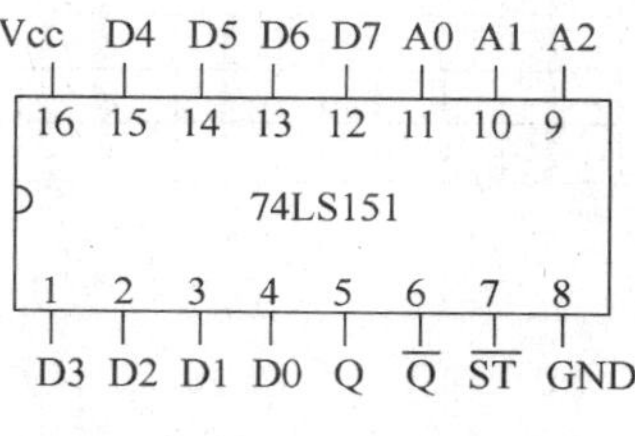

8 选 1 数据选择器

74LS151功能表

输入				输出	
$\overline{ST}$	A2	A1	A0	Q	$\overline{Q}$
1	×	×	×	0	1
0	0	0	0	D0	$\overline{D0}$
0	0	0	1	D1	$\overline{D1}$
0	0	1	0	D2	$\overline{D2}$
0	0	1	1	D3	$\overline{D3}$
0	1	0	0	D4	$\overline{D4}$
0	1	0	1	D5	$\overline{D5}$
0	1	1	0	D6	$\overline{D6}$
0	1	1	1	D7	$\overline{D7}$

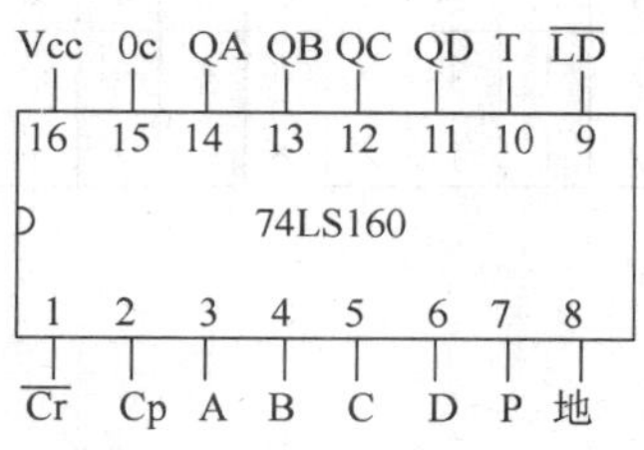

同步可预置十进制计数器

74LS160功能表（模十）

清零	使能	置数	时钟	数 据	输 出
$\overline{Cr}$	P T	$\overline{LD}$	Cp	D C B A	Q_D Q_C Q_B Q_A
0	××	×	×	××××	0 0 0 0
1	××	0	↑	d c b a	d c b a
1	1 1	1	↑	××××	计 数
1	0 1	1	×	××××	保 持
1	× 0	1	×	××××	保持(0C=0)

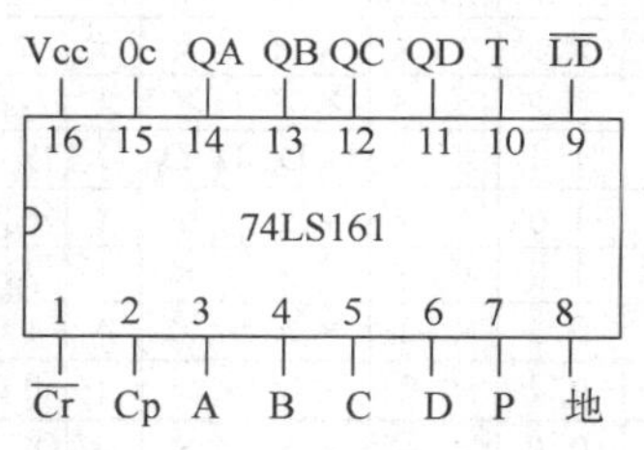

同步可预置 4 四二进制计数器

74LS161功能表　（模十六）

清零	使能	置数	时钟	数据	输出
$\overline{Cr}$	P T	$\overline{LD}$	Cp	D C B A	Q_D Q_C Q_B Q_A
0	××	×	×	××××	0 0 0 0
1	××	0	↑	d c b a	d c b a
1	1 1	1	↑	××××	计　数
1	0 1	1	×	××××	保　持
1	× 0	1	×	××××	保持(0C=0)

Vcc Da CP $\overline{RC}$ TC $\overline{LD}$ Dc Dd
16 15 14 13 12 11 10 9
74LS190
1 2 3 4 5 6 7 8
Db Qb Qa $\overline{CE}$ $\overline{U}$/D Qc Qd 地

二-十进制同步加/减计数器

74LS190功能表

置数	加/减	片选	时钟	数据	输出
$\overline{LD}$	$\overline{U}$/D	$\overline{CE}$	CP	Dn	Qn
0	×	×	×	0	0
0	×	×	×	1	1
1	0	0	↑	×	加计数
1	1	0	↑	×	减计数
1	×	0	1	×	保 持

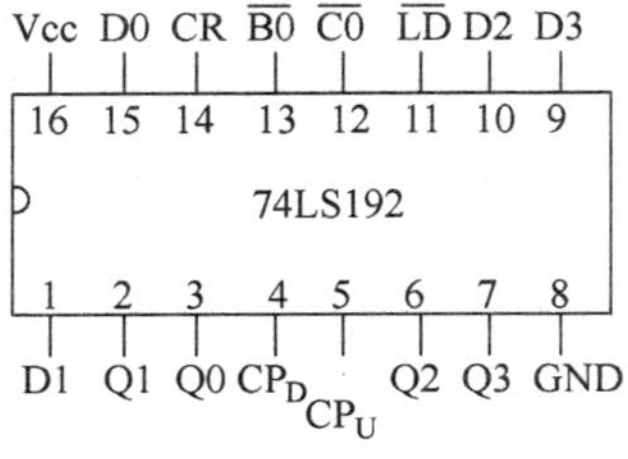

十进制同步加/减计数器
（双时钟输入，具有清除和置数功能）

74LS192的功能表

输入								输出			
CR	$\overline{LD}$	CP_U	CP_D	D3	D2	D1	D0	Q3	Q2	Q1	Q0
1	×	×	×	×	×	×	×	0	0	0	0
0	0	×	×	d	c	b	a	d	c	b	a
0	1	↑	1	×	×	×	×	加 计 数			
0	1	1	↑	×	×	×	×	减 计 数			

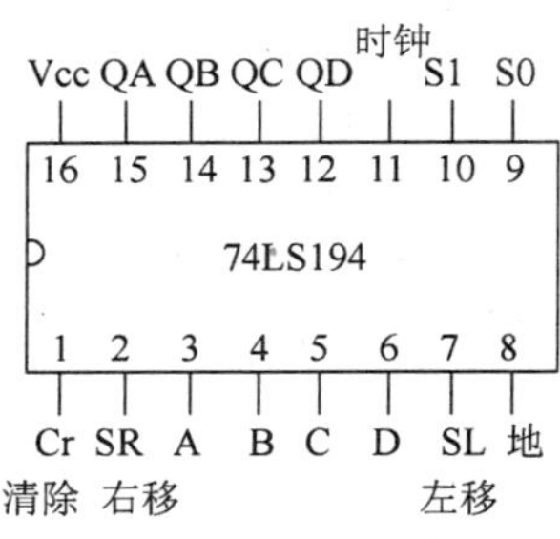

4 位并行存取双向移位寄存器

74LS194功能表

序	输入					输出	功能
	Cr	S1 S0	SL SR	A B C D	CP	Q_A Q_B Q_C Q_D	
1	0	× ×	× ×	× × × ×	×	0 0 0 0	清零
2	1	× ×	× ×	× × × ×	1	Q_{An} Q_{Bn} Q_{Cn} Q_{Dn}	保持
3	1	1 1	× ×	D_A D_B D_C D_D	↑	D_A D_B D_C D_D	送数
4	1	1 0	1 ×	× × × ×	↑	Q_B Q_C Q_D 1	左移
5	1	1 0	0 ×	× × × ×	↑	Q_B Q_C Q_D 0	
6	1	0 1	× 1	× × × ×	↑	1 Q_A Q_B Q_C	右移
7	1	0 1	× 0	× × × ×	↑	0 Q_A Q_B Q_C	
8	1	0 0	× ×	× × × ×	×	Q_{An} Q_{Bn} Q_{Cn} Q_{Dn}	保持

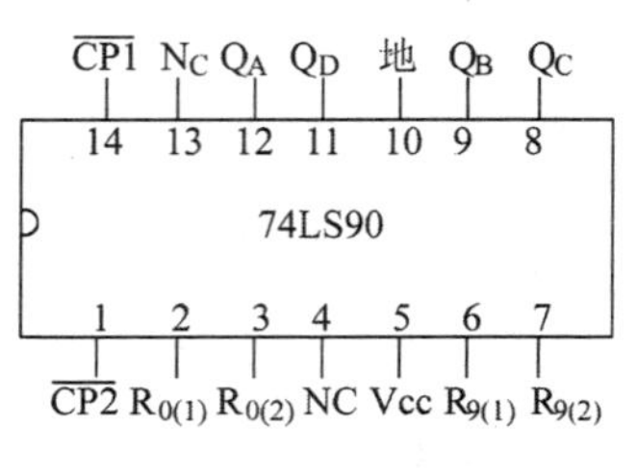

4 位二进制计数器
（可预置“0”、“9”）

74LS90功能表

输入				输出			
$R_{0(1)}$	$R_{0(2)}$	$R_{9(1)}$	$R_{9(2)}$	Q_D	Q_C	Q_B	Q_A
1	1	0	×	0	0	0	0
1	1	×	0	0	0	0	0
×	×	1	1	1	0	0	1
×	0	×	0	计数			
0	×	0	×	计数			
0	×	×	0	计数			
×	0	0	×	计数			

74LS283功能

```
      A4 A3 A2 A1
      B4 B3 B2 B1
+              C0
-----------------
   C4 F4 F3 F2 F1
```

74LS373功能表

输入			输出
$\overline{OE}$	G	D	Q
0	1	1	1
0	1	0	0
0	0	×	Q0
1	×	×	高阻

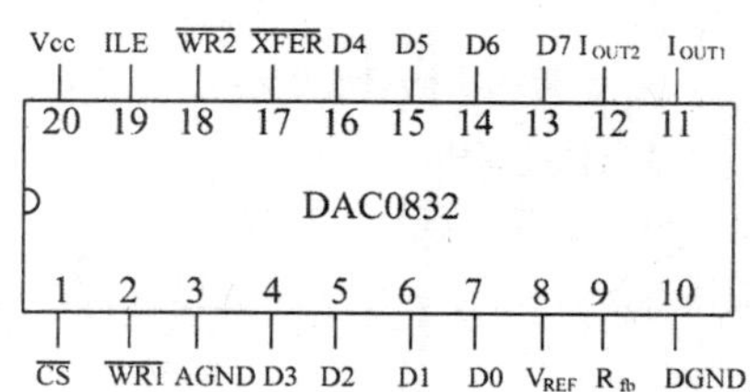

8位D/A转换电路

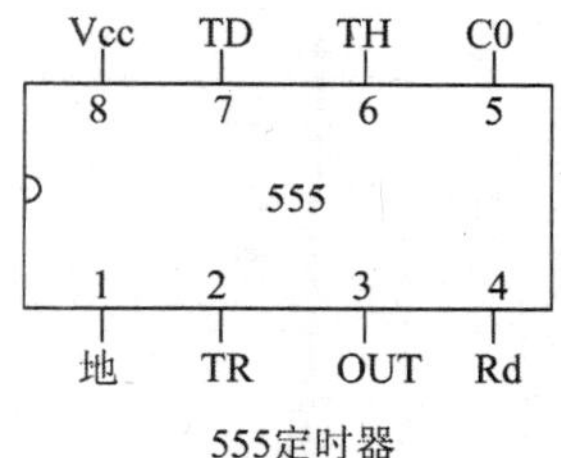

555定时器

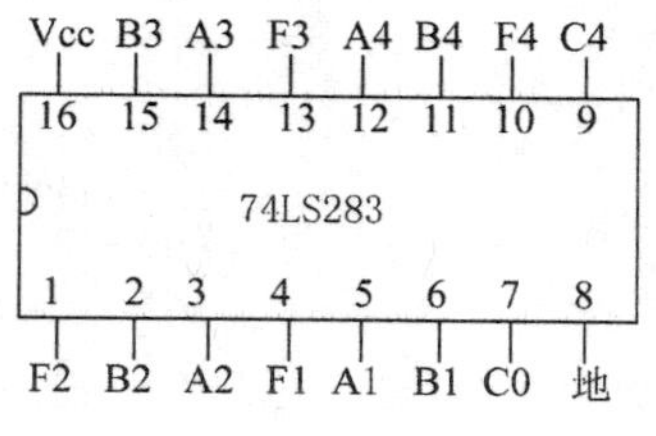

4位二进制全加器

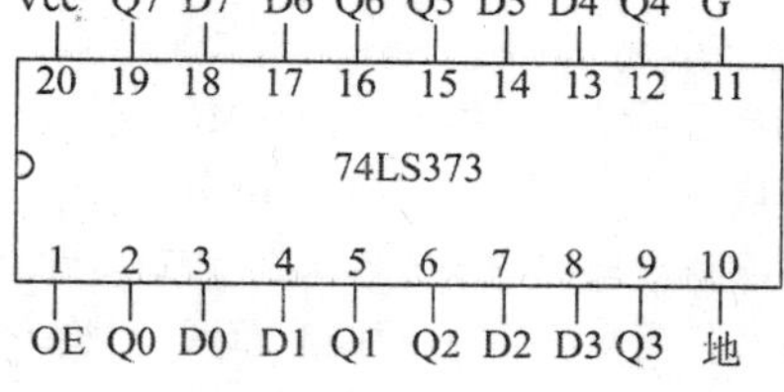

8D锁存器

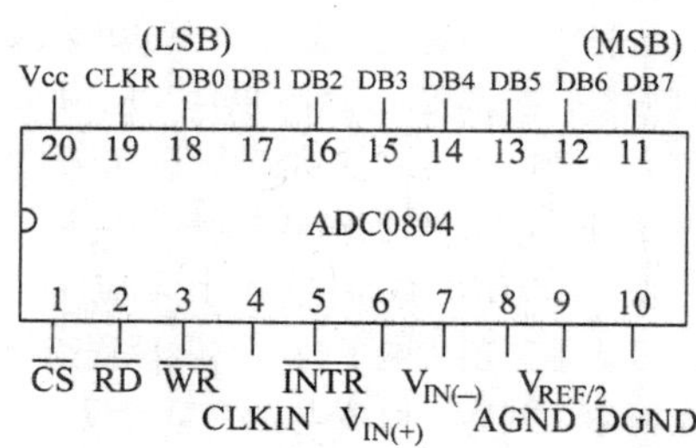

8位A/D转换

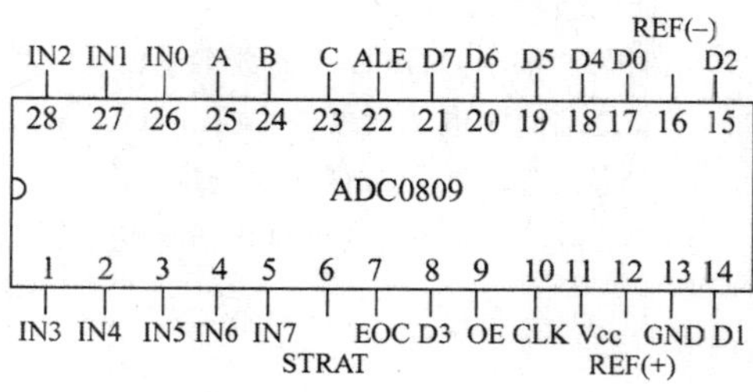

8通道A/D转换

555定时器功能表

输入			输出	
阈值TH	触发TR	复位Rd	放电T_D	OUT
×	×	0	0	导通
$<\frac{2}{3}$ Vcc	$<\frac{1}{3}$ Vcc	1	1	截止
$>\frac{2}{3}$ Vcc	$>\frac{1}{3}$ Vcc	1	0	导通
$<\frac{2}{3}$ Vcc	$>\frac{1}{3}$ Vcc	1	不变	不变

参 考 文 献

[1] 清华大学电子学教研组. 华成英，童诗白. 模拟电子技术基础 [M]. 4版. 北京：高等教育出版社，2006.

[2] 清华大学电子学教研组. 阎石. 数字电子技术基础 [M]. 4版. 北京：高等教育出版社，2006.

[3] 华中科技大学电子学教研室. 康华光. 电子技术基础——数字部分 [M]. 5版. 北京：高等教育出版社，2006.

[4] 华中科技大学电子学教研室. 康华光. 电子技术基础—模拟部分 [M]. 5版. 北京：高等教育出版社，2006.

[5] 韩焱. 数字电子技术基础 [M]. 北京：电子工业出版社，2009.

[6] 毕满清. 电子技术实验与课程设计 [M]. 3版. 北京：机械工业出版社，2005.

[7] 毕满清. 模拟电子技术基础 [M]. 北京：电子工业出版社，2008.

[8] 罗杰，谢自美. 电子线路设计. 实验. 测试 [M]. 4版. 北京：电子工业出版社，2008.

[9] 陈汝全. 电子技术常用器件手册 [M]. 2版. 北京：机械工业出版社，2000.

[10] 彭介华. 电子技术课程设计指导 [M]. 北京：高等教育出版社，1997.

[11] 赵曙光. 可编程逻辑器件原理、开发及应用 [M]. 西安：西安电子科技大学出版社，2002.

[12] 褚振勇，翁木云. FPGA设计与应用 [M]. 西安：西安电子科技大学出版社，2002.

[13] 陈大钦. 电子技术基础实验——电子电路实验・设计・仿真 [M]. 北京：高等教育出版社，2000.

[14] 黄正瑾. 电子设计竞赛赛题解析 [M]. 南京：东南大学出版社，2003.

[15] 王振红. VHDL数字电路设计与应用实践教程 [M]. 北京：机械工业出版社，2003.

[16] 谢云，等. 现代电子技术实践课程指导 [M]. 北京：机械工业出版社，2003.

[17] 李国丽，刘春. EDA与数字系统设计 [M]. 2版. 北京：机械工业出版社，2013.

[18] 黄正瑾，许坚. CPLD系统设计技术入门与应用 [M]. 北京：电子工业出版社，2002.

[19] 张鹏南，孙宁，夏洪洋. 基于Quartus II的VHDL数字系统设计入门与应用实例 [M]. 北京：电子工业出版社，2012.

[20] 张丽荣. 基于Quartus II的数字逻辑实验教程 [M]. 北京：清华大学出版社，2009.

[21] 于安红. 简明电子元器件手册 [M]. 上海：上海交通大学出版社，2005.

[22] 从宏寿，等. Multisim8仿真与应用实例开发 [M]. 北京：清华大学出版社，2007.

[23] 聂典，等. Multisim10计算机仿真在电子电路设计中的应用 [M]. 北京：电子工业出版社，2009.